国外油气勘探开发新进展丛书（十）

油气储层表征

[美] 罗杰·M.斯莱特 著

李胜利 张志杰 刘玉梅 古 莉 高兴军 译

于兴河 审校

石油工业出版社

内 容 提 要

本书阐述了储层表征的基本原理、手段和技术，强调了沉积过程和沉积体系对油藏生产动态的主要控制作用，并对河流沉积与储层、风成沉积与储层、滨浅海沉积与储层、三角洲沉积与储层、深水沉积与储层等作了介绍。

本书可供从事油气地质、地球物理、油藏工程的研究人员参考，尤其对初涉相关研究领域的人员有重要指导作用。

图书在版编目（CIP）数据

油气储层表征/[美]斯莱特著．李胜利等译．
北京：石油工业出版社，2013.8
（国外油气勘探开发新进展丛书；10）
ISBN 978—7—5021—9009—5

Ⅰ．油…
Ⅱ．①斯…②李…
Ⅲ．油气聚集－储集层－研究
Ⅳ．P618.130.2

中国版本图书馆 CIP 数据核字（2012）第 067863 号

版权登记号：图字 01-2010-5476

Stratigraphic Reservoir Characterization for Petroleum
Geologists, Geophysicists and Engineers
Roger M.Slatt
ISBN 978-0-444-52818-6 (ISBN of original edition)
Copyright ©2006 by Elsevier. All rights reserved.
Authorized Simplified Chinese translation edition published by the Proprietor.
Copyright ©2013 by Elsevier (Singapore) Pte Ltd.
All rights reserved.
Published in China by Petroleum Industry Press under special arrangement with Elsevier(Singapore) Pte Ltd.. This edition is authorized for sale in China only, excluding Hong Kong SAR and Taiwan. Unauthorized exportof this edition is a violation of the Copyright Act. Violation of this Law is subject to Civil and Criminal Penalties.

本书简体中文版由Elsevier授予石油工业出版社有限公司在中国大陆地区（不包括香港、澳门特别行政区以及台湾地区）出版与发行。未经许可之出口，视为违反著作权法，将受法律制裁。

本书封底贴有Elsevier防伪标签，无标签者不得销售。

出版发行：石油工业出版社
　　　　　（北京安定门外安华里 2 区 1 号　100011）
　　　　网　　址：www.petropub.com.cn
　　　　编辑部：(010) 64523544　　发行部：(010) 64523620
经　　销：全国新华书店
印　　刷：北京中石油彩色印刷有限责任公司

2013 年 8 月第 1 版　2013 年 8 月第 1 次印刷
787×1092 毫米　开本：1/16　印张：24.25
字数：587 千字　插页：12

定价：110.00 元
（如出现印装质量问题，我社发行部负责调换）
版权所有，翻印必究

《国外油气勘探开发新进展丛书（十）》
编 委 会

主　　　任：赵政璋

副 主 任：赵文智　张卫国

编　　　委：（按姓氏笔画排序）

　　　　　　于兴河　马　纪　刘德来　李保柱

　　　　　　张仲宏　陈建军　周家尧　郭　平

　　　　　　章卫兵　梁永图

序

为了及时学习国外油气勘探开发新理论、新技术和新工艺，推动中国石油上游业务技术进步，本着先进、实用、有效的原则，中国石油勘探与生产分公司和石油工业出版社组织多方力量，对国外著名出版社和知名学者最新出版的、代表最先进理论和技术水平的著作进行了引进，并翻译和出版。

从 2001 年起，在跟踪国外油气勘探、开发最新理论新技术发展和最新出版动态基础上，从生产需求出发，通过优中选优已经翻译出版了 9 辑 50 多本专著。在这套系列丛书中，有些代表了某一专业的最先进理论和技术水平，有些非常具有实用性，也是生产中所亟需。这些译著发行后，得到了企业和科研院校广大生产管理、科技人员的欢迎，并在实用中发挥了重要作用，达到了促进生产、更新知识、提高业务水平的目的。部分石油单位统一购买并配发到了相关的技术人员手中。同时中国石油总部也筛选了部分适合基层员工学习参考的图书，列入"石油图书进基层活动"书目，配发到中国石油所属的 4 万个基层队站。该套系列丛书也获得了我国出版界的认可，三次获得了中国出版工作者协会的"引进版科技类优秀图书奖"，形成了规模品牌，产生了很好的社会效益。

2012 年在前 9 辑出版的基础上，经过多次调研、筛选，又推选出了国外最新出版的 6 本专著，即《岩性地层油气藏储层表征》、《深水沉积过程与相模式》、《碳酸盐岩油气藏开发新技术》、《天然气工程手册》、《天然气开采工程》、《海底管道工程》，以飨读者。

在本套丛书的引进、翻译和出版过程中，中国石油勘探与生产分公司和石油工业出版社组织了一批著名专家、教授和有丰富实践经验的工程技术人员担任翻译和审校人员，使得该套丛书能以较高的质量和效率翻译出版，并和广大读者见面。

希望该套丛书在相关企业、科研单位、院校的生产和科研中发挥应有的作用。

中国石油天然气股份有限公司副总裁

译校者前言

近年来，随着全球油气勘探与开发难度的日益增加，储层表征技术与方法在生产与科研方面得到了普遍重视，特别是新地质理论的出现、勘探开发手段的进步及计算机技术的广泛应用，更加促进了它的快速发展。然而，我们从事油气储层地质、储层沉积学及开发地质方面的科学生产工作多年，日益感觉与国际学科前沿相比，国内易出现两种错误倾向，即储层地质研究脱离储层沉积成因及不结合实际生产动态。前者会导致对研究成果缺乏较为可靠的预测性，而后者会导致研究成果难以满足实际生产的需求。因此，国内急需一部能够把储层沉积成因与动态生产实际效果联系起来的、比较系统的科研范例与著作。

本书原作者美国俄克拉荷马大学的罗杰·M.斯莱特 (Roger M. Slatt) 教授多年从事储层地质学方面的科研与生产工作，他特别关注储层的沉积成因与其分区分块性，并着重介绍了油气勘探开发中岩性地层油气藏的储层表征。本书在一次国际相关会议上引起我们的关注，希望将其译为中文，引入国内。于是借《国外油气勘探开发新进展丛书》增辑之际得以出版。

本书以大量生动详实的图件和范例介绍了储层表征从科研到生产的重要内容，语言浅显易懂，尤为突出的是其对各种碎屑岩沉积成因储层表征的研究实例介绍细致，对储层沉积表征结果在实际勘探开发中的应用给出很好的范例，全书共计12章，内容涉及储层表征的基本原理，技术与方法，碎屑岩储层的基本沉积特征、储层性质与控制因素，岩性地层学与层序地层学的基本原理，各主要碎屑岩系沉积相带与沉积特点，以及岩性地层油气藏表征的实例介绍等。

本书翻译注重国内外专业术语的协调互通，力求做到信息传递准确而流畅易读。遗憾的是，彩色图件未能得以原样刊出，对于由此带来的理解障碍，我们深表歉意。参与本书翻译的相关人员及分工如下：李胜利负责前言、第1章、第5章、第6章、第8章、第9章、第10章、第12章，张志杰负责第4章、第7章、第11章，刘玉梅负责第10章、第12章，古莉负责第2章、第3章，高兴军负责第2章、第5章。参与本书样稿校对与查错工作的学生有郭文峰、李伟茹、李志华、陈彬滔、戴明建、刘小亮、李慧明、周越、许磊、单新、刘蓓蓓、王建忠、贺婷婷、宋岑、李艳然、张娜、李明涛、杜永慧、张莎莎、王志兴、李文、万力、姜国平、鲍琪凤等。本书由于兴河教授与李胜利副教授对译稿进行了全面的审校。

本书在翻译和出版的过程中得到了中国石油天然气股份有限公司副总裁赵政章等有关领导和专家的大力支持，石油工业出版社给予了无私的帮助，在此表示诚挚的谢意。

由于我们的知识水平和对英文的理解能力有限，书中谬误在所难免，敬请读者见谅。

前　言

　　我非常幸运地拥有两种职业经历，其中前 14 年在石油工业，而后 16 年在学术界。因此，本书向读者介绍了我在储层表征科学和技术方面的研究经验；同时，本书采用不同经验、水平及研究兴趣的技术人员都易于理解的方式，阐述了有关储层表征的一些重要概念。为了实现这一目的，我融入了在储层表征方面的个人研究经验，同时也引用了一些经典的和近年来发表的综合性文献。从本书衍生出来的内容实际上包括一系列比较灵活的主题，这些内容可以面向本科生和研究生、国内和国际石油公司及石油协会组织，甚至可以用网络课程（远程学习）的形式面向感兴趣的公众。

　　作为一门学科，储层表征起源于一种认识，即如果地质家认知了地下储层的地质特征，那么更多的石油和天然气便可以从储层中开采出来。而在产生这种认识之前，油藏开发和生产是石油工程师的领域。事实上，在储层表征的重要性还未被人们认识到的时代，如果地质工作者被石油公司管理层从一个激动人心的勘探任务调出，去和一个石油工程师合作从事改善油藏生产动态的所谓平凡工作时，他们会感到被轻视了。

　　渐渐地，储层表征形成了以定量和多学科综合为特征的学科体系，它需要大量的技能和知识体系。或许，想成为一个储层地质学家的最大吸引力是快速计算的实现，以及随后的可视化程序和成像技术，所有这些允许年轻的地质人员在高度技术化的工作环境中实践他们的计算技能。同时，这门学科的发展也伴随着数据集成技术的演化以及石油工业资产评估团队的出现。最后，随着地球物理数据的采集和处理技术的提高，使地球物理学家能够绘制出储层内部的复杂图像，于是储层表征技术开始兴盛起来。

　　遗憾的是，大学在这方面的研究已经落后于这门学科的发展，因此地球科学专业的年轻学生通常没有机会辅修相应的工程学科。某些大学教师还天真地认为所谓的"表征"不是以科学为基础的，而应限于职业教育。

　　但也有一些大学，尤其是个别的欧洲大学和少数的美国大学，已经抓住这个机遇并建立起稳固的、严格的教育计划。当全球能源需求不断增长之时，石油企业为了避免员工总体达到退休年龄而出现人才断层便疯狂地招聘，而这些大学生们现在正收获着疯狂招聘带来的好处。

　　因此，如果地质学家和地球物理学家的教育和职业背景已经把他们带入了这门引人入胜的、综合性的学科，那么本书可作为他们的初级教科书。本书也是写给那些石油工程师的，这样他们便可以了解地质人员和地球物理工作者所做的工作，并探寻这三类研究人员在一个工作团队内是如何互相帮助以便改善油藏生产动态的。

本书把重点放在了储层的地层岩性表征方面，尤其是强调沉积过程和沉积体系对油藏生产动态的主要控制作用，同时强调对远离井口的地层岩性特征延伸范围（或有时是界限）的预测。一些学生和专业人员告诉我，本书已经帮助他们理解了储层变化的复杂性以及这种复杂性如何影响油藏生产动态。

我尽量避免过多讨论储层的构造特征，因为那本身就是一个非常大的研究领域。出于同样的原因，我尽量少用工程方面的原理。最后，我省略了储层地质建模及其在油藏模拟中的应用这一章。因为该学科发展得如此之快，以至于新的算法、程序和方法很快应用到定量表征中，本书难以跟上这种步伐。可以这样说，当地质学家和地球物理学家越来越多地参与储层表征的时候，更复杂和更加定量化的建模将继续发展，并且常常深入到特殊的储层问题。

的确，储层表征这门学科是复杂的、综合性的、多学科的和令人振奋的。它为进入石油工业的年轻人和那些有丰富研究经验并寻求扩大视野的人提供了许多职业需求。

我在这里感谢那些（我在石油地球科学界期间）让我感到很荣幸且愉快地一起工作和学习的人们。我所感谢的人包括但并不仅限于如下人员：Hamid Al-Hakeem, Al Barnes, Greg Browne, Mike Burnett, John Castagna, Bob Davis, Marlan Downey, Jim Ebanks Jr., Eric Eslinger, Camilo Goyeneche, Neil Hurley, Cretis Jenkins, Doug Jordan, John Kaldi, T.K. Kan, Marcus Milling, Shankar Mitra, Clyde Moore, Dave Pyles, Mark Scheihing, Bob Sneider, Charles Stone, Rod Tillman, John Warme, Bob 和 Paul Weimer 及 Alan Witten 等。也非常感谢在本书完成期间我的妻子 Linda Gay 对我的耐心和鼓励。我的儿子 Andrew Slatt 绘制完成了书中用到的大部分精美的图片，Anne Thomas 耐心地编辑了每一章，使本书的内容比我成稿的时候更具可读性。Carol Drayton 花了许多漫长而又令人焦虑的时间来确保一些出版图件得到许可。我的另外一个儿子 Tom Slatt 经常为我提供精神食粮和营养。最后我特别感谢 Robert Stephenson 鼓励我在俄克拉何马大学找一个住处，使我有精力实施这个写作计划，并且通过一个捐款为我提供资金支持让我得以完成本书。

Roger M. Slatt
俄克拉何马大学石油地质与地球物理教授

目　　录

第1章　储层表征的基本原理与应用 ……………………………………………… 1
 1.1　储层表征的综合知识与技能 ……………………………………………… 1
 1.2　石油和天然气：全球能源的主要来源 …………………………………… 2
  1.2.1　资源量和储量 …………………………………………………………… 2
  1.2.2　预测剩余资源 …………………………………………………………… 2
  1.2.3　美国地质调查所的评估 ………………………………………………… 3
  1.2.4　一些重要的对比问题 …………………………………………………… 4
  1.2.5　能源消耗 ………………………………………………………………… 5
 1.3　储层表征的增值作用 ……………………………………………………… 5
 1.4　石油和天然气储层的分区分块性 ………………………………………… 10
  1.4.1　分区分块性——例外还是普遍规律 …………………………………… 10
  1.4.2　储层分区分块的意义 …………………………………………………… 10
  1.4.3　分区分块特征 …………………………………………………………… 12
 1.5　沉积环境和沉积物类型 …………………………………………………… 13
  1.5.1　储层非均质性的规模和类型 …………………………………………… 13
  1.5.2　储层非均质性的分级（层次） ………………………………………… 15
 1.6　储层表征在油气田生命周期的什么阶段重要 …………………………… 18
  1.6.1　油气田的生命周期 ……………………………………………………… 18
  1.6.2　应用储层表征 …………………………………………………………… 19
 1.7　实例研究的价值 …………………………………………………………… 23

第2章　油气储层表征的方法和技术 ………………………………………………… 24
 2.1　不同规模的属性测量 ……………………………………………………… 25
 2.2　计算机和计算环境 ………………………………………………………… 26
 2.3　地震反射与地下成像 ……………………………………………………… 28
  2.3.1　二维地震 ………………………………………………………………… 28
  2.3.2　三维地震 ………………………………………………………………… 31
  2.3.3　四维地震 ………………………………………………………………… 35
  2.3.4　其他地震成图技术 ……………………………………………………… 37
  2.3.5　井间地震 ………………………………………………………………… 38
  2.3.6　多元地震 ………………………………………………………………… 41
  2.3.7　地震解释中的一些误区 ………………………………………………… 42
 2.4　钻井和取样 ………………………………………………………………… 42
  2.4.1　常规测井 ………………………………………………………………… 46
  2.4.2　非常规测井 ……………………………………………………………… 50
 2.5　小结 ………………………………………………………………………… 63

第3章 沉积岩的基本特征 ······ 65
3.1 沉积物和沉积岩的分类与特征 ······ 65
3.1.1 硅质碎屑沉积物和沉积岩 ······ 66
3.1.2 化学和生物成因沉积岩 ······ 77
3.2 沉积构造及其重要性 ······ 83
3.2.1 物理沉积构造 ······ 83
3.2.2 生物沉积构造 ······ 92
3.2.3 化学沉积构造 ······ 98
3.3 小结 ······ 99

第4章 地质年代与地层学 ······ 101
4.1 北美地质年代表 ······ 102
4.2 确定岩石形成的地质时间 ······ 102
4.2.1 放射性定年法（"岩石时钟"） ······ 103
4.2.2 相对定年法 ······ 104
4.3 微体古生物学和生物地层学在储层表征中的应用 ······ 106
4.3.1 高分辨率生物地层带（生物带） ······ 107
4.3.2 基于生物地层学的井震结合高分辨率地层对比 ······ 108
4.3.3 根据生物地层学确定沉积速率 ······ 111
4.3.4 生物地层学与密集段 ······ 111
4.3.5 生物地层学与沉积环境 ······ 113
4.4 瓦尔特定律和沉积相的序列 ······ 115
4.5 小结 ······ 117

第5章 储层性质的地质控制因素 ······ 119
5.1 定义 ······ 119
5.2 孔隙度和渗透率的实验与测量方法 ······ 119
5.2.1 直接观测 ······ 119
5.2.2 直接测量 ······ 122
5.3 原始粒度对储层质量（物性）的控制 ······ 125
5.4 成岩作用和储层性质 ······ 129
5.5 储层对比与网格粗化（计算）中的流动单元表征 ······ 131
5.5.1 结合地质和岩石物理性质描述流动单元 ······ 132
5.5.2 Gunter等（1997）表征流动单元的方法 ······ 134
5.5.3 利用流动单元进行网格粗化（计算） ······ 139
5.6 毛细管压力及其在储层表征中的应用 ······ 140
5.6.1 毛细管压力的原理 ······ 140
5.6.2 毛细管压力的常规实验测量 ······ 142
5.6.3 毛细管压力与喉道大小及喉道大小分布的关系 ······ 142
5.6.4 孔隙度、渗透率、喉道大小与毛细管压力之间的关系 ······ 144
5.6.5 毛细管压力、粒度分布与含水饱和度之间的关系 ······ 144
5.6.6 空气—汞毛细管压力测量值在储层条件下的转换 ······ 146

  5.6.7 储层中的自由水面和流体饱和度 ·············· 146
  5.6.8 毛细管作用和封闭能力 ·············· 147
  5.6.9 常规岩心分析数据得到的喉道大小和毛细管压力 ·············· 147
 5.7 用地震方法计算孔隙度 ·············· 148
 5.8 小结 ·············· 150

第6章 河流沉积与储层 ·············· 152
 6.1 辫状河沉积与储层 ·············· 153
  6.1.1 形成过程和沉积特征 ·············· 153
  6.1.2 油气藏实例 ·············· 156
 6.2 曲流河沉积与储层 ·············· 166
  6.2.1 形成过程和沉积特征 ·············· 166
  6.2.2 油气藏实例 ·············· 168
 6.3 下切谷充填沉积与储层 ·············· 175
  6.3.1 形成过程和沉积特征 ·············· 175
  6.3.2 油气藏实例 ·············· 176
 6.4 混合型河流储层 ·············· 181
 6.5 小结 ·············· 184

第7章 风成沉积和储层 ·············· 185
 7.1 搬运过程与沉积物 ·············· 186
 7.2 储层实例 ·············· 190
  7.2.1 北海Leman砂岩气藏 ·············· 191
  7.2.2 北海Rough气田 ·············· 192
  7.2.3 北海Pickerill油田 ·············· 193
  7.2.4 怀俄明州Painter储层油田 ·············· 194
  7.2.5 美国怀俄明州Tensleep砂岩 ·············· 195
 7.3 小结 ·············· 202

第8章 非三角洲的滨浅海沉积与储层 ·············· 203
 8.1 浅海水动力条件和沉积环境 ·············· 203
 8.2 浅海沉积 ·············· 206
  8.2.1 滨外沙坝或沙脊 ·············· 207
  8.2.2 滨面准层序与沉积序列 ·············· 208
  8.2.3 海相控制的下切谷充填沉积 ·············· 211
  8.2.4 沉积物来源的重要性 ·············· 211
 8.3 浅海储层 ·············· 212
  8.3.1 让人困惑的Hartzog Draw油田 ·············· 212
  8.3.2 科罗拉多州丹佛盆地的Terry砂岩 ·············· 217
 8.4 障壁岛沉积和储层 ·············· 219
  8.4.1 复杂的沉积过程和沉积物 ·············· 219
  8.4.2 蒙大拿州与怀俄明州的Bell Creek 油田和Recluse油田 ·············· 220
 8.5 小结 ·············· 225

第 9 章 三角洲沉积和储层 226

9.1 常见三角洲的沉积作用、环境及类型 227
9.2 河控三角洲沉积模式和储层 230
9.2.1 沉积过程与沉积物 230
9.2.2 储层实例——Prudhoe 湾油田 232
9.3 浪控三角洲 238
9.3.1 沉积过程与沉积物 238
9.3.2 储层实例——Budare 油田 241
9.4 潮控三角洲 244
9.4.1 沉积过程与沉积物 244
9.4.2 储层实例——Lagunillas 油田 245
9.5 小结 248

第 10 章 深水沉积和储层 249

10.1 概述 249
10.1.1 定义 249
10.1.2 全球深水（油气）资源 249
10.2 深水沉积作用 251
10.3 沉积模式 253
10.4 深水沉积的构形要素 255
10.4.1 席状砂岩和储层 256
10.4.2 峡谷和水道充填砂岩及储层 264
10.4.3 天然堤沉积和储层 272
10.5 小结 278

第 11 章 应用层序地层学进行储层表征 279

11.1 基本定义和概念 281
11.1.1 在时间和空间上与海水体积有关的定义和概念 281
11.1.2 层序地层格架中与沉积物堆积有关的定义和概念 282
11.1.3 在年代地层格架内有关海平面波动旋回和沉积物堆积的定义与概念 292
11.2 层序地层格架的建立 295
11.2.1 识别一个关键面作为起始点 295
11.2.2 体系域的识别与对比 297
11.2.3 预测体系域及沉积相的垂向和侧向分布（储层、烃源岩和盖层） 297
11.3 高分辨率层序地层学 302
11.3.1 概述 302
11.3.2 在油藏勘探和开发中的应用 303
11.4 小结 309

第 12 章 油藏勘探开发综合表征实例：印尼南苏门答腊盆地 Jabung 区块 Betara 东北部油田 311

12.1 Betara 东北部油田的发展历史 311
12.2 油田特征 312

  12.2.1　总储层厚度 ··· 312
  12.2.2　沉积相、物性及其分布 ··· 315
  12.2.3　储层分区 / 分块性 ·· 321
 12.3　沉积模式 ··· 325
 12.4　层序地层 ··· 328
 12.5　油田开发方案 ·· 330
  12.5.1　油田开发建议 ··· 330
  12.5.2　建议开发井的确定 ·· 330
  12.5.3　油藏开发挑战及策略 ··· 332
 12.6　结论和应用 ·· 333
参考文献 ··· 337
词汇表 ·· 358

第1章 储层表征的基本原理与应用

像大多数"知识"一样，目前有关石油和天然气储层方面的信息正在大量涌现，呈指数增长，且这些信息可以让我们公开使用。同其他全球性话题一样，"信息时代"同样适用于石油和天然气的勘探和开发。

储层表征领域正处于一个健康的成熟发展期。也许是因为地质信息数量庞大，性质复杂，源自工程项目的累积经验也日益增多，储层表征技术正稳步趋向于成熟。前些年，对于地质勘探工作者来说，评估储层是一份艰苦的工作。在20世纪80年代期间，由于油气勘探的下降，已经习惯了油气勘探评价的地层学家为了在此行业提高自己的专业能力，开始致力于储层描述方面的工作。地球物理勘探工作者也在油藏开发领域里找到了用武之地。随后，包括生物地层学和地球化学在内的一些其他学科的研究人员也发现他们的专业技能可以适用于储层表征方面的工作。

甚至美国石油地质学家协会（AAPG）现在也已认识到在油气勘探和开发生产之间需要更好的平衡。P. J. F. Gratton 主席（2004）说："……提高油气采收率技术作为传统油气勘探技术的补充和替代，其发展需要我们的关注和响应"。

1.1 储层表征的综合知识与技能

当前，储层表征领域通常涉及以下学科：地质学、地球物理学、油层物理学、石油工程、地球化学、生物地层学、地质统计学及计算机科学。甚至行为科学也必须包括在内，因为不同学科人们所想或所做不同，而且有时必须鼓励他们在一个团队中合作。有一段众所周知的话（来源未知）非常适合于石油和天然气工业：问两个石匠在干什么，第一个说我在把石头切成块，第二个回答我在建设大教堂的团队之中。

再有，不同学科的工作人员具有各自的技术语言，因此有时候交流是很匮乏，并且会造成代价很高的失误。以"深水"这一术语为例，地质学工作者使用这个术语是指位于风暴浪基面之下（斜坡和盆地深处）的沉积物的沉积背景。而钻井工程师认为"深水"一词是指海上钻井的水深背景，即泥线（海底）之上现今水深大于500m（1500ft）的区域。

在20世纪90年代中期人们以极大的热情引入了可视化技术和设备（Slatt 等，1996），这些技术和设备现在通常为所有大型和许多中型公司使用，为我们提供了一种打破学科之间交流障碍的有效方法。这其中的一部分原因是石油行业中年轻人的强烈愿望——他们都是在家用和学校电脑及视频教程时代中培养出来的地质学家——善于使用电脑来完成大部分任务。尽管我们都承认电脑在石油和天然气勘探与开发中的优越性，但是也存在许多滥用电脑的情况（利用电脑代替知识本身去解决油气勘探开发问题）。大学教授有时因为教出"电脑游戏地质家"（意为过多依赖电脑的地质工作者）而受到责备（这个名词是由一名长期工作在石油领域的地质学家 W. Camp 首次介绍给我的)。

因此,储层表征这一领域是极具综合性和挑战性的。事实上,现在储层表征的定义也因储层表征技术和专家技能的不同而有所不同。我倾向于由 Halderson 和 Damsleth (1993) 提出的比较含糊的定义(也许正因为含糊才正确):"储层表征的主要目的是通过最优化方法来清楚地认识储层的地质特征,用最小的成本,在更好的位置打较少的钻井来获取更高的采收率"。

1.2 石油和天然气:全球能源的主要来源

1.2.1 资源量和储量

现存于地表之下的石油和天然气的总量可以用多种方式进行分类。图 1.1 展示了一种分类方案,从资源量(未发现的总估算量)到储量(某油价下的证实储量或概算储量)。任何时候确定油气的资源量和储量都是很困难的,并且它们的数值会随时间变化。毫无疑问,预期的总资源量由于地理、政治与经济等原因而很难通过勘探全部落实(图 1.1)。然而,目前勘探落实不了的资源量可能在未来得到落实,因此总的资源量将随时间而改变。一旦确定和发现资源量,可能也只有百分之几的资源量在技术上是可采的。但是,今后的技术(其中的一些技术将致力于改进储层表征)将随时更改这个百分比。最后,虽然资源量可能在技术上是可采的,但是经济效益将决定在给定的时间和价格条件下应该采出多少油气。因为全球和地区经济以不同幅度不断变化,所以实际开采资源量和可采资源量也将随时间变化而不同。这部分资源量就可视为证实储量和概算储量。

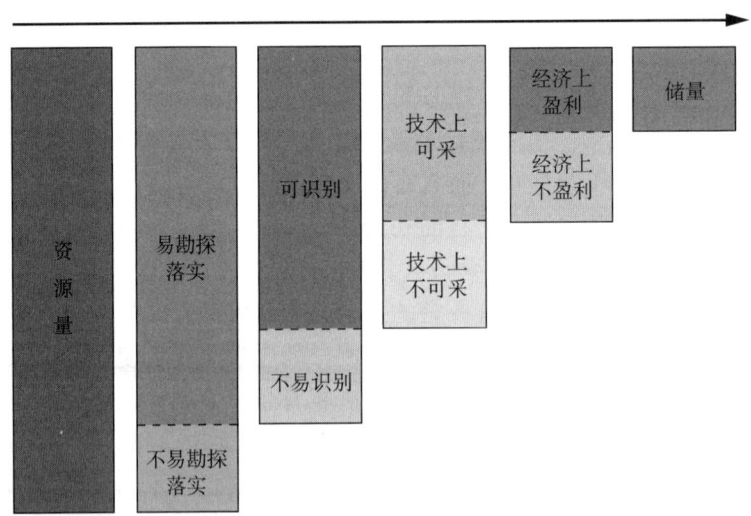

图 1.1 资源量和储量的定义(据 Favennec,2002,修改,经法国石油研究院许可再版)

1.2.2 预测剩余资源

多年来,人们做了许多关于全球石油和天然气供应何时将耗尽的评估和计算。也许引用得最广泛的是 M.K. Hubbert 所做的预测。引起重大关注的"Hubbert 曲线"发表于 1957

年，当时 Hubbert 预测美国石油年产量将在 1965—1970 年间达到高峰，该曲线建立在当时 $1500 \times 10^8 \sim 2000 \times 10^8 \text{bbl}$ 原油储量估算的基础上。事实上，美国石油产量确实在 1970 年达到 $34.4 \times 10^8 \text{bbl}$ 的高峰产量（Deming，2001）。

表 1.1 不同年份估算的最终采出量（EUR）和最高产量表（据 Edwards，2001，修改）

估算的年份	最终采出量（$\times 10^9 \text{bbl}$）	最高产量的年份
1969	2100	2000
1978	3200	2004
1983	3000	2025
1989	2000	2010
1993	3000	2010
1994	1650	1997
1994	1750	2000
1996	2600	2007—2019
1997	2836	2020
1998	2800	2010—2020
1998	4700	2030
1999	2700	2010
2000	2659	—
2001	3670	2020—2030

Hubbert 的预测基于以下假设：①有限的石油可采储量；②生产速度呈指数增长，达到高峰然后开始衰退。如此预测引起了很多争议，因为他用了不精确的或无效的数据去估计有限的石油可采储量。除了 Hubbert 的两个假设之外，他的生产预测还仅仅以时间为基本条件。然而，其他能够影响可采储量和生产速度的因素还包括千变万化的经济、全球政治、复杂的汇报程序及勘探、开发的工艺改进。过去 30 年间，运用不同的哲学思维和信息所做的一些评估也涵盖在表 1.1 的数据中。

这些数据（表 1.1）表明估计最终采出量（EUR）的预测值在 2 倍系数上发生变化，预测值在 30 年时间间隔之内呈没有规律的增加或减小。大多数预测的最高产量出现在预测年份之后的 5~25 年内。如果这个规律证实是可靠的话，那么呈指数下降趋势的生产过程将会持续多久仍然是不确定的，因为那将取决于资源量的大小以及上述的诸多非地质因素。有关油气生产高峰结束的悲观预测使得关于资源保护、工业化、环境保护、可替代能源、氢经济及核聚变等的争论更加白热化，同时也促进了这些领域的研究、开发利用及技术改进。

1.2.3 美国地质调查所的评估

表 1.2 更详细地说明了表 1.1 中的 2000 年全球油气预测值。表 1.2 里面描述的一些概念的解释如下：

（1）常规油气资源：油气呈不连续聚集，通常以其下倾的油水界面为界，此界面主要受原油在水中的浮力影响。这与非常规油气资源相反，例如盆地中心的致密砂岩气、煤层气、焦油砂及油页岩等。

（2）储量增长：已知油气储量的增长通常发生在已开发和开采的油气田中，它是指在当前技术条件下，通过改进油藏管理可以增加石油和天然气的开采量。

（3）待发现资源：存在于已知油气田之外，从地质信息和地质理论推断出的资源。

（4）剩余储量：没有被开采出来的存在于已发现油气田里面的石油和天然气量，由已知（或预测的）量减去累计产量来计算剩余储量。

（5）累计产量：已生产的石油和天然气上报的累计量。

表 1.2 美国地质调查局（2000）预测的全球石油和天然气资源量（美国地质调查局许可再版）

范围	资源量	石油平均值（$\times 10^9$bbl）	天然气平均值	
			$\times 10^{12}$ft^3	油当量（$\times 10^9$bbl）
全球（美国除外）	未发现常规油气	649	4669	778
	储量增长（常规油气）	612	3305	551
	剩余储量	859	4621	770
	累计产量	539	898	150
	总量	2659	13493	2249
美国	未发现常规油气	83	527	88
	储量增长（常规油气）	76	355	59
	剩余储量	32	172	29
	累计产量	171	854	142
	总量	362	1908	318
全球总量		3021	15401	2567

1.2.4 一些重要的对比问题

表 1.2 揭示了一些重要问题，包括：

（1）从全球资源量来看（不含美国），剩余的资源量（石油和天然气）比已生产的更多，但是美国本土累计产量已经远远超过剩余储量。

（2）从全球资源量来看（不含美国），未勘探的常规石油和天然气资源量比已生产的要多，但是美国本土累计产量已经超过预测、待发现的（待探明的）常规资源量。

（3）从全球资源量来看（不含美国），油气储量的增长超过或者约等于石油的累计产量，约是天然气产量的 4 倍，但是美国油气储量增长是油气累计产量的 1/2 到 1/3。

（4）从全球和美国的总资源量来看，油气储量的增加约是待发现的常规石油和天然气的总量和。

最后一点特别重要，有如下三个理由：第一，它指出了勘探对开发的经济影响问题。因为与目前残留在现存油气田中的储量（剩余储量）值大约相同的储量是有待探明的。因此，我们应该更加着重于找到新的储量，还是强调开发现存的储量（剩余储量）呢？最近，一些公司缩减了勘探预算以支持加大探明储量的开发。然而，对这一问题的决断并不简单，并且随着一些条件而发生变化，如油气勘探和油气田的地理位置、距离远近；找到油气后，开采和运输油气的基础设施投资以及石油和天然气的短期价值。第二，产量的增加量，即超出我们期望从成熟油气田剩余储量里开采出的油气，能显著地延长油气田的生产周期。第三，以美国为例，与剩余储量相比，大约两倍的石油和天然气储量来源于储量增长量，这表明了油气田储量的最初估计值通常太保守了。一个油气藏从勘探到发现油气，再到油藏评价和开发生产，期间会产生更多的数据，而这些数据有利于我们对储层更好的理解。加深对储层的认识会提高对资源量估计的精确度，进而减小关于储量计算和最终开采量预测的不确定性（图1.2）。

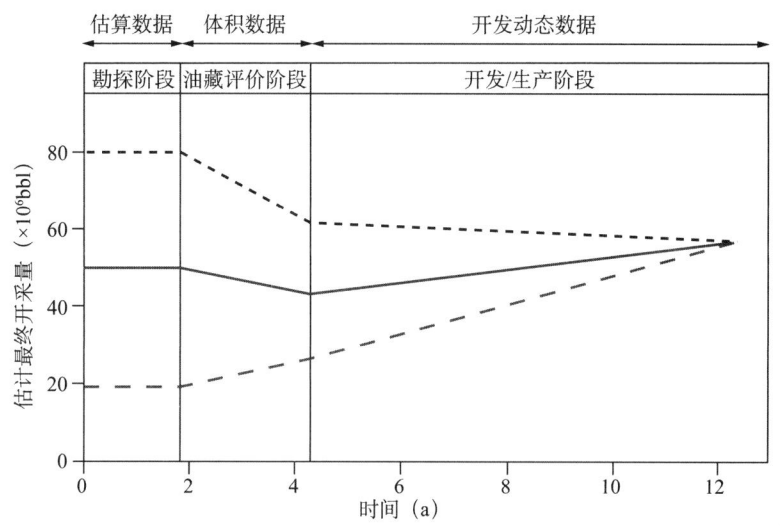

图1.2 资源估算量的不确定性随时间的变化（据Ross，1997，修改；SPE许可再版）

1.2.5 能源消耗

图1.3反映了全球过去和未来直到2020年的各种能源消耗趋势（Durham，2003）。直接与人口增长相关的能源消耗趋势表明，至少在可预知的未来，石油和天然气仍将占全球能源的主体。因此，持续的全球性勘探和开发这种资源是很有必要的。若不考虑预测值，可以肯定的是石油和天然气资源是有限的，必须有效地开发它们，以便使呈指数增长的全球人口获取最大的利益（Edwards，2001）。

1.3 储层表征的增值作用

前面的讨论说明了储层表征的重要性。如果对一个油气田做了恰当的储层表征，就能使油气产量增加超过预期值，那么储层表征就有了经济价值。例如：恰当储层表征使一个油气田的采收率增加了5%，假设油气田最初估计具有100×10^6bbl油可采储量，那么就可以再多生产5×10^6bbl。通过更好地理解油气田复杂的地质特征来提高产量（图1.4），这可能源于较好的地质评估与（或者）在油气田中应用新的技术（即改进的储层表征）。许多成熟油气田通过利用三维地震生成精细的以前没有引起人们注意的地层和构造特征图来提高采收率（图1.5），或者当我们理解了储层的展布方向、几何形状与分区特征的时候（图1.6），可以通过水平钻井来提高采收率。由于这个原因，在过去大约15年间，储层表征已经从简

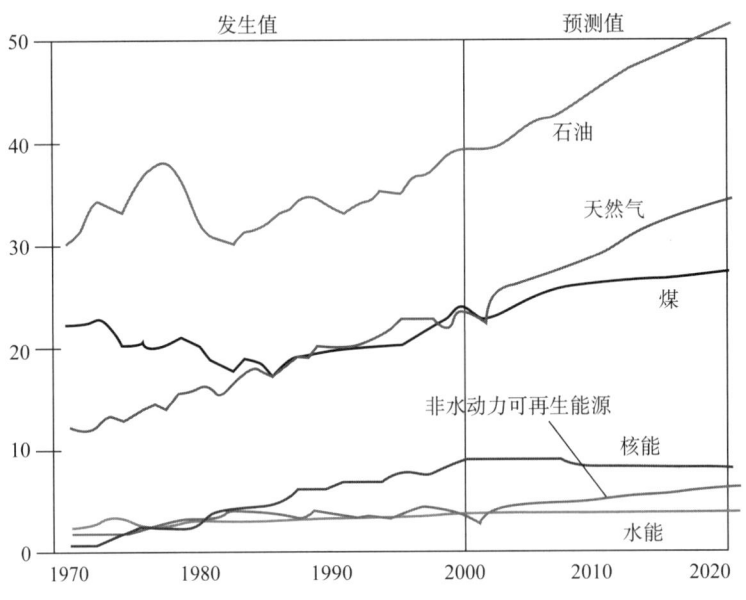

图 1.3 1970—2020 年燃料能源的消耗
(据 Durham，2003；AAPG 许可再版，需要其许可进一步使用)

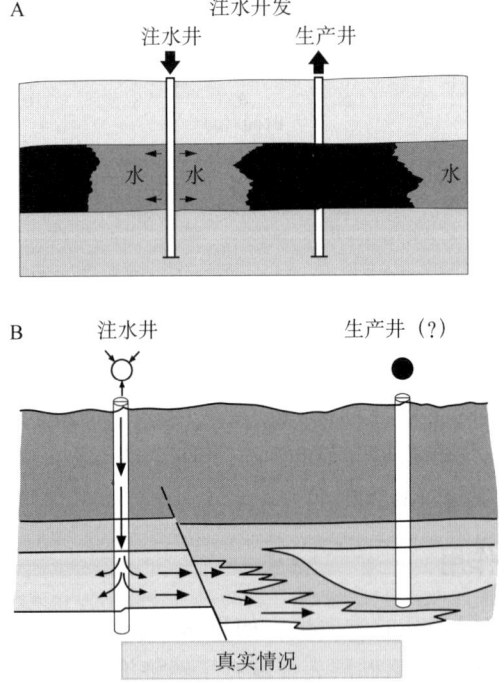

图 1.4 （A）进行注水开发的连续砂岩储层的简单认识；（B）影响注水开发效果的井间地层和构造变化的复杂性（图片由 W.J. Ebanks Jr 提供）

单的工程评价发展为地质学家、地球物理学家、岩石物理学家及石油工程师一起合作的多学科团队工作。

很难找到关于通过储层表征增加了产值或节约了成本方面的信息，因为通常公司不提供这些信息，也常常不能充分地追踪这些信息。下面的四个例子提供了一些关于储层表征提高综合经济价值方面的认识及在当时算是新技术的使用实例。

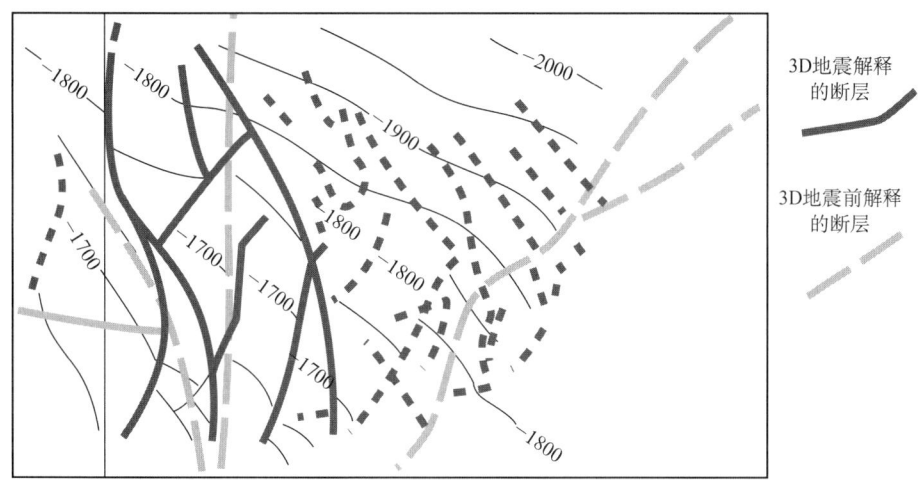

图 1.5 三维地震勘测之前和之后砂岩储层中的断层（此图由 W.J. Ebanks Jr 提供）
该油气田实施了成本昂贵的三次采油方案，因此准确认识断层的位置、排列方向和数量非常重要

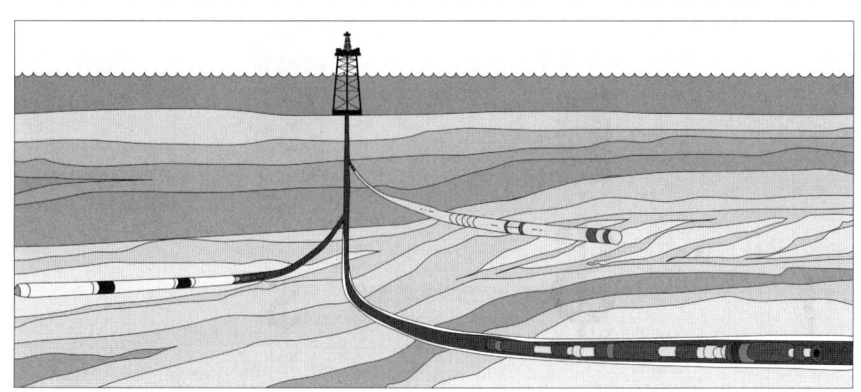

图 1.6 砂岩（黄色/白色）中的多分支水平钻井示意图（据 AAPG Explorer 修改）
此图说明了地层尖灭、由泥岩造成的储层偏移叠置和分块性、较好的横向和垂向连续性和连通性，水平钻井非常适合于地层和构造复杂的储层

第一个例子（Sneider, 1999）是关于一个较大的石油和天然气公司，该公司多年来一直以传统的方式进行组织运作（图 1.7）。为检验团队协作的价值，该公司做了一个试验，组成一个小的分支机构，该机构包含协作团队里的具有不同技能和专业技术的人员（图 1.8）。

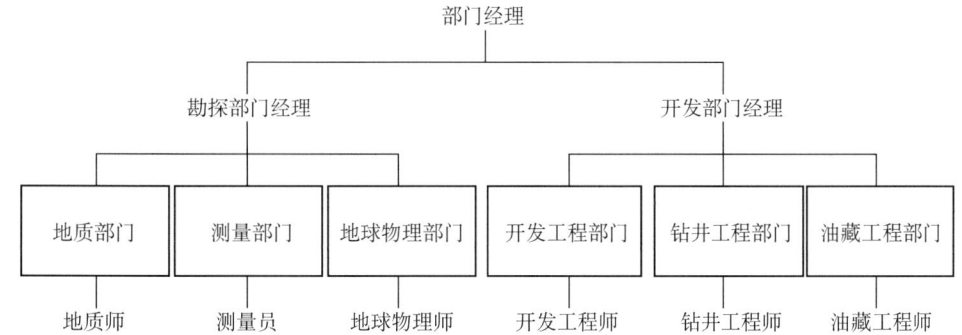

图 1.7 截至 20 世纪 80 年代晚期的石油工业传统学科分类，这一时期石油公司开始形成更综合的组织机构（据 Sneider，1999；经 AAPG 许可再版）

— 7 —

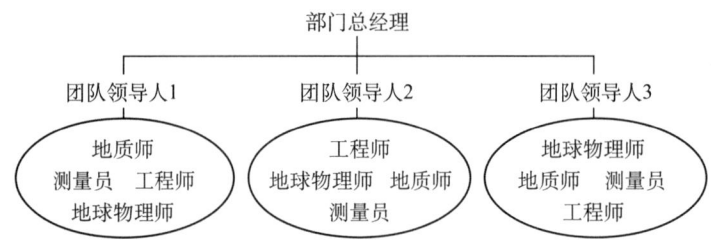

图 1.8　20 世纪 90 年代早期综合团队的理念
（据 Sneider，1999；AAPG 许可再版，需要其许可进一步使用）
综合协作团队里具有不同专业技能的成员可以根据需要进出该团队，这种组织机构是现代"精英团队"的先驱，这形成了大型石油公司的上游组织机构

在五年试验期满时，把整个大公司和小分支机构的勘探成本和探明储量进行对比，结果令人吃惊（图 1.9）。协作团队不仅发现的储量是整个大公司的 2.8 倍，而且他们的勘探成本比大公司的一半还要少！这类试验为石油工业里形成现代化的管理部门铺平了道路——这个团队通常称为"精英团队"（或相似的名称）。这个例子说明了在勘探和生产方面，团队工作的重要价值。

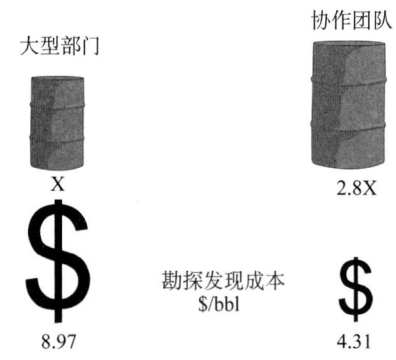

图 1.9　在五年试验期之后子公司/协作团队的探明储量和发现成本
（据 Sneider，1999；AAPG 许可再版，需要其许可进一步使用）
协作团队勘探发现的石油几乎是公司中庞大勘探部门的三倍，并且勘探发现成本比大勘探部门的一半还少

第二个例子是一个小公司在 20 世纪 80 年代工业低迷时期，从勘探转向油田资产收购而获得成功（Durham，2001）。以下的评价准则是公司收购油田时必须考虑的：

（1）油气田是一个可注水开发油藏；
（2）采用目前的井距和井位，油气田注水开发生产效果较差；
（3）在油气田的低电阻岩石中尚有未识别的油气层（即低阻油气产层）；
（4）油气田尚有未识别出的构造或地层油气藏；
（5）还有未识别的其他油气田，但可在地震上识别。

该公司的油田收购计划获得了极好的结果，以 \$2.69/bbl 的成本购买了 46 个成熟油气田，这些油气田有超过 625×10^6 bbl 附加储量。这家公司使用的评价标准仅仅是基于恰当的储层表征技术，而这项技术综合应用了地质知识和现有技术。

第三个例子说明了三维地震在油气田开发中的价值。1995 年，在 Rocky 山区的一个小油气田里进行了一次三维地震勘探（Sippel，1996; Montgomery，1997）。在这次勘探之前，该油气田通过测井曲线和生产信息，绘制了一个连续的砂体分布图（图 1.10）。在这次三维地震勘探之后，分析员认识到该油气田可细分为许多相互独立的"生产区块"。这一发现促使了重新安排最初的注水开发设计并有选择性地布置相应的注水井，这使日产量的增加大于100%，原始石油地质储量从 5.9×10^6 bbl 增加到 6.9×10^6 bbl，而预期总采油量增加到原始石油地质储量的32.6%。同时，成本也减少了，经费的使用也变得更有效率了。这个例子提供了一个通过使用现有技术在经济上获得成功的确凿证据。

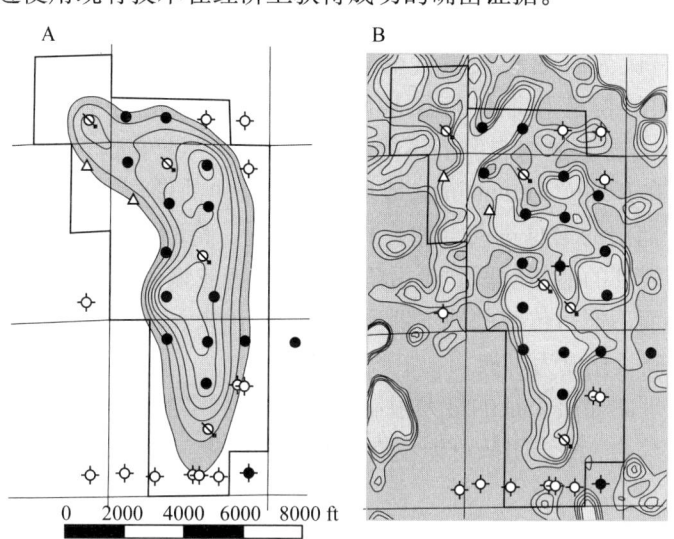

图 1.10 （A）只由井控制的有效厚度；（B）由三维地震和井控制的有效厚度
（据 Sippel，1996；Montgomery，1997）

等值线间距是 5ft，从 0～25ft。三维地震清楚地显示了高度分散的砂岩储层分布，不像只由井控所画出的更连续的砂岩分布特征，值得注意的是有些砂岩厚的地方尚未钻过井（黑点），因此这些点代表着主要储层中未开发的部分

第四个例子提供了一个统计资料，即应用三维地震在南路易斯安那州天然气田进行生产的情况（图 1.11）。该地区的天然气产量在 20 世纪 70 年代中期开始下降。20 世纪 90 年代中期，在这个地区开始广泛地使用三维地震，通过使用三维地震成像技术来提高储层表征和井位布置的准确性，许多油气田天然气产量得到了显著地提高。

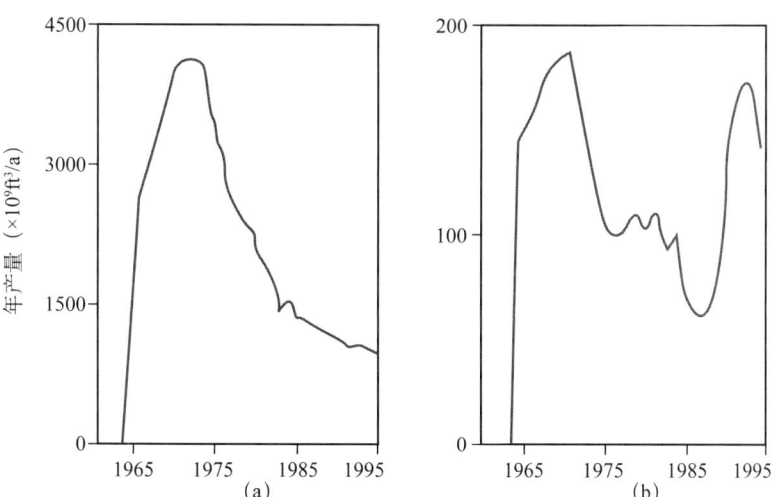

图 1.11 所有南路易斯安那州气田（a）和一些进行三维地震勘探气田（b）的产量（由 Scotia Group, Inc. 提供）
尽管两图之间的垂直比例不同，但是很明显所有气田有一个明显产量下降期；而在一些气田，通过获取三维地震资料而使产量开始增加（b）

1.4 石油和天然气储层的分区分块性

1.4.1 分区分块性——例外还是普遍规律

在过去的 20 年间,应用学科的融合已经改变了我们对于石油和天然气储层特征的认识。曾经普遍认为石油和天然气储层具有相对简单的地质特征,而实际上它们相当复杂,在不同的构造和地层特征基础上,油气储层可再细分为构型要素或分区(图 1.4)。实际上,部分误解来自我们不能看到储层的实际分布情况,因为它在地面之下。Slatt(1998)发现在 Rocky Mountain 盆地里面分区分块的储层是普遍存在的,而不是例外。随着更多关于储层的信息进入全球公共视野,这一论断在 Rockies 之外也证明是正确的。因此,在储层表征的最初阶段到最后阶段,研究者应该假设油气田是分区分块的,即便由于比例尺太小而不能由传统的地下地质技术识别出来。通过融合以上所提到的不同学科,使储层表征精确量化成为可能。

通常,正确合理的储层表征的最大限制因素是时间。因为种种原因,在开始钻井或其他生产步骤之前,综合/协作团队可能没有足够的时间来完成要求的工作(即马车放在了马的前面)。

1.4.2 储层分区分块的意义

图 1.12 展示了一个分块的滨面储层分布,该图说明整个砂体包含各种独立单元,其中假想井具有相同的井距。

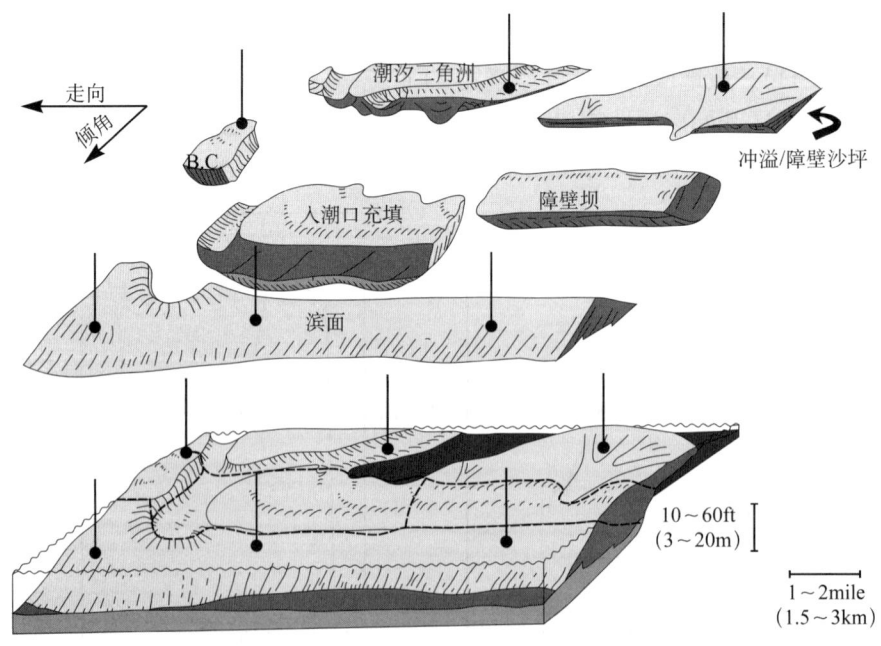

图 1.12　一套滨岸砂岩层序被认为可能是一套连续的沉积,然而它被分割为不同区块,每块为滨岸区域中不同的沉积环境。一些砂岩(黄色的/明亮—暗淡)被泥岩(橙色/灰色)包裹着,因此就从其他砂岩中隔离或分隔出来。六口等间距井表明在这一假设的例子中,两处沉积(入潮口充填和障壁坝)还没有井钻遇,因此应有未开发的储量(据 Galloway 和 Hobday,1983,修改)

由于井距相同，一些孤立的区块没有钻遇或开采，因此该油气田将不能够达到它的生产潜力。即使由于生产压力下降而使遮挡流体通道的隔层（如这个例子中的泥岩）发生破裂，孤立的分块单元内的原油开采也还是会推迟。

缺乏对储层分块性的理解会对注水动态产生非常深远的影响。如图1.13所示的上部砂岩，在井控的基础上，最初被绘制为一个单一的砂体。在这一基础上设计了注水开发方案，但是它未能够达到预期的效果。当地质师重新检查测井曲线和岩心特征的时候，他认识到测井响应中的"V"形凹进部分（图1.14）代表着薄层泥岩，这些薄层泥岩分布于整个油气田，并且把砂岩体分割为一系列孤立的砂岩透镜体（图1.15），而这些泥岩会阻止注入水到达我们要开采的砂岩储层。

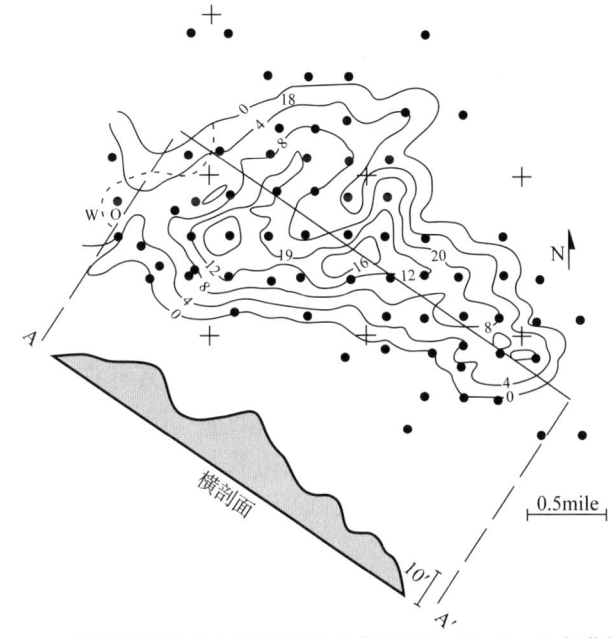

图1.13 砂岩储层的净产层等厚图 ft（由 W.J. Ebanks Jr 免费提供）
这张平面图和剖面图的假设条件是该区砂岩为一个均匀和连续的砂体

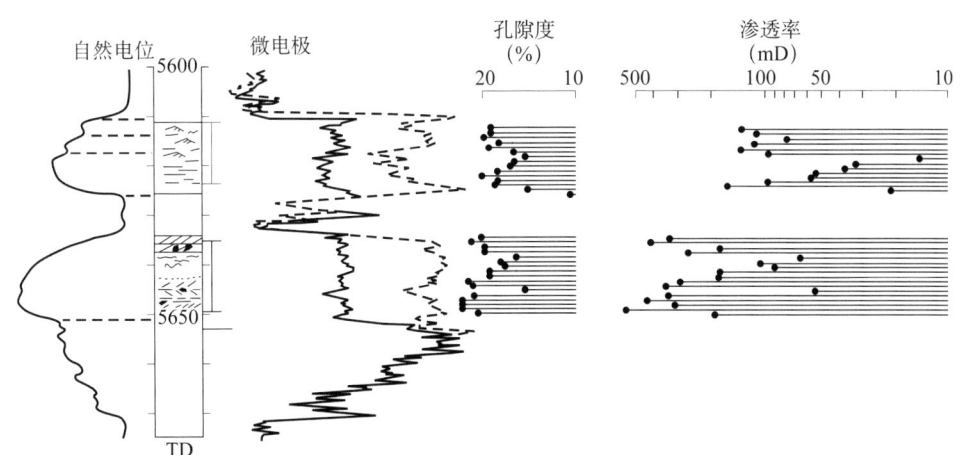

图1.14 两套砂岩储层的电测井曲线和由岩心标定的孔隙度和渗透率值（图由 W.J. Ebanks Jr 免费提供）
上部砂岩就是图1.13里面的那套储层。注意SP和微电极测井曲线上的"V"形凹进部分（由水平阴影线强调突出）
以及低孔隙度和渗透率的区域

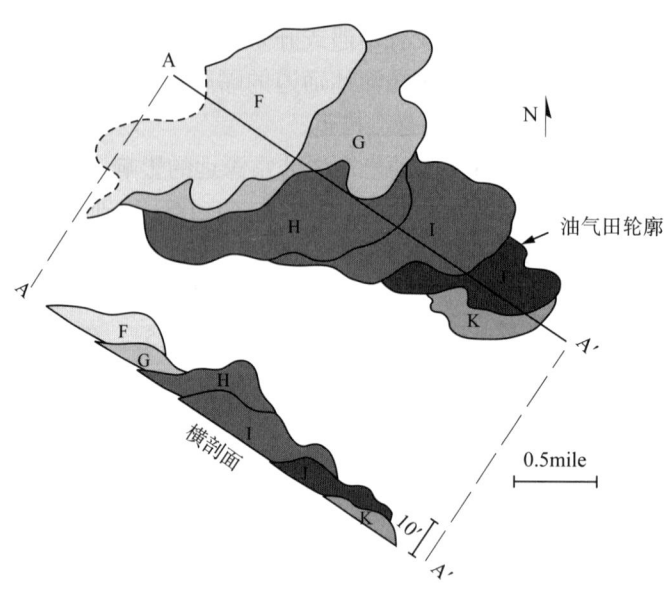

图 1.15 等厚图显示了六个（F—K）孤立的（由泥岩分隔）砂岩透镜体,这些砂岩透镜体均为砂岩储层（图由 W.J. Ebanks Jr 提供）

1.4.3 分区分块特征

对于储层来说，一个形象的类比就是把它比作一把具有许多附件或者构件的小刀（图 1.16）。小刀的总体积和形状就好比一个新发现的油气田，掌握的资料只能够估计其体积、外部形状与粗略的内部属性。一旦这个新油田被发现，储层中的"构型要素"和内部属性就像小刀的不同的组件，各有各的尺寸、形状与功能。

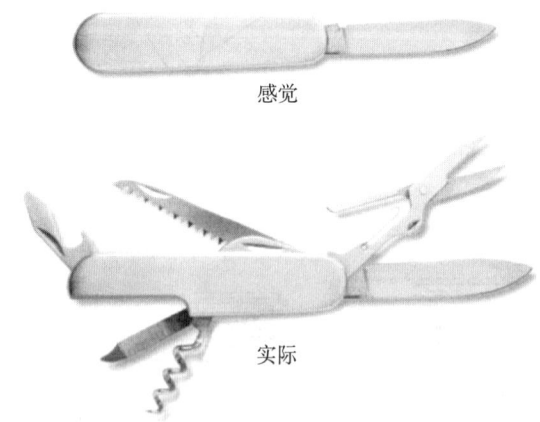

图 1.16 感觉相对简单的单刃小刀和实际上多附件和多功能的小刀
（据 Oklahoma Independent Petroleum Association, 2001, 修正）

即使在有很多井和生产信息的成熟油气田里面，井之间很小的未钻区域（井间区域），在地质上也有不确定性。例如，断层和地层尖灭能够阻止注水井和生产井之间的流体流动，因而降低了注水方案的效率（图 1.4）。许多注水开发方案的失败都是由于这类常见的但未被发现的储层特征所造成的。

甚至现在普遍用于储层表征的三维地震勘探也不能反映储层内所有可能控制储集性能

的储层特征。这类储层特征称为"亚地震规模"储层特征（Slatt 和 Weimer，1999）。

因此，储层一般包括许多组成部分或构型要素，它们一起构成储层，但是它们又各自控制着油气储量和储层的产能。这些构型要素由储层的大小、几何形状、展布方向、内部连续性以及储层和盖层的垂向连通性决定，即由储层质量决定。

1.5 沉积环境和沉积物类型

地球表面上的许多沉积环境以碎屑、生物颗粒（壳等）和化学沉淀物的形式接受沉积。本书所关心的沉积物来源于对原岩的风化作用和侵蚀作用，并且由风、水、和（或）冰搬运到最终沉积地点，也就是碎屑沉积物。来自不同沉积环境的沉积物可以大体上分成大陆的、过渡环境的及海洋的沉积物（图1.17）。

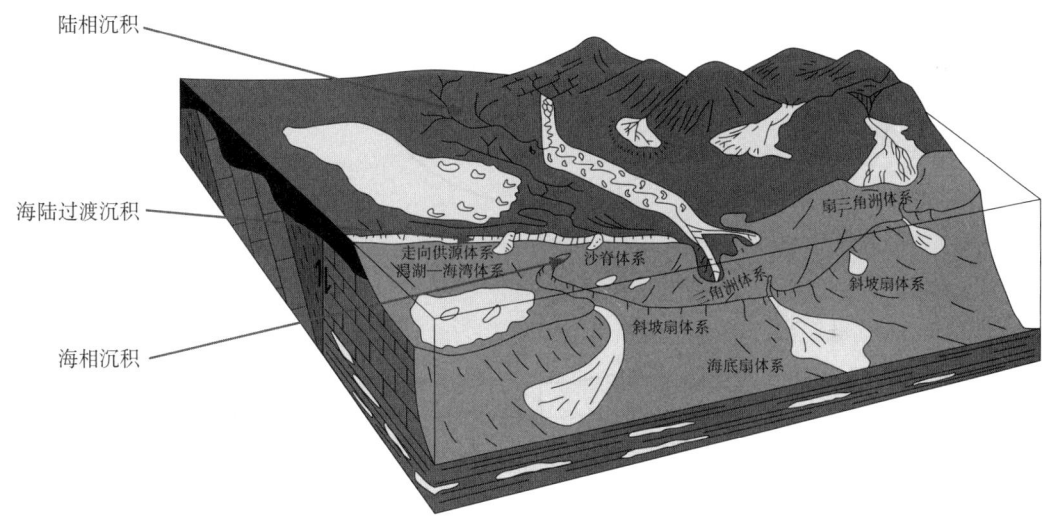

图 1.17 大型碎屑岩沉积环境（据 Fisher 和 Brown，1984，修正）

三种主要的沉积环境（1级）是陆相（非海相）、海陆过渡相（海相到非海相或海岸处）与海相（海里的）。这些沉积体系中的每一类都各自有一套沉积特征，进而形成不同类型的储层。进一步的细分如图1.20、1.21 和 1.22 所示

每种不同的沉积体系会表现出不同的构型要素，沉积物搬运过程和不同环境的再沉积会产生不同的储层特征。储层的形状、大小、净毛比、连续性、排列方向以及其他储层特征都与沉积物搬运、沉积过程、盆地结构、气候、构造、海平面升降变化等因素有关（图1.18）。如果石油工程师想使探边井和开发井的位置、排列方向与数量达到最优化，以便提高最终生产效率和储层管理水平，那么他们必须了解储层地质的复杂性，因为这种地质复杂性控制着储层的生产动态。

1.5.1 储层非均质性的规模和类型

大多数储层都具有不同类型和规模的非均质性。根据规模大小将储层非均质性从最小到最大分为微观的、中观的、宏观的与巨观的非均质性（图1.19，Krause 等，1987）。

微观或孔隙/颗粒规模的非均质性与孔隙和颗粒的排列有关，包括孔隙体积（孔隙度）、孔隙大小和形状、控制渗透率的颗粒之间的接触关系以及颗粒类型。

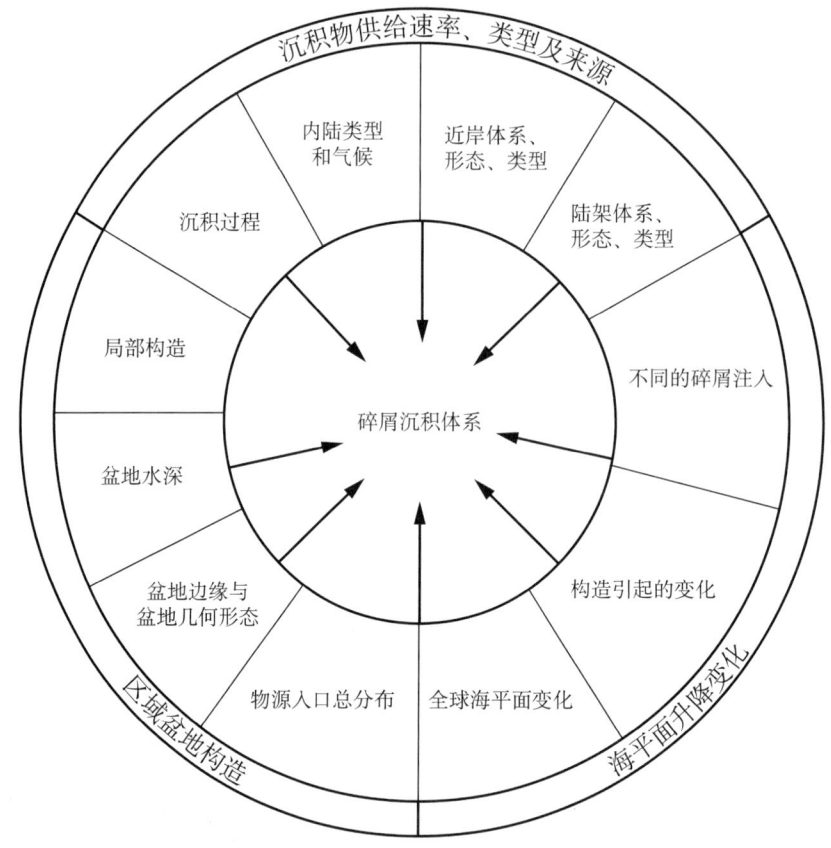

图 1.18 影响碎屑沉积体系的因素（据 Richards 等，1998；由伦敦地质学会许可再版）

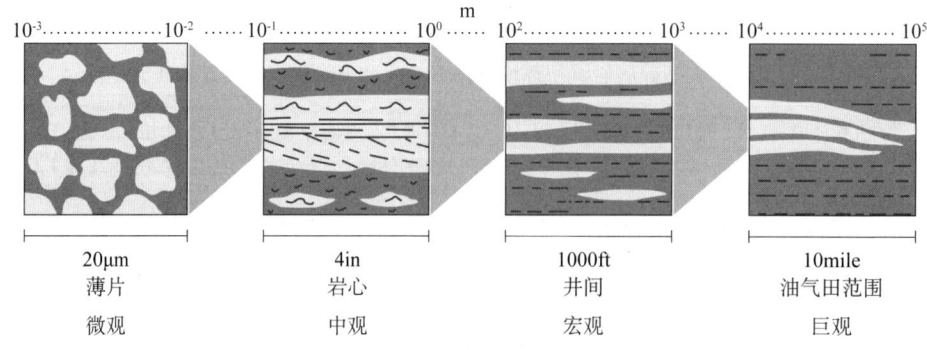

图 1.19 储层非均质规模划分（据 Krause 等，1987）

中观或井眼规模的非均质性能够在垂向上识别出来，比如在岩心或测井曲线里表现出非均质性。这类非均质性包括地层和岩性类型、层理类型以及层与层接触面的特征。

宏观或井间规模的非均质性存在于井距规模中。这类非均质性包括由于地层尖灭、侵蚀剥削或断层而导致的储层侧/横向连续性或不连续性。这是最难量化的非均质性，因为生成井间非均质性图像的技术通常由于显示分辨率太低，而不能观察到储层特征（亚地震规模）。井间层析成像技术、四维（时移）地震与试井资料能够提供关于这类非均质是否存在的直接信息，但是二维或三维地震由于自身的分辨率通常太低而不能识别出非常重要的亚地震规模和井间非均质性。

巨观的或油气田范围的非均质性，例如储层的总体几何形态和大规模储层构型（与构造和/或沉积环境有关），通常可以通过二维或三维地震、试井、生产资料与油气田范围的测井曲线对比来进行描述。然而，需要注意的是一个油气田的沉积体系规模通常要比油气田本身要大，因此，区域成图和油气田对比应该扩展到油气田的地理范围之外。

1.5.2 储层非均质性的分级（层次）

砂岩储层的中观、宏观与巨观非均质性可以根据储层特征的规模/级别进一步细分（Slatt 和 Mark，2004）。比如河流体系，这些细分级别或等级是：Ⅰ级非均质——区域沉积环境（即陆相的、过渡相的或海相的，图1.17）；Ⅱ级非均质——主要沉积类型（如陆相的：河流的、风成的、湖成的或冲积沉积，图1.20）；Ⅲ级非均质——更具体的沉积类型（如陆相的，河流相包括曲流河、辫状河或下切谷充填）（图1.21）；Ⅳ级非均质——构成陆相的（等级1），河流的（等级2），曲流河沉积（等级3）的具体储层沉积的构型要素，包括泛滥平原、点沙坝、凹岸沉积、河道泥淤、正韵律以及交错层理等要素（等级4）（图1.22）。正如以后章节要探讨的一样，所有的沉积体系应可以用类似河流储层非均质级别的划分方法进行划分。

微观非均质性也可以根据诸如颗粒大小分布、孔隙度、渗透率、毛细管特征、颗粒堆积排列方式以及测井曲线特征进行细分，这些内容将在后面的章节中讨论。

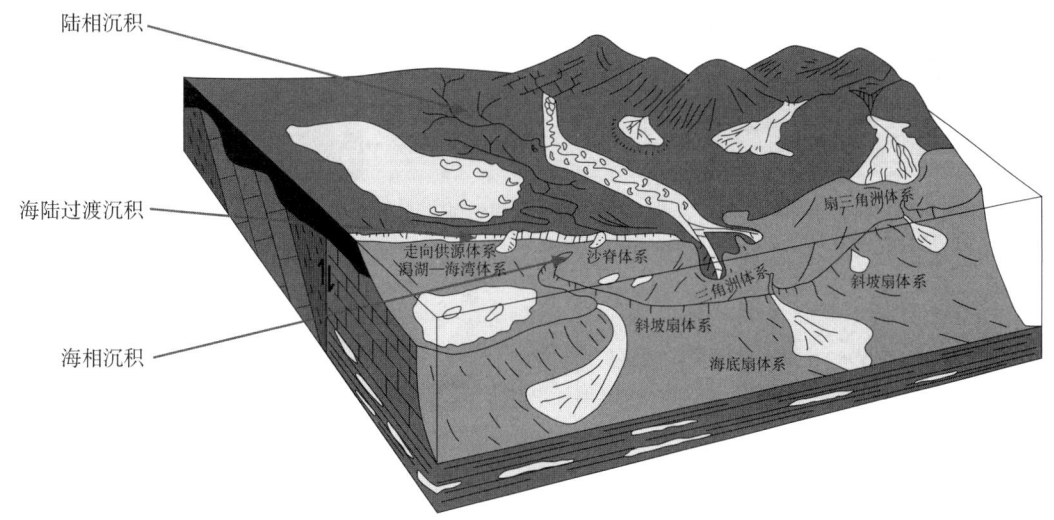

图1.20 Ⅱ级非均质，沉积环境包括所有的陆相（如这个例子所示）、过渡相或海相环境（等级1）（据 Fisher 和 Brown，1984，修改）

以上讨论的仅仅是储层的地层和沉积特征，并不包括构造特征。构造特征包括褶皱、断层、裂缝、底辟构造（盐和泥）、微裂缝与缝合线构造（化学压实）（图1.23）。这类构造特征能对储层储集性产生深远的影响。例如：从一个角度来说，断层能在水平向上将岩体分隔为不同的单元，尤其是断层可以使砂岩与泥岩在断层两侧对接，或者在断层带内产生大量的断层泥（图1.24）；从另一个角度来说，未封闭的断层有助于油气运移到储集层段，并且能够提高穿过被错断岩层间的流体连通性。直接通过断层开采油气很常见，但是它们产油气的时间通常较短（如"裂缝性储层"）。

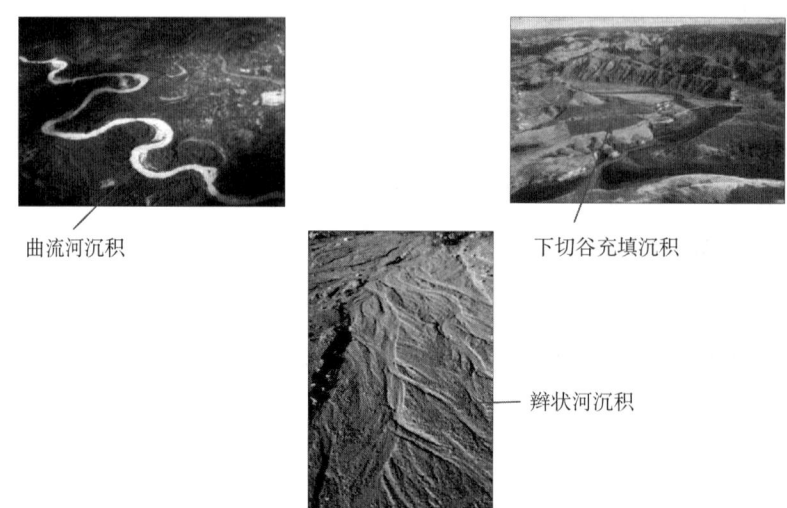

图 1.21　III 级非均质，可能出现在每个 II 级非均质背景里

在这个例子里，II 级非均质河流相包括曲流河、下切谷充填或辫状河沉积，每一种沉积有它自己独特的储层非均质特征和分布趋势。这三张照片均为现代地表沉积

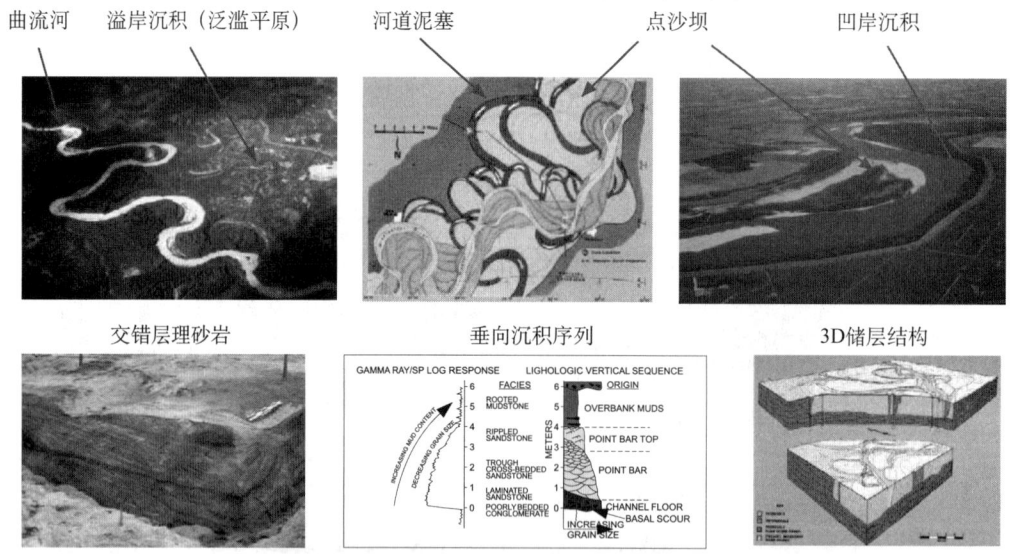

图 1.22　IV 级非均质沉积背景由更小规模的沉积特征构成，其隶属于 III 级非均质的沉积背景在

这个例子里，曲流河（等级 3）由一系列沉积构型组成。从左上到右下，第一幅图反映了现代曲流河和泛滥平原的沉积特征；第二幅图重建的部分现代密西西比河图像显示了由河道泥淤分隔出的点沙坝（储层）砂岩；第三幅图显示了点沙坝和河曲的凹岸；第四幅图表明了具交错层理的、沿沟壁分布的点沙坝砂岩；第五幅图展示了边滩沉积的理想垂向岩性序列与沉积成因；第六幅图展示了现代密西西比河复杂的三维模型（密西西比河实例由 D. Jordan 提供）

除了沉积构造和孔隙级别的储层特征，IV 级非均质可能是储层表征中最重要的，因为在这一规模的储层属性通常控制或影响着储层的储集性能（例如图 1.22 里可以看到各种储层复杂性），而且它们通常在规模上是亚地震规模的。因此，地质知识必须取代直接成像。遗憾的是，即使具有地质资料，许多储层表征也仅停留在 I—III 级非均质性上，在构造上

仅能粗略的识别。

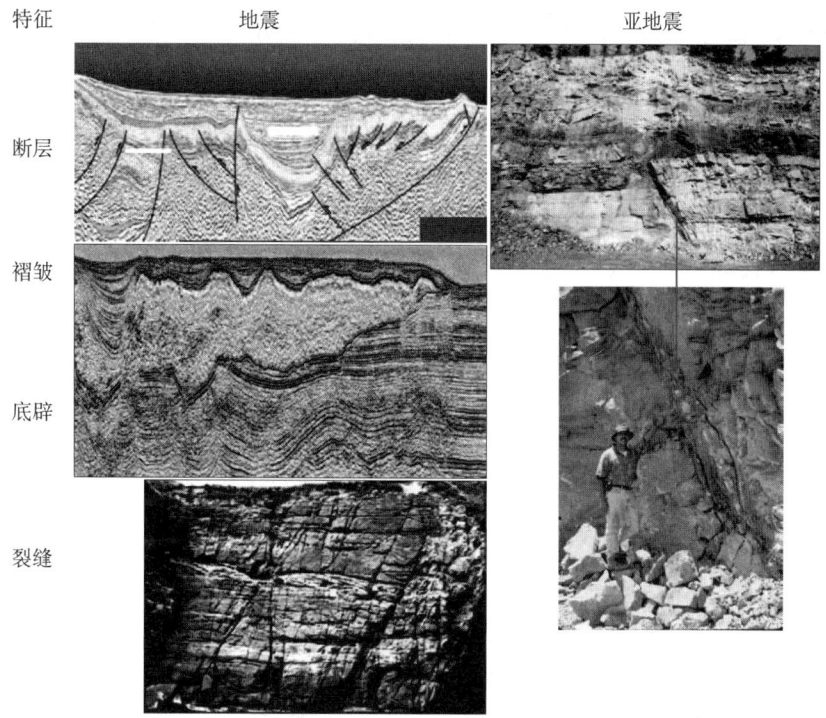

图 1.23 在地震和亚地震规模层次上的构造特征

（包括断层、褶皱、底辟和裂缝，这些特征，无论大型的还是小规模的都影响着储层的性能）

图 1.24 图 1.23 显示的亚地震规模断层的更进一步观察

这是阿肯色州 Hollywood 露天矿场的西墙（图 30，Slatt 等，2000），此图表明了在该墙的下半部分的厚层砂岩（浅色的）和上半部分互层的砂岩和泥岩（深色的）。具有断距的走滑断层把薄层砂岩和上半部墙上的泥岩对接（水平分块）。在下半部，砂岩和砂岩对接，但是一套厚层断层泥（细粒的、破碎的砂岩）把断层两边的砂岩分隔开来。蓝色和红色的点指示断层两边相同的岩层，可以说明垂直断距。墙左边的曲线是叠加在露天矿墙上的自然伽马测井曲线

1.6 储层表征在油气田生命周期的什么阶段重要

1.6.1 油气田的生命周期

一个油田（或气田）生命周期中有几个主要阶段。最初，制图和勘查工作由勘探地质师和物探人员承担。他们从露头、老井、地震和其他任何可用信息中收集数据，并且他们利用这些信息来提高对区域地质的理解。这一阶段人们主要关心的是盆地的构造和亚区域特征（即有断层和/或褶皱油气圈闭吗？）、地层分布特征（存在具孔隙度和渗透率的储集岩层吗？在盆地中有烃源岩吗？有泥岩盖层吗？）以及盆地的埋藏史（烃源岩埋藏是否达到生烃门限？储集岩在埋藏期间胶结了吗？）。通过解决这些问题，研究者可能从大范围区域中识别和挑选出进一步研究的部分地区，并且最终可能形成一个远景评估方案（远景形成阶段）。

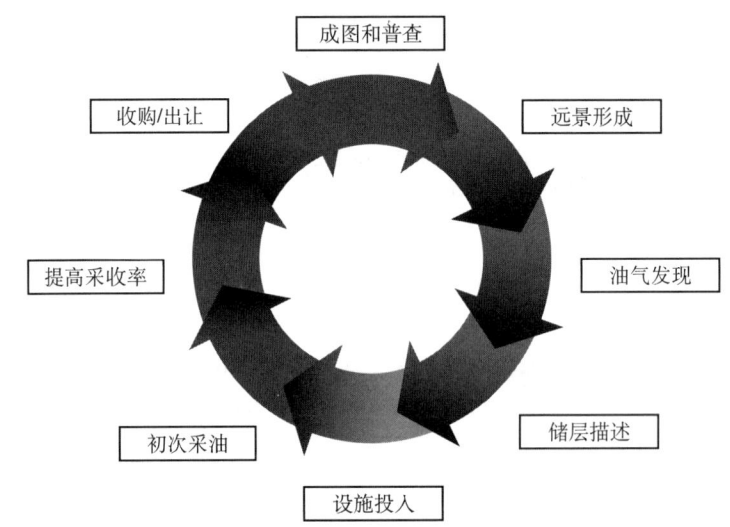

图 1.25 典型的油田（或气田）生命周期的各个阶段（由石油和天然气期刊修正）

为了进一步进行远景评估，如果没有地震资料或者现存的地震资料太老，则需要进行地震采集。重新解释地震资料并且做出是否钻井的决定。如果地震资料进一步表明了油气藏存在的可能，则钻一口探井。实际上，只有 10%～30% 的已钻探井发现了石油和（或）天然气。一旦一口井发现了油气（在发现阶段），这口井就用测井仪器进行测井（通常大多数井，即使没有油气显示，都要进行测井），以便评价流体和岩石并确定储集层段。

假设初始测试结果较好，并且也做出了在该远景区投入更多资金的决定，那么油藏描述阶段就开始了，包括钻评价井，也许还要进行三维地震采集。这些新资料允许油藏工程师和地质师计算当前油藏里面的石油和（或）天然气量。一旦确定总量和流量，设备工程师就为开采、分离、精炼与输送油气产品设计和修建适当的设备。到这个阶段，油藏管理计划已经开展，生产井已布置好，然后开始一次采油。

随着油气的开采，储层压力逐渐降低，这使得初次油气开采变得困难。通常，接下来就是注水开发（水被注入储集层段驱动更多的油气向生产井筒流动）。注水开发（提高采收率）可以使油气田的寿命延长许多年。在某一个时间点，当注水生产显著下降的时候，必须做出采用三次采油方法（例如注二氧化碳，火烧油层等）或是否放弃该油气田的决定。

放弃并不一定意味着油气田的关闭。一般情况下，经营公司将试图把油藏卖给其他公司，这些公司具有更好地提高采收率方法或者具有支付额外采油的资金（这就是收购/出让期）。

可能像预期的那样，具有不同专业背景的个体和团队负责不同的阶段。企业的地质人员负责贯穿远景区的形成和油气发现的制图工作。油气被发现后，油藏工程师在油藏描述工作中起主要作用，但地质人员和物探人员在这些阶段仍然具有重要的影响。设备工程师对建造油气集输设备负责，而油气生产由开发工程师管理。油气田的出让通常由一个公司组织的财政和法律分支机构运作。大公司在每个区域都有专家；然而，较小的公司，特别是独立的运营者，通常要求他们的员工身兼多职去处理几个方面的事情，但并不是让他们参与所有的工作。

1.6.2　应用储层表征

在油气田的各个阶段，储层表征在什么时候最重要呢？许多专业人员回答这个问题时会说：只要有所发现而且第一手资料变得可用时（通常来自于地震和发现井，也许从这一区域更早的干井），储层表征就开始了。随着钻井的增加（图1.26），更多的信息变得可用。因此储层表征是一个不断推进的过程，并且当获得新数据的时候，表征就需要（或应该）更新了。即使是在一个钻了很多井的油田中，油气田的大部分区域仍未钻探，而且在井间可能还有许多意外收获，反复表征是很重要的。井距越小，意外收获就越少（但是花费越大），并且储层连通程度就越大（图1.27）。

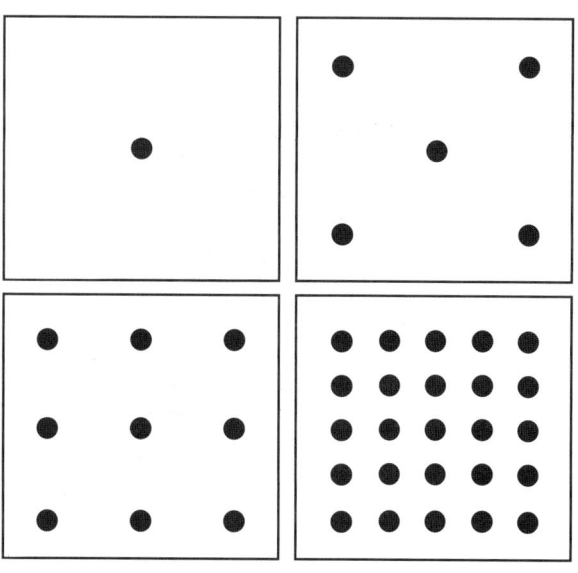

图1.26　油气田发现期（左上）、评价/一次采油期（右上）、一次/二次采油期（左下）及三次采油或后期加密钻井期井点的位置（黑点）（由Al-Quahtani和Ershaghi，1999，修正；AAPG许可再版）

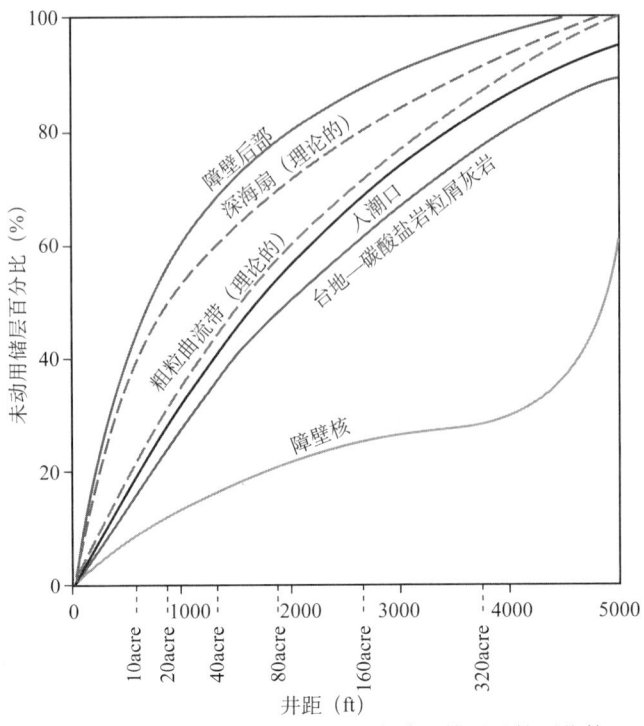

图 1.27 不同沉积类型储层里面未动用储层量的百分数

具有最大的非均质和分块性的储层具有最高比例的未动用储量，这些类型的储层应具有较差的油层波及系数（由 Ambrose 等，1991，修正；SEPM 许可再版）

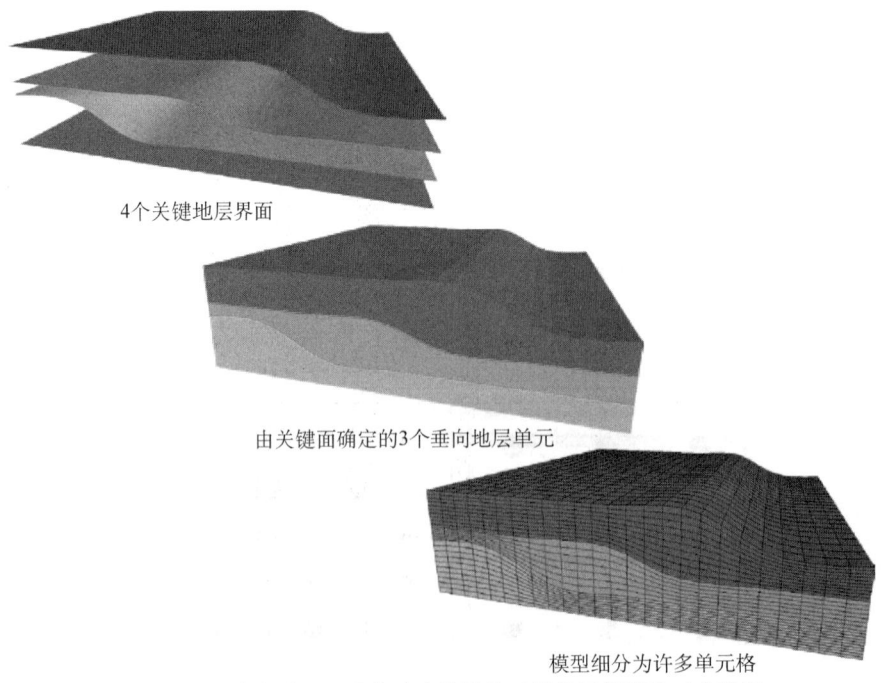

图 1.28 建立适用于油藏动态模拟的三维地层模型的三个阶段

第一阶段是确定关键地层界面，以便把地层模型细分到层；第二阶段是用相或者构型要素充填层间空间；第三阶段是网格化模型，并用储层参数充填网格体。这里没有用图说明把构造特征输入到模型，但是这对于建立最终地质模型是相当重要的

许多储层表征研究的目的是为石油工程师提供二维或三维地质模型，以便进行油藏动态模拟和井网部署。图1.28展示了建立地层建模的三个阶段，包括定义分层界面，分层界面之间充填地层信息和模型网格化及把储层参数的数值输入到网格体中。图上没有展示的是附加的构造属性，例如断层、裂缝与褶皱，而这些对于完成地质模型也是必需的。本书章节与这三个建模步骤匹配，尽管不是按照图1.28所示的顺序。第4章和第11章讨论了分层界面的识别（层序边界和最大洪泛面），该分层界面可以为储层建模确定地层格架。第6—10章讨论了处在分层界面之间的地层信息。第3章和第5章讨论了输入模型网格体里面的储层岩石物理属性。要进行多个随机实现或生成输入参数的迭代限制条件，直到生成令人满意的输出模型（图1.29）。所得到的地质模型可能以多种形式进行输出，这取决于输入的信息和储层的性质。图1.30列举了一些三维地质模型例子。这些例子是关于相分布和渗透率分布的模型。模型里的许多其他参数分布可以用这两种参数代替。此外，还需建立砂体形状和展布的模型以满足油藏模拟和井网设计的需要（图1.31）。

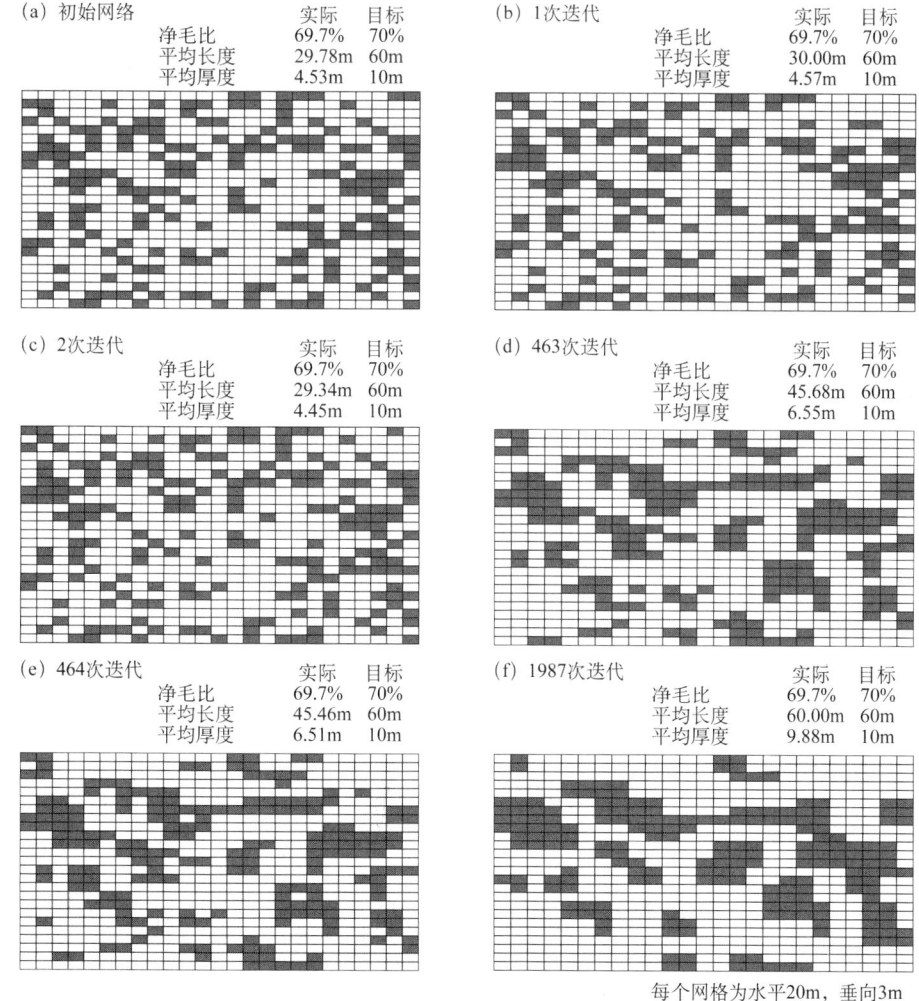

图1.29　输入参数到二维网格模型参数的多次迭代实例（据Srivastava，1994）
输入网格体的参数是砂岩（褐色/深色）。在这种情况下，期望的输出值（目标）是70%的净毛比，砂岩平均长度为60m，平均厚度为10m。砂岩体随机输入网格体并经过多次迭代计算。在1987次迭代后，实际的输出值与目标值相匹配

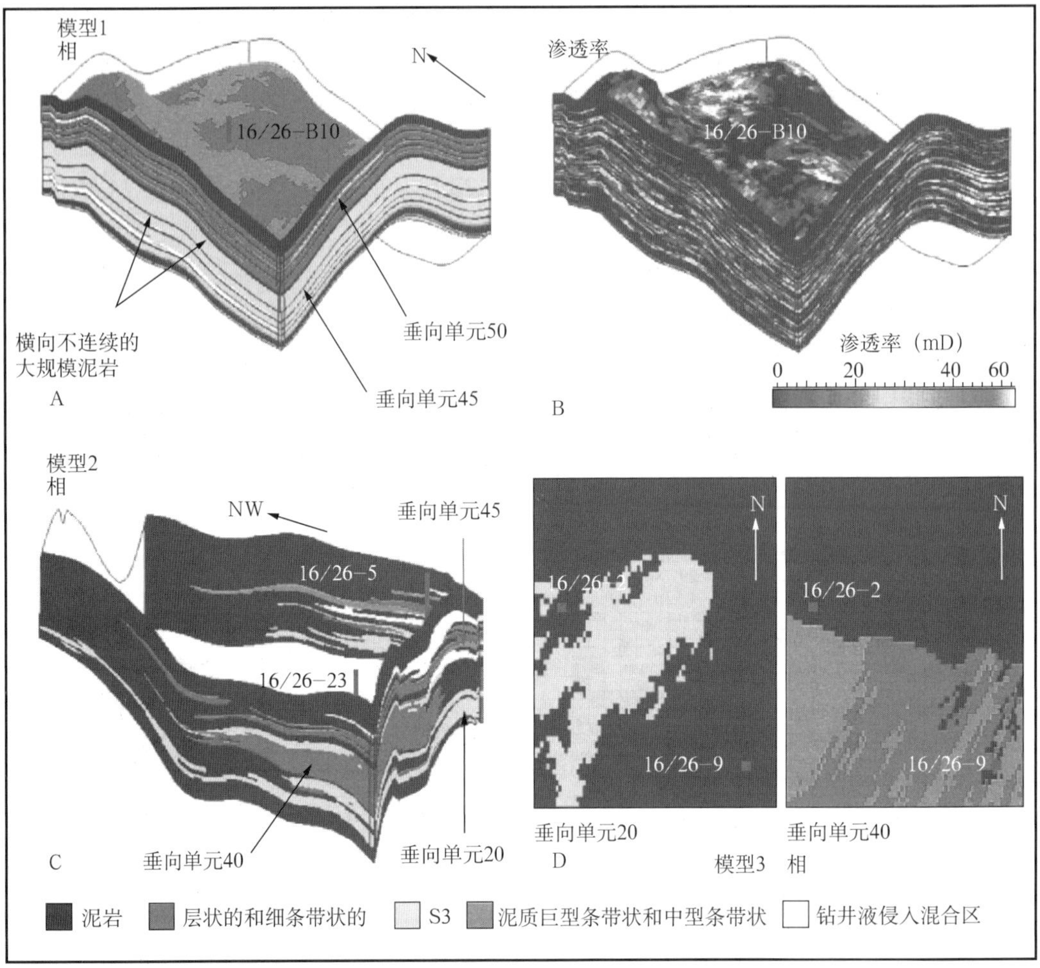

图1.30 三维模型的实例（据 Chapin 等，2000）

A 和 C 是一个三维相模型的两种迭代结果，B 是一个渗透率分布的模型，D 为 A 和 C 模型的平面图

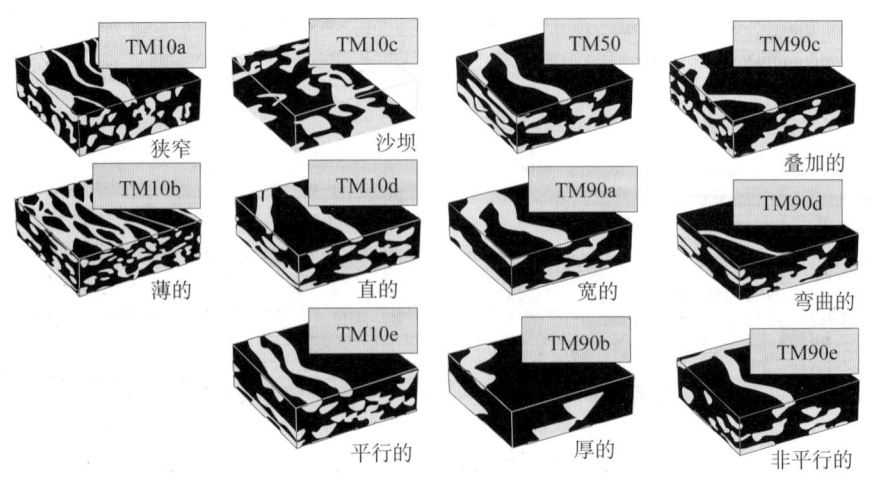

图1.31 以35%砂岩为条件建立的多个砂岩地质模型（据 Larue 和 Friedmann，2000）

1.7 实例研究的价值

因为储层表征是一项综合性研究,涉及许多学科,在一本书里很难涵盖它的各个研究方面。本书的目的是为大家提供一个储层表征领域的纵览介绍。虽然主题是偏重于地质的,但也讨论了其他的学科。本书旨在介绍各种储层表征方法、技术与知识,简而言之,即先讲储层表征基本原理,随后讲解相关的研究实例,通过实例再次阐述这些基本原理。以我个人的经验来看,提供一个实例研究是保证人们掌握基本原理的要点并确保它能够被理解的最佳途径。然而,这一方法的使用频率呈现下降趋势,在我看来人们通常不向个例学习,因为这些实例"不在我的研究范围或者不属于我的研究地区"。由于实例位置(地理上或者地质上)而拒绝研究参考实例是错误的,因为应用于某一区域的实例研究的基本原理通常也适用于其他区域。因此,我鼓励本书读者视野要更开阔些,使本书所列举的研究实例能得到更广泛的应用。

第2章 油气储层表征的方法和技术

技术发展带动了石油与天然气工业的发展。我们对油气勘探和开发的能力与技术水平、科学理论和解释水平的发展密切相关。图2.1阐明了自1950年以来原油采收率的提高过程。曲线下方为科学理论创新及其产生时间,上方为对应新技术。新技术主要是针对地质体的地震成像方法。其他技术同样大大提高了油气开发能力,包括测井技术、深水钻井以及水平钻井技术等。

本章简述了油气储层表征的常规技术(方法)。这些技术(方法)可以分为储层静态属性测量(计算)方法和储层动态属性测量(计算)方法。

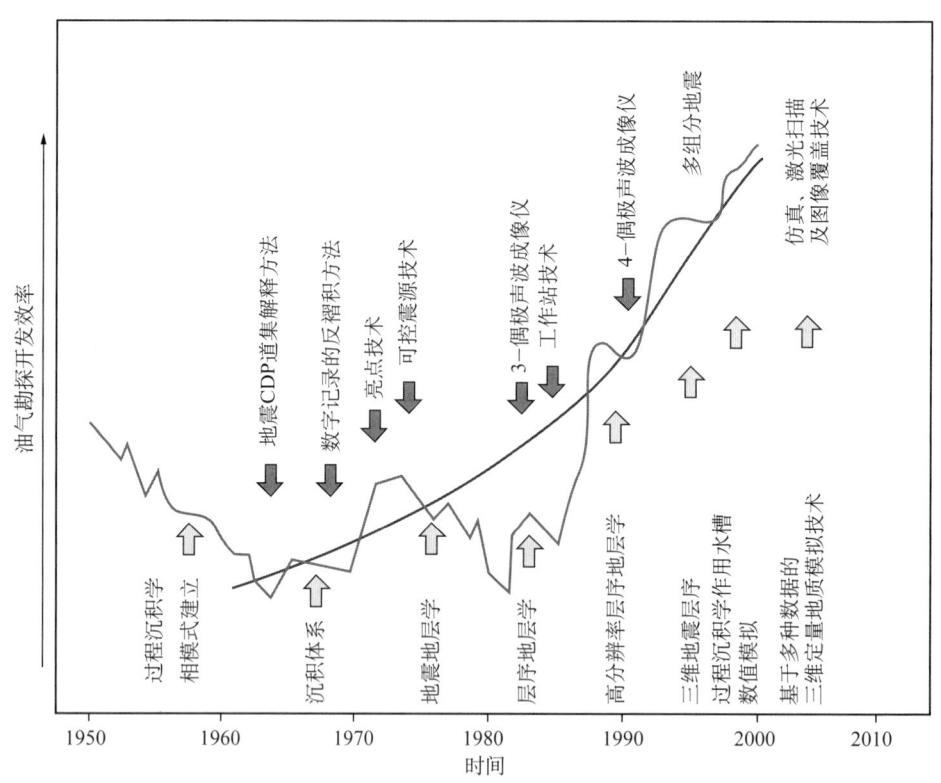

图2.1 自1950年起美国(油气)勘探和开发效率

蓝色曲线是标准化的曲线,标注是当时主要技术的发展(绿色箭头)和新的解释技术方法(黄色箭头)。本图是在Fisher(1991)的原图上进行大量修改而来(得到Leading Edge的准许而再版)

储层静态属性是指岩石物性和流体性质等在油田开发过程中并未发生改变的属性。它们是沉积、埋藏成岩和构造共同作用的结果(图1.18)。静态属性包括:①地层;②几何形态;③体积大小;④岩性;⑤构造;⑥原始孔隙度和渗透率;⑦温度。

油田开发过程中显著变化的属性为动态属性。例如，流体饱和度、油气组分和油气水界面以及油藏压力，它们都随着油田生产而发生变化。孔隙度和渗透率会随着油藏压力的变化而变化，或者随着注入流体与岩层矿物发生反应而变化（沉淀出新的矿物充填孔隙空间，或是溶解矿物进而产生新的孔隙空间）。动态属性包括：①流体饱和度；②流体（油气水）界面；③生产速率和流体流动速率；④压力；⑤流体组分，包括气油比（GOR）和水油比（WOR）；⑥声学（地震）属性。

声学属性以地震属性形式进行测量和记录的，受孔隙度、流体类型及其含量以及储层岩石物性影响。地震属性是动态变化的，因为流体类型和含量随油气开采而发生变化。在油田生产过程中的不同时期对地震属性进行对比，便有可能间接了解流体在油藏中的运动。

2.1　不同规模的属性测量

油田开发的三个主要阶段是勘探阶段（直到发现油气）、评价阶段和生产阶段。勘探阶段开始于概念地质模型（图 2.2），而这一模型可能建立在盆地演化、构造、地层等区域地质知识的基础上（图 2.3 中标注 1）。由于地震剖面和三维数据体可以为勘探区提供区域性的大规模图像，因此常规的二维或三维地震反射特征分析（图 2.2）通常是勘探阶段中的第二个步骤（图 2.3 中标注 2）。假如地震数据揭示了潜力井位，钻完一口井后，通常根据常规测井曲线（图 2.2）确定井眼中岩石和流体的属性（图 2.3 中标注 3）。

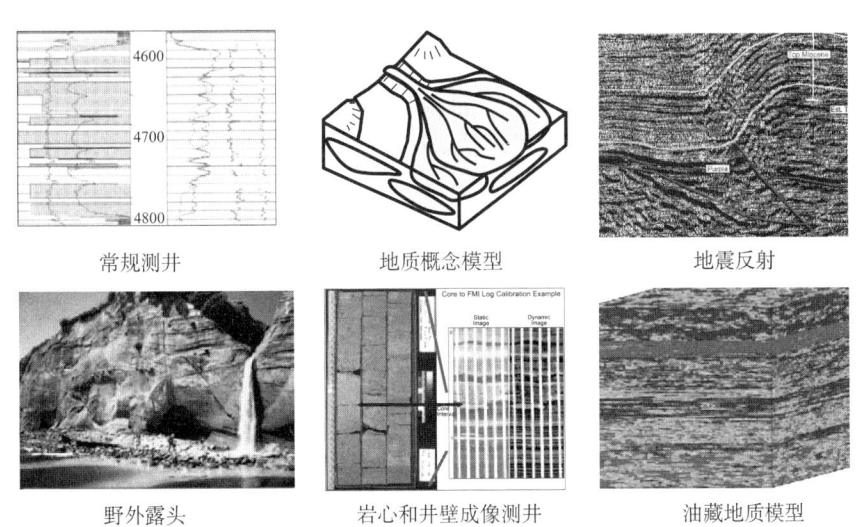

常规测井　　　　　地质概念模型　　　　　地震反射

野外露头　　　岩心和井壁成像测井　　油藏地质模型

图 2.2　在储层研究中一些不同类型的资料（数据）

这里没有展示出来的是地球化学和生物地层学的资料，它们在储层表征中也是很重要的

如果在勘探井中发现潜在的具有经济效益的油气聚集（图 2.3 中标注 4），可能需要更多钻井资料及地震资料（特别是三维地震）来评价此油田（图 2.3 中标注 5）。对评价井可能会选择层位进行取心，或是进行成像测井来评价井底的构造和地层（图 2.2）。

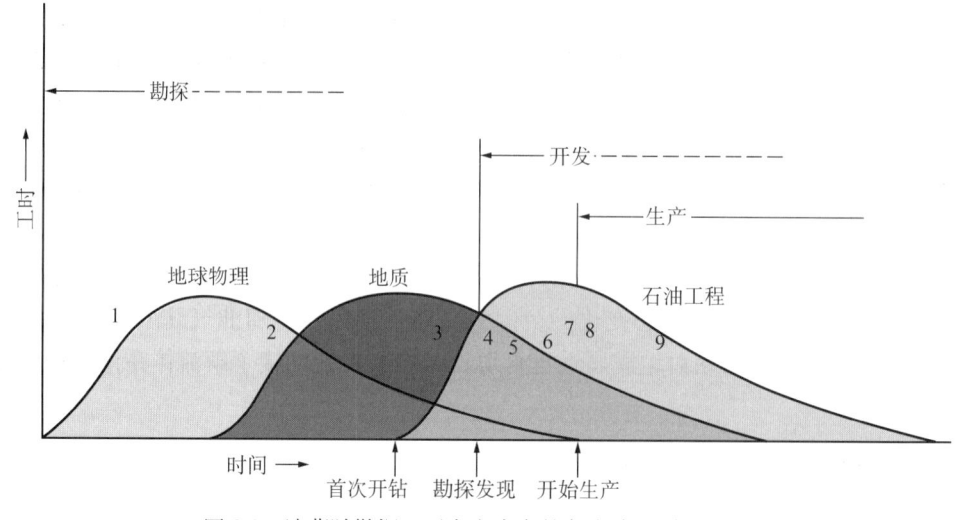

图 2.3　油藏随勘探、开发和生产的各个阶段（1—9 步）

在一个油田发展的不同时期，地球物理学、地质学和石油工程都扮演着重要的角色

如果通过这一解释阶段找到有利区带，那么就需要对油藏进行更多更详细的认识。为了建立表征油藏中储层连续性和连通性（图 2.3 中标注 6）的三维地质模型，用来确定沉积环境和油藏地层的露头类比研究（图 2.2）十分有价值。当然，若要将油藏与露头特征进行合理地对比，露头与油藏必须属于相同的沉积体系。这将在后续的章节中全面讨论。

与此同时，井筒测试，比如初始自喷产率和压力测试，可以用来辅助表征过程（图 2.3 中标注 7）。有了从已有井和露头得到的大量可靠数据，可能还有 3D 地震反射分析，模型就可以被量化，同时可以建立同比例的、可视化的三维储层地质模型（图 2.2）。石油工程师可用这个模型来模拟油藏动态（图 2.3 中标注 8）。

工作流程包括勘探、储层表征、地质建模、油田开发等，需要运用各种技术检测从小规模到大规模的一系列技术（图 2.4）。一旦开始生产，生产信息和新井数据应该不断地更新，以便完善储层表征的结果（图 2.3 中标注 9）。

2.2　计算机与计算环境

计算机是储层表征的基本工具。大多数研究机构为所有工作人员提供了足够多的计算机软硬件。但是有些个人和一些公司仍把用一张剖面作为基准解释纸质的地震测线和测井资料。

越来越多石油地质学家和石油工程师逐渐成长起来。正如学步的儿童一样，他们经历了早期对计算机摆弄阶段，使他们能够把图像电子成像化。上小学的时候，他们在教室和图书馆使用计算机，而且很多家庭也拥有家用计算机。当他们上大学及后来步入工作时，就懂得如何使用计算机，并在这个环境中得心应手。

在石油和天然气行业的上游和下游领域，计算机无处不在。它们过去常常被用来收集和处理地震数据并形成图像，还被用来生成测井资料、制作图件、估计数值变量、推导数

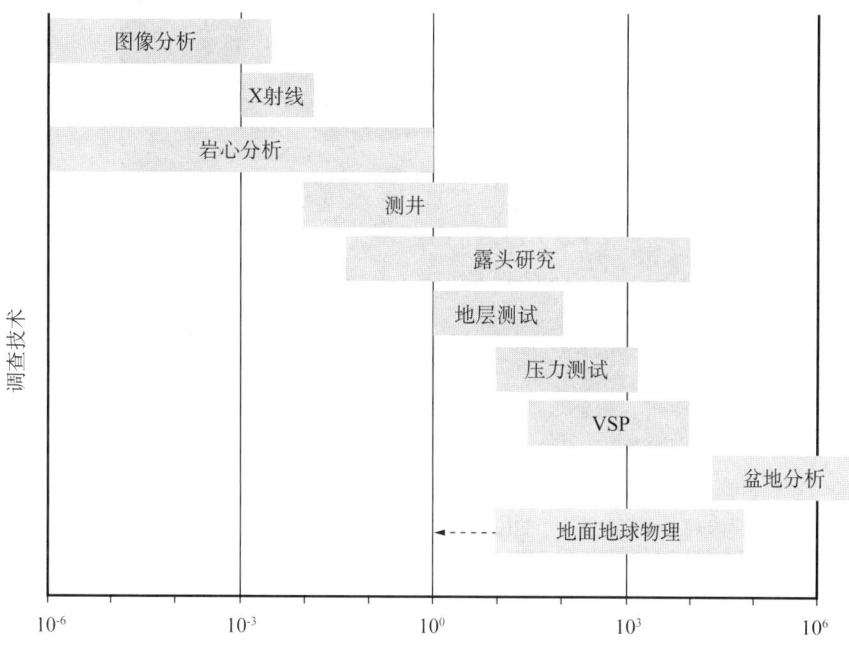

图 2.4 不同评价技术的测量研究尺度(经 D.Minken 许可引用)

研究尺度从盆地范围变化到孔隙范围,这些不同规模的属性由不同类型的设备工具来测量得到

学公式及在油藏数值模型中模拟流体的流动。"数据开发"是一个相对较新的学科,是计算机高效搜索数据的直接产物,提高了准确性,也不再依靠经验。

所以提高运算速度是计算机硬件开发人员面临的恒久不变的挑战,因为地质学家总是想尽快看到他们的研究结果。并且为了模拟流体流动建立更复杂和更精细的(更贴近实际的)储层模型,地质学家需要输入数据量更大的数据体。

现代计算机最主要的优点是它可以将地质特征和地质过程三维可视化,而这在以前都用二维空间表现,或是用语言表述,或仅仅用数值体现(Slatt 等,1996)。现如今,计算机的存储空间和处理速度提高,使得它可以在勘探和开发过程中快速地分析处理海量的信息(但是,现在仍需要以更快速度采集和处理更多数据)。古话说"一张图胜过千言万语",对于动画和可视化技术来说是再正确不过了。也可以说,他们追求"眼见为实"。

可视化作为一种交流形式在口头语言和技术语言之间架起了桥梁(图 2.5)。这种交流欠缺是许多公司投入大量财力发展可视化办公场所的原因之一。人们在半封闭区域里,以油藏内部的视角来观察油藏(图 2.6)。这样,由地震解释的储层就能从内部进行检验,而且也能对钻井方案进行模拟和预测。这些"办公场所"需要高速的计算能力,因此它们的成本相对较高。但是,这些投资能够通过提高学科综合性和解决油藏问题的速度得到回报(Shrialkar 等,1996)。正如我们的教育一样。现在,网上远程教育呈现全球化,很多时候远程教育比传统的大学教育更方便、更便宜(图 2.7)。现在大多数公司有"内部网络",以便员工内部快速交流信息。

图 2.5　计算机在石油工业中主要作用之一：增加了学科之间的交流（经 P.Roming 许可引用）

本图展现了一个地质学家(左)正在检测一个井控的地质模型，一个地球物理学家(右)正在屏幕上检测地震剖面。他们都打算建立一个逼近真实的油藏地质模型，通过不断在电脑屏幕上展现他们的想法可以帮助他们实现这个目的

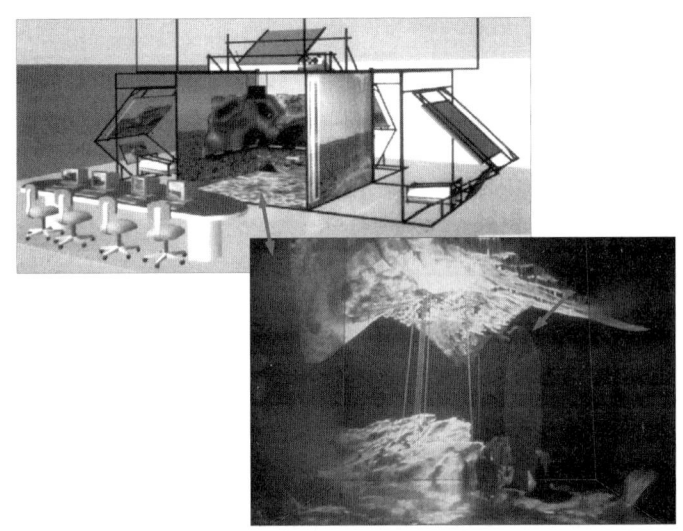

图 2.6　可视化办公场所（CAVE）（经 G.Dorn 许可引用）

3D 地震测量的图像投影在剧院的三面墙上、地板和天花板上，因此，一些个人和团体就能够看起来像是站在地震数据体的内部；右下方的图形显示了一个人站在"办公场所"内通过高振幅的地震层段评估潜力井井位（近乎垂直的线）

2.3　地震反射与地下成像

2.3.1　二维地震

图 2.8A 呈现出一个平整地表面。如果只看地表，没人知道其地下真实的构造和地层。

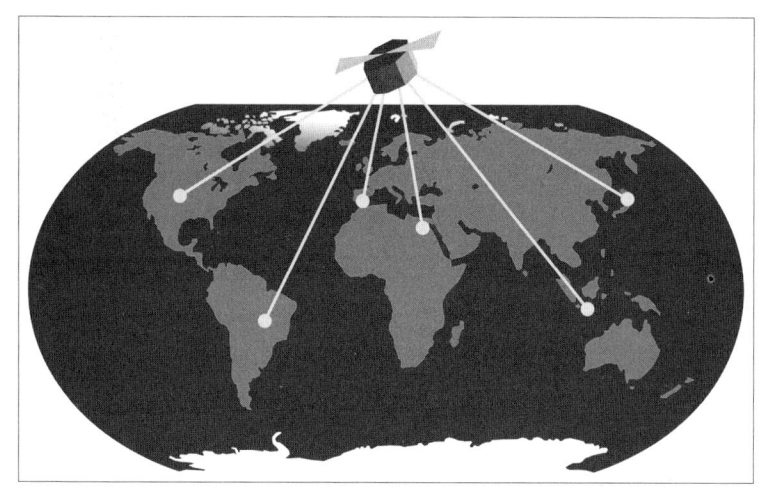

图 2.7　通过卫星系统可将信息方便地传递到不同地方（经 P.Roming 许可引用）

美国科罗拉多大峡谷（图 2.8B）提供了一个罕见的例子，让人们在一个大约 1.6km 深的地下垂直剖面上观察地质特征。地震反射采集的地震图像，虽然没有地下真实地质特征详细确切，但是足以对大至中等规模的地质构造和地层进行成像。地震反射分析已经成为油气勘探的主要手段，虽然受分辨率的限制，但它在储层表征上仍被广泛应用。

图 2.8　（A）典型地表，无地下地质特征显示；（B）美国科罗拉多大峡谷，它揭示了目前这个地方地下的内部构造和区域地层特征

地质学家和地球物理学家的任务就是当不容易观测到地下地质时，形象地描述与估计地下地质特征

地震反射方法是基于这样的原理：即一种震源，例如甘油炸药，爆炸产生声波并在地下传播（图2.9A）；当声波到达具有不同声学特性的两种岩石界面时，一些声波的能量将会继续穿透界面下的岩石，但是一些能量将会被界面反射，并且传播回地表（图2.10A）。反射回地表的能量被地面一种叫"地震检波器"（图2.9B、C）的电子接收器记录。接收器在一辆采集反射波信号的车内与计算机相连（图2.9D）。在地震中采集到的庞大的数据体可以在现场或是拥有更强大运算能力的设备上处理。最终的成图显示了模拟地下特征的地震反射（图2.10B）。纵轴不是地表以下深度，而是双程走时（TWT）。双程走时是声波从它被地面爆炸源生成的那一点开始到达地下反射界面，再返回地表被地震检波器所记录的位置所经过的时间（以秒计）。

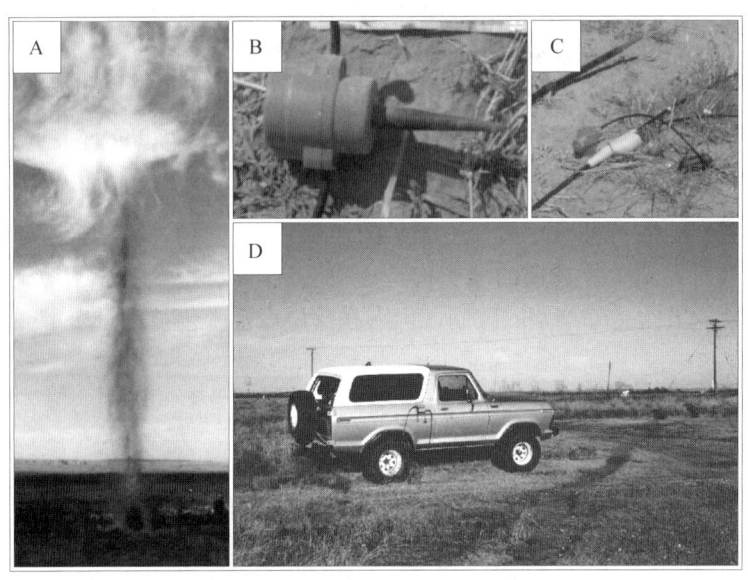

图2.9 地震反射工作原理示意图

地震反射分析已经成为储层表征和地下油气聚集勘探的主要工具，它是基于炸药的震源产生声波在地球内传播，当声波传到岩石声学特性变化明显的界面时（比如，两种不同类型的岩石的界面），一些波能将继续穿透界面以下的岩石，但是一些波能将被反射回地球表面。这些返回的能量在地面被一种叫做"地震检波器"的电子接收器记录（B和C），接收器通过导线与接收卡车相连（D）

在陆上，其他方法也能够产生能量并在地下深处传递声波。例如，在图2.10A中的声波源卡车用一个很重的金属板反复投向地面，产生振动，传送到地下。这种地震源称为"可控震源"。图2.10A中，可控震源的卡车产生声波的能量向下传播，直到被岩石界面反射，然后返回至地震检波器，检波器与右侧的接收卡车通过导线相连。假如只是对很浅的地下进行成像，可以用一个大锤来敲打地上的铁板（图2.11A），借此产生可以在地下浅层的界面反射的地震波，然后传回与笔记本电脑相连的检波器进行记录（图2.11B）。

地震反射也是海洋环境中表征海底地下地质构造和地层的主要工具（图2.12）。科学家已经在世界上近滨地带和大陆架区域中采集到了大量的地震数据。例如美国的墨西哥湾和西非海上，地震采集点已经越过了陆架边缘，油气勘探已经扩展到了深水区域。震源包括在金属板之间产生电荷（电火花震源）及用气枪产生振动的气泡（压力枪）。一艘船在船尾通过电缆拖着声源，另一条电缆上有海上检波器（海上用的地震检波器），用来接收反射波。

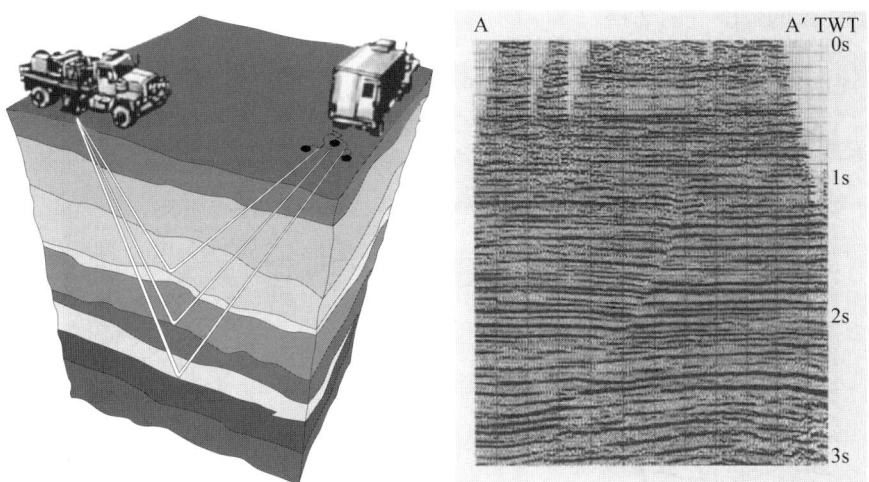

图 2.10 （A）地震能量向下传播至岩石界面后反射回地面的路径(据 Brown，1988；再版得到 AAPG 的许可)；
（B）加拿大西部艾伯塔盆地的 2D 地震测线

地震振幅是能量在地层界面反射的表现，地震测线上的纵轴是典型的双程传播时间。注意高幅反射（黑色）大约有 1.3s 双程传播时间。（在反应距离的）横轴上，距地震测线的左侧边缘大约 2/3 的距离，反射线被错断，说明存在一条切断地层并向左侧倾斜的逆冲断层

图 2.11 （A）地震震源也能通过大锤击打在地面上的金属板产生，在这个人后面是一个由电缆相连的检波器；(B) 反射的能量被检波器捕获，并用笔记本电脑记录

2.3.2 三维地震

20 世纪 80 年代早期，采集和处理地震数据的技术飞速地提高，成本也有一定的下降，相对 2D 地震勘探来说，3D 地震勘探变得切实可行且经济有效（图 2.1）。3D 勘探的优势很明显——对于（油气）勘探和油田开发来说，一张 3D 的图像比一张甚至很多张 2D 剖面图有用得多。3D 地震被应用于大范围的地下区域成像，在平面上（水平）和地层上（垂向）

— 31 —

达到并超出油藏的范围（图 2.13）。

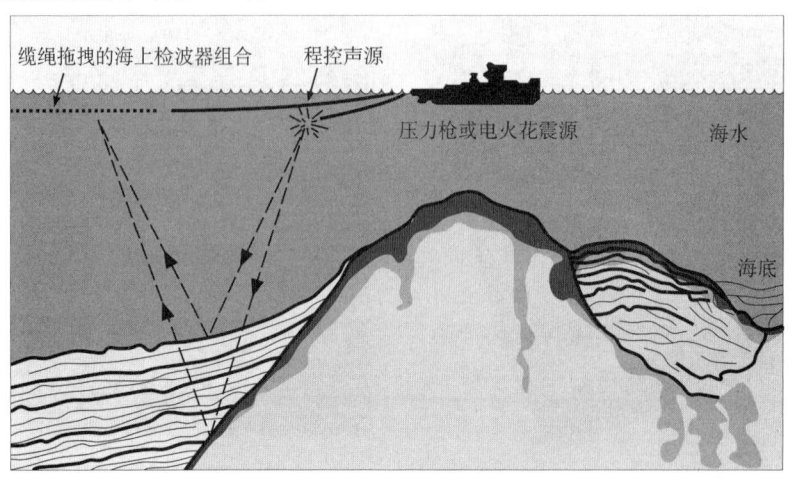

图 2.12　海洋地震勘探原理

在水体中，地震船拖带着声源的缆绳，声源也许是在"电火花震源"上产生的电荷，或是用压力枪振动产生的气泡。另一条电缆控制着"海上检波器"，在船后部距声源一组装置的距离（从声源到捕获装置），捕获从海底和海下界面反射回来的声波（图片来源不详）

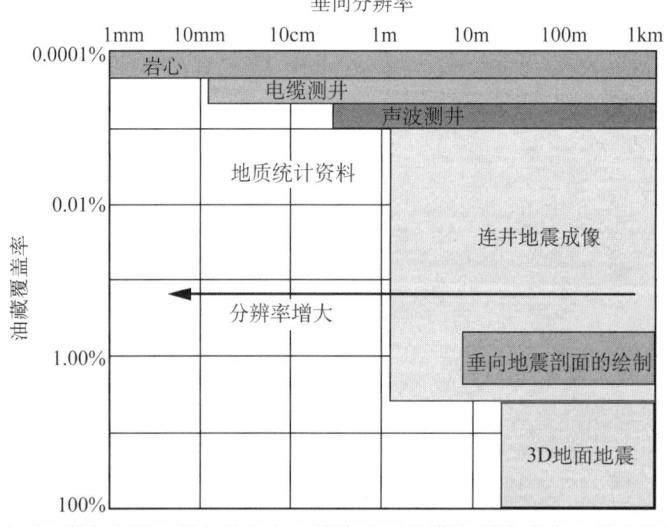

图 2.13　油藏在水平坐标上的垂向分辨率以及油藏在垂向坐标上的水平覆盖率

岩心可以揭示小至毫米甚至以下规模的沉积特征，但是取心的覆盖面积非常小（直径 15cm 或 6in），而 3D 地表地震覆盖了油藏很大的区域，但是这些特征必须在数十米的量级内被解释和描述。其他各种各样的工具在这两种量级之间测量地下属性（图片来自 B.Marion 和 Z-Seis 公司）

　　在陆地或海洋环境进行 3D 地震勘探需要精密的计划，特别是要控制声源和接收器位置。陆上勘探中，地震检波器需要在地面排列成 3D 网格（图 2.14）。从各个地层界面反射回来的声波将被 3D 地震检波器系统采集，地下 3D 图像将会由一系列的地震反射生成。生成这些图像需要经过繁杂的数据处理步骤来消除噪声、地形、深度等的影响。目前颜色填充是一种普遍的增强 3D 地震图像的处理和显示方法（图 2.14）。除了 3D 数据体成像外，还可以在任何方向提取出 2D 图像：纵剖面（根据方向，称为"联络线"或"主线"）、水平面（称为"水平切片图"或"沿层切片"）、或是斜线（任意线）图像（图 2.14）。

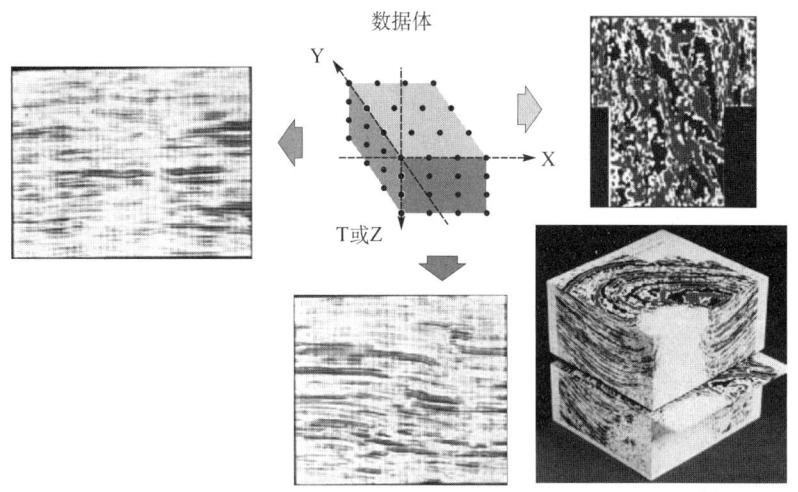

图 2.14　三种从三维地震勘探中生成的 2D 图像（据 Brown，1988）

这两条切线是三维数据体内不同方向的垂直剖面，水平切片图是一个贯穿三维数据体的平面。除了这些方向，2D 剖面可以在 3D 数据网格内的任何方向上（对角的、倾斜的等）生成，同时也能够生成三维图像（再版得到 AAPG 的许可，进一步使用需其许可）

由于在 3D 地震勘探过程中采集了大量的数据，所以计算机对于数据显示以及采集和处理都至关重要。可采用多种表现方式，如将三维图像沿联络线等进行切片，展示三维平面特征（图 2.15），或是展示整个三维体，也可采用"椅"状图（图 2.16）。图 2.17 和图 2.18 是一例采用现代环境类比方法的地震成像图。

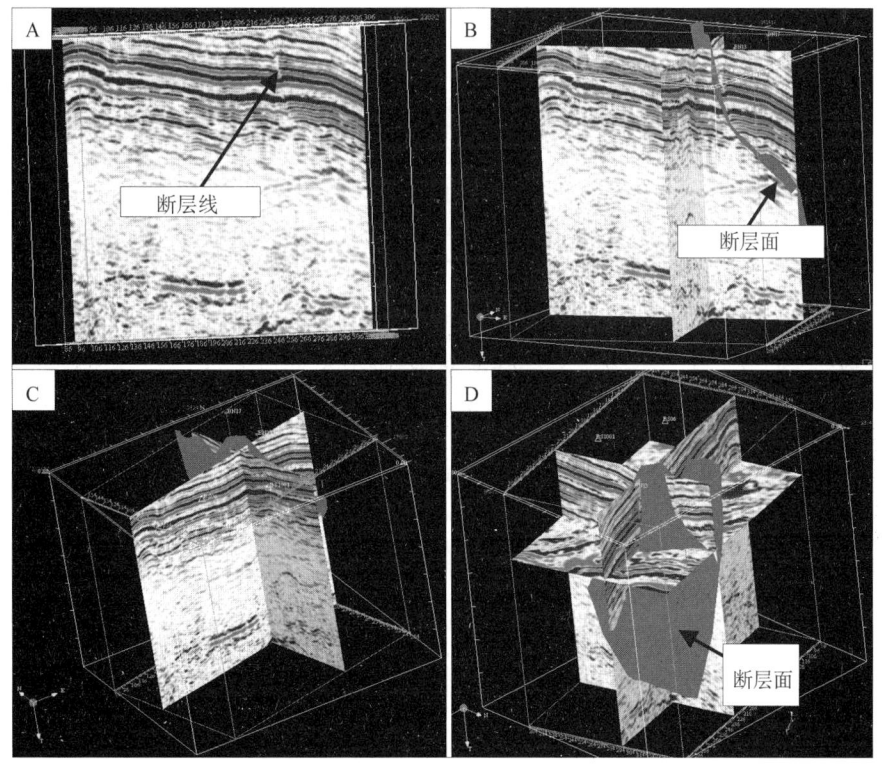

图 2.15　（A）一个从三维地震中截取的单个地震纵剖面，显示一条断层线；(B) 交叉剖面图中显示断层面；(C) 从另一个视角看交叉剖面和断层面（红色—灰色）；(D) 增加了一个水平面或是水平切片，在 3D 空间中描绘出断层面

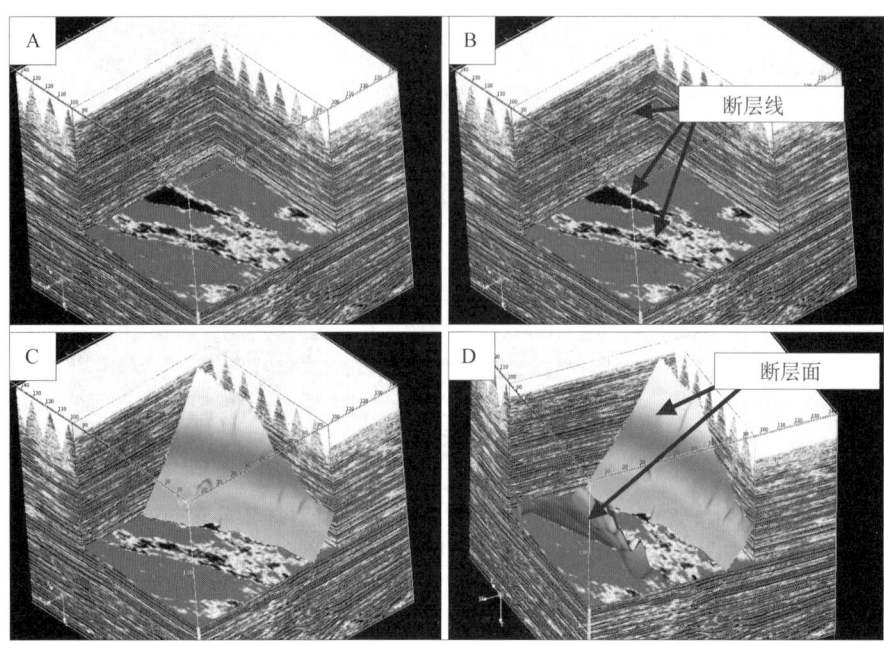

图 2.16 一个三维地震反射空间的部分剖视图,在 2D 空间内显示断层线(A 和 B),在 3D 空间内显示断层面(C 和 D)

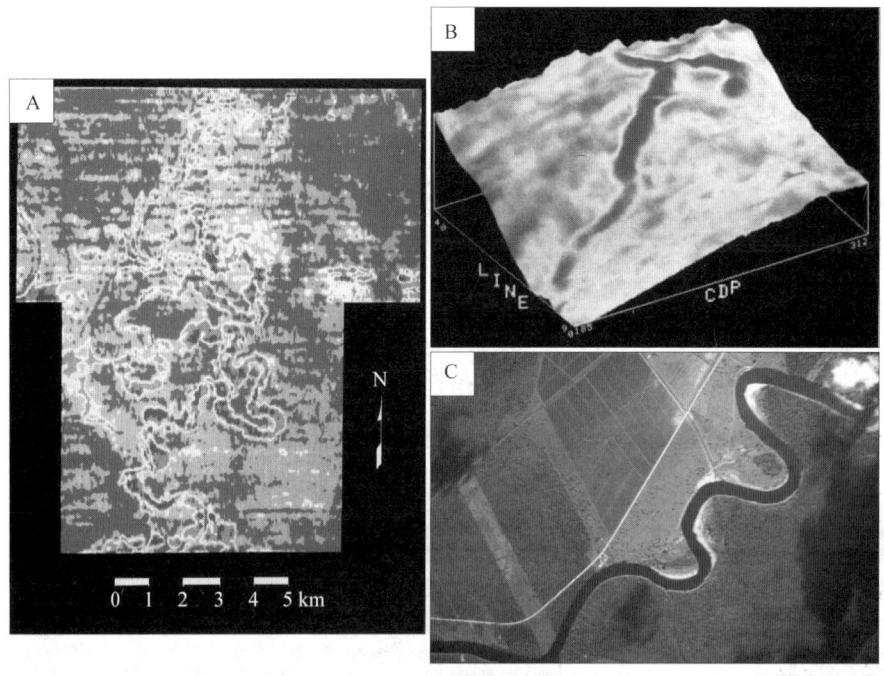

图 2.17 (A) 一个三维的地震水平切片或者说是沿层切片呈现出一个被埋藏的曲流河道;(B) 是充填有天然气的河流相砂岩在地下的真实构造部位——构造向左下方倾斜;(C) 一个曲流河的平面照片,与 (A) 中的形状很相似

(A) 这个地震图像的质量如此之好,以至于它几乎给出了地下的真实特征,就像一个人在飞机上从窗口看到地面的相似特征;(B) 红色/深色的部位(振幅强)由于有更多气体的存在向上倾方向增多,因此气体充填的河道砂体与临近地层的声阻抗差更大(A 和 B 据 Brown, 1988);(C) 图中浅色区域是砂体的聚集,通过知道砂体在现代曲流河道的什么地方沉积,就可以预测具有与 (A) 相似地下特征的水平切片中,砂岩沉积的位置

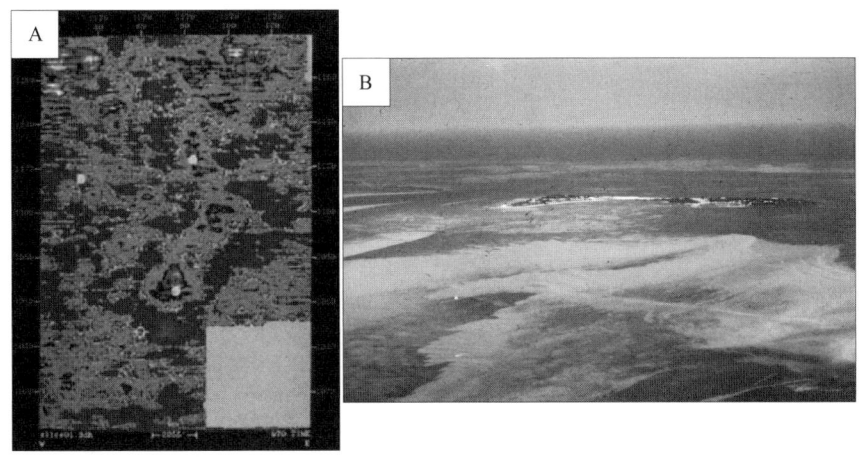

图2.18 （A）三维地震的沿层切片反映了一系列不连续的高振幅（红色、橙色和黄色）区域，解释为塔礁（据Brown，1988）；（B）现代的塔礁（再版得到AAPG的许可，进一步使用需其许可）

2.3.3 四维地震

　　三维地震表现了油藏静态特征，因为这些数据都是在一瞬间采集的。四维的或是"随时间推移而变化"的地震数据，使得人们有机会自油气开采初期便对油藏流体的动态进行监控。因此4D地震可以监测油藏动态特征。4D地震的基本原理是储集层中流体的组分和类型发生改变，导致储集层声学性质变化。因此，在油田连续开发时，以同样的（或相似的）方式爆炸产生声源，在同样的位置，连续进行3D地震勘探，记录由于流体运动导致的岩石—流体变化。

　　ARCO石油和天然气公司是最早在北得克萨斯的Holt Sand单元进行四维地震测试的公司之一（Greaves和Fulp，1988）（图2.19）。ARCO想做小规模的火烧油层试验，通过点燃井底的空气和天然气来增加流体的温度，从而降低原油的黏度，让原油更容易从注入井流向生产井。图2.19反映了来自三次不同时间地震勘探的水平地震切片：一个是在火烧油田之前进行的地震切片，一个是在火烧中（几个月后）进行的，一个是在火烧油田完成后进行的。空气和天然气被注入注入井中并点燃，注入井被四口生产井所包围。该测试的理念是加热后的油藏流体将会向各个方向运移（火烧油层前地震层位中的箭头）。图中比例尺反映了地震振幅的相对规模。在火烧油层前，整个油田内的地震振幅只有很小的变化。到燃烧中期，在西边的生产井附近，振幅发生了明显的变化，指示了流体运动方向（箭头方向）。在燃烧之后，地震切片显示振幅发生了更大的变化，东边生产井显示一个新的振幅异常，指示了箭头方向的流体流动。振幅变化记录了非均质流体在油田内的运动，说明储层岩石的非均质性，或者说是分区性，即在某一个方向上优先让油藏流体运动。

　　一种广泛普及的四维地震已在墨西哥湾的Eugene岛区域完成（He等，1996）（图2.20）。在这个地区，三个公司在不同的时间进行了独立的三维地震勘探，并使用合理的相似探测参数。最早的地震勘探是宾索/美孚/英国石油公司在1985年进行的，之后是1988年德士古/雪佛龙公司，第三次是壳牌/埃克森石油公司于1992年进行的。三次勘探重叠区比较这三次的3D地震，形成了4D地震勘探的基础。

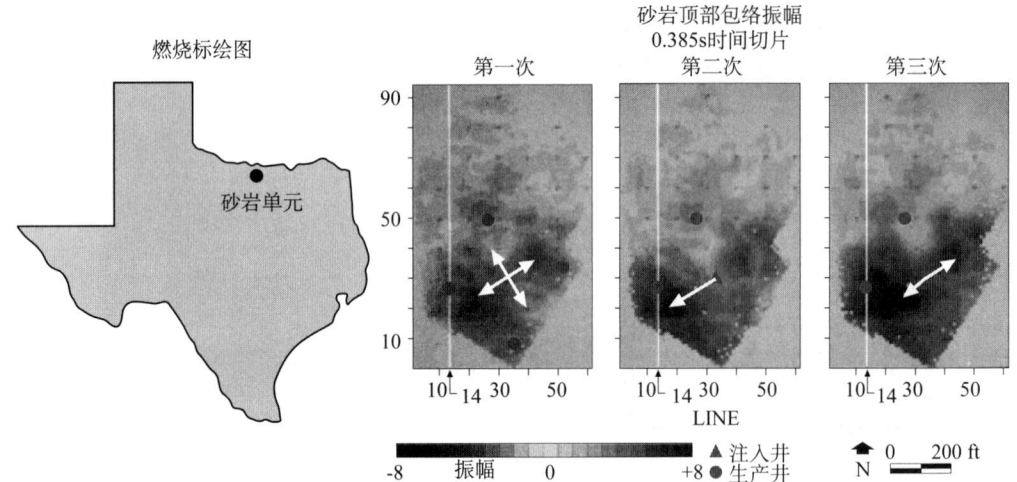

图 2.19　得克萨斯北部 Holt 砂层三次不同时间的三维地震资料中相同的沿层切片（据 Greaves 和 Fulp，1988）
一个是在火烧油田的点火之前进行的地震，一个是在火烧油田中期（几个月后）进行的地震，一个是在火烧油田完成后进行的。振幅的相对大小反映在线段比例尺上。振幅从火烧油层之前到之后的变化反映了在火烧油层作用下油藏流体产生的运动（再版得到 AAPG 的许可，进一步使用仍需其许可）

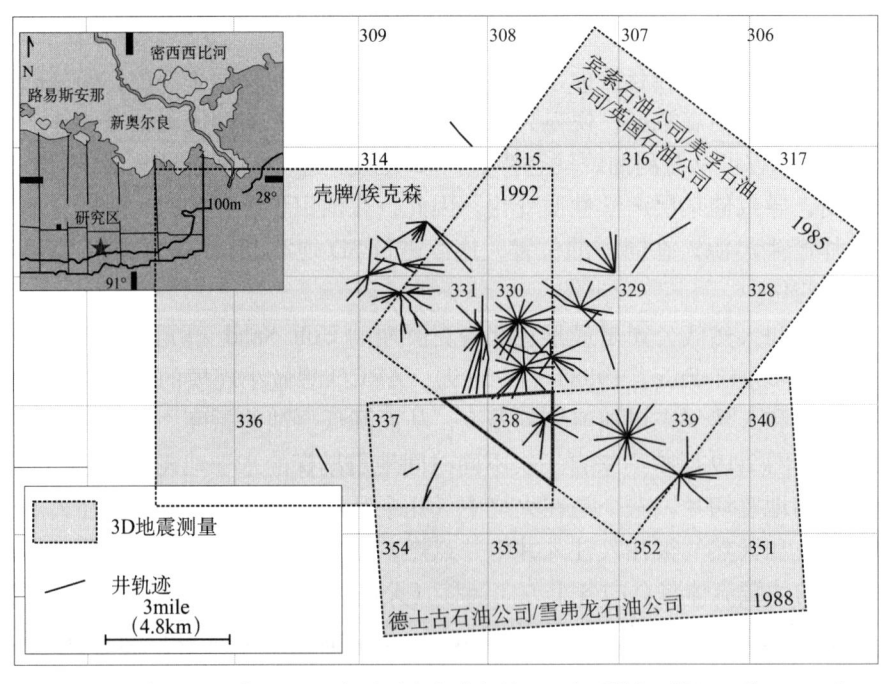

图 2.20　在墨西哥湾 Eugene 岛附近海上进行的 4D 地震勘探（据 He 等，1996）

1985 年进行了一次早期的 3D 地震测量，之后在 1988 年左右进行了另一次测量，然后是 1992 年的第三次测量。这三次测量都覆盖的区域（黑色实线三角形）构成了 4D 地震的基础（通过三次 3D 地震测量的比较）（再版得到 Oil and Gas Journal 的许可）

　　解释分析的结果相当有趣。储层段的三维地震勘探区域（图 2.21A），不同的颜色代表在三维地震测量中地震振幅的变化。其中存在一个油气通道，其振幅没有变化，暗示了剩余油区与未开发原油的存在。1972—1994 年（在地震勘探之前），此后已开采出 $120×10^4$ bbl 原油，但是在勘探后期的 1994—1996 年，另有 $100×10^4$ bbl 原油经水平井开采出来（图 2.21B）。4D 地震和水平钻井技术的结合为石油公司带来巨大的收益，而且它也表明一种新的方法将会被广泛地使用。

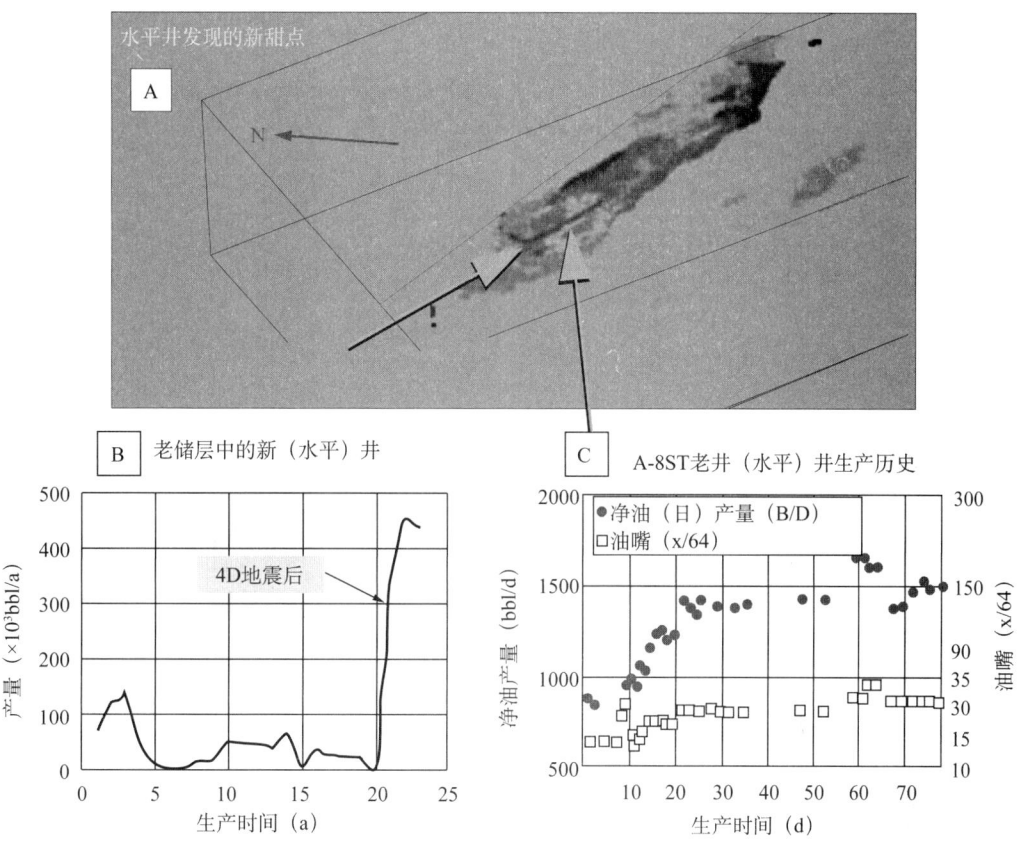

图 2.21 Eugene 岛四维地震检测的结果（据 He 等修改后得到，1996，再版得到 Oil and Gas Journal 的许可）

这个三维区块就是油藏区域，不同的颜色代表在三维地震检测中地震振幅变化或是保持不变的区域。图中一个条带被突出显示，其振幅值没有变化，表明存在剩余油或是尚未开发的原油。红色/深色表示的区域的声阻抗在 1985—1992 年间降低。蓝色表示声阻抗随时间增大的区域。绿色和黄色/亮色表示声阻抗没有变化（>10%）的区域（通常很可能存在剩余油或尚未开发的原油）。在这种情况下，在这个区域钻了一口水平井，可以看出该井控制了剩余油区。在左下方的图表中可以看出，产量急剧上升。在 1972—1994 年间（地震勘探之前），从储层中采出 120×10⁴bbl 原油，但是在地震测量后的 1994—1996 年，又多采出 100×10⁴bbl 原油。

2.3.4 其他地震成图技术

工业界和学术界现在正在致力于将地震成图精细化，特别是关于使图像鲜明并降低分辨率和探测精度对描绘地质特征的限制。增加地震剖面的颜色是一个简单却重要的进步，提升了我们从地震记录中获取地质特征的能力（比较图 2.10B 与图 2.15 和图 2.17 中的地震剖面就可得知这一点）。

自 20 世纪 90 年代中期开始，"相干体技术"已经成为一种流行方法，它能更清晰地描述地质特征的地震图像（Taylor，1995）。这种技术从本质上减弱了地震信号信噪比并增强了真实地质特征的地震信号。图 2.22 比较了没有经过（左）和经过（右）相干体成像处理的三维地震的沿层切片（Bahorich 和 Farmer，1995），可以明显看出右侧图（相干处理的）中的断层更加明显。

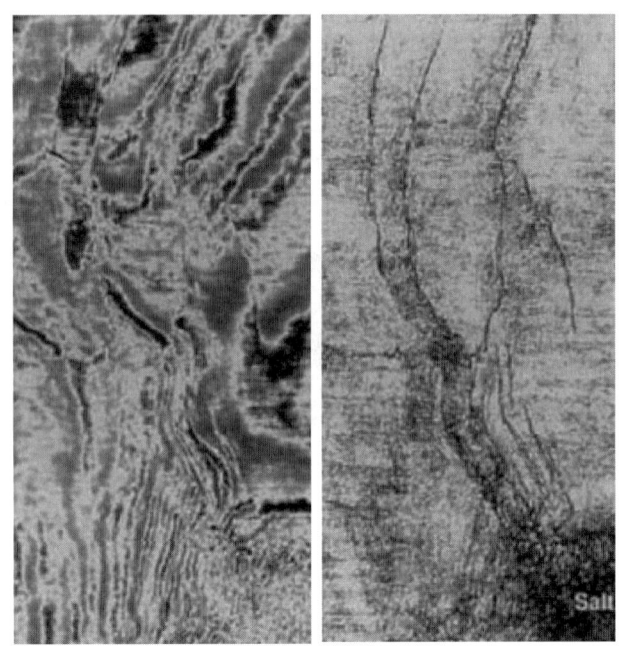

图 2.22　一个没有经过相干体成像处理的三维沿层切片（左）与经过相干体成像处理的沿层切片（右）的对比

相干体方法增强了代表真实地质特征的地震信号，消除了地震信噪比，其好处是提供了更清晰更连贯的图像，右侧图中断层的清晰轮廓在左侧图中的三维地震沿层切片上很难解释出来。本图来自《The Leading Edge technical》杂志 1995 年 10 月刊的封面（Bahorich 和 Farmer, 1995；再版得到 The Leading Edge 的许可）

频谱分解已被证实是另一种提高油藏地震成像清晰度和分辨率的十分有效的方法。地震波波形是由一系列变化的频率和振幅的正弦波组成（图 2.23）。频谱分解将地震信号非常精确地分解为频率，因此在同一时间内可以只观察到一个伴生的振幅。岩石和储存在岩石中的流体的声学性质也随频率而变化。所以，通过将地震信号分解成独立的谱分量，就可以观测伴生的振幅随着频率发生变化，它们是储层岩石和储层流体性质的函数。图 2.23 是天然气和盐水在不同频率下的振幅谱。同时还有三张不同频率的地震剖面图。振幅随频率的变化表现了特定的岩石和流体的性质对地震信号的响应。图 2.24 显示了一个特定的地下层位的不同频率下的沿层地震切片。

频谱分解的另一个分支技术是多属性反演，与提取的地震振幅相比较，它能提供极好的岩性分辨率。图 2.25 说明了一个砂岩层段的预测砂体厚度和实际总的砂体厚度进行比较，并将常规地震层位振幅和多属性反演振幅的图像进行比较，从而得到一个很好的结果。诸如这些不断进步的技术，将会提高我们描绘和理解地下储层的能力。

2.3.5　井间地震

井间地震是对井间横向和垂向属性进行亚地震规模成像的唯一方法。这种方法是将一个震源下放到井内，一套地震检波器下放至另一口井内，然后引发地震来获取两口井之间的图像（图 2.26）。因为震源和接收器都在地表风化带之下且相隔很近，所以，虽然其覆盖

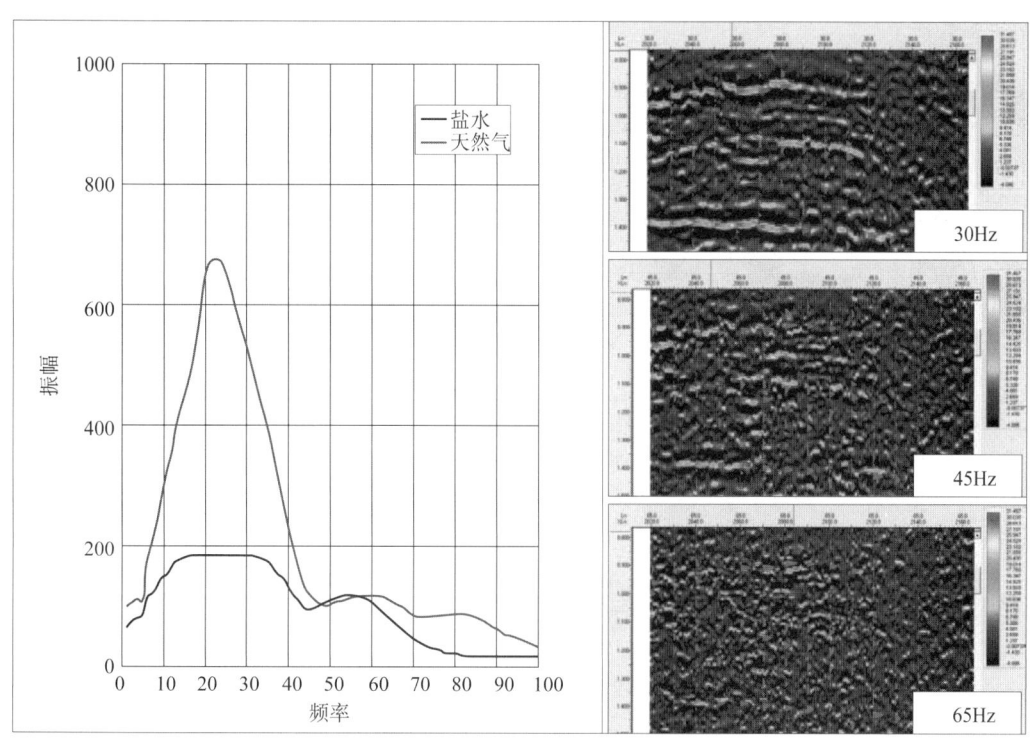

图 2.23 地震幅度受频率的影响（据 Sanchez，2004）

右侧三幅地震剖面展示了在 30Hz、45Hz、65Hz 频率下振幅特征，在每种频率下，不同的特征得到显示

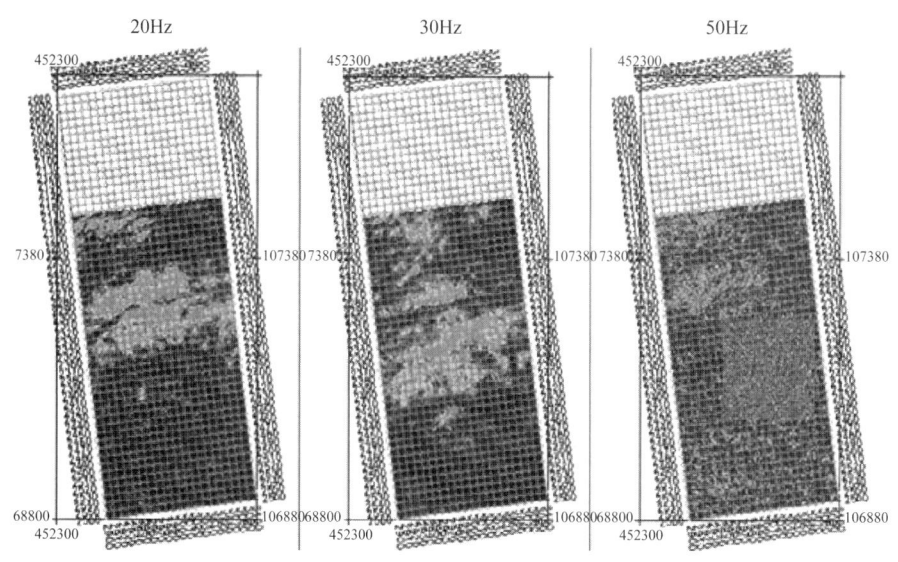

图 2.24 20Hz、30Hz、50Hz 地震沿层切片显示不同特点（据 Sanchez，2004）

面积比地面地震要小，但其垂向分辨率的数量级比地面地震要高（图 2.13 和图 2.27）。例如，多孔隙（或非孔隙）区域的一些小断层和地层特征可以通过井间地震清晰地成像（图 2.28 和图 2.29）。这种方法的缺点是成本高且覆盖面积小。

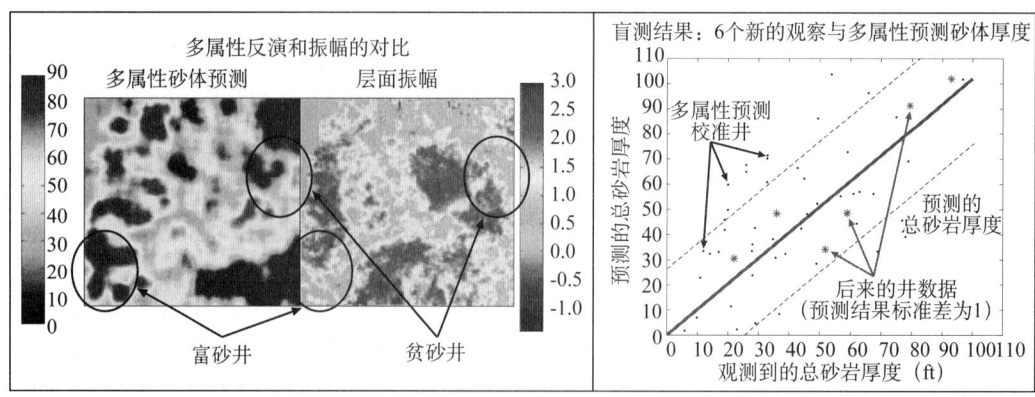

图 2.25　与提取出的地震振幅相比，多种属性组合提供了更精确的岩性分辨率

地震振幅与该地区砂体存在很小的相关性，而多属性反演得到了曲流河道内砂体沉积的细节（图片源于 Fusion Petroleum Technologies 公司）

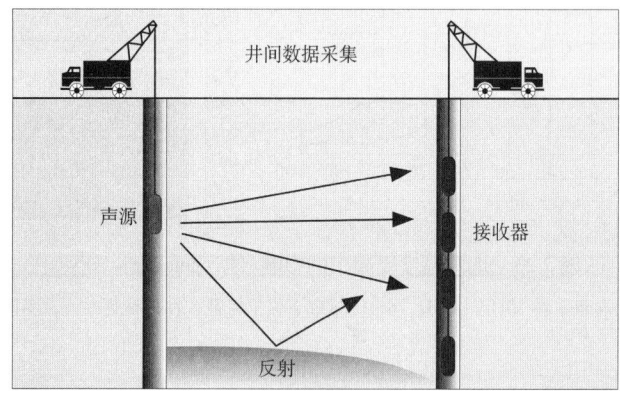

图 2.26　井间地震原理示意图

井间地震提供了在井筒内产生声波的能量源，接收器被排成一串，下放至另一口井中检测声波；从震源到接收器，声波的特征与岩石和流体的性质有关，比如说横向和垂向的孔隙度变化，井间地震的分辨率比传统的地面地震分辨率要高许多

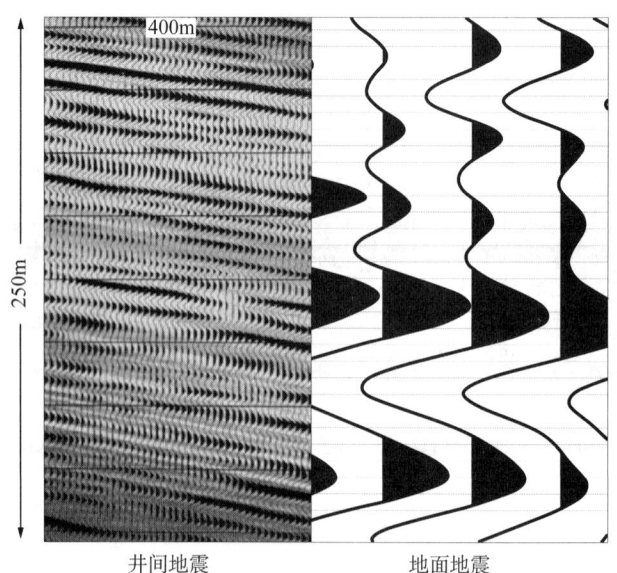

图 2.27　井间地震与地面地震分辨率的对比

井间地震可以提供更精确的与储层性质相关的特征（图片来自 B. Marion and Z-Seis 公司）

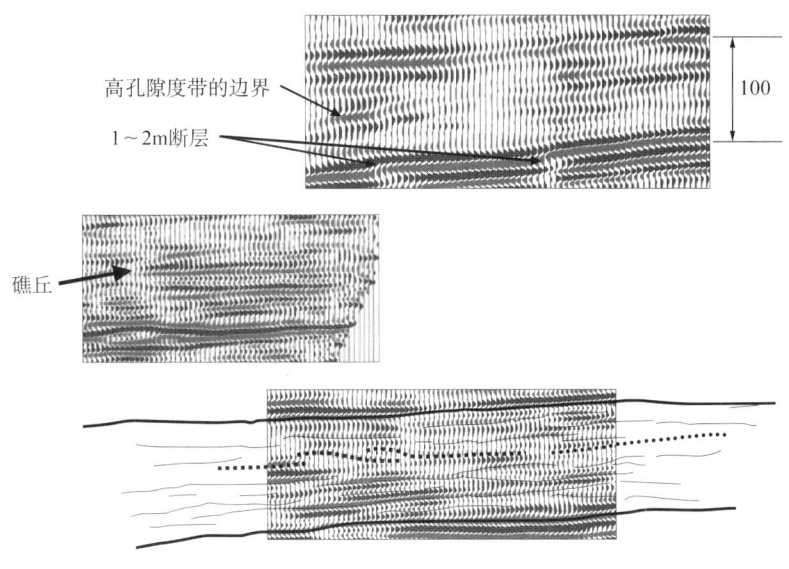

图 2.28 碳酸盐岩构造中的储层非均质性

单个建造垂向和横向展布需要井间地震来识别，同时帮助确定水平井位（图片来自 B. Marion and Z-Seis 公司）

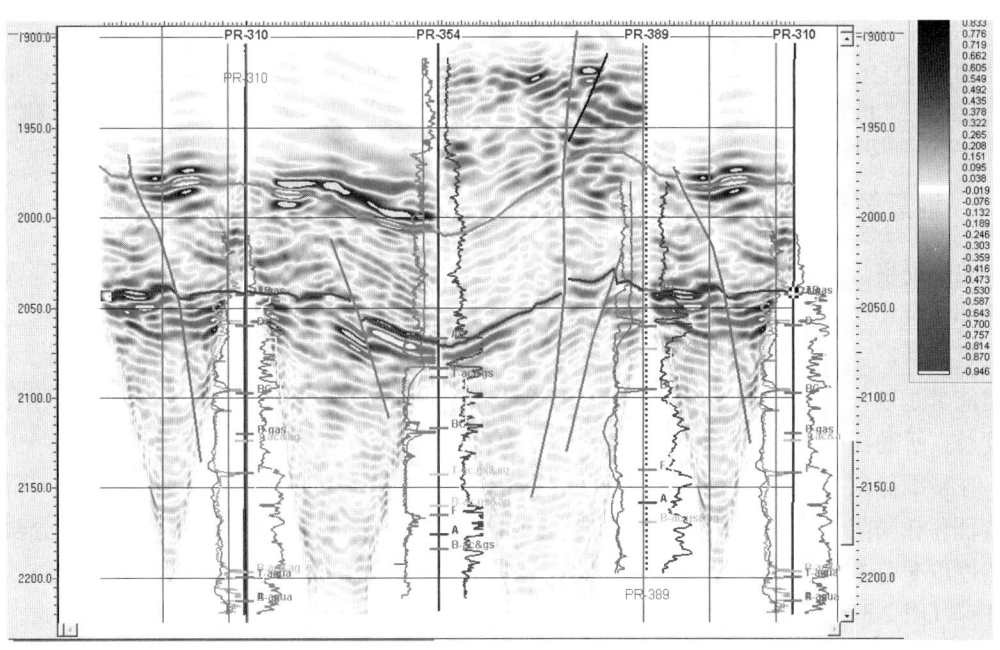

图 2.29 井间地震显示井与井之间小的分支断层

振幅的不连续代表地层的不连续，井间地震的分辨率高于传统地震数据（图片来自 B. Marion and Z-Seis 公司）

2.3.6 多元地震

多元地震将 P 波和 S 波地震进行能量组合。这两种类型截然不同的波形在介质中按不同速度传播，所以人们可以测量和比较 P 波和 S 波的速度。不同的 P 波速度 / S 波速度之比可以判断不同的岩石 / 流体组合（图 2.30）。

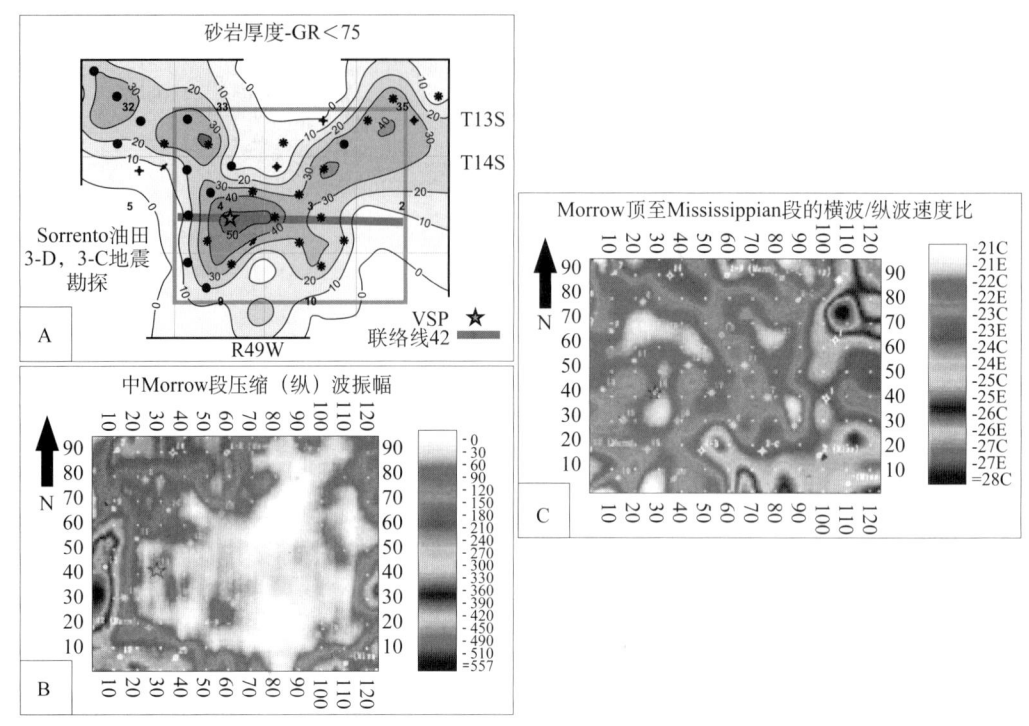

图 2.30 （A）井控的砂岩等厚图（据 Mark,1998）；（B）岩层的 P 波地震沿层切片，显现切过（A）中绿色/灰色勾绘出的在较小区域内的一些变化；（C）P 波与 S 波速率之比平面图，表现出比井控图或地震沿层切片图更高的分辨率（据 Blott 等，1999；再版得到 The Leading Edge 的许可）

2.3.7 地震解释中的一些误区

地震反射分析提供了一种将地质特征转换为图像的方法，虽然这种方法已经很成熟，但并非十全十美，有时成图时存在多解性的特点。倾斜面，例如断层或是褶皱侧翼，分散了地震能量以致需要进行大量的数据采集后再处理，尽管如此，也仍存在不确定性。因为地震能量是以波的形式存在，如果能精确地将垂向地震双程传播时间转换成深度，声波的速度及在所勘探区域内传播的介质就能确定。

在精细储层表征中，地震反射分析最大的缺点是在垂向上的分辨率低和探测小规模地质特征存在局限性。分辨率是地震波识别和描绘层位顶、底的能力，通常认为（能分辨的）地层厚度是地震波长的四分之一（图 2.31）。分辨能力是地震波对一个层位的"感觉"和"响应"（图 2.31），分辨厚度的极限可以是波长的三十分之一。

毕竟地震反射所能分辨和识别的能力有限，许多影响流体在油藏中流动的特征并不能被识别出来，因此它们是亚地震规模的。亚地震级别这个术语缺乏定义，因为分辨率会随波长、频率、反射面的深度及其他因素变化。但是，如果波长比产层厚度大很多，这个层段就不能成像（图 2.32）。

2.4 钻井和取样

确定地下岩石类型和流体的最真实可信的方法就是钻井并从井筒中取心。可以用陆上

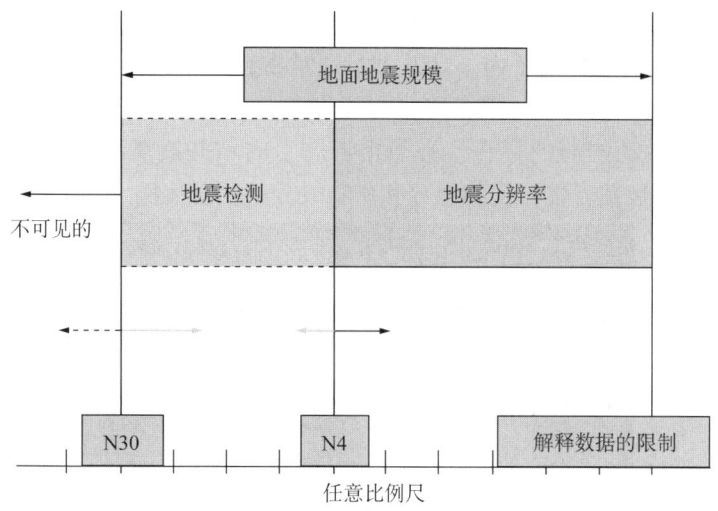

图 2.31 地面地震规模的定义

地震的分辨率和识别能力是地震波波长的函数，一幅包括沉积层的顶部和底部的完整图像要求地层至少达到地震波波长的四分之一。地层若比这薄就不会完全显示，但是如果它们比波长的 1/30 厚，地震反射将会表现出一些幅度响应（图片来源于 D. Minken）

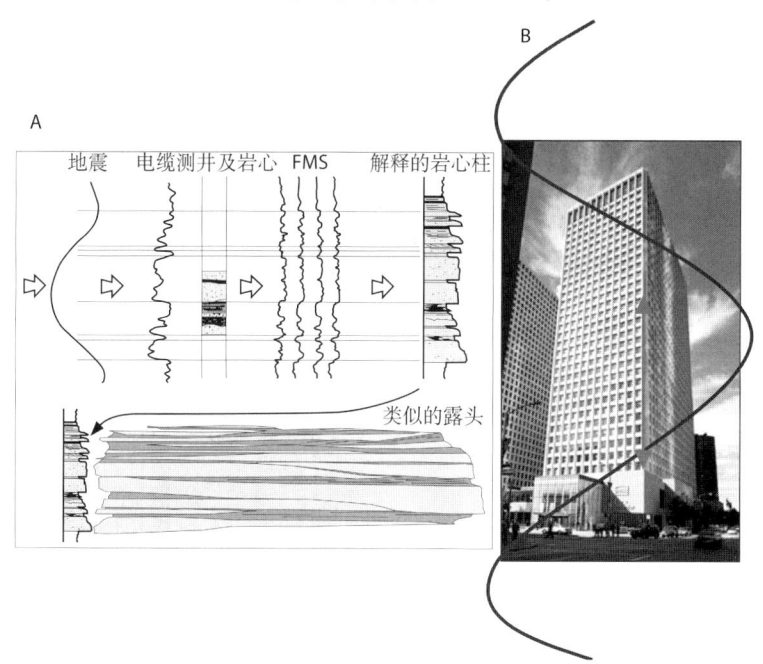

图 2.32 （A）传统的测井和岩心柱；（B）普遍现象与地震子波在建筑物上的叠加

（A）图中加上了 FMS（地层微扫描井壁成像测井，在本章后面讨论）测井。测井响应可通过不同岩石类型进行校正，剩余的其他井可以按照这个标准解释。从这些资料中，地质学家可在井筒外没有真实数据的情况下，预测岩性和岩石几何特征。这项工作很困难，而且如果岩石的（厚度）分层低于地震子波的分辨率，就经常没有地震数据的响应。（B）在建筑物内部，它是由一系列的房间组成，它们由地板、天花板和墙分开，但是没有一个房间能成像出来，因为它们都低于地震波的分辨率（识别能力）（图 A 的来源不详；图 B 由 D. Minken 提供）

钻井装置在陆上钻井，也可以用海上平台或是钻井船在海上钻井（图 2.33）。钻井装置的基本组成见图 2.34A。钻头与钻柱相连，钻柱通过钻台的转盘产生转动。在钻柱的末端是切割岩石的钻头。持续地向钻柱内注入（泥水混合物）钻井液，在钻进过程中起到润滑的作用，同时带出井筒内钻头切割产生的碎屑。这些碎屑称为"岩屑"，通过钻井液循环带到地面，并汇聚在一个池子内。录井人员通常在钻井平台检查岩屑，记录岩性，测量储层流体，然后把岩屑包起来，以备将来更详细地分析。为了方便检查岩屑样品的岩性、组分、微植物群和微动物群的存在，必须把岩屑上的钻井液清洗掉，以提供干净的样品（图2.35）。岩屑分析包括岩性、生物组分和矿物成分的相对比例（图2.36）。

图 2.33　陆上和海洋钻井

确定地下岩石岩性唯一现实的方法是钻井，除了在一些构造非常复杂的地区，通常在高成本的钻井完成之前要先获取地震反射的资料

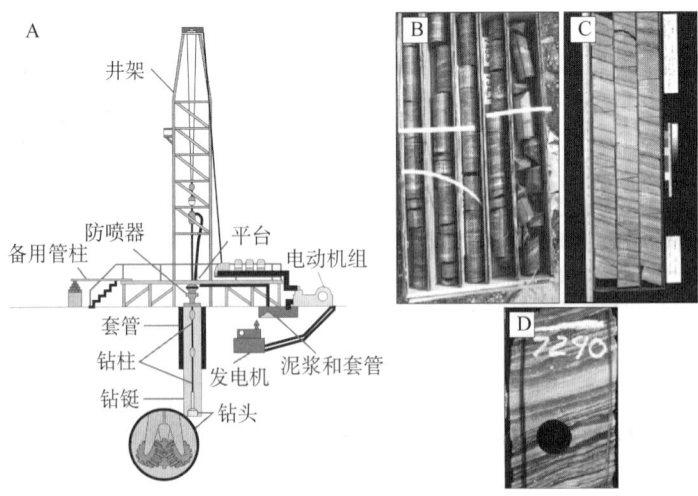

图 2.34　（A）钻井装置的基本组成，包括井架、使钻柱转动的钻盘及发生转动并切割岩石的钻头；（B）装箱的岩心整体，在清洗之后准备运往一个岩心分析设备；（C）已经纵向切割成两块的岩心板片，显示的一面已被磨光；（D）岩心板片的特写，从该岩心板片中取出的岩心柱用来测量孔隙度和渗透率

图 2.35 从井中得到的五盘岩屑（据 Garich，2004）

从井筒中得到的最便宜的地下岩石样品是在钻井过程中采集的岩屑和岩层碎块，岩屑已经被彻底地清洗，准备让地质学家检验。地质学家将确定组成岩屑中不同岩性的比例。盘子的侧面红色/深灰色数字是获取岩屑的深度（以英尺计）。在这种情况下，岩屑代表大于3m厚的岩层的混合钻屑

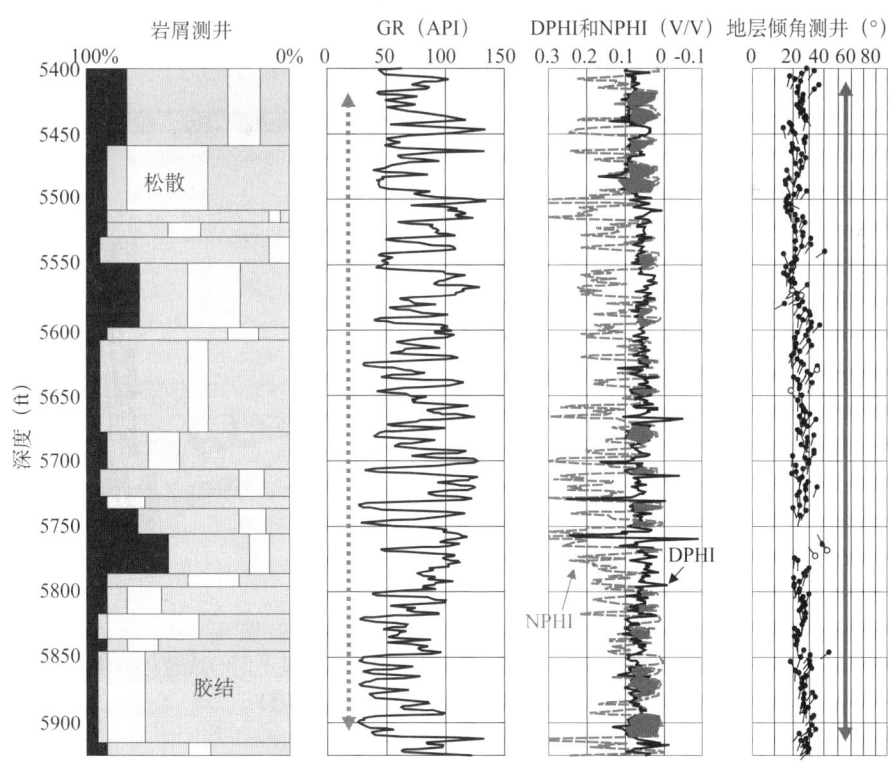

图 2.36 由岩屑确定的不同类型的砂岩（松散的和胶结的；黄色和绿色）、
泥岩（灰色）和页岩（黑色）（据 Romero，2004）

它们的比例通过3m厚的层段计算得来。岩屑测井说明这口井500ft厚的地层中每种岩石类型的比例；右侧图为不同种类的测井图，在DPHI和NPHI测井曲线的红色/深灰色区域说明了气层的曲线跳跃效应

如果想从地下地层中取出岩心，在钻柱下端就要接上不同的钻头，在预定深度层段内

将地下岩层的整个岩心取出。取出岩心后,将在现场对其进行描述。然而,岩心的形状是圆柱体(图2.34),连同取心导致的沟槽,经常使我们不能充分描述岩心的地质特征。在现场岩心描述之后,通常把岩心储存起来运至实验室做进一步的处理和测试分析。常规岩心取样柱的直径通常是2.54cm(1in),沿着岩心长轴以0.3m(1ft)的间隔取样。用它们来分析孔隙度、渗透率及测量流体饱和度。接下来可以将岩心垂直切割成两片。一个用来取样分析,另一个的表面被磨光,常用来进行详细的地质描述和照相(图2.34C)。

由于技术的进步和成本的降低,在最近几年,水平钻井技术显著发展(图2.37A)。虽然水平井比直井成本高,但是水平井对于分块油藏十分有效,例如透镜状砂体被非渗透页岩层分割开的油藏(图2.37A、B),或是被不渗透断层切割的砂体油藏(图2.38A、B)。水平井也可用来进行井间监控以提高原油采收率(图2.39)。

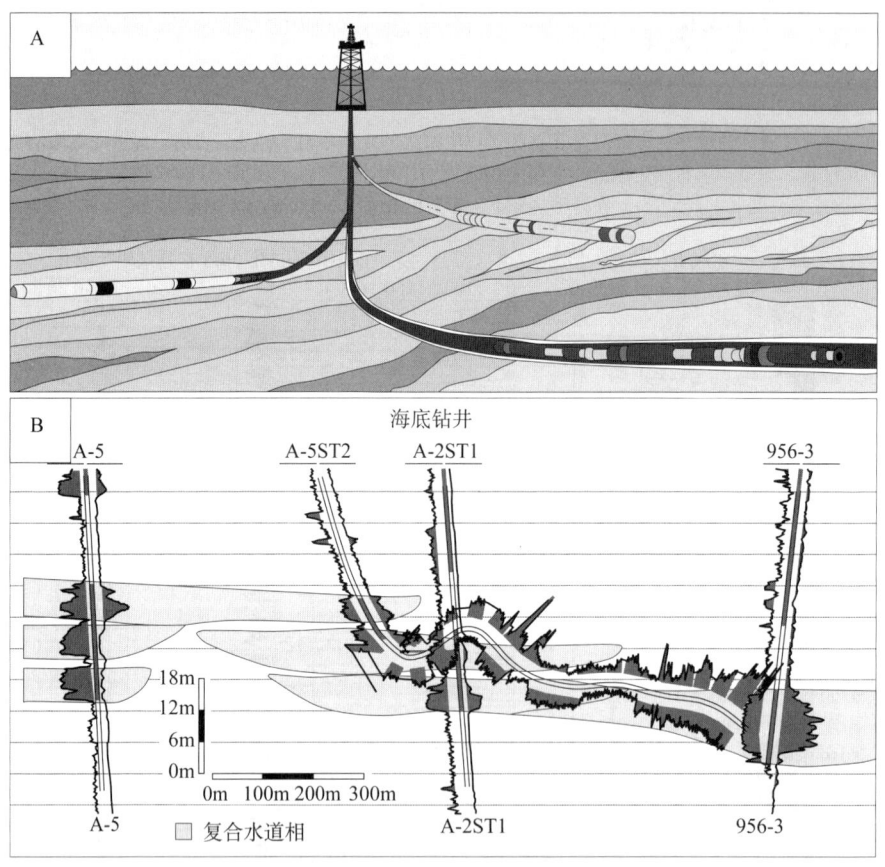

图2.37 (A)水平钻井示意图;(B)墨西哥湾的油藏,三口直井穿过不同的透镜状砂体,一口水平井也穿过多个河道砂体(据Craig等,2003)

2.4.1 常规测井

因为取心既耗时又费钱,所以钻井工程师和油田经理就会尽可能地避免取心。确定地下岩石和流体性质最普通的方法是常规电缆测井。测量岩石和流体不同性质的各种工具与钻柱底部相连,下放至井底,然后以稳定的速度收回,从而获得了各种属性的连续记录(图2.40A)。表2.1列出了一些常规测井类型和测量参数类型。这些测井方法在一瞬间及时

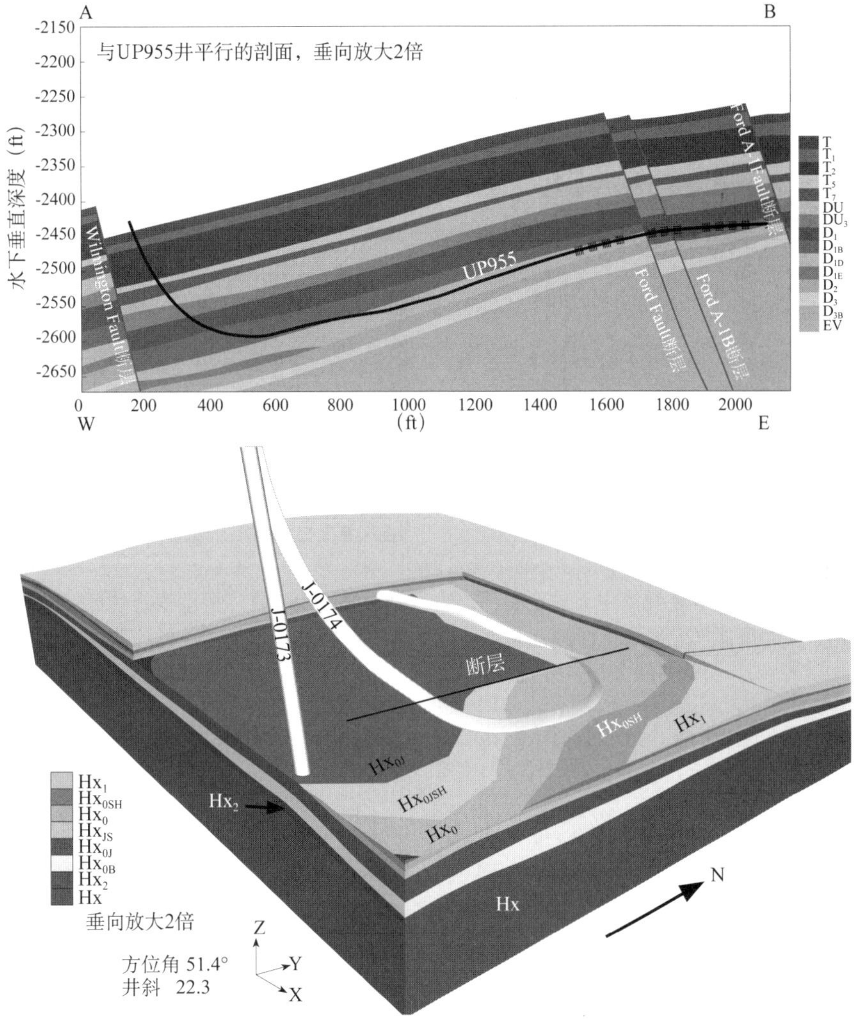

图 2.38 (A) 穿过加利福尼亚 Wilmington 油田 Long Beach 单元 D1 砂层和两条断层的 UP955 水平井剖面；(B) 在 Long Beach 单元 Hxo 砂体中水平井的轨迹，注意弯曲 180°的井穿过了断层（据 Clarke 和 Phillips，2003）

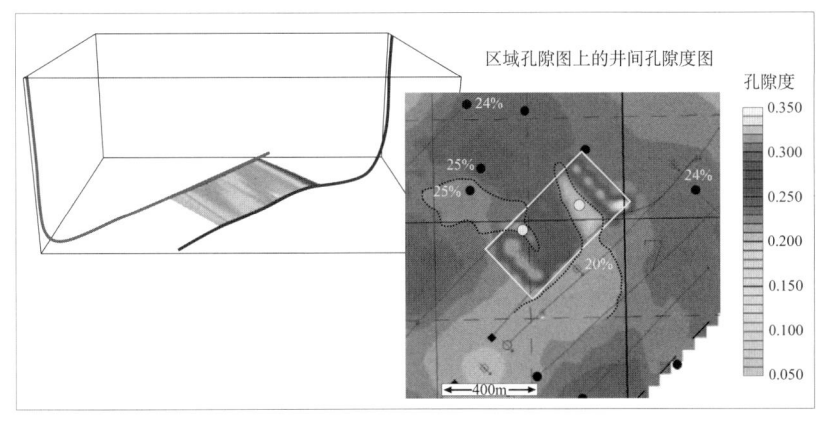

图 2.39 一个碳酸盐岩油藏实例
在（开发）第一阶段利用水平井注入二氧化碳对油藏进行监控
(A) 井间地震属性；(B) 井间孔隙度图叠加在区域孔隙度图之上（图片来源于 B. Marion and Z-Seis 公司）

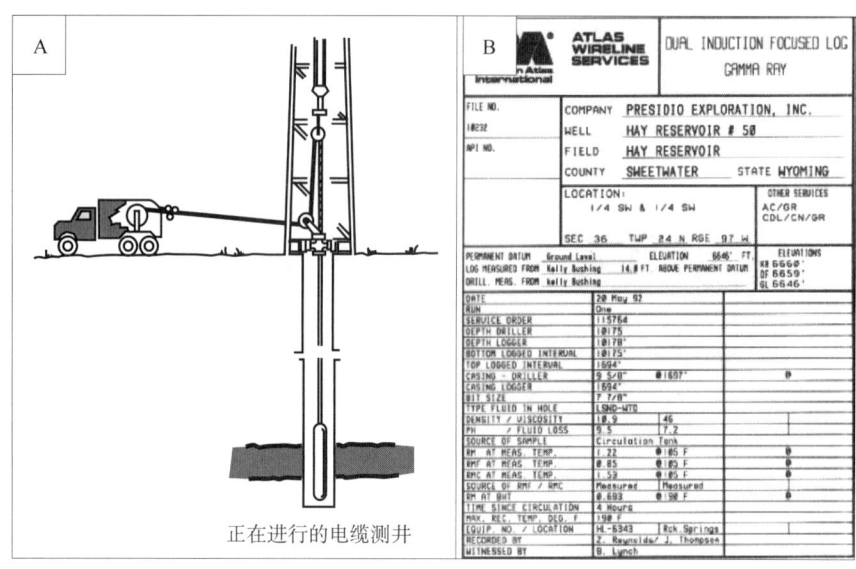

图 2.40 （A）电子记录工具在井筒中下放至底部，然后用有线绞车装置以持续稳定的低速向井口提升；(B) 在每口井测井曲线的顶部（无论是纸质的还是电子的）都有图头，它提供了井的一些基本信息，包括钻井和测井的公司、井位、测井类型、测井环境及测井深度等

测量油藏静态和动态性质。在测井图 2.36 中，纵轴是深度（即地下深度，从钻台上的补心海拔高处开始计算）。

伽马测井和自然电位测井指示了岩性（图 2.41A）。典型的伽马测井是利用测井仪测量岩层放射性的自然伽马测井。伽马高值指示泥页岩的存在，因为泥页岩组分中包含黏土矿物、钾长石和有机物，这些组分都能放射出伽马射线。除了长石砂岩外（富含钾长石），砂岩这些组分相对较少，因此放射出伽马射线能量较少，伽马射线值较低。自然电位测井也有同样的特点（图 2.41A）。

表 2.1 常规测井及其应用

类型	参数	垂向分辨率（m）	用途
电法测井 自然电位、电阻率测井	岩石和流体的电学性质	1.5～2.0	计算含水饱和度，识别流体，地层对比
伽马测井	岩石放射性强度	0.2～0.3	岩性识别，泥质含量，地层对比
中子测井	氢原子浓度	0.4	孔隙度，含气量
密度测井	岩石密度（包括孔隙空间）	0.4	孔隙度，有时能识别岩性
声波测井	声波穿过岩石速度（按传播时间测量）	0.6	孔隙度，有时能识别岩性
井径测井	井径大小		对其他测井曲线的校准，有时指示岩性，应力方向
地层倾角测井	地下岩石方向	0.01	构造和沉积环境

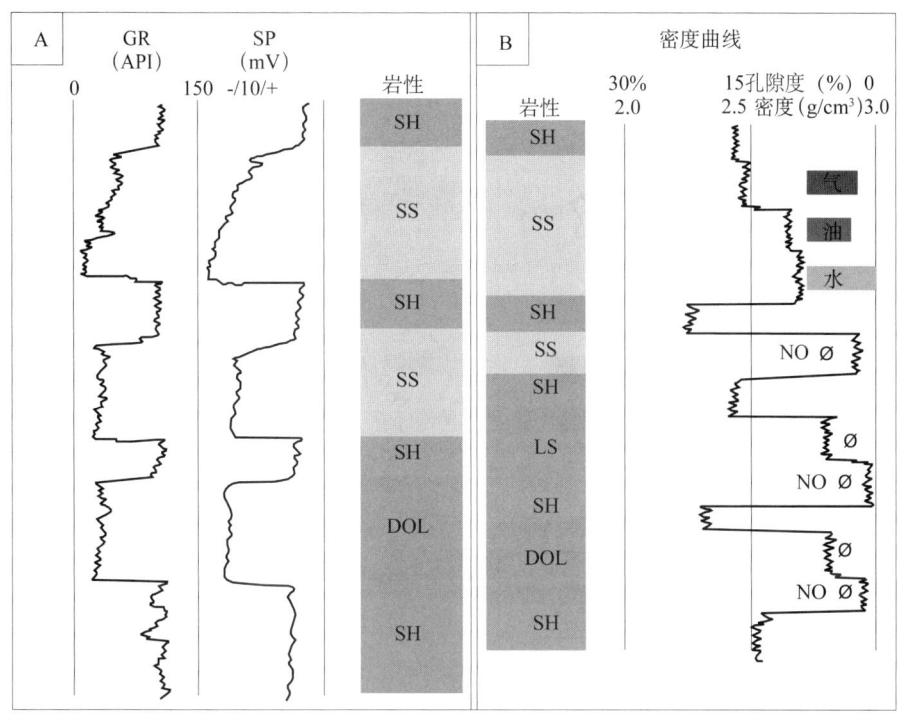

图2.41 （A）图示的砂岩（SS）、泥页岩（SH）、石灰岩（LS）和白云岩（DOL）互层段的伽马测井和自然电位测井曲线；（B）密度测井曲线测量岩石及所含流体的密度。

（A）图中可见岩性对这两种测井曲线的影响，泥页岩的伽马值高，砂岩和白云岩的伽马值低，自然电位曲线也是一样。因此，两种曲线都能指示岩性。对于一定厚度的层位，伽马曲线比自然电位曲线有更好的分辨率，因此伽马测井比自然电位测井能更好地表征岩性和岩层厚度

（B）密度测井有时也被认为是一种孔隙度测井。不同的流体，特别是气体，对密度测量结果有显著的影响。石灰岩和白云岩密度比相同孔隙度的砂岩要大

密度测井测量地层的密度，而地层的密度通常在 2～3g/cm³ 变化（图 2.41B）。岩层的密度反映了岩石的矿物组成、孔隙度和岩石孔隙中的流体。一种矿物的密度，例如石英，一般为 2.67g/cm³，被选择成为标准基质或者岩石的密度。以它为标准的密度变化归因于孔隙度和流体含量的变化（图 2.41B）。

声波速度是岩石矿物成分、岩石孔隙体积和孔隙内流体类型的函数。这种测井方法利用"声波时差"，它以传播 1ft 所需秒数来计算。声波时差的倒数是岩石速度，这是对声波在 1s 内穿过的岩石长度的测量。声波测井测量的是声波经过岩石的速度（图 2.42A）。岩石的声学性质也与密度测井响应一样，反应同样的性质，因此，重矿物通常表现出较高的声速，而孔隙空间和其中的流体则降低了声速（图 2.42A）。

中子测井测量地层孔隙中的氢原子（存在于水和烃类物质中）浓度，以孔隙度的百分数形式记录（图 2.42B）。通常将中子—孔隙度和密度—孔隙度测井曲线组合起来（图 2.36）。这些信息对于确定岩性以及识别气层很有效。气体的影响表现在密度孔隙度增加及中子孔隙度降低，使得两条曲线相交（Asquith,1982）。这两条曲线相交的两个原因是：①气比油和水都轻，所以密度测井记录下孔隙度异常高值。②气体比油和水的氢原子浓度都低，所以中子测井值为异常低值。

地下地质分析十分依赖测井，特别是伽马测井，因为它能指示岩性。伽马测井不只是能

区分开砂岩和页岩，依据其形状也能确定泥质含量和砂岩含量的变化（图2.43）。

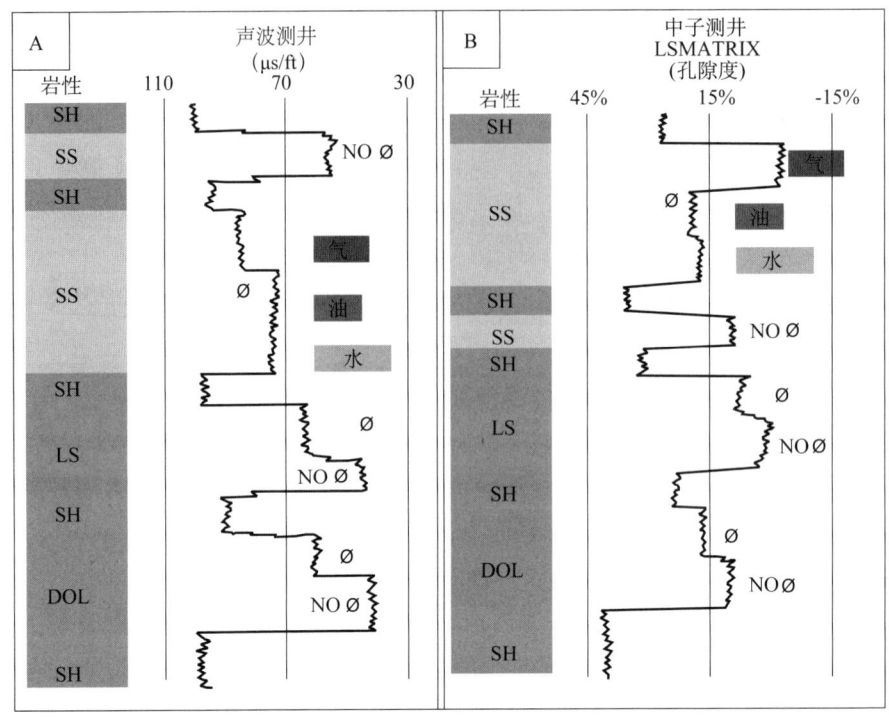

图2.42 （A）声波测井是测量声波在岩石中传播的速度；
（B）中子测井测量孔隙中（水和烃类）氢原子浓度

（A）注意图中气体对砂岩声波测井曲线特征的影响，因为声波在泥页岩中传播时间长，所以泥页岩通常表现为长的传播时间（也就是说它们的声速低）；（B）以孔隙度百分数表示，也指示气体存在

可以将伽马测井曲线（自然电位曲线的情形少一些）的特定形状进行分类（图2.44），其形状常与不同沉积环境中的沉积类型有关。例如，钟形的曲线（向上变细）通常被认为代表河道沉积，下部相对较粗，上部颗粒相对较细。漏斗形的曲线（向上变粗，泥质变少）代表沉积环境中向上水变浅，并且水动力增强。然而，人们在使用测井曲线解释垂向序列时必须小心谨慎，因为测井曲线和沉积过程并非一一对应的关系。同样的沉积类型可以呈现出不同的测井特征，取决于钻井在沉积相中的具体位置（图2.45）。

2.4.2 非常规测井

2.4.2.1 井壁成像测井

比常规测井，更先进的测井方法提供了更多特殊的信息。因为这些测井方法通常比常规测井更昂贵，所以使用频率并不高。

其中一种测井方法就是井壁成像测井。这种测井方法（图2.46）通过一组小的镶嵌式电极板将井壁周围的电阻成图来形成井壁的图像（Bourke等，1989）。当测井工具以稳定的速度向上提升时，这些电极板可以连续检测电阻率的水平方向变化，也可以较高精度检测电阻率的垂向变化（每2.5mm或0.1in）。图2.47是一个呈现在三维空间的倾斜平面（圆柱代表井壁）。把这个图像在平面上展开，例如在纸上或是电脑屏幕上，在二维的视角上观

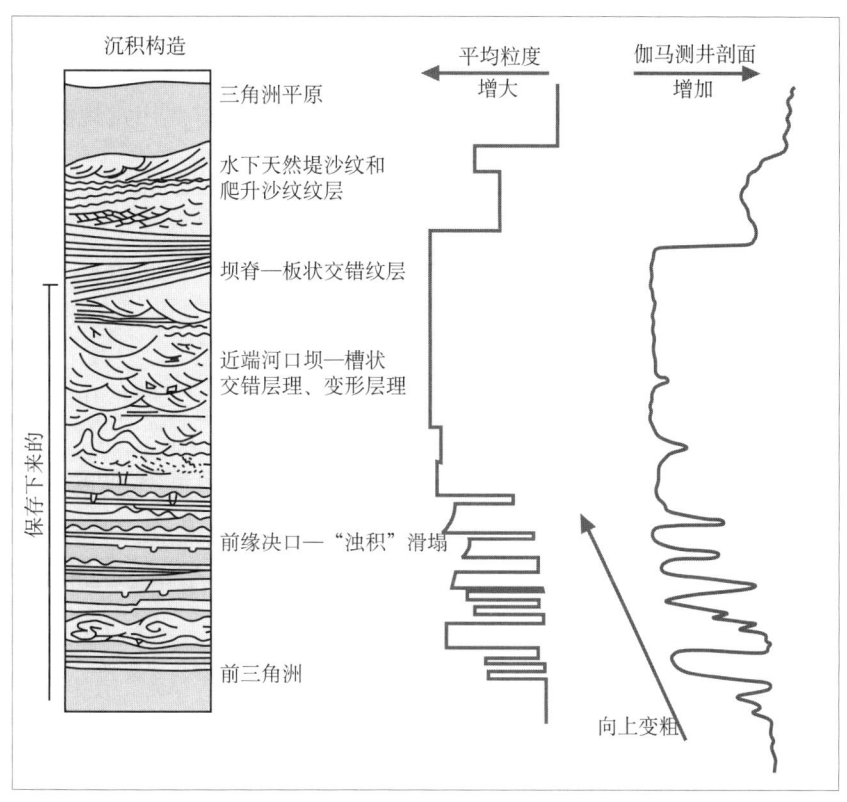

图 2.43 测井曲线、岩心柱及野外露头描述的垂直剖面（据 Galloway 和 Hobday 修改，1996）

说明由于不同沉积过程和沉积环境导致的沉积相变化。在这个例子中，从底部向上为前三角洲至分流河口坝，砂岩相对于泥页岩的粒度和发育程度都向上增大变好，这是因为沉积环境的能量向上逐渐增大，向上变粗的层序在前积的海岸带常见，用不同的符号表示各种各样的沉积构造

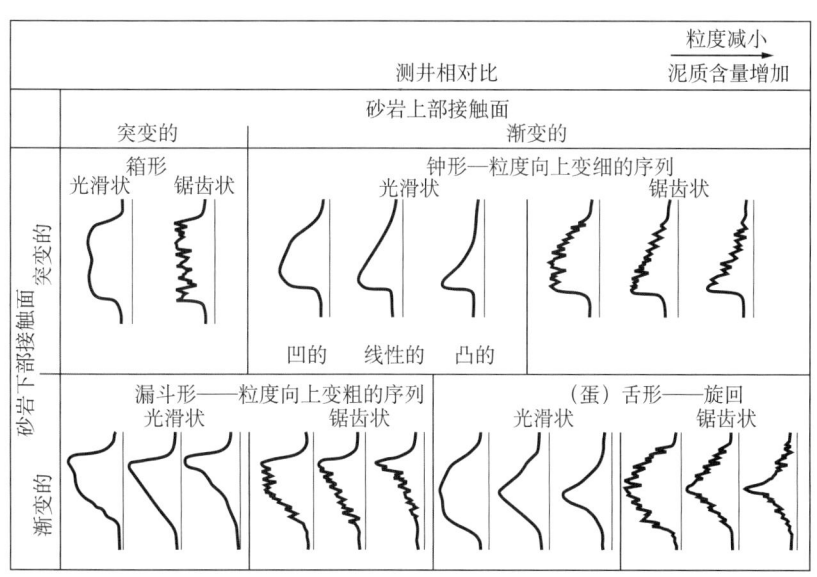

图 2.44 伽马曲线或自然电位曲线的一般分布区间

这是以曲线形状为准的"测井相"分类。这些测井响应经常从岩石类型和沉积环境等方面来解释。例如，在前面图中显示的岩石垂向序列可划分出漏斗状、锯齿状至光滑状，它们代表沉积在前三角洲至三角洲环境的岩石(图片来源不详)

察，这个倾斜面看起来是一个正弦波。这个倾斜面越陡，正弦波的振幅就越高。呈现出来的倾斜面通常是断层、裂缝和倾斜方向（图 2.47）。倾斜平面的倾角和走向通常也可以测量，且通过井壁成像测井记录下来。方位信息的测量是成像测井超出常规测井甚至岩心资料的一个巨大优势（除非取得了更加昂贵的定向岩心）。

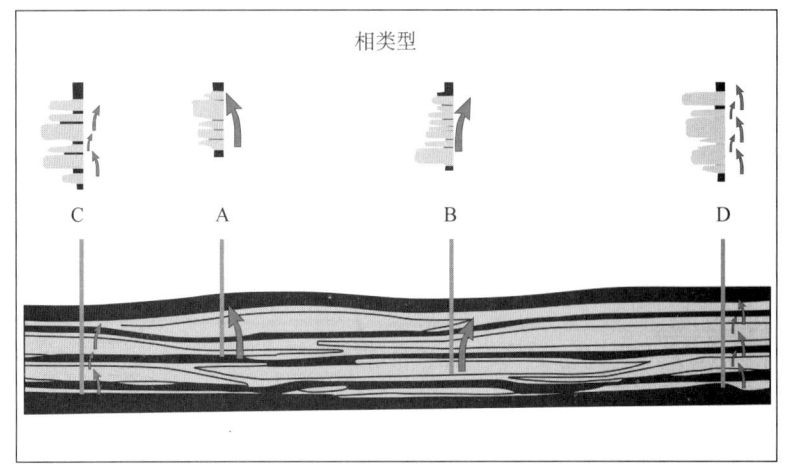

图 2.45　补偿型（充填）层理示意图（据 Mutti，1985，修改）

当砂岩沉积在海底时，产生地形向上的隆起，后续的砂岩将寻找相邻较低地区沉积下来，结果就产生一系列被泥页岩层（黑色）分割的透镜状砂体（黄色），泥页岩展示了岩层补偿式层理特征。在四个不同位置的假想测井（A，B，C，D）说明了每个位置上的垂向序列。这个例子指出了在三维体（沉积体）中解释一维数据（测井垂向剖面）的难度。箭头方向是指岩层向上变薄或变厚

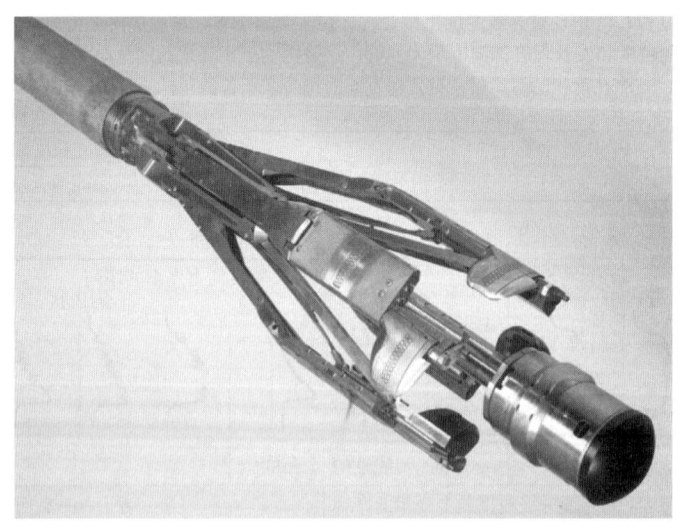

图 2.46　全井眼地层微电阻率成像测井仪（FMI）

它有 192 个电极来提供井壁周围的电阻率图像（图片来自 Elizabeth Witten-Barnes，FMI 是斯伦贝谢公司商标）

井筒成像测井对岩层成像的纵向分辨率为数毫米，这比常规测井的分辨率高很多（表 2.1）。因此，除了断层外，还可识别许多沉积特征（图 2.48），如剥蚀面（图 2.49）、特定岩相（图 2.50）、内部物理和生物沉积构造（图 2.51）、层理（图 2.52）及地层（叠加）样式（图 2.53）。这些沉积特征对于识别沉积过程和沉积环境有很大的帮助（图 2.54），

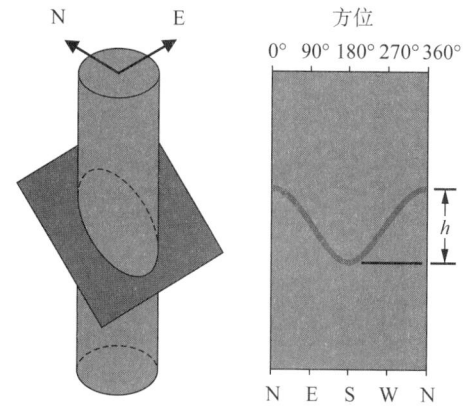

倾斜方位角是正弦波的凹槽
倾角=tan^{-1} (h/d)

图 2.47　一个在三维空间中的倾斜面切割一个圆柱体（代表井壁）

这个图像被拉平，在二维的工作站屏幕或纸上观察这个倾斜面，呈现出正弦波形；倾斜面越陡，正弦波形的振幅越大；倾斜平面的倾向（方位角）也测量出来，并在成像测井曲线上记录

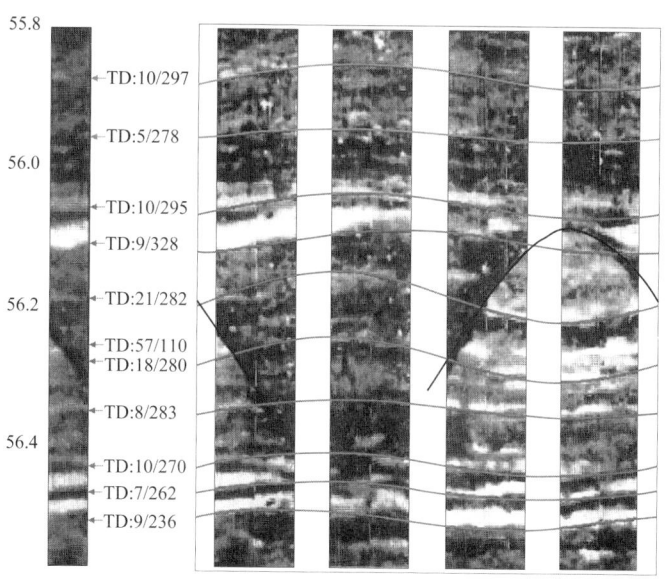

图 2.48　该井筒成像测井说明了薄砂岩（浅色）与泥岩（深色）互层（据 Browne 和 Slatt，2002）

人为地将层段的顶部和底部在工作站上突出显示，表现为正弦曲线（绿色/深灰色和蓝色/黑色）。将这些曲线与一组已经确定倾角的标准曲线对比。岩层面的倾向通过一个井底罗盘测量。在最左侧的标注（56.0，56.2…）是地下深度（m）。TD（10/297，5/278…）标注分别代表岩层倾角和倾斜方位角。在这个实例中，高振幅的正弦波表示一个断层，其倾角为57°，倾斜方位角为110°，横切一个较缓的地层（这个实例来自新西兰中新统 Mt.Messenger 组）

从这些特征中我们可以预测井筒周围一定距离的砂岩分布，几何形态和储层性质。利用成像测井能够识别薄层，在某些情况下，也可以重新精确计算储量。曾有这样的情况发生：在成像测井之前，常规测井指示油藏某层为页岩，但成像测井却揭示了其为低电阻率、低对比度的产油薄层（图 2.55）。

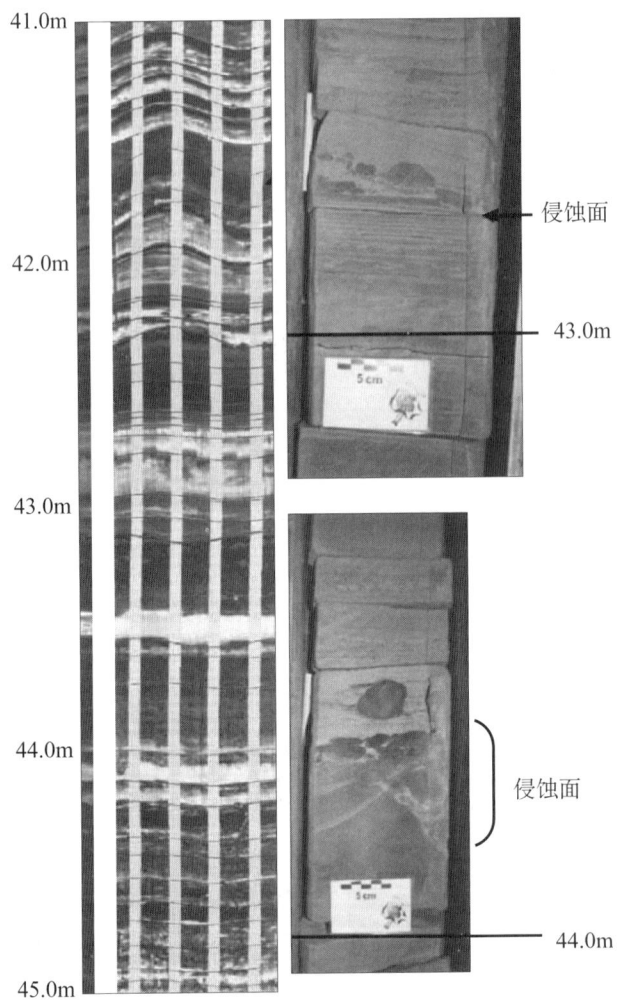

图 2.49 井筒成像测井中一个不整合（侵蚀）面分割相对较倾斜的（19°~27°）薄层和下伏的相对较缓的（6°~8°）薄层（据 Browne 和 Slatt，2002）

如岩心照片所示，在不整合面之上为底砾岩。测井图像上，不整合面之上的黑色色斑是砾岩碎屑，在岩心照片上也可看见。岩心深度不同于测井深度，因为还没有进行岩心—测井校正（这个实例来自新西兰中新统 Mt. Messenger 组）

2.4.2.2 地层倾角测井

倾角测井图（有时也称蝌蚪图）并非罕见或非常规的方法，通常它们是用来获取地下构造的信息（图 2.56）。倾角测井测量井壁周围地层界面的微电阻率记录，从而倾角和倾向能通过这些界面信息计算出来。此外，倾斜模式也可以用来确定沉积过程和沉积环境。这需要计算井筒内构造倾斜的倾角和方位（通常从厚层泥页岩中测量），然后从所有测量结果中扣除构造倾斜度来确定剩余的倾角和方位（图 2.57）。一旦确定剩余的倾斜度，不同倾斜模式便能从沉积环境方面进行识别和解释（图 2.57、图 2.58、图 2.59、图 2.60）。在一个已发表的实例中，地层倾角测井（和井筒成像测井）模式来自一口浅层测井与取心的陆上井，该井离中新统浊流沉积的沿海陡剖面 100m（300ft），它揭示了不同沉积相的特有倾斜模式。在墨西哥湾一个油藏中，这些模式可以反过来在相似的倾斜模式中识别产油气层的沉积相（图 2.60 和图 2.61）（Slatt 等，1998；Clemenceau 等，2000）。

图 2.50 交互的浊积砂岩和含泥页岩碎屑的砾岩野外露头与附近天然气井中大体相似的地层井筒成像测井对比（据 Witton-Barnes 等，2000）

泥页岩碎屑在测井图上呈黑色色斑，有些冲刷侵蚀面也能在测井图上观测到。这个实例来自怀俄明州白垩系中的 Lewis 泥页岩（再版得到 SEPM 的许可）

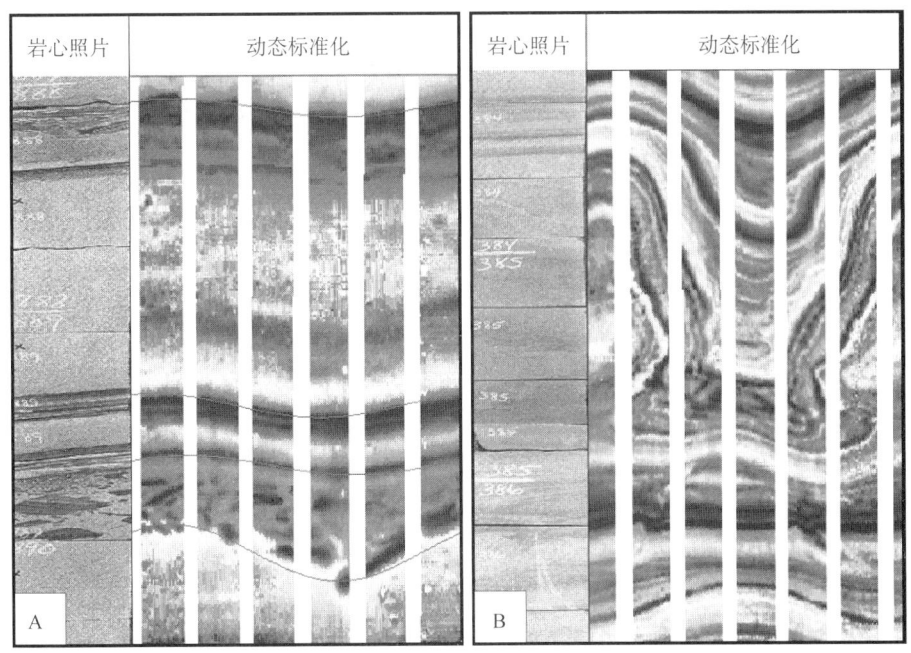

图 2.51 （A）井筒成像测井指示一个含有泥页岩碎屑的侵蚀面，它在相同层段经过岩心校正；（B）井筒成像测井指示一个变形（滑塌）层段，成像测井比岩心更容易识别这套滑塌的地层

这个实例来自怀俄明州白垩系中的 Lewis 泥页岩（图像和照片由 S. Goolsby 提供）

图 2.52 左图是 Lewis 泥页岩的深水席状砂在成像测井上的图像；右图是 Lewis 页岩的深水水道砂岩在成像测井上的图像（据 Witton-Barnes 等，2000）

水道砂岩中包含泥质碎屑砾岩（碎屑在图中为黑色色斑，图 2.50），Lewis 席状砂岩中却没有。这种不同可以用来区分 Lewis 泥页岩或别处的深水席状砂岩和深水水道砂岩（再版得到沉积地质学学会（SEPM）的许可）

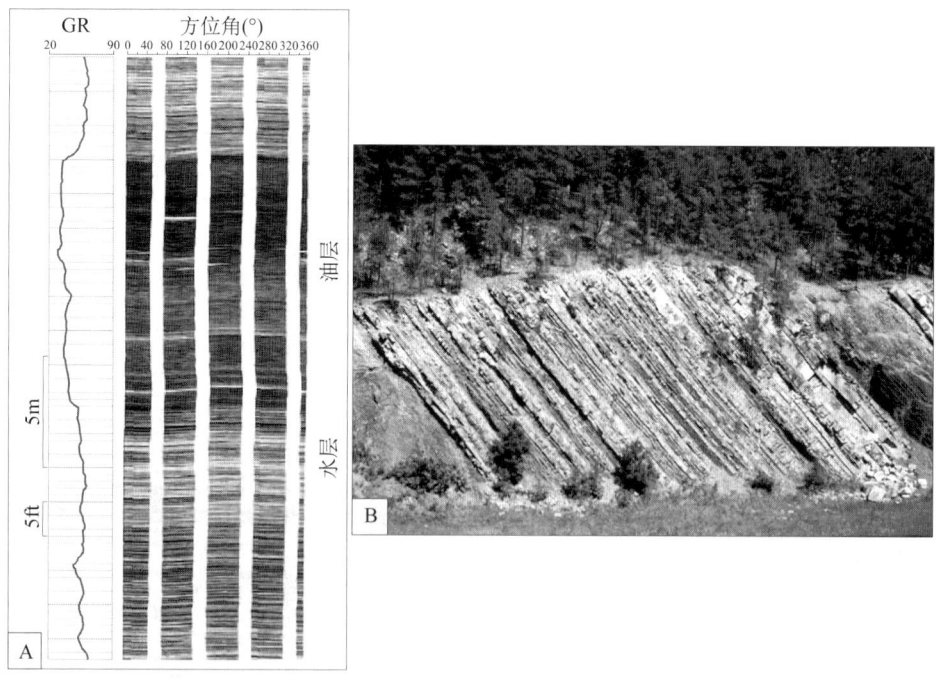

图 2.53 （A）墨西哥湾北部上新统深水沉积的成像测井；（B）与这个序列类似的露头是 Arkansas 的 DeGray Lake Spillway 的 Pennsylvanian Jackfork 砂岩（据 Slatt 等，1994）

（A）岩层向上逐渐变厚变纯，在相关的伽马测井曲线中也可见（橙色/黑色曲线），靠近层序顶部厚层的黑色砂岩是含油层；（B）这是 27m 厚，向上变厚变纯的地层（地层顶部在右侧）

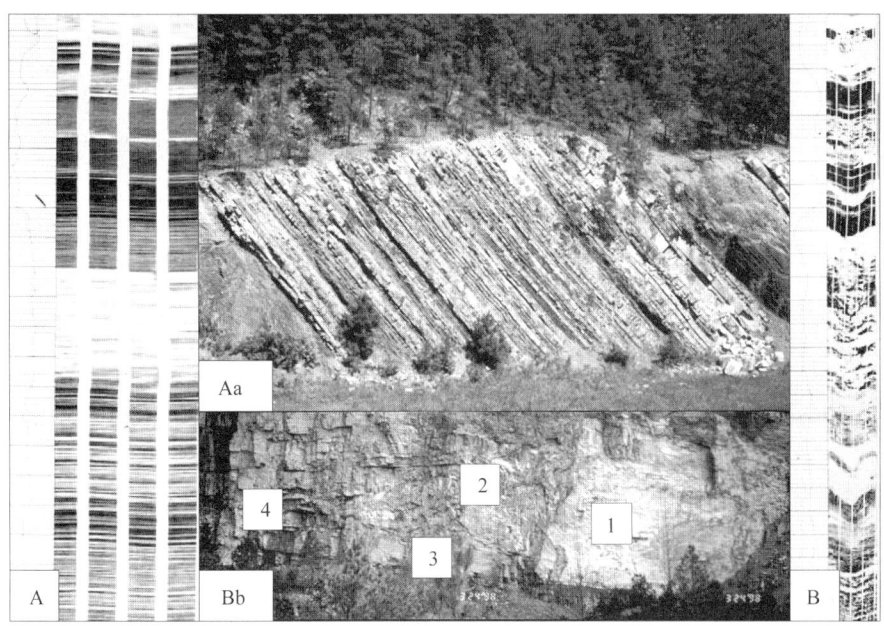

图 2.54 （A）墨西哥湾北部上新统深水沉积的成像测井。注意岩层向上变厚和均一的分层。（Aa）是与（A）相似的来自 Arkansas DeGray Lake Spillway 的 Jackfork 组的浊积席状砂岩。地层顶部在右侧。（B）墨西哥湾上新统浊积岩的成像测井，表现出水道的不规则层理。（Bb）是与（B）相似的水道砂岩的野外露头，来自 Arkansas Big Rock Quarry 的 Jackfork 组（据 Slatt 等，1994）

1—水道中心的厚层砂岩；2—滑塌变形水道边缘地层；3—滑塌水道边缘的冲刷基底；4—层状天然堤

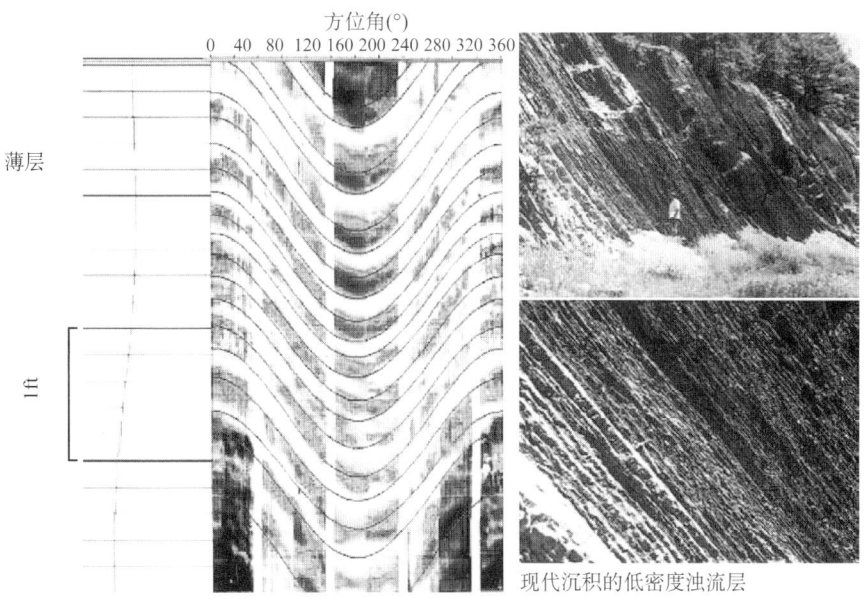

图 2.55 墨西哥湾北部上新统薄层的深水地层成像测井图（据 Slatt 等，1994）

注意左边相对光滑的伽马测井曲线，Arkansas DeGray Lake Spillway 的 Jackfork 组薄的浊积地层的野外露头照片，与测井图中的地层类似

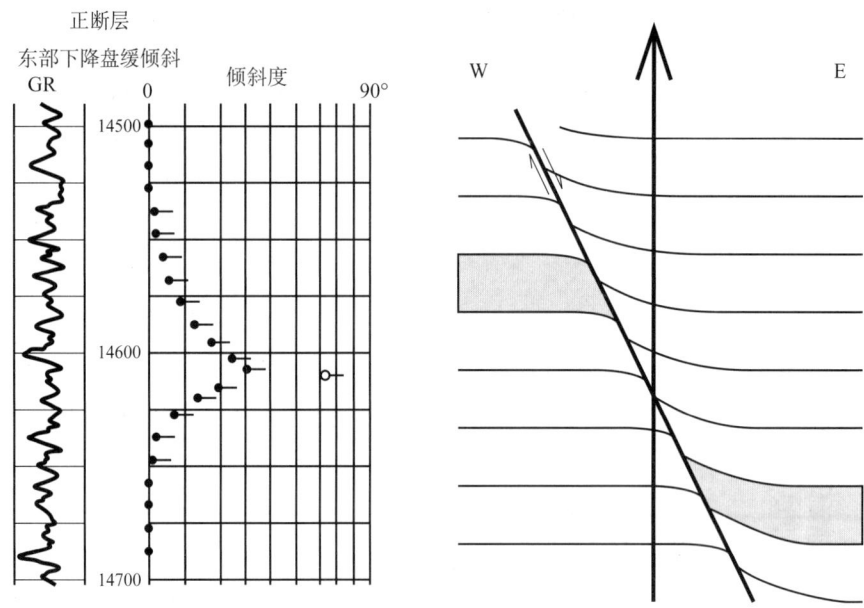

图 2.56 一口穿过一条常规断层的井的伽马测井曲线和倾角测井图

每个"蝌蚪"表示在井中特定位置地层的走向和倾角。黑点(或蝌蚪的"头")表示 0~90°的倾角,直线(或蝌蚪的"尾巴")表示层面的倾向,以北为基准 0~360°,0 表示正北方向。注意随着井接近断层,倾角怎样增大。岩层倾向为 90°方位,并没有发生改变

Hurley(1994)把数学计算方法应用于倾角测井和井筒成像数据(表 2.2),建立了倾角和沉积层方向之间的对比计算方法。累计倾角测井图(Hurley,1994)是倾角与取样点连续编号的关系图,后者是深度的函数。深度转化为样点编号,以便将不等间距的深度等间距化方便绘图(表 2.2)。对每一个倾角点由浅到深依次从小到大进行编号,以 1 为起始编号。每个样品编号对应一个倾角。为了获得累计倾角,将各点倾角进行累加。这种曲线的基本原理是,在一个成因相关的沉积序列中的地层表现出一致的倾角。因此,成因相关的地层在累计倾角图上可以通过直线段来识别。地层层段中,倾角的突变或是细微的变化都指示断层、不整合和成因差异(图 2.57)。

绘制方位矢量图利用倾斜方位角或方向数据(表 2.2、图 2.57)。方位矢量图是倾斜方位的正弦和余弦的交会图。这些图用来模拟井眼的平面轨迹。为了绘制这样一个图,方位角数据被转换成弧度,运用正弦和余弦公式来读取每个方位角。接下来,正弦和余弦列都用累计公式来计算,计算的数字结果绘制成散点图,X 轴为余弦,Y 轴为正弦。

表 2.2 累计倾角及倾向的计算

抽样号	深度 (ft)	倾角 (°)	累计倾角 (°)	倾斜方位 (°)
1	3767	2	2	257
2	3775	6	8	221
3	3776	5	13	240
4	3782	4	17	247
5	3791	4	21	234
6	3793	3	24	226
7	3797	5	29	230

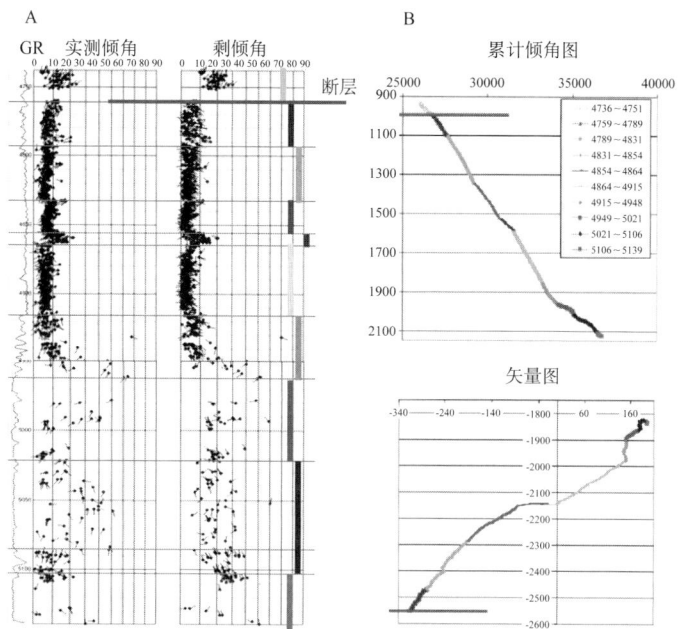

图 2.57 （A）实测的倾角（左）和构造倾斜度消除后倾角测井图；(B) 累计倾角图和矢量图，不同的深度和成因段被绘上不同的颜色（据 Romero，2004）

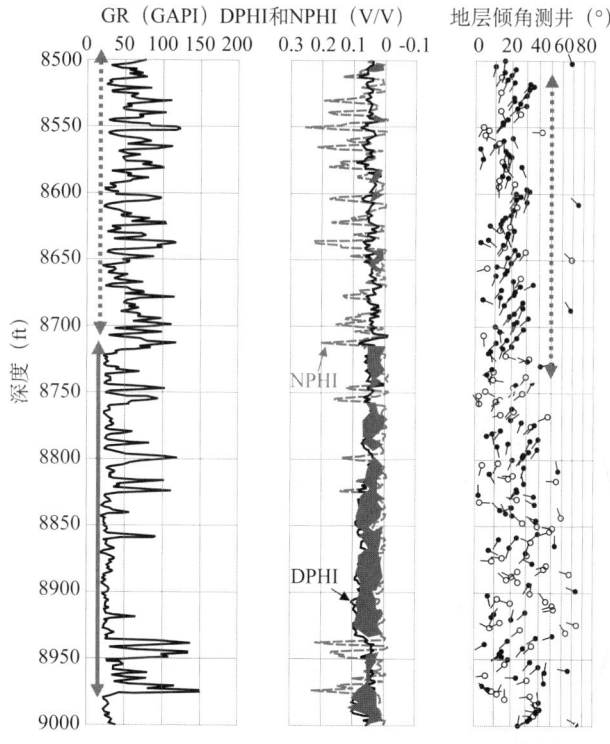

图 2.58 左侧道是伽马射线测井曲线；密度—孔隙度测井曲线（DPHI）和中子—孔隙度测井曲线在中间道；右侧图是地层倾角测井（据 Romero，2004）

在中间图红色/深灰色代表地层中的含气层（密度—中子—孔隙度的交叉区）。倾角测井有两种模式。这口井的上半部分有相对一致的倾斜模式，暗示了一个深水席状砂层；下半部分地层则表现出更多样的模式，表明一个深水水道砂岩层

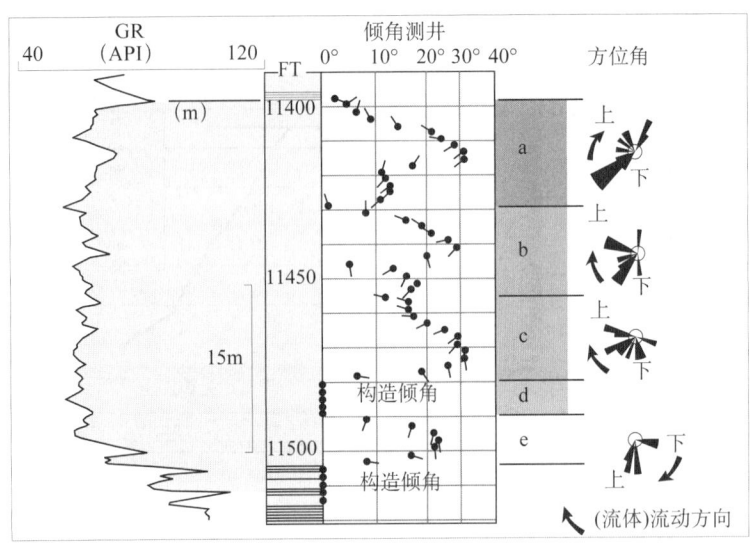

图 2.59 新墨西哥州的 Indian Draw 油田中 A3 砂岩 5 单元的伽马射线测井和倾角测井（据 Phillips，1987）

此图说明了根据倾斜模式的变化，可将砂层细分为五个独立的层段(a—e)的方法。由于地层倾角和倾向的多变性，油藏流体在砂岩中的流动将会非常的复杂（再版得到 the SEPM 的许可）

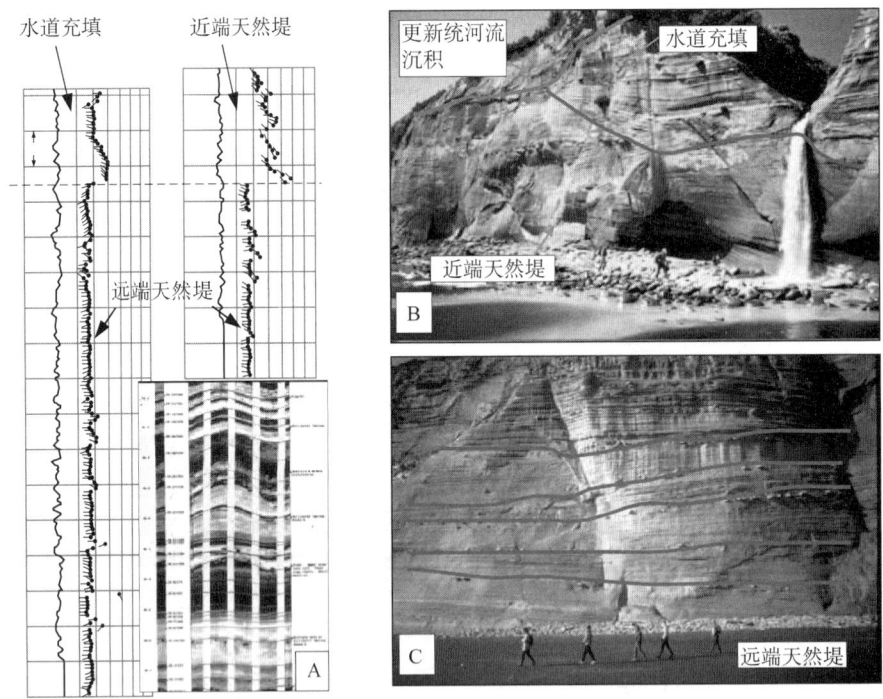

图 2.60 （A）两幅来自（B）中露头后面的钻井井筒中倾角测井图（据 Browne 和 Slatt，2002）

图中有三种倾斜模式：水道充填的地层从底部向顶部倾角逐渐变缓（B）；近端天然堤的倾斜模式倾角相对较大（B）；远端天然堤的倾斜模式倾角较小，倾向较一致（C）。小插图是河道充填和远端天然堤之间相接触处的井筒成像测井

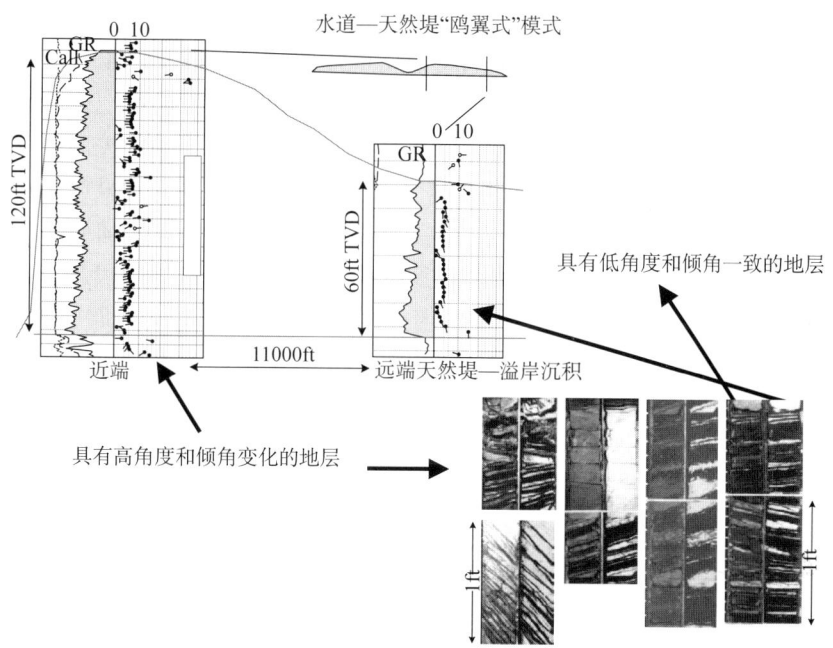

图 2.61 墨西哥湾 Ram—Powell L 砂层的一口井中近端天然堤和远端天然堤的伽马测井和成像测井（据 Clemenceau 等，2000）近端天然堤地层表现出高角度倾斜；远端天然堤是低角度地层。这些模式和新西兰的野外露头观察到的一样（图 2.60）（再版得到 SEPM 的许可）

累计倾角和方位矢量图帮助识别"倾斜（范围）段"，它在成因上以倾斜特征为基础并与地层层段有关（图 2.57）。矢量图中的转折点指示倾斜段的界面，反映断层、不整合和主要的相变化。界面是由地层倾角图中的异常变化、与转折点相关的岩性来确定的。图 2.57 显示了怎样通过对比两张图来识别在倾斜段中细微的变化，随后就可以从沉积相和沉积环境及沉积过程的方面对这个倾斜段进行解释（图 2.62）。

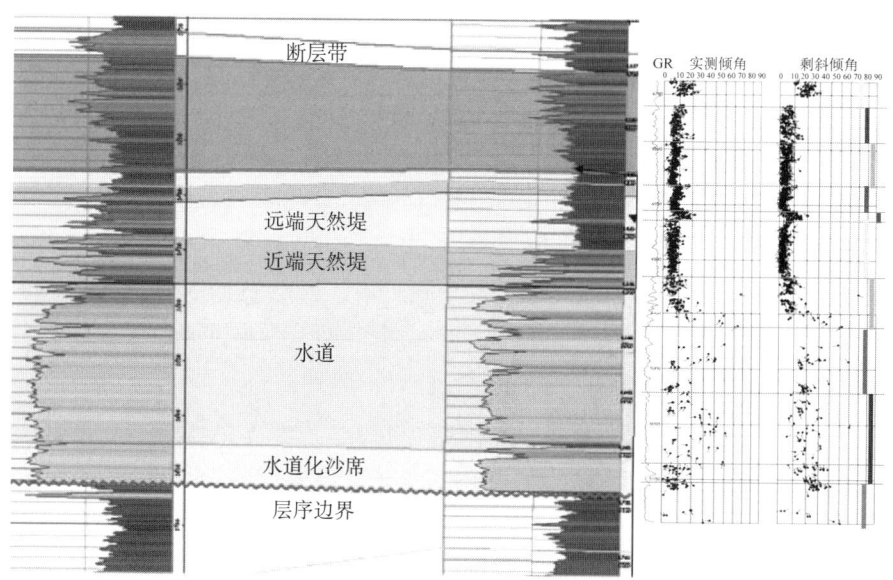

图 2.62 基于倾角测井对俄克拉何马东南 Jackfork 组中低位体系域—高位体系域沉积层序的沉积类型解释（据 Romero，2004）

2.4.2.3 核磁共振测井（NMR）

核磁共振测井的基本原理如下：岩石孔隙空间中氢原子的质子由于磁场感应以特定频率做旋转运动，并与感应磁场保持一致。当感应磁场消失时，质子在地球天然磁场的作用下重新排列。重组和弛豫的过程受测井工具产生的脉冲序列和振幅的控制。校准排列的强度和速率与质子所在的有效孔隙大小、孔隙中氢原子的数量、水的含量成正比。弛豫率是一些指数的和，这些指数的特征时间与孔隙大小成反比。因此，在任何弛豫时间内，振幅与孔隙中存在的质子体积有关。所有影响之和就是一种孔隙度测量。因此，弛豫时间的分布（即 T_2 分布），可以认为是孔隙大小的频率分布，所以可以用来分析储层的质量和产能。

根据自由水和束缚水来解释这些分布特征，可以帮助地质学家从核磁共振测井中建立经验方法来预测渗透率（Coates 等，1999）。此外，把流体变为油或气将明显地改变弛豫时间。

例如，两个一样大小的孔隙，一个水湿孔隙中充满水，另一个充满油，油的 T_2 比水的 T_2 更长（图 2.63）。在高渗透率岩石中的流体比低渗透率岩石中的流体的 T_2 更长，以此表明烃类的存在（图 2.64）。T_2 分布在黏土束缚的和毛细管力束缚的水中不同，并且在可动水和烃类之间变化，因此可以在储层岩石中区别它们（图 2.65）。

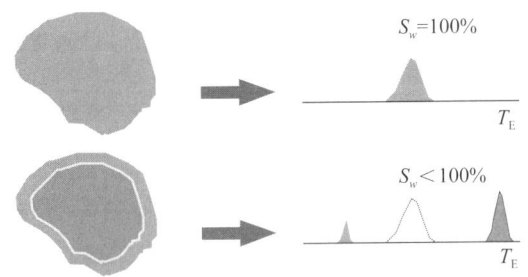

图 2.63 原油和水的弛豫时间（T_2）

孔隙空间中的水以蓝色表示，油滴充填在孔隙空间内部的水湿孔隙，以绿色表示。T_2 的振幅表明，油比水的 T_2 幅度要强（本图由 C.Sondergeld 提供）

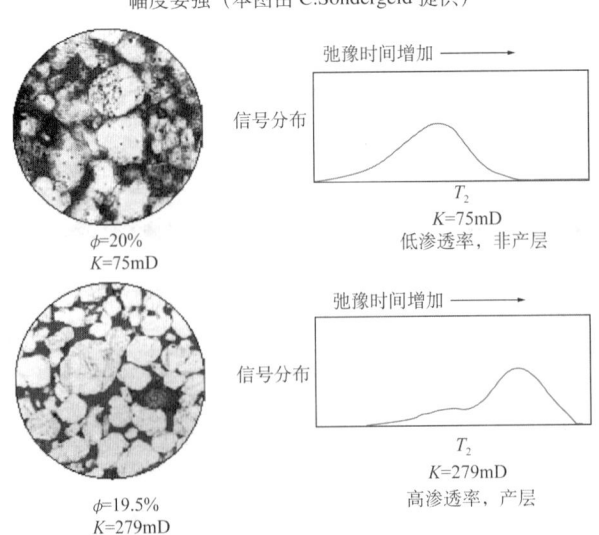

图 2.64 两个孔隙度都约为 20% 岩石样品的核磁共振数据对比

底部的样品渗透率为 279mD，显示大多数的核磁共振信号的发生都伴随着大孔径以及可采的游离流体；顶部的样品渗透率为 7.5mD，显示几乎所有的核磁共振信号来自束缚水（本图由 C. Sondergeld 提供）

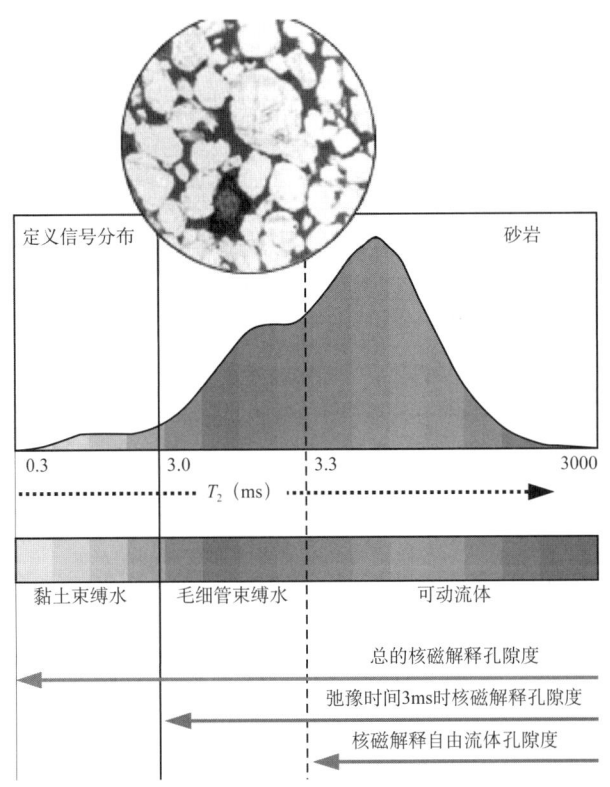

图 2.65 黏土束缚水、毛细管力束缚水及可动流体的 T_2 频率分布
不同的流体可以通过 T_2 分布来识别（图片来源于 C. Sondergeld）

核磁共振可以由井下测井工具和在实验室测量。事实上，为了提高识别井筒中岩石和流体性质的精度，最好是首先测量岩心样品的相同属性来校正测井响应。

图 2.66 是一个有核磁测井道的测井系列实例。可采的和不可采的流体可以由 T_2 的分布来区分。这个图来自一个薄层、低电阻率、低对比度的产油层。核磁共振测井已被证实对区分这类薄层内的流体十分有用。

2.5 小结

如今有许多的方法和技术可以用来进行油藏和气藏表征。地震反射技术包括传统的二维和三维地震、四维时间推移地震、多组分地震、井间地震以及提高地层的识别和分辨率的先进处理技术。这些技术方法不断得到改进。对一口井进行钻井取心是地震解释的地面验证。岩层直接通过岩屑和岩心取样，并通过一系列的测井间接表征。也有更精密复杂的测井，包括测量井壁、地层和构造特征的井筒成像测井以及评估流体和渗透率的核磁共振测井。为更好的进行储层表征，应更多地使用这些方法。使用多种多样的方法，在不同规模上测量储层性质，通常比钻一两口干井要便宜许多。

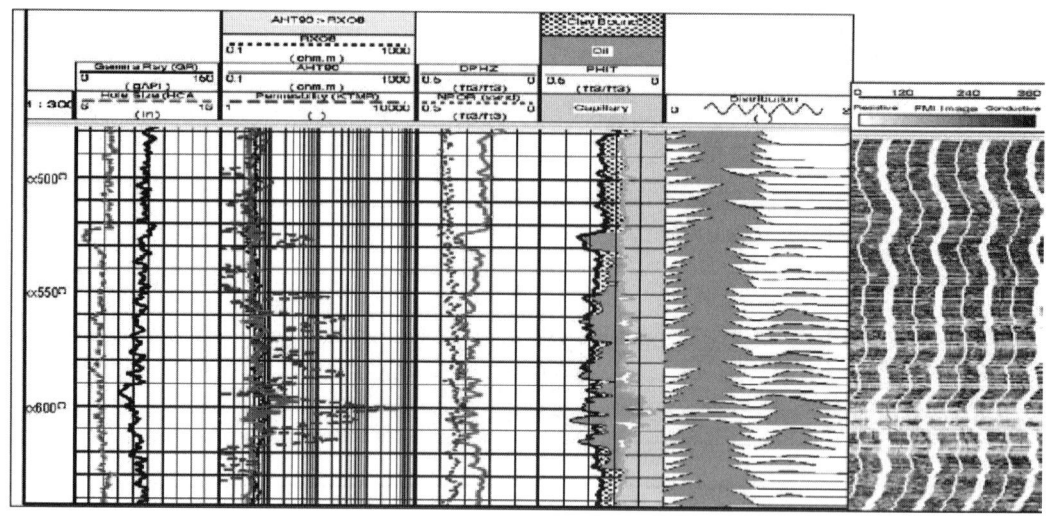

图 2.66 一个非常薄的砂泥岩互层层段的测井图

第六道为井壁成像测井,第五道是核磁共振测井,在第五道左侧连续的绿色条带指的是束缚水,其右侧绿色段代表可动流体。基于核磁共振测井解释,第四道中绿色段预计将会产油,在这套薄层射孔,试油产量高达 1000bbl/d 以上

第3章 沉积岩的基本特征

本章将要讨论沉积岩的基本特征：结构（颗粒大小）、沉积构造和组成成分，我们可以通过岩心和井筒成像测井来识别和描述这些特征，从而预测储层的外部形态和内部结构、储层的走向和倾向以及储层流体与岩石之间潜在的相互作用关系。岩石特征的问题综合性很强，本章只做简单的介绍。关于这个问题，读者可以参考相关教材进行更深入地研究。

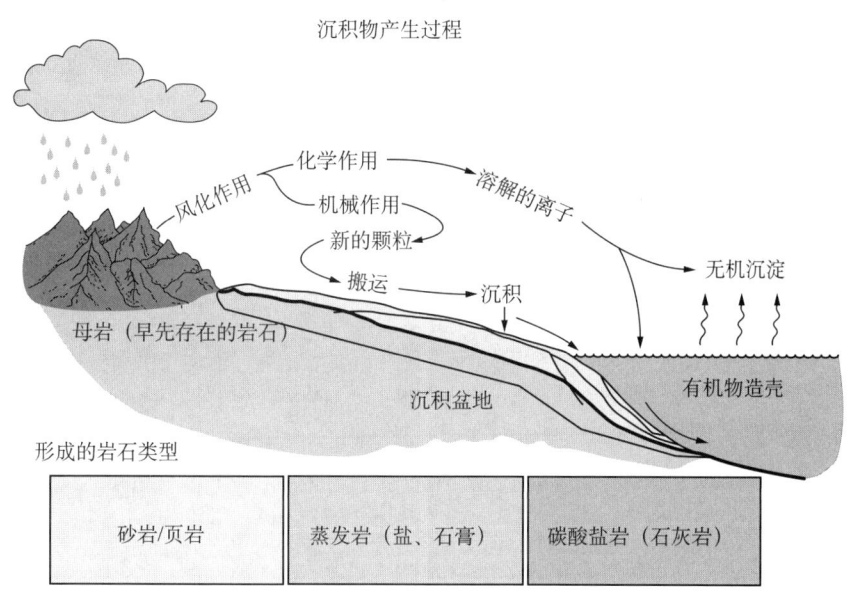

图 3.1 三种常见沉积岩及其形成方式示意图（插图由 T.Cross 提供）

3.1 沉积物和沉积岩的分类与特征

在《地质词典》（Bates 和 Jackson,1980）中将沉积物定义为：岩石风化作用产生的固体碎屑颗粒，被空气、水或者冰搬运后沉积下来，或在其他自然因素作用下堆积下来的物质，例如有机体的溶液或分泌物的化学沉淀物，常温下在地表呈层状，并以松散的未固结的形式存在。而沉积岩的定义为：松散的沉积物经固结作用，呈层状堆积形成的岩石。

按照这种分类方式，沉积物和沉积岩可以分为三类：硅质碎屑物（由风化作用形成的碎屑物）、生物成因物（有机物的分泌物）、化学成因物（由化学沉淀作用形成的物质）。

沉积物的成因、形成过程和沉积环境如图 3.1 所示。砂岩和页岩（和砾岩）统称为硅质沉积岩，这是由于它们源自于母岩经风化作用产生的不同大小的碎屑物。风化作用通常发生在雨、雪、冰可以将岩石机械破碎的多山地区。碎屑物会在各种环境中搬运和沉积。由于发生新的沉积作用，老的沉积物会被新的沉积物所埋藏。在不断埋深的基础上，沉积物岩化成为砾岩、砂岩或页岩，这取决于碎屑物或碎屑颗粒的大小。

蒸发岩形成于溶液中的无机析出成分，例如可能形成于干旱的盆地或者海岸线附近，盐水由于蒸发作用产生诸如盐（岩盐）和石膏的矿物沉淀。海洋中的生物形成碳酸钙贝壳或者甲壳，这些最终形成生物沉积物。大多数海洋生物分泌文石或方解石矿物来形成它们的壳，当这些生物死亡后，它们的壳就沉淀到大洋底部并堆积下来。随着时间的推移，这些含壳的沉积物逐渐发生岩化，最终形成石灰岩。

更多有关沉积物的搬运和沉积过程中的细节将在后面的章节中进行阐释，这一章将重点讨论不同类型的储层。

图 3.2　花岗岩风化产生石英、长石和云母颗粒

(A) 美国亚利桑那州南部的花岗岩山坡；(B) 路边露头显示的交错花岗岩层的特征；
(C) 靠近观察，岩石非常柔软且易崩塌成为碎屑颗粒；(D) 在岩石底部形成的风化碎屑颗粒堆积

3.1.1　硅质碎屑沉积物和沉积岩

硅质碎屑沉积物产生于原岩风化作用过程中破碎形成的小颗粒（图 3.2）。岩石和水或冰之间的作用会加速将岩石破碎为颗粒。例如，雨水不断地落在岩石上逐渐使岩石变得松散直到破碎成为地面上的碎屑颗粒。在高海拔区，冬天时岩石缝隙中的水由于结冰而产生的膨胀作用进一步扩张了岩石的裂缝并使岩石破碎成为小颗粒。冰川也可以将岩石碾碎。在沙漠地区，由于巨大的昼夜温差对岩石产生膨胀—收缩作用力，使岩石变得脆弱并最终使其破碎。

一旦形成了岩石碎屑，它们将会被水（如河流）、风或者冰（如冰川）从原有位置搬离（图 3.1）。最后，岩石碎屑到达了"沉积环境"中一个具有相对静止的位置（图 3.3）。在这个环境中，由颗粒形成的新地层不断呈层状增加，一层接着一层，同时地层沉积物的埋深

不断增加。当它们埋藏了一定的地质时期后，这些硅质碎屑沉积物最终可将转变成为石油或者天然气储层，也会形成烃源岩层和封盖岩层。

3.1.1.1 结构

硅质碎屑沉积物和沉积岩分类的主要依据是碎屑颗粒的大小（表3.1）。如果考虑到碎屑颗粒有长轴（直径）、短轴（直径）、中间轴（直径）之分，粒径这个术语主要指的是中间直径。砂粒级的颗粒可以进一步划分（表3.2）。有时候也会用到更细的划分方案。

图3.3　主要碎屑沉积岩的形成环境（据Fisher和Brown，1984，修改；经许可转载自得克萨斯州经济地质局）

术语"upper"是指砂粒范围的粗粒部分，例如"upper fine sand"指较粗的细砂（0.187～0.250mm），"lower"是指砂粒范围的细粒部分，例如"lower fine sand"较细的细砂（0.125～0.187mm）。

只有很少的一部分沉积物完全是由简单的、大小一致的沉积颗粒所组成——几乎全部沉积物都在一定的粒度范围内。分选性是一个很重要的岩石特征，用来描述组成一种特定沉积物的粒度范围（图3.4）。组成沉积物的颗粒大小相差很大则称为"分选差"，反之，组成沉积物的颗粒大小相差很小则称为"分选好"。此外，还用"圆度"和"球度"来描述岩石的特征（图3.4）。最后，上述的沉积物特征组成了硅质沉积岩的主要结构属性。

表3.1　沉积物粒度分类表

沉积物名称	沉积岩类型	粒径（mm）
砾	砾岩	1＞2
砂	砂岩	0.063～2
粉砂	粉砂岩	0.004～0.063
黏土	黏土岩	＜0.004
泥	泥岩	＜0.063
页岩泥	尽管页岩是个常用术语，但是它通常是指有特定页理结构的泥岩	＜0.063

表 3.2 砂粒按粒径划分表

名称	粒径（mm）
极粗砂	1 ~ 2
粗砂	0.5 ~ 1
中砂	0.25 ~ 0.5
细砂	0.125 ~ 0.25
极细砂	0.063 ~ 0.125

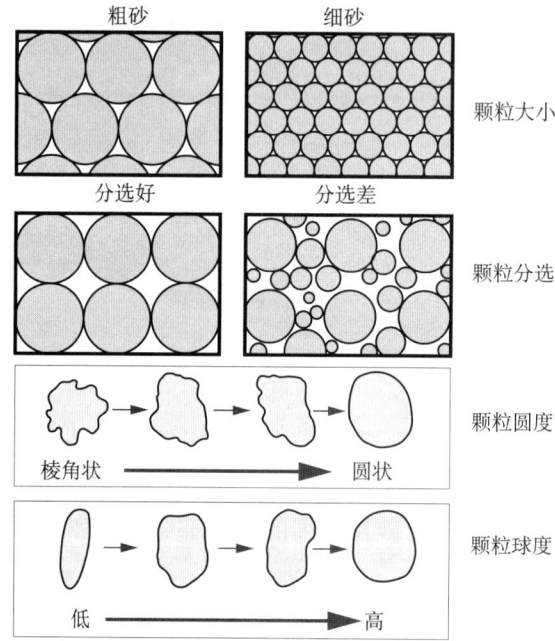

图 3.4 沉积物和沉积岩的原始孔隙结构（T.Cross）

图 3.5—图 3.7 展示了沉积物和沉积岩的不同特征。这些特征对于控制流体在油藏中的储存和运移有着重要的作用。我们将在后面的章节中详细介绍每种特征。

3.1.1.2 成分

硅质碎屑沉积物和沉积岩分类的另一个基础是它们的矿物成分。组成沉积物或沉积岩的矿物成分与经风化作用得到的沉积颗粒的源岩或者"物源"有关（图 3.2）。表 3.3 中列出了构成硅质碎屑沉积物和沉积岩的主要矿物。

除胶结物外，全部的矿物成分都含有构成矿物骨架的主要元素硅（Si）。"碎屑"的意思是颗粒或者碎片，因此"硅质碎屑"的意思是含有硅元素的岩石颗粒。

许多对硅质碎屑沉积物和沉积岩的分类方法都是基于其结构和矿物成分（图 3.8）。例如，石英砂岩是指主要由石英颗粒组成的砂岩；长石砂岩是指由相当数量的长石颗粒组成的砂岩；岩屑砂岩是指含有很多岩屑的砂岩。

图 3.5 （A）分选差的砾岩；（B）一种称为角砾岩的特殊砾岩
（A）一男孩作为比例尺。注意大粒径的碎屑构成该砾岩，颗粒大多数大于 2mm；（B）所有的颗粒粒径均大于 2mm，且多棱角化，这说明这些颗粒并没有经远途搬运，图中硬币作为比例尺

图 3.6 （A）海滩砂，图中汽车部分被砂淹没；（B）分选好的中粒砂岩岩心照片，图中孔洞为岩心取样后所留下的，目的是为测试渗透率和孔隙度

图 3.7 （A）在低潮线下的泥坪，图中的地质学家在观察泥质团块；（B）淤泥中的虫孔；（C）4516～4529ft 的白垩系岩心段，在红线以上是 4520ft 以上的浅色砂岩（SS），以下是 4520ft 以下的深色泥岩（SH），泥岩中的浅色斑点是粉砂回填的虫孔

表 3.3 组成硅质碎屑沉积物和沉积岩的主要矿物

主要成分	石英
	长石（钾长石、斜长石）
	岩屑（多种源岩的岩屑）
次要成分	云母
	重矿物（角闪石、辉石、石榴石）
	黏土矿物（蒙皂石、伊利石、绿泥石、高岭石）
胶结物和基质（沉积岩）	方解石、白云石
	石英
	赤铁矿
	黏土矿物（蒙皂石、伊利石、绿泥石、高岭石）

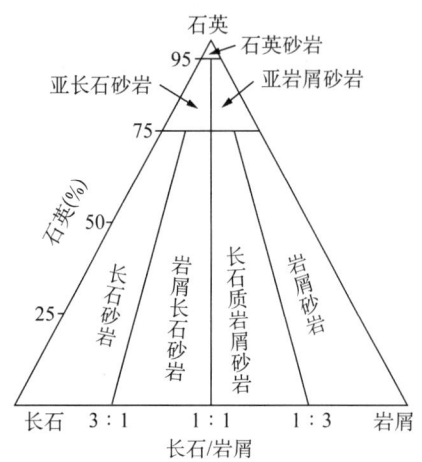

图 3.8 以矿物成分为基础的三元砂岩分类法（据 Folk，1968）

三角形的三个顶点（100%）分别代表石英、长石和岩屑，通过确定不同成分间的比例以及由此组成的三角形中的点来命名砂岩（长石砂岩、岩屑砂岩、石英砂岩等），三角形中绘制的那个点的位置就确定了砂岩的名字

3.1.1.3 孔隙度和渗透率

孔隙度和渗透率是控制流体在储层中储集和流动的两个主要微观属性刻度（图 3.9）。总的来说，这两个属性通常用来表征"储层质量"。沉积岩的储层质量是由原始沉积物的结构和成分决定的。这些原始的结构和成分又随着埋藏、压实作用、成岩作用和层内变形发生改变。地质作用对储层质量的控制将在后面的章节中进行详细介绍，这里只做简要概括。

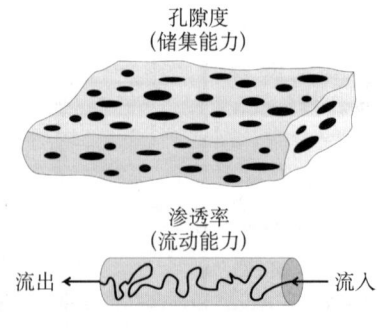

图 3.9 孔隙度和渗透率示意图

（A）孔隙度是指孔隙空间占岩石总体积的百分比，孔隙空间是岩石中流体的储存空间。图中黑色的椭圆代表孔隙，黄色代表岩石基质，图中的岩石有很好的孔隙度（孔隙比很高），可以存储大量的流体。然而，孔隙间不连通，所以流体不能在孔隙中流动（岩石的渗透性差）；（B）渗透率是衡量流体通过岩石孔隙的难易程度，图中箭头指示了流体通过储层的假设路径，好的渗透率会使更多的孔隙连通（插图由 T.Cross 提供）

除非被剥蚀，否则一个沉积岩层最终会埋藏于另一沉积岩层之下（图3.10）。新的沉积过程和埋藏过程是在一个相当长的地质时期内重复进行的。由于温度和压力随着深度的增加而逐渐升高，所以随着埋深的不断增加，沉积颗粒就更加容易被改变和岩化（由沉积物变为沉积岩的过程）。

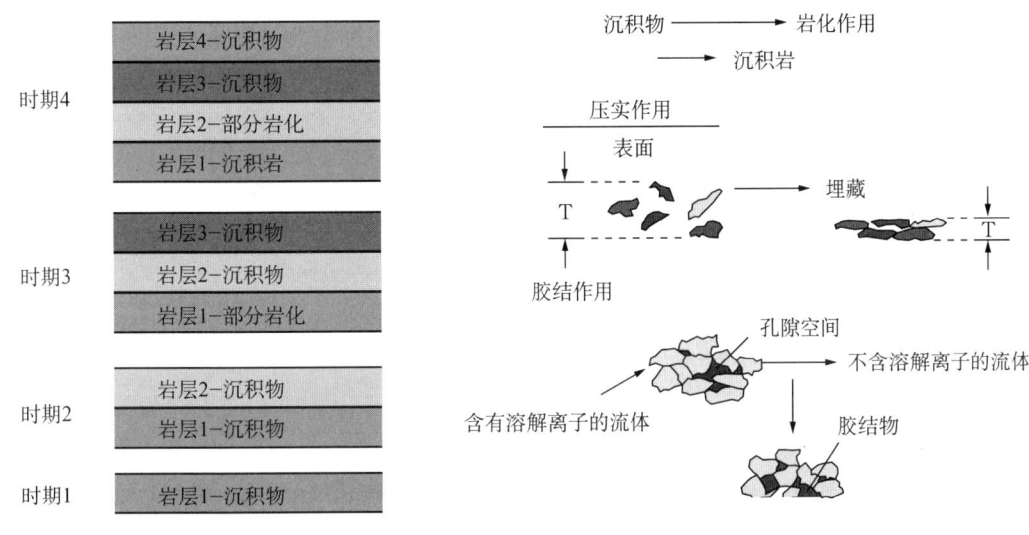

图3.10 沉积物的埋藏原理示意图

从第一个时期开始（最下面），只有一层沉积物沉积；第二个时期，第二层沉积在第一层上，第一层被压实；第三个时期，第三层沉积，第一层由于上层覆盖温度压力升高而开始岩化；第四个时期，第四层沉积，最底层开始变为沉积岩，这一过程反复出现，沉积物埋藏并被岩化需要数百万年的过程

图3.11 埋藏过程中的压实和胶结作用

在埋藏初期沉积物变薄，但是并非孔隙空间消失，这些孔隙为流体在地下提供流动通道，流体会溶解离子，并在其他部位沉淀形成胶结物，这两个过程会岩化沉积物

一般来说，压实作用是沉积层在埋藏过程中的第一个影响因素（图3.11）。然而，不同的矿物压实程度却不同。例如，韧性的页岩岩屑比刚性的石英或者长石的颗粒的压实程度更大。加之泥质中含有更多的板状云母和黏土矿物，因此，总体上泥的压实程度要远远高于砂。压实后的泥达到足够埋深时便会形成泥岩或者页岩（图3.7）。

由于石英和长石颗粒比岩屑更为坚硬，所以砂质岩层在埋藏压实过程中保留下来更多的孔隙空间。在埋深相对较浅时，地下流体就能在孔隙空间中流动。如果埋藏较浅的沉积物所处的物化条件合适，矿物胶结物便会形成，诸如硅质胶结物（图3.11和图3.12）。胶结物通常会沉淀在石英颗粒的表面上，形成"石英次生加大"（图3.12）。随着埋深的增加，不断有胶结物（图3.13和图3.14）或者黏土矿物（图3.15）在孔隙空间内沉淀，直到沉积物完全岩化。

同时，某些矿物在地下高温高压条件下很容易发生化学分解或溶解。例如，长石颗粒和方解石胶结物在高温高压下相对不稳定，在一定的深度和时间作用下，这些颗粒将被溶解并产成次生孔隙度和渗透率（图3.16和图3.17）。这种发生溶解的成分通常是有活性的，并会与沉积物中的其他矿物再次发生化学反应形成新的（自生的）矿物，如黏土矿物。长石的溶解是一个重要的化学反应，这一过程中会向地下水释放钾离子（K^+）。如果蒙

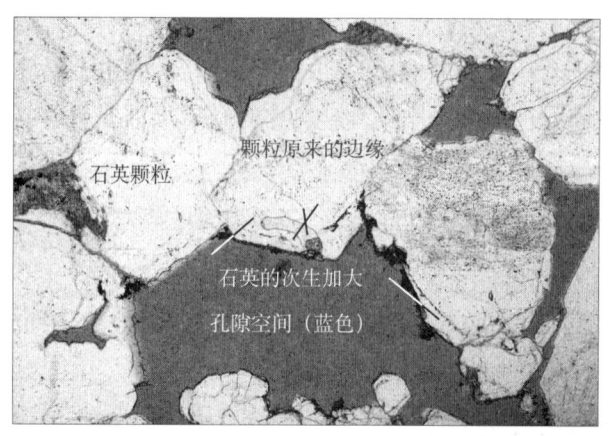

图 3.12　偏光显微镜下的石英砂岩薄片的显微照片

图片显示了晶粒（白色）和孔隙空间（蓝色的环氧树脂是为了制作薄片注入的），注意由于石英颗粒次生加大而胶结在一起（在原始颗粒周围沉淀的石英胶结物），如果没有这些次生加大，流体就可以在孔隙空间自由流动，然而石英的次生加大会减小砂岩的渗透率和孔隙度

皂石（吸水之后会发生膨胀）在沉积物中出现，K^+ 的作用会将蒙皂石转化为黏土矿物伊利石（不吸水）。这种反作用反复出现，会向溶液中释放出一些硅离子（Si^{4+}），这些硅离子之后会发生沉淀形成石英胶结物。这一过程一般出现在相当深的埋藏深度中，大约在几千米以下的深度中出现。

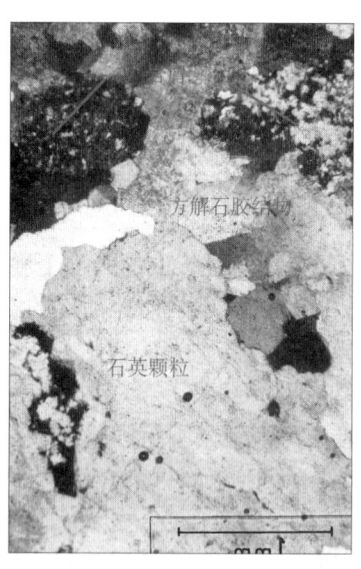

图 3.13　偏光显微镜下方解石胶结的砂岩薄片（黄色或光亮的材料）这种砂岩中包含石英颗粒和岩屑颗粒

另一种重要且常见的胶结过程是压溶作用（图 3.18）。随着富含石英沉积物的形成并不断埋深，在颗粒接触点上的温度和压力会相当高，因此接触点上的石英就会发生溶解。这些游离的 Si^{4+} 就会移动到附近的孔隙空间中，再沉淀成石英胶结物或者在其他石英颗粒附近形成次生加大（图 3.18）。

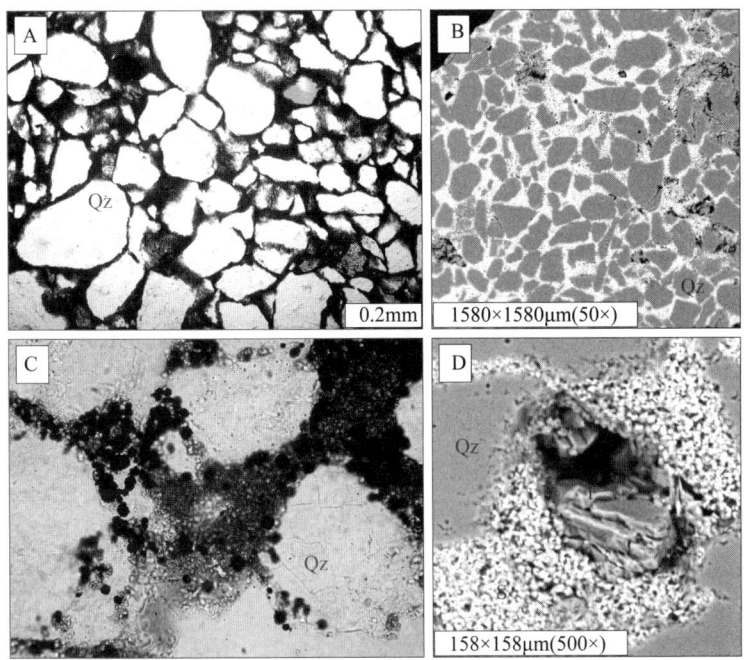

图 3.14 （A）菱铁矿胶结的石英（Qz）砂岩薄片的显微照片（深色部分）；（B）电子显微镜下的颗粒和胶结物；（C）薄片特写和菱铁矿晶体个体（橙色或深灰色）；（D）电子显微镜下的石英颗粒和长石颗粒间的菱铁矿（S）晶体（G.Romero 摄制）

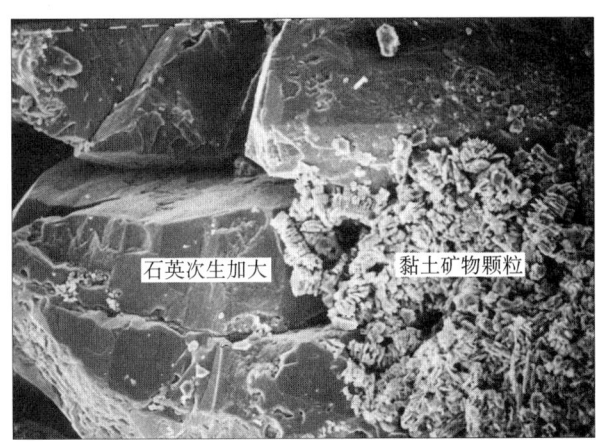

图 3.15 高倍放大的石英砂岩扫描电镜照片

大晶面为石英次生加大（胶结物），小晶面为黏土矿物填充孔隙空间

专业的岩石学工作者能够在岩石薄片（岩石切片，通常有 30μm 厚，密封在载玻片中）中识别出这些岩石特征的组合，并确定这些过程的发生次序。如图 3.19 所示，为分选较差的砂岩中压实作用和胶结作用的共同作用。黏土基质可能与矿物颗粒同时沉积，并且在初次埋藏不久之后便一同被压实。两个相互接触的石英颗粒在压溶作用下相互胶结于颗粒缝合线处。图 3.17 显示了石英颗粒间的石英和方解石胶结物填充了石英颗粒和由于长石颗粒溶解而产生的次生孔隙。

图 3.16 化学溶解的长石颗粒

原始颗粒轮廓明显,但是颗粒内部几乎全部被溶解,在轮廓内部由蓝色或深灰色(环氧树脂)表示

图 3.17 显微镜下的石英颗粒和次生加大的缝合线接触

亮色的方解石胶结物和边缘完全溶解的颗粒都可见,孔隙形状表明长石颗粒完全溶解

随着埋深作用和(或)构造应力的不断作用,脆性岩石会发生断裂,从而增加裂缝孔隙度和裂缝渗透率(图 3.20)。在裂缝中循环的流体中的矿物会发生沉淀并封闭这些裂缝,阻止流体的进一步流动,另一些情况下这些裂缝可以保持张开状态并始终作为烃类的运移通道。

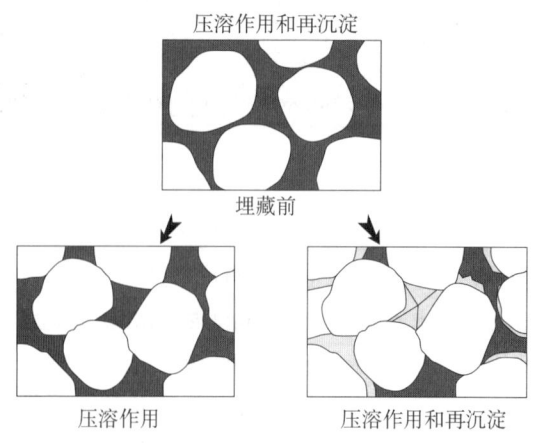

图 3.18 压溶作用示意图,压溶作用减小了砂岩的孔隙度和渗透率(插图由 T.Cross 提供)

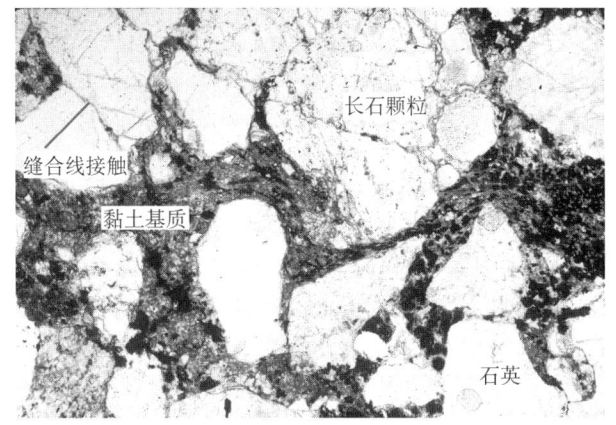

图 3.19 薄片显微照片显示的不同石英、长石颗粒和暗色黏土矿物基质

左上角显示了由压溶作用形成的缝合线接触，由于其他部位的颗粒在埋藏过程中处于黏土基质中相互不接触，所以未形成缝合线接触，颗粒周围的黏土基质发生弯曲是由于黏土压实造成的

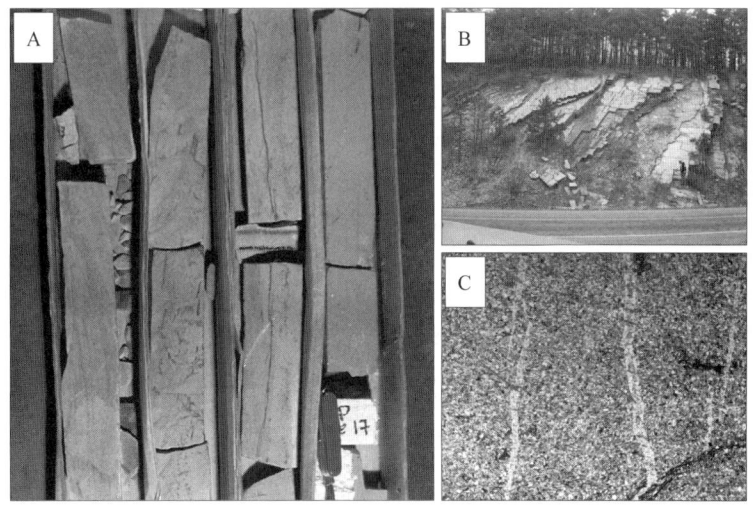

图 3.20 （A）石英胶结砂岩岩心，岩心中有垂向上长短不一随机分布的裂缝，并被赤铁矿(红色或暗色)填充；（B）脆性石英胶结石英砂岩岩床中的裂缝；（C）几乎被矿物填充（白色）的裂缝显微照片，在裂缝中保留下来的开放孔隙显示为蓝色（环氧树脂）区域

上述地质过程综合起来便称为成岩作用，这些成岩过程与沉积埋藏和岩化作用相联系。通过识别岩石中不同成岩特征的相互关系，岩石学家通常能够重建沉积埋藏史，这样就可以预测在哪一深度仍旧保存了孔隙性和渗透性并且可能形成圈闭（图 3.21）。他们也可以通过一口井的钻屑样品来确定不同成岩特征的岩石在垂向上的分布（图 3.22）。

3.1.1.4 岩石特征对储层的重要性

上述岩石特征对储层的形成有着重要的影响。孔隙度和渗透率受地质过程和上述成岩作用控制，具体细节将在后面的章节中进行讨论。孔隙度为储层流体提供储存空间，渗透率为储层反映流体流动性能。某些成岩作用，诸如次生孔隙的发育，将有利于储层的形成。而另一些成岩作用，诸如胶结作用，不利于储层的形成。因此，在储层表征中，这些岩石特征是十分重要的。

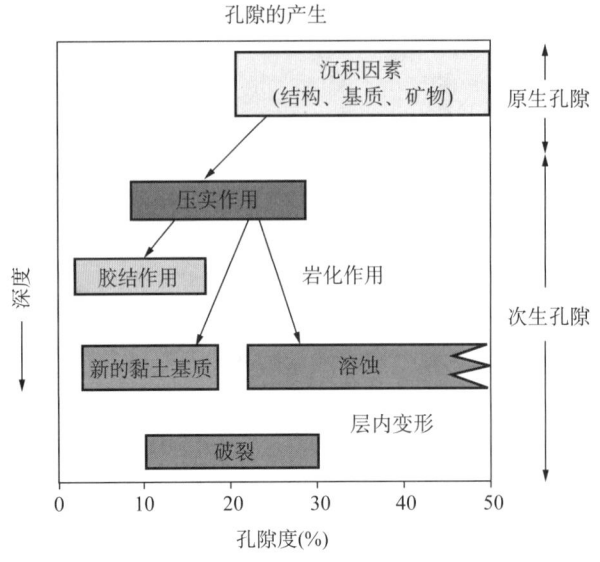

图 3.21 岩石埋藏的几个过程

原始孔隙度和渗透率是其在埋藏初期的值；随着早期的埋藏，沉积物被压实，孔隙度急剧减小；随着进一步的埋深，成岩作用取代机械压实；矿物胶结物沉淀在孔隙空间，这样进一步减小孔隙度；然而，一些流体可以通过化学溶解作用溶解不稳定矿物颗粒，这一过程会产生次生孔隙（图 3.16）；进一步埋深后，在上覆岩层的作用下，岩石变为脆性，这时就会产生裂缝孔隙

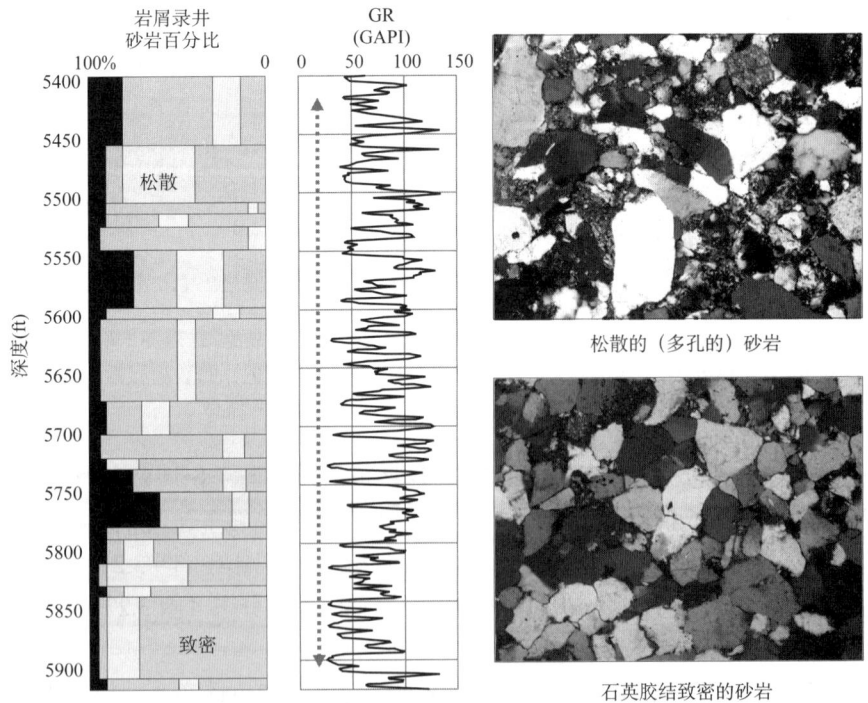

图 3.22 在一口井中在 3.3m（10ft）的井段内确定了不同种类和比例的砂岩和页岩
（据 Romero，2004）

这口井 167m（500ft）井段的岩屑录井表明了致密胶结的砂岩、松散砂岩、泥岩（灰色或亮灰色）和页岩（黑色）的百分比；此图右侧还展示了这两种类型砂岩薄片的显微照片。

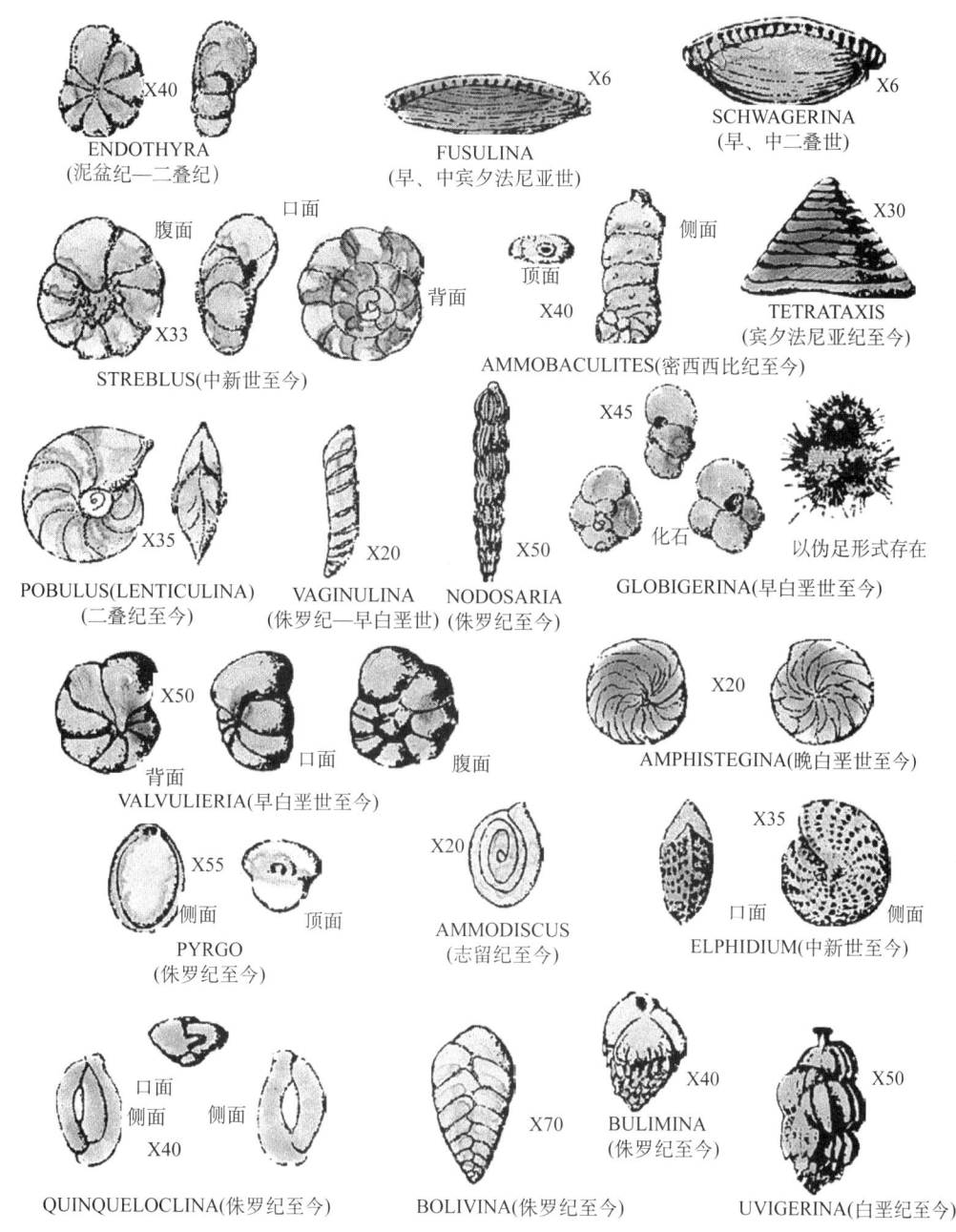

图 3.23 生存在海洋环境中的一些不同种类的浮游生物

有孔虫类生物有不同类型,尽管图中展示了许多形状、大小的生物,但它们的外壳都是由碳酸钙(如方解石和文石矿物)组成的。柔软的身体(胃等)包裹在含有有机分子的外壳中;当浮游生物死亡,然后沉到洋底并被埋藏,生物贝壳就被保存下来了,但是柔软的部分(内脏)会被分解为碳氢化合物分子(图片来源不明)

3.1.2 化学和生物成因沉积岩

化学成因沉积岩(如岩盐)是指直接由海水或某些条件下从淡水中直接沉淀出的矿物形成的沉积岩。生物成因沉积岩是指由有孔虫类或硅藻等有机物的分泌物(或者说沉淀物)构成的沉积岩。这两种沉积岩均不是本书的研究重点,所以只在这里稍作涉及。

由海水中直接沉淀形成的原生矿物是方解石和文石。它们都属于碳酸盐矿物，因为它们都含有复杂阴离子（CO_3^{2-}）。微生物可以利用这些矿物形成它们的壳（图 3.23）。较大的生物，像珊瑚虫，还能利用碳酸钙（$CaCO_3$）形成自身的骨骼，形成广阔的珊瑚礁（图 3.24—图 3.26），这些珊瑚礁经过埋藏就能够形成油气藏。化学沉积颗粒往往是泥级大小，能够形成碳酸盐泥坪（图 3.27）。

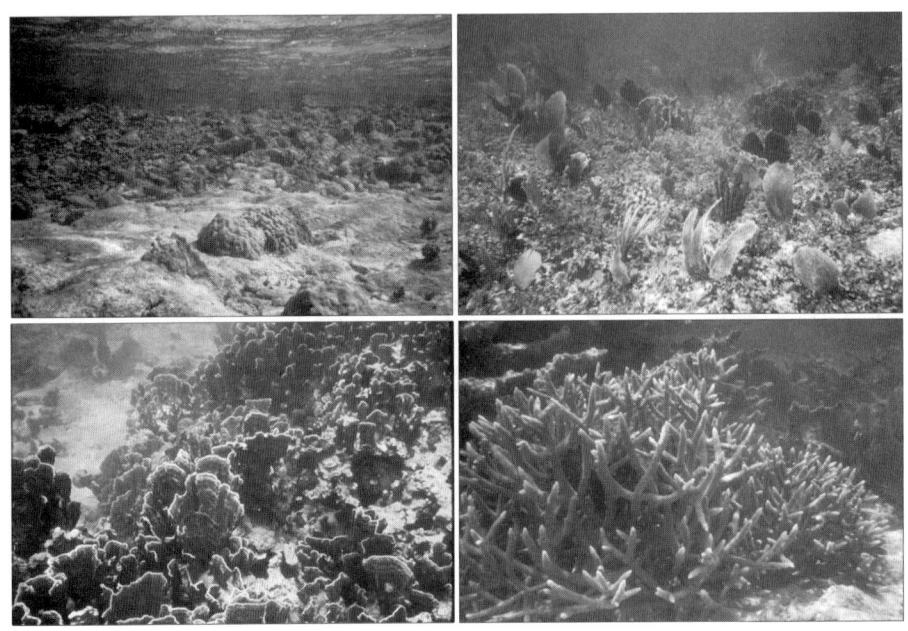

图 3.24　从海面向下看到的珊瑚礁上表面

活着的不同类型珊瑚都呈生长姿态，珊瑚中细粉状矿物是海藻组成的沉积物，它们是珊瑚碎片或被波浪运动或鱼类啃食而形成的破碎物

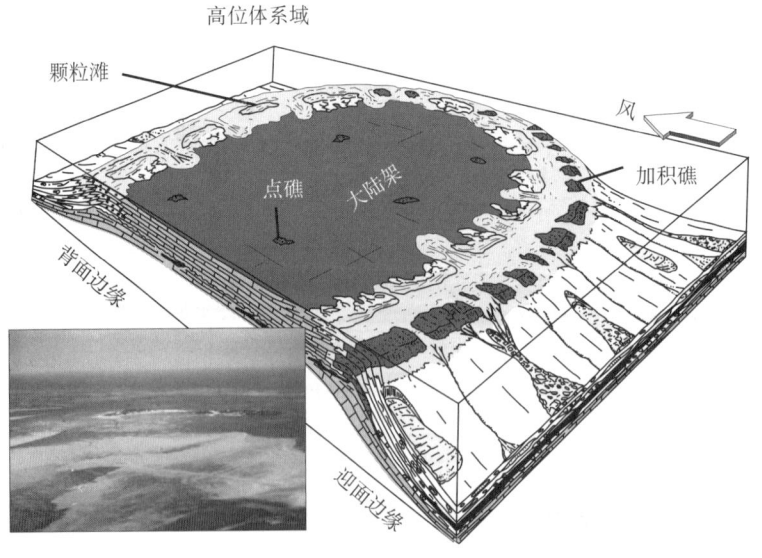

图 3.25　由珊瑚礁（红色或深灰色）形成的环礁示意图（据 Handford 和 Loucks，1993）

浅水中的点礁被珊瑚礁所环绕和保护，插图展示的是一个现代的塔礁（经许可转载自 AAPG，若要进一步使用须申请许可）

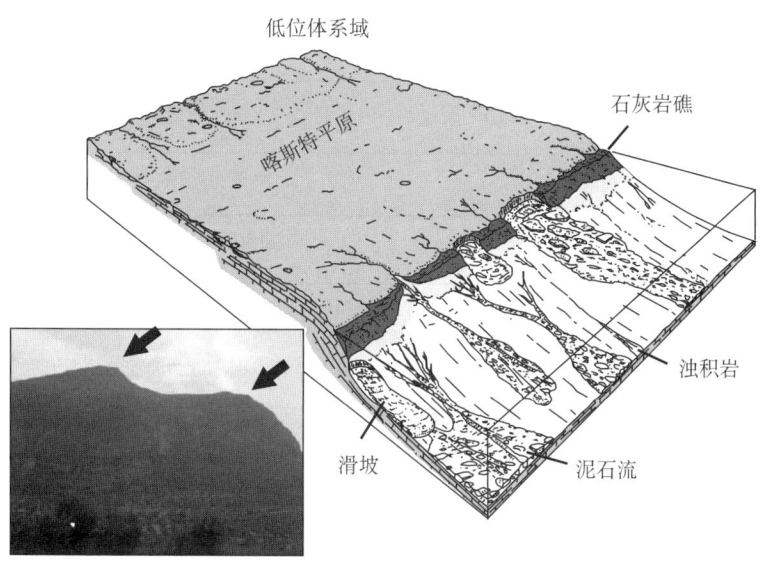

图 3.26 形成于大陆架边缘的珊瑚礁示意图（红色或深灰色）（据 Handford 和 Loucks，1993）

插图展示的是两个礁的边缘轮廓（经许可转载自 AAPG，若要进一步使用须申请许可）

图 3.27 现代碳酸盐泥坪

在图 3.28 中对碳酸盐和硅质碎屑的主要特征进行了比较。一个最主要的区别是矿物形成的地理位置。硅质碎屑可以形成于任何存在可风化源岩的地区（图 3.1）。由于化学和生物化学反应通常需要温暖的水体环境，所以大多数碳酸盐形成于热带浅海中（图 3.29）。然而，在浅海形成并沉积下来的生物贝壳和生物遗体会滑落至深海，形成灰质泥岩。通过成岩作用，这些灰质泥岩变成白垩。

碳酸盐岩也可以通过结构特征和成分特征来进行分类（图 3.30）。按泥质颗粒和砂质颗粒比例的减小，碳酸盐岩可分为泥质灰岩、泥晶灰岩、泥粒灰岩和粒屑灰岩。不同种类的岩石出现在不同的生物礁沉积环境中，这就使得地质学家可以在远古时代的沉积层序中重建生物礁环境（图 3.31）。

碳酸盐	硅质碎屑
大多形成于浅海，热带环境中	在世界上任何地方、任何环境、任何深度都可以形成
大多数在海洋中	陆地和海洋中都有
颗粒大小反映了骨架大小和它的钙化坚硬部分	颗粒大小反映水动力
灰泥的存在通常表明有机成因	泥质的出现表明其来自于悬浮液体的沉降
浅水砂层，由局部的物理化学或者生物作用对碳酸盐的固结作用形成	浅水砂岩，由潮流和波浪的作用产生
局部沉积建造，水动力没有变化	沉积环境的改变，与水动力的改变同时发生
通常沉积物在海底发生胶结作用，要经历地表成岩作用	沉积物在海底几乎不发生胶结作用，地表暴露时也不发生改变
沉积时产生各种孔隙	沉积孔隙主要发育的是粒间孔隙

图 3.28 碳酸盐岩和碎屑岩沉积过程、沉积物、沉积环境的比较（据 Sarg，1988；经许可转载自 SEPM）

图 3.29 两条红线间的赤道温水地区含碳酸盐生物十分发育

这些生物可以通过分泌文石或方解石产生贝壳作为自身的窝（图 3.23），其他生物，如藻类具有这些矿物组成的针状骨骼，同样能分泌出这些矿物，这些生物群居在一起就有可能形成珊瑚甚至珊瑚礁（图 3.24 和图 3.25），据美国《国家地理》杂志

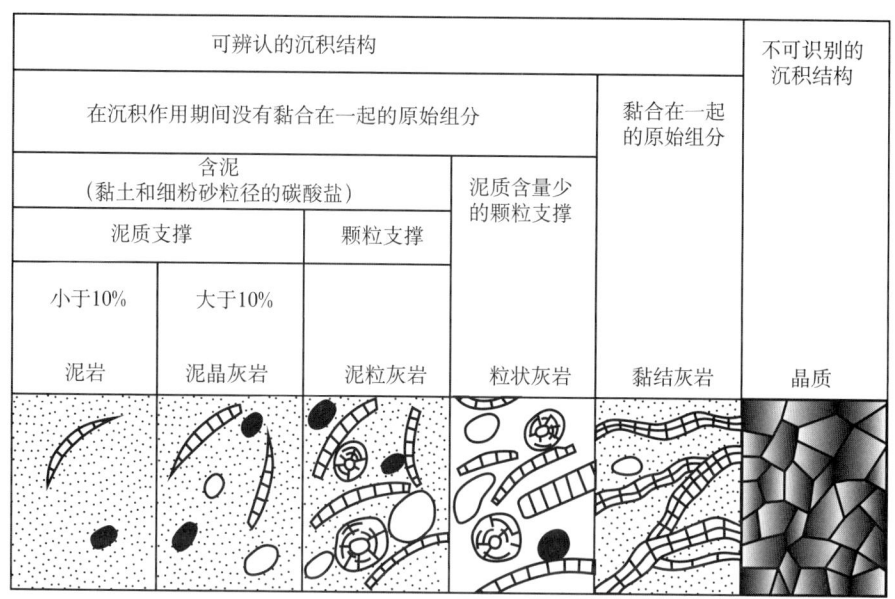

图 3.30　Dunham 碳酸盐岩分类法（引自 Morre，2001）

这种分类法主要是基于沉积结构，分为五个大类：黏结灰岩、粒屑灰岩、泥晶灰岩、粒泥灰岩和泥岩。二次分类是根据颗粒比例和类型进行的

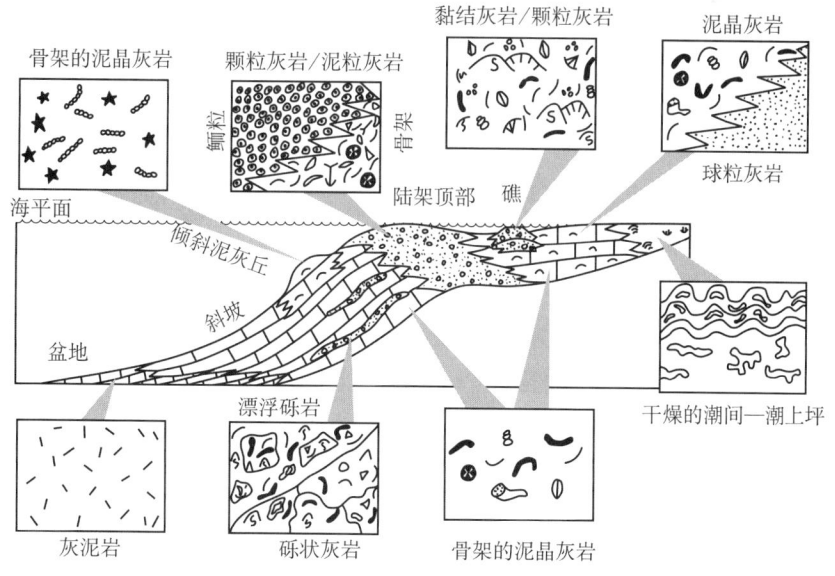

图 3.31　碳酸盐岩类型及其陆架—盆地沉积环境（据 Sarg，1998；经许可转载自 SEPM）

碳酸盐矿物在埋藏状态下相当不稳定，容易被地下流体溶解或者形成新的矿物。例如，在埋藏很浅时，主要成分为碳酸盐矿物的文石转换成为晶体结构更为稳定的方解石，尽管两者都具有相同的矿物成分碳酸钙。随着进一步的埋深，碳酸盐矿物会发生溶解形成次生孔隙（图 3.32）。同时，随着埋深的增大以及海水与碳酸钙之间的作用，就形成了白云石

（Ca,MgCO$_3$）。这种地下的矿物转换过程导致岩石体积减小，孔隙度和渗透率增大。许多油气藏是由白云岩组成的。

蒸发岩构成了另一类对油气藏至关重要的化学沉淀矿物。盐（NaCl）、石膏（CaSO$_4$·nH$_2$O）和无水石膏（CaSO$_4$）是三种常见的蒸发盐矿物，形成于有利于盐水蒸发的环境当中。当溶解矿物达到过饱和时，就会发生沉淀。这些沉积矿物十分重要，因为它们形成了非渗透性的岩体，如盐枕和盐丘，或者大面积的层状矿床。

图 3.32　方解石（黄绿色）晶体印模（不连续，被溶解）孔隙（蓝色，环氧树脂）显微照片

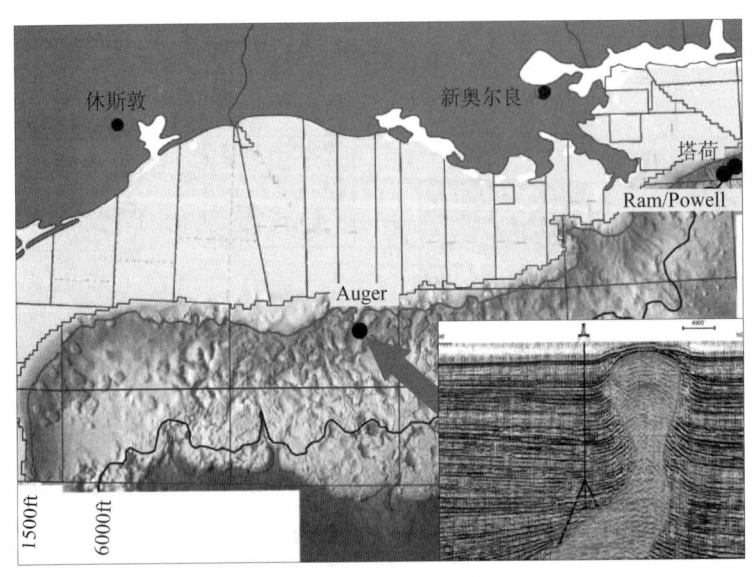

图 3.33　墨西哥湾北部陆架

突起的陆架面是由海底下的许多盐丘和盐枕造成的，插图为盐丘在地震测井的显示（绿色），平面地图来自 Diegel 等（经许可转载自 AAPG 授权，若进一步使用须申请许可）

在前一个例子中，盐丘在诸如墨西哥湾深水和西非海岸的部分地区形成了良好的构造圈闭（图 3.33）。在后一个例子中，层状矿床可以形成油藏的盖层。二叠系 Zechstein 盐岩就是一个很好的例子，它在北海部分地区的二叠系 Rotliegendes 砂岩上形成了广阔的盖层。不仅仅 Zechstein 盐岩可以形成盖层，在过去的地质时期里，蒸发盐流体已经渗入砂岩中形成石膏胶结物（图 3.34）。

图 3.34　北海二叠系储层岩心

砂岩被压实得很好,白色条纹处被蒸发岩矿物石膏胶结,橘色(深灰色)部分未被石膏胶结完全,故存在孔隙和渗透性。在这个例子中,实际圈闭中的岩石具有孔隙和渗透性(橘色或深灰色薄层)。白色薄层作为储层流体流动的微观渗滤障碍

3.2　沉积构造及其重要性

沉积构造在这一节中单独论述,是因为相同类型的沉积构造在硅质碎屑、化学成因和生物成因沉积岩中都会出现。沉积构造有三种类型:第一类是由于沉积颗粒及其环境间发生物理作用产生的;第二类是由于生物和沉积物相互作用产生的;第三类是流体和沉积物间的化学作用产生的。

有很多专著和论文对沉积构造做了详尽的论述,这里只做简要介绍。主要目的是解释沉积构造对于储层表征的重要性,而非对其形成过程进行详尽解释。沉积构造对于储层表征具有极其重要的作用,它能够提供自然沉积环境信息,这些因素控制了储层的规模、展布范围、几何形态、厚度、内部构型以及储层质量。

3.2.1　物理沉积构造

3.2.1.1　水流和波浪形成的沉积构造

许多物理沉积构造是由于沉积颗粒与其所处的环境相互作用而形成的。现代干枯的湖泊就是一个简单的例子,湖底的淤泥由于湖水的蒸发而逐渐干枯并形成多边形的裂缝(图 3.35A)。死亡的鱼或者其他生物会散落在这些干枯的淤泥上(图 3.35B)。如果新的沉积物覆盖到这一层上,比如湖盆重新补充新的泥浆水,这些泥裂就会被新沉积的淤泥所填充并通过岩化作用得到保存(图 3.35C)。

图 3.35　现代干枯的湖泊

（A）形成于干枯湖床上的现代泥裂，当湖泊逐渐变干的时候，湖底的泥失去它们孔隙空间和矿物结构中的水而发生萎缩；（B）覆盖有鱼骨的现代泥裂，在之后的某个时间，如果鱼和泥裂上面被新的沉积物覆盖，这些鱼骨的印记则有可能被保存；（C）古生界泥岩，显示岩化的泥裂特征

　　鱼的骨架或者甚至是骨架在泥上的一个印痕都可能被保存，形成生物遗体化石或者遗迹化石（下面将会论述）。多边形的泥裂也会在季节性缺水的潮汐平原上形成，旱季的时候淤泥便会干涸。

　　风是砂级和泥级沉积颗粒运移过程中的一个重要因素（图 3.36A）。在任何常年有特定风向的地区，风向通常很容易通过沉积岩中交错层理的指示方向所确定（图 3.36B，C）。知道风携带砂的走向对于预测风积储层的平面分布和倾向极其重要，这一点将在后面的章节中进行论述。在风搬运砂的过程中，趋向于将所携带的颗粒大小控制在一个很小的范围里，这样就使砂粒具有极好的分选，由此形成的风积储层将会有很高的储层质量（除非胶结很严重）。

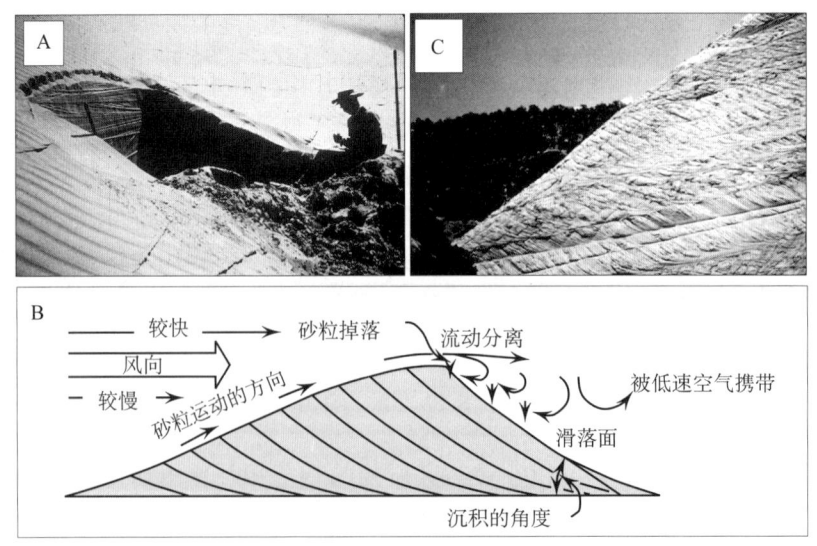

图 3.36　风的搬运沉积

（A）图中的地质学家挖开了沙丘的表面，注意到交错层理的角度，这表明该沙丘形成于风向不断改变的地区；（B）砂粒运动形成沙丘的示意剖面图；（C）风成沉积岩，该沙丘交错层理的方向表明，风携带砂粒运移的方向是由左至右

水动力是沉积物搬运的最普遍也是最重要的因素之一。因此，许多沉积构造是由水动力搬运并在水中沉积的沉积物形成的。在这里只讨论一部分沉积构造类型，其余的类型将在后面关于特定储层的章节中进行论述。由于颗粒大小和重量的不同，使得其沿着河流或海底通过不同的搬运过程进行运动（图3.37）。砾级颗粒太重而无法被水流举升，所以它只能沿着底部滚动。砂级颗粒由于较轻的重量足以被举升到水流中，但也会在重力的牵引下在水中沿向下的抛物线轨迹运动，当它再次触及底部时，会再次被水流带起，如此不断重复这个过程，这样由间歇性跳跃构成的前进过程称为"跳跃/跃移"（图3.37）。泥和黏土颗粒足以被水流携带，在水中保持悬浮状态。所有的颗粒通过此类方式沿顺流方向运动。

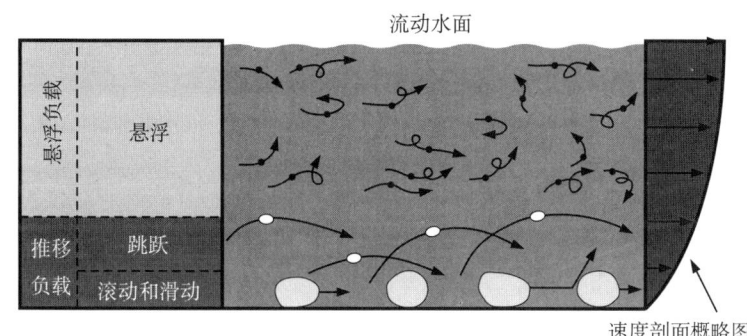

图3.37　沉积颗粒在水流中呈滚动或滑动，跳跃和悬浮的运动状态

不同大小的颗粒在水流中以上述过程运动，主要决定于颗粒的重量和形状（插图的来源未知）

当水流携砂在河床或者海底运动时，砂粒会逐渐形成一定的沉积构造，称之为"底形"，这取决于水流的速率和所搬运的颗粒大小。由于河床或海底沉积了沿顺流方向运动的颗粒，沉积颗粒就会形成底形。流动速率可分为低流态和高流态（图3.38A）。一般来讲，流速越快形成的砂质沉积物的底形也就越大（颗粒从沙纹到沙浪，再到沙丘，依次增大；图3.38B）。这是因为流速越快，颗粒撞击河床越明显，颗粒弹起进入水流的高度也就越大，在下一次撞击河床前移动的轨迹也就越长。由于波纹和波浪的不对称形状，导致底形的一边平缓，一边陡峭（图3.38B）。底形的例子如图3.39所示。

交错层理是由上述流动过程引起一种颗粒的沉积构造形式，是底形的一种。交错层理与主地层面呈一定角度倾斜，这种现象在河床和海床中相当的普遍。颗粒的运动过程与上述风成砂运动的过程相似。像风成沙丘的层理一样，在平行于水流方向观察时，在水中沉积的砂质交错层理沿水流方向向下倾斜（图3.36—图3.38）。在垂直于水流方向观察时，交错层理可以形成若干种形式，这取决于水流在沉积时的强度和方向（图3.40和图3.41）。

尽管河流的水流方向是单向的（它们总是朝着一个大方向），但洋流可能是单向的或双向的。双向的洋流是由潮汐作用引起的，涨潮的时候水流流向一个方向，退潮的时候却流向相反的方向。这就使得底形形成了对称的波纹状（在波纹两侧形成相等的倾斜角度）（图3.42A,B,C），但是在交错层理内部，倾斜的方向却是相反的（图3.42D）。

底形和内部沉积构造都为判断沉积物的沉积环境提供了重要的线索。沉积构造和层理类型在垂向上的变化也是沉积过程和沉积环境的一个重要标志。图3.43显示了沉积构造在垂向上的变化，在这种情况下，在河床或海床上某一位置处的沉积砂岩会由于水流的速度

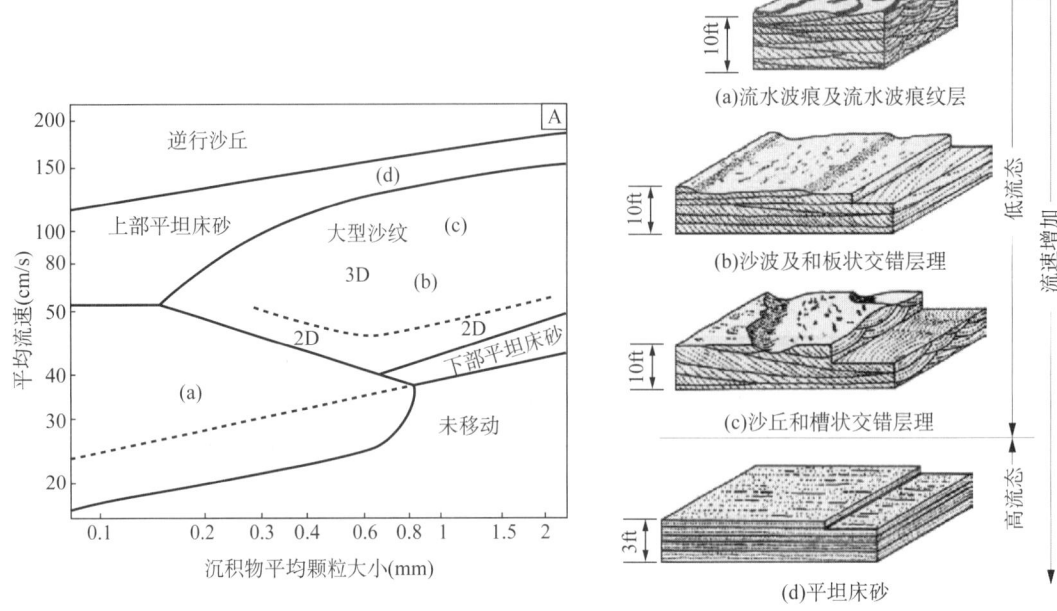

图 3.38 水动力搬运沉积
（A）不同水动力条件下形成的受流速和沉积颗粒大小控制的底形；（B）不同的底形（插图来源不详）

图 3.39 （A）在河底变迁的沙纹；（B）潮坪上暴露的不对称波纹，水流方向由右至左（顺流方向是波纹陡峭的一边）；（C）河流入海口处形成的沙波，水流方向由右上至左下；（D）暴露于沙坪上的不对称波纹，水流的方向由右至左

减缓而发生这种变化。这里出现了两种沉积构造：下层的平面层状砂岩和上层的波状交错层理砂岩层。下层的平均粒径是 0.2mm，上层的为 0.15mm。将这些粒径和图 3.38 中的图表进行比较表明，构成下层单元的高流态的平面层状沉积构造，只有在流速大约为 80cm/s 的水流中才能形成。当流速减小到 60cm/s 以下时，会在平面层状砂岩上形成低流态的小沙纹沉积构造。

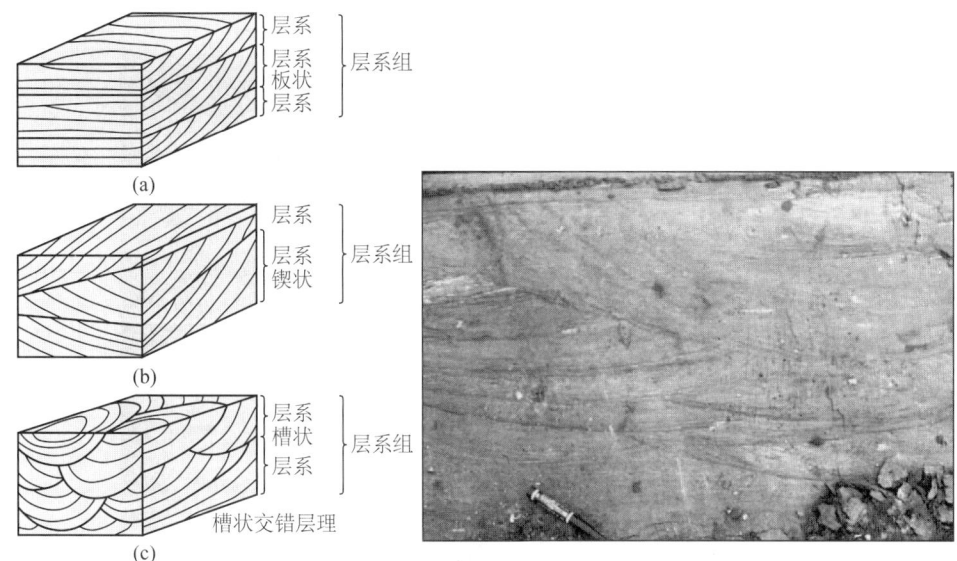

图 3.40 不同类型交错层理三维示意图及槽状交错层理露头照片（据 Blatte 等，1972；经许可转载自新泽西的 Prentice-Hall）

图 3.41 海滩上一个沟槽里的交错层理砂层露头
交错层理倾斜的方向表明，主要水流的方向由左至右

当水流携带了粒径变化范围很大的沉积颗粒时，在河床或海底某处流速的减小会造成沉积作用过程中颗粒的粒径向上减小（图 3.44）。著名的"鲍马序列"（鲍马，1962）是一个在深海底部某处的沉积物逐步向上变细的例子，这是由于水流由早期高能流动到后期的平静水流导致流速逐渐减小而产生湍流的悬浮作用和推移作用造成的（图 3.45）。鲍马将鲍马序列划分为五类，分别用 Ta—Te 表示。T 表示浊积岩，a—e 表示粒径变化。Ta 表示在沉积床上的最大的颗粒，这些颗粒沉积于极高的流速下，所以只有这些大颗粒才能沉积下来。鲍马 Ta 层是以"颗粒级别"为特征的，Ta 层的颗粒从底部到顶部逐渐变细。Tb 分选较好，通过平行层理来鉴别。Tc 和 Td 的分选更好，Tc 是通过交错层理来确定的，Td 通过水平纹层识别，至于 Te，代表在砂质流动发生沉积作用期间的一段时间内静水环境中发生

沉积的黏土。

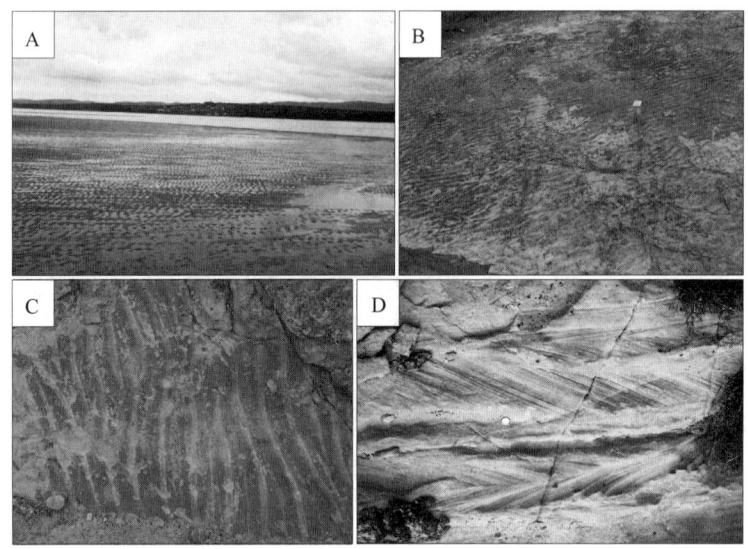

图 3.42 （A）低潮时沙坪上的波纹，注意洗衣板状的形态；（B）白垩系砂岩表面对称波纹；（C）图片 B 中的砂岩床顶部对称波纹的特写；（D）垂向上的鱼骨状交错层理，表明水流方向的交替改变，出现在潮坪沉积中

图 3.43 水平层状砂岩上覆交错层理状砂岩层

这两种沉积构造表明砂在流速自右向左逐渐减小的水流中沉积（由水平层理到波状层理，见图 3.38）

3.2.1.2 沉积物负载形成的沉积构造

另一大类物理沉积构造是负载沉积构造。当一个沉积层沉积于另一个较软的沉积层上面的时候就形成了负载构造。如果上覆层比下伏层密度大（如砂覆盖泥），砂会陷入下伏泥层里，形成一个以砂向下突出为特征的称为负载构造或者负载铸模。泥中会保留这种有很多向下突出的负载构造，因此它随平坦的水平砂层和泥层一同岩化（图 3.46）。如果岩石由于构造运动发生倾斜或者颠倒，负载结构可以指示一个特定的沉积矿床是否发生过倒转或者处于其最初的沉积位置（正面向上）。

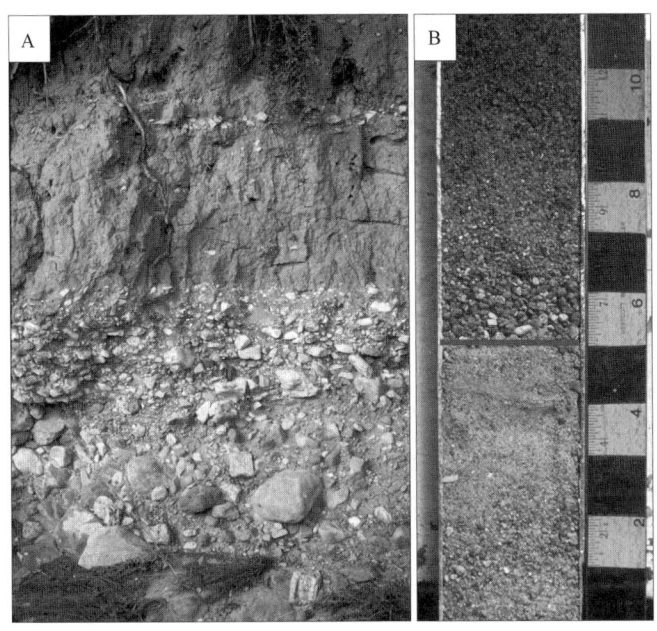

图 3.44 （A）河道沉积。组成沉积物的沉积颗粒向上逐渐减小（变细），表明这段时间里该河道中的河流能量逐渐减小，这样，越来越细和越来越轻的颗粒就会因为流速的逐渐减小而发生沉积。（B）由两个独立的砾质砂层组成的岩心，每一个都是颗粒向上变细。两个岩层间的界线（红色）是一个层面或者两个不同岩层间的接触面。两个岩层都是从逐渐衰弱的水流中沉积形成的，所以逐渐变细的颗粒在较粗的颗粒之上

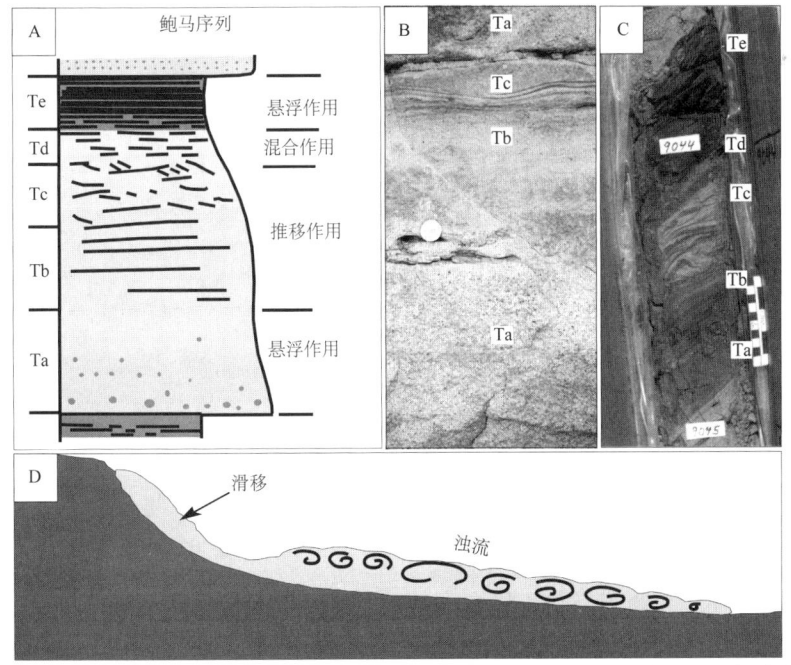

图 3.45 （A）伴随着沉积物浊流的典型深海沉积类型。沉积物记录显示流速随时间逐渐减小，所以逐渐增多的细粒沉积物位于粗粒沉积物之上。这种沉积物或岩石序列称为鲍马序列（据鲍马，1962）。（B）鲍马序列的露头照片。（C）鲍马序列的岩心照片。在 B 和 C 中，砂粒的粒径向上依次减小，像 A 中展示的那样。（D）浊流在海洋环境中斜坡之下的形成过程；部分或全部的鲍马序列都是浊流沉积的产物

图 A 来自于 Jordan 等（1991），图 D 经 Morris 修订（1971）（A—经许可转载自达拉斯地质协会，D—经许可转载自 AAPG，若进一步使用须申请许可）

图 3.46 露头展示的 "负载" 砂岩

各种沙球构造沉积于潮湿的糊状泥之上的砂岩层,砂比泥密度大而陷入泥中,结果陷入泥中的砂与原来的砂层分离,球茎状砂岩于是就形成了现在被微红色的泥岩包住的现象

3.2.1.3 侵蚀沉积构造

并不是所有的物理沉积构造都是由沉积而自然产生的,有些是被侵蚀形成的。事实上,高能水流或者波浪都可以侵蚀河床或海底原有的沉积物。图 3.47 显示了在一个不同的沉积环境中下切侵蚀下伏砂岩而形成的一个巨大侵蚀面。图 3.48 显示了在砂岩岩床平面上的一个小侵蚀冲刷面。这个冲刷面出现了波纹,说明水流冲蚀了沉积物表面的同时也能够搬运这些侵蚀下来的沉积物。

图 3.47 两个砂岩体被一个侵蚀面分开(红色虚线)

该侵蚀面由分流河道砂(该冲刷面的上面)侵入到下伏滨面砂体(该冲刷面的下面)时形成

图3.48 侵蚀冲刷切割了沙床（现在成了砂岩）的顶部（红色虚线表示冲刷面）
冲刷面上的波纹表明冲刷面一旦形成之后，运动的水流便将携带的砂搬运到冲刷面中（图中黑色的手杖作为比例尺）

　　压刻痕和沟模显示了剥蚀沉积物产生的另一特征。图3.49A是地质学家在沉积岩床下进行观察，因为这里是压刻痕和沟模最有可能出现的位置。图3.49B是侵蚀沟模可能的形成方式。一片沙滩上的贝壳充当了阻挡即将到来的海浪的屏障。当海浪到达贝壳的位置，形成于贝壳顺流一侧的湍流会侵蚀那里的砂。如果在被剥蚀的砂层之上有另一沉积层，岩化之后会在上覆岩层底部留下这种特征。图3.49C是砂岩床底面形成的压刻痕。这些压刻

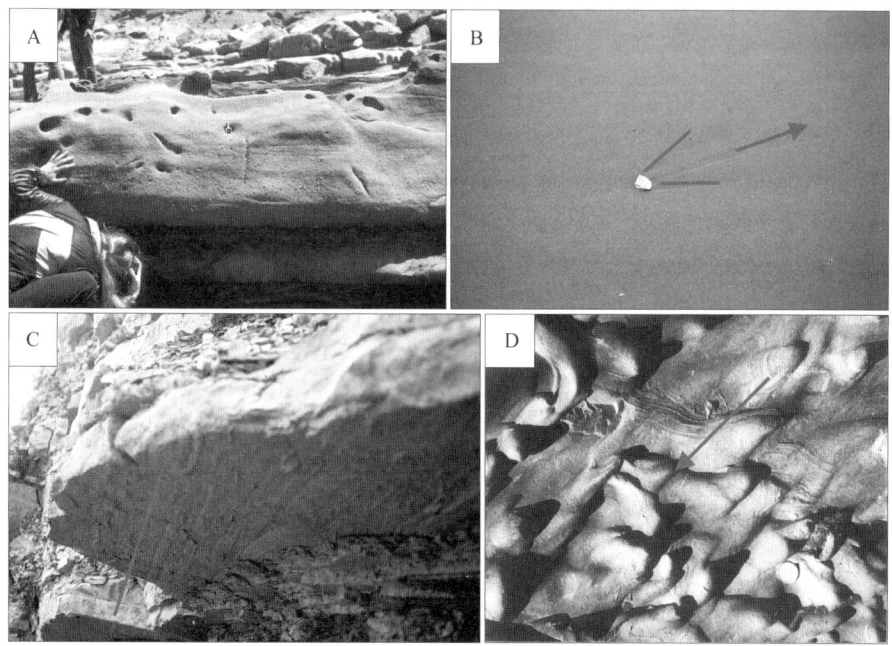

图3.49 （A）地质工作者在多鹅卵石的砂岩床底面寻找压刻痕和沟模；（B）现代海岸上的贝壳在其顺流一侧（箭头所示）形成的湍流，造成了一个沿顺流方向向外的冲刷面；（C）在岩床底部的压刻痕，箭头表示水流方向；（D）深海砂岩床底部的槽模，结构倾斜的方向指示顺流方向（箭头所示）

痕是由水流所携的小鹅卵石向前移动的过程中在泥质海底上形成的；鹅卵石冲进泥中，这些冲刷面不久便被沙床充填，经过岩化作用，将这些移动过程形成的压刻痕保留下来。图3.49D是常见的在深海环境中最初沉积的砂岩床底部形成的沟痕，这张照片里显示的特征为"槽痕"。紊流在岩床表面侵蚀出一个顺流方向向外倾斜的冲刷面。后来被砂填充，紧接着被岩化，从而保存了这一特征。压刻痕和沟痕是砂体运动方向的良好指示，同时也为砂质积聚形成储层的可能位置提供了重要线索。

3.2.1.4 砂岩岩脉

砂岩岩脉是一种不常见但又十分重要的物理沉积构造（图3.50），在它大量出现的位置能够增加储层形成的可能性。当潮湿砂质体上的泥砂足够多能够迫使砂进入上覆（或下伏）潮湿的泥中，快速沉积的沉积物将形成砂岩岩脉。在北海的部分油田中，岩心观察显示岩脉的存在（图3.51），这些岩脉明显地横切了泥页岩并连接了其他砂岩层，否则就会被页岩隔层封隔（图3.52）（Cossey，1994；Lonergan等，2000）。因此，储层的连通性和产能因为岩脉的存在而得到提高。

图3.50 砂岩岩脉将下面的浅色砂岩床与上面较厚的浅色砂岩床相连接，薄的页岩床（较深的颜色）被砂岩岩脉侵入

3.2.2 生物沉积构造

3.2.2.1 生物遗体化石

生物成因沉积构造是由生活在沉积物中或者沉积物表面上的那些有机生物形成的。如图3.53中的白垩纪牡蛎壳等的生物化石是生物存在于该环境中的直接证据。在岩石中有很多生物遗体化石，如恐龙骨骼化石、哺乳动物的牙齿和长牙化石、鱼骨化石和贝壳化石。

3.2.2.2 生物遗迹化石

还有其他的间接证据能够证明在岩化之前，存在生物生活在沉积物中或者沉积物之上，这种间接证据称为"生物遗迹化石"。图3.54和图3.55是恐龙足迹的例子，图3.56A是沙滩上的鸟类足迹，图3.56B是叶子的印痕。然而与这些例子不同，大多数生物遗迹化石很细微，是由像蠕虫和螃蟹等很小的生物（或者类似的古生物）形成的。这些细微的生物遗迹化石可分为两种：一种是出现于岩层平面上（图 3.57），另一种是出现于岩层表面垂直的位置上（图 3.58）。这两种不同化石的形成与环境因素有关。

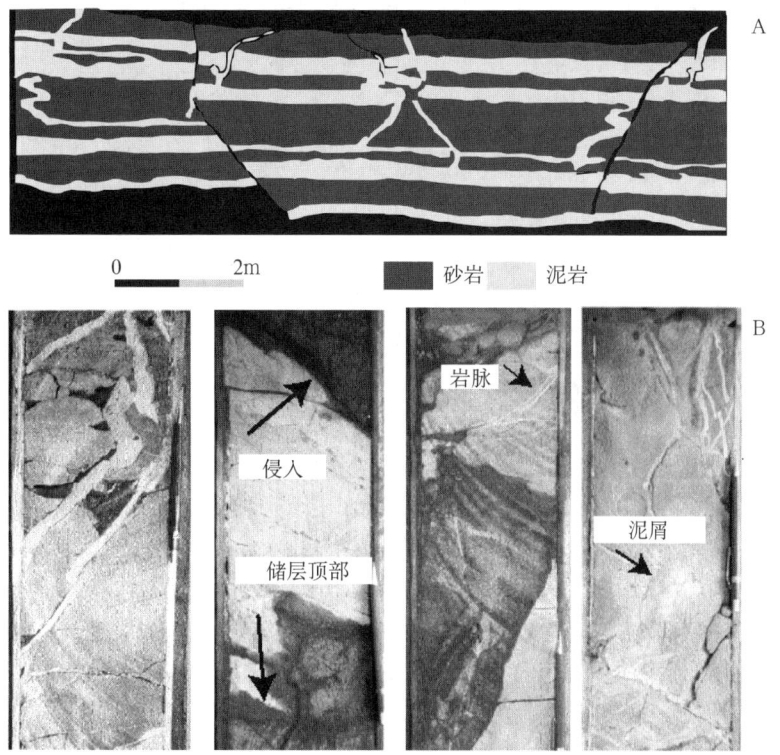

图 3.51 （A）砂岩岩脉将被页岩层（棕色）封隔的砂岩层（黄色）连接起来的示意图（经 Cossey 修改，1994）；（B）岩心照片显示的砂岩岩脉和相关特征（据 Lonergan 等，2000）（经许可转载自 SEPM）

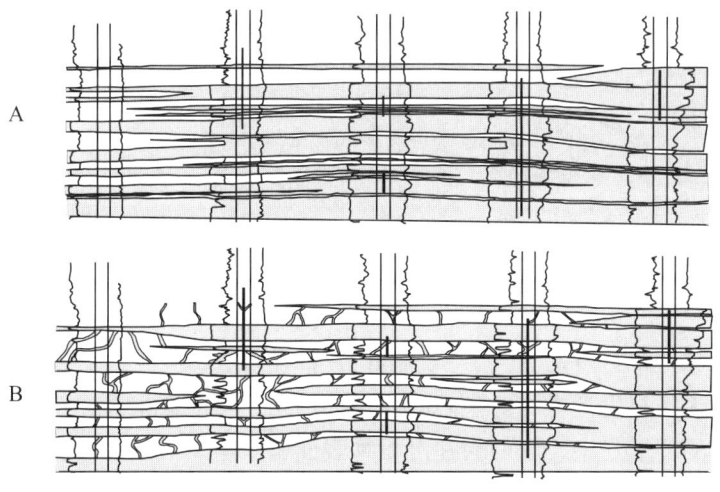

图 3.52 （A）在尚未识别出砂岩岩脉前解释的储层中的砂岩层分布；（B）重新解释的砂岩层分布，岩脉将单独的砂岩层连接起来（经 Cossey 修改，1994；经许可转载自 SEPM）

图 3.53 白垩纪砂岩中的两个牡蛎壳化石

有机体死后仍旧留在砂中,壳由于砂的岩化作用而保存其中(硬币作为比例尺)

图 3.54 侏罗纪岩石中的大型恐龙足迹

这只恐龙走在砂岩床上(红×),留下的脚印被新的砂填充(科罗拉多州恐龙岭)

像蠕虫这样的生物都生活在相对隐蔽的静水环境中,可能会出现在诸如泥坪这样的利于它们到地表觅食的环境之中,它们会在沉积物表面留下运动痕迹。但是在较高能的环境中,如受潮湿(高潮)和干燥(低潮)波动影响的潮坪,这些生物很难到地表去寻找食物,它们便改为在地表挖洞,等待涨潮时带来食物。这样生物便因为其近乎垂直的洞穴而保留了遗迹化石。因此,沉积岩中的生物遗迹化石为其沉积环境提供了很好的证据。

生物遗迹化石因大小和形状不同而有许多的类型。研究生物遗迹化石的学者将它们分

图 3.55 白垩纪泥质砂岩层上的两种恐龙足迹（科罗拉多州恐龙岭）

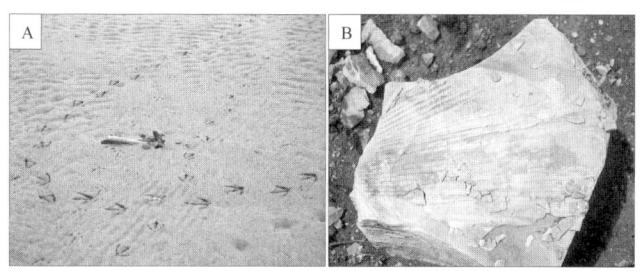

图 3.56 （A）沙滩上的鸟类足迹，如果砂层被别的砂层所覆盖，脚印就会保存下来形成生物遗迹化石；(B) 棕榈叶在岩石上的印记，在其被一层沉积物埋藏后有机质遗骸腐烂分解，留下了一个模子被随后的沉积物所充填，因此保留了叶子的模型

图 3.57 泥质砂岩水平面上的虫孔（硬币作为标尺）

入"遗迹化石相",将遗迹化石沉积相定义为在沉积环境中一组特定的因素下可鉴别的生物遗迹化石集合,如水深、水流能量和潮汐等因素(图 3.59)。

图 3.58 (A)在潮坪环境中沉积的垂向砂泥互层。丰富的垂直洞穴表明有很多微生物占据着这个环境,它们必须通过打洞以避免被强水流冲刷掉。这些洞穴现在被砂所充填。(B)这个岩石的垂直部分有垂向上的生物遗迹化石(蛇形迹)。学者认为建造这个孔洞的有机体是一个蠕虫状生物。它将头从砂中伸出来捕捉被洋流冲过的食物。当这个生物离开这个孔洞另觅新窝的时候,这个孔洞便被沉积物所填充。垂向的孔洞通常出现在强海浪或者水动力地区。生物必须在沉积物中打洞藏身以避免被冲刷掉(硬币作为比例尺)

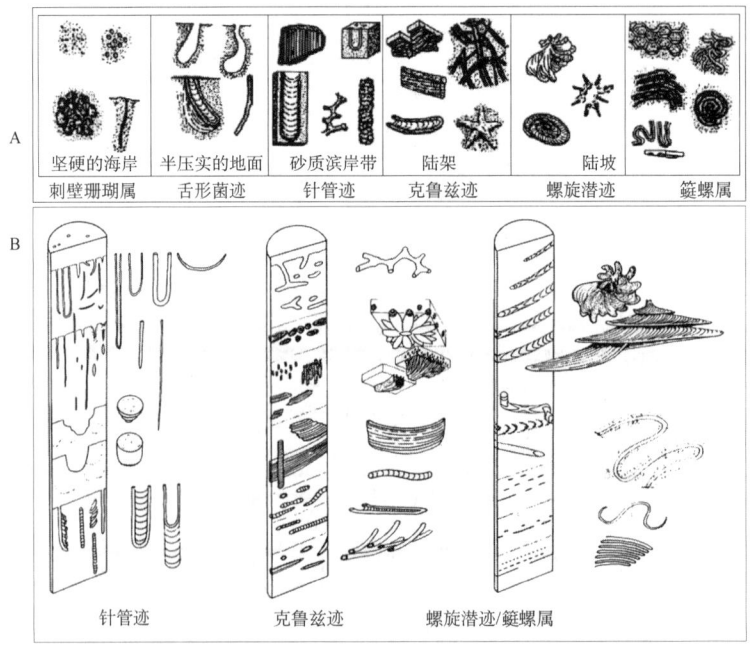

图 3.59 (A)各种遗迹化石组成的遗迹化石相,遗迹化石沉积相根据波浪和水动力来判断不同的沉积环境,图中水动力和海水深度由左至右依次减弱或减小;(B)岩心中的遗迹化石相(据 Pemberton,1992;经许可转载自 SEPM,美国沉积地质学会)

当对储层岩心进行观察时,应该查明所有的遗迹化石,因为它们提供了沉积环境的信息(图3.59)。例如,克鲁兹迹和针管迹遗迹化石相(图3.60)是非常好的浅海临滨沉积环境标志,同时它们也提供了一种区分小环境的方式(图3.61)。这些对于储层表征具有重要意义。克鲁兹迹遗迹化石相象征着比针管迹化石相更为多砂的沉积环境(图3.60和图3.61)。当储层砂岩中出现克鲁兹迹的时候,就可以预测在这个方向上可能出现更多的砂岩。

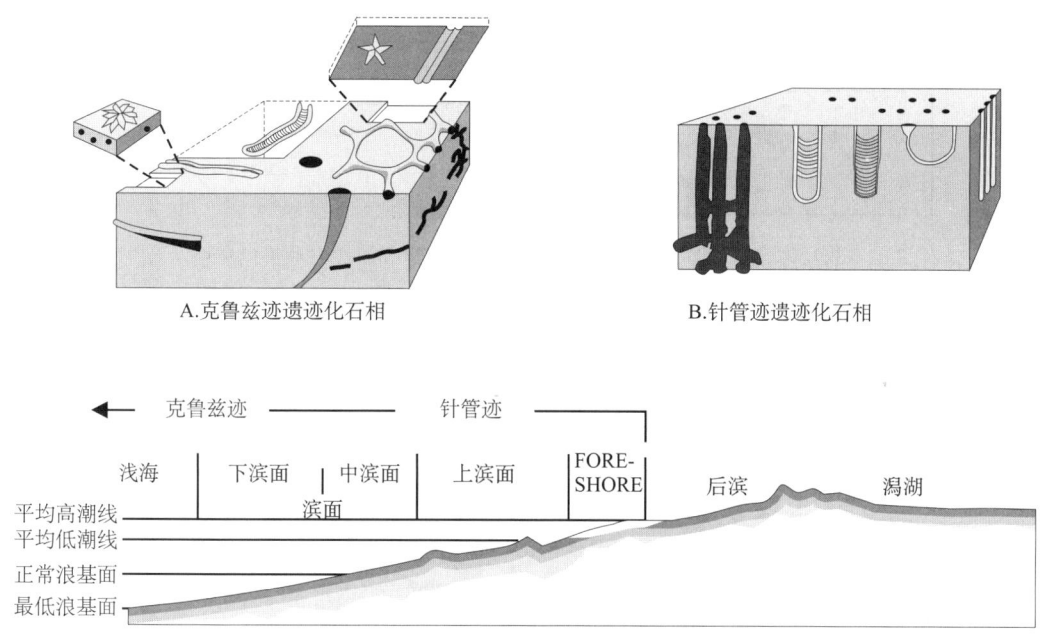

图3.60 克鲁兹迹和针管迹遗迹化石相出现的浅海环境(据Pemberton,1992;经许可转载自SEPM,美国沉积地质学会)

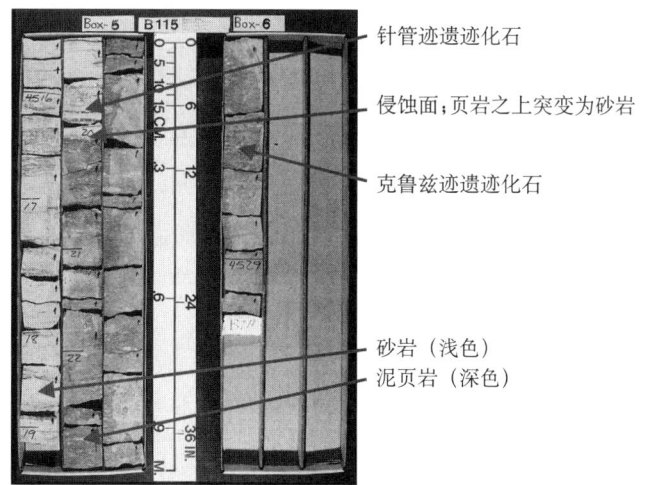

图3.61 白垩系岩心的不同物理和生物沉积构造的沉积岩,包括深色的页岩和浅色的砂岩

标有数字20的岩心下面有明显侵蚀面,砂岩(深色砾状磷灰岩中浅色的点和线)和泥页岩中的众多的生物遗迹化石(虫孔)

遗迹化石同样会影响储层的性质、厚度和连续性。例如,如果位于泥质层上部的孔洞中充填的砂质明显增多,则会增加这一层的有效厚度(图3.62A)。如果砂岩层中含有

大量的泥质充填孔洞，就会引起这一层有效孔隙度和渗透率的下降（图 3.62B）。如果在砂泥互层的岩层中含有贯穿页岩层的砂质填充的孔洞，岩层的垂直连通性便得到了改善（图 3.62C）。相反的，孔洞被泥质填充，就会导致砂岩层不连续（图 3.62C 和图 3.63）。

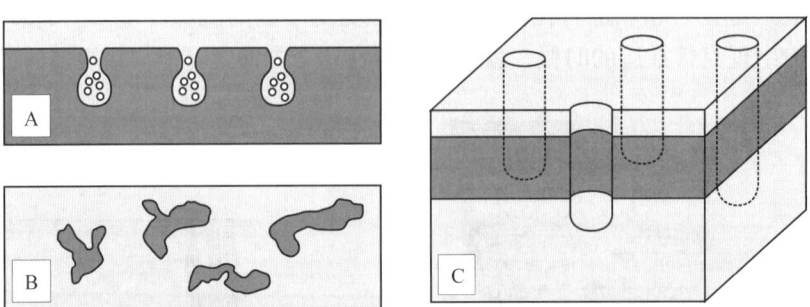

图 3.62　岩层厚度和生物沉积构造对渗透率、孔隙度和岩层联通性的影响示意图

（A）垂直虫孔被砂质填充，有效增加了砂层厚度；（B）砂岩中的虫孔被泥页岩填充，减小了砂岩净含量；（C）垂向的沉积构造可以连通或封隔砂岩层，这取决于虫孔被砂岩还是泥岩填充

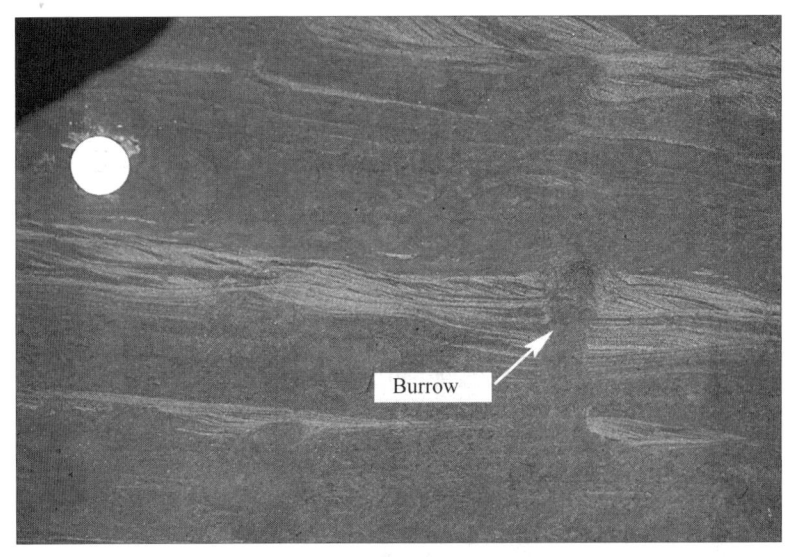

图 3.63　垂向的虫孔被深色的泥质填充，从而使中新统岩体中的浅色砂岩分为互不连通的两部分

3.2.3　化学沉积构造

化学沉积构造是沉积物岩化前的化学矿物发生沉淀而形成的。结核体是最为常见的此类沉积构造类型（图 3.64）。溶液流过沉积物的时候其中的溶解矿物发生沉淀形成结核体。通常情况下，砂质颗粒和贝壳碎片作为沉淀过程中的核，会在沉积岩层上形成一个或者一系列的结核体（图 3.65）。

结核体在测井分析中十分重要，因为它们通常由富铁碳酸盐的菱铁矿组成。由于菱铁矿的密度大于周围砂岩的密度，结核体处的测井曲线容易让人误解。结核体可以在一个沉积岩层序中成层出现（图 3.65）；如果地层中有足够多的结核体，将会阻隔流体的流动（图 3.66）。结核体在岩心和成像测井记录中很容易识别（图 3.67）。

图 3.64 球状构造显示的结核体

它在砂层沉积不久后其中的方解石化学沉淀形成。结核体形成时,溶有方解石(Ca^{2+},CO_3^{2-})的溶液在流过含有诸如贝壳化石核的砂层,一旦方解石胶结物开始沉淀在核上,沉积物内的结核体就会不断生长

图 3.65 新西兰中新世造山过程中由结核体(从悬崖壁中挤出的球状物)形成的一个单独的水平层(据 Browne 和 Slatt,2002)

3.3 小结

总之,物理、生物和化学沉积构造对储层表征的许多方面都至关重要,无论是对于岩心、成像测井记录还是露头描述都需要将其考虑在内。沉积构造提供了储层岩石沉积环境的重要信息,根据这一信息可以确定储层的范围、几何形状和走向,并确定影响油气生产的可能因素。孔隙度和渗透率,特别是流体流动通道都受控于沉积颗粒排列形成的特定沉积构造。最后,需要牢记在心的是一些沉积构造产生的测井记录可能会令人误解或包含异常现象。

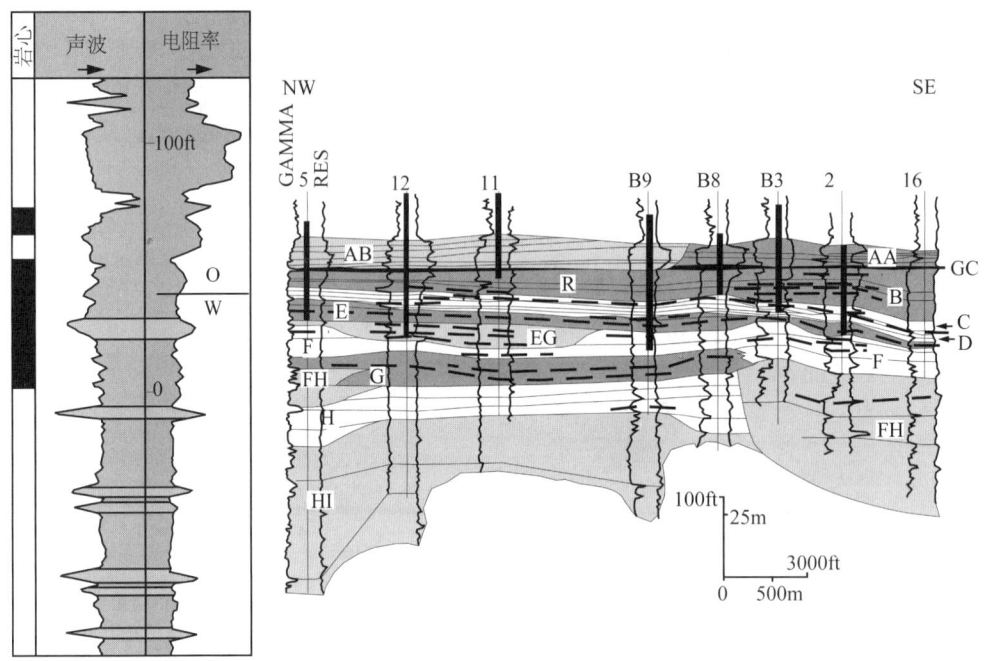

图 3.66 北海巴尔莫勒尔堡的结核体区域（据 Slatt 和 Hopkins，1991）

结核体区域以声波和电阻率测井的异常值（测井记录中蓝色或者亮灰色的部分）为特征，异常值可以通过许多井进行对比（虚线），如图 3.65 所示的由结核体形成的连续地层

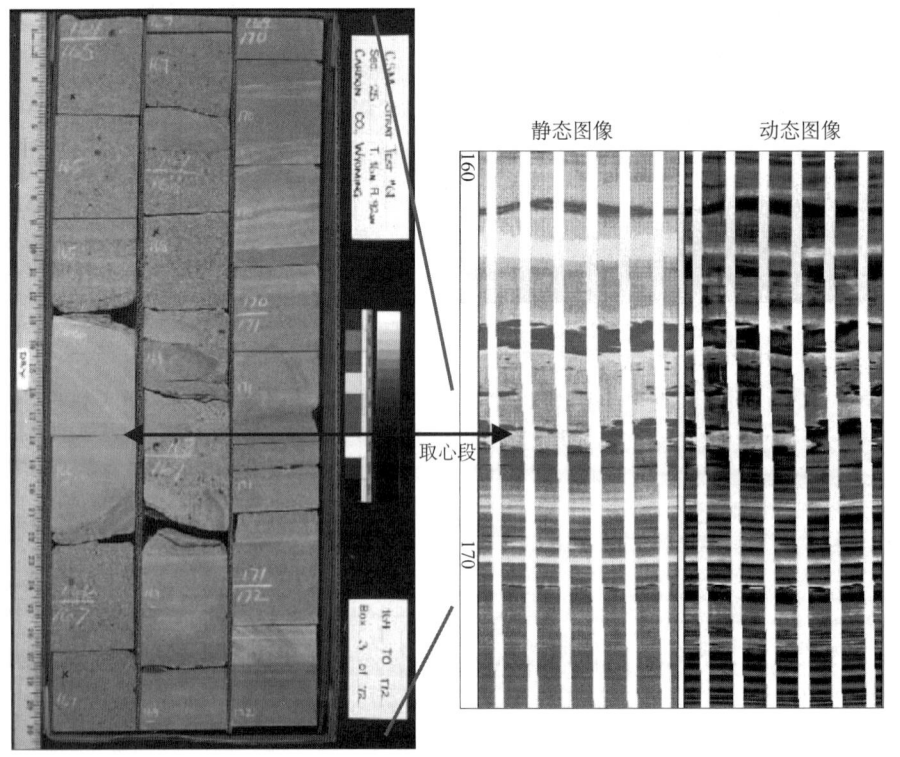

图 3.67 怀俄明州 Lewis 泥岩中的差砂岩段（图片由 S. Goolsby 提供）

岩心和成像测井都显示了一个球状石灰质结核体

第4章 地质年代与地层学

地质年代这一概念是理解所有地质现象和地质特征的核心。对于很多非地质专业的人来说,很难理解地球在漫长的地质时代中处于不断变化的动态过程中。毕竟地球表面及其内部的变化往往是细微的,在一天的时间中,甚至在一个人的一生中都很难察觉到。然而,有大量证据表明,各种地质作用的确在各个地质时期中持续地对地球进行改造和重塑。本章是对地质年代中一些基本理论的概述,以便读者更好地理解以后章节中沉积环境和沉积物(包括储层)以及改造沉积物的沉积后生作用所处的地质年代。同时,由于生物地层学与地质定年有着密切联系,本章也简单涉及了生物地层学。当然,相对于生物地层学的丰富内容,本章只是浅尝辄止。

表4.1列出了一些关于地球起源和演化重要事件的时间以及栖息在地球上的生物(包括人类)的出现时间。目前认为地球形成于45亿年前,不过一旦发现新的证据,这个数据也将随之改变。人们认为最古老的岩石形成于38亿年前(这一认识同样也会随着更古老的岩石的发现而改变)。以上两点认识说明,地球从熔融状态到冷却下来形成固体岩石之间存在很长的时间间隔,而大气是在此后几百万年才形成的。

表4.1 地球起源和演化时间(资料来自Daidson等,2002;经新泽西州Prentice-Hall许可再版)

距今年代(Ma)	主要事件
4550	地球开始形成
3800	最古老的岩石
3500	海洋和大气层开始形成
3300	最古老的化石;单细胞植物
540	大量化石记录;第一批多细胞,壳类有机体
440	第一批陆生植物
400	第一批两栖动物
265	第一批爬行动物
245	联合古陆超大陆开始形成
200	联合古陆超大陆形成
65	恐龙灭绝
50	北美洲出现马的祖先
40	由于印度板块和亚洲板块碰撞喜马拉雅山脉开始形成
2+	大冰期;类人猿开始出现

人们认为地球上最早的生命——单细胞植物,出现在33亿年前。从最初的生命出现到距今大约5.4亿年前的这一时间段中,各种简单的生命体开始进化。在比距今5.4亿年更老

的岩石记录中没有发现更高级的生命形式存在的证据,而只在距今 5.4 亿年之后形成的岩石中才发现了重要证据。从这一地质时间点开始,之后沉积的岩石中就记录了不断进化的生命形式,直至现代植物和动物。全球性的环境事件(如造山运动和冰期的循环)以及地球以外的事件(如陨石撞击)都会周期性的导致一些物种的衰落甚至消亡(也就是"大灭绝"),而与此同时,会有其他物种发展起来,占据其原有生存空间。7000 万年前恐龙的灭绝和之后哺乳动物的迅速扩张就是一个很好的例子。

4.1 北美地质年代表

北美地质年代表(表 4.2)是以地球演变过程中发生的重大事件和栖息在地球上的生物种类为基础划分的地质年代。该表将寒武纪及之后的地质年代划分为古生代、中生代和新生代。这三个"代"又被细分为许多"纪"。古近—新近纪和第四纪又进一步细分为"世"。通过给各个地质年代命名,来指示各种地质事件发生的地质时间。例如,白垩纪沉积形成的岩石就应该是在距今 144Ma 至 65Ma 这一时间段内形成的沉积物(表 4.2)。反过来,发生在距今大约 180Ma 的一次造山运动就属于侏罗纪(表 4.2)。

4.2 确定岩石形成的地质时间

确定沉积岩最初沉积的时间段,可以通过直接测量确定,也可以通过各种相对定年技术来确定。相对定年技术就是通过确定各种重大地质时间发生的顺序,来推测某一地质事件发生的时间。

表 4.2 北美地质年代表(资料来自 Daidson 等,2002;经新泽西州 Prentice-Hall 许可再版)

开始时间(Ma)	代	纪	世
0.01	新生代	第四纪	全新世
1.8			更新世
5.3		新近纪	上新世
23.8			中新世
33.7		古近纪	渐新世
54.8			始新世
65			古新世
144	中生代	白垩纪	
206		侏罗纪	
251		三叠纪	
286	古生代	二叠纪	
325		宾夕法尼亚纪	
360		密西西比纪	
410		泥盆纪	
440		志留纪	
505		奥陶纪	
544		寒武纪	

4.2.1 放射性定年法("岩石时钟")

大部分地球上固有的化学元素从其形成开始就是稳定的,其他的元素则有多种同位素。与稳定元素原子核的质子数相同而中子数不同的化学元素称为同位素(Jackson,1997)。由于放射性同位素与其稳定元素之间存在着物理化学性质上的微小差异,导致放射性同位素不稳定,会发生"衰变",并随着衰变产生更稳定的裂变元素或产物。放射性定年法根据放射性同位素发生的自然核衰变,通过各种技术来测定物质的地质年龄。

通常不稳定同位素会裂变形成稳定元素(同4.1)。例如,^{235}U 是铀的一种同位素,它的裂变产物是铅(^{207}Pb)。在 ^{235}U 向 ^{207}Pb 转变的过程中释放出氦原子(He),含量占原始总量一半的 ^{235}U 转变为 ^{207}Pb 需要经历 7.04 亿年。因此,如果一种岩石中含有等量的 ^{235}U 和 ^{207}Pb,就可以确定这种岩石一定形成了有 7.04 亿年。放射性同位素失去其一半放射性所用的总时间称为半衰期。再以 ^{235}U 为例,如果一种岩石中 ^{207}Pb 的含量是 ^{235}U 含量的三倍,这种岩石一定形成了有 14.08 亿年(也就是经过了 ^{235}U 的两个半衰期)。

岩石的年龄测定

(岩石中的时钟)

原则:不稳定元素(同位素)

衰变为稳定元素产物

$^{87}Rb \rightarrow \beta \rightarrow {}^{87}Sr$

$^{235}U \rightarrow {}^{207}Pb + {}^{7}He$

$^{238}U \rightarrow {}^{206}Pb + {}^{8}He$

$^{232}Th \rightarrow {}^{208}Pb$

$^{40}K + e \rightarrow {}^{40}Ar$

$^{40}K \rightarrow \beta \rightarrow {}^{40}Ca$

图 4.1 母岩(火成岩)中包含着一定数量的不稳定元素(放射性同位素),这些不稳定元素随着时间发生衰变从而形成新的更稳定的元素(在此过程中同位素释放出放射性粒子)

通过实验研究,科学家能够确定放射性元素衰变为稳定元素的速度。因此,科学家通过测量岩石中放射性元素和其衰变产生的稳定"子"产物的含量,就可以确定岩石形成的时间(距今多少年前形成)。本书列举了许多例子,并对这些例子做了进一步的讨论

不同的同位素有着不同的半衰期。^{87}Rb—^{87}Sr 的半衰期是 488 亿年,^{40}K—^{40}Ar 的半衰期是 13 亿年,^{238}U—^{206}Pb 的半衰期是 44 亿 7 千万年,^{232}Th—^{208}Pb 的半衰期是 140 亿年(图 4.1)。

事实上,矿物中所含的这些元素是从岩石中提取的,其衰减速度是通过测量矿物确定的。由放射性同位素分析而得到的数字年龄是岩石中的放射性矿物形成的时间,也就是矿物(和岩石)凝固的时间。然而,对于硅质碎屑沉积岩测得的矿物绝对年龄并不代表岩石形成的时间,因为硅质碎屑沉积岩是由原岩被破坏而成的矿物组合体沉积而成的。因此,该类沉积岩测得的矿物绝对年龄不代表沉积颗粒的沉积时间,而是代表了沉积颗粒的母岩的年龄。而有些矿物直接从海水中沉淀,或是自流经沉积岩的流体沉淀而后形成的胶体,这些是化学沉淀矿物,其矿物绝对年龄等于岩石形成时间。

有些同位素的半衰期比较短。碳（如 ^{14}C）就是一个很重要的例子，它的半衰期是 5730 年。由于碳的半衰期短，再加上碳富集在植物和生物壳中并最终形成沉积物，这样即使是非常年轻的全新世的沉积物，其沉积时期也能测定（表 4.2）。

4.2.2 相对定年法

由于放射性定年法在确定沉积岩形成时间上存在局限性，相对定年法得到了广泛的使用。人们发现了多种地质规律来确定沉积岩形成的相对地质年龄。

原始水平定律是指由于呈层状的岩石，其沉积物源自于水、冰或者空气，所以沉积时必然以原始水平产状沉积在原始水平面上（图 4.2）。

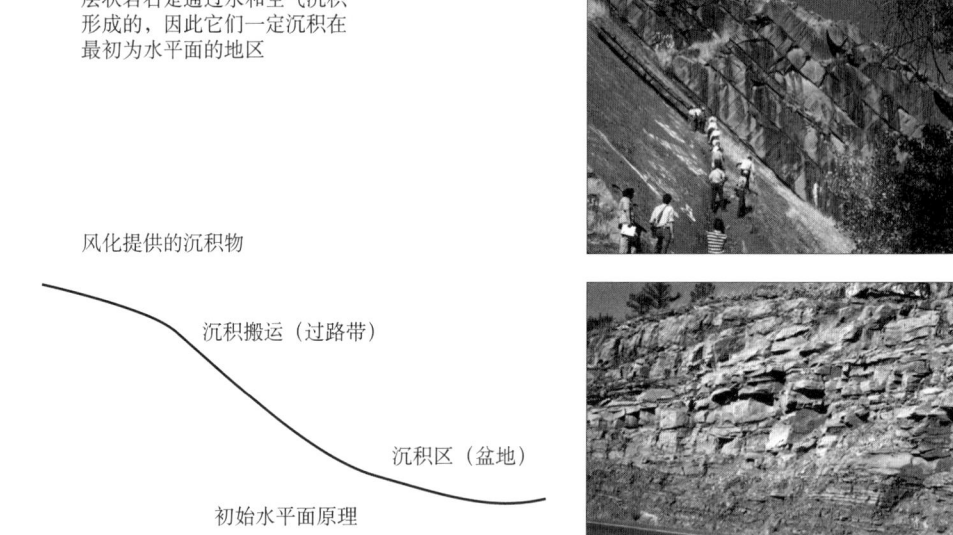

图 4.2 原始水平定律是指沉积物的原始沉积产状是水平的

山区的风化作用产生了沉积颗粒，之后在重力的作用下通过风、水和（或）冰等搬运到地势较低的地区，在水平面上发生沉积。上图显示大角度的倾斜沉积地层是由于构造运动发生的倾斜，而不是在一个陡峭斜坡上的沉积。下图展现了一系列水平层状地层。这些地层在其沉积过程中没有发生太大的倾斜

叠置定律认为，在一套原状地层层序中，底层的最老，顶层的最新（图 4.3）。在研究一套层状岩层形成的相对地质时期时，首先要确定岩层是否是正常层序，没有因构造运动发生反转。要确定岩层是否为正常层序，可以观察地层顶部和底部具有标志性的沉积特征。第 3 章提到了一些标志性的沉积特征，例如：泥裂（图 3.35）、波纹（图 3.39—图 3.43）、粒序层（如鲍马序列）（图 3.44，图 3.45）、负荷构造（图 3.46）、侵蚀冲刷表面（图 3.47，图 3.48）、沟槽痕（图 3.49）还有一些遗迹化石（图 3.54—图 3.60）。

动物序列演变定律表明在地质时期内，典型的化石是随着生物的演化相继接替出现的（图 4.4）。通过认识一套沉积岩层中的化石层序，就可以确定含有这些化石的地层的相对地质年龄。

在地质记录中，"不整合"是一个重要的岩石界面，是具有真正沉积间断意义和记录地质时间间断的地质界面。不整合的成因有两种，一种是沉积间断，另一种是沉积物被剥蚀。因此，不整合面是在地层和时间上都不相邻的两个岩层单元的接触面。不整合可分为

三类：平行不整合、角度不整合和非整合（图 4.5 和图 4.6）。在地层记录中识别不整合至关重要，因为不整合代表了某一地质时间段内，在特定的区域范围内，没有岩石记录。在沉积间断期间，可能发生了构造运动（如构造抬升）或者海平面波动，事实上这可能是不整合面形成的原因。

在岩石的原状地层层序中，
底层是最老的，而顶层是
最新的
四层
三层
二层
一层
新
老

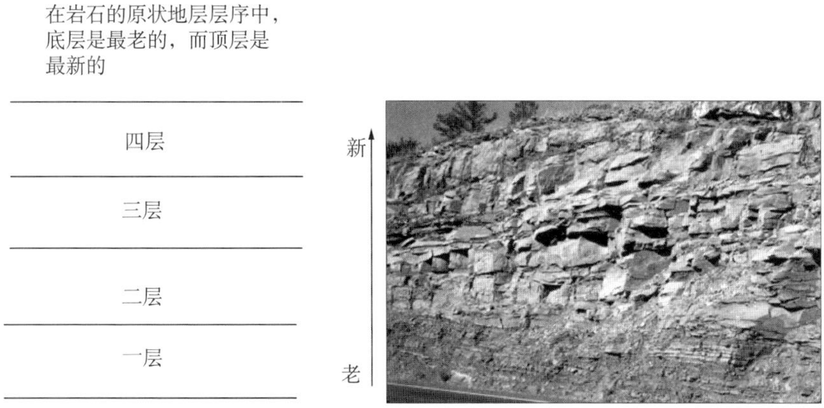

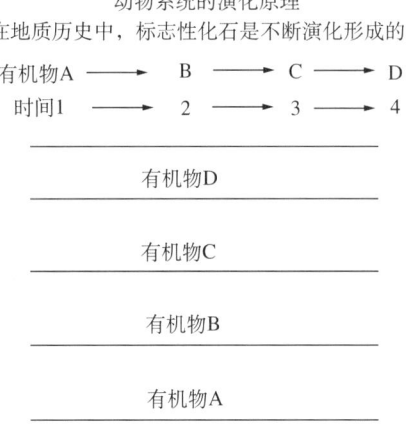

图 4.3　地层叠加原理

表明在一套原状层序的沉积岩中，最底层的最先沉积，因此最底层的一定最老；最老的或者说最先沉积的是第一层，最年轻的是第四层

动物系统的演化原理
在地质历史中，标志性化石是不断演化形成的
有机物A → B → C → D
时间1 → 2 → 3 → 4
有机物D
有机物C
有机物B
有机物A

图 4.4　应用动物序列演变定律进行化石的相对定年

对古代化石的研究表明，某种特定生物的化石都是随着时间发生改变的，例如蛤、牡蛎等。根据叠置定律可知，含生物 A 的地层最老，含生物 D 的地层最新。通过分析最老地层到最新地层中的化石形式，就可以得到该生物演化的过程，也就是该生命形式随时间的变化。更重要的是，特定的生物（此图中的 A，B，C，D）生活在特定的时间段内。通过确定生物生存的时间段，就可以确定包含该生物的岩石的地质年龄

切割关系定律是另一个确定岩石层序的重要定律。这个定律有时会结合放射性定年法来确定沉积岩或者岩石层序形成的绝对年龄（或年代范围）。这个定律认为，如果一个岩石切入另一个岩石，那么切入的岩石一定比被切入的岩石年轻（也就是说岩石必须先存在，然后才能被另一个岩石侵入或者切割）。如果岩层被火成岩侵入，那么这个定律就能发挥很大作用，就可以用放射性定年法来测定该套岩层的地质年龄（图 4.7）。

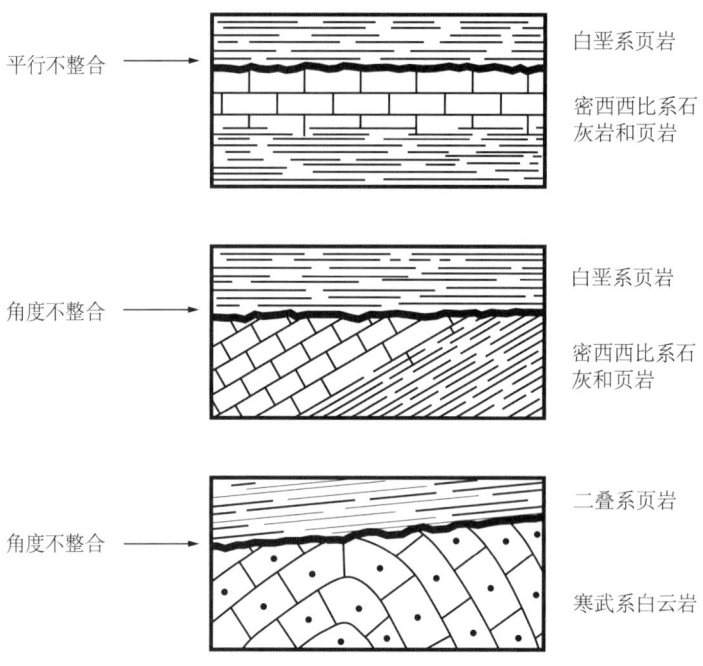

图 4.5　不整合的类型（Jackson，1997）

平行不整合是在某个特定的地质时间段内地层遭剥蚀或者发生沉积间断而形成的地质记录。尽管不整合面上下地层倾角一致，但是下伏地层和上覆地层间存在着时间间断。角度不整合也代表了地质时间的间断，它的形成首先是较老的岩层沉积之后发生变形和倾斜，之后被剥蚀形成不整合，最后不整合面被呈水平状的沉积物所覆盖。于是在倾斜或褶皱的地层的剥蚀面上沉积了新的沉积物。角度不整合的存在往往说明，在下伏地层发生构造倾斜后到上覆沉积作用开始之间，存在着较长的时间间隔，同时上覆地层沉积时通常呈水平层状（转载得到美国地质学会许可）

图 4.6　(A)著名的 Hutton(角度)不整合,位于苏格兰 Siccar Point。(B)宾夕法尼亚系 Jackfork 组深海砂岩,倾角为 55°，上覆白垩系河流相地层（为水平层状）。Jackfork 组呈白色,具有胶结程度高但易碎的特点,这是由于地层的构造倾斜发生之后到白垩系沉积之前发生的风化、剥蚀和土壤化等作用形成的。这一多孔层段位于角度不整合之下,其上直接覆盖了非渗透性岩层,从而形成了非常好的油气圈闭。(C) 科罗拉多州前寒武系花岗岩和上覆宾夕法尼亚系 Fountain 组河流相砂岩之间的不整合

4.3　微体古生物学和生物地层学在储层表征中的应用

　　海底微生物的相对年龄和绝对年龄的测定不仅对于石油和天然气的勘探有重要意义，

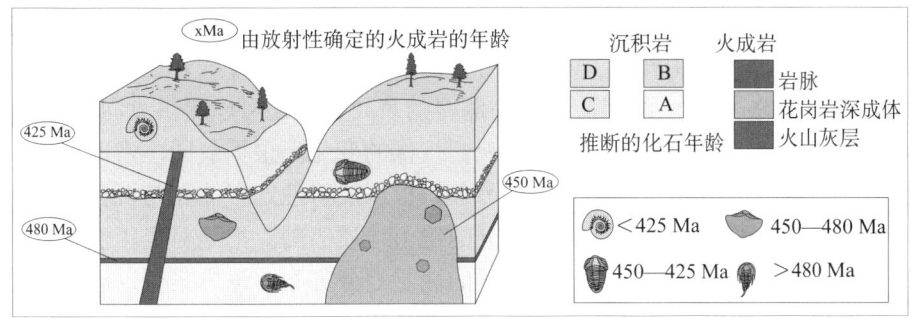

图 4.7 切割关系定律示意图（据 Davidson 等，2002；经新泽西州 Prentice-Hall 许可再版）

根据放射性定年法测定的三种火成岩年龄分别是 480Ma，450Ma 和 425Ma。因为沉积岩层 A 位于形成于 480Ma 前火山灰形成的岩层的下方，所以岩层 A 的沉积时间一定长于 480Ma。沉积岩层 B 形成于 450Ma 前的花岗岩深成岩体侵入，同时覆盖在形成于 480Ma 前的火山灰层之上，因此它一定沉积于 450Ma 前和 480Ma 前之间。沉积岩层 C 形成于 425Ma 前的岩脉侵入，所以它一定沉积于 425Ma 以前。但因为岩层 C 没有被形成于 450Ma 前的花岗岩深成岩体侵入，所以它一定是在深成岩体侵入结束之后才开始沉积。因此，岩层 C 应该是在 450—425Ma 前的某个时间段内沉积的。沉积岩层 D 没有被岩脉侵入，因此它的沉积时间一定晚于 425Ma。在这种情况下，绝对定年法和相对定年法相结合，再加上对岩石形成的先后过程的分析，就能得到这个区域的地质历史。

而且对储层描述也至关重要。海洋中的微生物既有植物（微生物群落），也有动物（微动物群落）（图 4.8）。在生物地层学中，重要的有机体群落包括有孔虫类（图 3.23）、放射虫类、孢粉体和超微浮游生物体。浮游微生物是指生活在海洋中的微生物，生活在海底的微生物称为底栖微生物。下文将介绍生物地层学在储层表征中的一些应用。

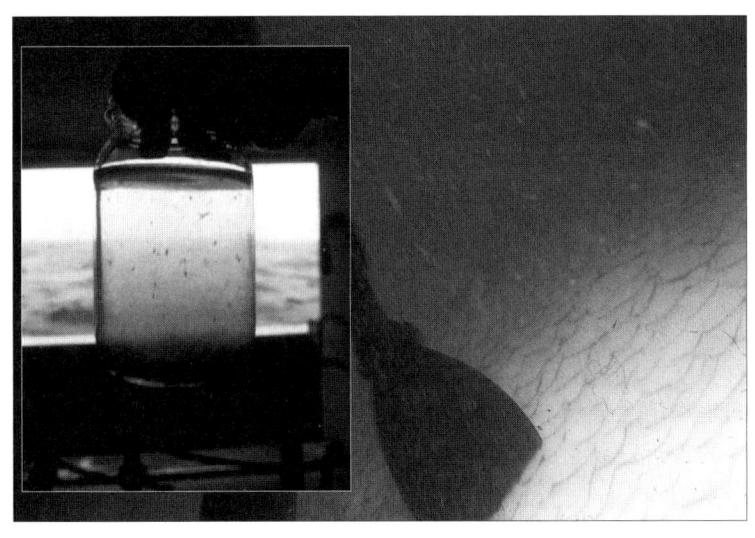

图 4.8 生活在海水中的浮游微生物

在潜水员的下方只是一小部分，海水中模糊不清的物质就是浮游微生物，瓶中所装的就是从海里取到的样本（插图）

4.3.1 高分辨率生物地层带（生物带）

应用海洋微生物地层学对地层进行划分，世界上已有国家对其进行了细致的研究，并且有详细的文献记载。比如墨西哥湾的北部地区，基于诸多油气井资料，通过分析有孔虫类、超微浮游生物体、放射虫类和孢粉体等微生物，建立了包括新生代沉积地层的详细地层划分方案（Lawless 等，1997）。除了采用生物地层学的分层方法，在对微生物（其外部硬壳或称为微生物的"家"）的实验分析中测得的氧同位素还可以提供氧同位素定年结果，该结果可以反映海水温度的变化，从而反映古气候的变化。根据氧同位素确定的地质时间尺度可能与冰川期和间冰期的周期有关。另外，根据放射性定年法和与沉积岩层互层的火山岩地层的磁极性，可以得到磁性地层划分的绝对地质年龄。把绝对定年法和相对定年法的地层划分结果结合起来，就可以得到详尽的地层划分方案。该方案可以确立新生代墨西哥湾某一微生物的具体出现时间。

生物地层学家熟练掌握了新生界年代地层表和生物地层表，他们通过分析钻井岩屑（图2.35）和岩心中沉积岩内的微生物，确定微生物的类型，进而确定含该类微生物的沉积岩的沉积年代。实际上，在分析钻井岩屑时，生物地层学家会特别关注某些特征性微生物出现和消失的起始深度，因为这些深度反映了该类有机体生存的时间范围。一组特定的微生物组合出现的地层段称为生物群带。将生物群带与生物地层表和年代地层表相比较，就可以确定该生物群带存在的年代范围。在某些地区，诸如墨西哥湾的北部，这种根据特定微生物的出现和消失来进行井间地层对比的方法是相当有用的。在用这种方法进行地层对比时，特征性微生物的常用简称包括"Cib Carst"，"Big Hum"和上"Cris I"。如果微生物首次出现的深度界面也正好是地层对比的界面，那么就可以在其简称前冠以"Top（顶）"，比如"Top Cib Carst"，即"Cib Carst 顶"。

4.3.2　基于生物地层学的井震结合高分辨率地层对比

一旦根据一系列井资料确定了某个特定的生物带，那么不论是整个生物带还是其顶部都代表了一个时间—地层标志。如果通过所含的微生物能够确定该生物带的绝对年代，那么这套地层中所含的沉积物的地质年代也就可以确定了（图4.9）。如果有过井地震反射剖面，就可以得到这口井的一维合成地震记录，这样就可以将之前确定年代的层位标定在地震剖面上。在确定和绘制大范围的地质时间层位平面图时，只用井资料是不够的，还要结合地震反射，因为地震反射覆盖面更广。在地质构造复杂的地区，只能先确定地震反射的地质年代，再通过地震反射来进行不同构造间的地层对比（图4.10）。

高分辨率或者"高频"的生物地层学通常应用在勘探方面，但是如果在一套特定地层中建立了详细的生物地层分层方案（Payne 等，1999），那么也可以应用在储层内的地层对比中。例如北海的古近—新近系就进行了详细的生物地层分层，使储层内部的井间对比更加准确。这对确定砂岩（储层）和泥岩（盖层和隔夹层）（图4.11）的侧向连续性有着重要的意义。挪威的 Grane 油田（Mangerud 等，1999）采用了高分辨率生物地层学来描述古新统储层，也是一个很好的例子。油田的 4 口井相距 3～7km，如果根据各岩相的测井曲线响应，很容易把 4 号井和 3 号井钻遇的厚度最大的那套砂岩划分为同一套地层（图4.12）。依据岩性进行地层对比可能存在多个对比方案，图4.13 是其中之一。然而，生物地层学分析揭示了一个完全不同的对比模式，4 号井和 3 号井中的厚层砂岩段分别属于不同的生物带，并且被一套连续的页岩层分隔开（图4.1.4）。这种对比模式对相似油田的二次或三次采油相当重要，因为这套看似连续的砂岩实际上是两个被泥岩分隔的不同生物带。同时，这一对比模式表明从左到右，沉积物发生进积，或者说向右地层变新。

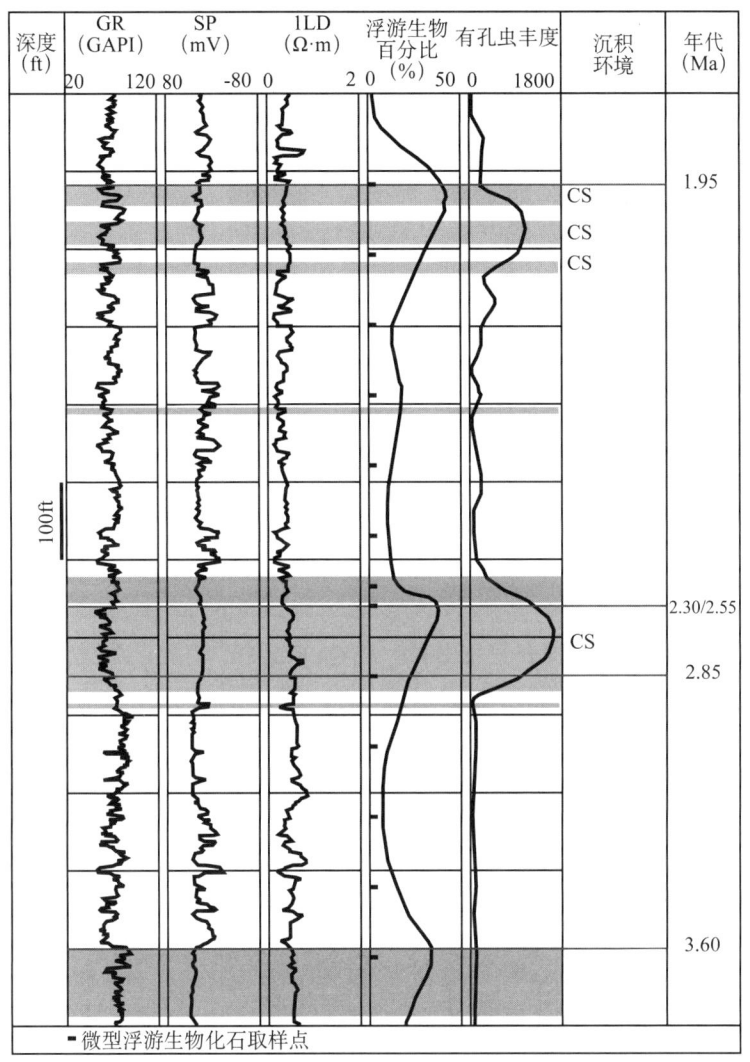

图 4.9 墨西哥湾北部一口井的常规测井曲线、超微浮游生物以及有孔虫丰度

采用生物地层学对地层年代进行了测定,确定了四个年龄段,图中显示了超微浮游生物和有孔虫都发育的两个高丰度段和一个不确定的高丰度段(只有超浮游生物丰度高)

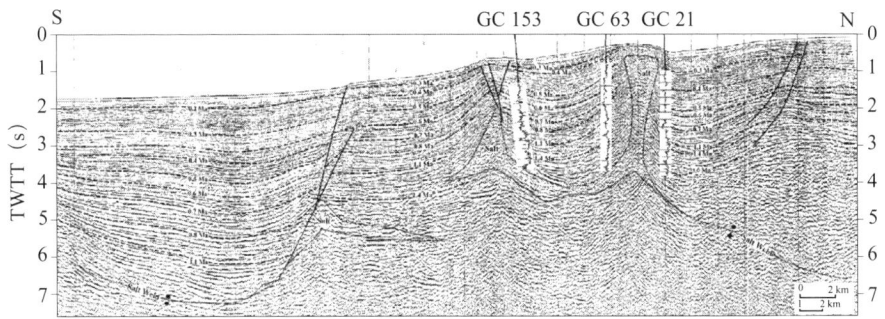

图 4.10 墨西哥湾北部含盐小型盆地的地震反射剖面(据 Weimer 等, 1998;转载得到 AAPG 许可,进一步引用仍需申请许可)

虚线是生物地层定年层,是根据测井标定的地震反射层得到的,采用这个方法,可以对构造两侧的地震层位进行对比

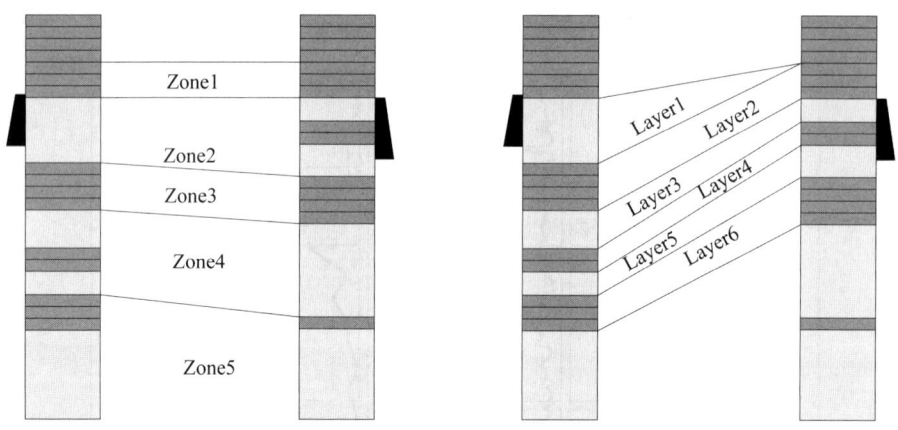

图 4.11 （A）两口井间的岩性地层对比；（B）同样的两口井，根据微体古生物学进行了更为精准的生物分层（据 Payne 等，1999；转载得到伦敦地质协会许可）

Zone—岩性分层；Layer—生物分层

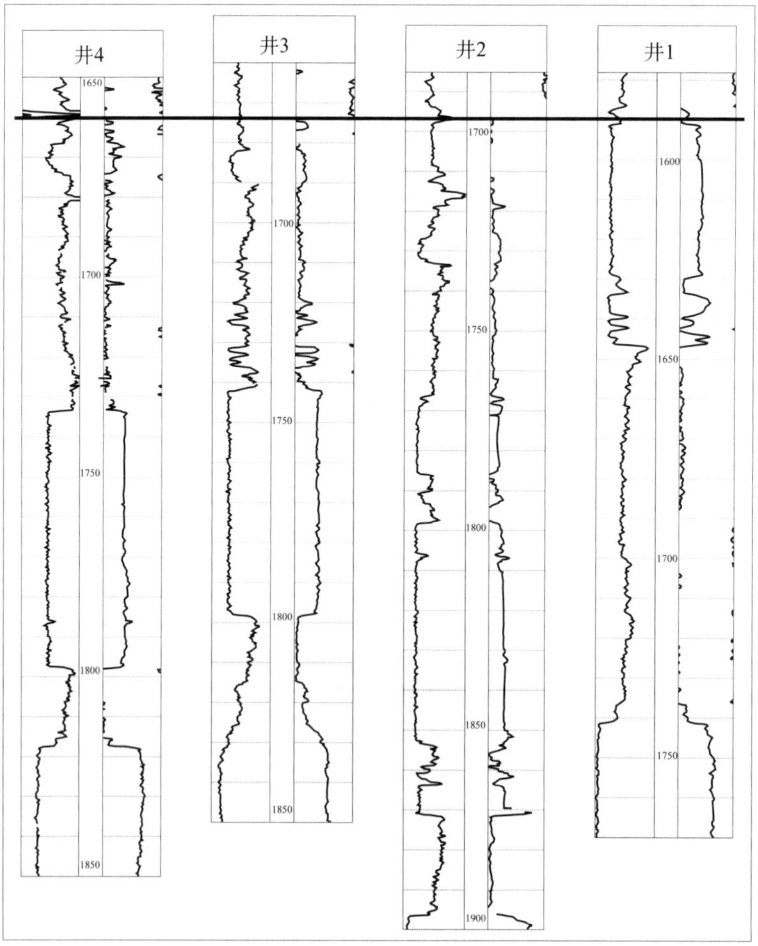

图 4.12 挪威 Grane 油田南北向连井剖面（四口井）（据 Mangerud 等，1999；转载得到伦敦地质学会许可）

该剖面平面长度近 15km，图中黑色粗线代表了岩性地层对比标志层

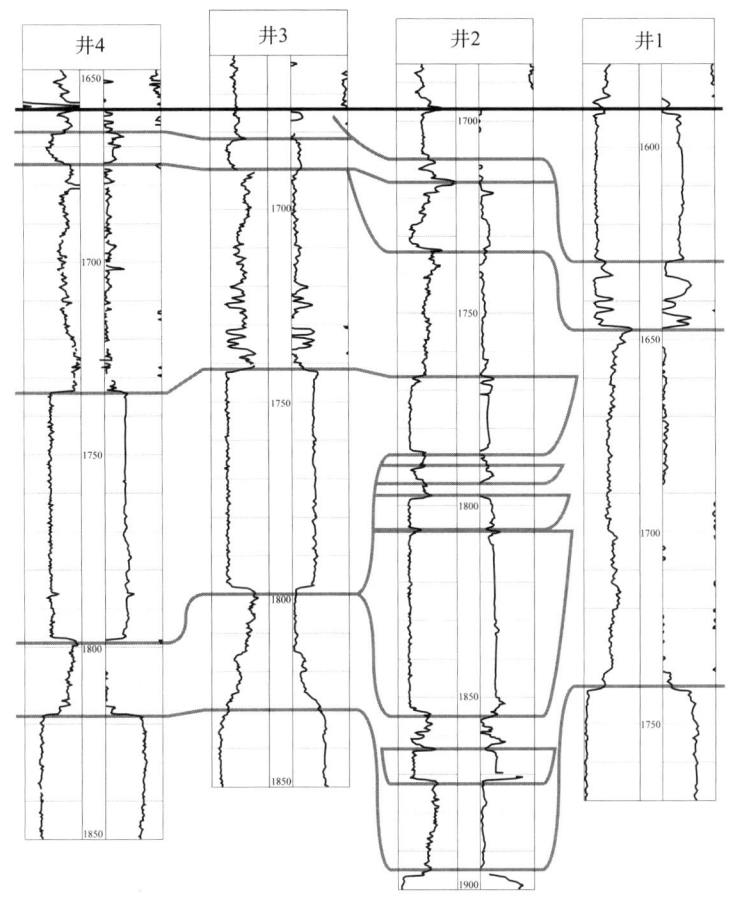

图 4.13 Grane 油田（图 4.12 所示地层）岩性地层对比的一种可能方案

4.3.3 根据生物地层学确定沉积速率

如果根据井资料或者露头资料确定了两个地层的地质年代，就可以估计沉积物的沉积速率。如图 4.9 所示，确定了沉积年代为 2.85Ma 和 3.60Ma 的两个地层，二者之间深度相隔 100m（333ft）。因此，在这 0.75Ma 的时间间隔内，平均沉积速率就是 100m/750000a = 0.13m/ka。这种算法在计算的时候没有考虑该套地层在沉积之后的压实量，所以计算所得的沉积速率是最小速率。在这个例子中，假设沉积物被压实了 30%，那么考虑压实量计算得到的沉积速率是 130m/750000a=0.17m/ka。如果要建立一个地区的沉积层序地层格架，沉积速率的确定就显得尤为重要。这部分的内容在后面的章节中会详细论述。

4.3.4 生物地层学与密集段

密集段是海洋环境中特定范围内沉积物长期相对匮乏的地质记录，沉积了颗粒最细，重量最轻的硅质的、有机的和生物成因的微粒。海侵时期在海底形成密集段。该时期绝大多数的硅质沉积物沉积在退积型海岸线上。由于硅质沉积物的沉积速率很低，也因为只有最细的颗粒才能搬运和沉积到海底，所以密集段多为页岩状或者富含泥质，并且富含微生物（在硅质碎屑沉积物供给量低的时期微生物发育）。有时沉积颗粒中大部分为微生物，从而形成钙质层或硅质层。

生物带	A.reliculata Spiniferities S.magnifica	P.pyrophorum	A.mangarita S.rhomboideus	Conscinodiscus (above D.oebisfeldensis)
井/带	A	B	C	D
1	1741,00	1718,70	1657,15	1590,00
2	1894,30	1879,60	1753,60	1695,00
3	1830,00	1795,00	1693,00	1676,00
4	1815,00	1728,40	1978,00	1658,00

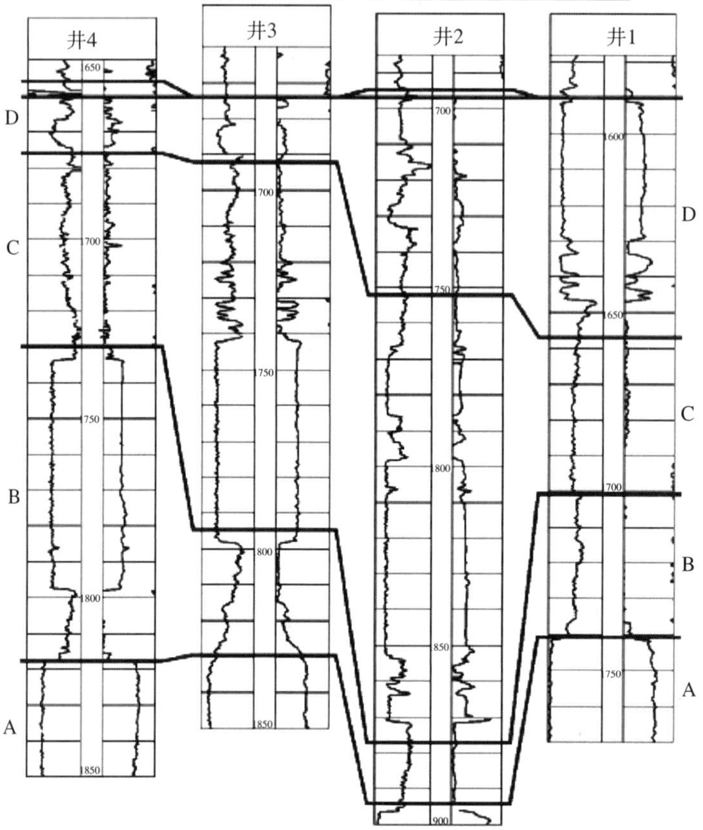

图 4.14 四口井的生物地层对比和分层结果（图 4.12 所示地层）

四个生物带为 A—D。精确的生物分带界面横切了图 4.13 所示的岩性地层对比界面，同时说明了泥岩将井 4 和井 3 钻遇的厚层砂岩分隔成了两个相互独立的砂岩。这一对比结果还说明了自北向南发生进积，沉积物向南变新

由于密集段具有独有的特征，同时还反映了沉积的地质时间，所以它不仅在地层对比中非常重要，而且对地质年代的确定也很重要。地层学家根据微生物大量富集和种类繁多这两个特征识别密集段。这两个特征，再加上颗粒粒度细，就可以确定密集段。例如墨西哥湾北部某口井有孔虫和浮游微生物富集，存在三个高丰度段和三个低丰度段（图 4.15）。

图 4.9 中的井资料显示微生物的两个高丰度段出现在 1.95Ma 和 2.30～2.85Ma，还有一个不确定的高丰度段（只有浮游生物丰度值高）出现在 3.6Ma。这些高丰度段记录了海侵和密集段形成的地质时间。在建立一个地区的沉积层序地层格架的时候，这种方法很重要。以后的章节中会对此进行详细论述。

由于沉积速率缓慢，密集段也可能富含化学沉淀形成的自生矿物，如磷灰石、海绿石和磷铁矿等。在火山活动时期，可能形成富含蒙皂石的密集段，因为火山灰中含有大量的蒙皂石。有机质由于重量轻，一般和硅质碎屑沉积物中粒度细的黏土碎屑一起沉积。密集

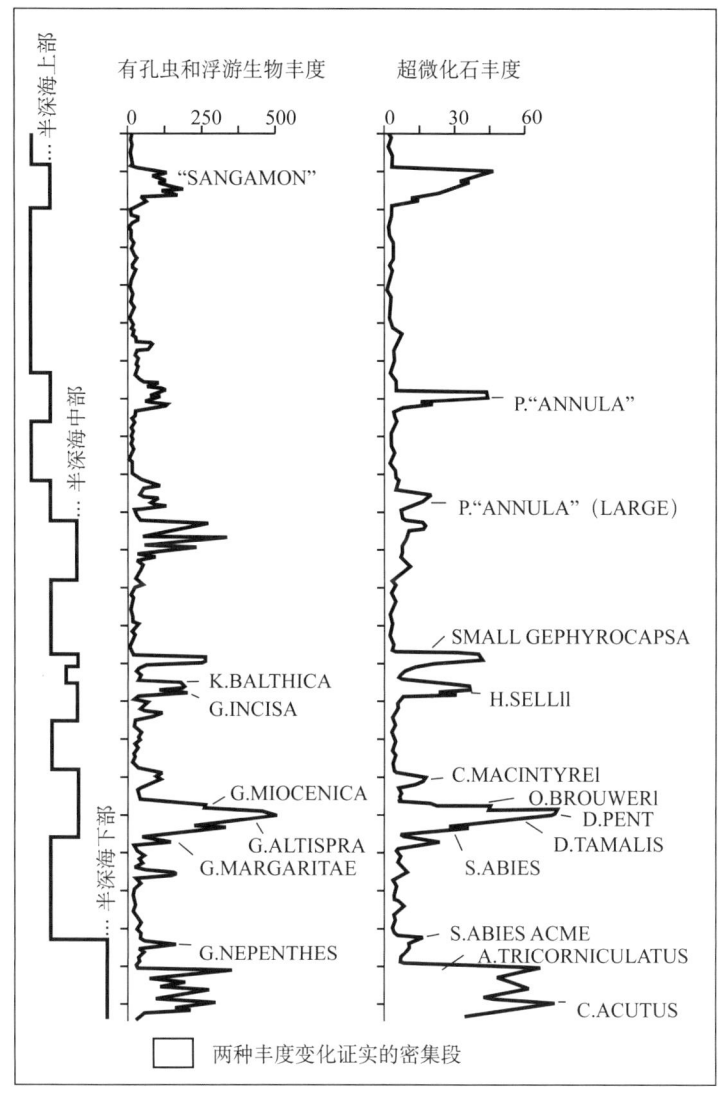

图 4.15 墨西哥湾北部某口井中的浮游微生物和超微化石丰度图（据 Shaffer，1900；转载得到海湾沿岸地质学会联合会许可）

三个高丰度段和三个次级高丰度段指示了这套地层内存在的密集段

段中的有机质可以吸附并聚集放射性元素（有些黏土矿物也具备这样的特性），这样就会导致测井响应中出现的伽马值异常高（图 4.16）。

4.3.5 生物地层学与沉积环境

通过识别标志性的深海底栖微生物或者海底底栖微生物，微体古生物学家和生物地层学家根据其生活的海水深度对微生物进行了分类，从广义上讲，海水深度的三个主要划分（或分带）是浅海（从高潮位到大陆架的边缘，约 200m（600ft））、半深海（从大陆架的边缘到大陆坡坡底，约 2000m（6000ft））和深海（盆地平原，深 2000m（6000ft）以上）（图 4.17）。还有基于这三个分区的细分方案（图 4.17）。通过识别岩心、岩屑或者岩石露头中确定水体深度的标志性微生物，就可以确定沉积物沉积的大致水深。

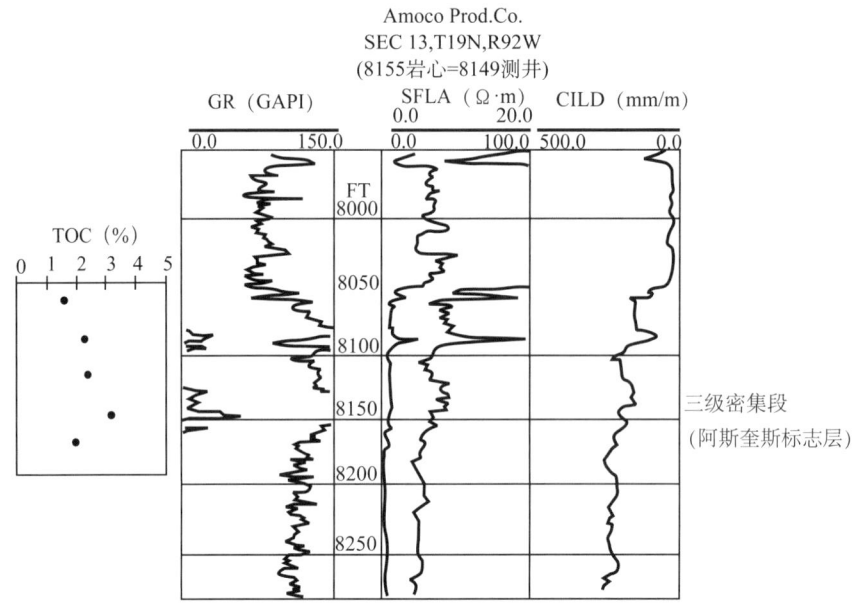

图 4.16 怀俄明州 Greater Green River 盆地中 Lewis 页岩的伽马和电阻率测井曲线（部分）（据 Pyles，2000；转载得到 David R. Pyles 许可）

由图可见，在这套盆地内广泛分布的页岩中存在伽马异常高的层段，称为"阿斯奎斯标志层"。在此高伽马层段内岩心的总有机碳（TOC）含量接近 4%。对于并不富含有机质的上覆地层和下伏地层而言，这样的总有机碳含量已经足以形成高放射性

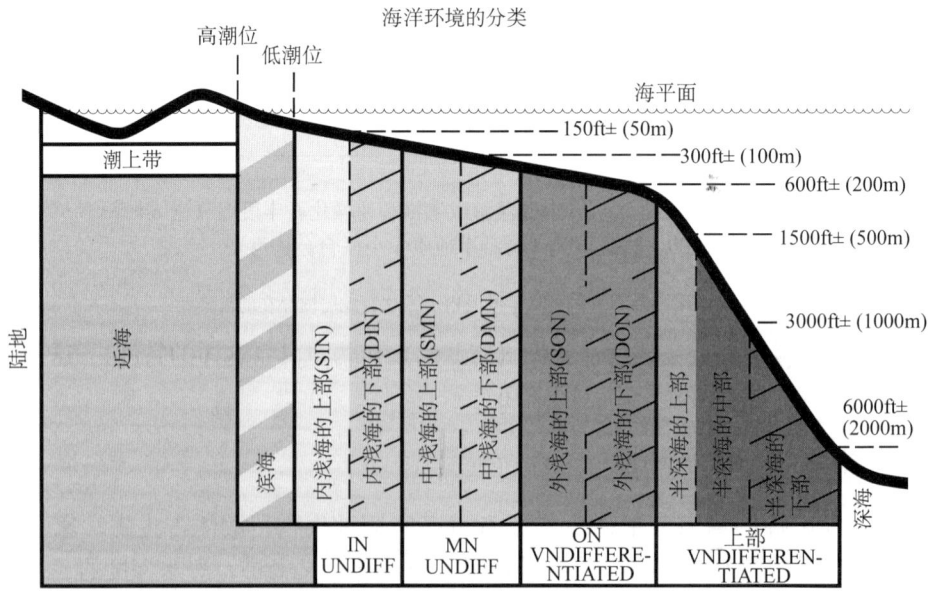

图 4.17 从海面到海底，基于水深的海洋环境划分（据 Armentrout，1991；转载得到 Springer 科学和商业媒体许可）

根据一套岩石层序，人们可以识别漫长的地质时间中水体深度的变化，即使是短期

的海平面波动也有岩石记录。图4.18展示了在某个特定的时间段A内，两口井之间沉积水体深度的对比。在此时间段内，1号井的沉积水体深度比2号井的深。此时，1号井

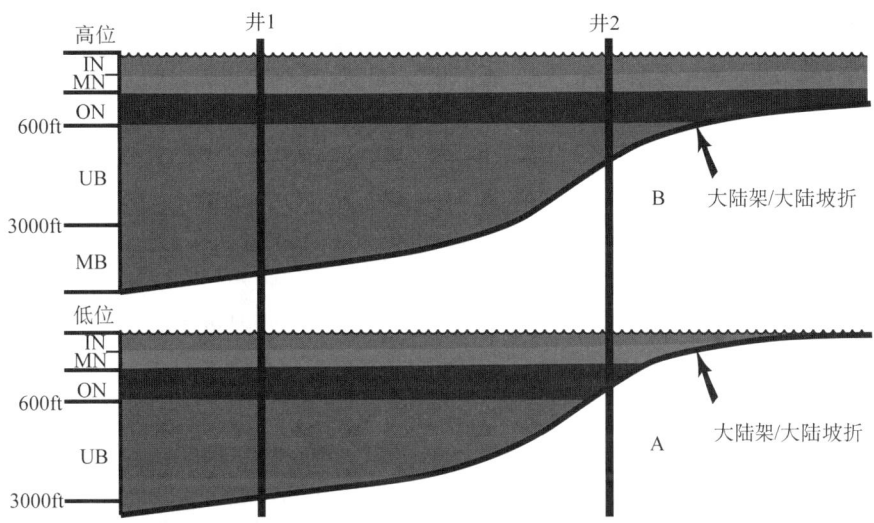

图4.18 根据两口井钻遇地层中记录的水体深度变化分析海平面的变化（据Armentrout，1991；转载得到Springer科学和商业媒体许可）

(A)图中，海平面靠近大陆架坡折带，2号井所处位置位于上部大陆架浅海沉积环境中。(B)随着海平面的上升，相对于较老地层，1号井所处位置半深海沉积厚度较厚，2号井发育了上层半深海底层沉积。这种水体向上变深的模式表明，从下向上沉积中心向陆的转移，也就是发生了海侵

为半深海上部沉积，2号井主要为外浅海沉积。根据这个信息就可以确定在时间段A内，海岸线相对于外滨的空间位置。时间段B表明由于海平面的相对上升或者沉积中心向陆迁移，而导致两口井所处位置的水体深度的变化。其结果是1号井的沉积物主要为半深海中部沉积，同时，在2号井处发生半深海中部沉积。因此，根据两口井的信息，就可以推断出这套地层记录了水体变深或者海侵的过程。

4.4 瓦尔特定律和沉积相的序列

前人给沉积相下的定义是"一个具有一定外观和内部特征的岩石单元，其特征不仅反映了其形成的条件，同时也能用来将该单元与其他相邻的或者相关的单元区分开……这一单元的分布局限，可以用图表示出来；同时这一单元是一个具有岩石地层意义的地质体，其岩性和所含的化石与同时期的其他岩层相比也是不同的……这一单元还是一个独特的岩石类型，大体上对应于某个特定的环境或者成因模式"（Jackson，1997）。在某个地质时期内，沉积相（即岩相）形成于相应的沉积环境。相沉积的物理空间称为"可容空间"。深海沉积环境的可容空间比浅海或者陆相沉积环境的更大。

沉积物被搬运到一个沉积环境中开始沉积时，沉积的位置在横向上位于早先的沉积物沉积位置之外，或者在垂向上覆盖在早先的沉积物之上。如果有足够的可容空间，沉积物

就会沉积在早先的沉积物之上,形成垂向叠置。如果可容空间很小甚至没有,那么沉积物就会经过先前的沉积带但不发生沉积,而是在侧向上发生沉积,导致海岸线向盆地方向迁移(图4.19)。在这样的情况下,沉积环境也随着时间的推移发生横向迁移。沉积环境的横向迁移,再加上不同环境沉积物的垂向叠置,便形成了垂向地层层序或沉积序列。例如,图4.20中所示的沉积序列中,自下而上砂岩含量增加,岩层厚度增大,表示沉积环境从以泥岩沉积为主的沉积环境(水动力条件较低)过渡为以厚层砂岩为主的沉积环境(水动力条件高)。这样的垂向变化可能表示海水逐渐变浅。

图4.19 沉积过程示意图

河流入海,右边是波浪,箭头所指的是先前的海岸线,如今海岸线已向外迁移。在这个实例中,沉积物被河流搬运到河口,逐渐形成了向海推进的海岸线。红色箭头指示的是最老的海岸线,蓝色箭头指示的是最新的海岸线

图4.20 由细粒、泥质地层组成的岩石序列

泥岩层形成于水体相对较深且安静的海相环境中,由于进积作用,砂岩层(厚度较大、颜色较浅的岩层)沉积于较老岩层之上,这样就形成了"向上变厚、变粗的进积序列"。这一岩石序列最后被上覆泥岩所覆盖,说明沉积水体的深度又变深了(海侵作用)

瓦尔特相序定律是解释沉积序列成因的普遍定律（图 4.21）。根据瓦尔特的叙述，"不论是对同一沉积相内的各种沉积类型，还是对不同沉积相内各种岩石类型的组合而言，它们沉积时都是在空间上相邻的，但是从地层剖面上看，它们是相互叠置的……这个基本原则具有深远意义，由此推论，只有那些垂向上互相叠置的相和相区，才可能同时在横向上彼此相邻"（Blatt 等，1972，187 页）。简而言之，就是在垂向上观察到的沉积相序列在横向上也能观察到。图 4.21 中的垂向序列记录了某个地点某个时间段内沉积环境的垂向变化（在这里需要强调的是，不管是沉积在海底、海岸，还是陆地或者海陆过渡环境，任何露头和井中的垂向岩石序列或沉积序列，代表的是某个地点某个时间段内发生的沉积）。图中，自下而上沉积环境由非海相（泥滩、含煤沼泽）过渡为海相（页岩和石灰岩）。这种垂向叠置模式记录了某个时间段内海侵过程中或者海岸线向陆迁移的过程中相关沉积环境的变化。

垂向上叠置的岩相在侧向上也相邻，垂向序列中的岩石是在侧向上相邻且同时沉积的。

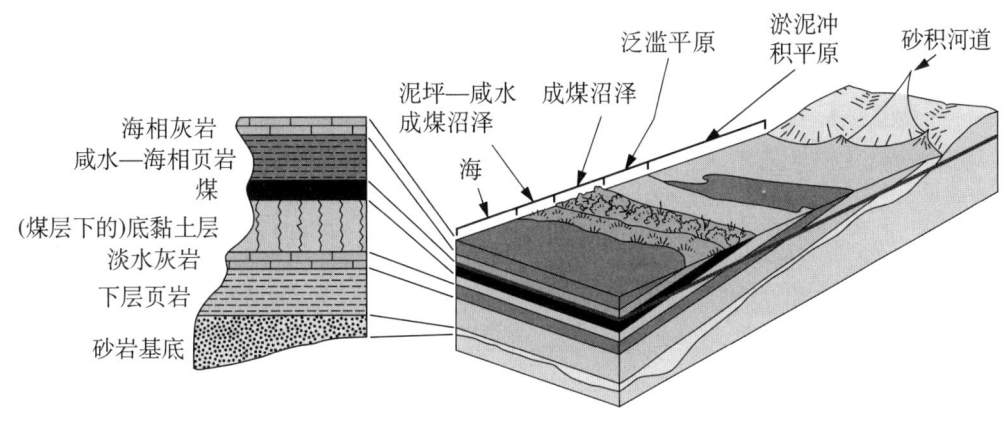

图 4.21　瓦尔特相序定律（1894）

由于相对海平面的波动，形成沉积物的沉积环境随着时间而发生变化，在沉积环境发生变化的同时，任何一个地点的沉积物也在发生变化，因此，垂向序列实际上反映了沉积环境随时间推移发生的横向变化

又如图 4.22 所示的三角洲的进积。其海岸线和外滨环境随时间的推移逐渐向海推进。随着沉积物的沉积（从时间段 1 到时间段 3），相对浅水环境中的沉积物逐渐沉积在相对深水的沉积物之上。对于一个特定的地点，沉积环境随时间变化，因此沉积环境在横向上发生迁移。每种沉积环境中地层都是水平沉积的（原始水平定律）。这样，地质时间等时线就会横切岩性地层界线和沉积相界线。这个理论会在以后的章节中详细论述。

4.5　小结

通过分析储层形成的漫长地质过程来推测目前地下储层的特征，这一点的确难以理解，尤其是对那些每天跟踪油气生产动态的人而言更是如此。然而，我们知道含油气储层的形成过程虽然漫长，但可以被认识，而且认识了其形成过程，就能理解储层为什么会具有这样或那样的特征。

根据地质记录中的重大事件就可以进行地质年代划分，建立地质年代表。岩石单元的名称往往具有地质时间意义，研究储层的人们必须熟知这些名字。举一个简单的例子，白

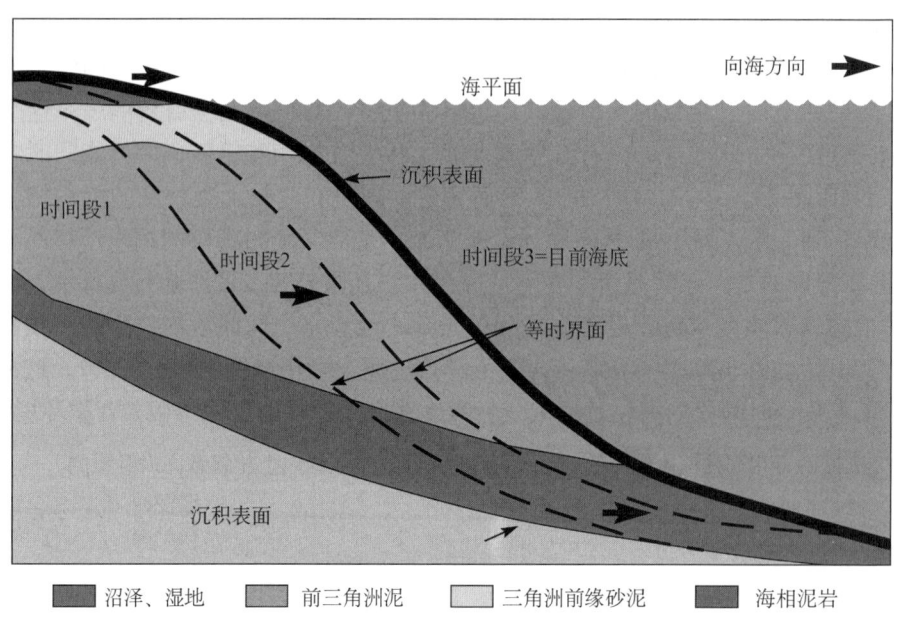

图 4.22 进积示意图

在地质时间中的每一个瞬间,海底总是沉积物沉积的场所。通常,随着海水深度的增加,沉积物粒度逐渐变细。图中粉色的代表砂,棕色的代表粉砂,红色的代表泥。图中的时间段 3 表示的是目前的洋底,位于三角洲之前。由于进积作用导致三角洲向海和向上推进,覆盖了之前较老的海底,因此在图中用虚线表示出了一些较老的海底界面(时间段 1—3)。在沉积物发生进积的过程中,虽然等时界面(或者老洋底)是倾斜的,但是沉积物都是以一种平直或者水平的方式沉积的。进积作用导致了三角洲向海推进

垩纪和泥盆纪代表了两个不同的地质年代,那么白垩纪的储层就不可能与泥盆纪的储层形成于同一时期。

测定岩石形成的地质时间有两种方法:绝对定年法和相对定年法。绝对定年法是基于对某块岩石内所含矿物放射性成分的分析,确定岩石中该矿物形成(凝固)时间。这种技术主要用于从岩浆直接冷却形成的火成岩,但也有些沉积岩也可以通过测定其所含的化学沉淀矿物和胶结物来定年。沉积岩定年更常用的方法是相对定年法,也就是岩石年代的确定是依据其在地层层序中所处的相对位置。如果沉积岩被可确定年代的火成岩横切,就可以确定该沉积岩形成的绝对地质时间。

对沉积物和沉积岩中微生物进行分析,划分生物地层(生物带),是对岩石进行分层的一个有效方法,而且这种方法有时也可用来确定地层的绝对年龄。无论是对勘探还是储层描述,微体古生物学和生物地层学都是石油工业中相当重要的学科。高分辨率生物地层学不仅提供了一种沉积岩的绝对定年法,在地质研究上还具有多方面的作用:①确定地震反射剖面上的地层单元及其地质年代;②开展井间地层对比,确定时代关系;③确定沉积速率;④确定沉积环境及其随时间的变化。

瓦尔特相序定律是理解沉积产物和储层成因的关键定律。它是地层学主干理论中的基本原则。地层层序(比如人们所关注的含储层的地层层序)所显示的垂向叠置模式具有系统性,应用瓦尔特定律就可以对这些垂向叠置模式进行成因解释。利用岩心和测井资料,通过分析储层的垂向地层特征,就可以进一步预测储层在横向上的连续性。

第5章 储层性质的地质控制因素

5.1 定义

孔隙度是表征岩石孔隙空间大小的属性。渗透性是表征一定压力梯度下流体在岩石中流动能力的属性（通常是指沉积岩）。这两个性质决定了岩石的储集性能（通过孔隙度）和流体在储层中和非储层中的运移（通过渗透率）能力。毛细管力是指流体和与之接触的固体表面之间的吸引力。毛细管力影响了石油的采收率，因为它阻碍了石油在岩石孔隙中的流动（Hync，1991）。

本章重点阐述了控制油气储层性质（孔隙度和渗透率）的主要地质因素。这些因素包括原始沉积结构（粒度和分选性）和埋藏成岩过程中的成岩后生作用（物理—化学过程）。成岩作用最终控制了孔隙的几何形态、颗粒的排列方向和堆积方式以及胶结物和黏土（矿物）填充孔隙的程度。

5.2 孔隙度和渗透率的实验与测量方法

5.2.1 直接观测

沉积岩中的孔隙空间可以通过岩石的手标本和薄片（0.030mm 厚）直接观察。薄片就是从较大的样本上切下一小片岩石，并把它放在盛有染色的环氧树脂的容器中（通常是蓝色或红色）。通过向容器中施加压力或使其真空来封闭容器，直到环氧树脂充满孔隙和喉道。这一过程是通过提高温度以降低树脂的黏度来完成的。等到岩石冷却就可以切出薄片。图 5.1 展示了一个含有浅灰到粉红色石英颗粒的砂岩薄片，图中揭示了石英的自生加大边。蓝色区域是填充了环氧树脂的孔隙。该砂岩有很好的孔隙度和渗透率。

在二维图像上，许多孔隙似乎没有通过喉道相互连通，但在三维（图像）上可以看到较多的连通孔隙。图 5.2 展示了另一个薄片，该砂岩几乎没有孔隙度和渗透率，因为颗粒间填满了泥质基质。

用扫描电子显微镜也可以观测到孔隙、喉道和颗粒边界。图 5.3 是一个组成砂岩的石英颗粒高倍放大的三维扫描电镜照片。黏土矿物晶体在砂岩喉道和石英颗粒表面聚集。黏土晶粒可以通过重结晶作用变大，有时可以在两个砂岩颗粒的喉道中连接成线，甚至在颗粒间搭桥（图 5.4）。当黏土颗粒出现在孔隙内部和横穿孔隙时，渗透性会严重地降低。另外，黏土矿物绿泥石对盐酸敏感，当储层酸化时，它可以溶解。溶解过程可以产生游离的 Fe^{2+}，然后它会在喉道中以氢氧化铁和水合氧化铁的形式再沉淀。

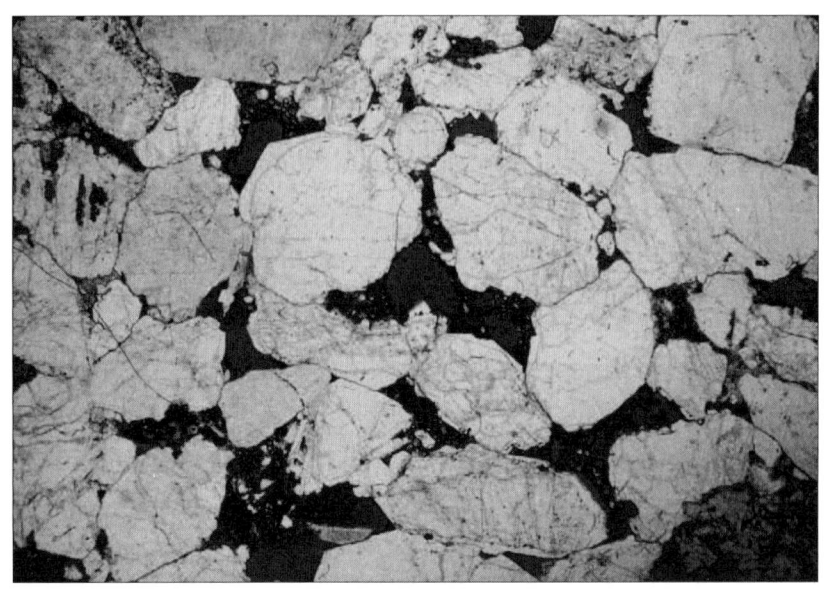

图 5.1 富石英砂岩切片的显微照片

浅色的石英砂岩颗粒,孔隙中有蓝色的染色环氧树脂。作为基质的黏土矿物呈棕色或黑色,它们填充局部的孔隙和喉道(颗粒间窄的孔隙)。一些石英颗粒表现出石英自生加大边,砂岩颗粒直径约为 0.150mm

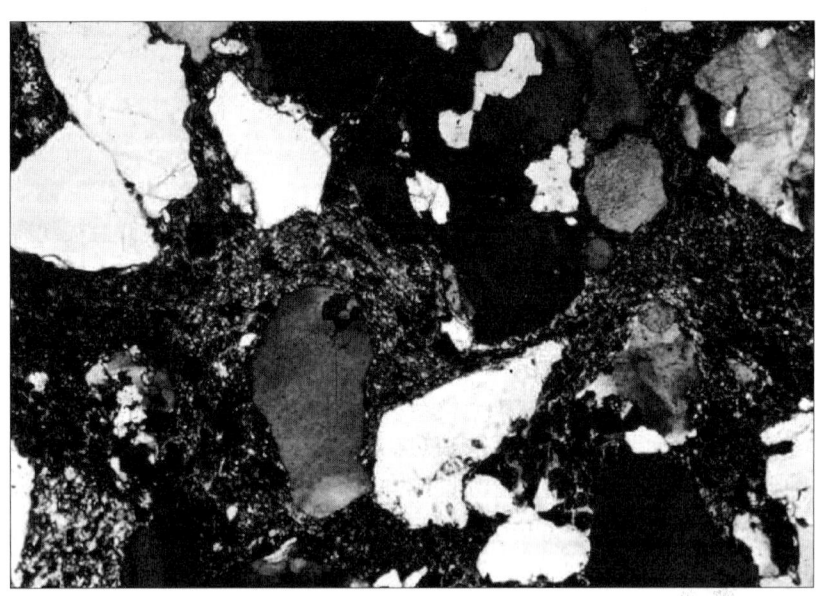

图 5.2 砂岩薄片显微照片

含有大量泥质杂基(棕黄色物质)包裹的石英颗粒,砂岩颗粒直径约为 0.150mm,砂岩颗粒呈棱角状,并没有表现出加大边结构

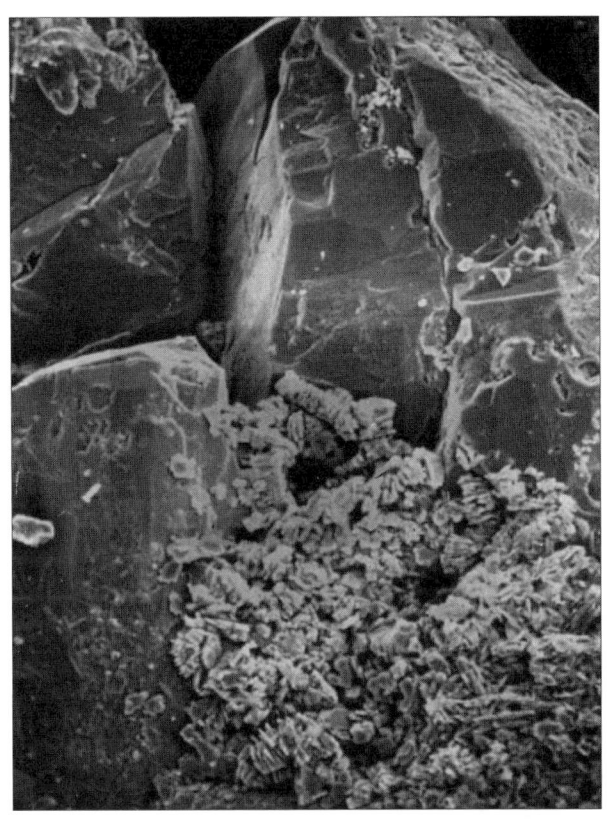

图 5.3 石英颗粒的高倍放大扫描电镜照片

石英颗粒有晶体加大边结构,并且在其孔隙中有黏土矿物,右上角的石英颗粒直径约为 0.200mm

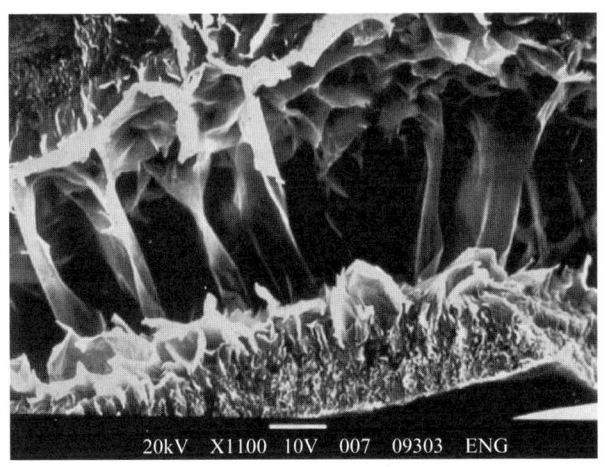

图 5.4 黏土矿物颗粒的扫描电镜照片

黏土矿物在砂岩颗粒的喉道中连接成线并在颗粒间搭桥,这种搭桥减小了孔隙度和渗透率,
白色的比例尺长度是 $10\mu m$

粒径更大的砂岩胶结物可以通过肉眼和放大镜观察(图 5.5)。个别纹层被石膏(白色)不同程度地胶结;最初渗透性较好的纹层比渗透性较差的纹层包含了更多的石膏胶结物,这就导致了孔隙度和渗透率的局部复杂的成层现象。

图 5.5 北海风成（沙丘）储层中的砂岩岩心照片

垂直岩心（切）板面展示了该砂岩中胶结物的不连续性，还有一部分岩心（切）板面，个别纹层已被石膏（白色）胶结，导致了孔隙度和渗透率复杂的分布，塑料尺为比例尺

5.2.2 直接测量

通过薄片，利用偏光显微镜通过"计点法"可以估算孔隙面积相对于岩石面积所占的比例。实际操作中，薄片上每 200 或 300 个等距点被记为"颗粒"、"胶结物"或"孔隙"，并计算出孔隙所占的面积百分比。

测量岩样孔隙度和渗透率的更传统方法是分析从岩心中取得的"岩心柱"（图 5.6）。岩心柱的标准尺寸为直径 2.5cm（1in），长 3.75cm（1.5in）。在钻井中取得岩心后将其清洗干净并运送到岩心分析机构，由他们钻取岩心柱。岩心柱通常是在岩心上等间距钻取，通常间距为 0.3m（1ft）。（除去可溶性烃类以后）有许多测定孔隙度的实验方法。岩石对于液体和气体的渗透率可以在实验室测定，因为岩石中的空气流速较易测定，所以这种方法较为常用。孔隙度和渗透率的测量值在一定程度上只反映岩心取样部位岩性特征。

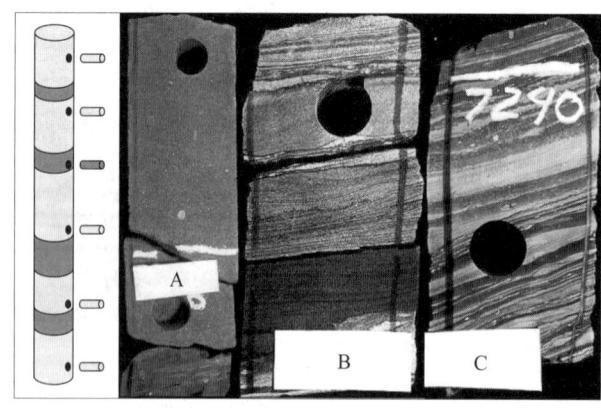

图 5.6 从全直径的岩心中钻取的 3.75cm 长（1.5in）的水平岩心柱

三个岩心照片说明了岩心柱的钻取位置。从岩心 A 钻取的岩心柱代表了整段均质砂，从岩心 B 钻取的岩心柱仅代表一段薄层砂，从岩心 C 钻取的岩心柱交切不同的砂岩（亮色）和页岩的纹层（暗色），所以它仅代表混合纹层的储层的特征

岩心 A 中的岩心柱来自均质砂岩，因此测得的孔隙度和渗透率将代表整段均质岩心。从岩心 B 取得的岩心柱代表 2.5cm 厚的砂岩层，但孔隙度和渗透率的测量值不能表征更大的岩心长度。岩心 C 中的岩心柱取自砂岩和页岩层，孔隙度和渗透率的测量值是这两个岩相的平均值，也不能表征更大的岩心长度。有时，钻取岩心柱的长轴方向与岩层垂直，这种测量方法称为"垂向渗透率"测量法。一般情况下，垂向渗透率比同一层的水平渗透率小，因为垂向测量是横切岩层而不是与岩层平行。

当使用从取心井中获得的孔隙度和渗透率数据时，拍摄岩心照片来展示岩心柱的钻取部位是十分重要的（图 5.6），这样就可以知道数据所表征的岩石及其范围。对一大块薄层岩心做渗透率的"全岩心分析"可以提供该段岩石更加准确的渗透率和孔隙度数值。更多有关孔隙度和渗透率测量技术的信息可以参见 Morton-Thompson 和 Woods（1992）。

近几年，出现了一种利用实验室微渗透率仪对小块岩样测定渗透率的快速有效方法。该仪器测定的是由小孔径试管（大约 1mm 孔径）进入的空气通过岩样的速度。通过校正这一空气流速可以与岩石渗透率建立关系。通过测量细纹层的渗透率得到岩心柱的渗透率值，单一岩心柱的渗透率值是 19mD（图 5.7）。然而，该岩心柱切穿几个纹层，因此该值不能真实地反映小规模纹层产生的不均一渗透率。图中标明了由微渗透率仪测定的个别点的渗透率值。该纹层的渗透率值至少有两个数量级（从小于 0.5mD 到 38.5mD）。这些单个点的测量值比单个岩心柱的测量值更能准确地代表渗透率的垂向非均质性。

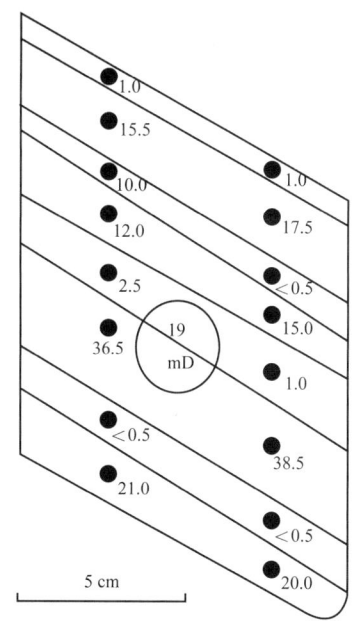

图 5.7 由微渗透率仪测定的个别点的渗透率值（引自 Weber，1987；SEPM 许可再版）

该纹层中渗透率值至少有两个数量级（从小于 0.5mD 到 38.5mD）。通过岩心板测得的渗透率值为 19mD

测量岩心中的未固结砂岩时会出现问题，因为取样工具的插入会破坏颗粒的原始排列方式与堆积方式，因此会影响孔隙度和渗透率（图 5.8）。取样工具对原始储层质量（物性）的改造程度还不清楚，但毫无疑问，改变程度是多变的没有规律。

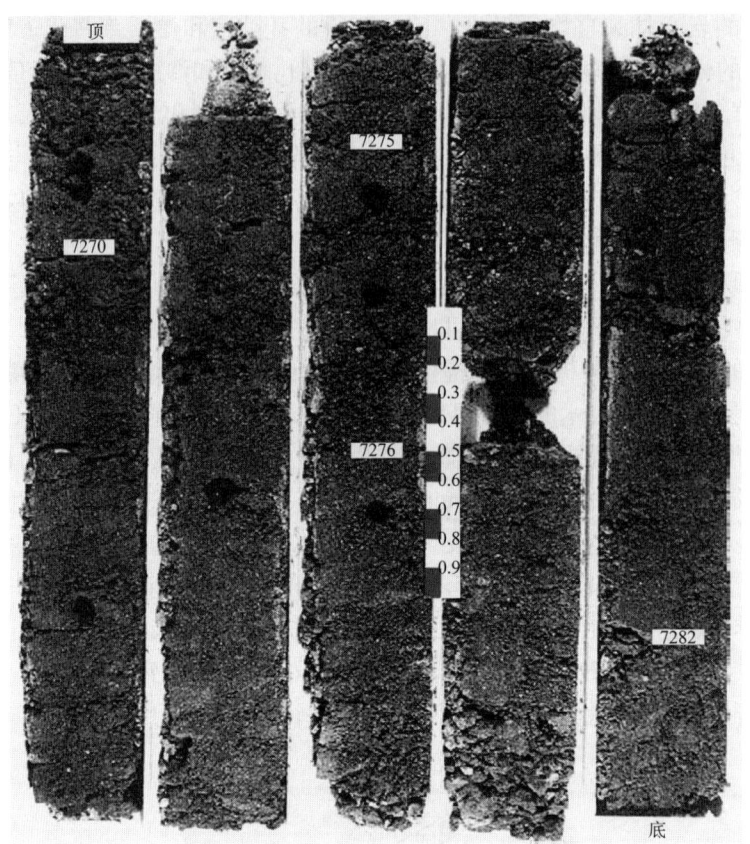

图 5.8 五个岩心板,每个岩心板长为 1m

这些岩心都是未固结砂岩,钻孔处就是取岩心柱的地方,取样过程引起砂岩颗粒移动,从而导致颗粒的重新排列及原始孔隙度和渗透率的变化

测量井壁岩心的储层性质时,会遇到相似问题。将取样工具用力地插入井壁会严重改变岩石的原始结构。井壁所取岩心测得的任何孔隙度和渗透率值都应该谨慎利用。

当岩心样本交给实验室测量孔隙度和渗透率时,除非特别说明,测量将在"实验台"或大气压力下进行,而不是在近似储层压力的高压条件下进行。在高压条件下,砂岩被压实,颗粒间的接触更加紧密,颗粒堆积更加紧密,因此孔隙体积会减小(图5.9)。

堆积(排列)方式和孔隙度间的关系

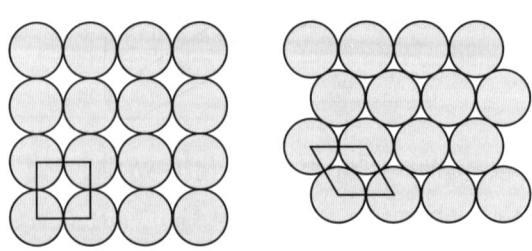

立方体堆积(孔隙度为48%)　　菱面体堆积(孔隙度为26%)

图 5.9 砂岩颗粒立方体堆积和菱面体堆积引起的孔隙度变化(图引自 T.Cross)

对于立方体堆积,每个孔隙有四个相互接触的颗粒组成(二维空间);紧密菱面体堆积,每个孔隙有三个相互接触的颗粒组成,因此在特定的区域内(三维空间的特定体积内),孔隙度和渗透率将减小

测量储层条件下的孔隙度和渗透率，需要使用价格昂贵的"专项岩心分析方法"。随着岩心柱测量压力的增加，孔隙度和渗透率会减小，储层质量（物性）也因此变差（图5.10、图5.11）。

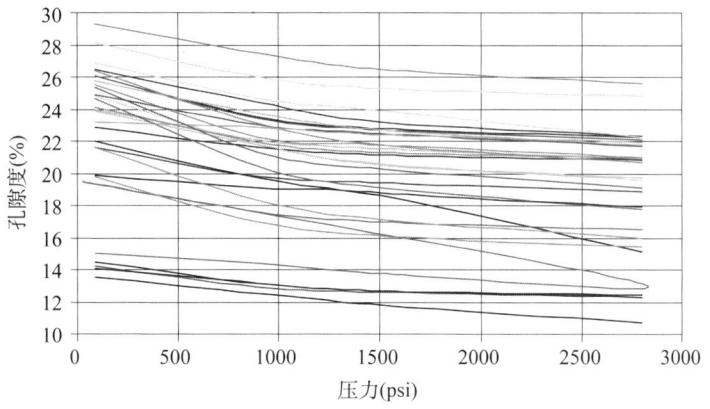

图5.10 一系列的曲线说明在测量过程中压力增大时，岩心塞的孔隙度减小。当压力在0～3000psi的范围内增加时，孔隙度总体减小程度大于2%（图由C.Jenkins提供）

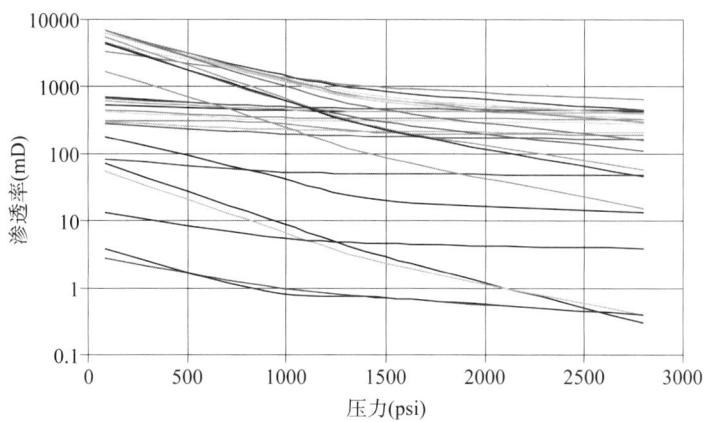

图5.11 一系列的曲线说明了在测量过程中，压力增大，岩心柱的渗透率会减小。当压力在0～3000psi的范围内增加时，渗透率可能会减小一个数量级（图由C.Jenkins提供）

5.3 原始粒度对储层质量（物性）的控制

在砂岩中通常可以看到渗透率随孔隙度的增加而增大（图5.12）。孔隙度和渗透率的这种关系通常与粒度和分选有关（图5.12和图5.13）。粗粒砂岩的渗透率比细粒砂岩、粉砂岩和页岩的渗透率高。分选性差的砂岩比分选性好的砂岩的渗透率低，因为在分选性差的砂岩中，小颗粒可以充填到相邻颗粒间的喉道中。一些油田的砂岩定量研究已经证实了这些相关关系。

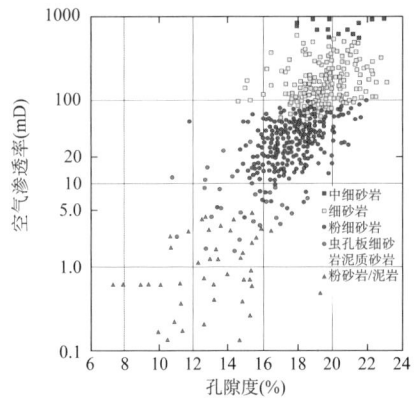 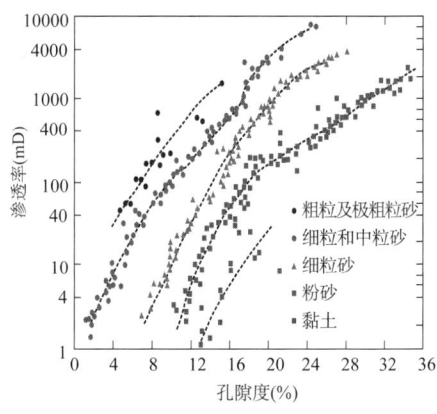

图 5.12　碎屑岩储层孔隙度—渗透率关系曲线图（引自 Sneider，1987，AAPG 许可再版并长期使用）

渗透率随孔隙度的增加而增大，这通常是粒度增大和分选性变好的结果

图 5.13　一系列不同粒度的砂岩和泥岩的孔隙度和渗透率之间的关系（引自 Sneider，1987，AAPG 许可再版并长期使用）

假定单个岩心柱的分选性是一定的，对于任意给定的粒度，孔隙度与渗透率之间呈明显的正相关关系

Reedy 和 Pepper（1996）明确阐述了墨西哥海湾未固结的浊积砂储层中粒度对渗透率的影响。孔隙度—渗透率的散点图揭示它们之间没有明显的正相关和负相关关系（图 5.14）。然而，渗透率—粒度（由激光粒径分析测得）散点图明显地表明渗透率随粒径增大而增大的对数线性关系（图 5.15）。做渗透率测量的这一岩样的粒度频率分布曲线为单峰型，并且和颗粒分选有一定的相关度（图 5.15）。三个样品的粒度分布和渗透率之间的关系（图 5.16）表明：紫色的粒度曲线是最细的砂岩（颗粒直径为 0.08mm），该砂岩的渗透率是 102mD；蓝色的粒度曲线是最粗的砂岩（颗粒直径为 0.2mm），该砂岩的渗透率是 5078mD，具有极好的储层性质；橙色曲线是中等粒度（颗粒直径为 0.1mm），渗透率是 1957mD。

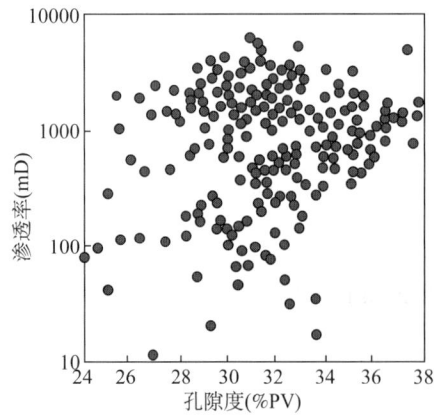 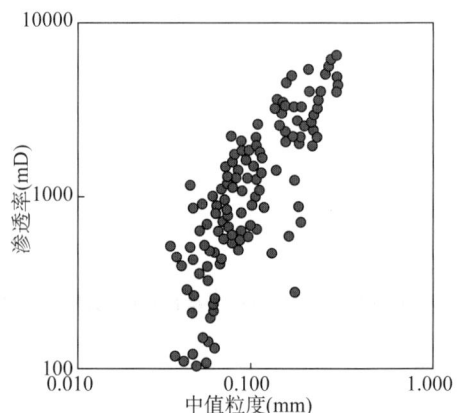

图 5.14　墨西哥湾储层中获得的岩心柱测定得到孔隙度—渗透率交会图（引自 Reedy 和 Pepper，1996；SPE 许可再版）

渗透率坐标是对数坐标，孔隙度坐标是算术坐标，这些样本的孔隙度与渗透率之间没有明显的关系

图 5.15　中值（颗粒）粒度与渗透率之间（对数—对数坐标）的交会图（引自 Reedy 和 Pepper，1996；SPE 许可再版）

样品如图 5.13 所示，在对岩心柱做过孔隙度与渗透率测定以后进行粒度分析，渗透率随着岩样粒度的增大而明显增加

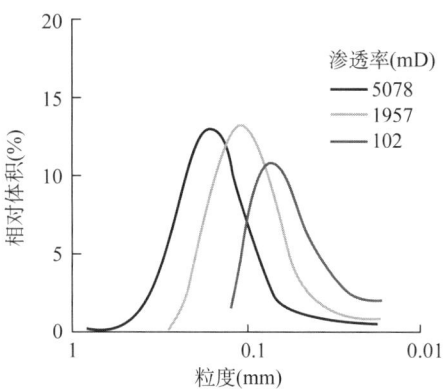

图 5.16　图 5.15 中样品的三条粒度分析曲线（引自 Reedy 和 Pepper，1996；SPE 许可再版）

每条曲线为样品粒度分布范围的频率曲线，中值粒度出现的频率最高，是概率曲线的峰值。图中所示的三个样品，第一个的中值粒度是 0.2mm，第二个是 0.1mm，第三个是 0.08mm。该图也提供了三个样本的渗透率值。最粗粒砂岩（中值粒度是 0.2mm）的渗透率是 5078mD，中等粒度的砂岩（中值粒度是 0.1mm）的渗透率是 1957mD，最细粒砂岩（中值粒度是 0.08mm）的渗透率是 102mD

Slatt 等（1993）阐述了粒度、分选性、孔隙度及渗透率之间的因果关系。两套成因相关、未固结砂岩的 4 个孔隙度和渗透率的直方图（图 5.17）表明：这两套砂岩是加利福尼亚南部 Wilmington 油田的厚层砂岩（厚度大于 2ft）和薄层砂岩（厚度小于 2ft）。这两套砂岩的孔隙度相似，但是渗透率却相差很大。用筛选方法对岩样进行粒度分析表明厚层砂岩的平均粒度（0.160mm）比薄层砂岩的平均粒度（0.148mm）粗，但是分选性却是一样的。因此，岩层厚度、粒度和渗透率之间呈正相关关系，孔隙度和渗透率之间则没有这种相关性。

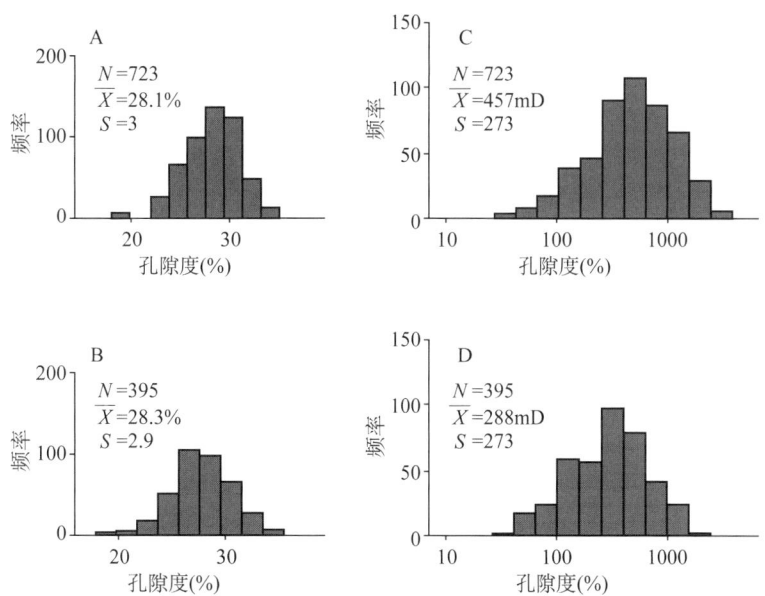

图 5.17　四个直方图显示了未压实（A）和压实（B）岩心孔隙度的分布及未压实（C）和压实（D）岩心渗透率测量值的分布（据 Slatt 等，1993，修改；Springer-Verlag 出版公司许可再版）

每个直方图提供了分析用到的岩心柱数量（N），平均值（$\overline{X}$）和标准偏差（S）。岩样来自加利福尼亚 Wilmington 油田的 Long Beach 储层单元岩心

这些关系可用图表示出来（图5.18）。图示区域为两个等面积区域（可视为等体积的立方体）。黄色圆圈代表砂岩颗粒，蓝色区域代表孔隙。厚层砂岩比薄层砂岩的颗粒粗（较大的黄色圆圈），但是两者的分选性却是一样的（分选极好）。如果计算厚层和薄层区域的颗粒与孔隙的比值（孔隙度），它们的数值将是一样的。然而，粗粒砂岩中颗粒接触面积比细粒砂岩少，因此粗粒砂岩中的渗透率比较大。

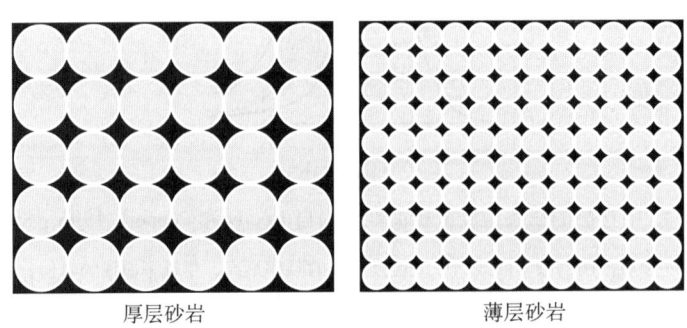

厚层砂岩　　　　　　　　　薄层砂岩

图5.18　包含砂岩颗粒（黄色）和孔隙（蓝色）的两个等面积区域

厚层砂岩比薄层砂岩的颗粒粗，因此厚层砂岩中的颗粒比薄层砂岩中的少。如果考虑三维空间而不是二维空间的话，结果也会一样。这两个区域的颗粒和孔隙面积都是相等的，因此孔隙度也是相同的。然而，厚层粗粒砂岩中单位面积上的颗粒接触比较少而细粒砂岩中的颗粒接触比较多，粗粒砂岩的渗透率（流体在颗粒间的流动）将比同面积的细粒砂岩的渗透率高

粒度也和浊积体的沉积厚度有关，这是因为在高能环境中沉积的粗粒砂岩比低能环境中沉积的细粒砂岩形成的岩层要厚（Potter和Scheidegger，1966）。

粒度、分选性、孔隙度和渗透率之间存在的复杂关系（图5.19）。例如，对任一给定的粒度、渗透率和孔隙度都随着分选性的提高而增加。因此，对于中等粒度的砂岩，如果分选性差渗透率可能是10mD，如果分选性好渗透率很可能是50mD。相同的砂岩，分选性差和分选性好的孔隙度分别是29%和41%。这种因果关系主要是由于比平均粒度细的颗粒阻塞了孔隙。如果砂岩分选好，就没有更细的颗粒填充孔隙，但是如果砂岩分选差（例如它包含大量细粒物质），细粒物质将从砂粒中通过并堵塞孔隙（喉道），从而降低了孔隙度和渗透率。Beard和Weyl（1973）论述了储层性质和储层结构相关性的参考标准。

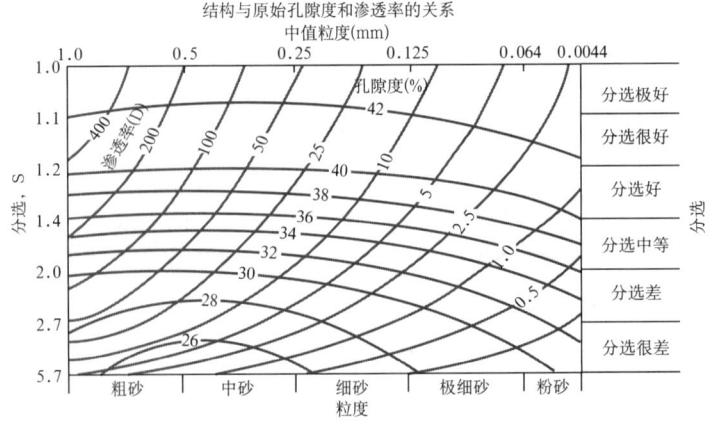

图5.19　粒度、分选性、孔隙度和渗透率之间的关系（引自Sneider，1987；AAPG许可再版并长期使用）

读者应该注意在单个砂岩中测量的孔隙度和渗透率并不能完全代表该岩层。例如，由于水流减弱形成的进积砂岩，其内部粒度变化会导致岩层内垂向孔、渗参数发生明显变化（图 5.20）。

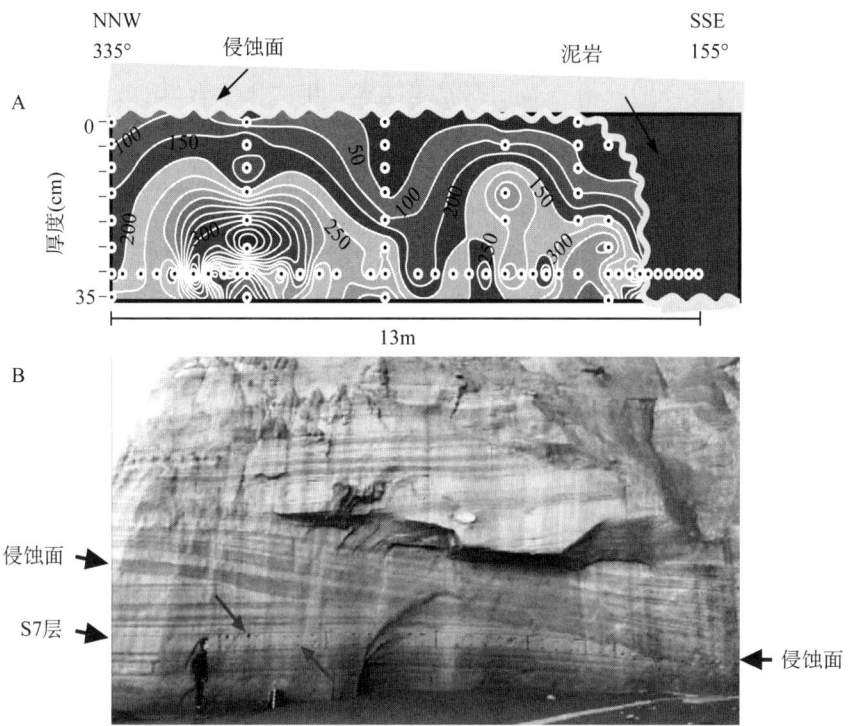

图 5.20　A 图展示了 35cm 厚的单一砂岩中渗透率分布变化，是 B 中 S7 层。渗透率分布非常复杂，通过单一的测量很难对其做充分界定，例如通过岩心测量。渗透率的变化是由于砂岩粒度在侧向上的小规模变化引起的。新西兰的中新统 Mt.Messenger 组（据 Browne 和 Slatt，2002；AAPG 许可再版并长期使用）

5.4　成岩作用和储层性质

成岩作用在《地质术语》（Jackson，1997）中的定义是沉积物初次沉积以后和成岩作用期间及以后所经历的化学、物理和生物变化，不包括地表的侵蚀作用（风化作用）和变质作用。它包括在地表和地壳外部的压力（1kbar 以上）和温度条件（最大变化范围 $100\sim300℃$）下发生的一系列过程（例如压实、胶结、再作用、自生作用、交代作用、结晶作用、淋滤作用、细菌作用和固结作用）。

成岩作用过程及其产物在第 3 章已有讨论。这些过程对油气储层性质非常重要，因为它们影响到孔隙度和渗透率的发育情况。尽管如此，砂岩最终的孔隙度和渗透率主要取决于原始沉积过程和沉积结构，但是成岩过程对其也有重要影响。Bloch（1991）对砂岩孔隙度和渗透率的控制因素做了非常精彩的阐述。在碳酸盐岩中，由于埋藏过程中发生化学作用的可能性很大，因此成岩作用对最终的储层性质有很大的影响。Grier 和 Marschall（1992）很好地论述了成岩作用对储层性质的影响。

俄克拉何马州西部宾夕法尼亚系 Jackfork 群浊积岩就是一个成岩作用影响储层性质的例子。露头处存在两个明显不同的沉积相：深水席状砂岩和水道充填砂岩（图5.21）(Omatsola，2003)。这两个沉积相呈现出不同的孔隙度和渗透率特征。水道充填砂岩多孔隙，渗透性好，然而相邻的席状砂岩被石英紧密胶结，呈现明显不同的孔隙度、渗透率和开启裂缝。通过对 Jackfork 群钻井岩屑进行薄片和显微镜分析，表明其主要有三种不同的砂岩类型：①多孔可渗透的砂岩，它一般分选性差，细—中等粒度，含有大量基质；②分选中等，石英胶结的细粒石英砂岩；③菱铁矿胶结的砂岩。图5.22是多孔可渗透砂岩和石英胶结砂岩的薄片及从井下采集的这两种砂岩的岩屑分析。通常认为石英胶结砂岩是在正常埋藏过程中从富硅质流体中胶结得到的，然而分选差的砂岩中大量的杂基阻碍了主要胶结物的形成。因此，原始沉积相控制了次生成岩过程，从而导致在同一地层段内存在砂岩基质孔隙度和渗透率、砂岩裂缝孔隙度和渗透率（Garich，2004；Romero，2004）。

图 5.21 （A）俄克拉何马州西部宾夕法尼亚系 Jackfork 群深水席状砂岩，有正交裂缝。这些富石英砂岩被石英紧密胶结，形成了容易生成裂缝的脆性岩石。裂缝是开启的，提供了裂缝孔隙度和渗透率。（B）一个与（A）中露头相邻的露头。下部地层是胶结很好并有裂缝的席状砂岩。人上面的地层是水道充填砂岩，有大量的基质孔隙度和渗透率。这些砂岩的石英胶结程度不如有裂缝孔隙度和渗透率的砂岩好，但是它们却是相邻的地层（据 Omatsola，2003）

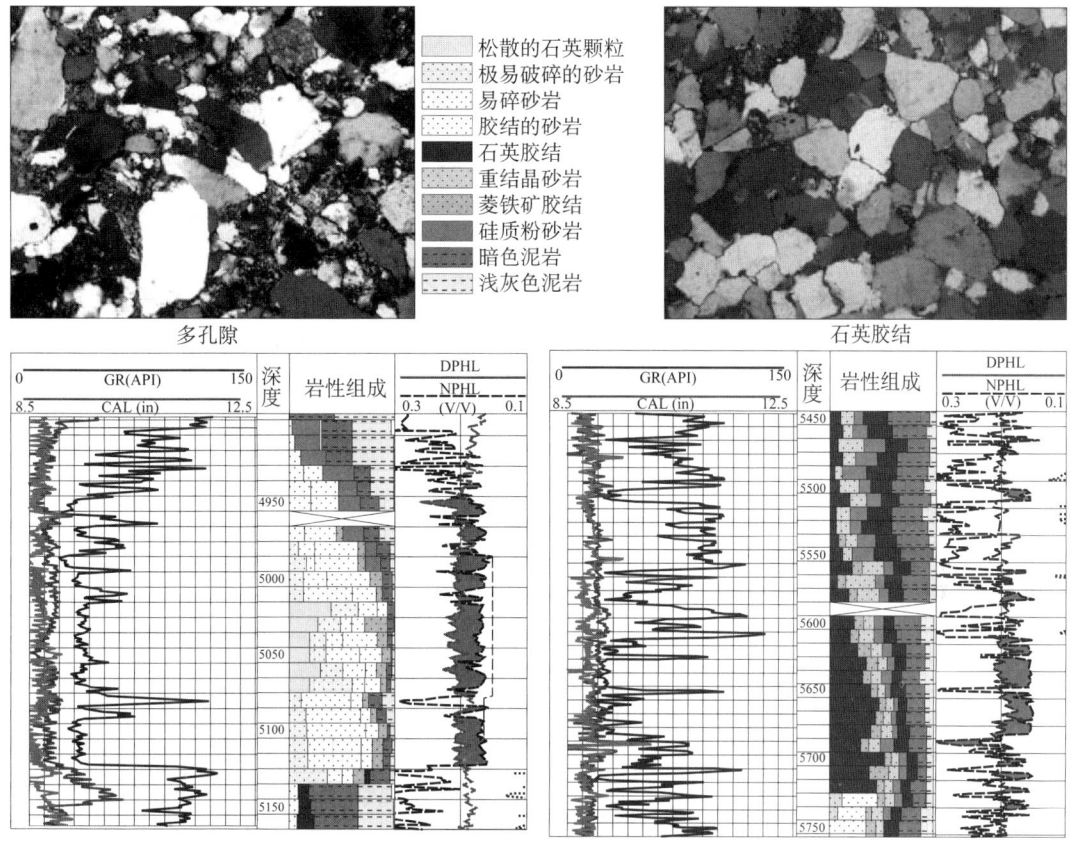

图 5.22 图 5.21 所示的多孔、石英胶结砂岩切片的显微照片及测井剖面图（据 Romero，2004）

注意分选差、粒度较粗的多孔石英砂岩和分选好、粒度较细的石英胶结砂岩。对应的岩性曲线是由切片分析测定出来的，切片的间隔为 3.3m。中子—密度相交（充填）区域（气体指示）由红色/黑灰色表示。注意两种不同类型砂岩的 GR 曲线形状。左边的箱状曲线是典型的水道砂岩类型，然而右边多锯齿的互层特征是席状砂岩的类型

5.5 储层对比与网格粗化（计算）中的流动单元表征

流动单元已成为表征储层或划分储层的最通用方法。流动单元的定义是：整个储层中存在某种边界的部分，在单元内部，影响流体流动的地质特征和岩石物理性质是一致的、可预测的并与其他储层性质不同（图 5.23）(Ebanks 等，1992)。

流动单元有下列共同特征：

流动单元是储层中的特定空间，在同一个空间内，它由一个或多个储集岩石和非储集性岩石以及其包含的流体组成。

在井间范围内，同一流动单元是相关联的、存在某种边界的。

流动单元带在电测井上可以识别。

一个流动单元可能和其他流动单元连通（然而，基于岩性地层特征的流动单元有时在压力驱动下不连通（图 5.24））。

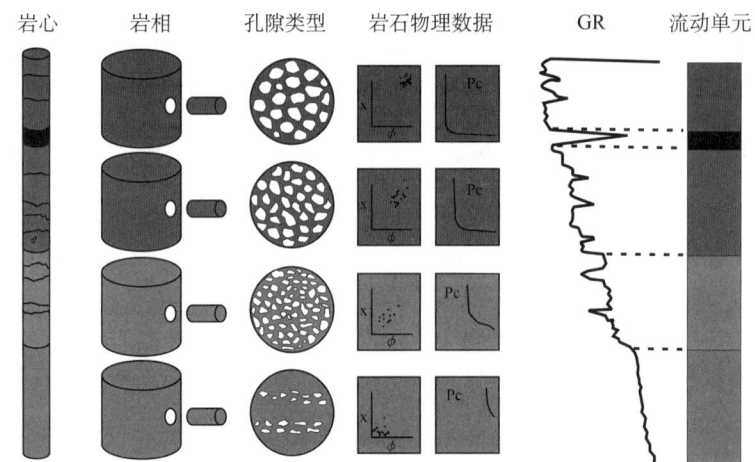

图 5.23 定义流动单元时所用到的各种参数（据 Ebanks 等，1992；AAPG 许可再版并长期使用）

图中的四个流动单元是在岩相、孔隙类型、孔隙度与渗透率的综合交会、测量的毛细管压力及 GR 曲线的基础上定义的

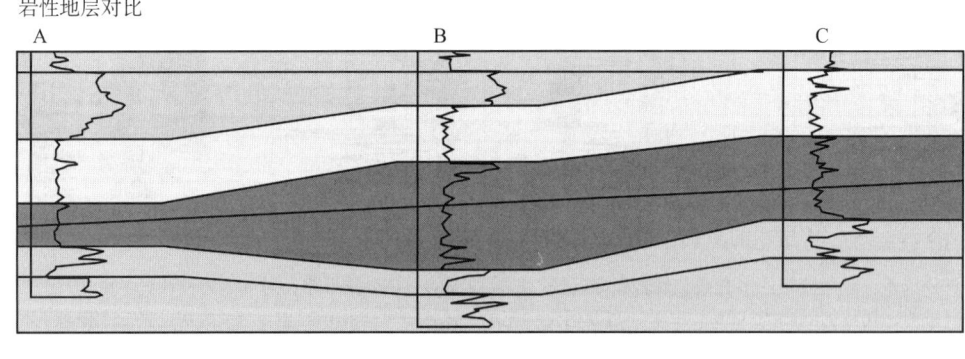

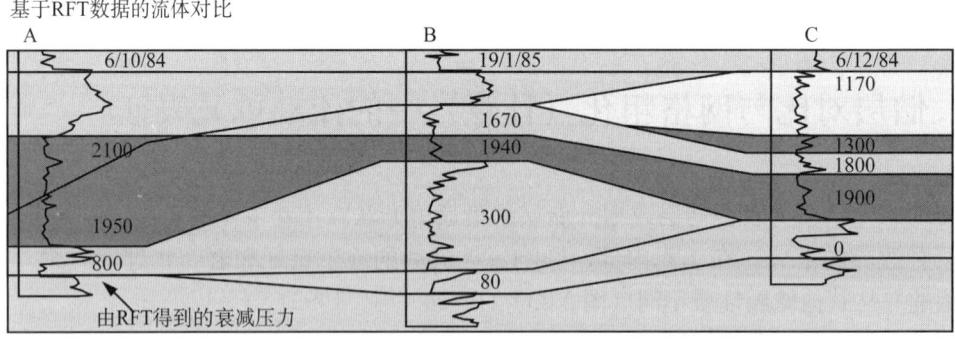

图 5.24 应用 RFT（重复地层的测试）进行储层连通性研究

上面的图是三口井（A、B 和 C）的砂岩岩性地层对比；下面的图是三口相同的井，但它们间的地层对比是建立在 RFT 数据基础上的。注意由压力建立的地层对比切穿了岩性地层边界，由此定义的储层分块性比由原始岩性地层参数定义的要高

5.5.1 结合地质和岩石物理性质描述流动单元

正如 Ebanks 等（1992）在定义中提到的，流动单元识别的基础是各种物性的集合，其

中包括定性的地质相,也包括定量的储层物性属性(图5.23)。例如,北海Balmoral油田,在精确的岩心分析基础上细分为深水水道砂岩和朵叶状砂岩(Slatt和Hopkins,1991)。该油田也可以结合地质和岩石物理属性进一步分为5个明显的流动单元(表5.1,图5.26)。流动单元切穿沉积相边界(对比图5.25和图5.26),在流体流动性相似的基础上,这种分类为储层进一步细分提供了更好的方法。

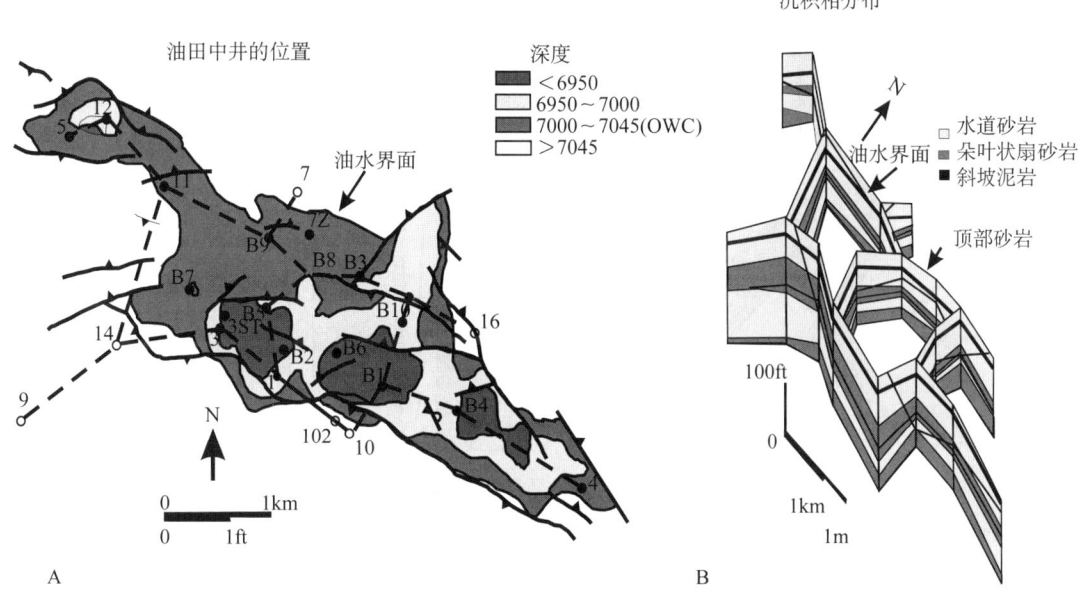

图5.25 (A)北海Balmoral油田和井位(据Slatt和Hopkins,1991);(B)A中虚线的部分的栅状图,表示的是油田中主要(沉积)相的三维空间分布(河道砂岩、朵叶状扇砂岩和斜坡泥岩)

表5.1 流动单元划分(Slatt和Hopkins,1991)

流动单元	缩写	渗透率(mD)	孔隙度(%)	粒度中值(mm)	喉道粒度中值(mm)	200psi下卤水饱和度(%)	沉积相
极好	E	>1000	23~34	0.18~0.30	0.01	6~12	大套砂质水道相
好	G	100~1000	20~34	0.08~0.24	0.007	11~24	大套砂质水道和朵叶状相
互层致差型	Pi	0.01~1000	7~32	0.10~0.23	0.002	31	水道和朵叶状页岩和砂岩互层
胶结致差型	Pc	0.01~1000	4~28	0.11~0.25	0.002	30~37	水道和朵叶状大套钙质胶结砂岩相
泥/页岩致差型	Pm	非渗透	无孔隙	—	—	—	泥岩/页岩

缩写:i—互层;c—胶结;m—页岩。

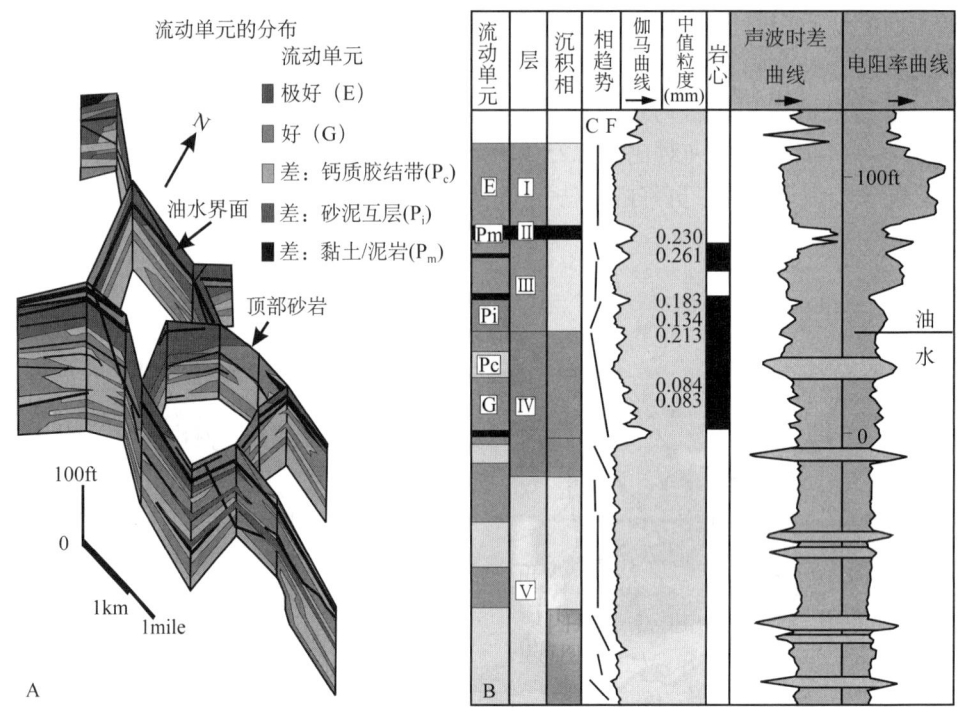

图 5.26 （A）图 5.25 所示的栅状图，该图结合了地质和岩石物理性质展示了流动单元的三维空间的分布特征（Slatt 和 Hopkins，1991），注意流动单元分层的复杂程度超过了图 5.25 所示沉积相的分层程度；（B）是单井的各种属性，包括伽马曲线、声波曲线、电阻率曲线、测量的粒度和沉积相的垂直分布、层位（建立在平均孔隙度和渗透率基础上划分的区带）和流动单元。方解石夹层用蓝色表示，表现为低声波时差，高电阻率

5.5.2 Gunter 等（1997）表征流动单元的方法

Gunter 等（1997）阐述了一项结合孔隙度、渗透率和岩层厚度数据来表征流动单元的技术。Gunter 等（1997）利用 SML 图（地层修正洛伦兹图）来表征流动单元。这种表征流动单元的方法非常有效，因为它仅需要常规的孔隙度和渗透率数据（由测井或岩心得到），仅利用简单的交会图技术而不需要识别（沉积）相。SML 图是累计产能和累计储能的关系曲线，累计产能定义为一段储层的厚度与该层平均渗透率的乘积，累计储能定义为一段储层厚度与该段储层平均孔隙度的乘积。可以获得下面的累计产能公式（Maglio-Johnson，2000）：

$$(kh)cum = k_1(h_1-h_0) + k_2(h_2-h_1) + \cdots + k_i(h_i-h_{i-1})/\sum k_i(h_1-h_{i-1})$$

式中，k 是渗透率（mD），h 是样品的厚度。

累计储能也可以获得类似的公式：

$$(\Phi h)cum = \Phi_1(h_1-h_0) + \Phi_2(h_2-h_1) + \cdots + \Phi k_i(h_i-h_{i-1})/\sum \Phi k_i(h_i-h_{i-1})$$

式中，Φ 为相对孔隙度。

表 5.2 提供了这些参数的一个计算实例，它们是从岩心柱测得的孔隙度和渗透率，这些样品是从 1.5m 的地层段中每隔 0.3m 取到的。表 5.2 提供的数据是每隔 0.3m 岩样的孔隙

度和厚度及渗透率和厚度的数值。然后，把这各个岩样的值相加得到总的孔隙—厚度和渗透率—厚度值。计算各个岩样段渗透率—厚度值的过程与上面一样。

表 5.2　累计储能和累计产能的计算

深度（ft）	步骤 1			
	孔隙度	孔隙度（推测）	渗透率	渗透率（推测）
1804	0.15	(0.15)(1)=0.15	10	(10)(1)=10
1805	0.20	(0.20)(1)=0.20	20	(20)(1)=20
1803	0.15	(0.15)(1)=0.15	10	(10)(1)=10
1802	0.10	(0.10)(1)=0.10	5	(5)(1)=5
1801	0.05	(0.05)(1)=0.05	2	(2)(1)=2
总计		0.65		47

深度（ft）	步骤 2	
	孔隙度占比（推测）=（X）/0.65	渗透率占比（推测）=（Y）/47
1805	(0.15)/0.65=0.23	(10)/47=0.21
1804	(0.20)/0.65=0.31	(20)/47=0.43
1803	(0.15)/0.65=0.23	(10)/47=0.21
1802	(0.10)/0.65=0.15	(5)/47=0.11
1801	(0.05)/0.65=0.08	(2)/47=0.04
总计	1.00	1.00

深度（ft）	步骤 3	
	累计孔隙度（推测）	累计渗透率（推测）
1805	0.23	0.21
1804	0.54	0.64
1803	0.77	0.85
1802	0.92	0.96
1801	1.00	1.00

把孔隙度和渗透率的值逐次相加得到累计孔隙度—厚度值（累计储能）和累计渗透率—厚度值（累计产能）。从底部最深的地层段开始，把这些数值制成关系曲线（图 5.27）。图中的直线定义了单个流动单元。

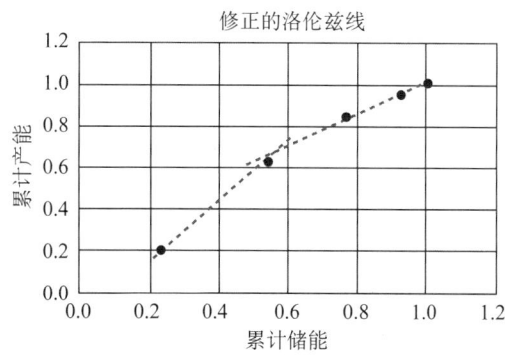

图 5.27　由表 5.2 累计储能和累计产能的数据制作的 SML 曲线图，在 5 个数据点的基础上定义了两个流动单元

Gunter 等提出的（1997）技术应用在一口怀俄明州的名为 CSM Strat Test Well #61 的研究井。这口井钻到地下 567m，穿过 Lewis 泥页岩的上白垩统 Dad 砂岩段。图 5.28 所示的是地表到 400m 深度的常规测井曲线。岩心连续取样的深度范围是 50～200m 和 290～305m，岩心柱的取样间隔非常小，渗透率用微渗透仪测，测量点间隔也非常小。

因为并不是整段取心，因此很难直接通过这些数据建立流动单元。孔隙度测井对整段岩心都适合，但是渗透率只能通过岩心测定。利用神经网络方法由常规测井曲线建立人工拟合的连续渗透率曲线，然后校正为岩心渗透率（Maglio-Johnson，2000）。由核磁共振校正得到的孔隙比由密度测井得到的孔隙度更接近真实的孔隙度。在此基础上识别出了 10 个流动单元（图 5.29）。表 5.3 列出了这些流动单元的平均孔隙度和渗透率以及各个流动单元对总的储能和产能的贡献率。这些流动单元的地层分布深度如图 5.30 所示。在 SML 图上，泥页岩段曲线为低角度或水平曲线（图 5.29，流动单元 3、5 和 8）。与此相反，对储能和产能贡献最大的砂岩层段（图 5.28），在 SML 图上，其倾斜角度较大（图 5.29，尤其是流动单元 2、4、6 和 7）。

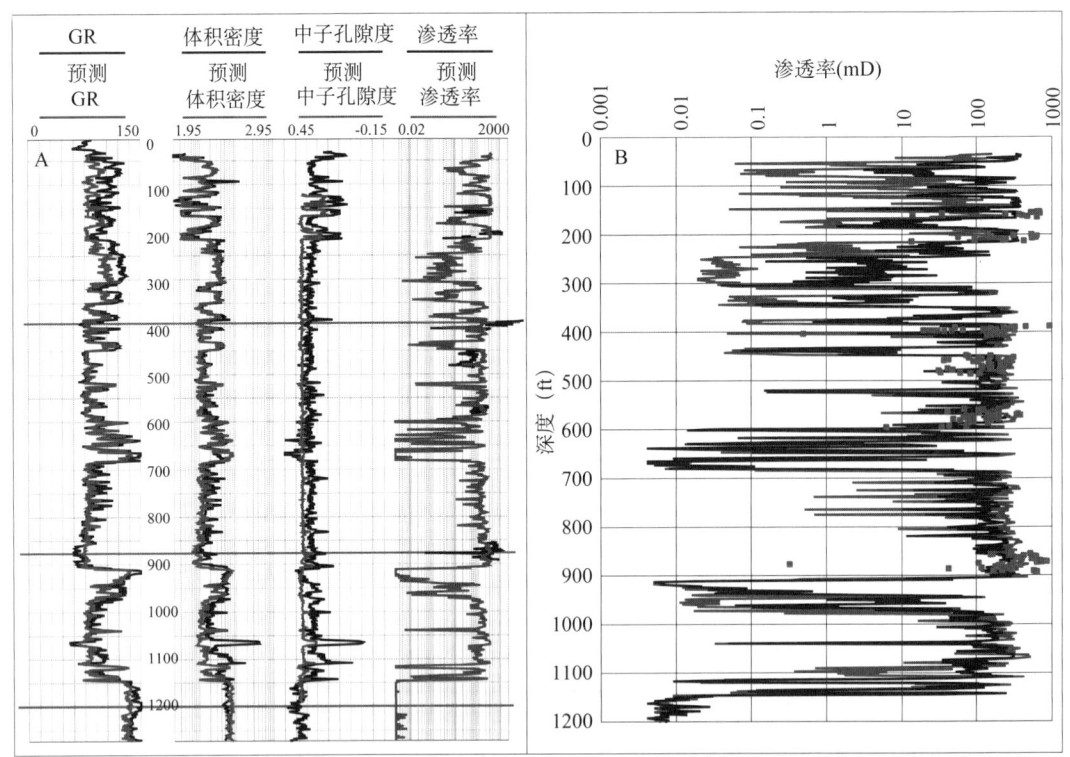

图 5.28 （A）蓝色曲线是 CSM Strat Test #61 井白垩系 Lewis 泥页岩段的伽马、体积密度和中子孔隙度测井曲线（据 Pyles 和 Slatt，2000），渗透率曲线上的蓝色间隔线来自岩心柱数据；（B）绿色曲线为岩心柱的渗透率；在岩心测量（蓝色曲线）和微渗透率测量（紫色曲线）的基础上，应用神经网络建立起整个岩心的渗透率曲线。计算出的渗透率曲线用红色所示（A），还有由神经网络得到的伽马曲线、体积密度和中子孔隙度曲线（也用红色所示）。训练点在 A 图中绿色的线上（据 Maglio-Johnson，2000，修改）

建立储层流动单元的三维表征是可能的。为此，需要识别取心井的流动单元，利用这些信息进行不同井测井曲线之间的对比。图 5.31 是一个取心井及其岩心—伽马测井曲线对比。由于大多数层段已经取心，所以流动单元模型可通过孔隙度和渗透率数据建立（这里没有利用神经网络方法建立未取心井部分的渗透率曲线）。通过流动单元表征可以识别出12 个流动单元（图 5.31 中标记为 A—L）。该油田其他两口井的测井曲线与取心井 267m 和 533m 处的伽马测井相对应，把这两口井的伽马曲线与取心井的岩心进行对比，识别出未取心井的流动单元（图 5.32）。该例中，三口井在油田范围内可形成一个三角区域，因此可以在三维空间中绘制出来相应的流动单元和厚度（图 5.33）。

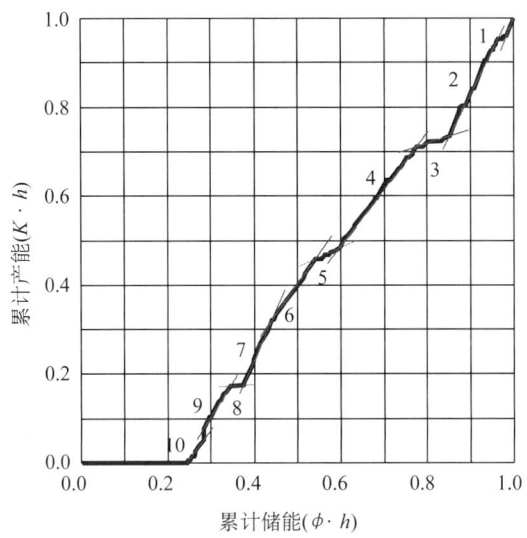

图 5.29　图 5.28 中井的累计储能和累计产能的 SML 图

在结合测井、岩心和神经网络得到孔隙度和渗透率的基础上，在该地层范围内划分了 10 个流动单元

表 5.3　CSM #61 井的累计储能和累计产能

流动单元	深度（ft）	平均孔隙度（%）	平均渗透率（md）	累计储能 $\phi \cdot h$	累计产能 $K \cdot h$
1	0～85	28.0	138	4	5
2	85～225	27.8	191	11	22
3	225～350	19.9	23	7	2
4	350～590	25.7	119	18	23
5	590～690	20.3	37	6	3
6	690～930	25.5	129	11	14
7	830～920	25.1	188	6	13
8	920～980	17.3	18	3	1
9	980～1060	24.2	141	6	9
10	1060～1160 1160～基底	15.8 15.6	97 0.03	4 0	<1 0

— 137 —

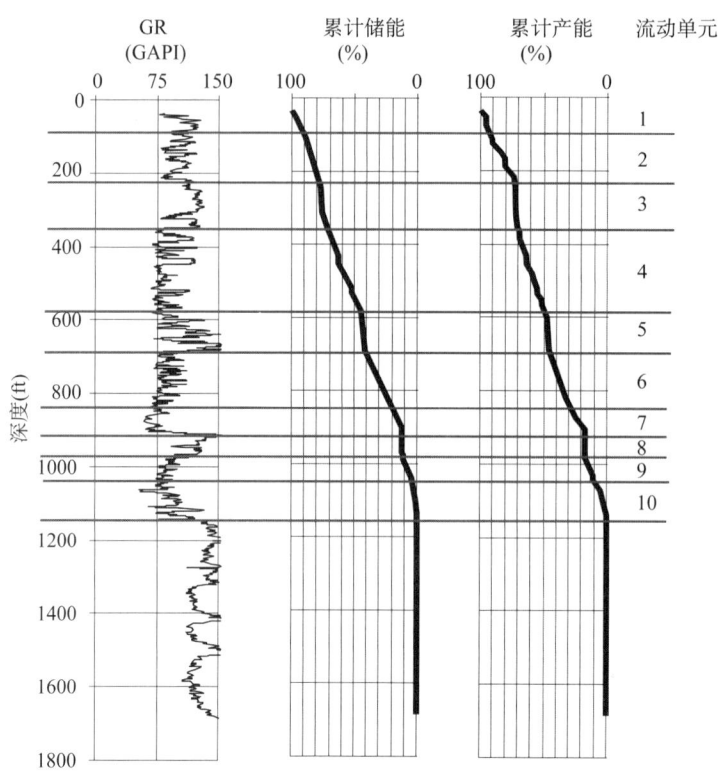

图 5.30 CSM Strat Test#61 井的伽马曲线、累计储能和累计产能的深度图

10 个流动单元的地层分布如图 5.29 所示，流动单元的平均属性如表 5.3 所示

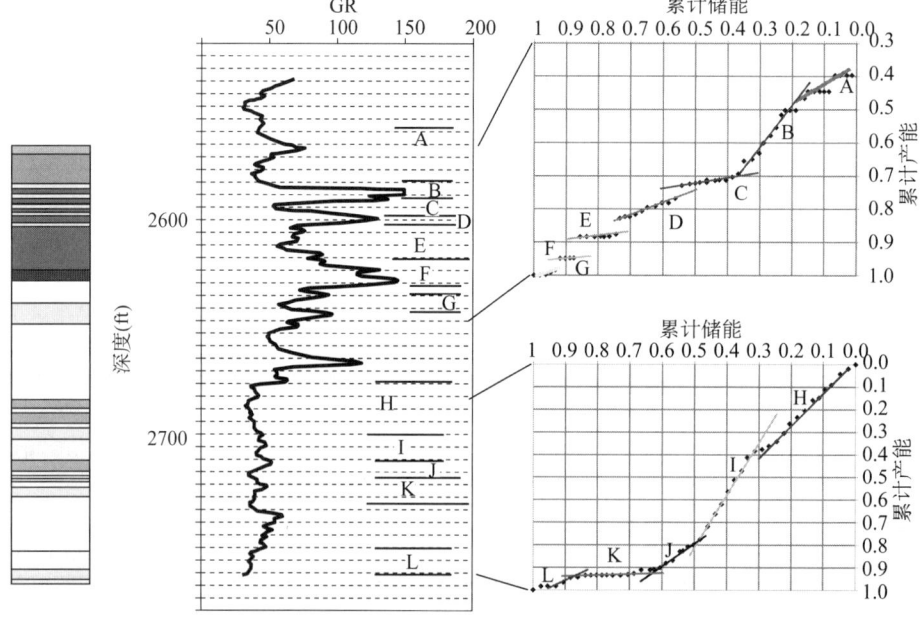

图 5.31 左图是取心井段，黄色和绿色代表不同类型的砂岩，灰色和黑色代表不同类型的泥岩，白色区域为未取心的段；右边的 SML 图展示的是上部和下部取心层段流动单元，上部的泥岩带包括 7 个流动单元（A—G），下部的砂岩带包括 5 个流动单元（H—L）（图由 D. Restrepo 提供）

5.5.3 利用流动单元进行网格粗化（计算）

为了更好地表征储层，需要足够的准确地质参数和岩石物理数据。然而，计算时间、成本和容量等限制了我们建立一个大容量的可以用来作储层流体模拟的数据库。因此，有必要把数据划分为几个属性组，描述储层最重要的方面。这个过程称为数值粗化，由 Stephen 等（2001）定义为利用分析模拟（例如算术、几何或协方差、流线等）和数字模拟（单相或两相流体）计算流体属性来粗化网格。然后将粗化的储层表征结果应用到油藏数值模型中。

SML 图为储层网格粗化提供了一个相对简单的方法，它只需三个参数：孔隙度、渗透率和厚度。以 CSM Strat Test #61 井为例，在多个储层参数的基础上，10 个流动单元代表了厚度大于 365m 地层的粗化网格。如果只需划分较少的流动单元，可以按下面的方法合并流动单元：流动单元 I 包含流动单元 5—10，其中流动单元 8 为薄泥页岩夹层；流动单元 II 包含流动单元 4 和流动单元 3，其中流动单元 3 为薄泥页岩夹层；流动单元Ⅲ包含流动单元 1 和 2（图 5.29 和图 5.30）。对于三口井的例子（图 5.32），流动单元可以按下列方式组合：流动单元 I 包含流动单元 A 和 B，流动单元 B 为薄泥页岩夹层；流动单元 II 包含流动单元 C、E、G 及单元 D 和 F 的薄泥页岩夹层；流动单元Ⅲ包含流动单元 H 和 I；流动单元Ⅳ包含流动单元 J 和 K；流动单元 V 包含流动单元 L。

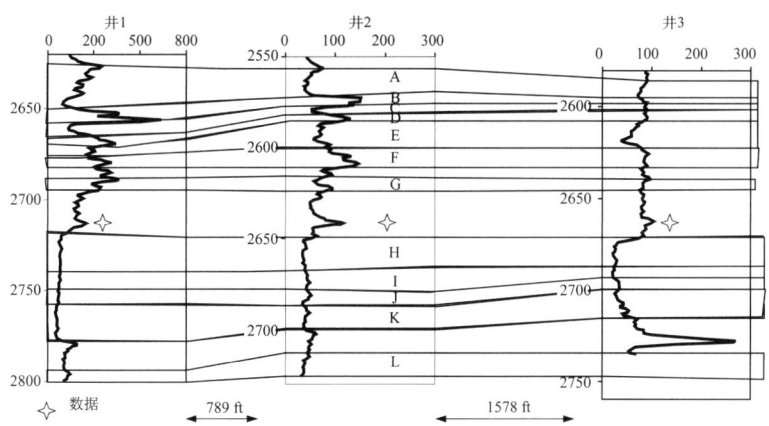

图 5.32 两口井(Well1 和 Well3)的伽马测井曲线和 Well2 的岩心伽马扫描进行对比(图由 D. Restrepo 提供)

12 个流动单元 A—L 如图 5.31 所示，三口井之间的距离已经给出，作为泥页岩对比所用的数据

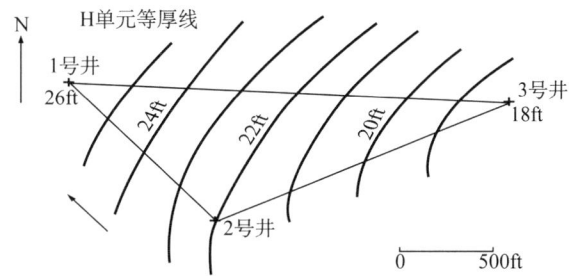

图 5.33 三口井（图 5.32 中的）平面位置图（图由 D. Restrepo 提供）

因为这三口井不在一条直线上，因此可以绘制出井间单个流动单元的分布，如该图中所示的流动单元 H。

等值线间隔是 0.3m

5.6 毛细管压力及其在储层表征中的应用

5.6.1 毛细管压力的原理

Vavra 等（1992）以地质角度对毛细管压力的原理和应用进行了论述，特别强调基于表征目的而进行储层物性评价所需的一些计算。

两种相反方向的压力控制着油气的圈闭作用（图 5.34A）。浮力使密度较低的流体（如烃类）向上运动；而毛细管力使密度较大的流体（如水）向下移动。在同一储层中，如果 P_b（浮力）比 P_c（毛细管力）小，烃类就不能向上运移排替孔隙空间里面的水，那么孔隙中就会完全充满水（S_w=100%）（图 5.34B）。

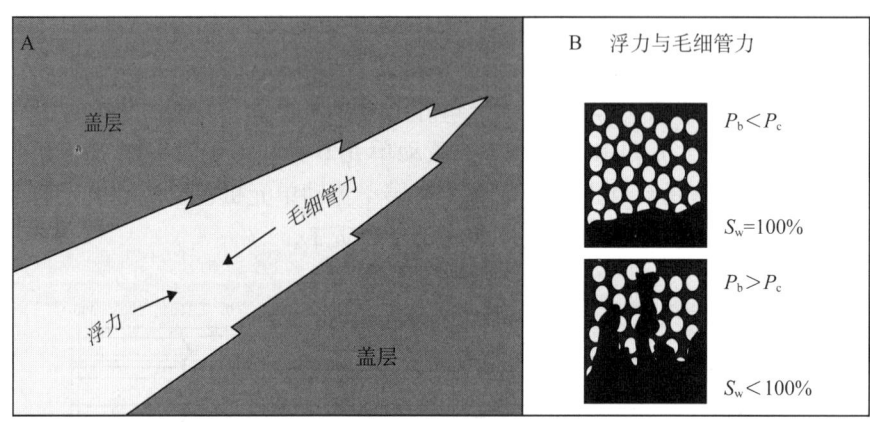

图 5.34 （A）毛细管力和浮力原理图。油气由浮力驱动向上运移（水和油气之间的密度不同）。浮力与毛细管压力（最大喉道的排驱压力）作用方向相反。（B）储层不同的含水饱和度（S_w），这取决于浮力（P_b）和毛细管力（P_c）的相互关系。当 P_b<P_c，油气不能运移到储层孔隙空间里面；当 P_b>P_c，向上的浮力驱使油气到储层中排替水（据 Vavra 等，1992；AAPG 许可再版并长期使用）

当 P_b 比 P_c 大，孔隙中将含有油气，这些油气是向上运移并排替孔隙空间水（S_w<100%）。一种流体对岩石体系的润湿性取决于吸附力和凝聚力的相互作用（图 5.35）。吸附力（AF）是流体和固体（颗粒组成的孔壁）之间的力。凝聚力（CF）是流体间的力。如果凝聚力超过吸附力，流体就会聚集成球形，称为"非润湿"。当吸附力超过凝聚力时，流体就会分散于孔壁（颗粒表面），称为"润湿"（图 5.35）。岩石可以相近似的看为一束束毛细管（孔隙），包含润湿相的地层水和非润湿相的烃类。

毛细管力（P_c）（例如浮力或者驱替压力）取决于毛细管界面两边的压力差，或者是驱使非润湿相（烃类）驱替毛细管里的润湿相（水）所需要的压力（图 5.36A）。数学上将它定义为：

$$P_c = \frac{2\sigma(\cos\theta)}{r_c}$$

式中这里 σ 为界面张力（dyne/cm），θ 为接触角，r_c 为孔隙（毛管）半径（cm）（图 5.35）。

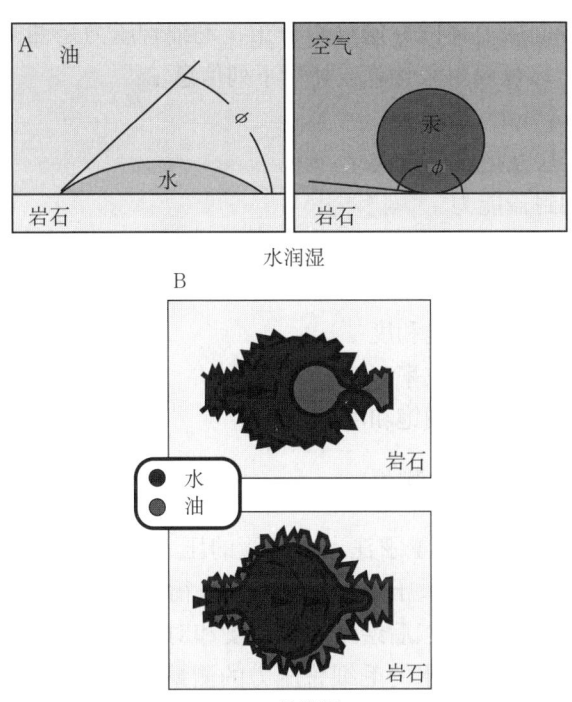

图5.35 （A）有关润湿性的吸附力和凝聚力的相互作用。如果吸附力大于凝聚力，流体就会分散于表面，称为"润湿"（左图）；如果凝聚力大于吸附力，流体就会聚集成球形，称为"非润湿"（右图）。接触角是润湿性的度量。（B）当水在孔隙中呈线状时，岩石被认为是亲水的，当油在孔隙中呈线状时，岩石被认为是亲油的（据 Vavra 等，1992；AAPG 许可再版并长期使用）

因此，毛细管力与孔隙大小成反比。在较小的孔隙中，需要更大的毛细管力来使非润湿相（油）驱替润湿相（水）流体；因此润湿相流体更容易保留在孔隙空间中或者进入孔隙空间（即在毛细管里面上升得更高）（图5.36B）。在较大的孔隙中，非润湿相流体更容易进入孔隙空间。因为岩石中流体的流动更多取决于喉道的大小而不是孔隙的大小，渗透率（由孔隙—喉道大小控制）和毛细管力之间有直接关系：

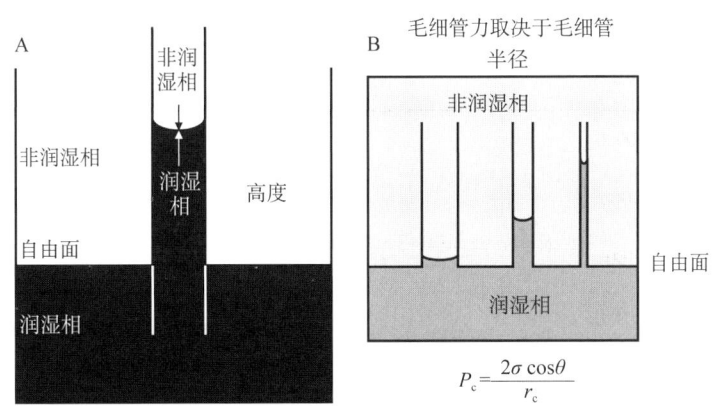

$$P_c = \frac{2\sigma \cos\theta}{r_c}$$

图5.36 （A）毛细管压力是驱使润湿相流体排替毛细管中非润湿相流体所需的压力；（B）毛细管中润湿相流体上升高度的变化与毛细管半径呈函数关系。管径大的比管径小的需要更小的毛细管压力来排替流体（据 Vavra 等，1992；AAPG 许可再版并长期使用）

毛细管压力控制着储层流体的原始静态分布，毛细管压力是油气通过储层的运移的机制（Vavra 等，1992）。它可以用来计算或评价下列信息：

（1）储集岩质量；
（2）净产层、非产层及产层的分类；
（3）岩层和断层的封盖能力；
（4）预计的油气藏最大高度；
（5）过渡带的厚度和位置；
（6）储层里不同等级的流体饱和度；
（7）不同孔隙类型岩层的采收率；
（8）初次或二次采油后残余油饱和度。

5.6.2 毛细管压力的常规实验测量

一个确定 P_c 的快速方法是测量汞注入毛细管的压力（图 5.37）。该步骤是把汞注入到真空的、干净的岩心筒里面。压汞压力逐步增加并平衡后，记录每一阶段被汞饱和的岩石孔隙空间的百分比（图 5.37B）。然后绘制汞饱和度和对应压力的曲线图。岩心实验中，当油气运移并充入储层时，油驱替水的毛细管压力的测量值（P_c）相当于储层中的浮力大小（Heymans，1998）。如下例中四个不同岩石样本每个样本都具有不同等级的驱替压力（P_c）（图 5.38）。

5.6.3 毛细管压力与喉道大小及喉道大小分布的关系

不同等级的驱替压力与孔喉的大小（半径 r_c）成反比。孔喉越大，非润湿相流体（油）驱替润湿相流体（水）所需要的 P_c 越小。在空气—汞体系中，$2\sigma(\cos\theta)$ 接近于 107.6（单位换算为 psi 和微米后），因此毛细管压力公式变为：

$$P_c = 107.6/r_c$$

式中，P_c 单位是 psi（lb/in^2），r_c 单位是微米。

因此，非润湿相流体进入大小为 r_c 的孔隙中所需的排驱压力（P_c）值如下：

r_c（μm）	P_c（psi）
10000	0.011
1000	0.108
100	1.076
10	10.760
1.0	107.600
0.1	1076.000
0.05	2000.000

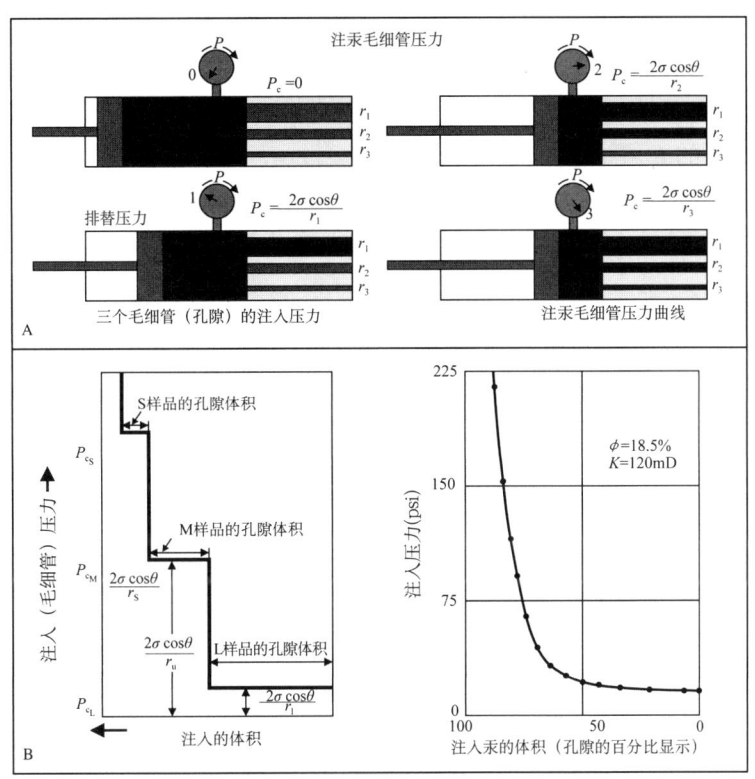

图 5.37 (A)毛细管压力测量方法。圆筒中有三个不同直径的裂隙(孔隙):大的(r_1),中等的(r_2)和小的(r_3)。圆筒充满了油。在 $P_c=0$ 的情况下(左上图),油仍然在圆筒里面,没有进入孔隙。当有压力($P_c=2\sigma(\cos\theta)/r_1$)施加到活塞上的时候,油充注了最大的孔隙空间($r_1$),因为只需要低的压力(左下图)。压力继续增加到 $P_c=2\sigma(\cos\theta)/r_2$ 时,中间孔隙(r_2)充满了油。继续增加压力到 $P_c=2\sigma(\cos\theta)/r_3$ 时,最小的(r_3)孔隙充满了油(Vavra 等,1992)。(B)当结果改用以水银(非润湿相)的注入量为横坐标,压力为纵坐标的曲线表示时,压力的分段增加展现出来。实际上,压力的增加是逐渐上升的,从而产生了一条更平滑、典型的毛细管压力曲线,如右边曲线所示(据 Sneider,1987;AAPG 许可再版并长期使用)

喉道大小可以标在毛细管压力曲线的纵轴上(图 5.38)。

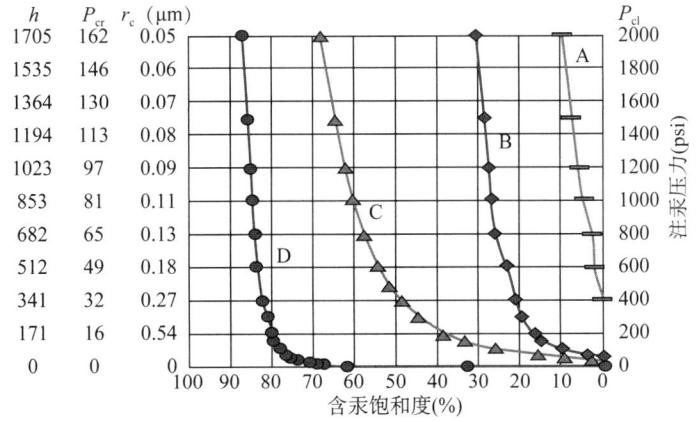

图 5.38 四个样本 A—D 的毛细管压力曲线

横轴是非润湿相(汞)饱和度,纵轴为初始测量,汞注入压力(图 5.37)和推导出的纵坐标为喉道大小(单位 μm)、P_{cr}(石油—盐水毛细管压力)与 h(自由水面之上的高度)

岩石喉道大小分布也影响岩石的毛细管属性（图 5.39）。尽管三个样品的排驱压力相同，但喉道大小分布的不同形成了不同的毛细管压力曲线。喉道大小分选越好（即喉道大小的均一性越大），非润湿相流体（烃类）更容易驱替润湿相流体（水）（即非润湿相流体进入孔隙空间需要的 P_c 更低）。

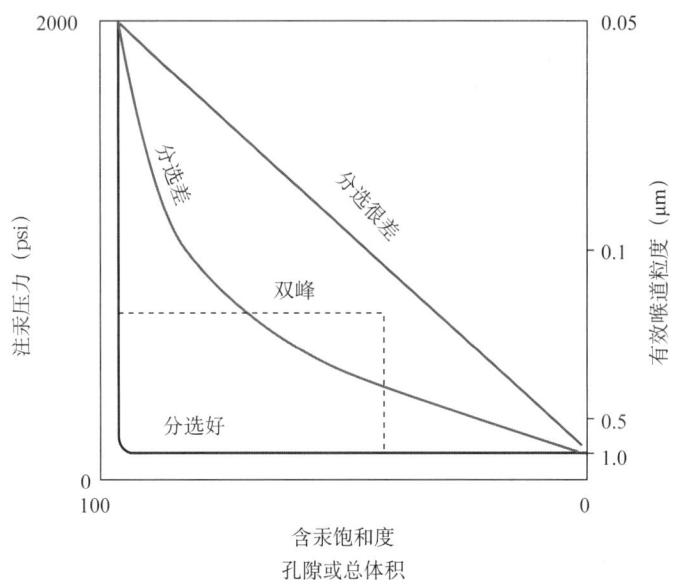

图 5.39　具有不同孔隙大小分布的岩石三条理想汞注入毛细管压力曲线（据 Vavra 等，1992；AAPG 许可再版并长期使用）

所有曲线都有相同的排替压力和最小的未饱和孔隙空间，但是饱和度分布剖面图由于喉道大小分布的不同而存在显著的差异

5.6.4　孔隙度、渗透率、喉道大小与毛细管压力之间的关系

岩石类型 A—D（图 5.38）的储层性质和驱替压力 P_c 列在表 5.4 中。岩石的孔隙度和渗透率较小，需要的 P_c（驱替压力）较高，并且与较小的喉道大小相关。

5.6.5　毛细管压力、粒度分布与含水饱和度之间的关系

如这章先前所讨论的那样，渗透率与粒度频率—分布参数之间存在直接关系。因此 P_c 和粒度之间存在一定直接关系。有三种岩石的毛细管压力曲线（图 5.40）：极粗粒砂岩、中粒砂岩与极细粒砂岩。对于较粗粒岩石来说，驱替压力更低，因为它的渗透率比细粒岩石的更高。因此，润湿相流体饱和度（S_w）因粒度和渗透率的不同而不同。先前讨论的墨西哥湾砂岩（图 5.14—图 5.16）不同的渗透率下 S_w 会发生变化（图 5.41）。在这类储层中，S_w 直接与渗透率相关，但实际上是喉道大小分布（其由粒度控制）导致了不同的 S_w 值。

在计算由不同粒度薄砂岩组成的地层段的储量时，由粒度和渗透率共同影响的 S_w 尤为重要。根据粒度分布，流体饱和度（S_w）在不同岩层段中出现差异。即使在相同构造高度的储层中，岩石也会因为粒度的影响而表现为不同的流体饱和度（S_w）。

表 5.4 四种岩石的储层性质

岩石类型	A	B	C	D
孔隙度（%）	3.1	12	21	27.5
渗透率（mD）	0.009	0.25	13	714
P_c（注入压力）(psi)	400	75	30	10
r_c（μm）	0.27	1.43	3.59	10.8
P_{cr}	32.4	6.08	2.43	0.81

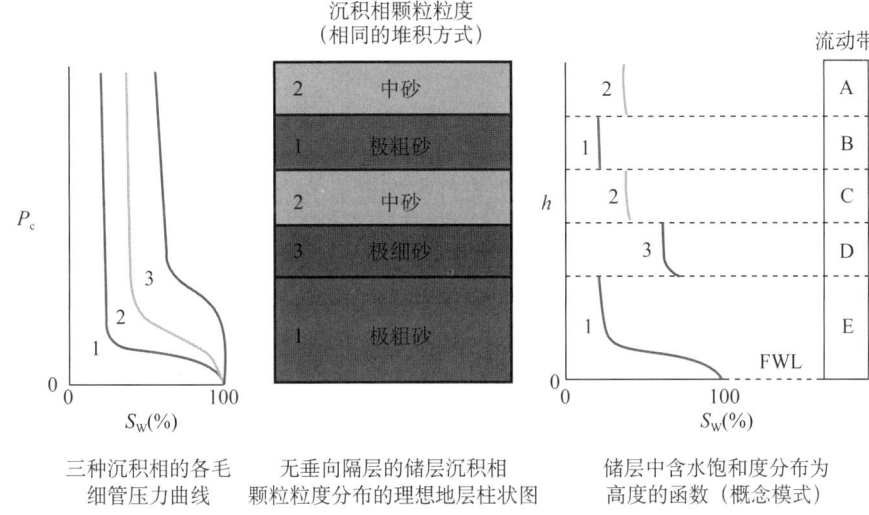

图 5.40 毛细管压力控制的不同粒度砂岩中 S_w 的变化（据 Heymans，1998）

左图为三种岩相各自的毛细管压力曲线，中图为三种岩相和其粒度的抽象地层柱状图，在这些岩相之间没有纵向阻挡层（页岩）；右图为 S_w 分布作为这类储层高度函数的抽象表示

当粗化地层时，使用共同的 S_w 会导致错误的储量计算。

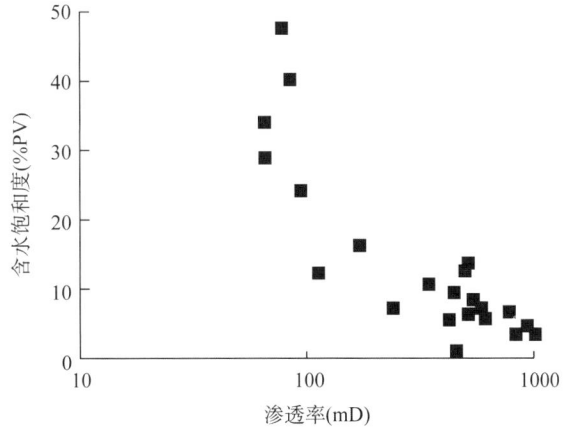

图 5.41 在图 5.14—图 5.16 讨论的墨西哥湾浊积岩储层的 S_w 和渗透率的交会图。渗透性更好的岩石表现为更低的 S_w，因为在可渗透岩石里面，烃更容易排替水。毛细管压力测量调整到油水界面之上 67m（200ft）的高度（据 Reedy 和 Pepper，1996；SPE 许可再版）

5.6.6 空气—汞毛细管压力测量值在储层条件下的转换

为了使空气—汞毛细管压力数据与储层条件相关，有必要根据以下公式将该数据转换为卤水—烃的值：

$$P_{cr} = P_{cl} \cdot \frac{\sigma_r \cos\theta_r}{\sigma_l \cos\theta_l}$$

式中 P_{cr}——卤水—烃类储层体系的毛细管压力；
P_{cl}——空气—汞体系的毛细管压力；
σ_r——储层体系的表面张力；
σ_l——空气—汞体系的表面张力；
θ_r——储层体系的接触角；
θ_l——空气—汞体系的接触角。

表面张力（σ）和接触角（θ）取决于许多因数，包括烃类的API比重、温度、黏度与压力。以下是有用的近似值：

$$\sigma_r \cos\theta_r = 30$$

$$\sigma_l \cos\theta_l = 370$$

因此，$P_{cr} = P_{cl}(30)/370 = P_{cl}(0.081)$。

一旦做了这个转换，可以在毛细管—压力图的纵轴上表示 P_{cr} 值（图5.38和表5.4）。

5.6.7 储层中的自由水面和流体饱和度

图5.42说明了储层的油水关系。自由水面或表面在 $P_c=0$ 的深度处100%产水。这一界面可以通过常规测井曲线的常规分析确定。自由水面位置加上水柱高度即为油水界面所在，由此可以得到一个特定的压力 P_c。可以由 P_c 计算油水界面位置，烃柱高度（h）。

h 和 P_c 之间的关系定义为：

$$h(\text{ft}) = \frac{P_{cr}}{0.433(\rho_b - \rho_{hc})}$$

式中 0.433——单位为psi/ft，是大气条件下纯水压力梯度；
ρ_b——卤水密度（正常范围是1.0 ~ 1.2g/cm³；通常使用值是1.069g/cm³）；
ρ_{hc}——烃的密度（正常范围是0.51 ~ 1.00g/cm³；通常使用值是0.850g/cm³）。

由于在恰当的转换之后，油水界面（h）与 P_c 相关，它可以成比例的标在毛细管压力曲线的纵轴上。图5.38中已利用公式 $h=P_{cr}/0.095$ 将 h 与 P_{cr} 转换。由此可以解决多种问题，例如确定四种岩石自由水面之上227m的非润湿相（S_o）饱和度：A=3%、B=26%、C=58%及D=83%。如上所述，在一套频繁互层、粒度不同的薄层层段里面，流体饱和度会相当多变。

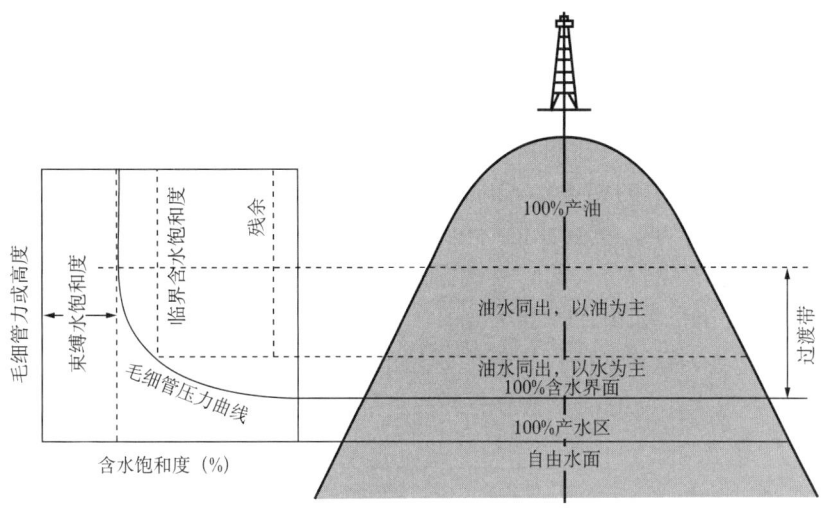

图 5.42 毛细管压力、渗透率和油气聚集之间的关系（据 Sneider，1987；AAPG 许可再版并长期使用）

自由水面定义为在该面之下 100% 产水的面。它相当于毛细管压力曲线上 $P_c=0$ 处。排驱压力是烃最早进入储层的压力，因此水和油同时产出。束缚水饱和度是指在该饱和度（自由水面之上的高度）之上不再产水只产油的饱和度。100% 产油和 100% 产水之间的区域是过渡带

5.6.8 毛细管作用和封闭能力

封闭能力是岩石保持一定高度的烃柱而不漏失的能力。最大封闭能力（H_{max}）是盖层漏失烃之前所保持的烃柱高度。H_{max} 随岩石类型而不同，由下式计算：

$$H_{max} = \frac{P_{ds} - P_{dr}}{0.433(\rho_b - \rho_{hc})}$$

式中　P_{ds}——盖层的盐水—烃（P_{cr}）排替或排驱压力，psi；

　　　P_{dr}——储层的盐水—烃（P_{cr}）排替或排驱压力，psi；

　　　ρ_b——盐水密度；

　　　ρ_{hc}——烃密度。

如果岩石 A（图 5.38）为盖层，而岩石 D 是储集砂岩，然后 $H_{max}=P_{cr}D - P_{cr}A/$（1.069 − 0.850）(0.433) = (32.4 − 0.81) /0.095=333ft。换句话说，只要储层里面的烃高度小于 333ft（100m），盖层就会阻止烃通过它而垂直泄露。

5.6.9 常规岩心分析数据得到的喉道大小和毛细管压力

Kolodzie（1980）应用 Winland 早年的研究，证明能够从常规岩心分析数据中精确预测喉道大小。他的经验推导公式是

$$R_{35} = 5.395 \frac{K^{0.588}}{\Phi^{0.824}}$$

式中　R_{35}——非润湿相饱和度为 35% 时毛细管压力测得的喉道大小，μm；

　　　K——空气渗透率，mD；

　　　Φ——孔隙度，%。

一些学者已经推导出了相似的公式（Coalson 等，1994）或已经完善了前人的研究（Pittman，1992）。建立起来的方法在具有常规"阿尔奇"孔隙体系的粒间或晶间岩石类型中应用良好。却在具有铸模、孔洞和裂缝孔隙性的岩石中效果不佳。

将一系列砂岩的 R_{35} 的实际测量值和利用 Winland、Coalson 和 Pittman 公式的计算值做比较（图 5.43）。测量值的和各公式的计算数据一般都有良好的相关性，R^2 大于 0.8。然而计算值总是比测量值小。主要原因可能是这些特定砂岩的渗透率值较低（测量值小于 10mD），它与用来推导经验公式的较大数据库（具有更广的渗透率值）相比具有较低的渗透率。然而，测试表明，如果用一套毛细管压力测量值来确定是否需要一个恰当的校正因子来校正经验公式与实际测量值（如果需要校正）并确定是什么因子，那么从常规岩心分析数据中得到的喉道大小与毛细管压力的关系是可行的。

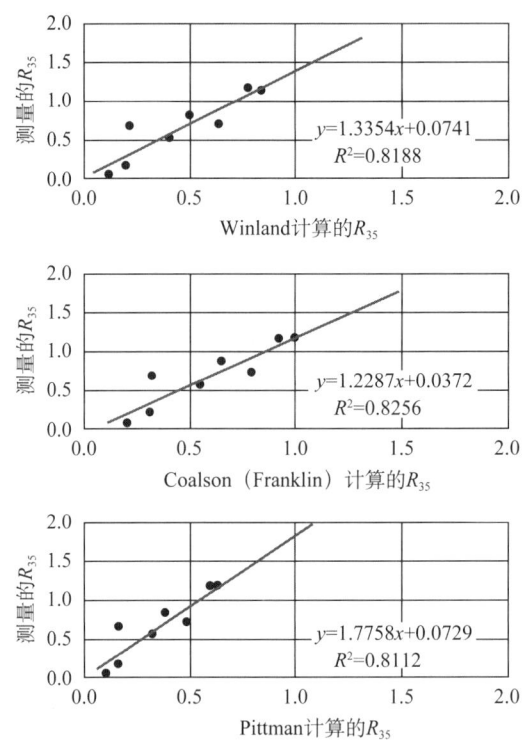

图 5.43　三种不同方法（Winland、Coalson 和 Pillman）计算的 R_{35} 值和实际测量值，三种计算方法的相关系数都很大（图片由 S. Goolsby 提供）

5.7　用地震方法计算孔隙度

随着地震采集和处理技术的提高，研究人员可以通过地震数据估计并绘制孔隙度分布。Dorn 等（1996）提供了一个北海 Pickerill 油田用地震资料计算孔隙度的先例（图 5.44）。在这个例子中，通过声波和密度测井曲线计算出声波—声阻抗测井曲线（图 5.45）。同一口井由测井曲线得到的孔隙度和声阻抗交会图显示孔隙度随着阻抗的增加而减小（图 5.45）。这种关系表明直接通过地震数据得到的反射振幅和储层孔隙度之间也应该存在一种线性关系，因为在这个例子中，影响地震振幅的其他因素可能已被剔除（Dorn 等，1996）。地震数据的相位经过校正，就可以利用储层顶部反射振幅和油田中每口井的测井曲线测到的平均孔隙度之间建立线性关系（图 5.46 中的红点），蓝点（图 5.46）是通过钻井得到的平均孔隙度值，这证实了在钻井之前建立的地震反射振幅与测井曲线计算的孔隙度线性关系的正确性。在此基础上，储层顶部的地震振幅平面图（图 5.47A）就转换成了储层的总孔隙度平面图（图 5.47B）。相对高孔隙的储集带用暖色（红色，橙色）显示。边界断层也在图上清楚地标识出来。这个例子说明孔隙度平面图对确定多孔储层段内钻井井位非常有价值。

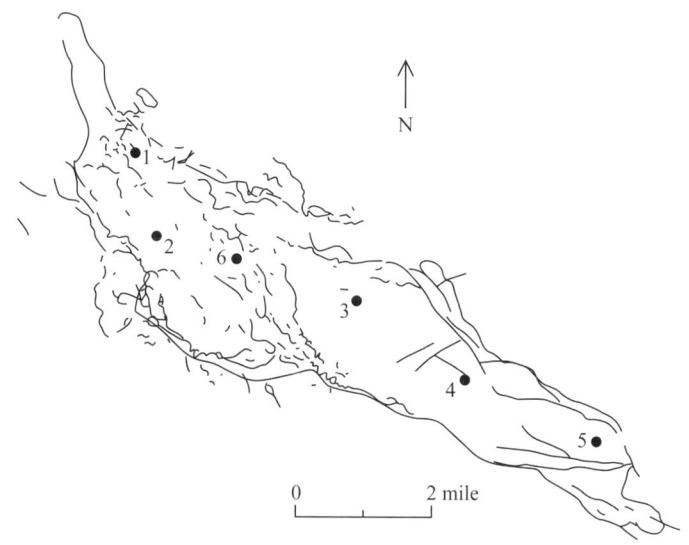

图 5.44 北海 Pickerill 油田首批 6 口井的位置

黑线是由早期二维地震勘探测定的断层，首批的 5 口井描绘出储层的延伸范围，第 6 口井是生产井

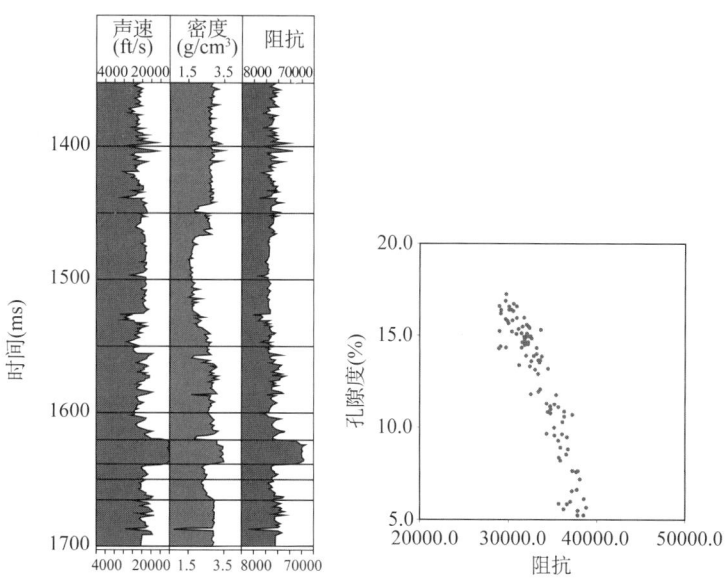

图 5.45 （A）Pickerill 油田中 1 口井的声速和密度测井曲线及其计算出的声阻抗测井曲线；（B）该井声阻抗和测井推导出的孔隙度的交会图（据 Dorn 等，1996；AAPG 许可再版并长期使用）

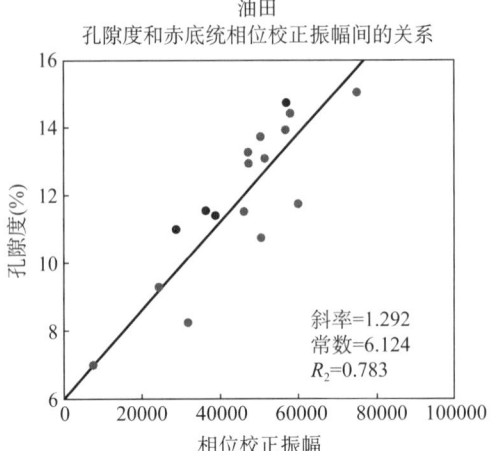

图 5.46 地震记录推导出的相位校正振幅和孔隙度的交汇图（据 Dorn 等，1996；AAPG 许可再版并长期使用）

红点是用来生成趋势线的点，蓝点是趋势线建立后再钻井得到的测量值

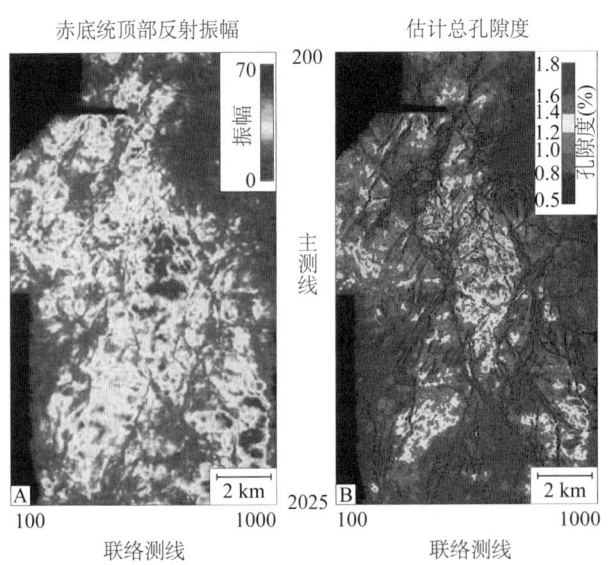

图 5.47 （A）Pickerill 油田中储层段顶部的地震反射振幅平面图；（B）基于地震振幅和孔隙度趋势估计的总孔隙度平面图（据 Dorn 等，1996；AAPG 许可再版并长期使用）

5.8 小结

储层性质控制着储层里流体的储存、分布与流动。孔隙度和渗透率这两个关键参数，可以由岩石样品和测井曲线得到。如果从一口井中得到岩心，那么就可测量岩心上的孔隙度和渗透率，测量的值可以与孔隙度测井曲线对比，从而建立渗透率测井曲线。尽管流动单元可以用一系列地质和岩石物理参数来确定，但是 Gunter 等（1997）的方法只利用三个容易获得的参数（即孔隙度、渗透率与厚度）计算流动单元的储运能力。储层的三维流动

单元模型可以模拟储层流体的流动状态和流动性能。流动单元可以根据需要进行粗化以便满足计算时间和容量的要求。同样，储层总孔隙度估计值也可以从三维地震勘探中获得。

岩石的毛细管性质也影响着流体在岩石中的流动和储存。通常测量毛细管性质来确定流体饱和度、自由水面之上的油柱高度及储层顶面盖层能封闭的油柱最大高度。对于储层表征来说，这些都是非常重要的参数。

孔隙度、渗透率和毛细管力不仅与储层性质有关，而且也与测量的方式有关。谨慎是解释实验数据的关键，在使用这些数据进行储层表征之前就应知道取样位置以及参数获取方式。同样，粗化或平均值（比如 S_w）可能误导结果，尤其是对于薄的储层段更是如此。

第6章 河流沉积与储层

河流相沉积是在陆相环境下由河流搬运并沉积而成（图6.1）。源自河流作用的沉积类型有多种，包括①冲积扇——形成于山麓底部河流流出山口的扇形沉积体；②扇三角洲——也形成于山麓底部，但其紧邻岸线，沉积于海水或湖水中；③辫状河沉积——源于山前，并向前延伸，地形坡度相对较大；④曲流河沉积——形成于坡度较缓的平原；⑤下切谷充填沉积，由陆上先存的河谷被充填而成（图6.1）。以上各种沉积类型的特点都各不相同，根据粒度大小、砂体几何形态、展布方向、砂体内部隔夹层（渗流屏障）的分布等特点将其区分开来（图6.2）。认识这些差异对地下储层评价来说十分重要，因为这些特性会影响储层内流体的流动，并最终影响到油藏动态。仅仅知道储层属于"河流沉积"是不够的，还必须知道其具体类型，并明确其特征。

图6.1 各类非海相（陆相）沉积环境分布模式图（引自 F.Browh）
(1) 冲积扇；(2) 扇三角洲；(3) 辫状河；(4 和 5) 下切或非下切的曲流河

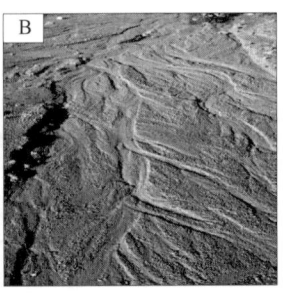

图6.2 三类主要河流：曲流河、辫状河、下切谷

(A) 曲流河，如航拍照片所示，根据其波状弯曲的形态特征命名；(B) 辫状河，如图所示，根据其河道所具有的辫状的特点命名；(C) 下切谷，如航拍照片所示，河谷向下切入早先存在的较老地层，由较老的地层构成谷壁。当曲流河流向大海时（冲洗带在前面），下切谷可以在低水位时期显露出来。在高水位时期，下切谷流域往往被海水淹没，形成一个河口湾

这一章主要介绍各沉积类型形成过程的基本知识，着重介绍辫状河沉积、曲流河沉积以及下切谷充填沉积（图6.2）。文中将会以河流作用形成的现代沉积和野外露头以及储层类比为例进行阐述。

6.1 辫状河沉积与储层

6.1.1 形成过程和沉积特征

辫状河沉积多发生在满载沉积物的河流流出山区的地方。在这些区域，地形坡度虽然在小范围内有所变缓，但通常仍然较大，这能使河流保持相对较高的流速（图6.3）。在这样的条件下，粗粒沉积物（砾石）沿着河床以滚动或者滑动的方式被搬运；粗砂可能以跳跃方式被搬运；而细砂和泥则以悬移方式被顺流搬运至辫状河沉积体系以外的地方（图6.4）。因此，典型的辫状河沉积粒度粗，泥质含量少。同时，辫状河沉积形成的砂砾岩的侧向连通性和垂向连通性都比较好。

图 6.3　辫状河沉积体系的立体模式图（据 Atkinson 等，1990）

图示辫状河沉积体系的近端、中间和远端，从近端亚环境到远端亚环境沉积物粒度逐渐变细

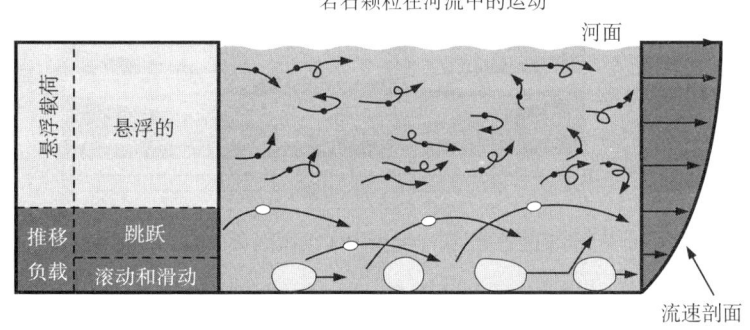

图 6.4　河流或者溪流的垂向剖面（沿水流方向的剖面）

反映了三个主要的沉积物搬运作用，最大最重的颗粒（砾石）顺着河流滚动和滑动，中等大小的颗粒（砂砾）以跳跃方式移动，以跳跃、滚动或滑动方式搬运的沉积物统称为床砂载荷。在顺流搬运中保持悬浮状态的细粒物质（泥）组成悬浮负载。水流与河床之间存在的摩擦力使得界面附近的流速降低，而上部的流速更快（图片来源不详）

— 153 —

由于相邻山区降水量的变化，辫状河经常发生间歇性流动。由于存在间歇性的新水流，河流可能会不断地改道，就形成了这种辫状的沉积特征（图6.3）。上侏罗统Morrison组Salt Wash段砂岩就是一个典型的辫状河沉积的露头实例（Robinson和McCabe，1997）。Salt Wash段是由低弯曲度的砂质辫状河沉积、伴生的细粒废弃河道充填沉积以及同时期沉积在广阔的冲积平原上的溢岸沉积（泛滥平原）组成。Salt Wash段可分为上、下两段，这套砂泥岩地层从下向上包括：①具有槽状交错层理的砂岩和含砾砂岩，厚1m（3ft），宽1～15m（3～45ft）；②粒度向上变细的单砂体，厚3m（9ft），宽10～50m（30～150ft），含有废弃河道泥岩；③规模较小的多层叠置砂岩，夹泛滥平原和废弃河道泥岩，砂岩厚1～15m（3～45ft），宽度为几十米到几百米；④大规模的多层叠置砂岩，砂岩厚20m（60ft），宽度为1～10km（0.6～6mile），夹溢岸或泛滥平原沉积（图6.5）。单套砂体的典型垂向沉积序列为向上变细的正粒序，顶部被溢岸或者泛滥平原泥页岩所覆盖（图6.6）。

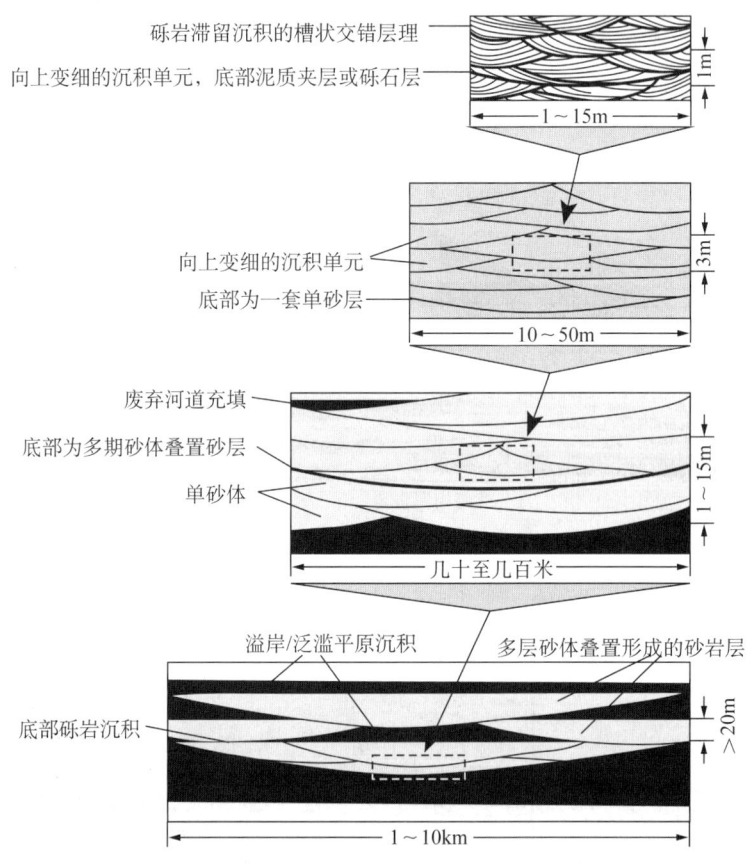

图6.5　Morrison组Salt Wash段中的辫状河沉积砂体级次划分（据Robinson和McCabe，1997）

划分为4个级次，其中砂岩透镜体是主要的几何形态。砂岩透镜体的厚度和宽度规模随单层砂岩向多层砂岩递增

图6.6B是一套典型的多层叠置砂岩露头的航拍图，其延伸长度达300m（900ft），厚度达65m（195ft）。该露头中的多数溢岸或泛滥平原泥页岩侧向不连续，但也有一部分具有连续性，并且能在类似的砂岩储层中形成渗流屏障或者隔层。单砂体、溢岸或泛滥平原泥岩以及废弃河道泥岩的平均宽厚比分别是59∶1，68∶1和28∶1（图6.7）。当需要估算

砂岩厚度而可用数据仅有井数据时,这些宽厚比的统计在如何估算以井眼为中心的砂体侧向延伸范围上显得十分重要。例如,如果一个单砂体厚 10m(30ft),那么根据宽厚比估计其宽度可能为 590m(1770ft)。

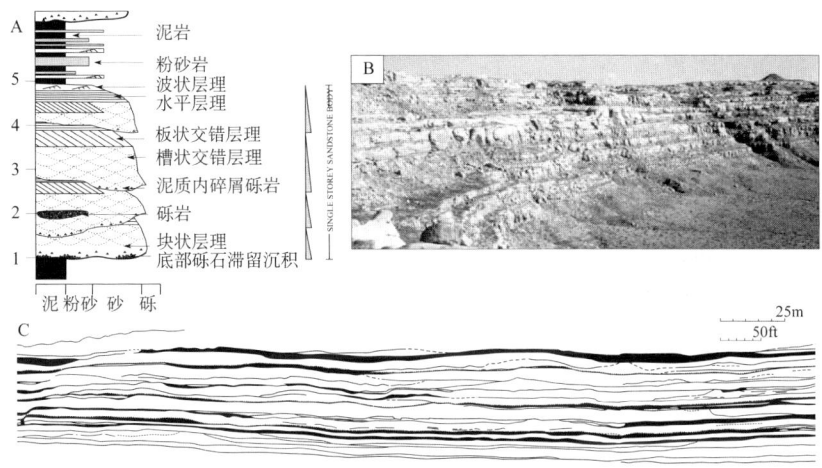

图 6.6 (A) Morrison 组 Salt Wash 段辫状河沉积中的单层砂岩,可以看到砂岩粒度总体向上变细,顶部被泥岩覆盖;(B) Salt Wash 段的露头照片,砂岩侧向连续性好,但内部存在间断,例如露头的航空摄影图;(C)显示的内部不连续性,可导致砂体的分割(据 Robinson 和 McCabe,1997)

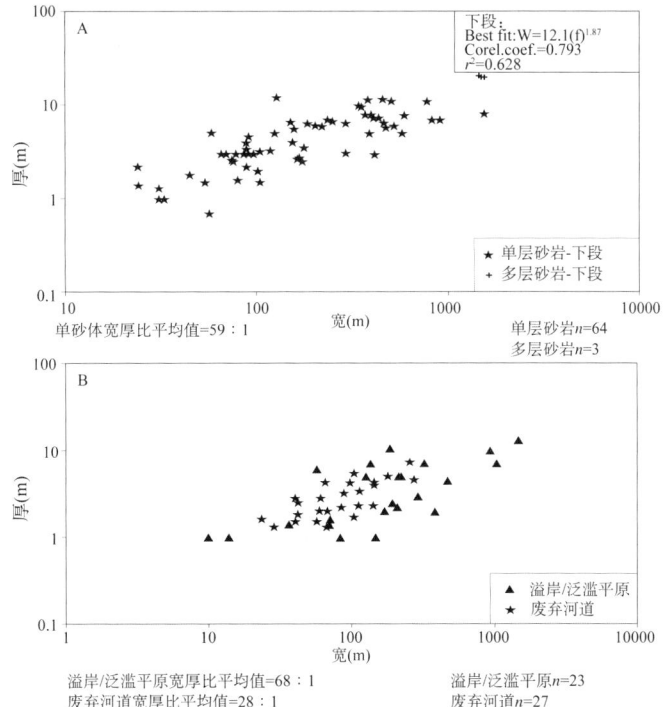

图 6.7 (A) Salt Wash 段下部单砂体和多层砂岩宽(W)厚(T)比图,宽厚比平均值已给出;(B) Salt Wash 段溢岸/冲积平原以及废弃河道充填沉积物宽厚比图,宽厚比平均值已给出
(据 Robinson 和 McCabe,1997)

正如第5章所述,渗透率的变化趋势往往与粒度变化趋势相同。Salt Wash 段砂岩渗透率的变化也符合这一规律。利用小型测量仪在该露头上进行岩心取样,取样间距为5cm(2in)(图6.8),测试结果显示,中粒和粗粒砂岩渗透率通常高于1000mD,细粒砂岩渗透率一般小于1000mD。

基于露头得到的测试数据,Robinson 和 McCabe(1997)建立了该区域 Salt Wash 段的三维地质模型,并在该模型上进行了油藏动态模拟。

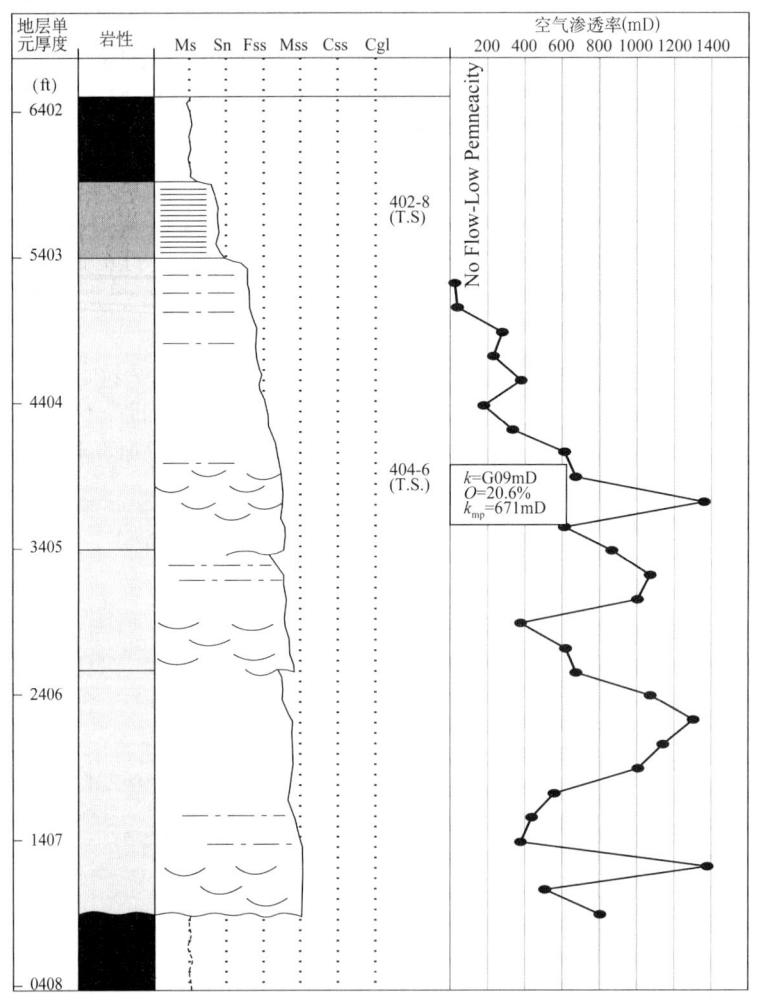

图6.8 砂体渗透率向上变小(据 Robinson 和 McCabe,1997;转载得到 AAPG 的许可,如需引用仍需其许可)

砂体顶部的渗透率和底部的渗透率存在数量级上的差异,可以看到渗透率的向上递减趋势
与砂岩粒度向上变细的趋势类似

6.1.2 油气藏实例

6.1.2.1 北海某辫状河储层油气田

下面以北海的一个古生代辫状河储层气田为实例(Green 和 Slatt,1992),该储层主要由砾岩和砂岩组成(图6.9)。砂岩和部分砾岩的渗透率较低,但部分砾岩的渗透率可达几

百个毫达西。这些渗透率较高的井产量也高,日产量可以达到每天$2800×10^4ft^3$(图6.9)。相反,钻遇低渗透率砾岩的井的产气量则低很多,大约低于$2×10^4ft^3$。砾岩渗透率的差异是岩石不同造成的,渗透率高的砾岩是由石英、长石和结晶岩屑组成的;而渗透率低的砾岩富含红色泥质碎屑。虽然钻遇低渗砾岩的井距离高渗砾岩井相隔仅几千米,但是岩性的差异表明富含泥质碎屑的砾岩存其他物源。泥质含量高的砾岩中所含的可塑性泥岩碎屑在埋藏过程中发生变形,最终堵塞大部分孔喉。由此看来,成岩作用以及物源对单井的生产情况起着至关重要的作用。研究油田范围内低渗砾岩和高渗砾岩的分布,可以避开低渗砾岩,降低钻加密井的风险。

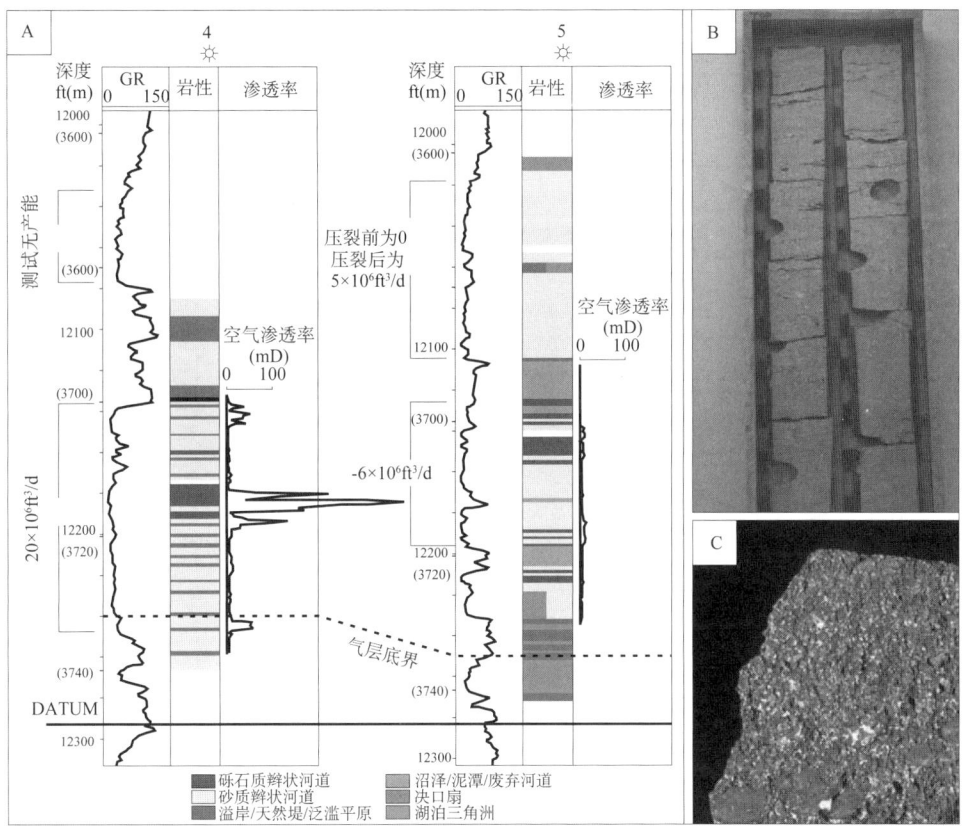

图6.9 (A)北海气田中两口井(4和5)的柱状图(包括伽马射线、岩心、岩性分析以及岩心渗透率;标注了开发初期产气量。4井钻遇高渗砾岩,产气量高;而5井钻遇低渗砾岩,产气量低。(B)高渗渗透率砾岩的岩心。(C)低渗透率砾岩岩心,图中砾岩呈红色,这种红颜色只有在全彩CD中才能显示是因为含红色泥质碎屑,这种碎屑在(B)图中的的高渗砾岩中不存在

6.1.2.2 北非某辫状河油田

第二个辫状河储层油藏实例位于北非,原油储量达几十亿桶。该油田的储层受其他成岩作用的影响(Mitra和Leslie,2003)。在20世纪90年代末,这个油田几口开发井的产量约20000bbl/d。该油田位于一个北东—南西走向的长条形断背斜上。

油田进行了连续取心,岩心长达290m(870ft)。在这段岩心上以0.3m(1ft)的采样间距进行了常规岩心分析,从而为针对这个储量达$40×10^8bbl$的油田进行流动单元划分奠定了基础。如图6.10中所示,260m的层段上由4种岩相类型组成。从顶部开始,岩相1

由粒度细，分选好，具交错层理的石英砂岩组成，其中含毛管迹（海相生物）生物钻孔以及裂缝。这类岩相为滨面—浅海沉积。岩相1之下为岩相2，且岩相2与岩相1类似，但是岩相2粒度粗一些，可能是近海砂岩。岩相3是一系列1～6m厚的正韵律砂岩，粒度向上变细，具交错层理，每一个正韵律的底部都为中粒砂岩，顶部为细砂岩。岩相3为海相和下伏陆相交互形成的海陆过渡相沉积，以冲积河流相为特点。岩相4位于这段地层的底部，是由粗粒的辫状河砂岩和含泥质基质、具槽状交错层理的含砾砂岩组成。岩相4的这些砂岩富含花岗岩岩屑以及长石颗粒，大部分长石颗粒被部分溶解（深埋成岩作用的结果——见第3章），形成孤立的铸模孔隙。

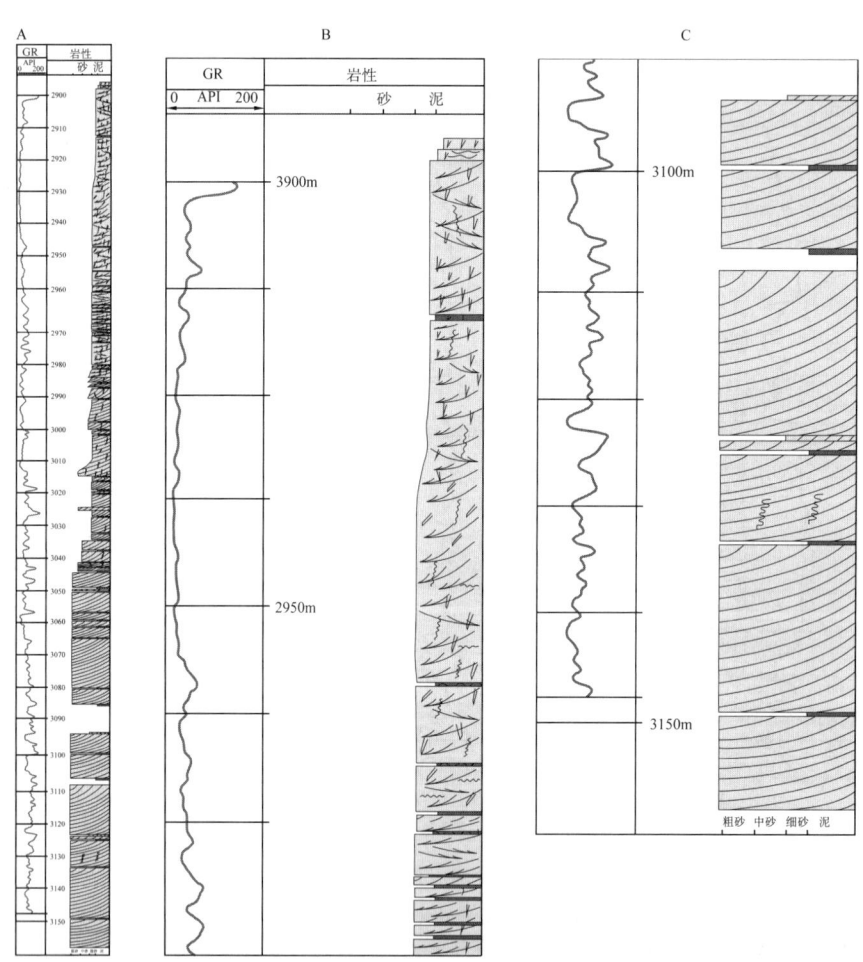

图6.10 （A）北非辫状河储层岩心柱状图，岩心长为250m（750ft），左侧为伽马曲线，右侧为岩心描述；（B）上部岩心段，厚度为70m，左侧为伽马曲线，右侧为岩心描述，属于海相沉积，标志是交错层理和毛管迹垂直虫孔；（C）下部岩心段，厚度为60m，左侧为伽马曲线，右侧为岩心描述，为河流相沉积，标志是大规模的槽状交错层理

孔隙度与渗透率关系图显示出两个斜率明显不同的分区：一个是斜率较大的区带（低孔高渗）；另一个是斜率较小的区带（高孔低渗）（图6.11）。有些数据点的孔隙度和渗透率值介于这两个区带之间。斜率大的区带的岩心样品属于岩相2和岩相3，斜率小的区带的岩心样品与岩相4有关（图6.12）。

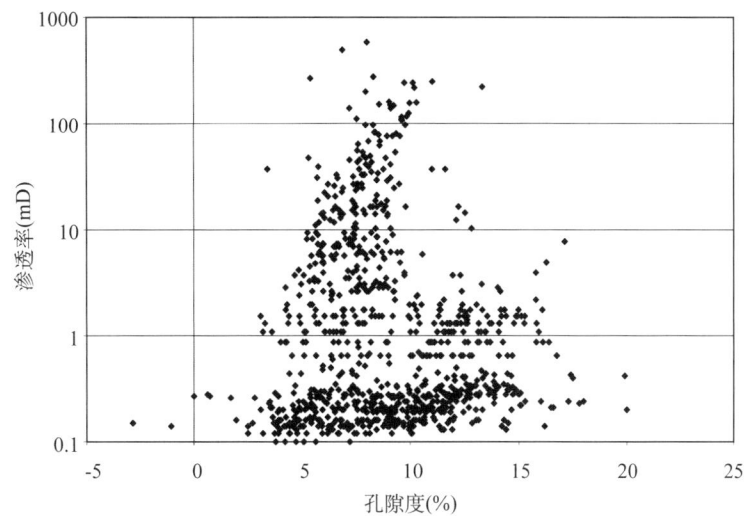

图 6.11　图 6.10 中取心段的岩心孔隙度与渗透率交会图

由图可见数据点显示出两个趋势明显、斜率不同的分区，介于二者之间的数据点相对分散

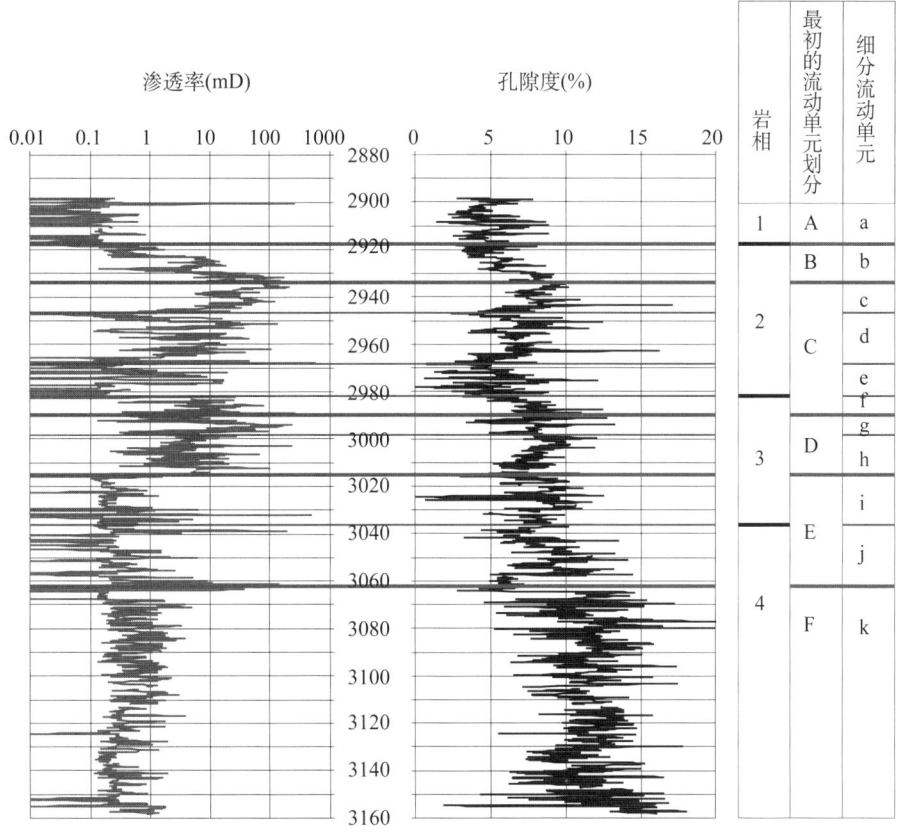

图 6.12　图 6.10 中取心段的孔隙度和渗透率曲线

右侧标注了四种岩相的垂向分布，以及最初的流动单元划分和细分流动单元，
图 6.13 中也讨论了流动单元的划分

根据岩心孔隙度和渗透率构建了定义流动单元的 SML（地层修正洛伦兹图）投点图。岩心测量得到的仅是基质孔隙度，不反映裂缝孔隙度和渗透率。从 SML 图上可以识别出 6 个主要的流动单元（命名为 A—F），也可以进一步细分为 11 个流动单元（命名为 a—k）（图 6.12 和图 6.13）。按两种划分结果统计得到的储层物性平均值见表 6.1。值得注意的是，两种划分结果中流动单元的边界并不总是与岩相边界一致（图 6.12）；相反，在某种程度上流动单元跨越了相边界。因此，流动单元与岩相相比能更好地描述地下储层的特征。然而，有趣的是，在 11 个流动单元的划分方案中，相对高渗段和相对低渗段之间的边界在流动单元 i 的底部；而在 6 个流动单元的划分方案中，该边界位于流动单元 E 的底部。因此，高渗低渗段的分界在两个划分方案中相差 22m（表 6.1）。由于沉积作用和成岩作用的影响，渗流能力强的储层位于该段上部海相砂岩中，而储集能力强的储层位于该段下部辫状河流相砂岩中。上部海相砂岩是相对细粒的石英砂岩，而下部的粗粒河流相砂岩含较大的长石颗粒和长石质的花岗岩岩屑。许多长石颗粒受到较严重地溶蚀，甚至被完全溶蚀，说明在埋藏成岩过程中一直受到溶解作用。长石溶蚀常常形成高岭石，长石颗粒被溶蚀形成铸模孔，这样高岭石沿着一些铸模孔的孔壁分布。这就导致了下部砂岩储集空间大，但孔隙都相对独立。与之相反，上部砂岩发育粒间孔隙，且孔隙连通性较好。

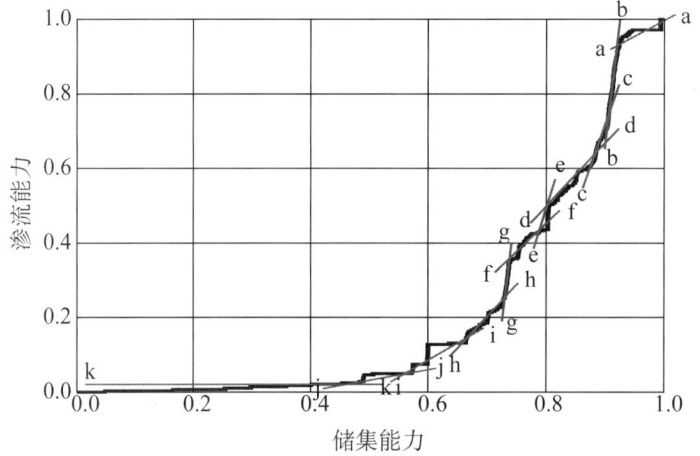

图 6.13　图 6.10 取心段样品点的储集能力与流动能力的 SML 图

小写字母参考图 6.12 中流动单元的划分以及在正文对细分流动单元的描述

表 6.1　北非阿尔及利亚某辫状河储层取心段的两种流动单元划分结果特征对比（参见图 6.12 和图 6.13）

深度（m）	流动单元	厚度（m）	孔隙度（%）	渗透率（mD）
2898.00～2918.00	a	20.00	4.81	3.53
2918.00～2936.00	b	18.00	6.32	33.58
2936.00～2944.00	c	8.00	8.20	32.77
2944.00～2966.00	d	22.00	6.80	11.03
2966.00～2982.00	e	16.00	4.77	12.98
2982.00～2990.00	f	8.00	7.75	20.36
2990.00～2996.00	g	6.00	8.03	46.37

续表

深度(m)	流动单元	厚度(m)	孔隙度(%)	渗透率(mD)
2996.00~3012.00	h	16.00	8.09	11.86
3012.00~3039.00	i	27.00	7.93	9.90
3039.00~3061.00	j	22.00	8.53	0.76
3061.00~3158.00	k	97.00	11.25	1.11
2898.00~2918.00	A	20.00	4.81	3.53
2918.00~2936.00	B	18.00	6.32	33.58
2936.00~2990.00	C	84.00	6.56	16.20
2990.00~3012.00	D	22.00	8.07	21.38
3012.00~3061.00	E	49.00	8.20	5.88
3061.00~3158.00	F	97.00	11.25	1.11

6.1.2.3 阿拉斯加普拉德霍湾油田

普拉德霍湾油田是北美最大的油田。该油田在20世纪60年代由大西洋富田石油和天然气公司发现,并在1977年投产,日产油量超过70000bbl(图6.14)。1979年产量开始降低,1981年开始注水,产量得到改善。1984年开始了第二轮注水。自此产量稳定递减,截至目前该油田已经采用了多种增产措施。

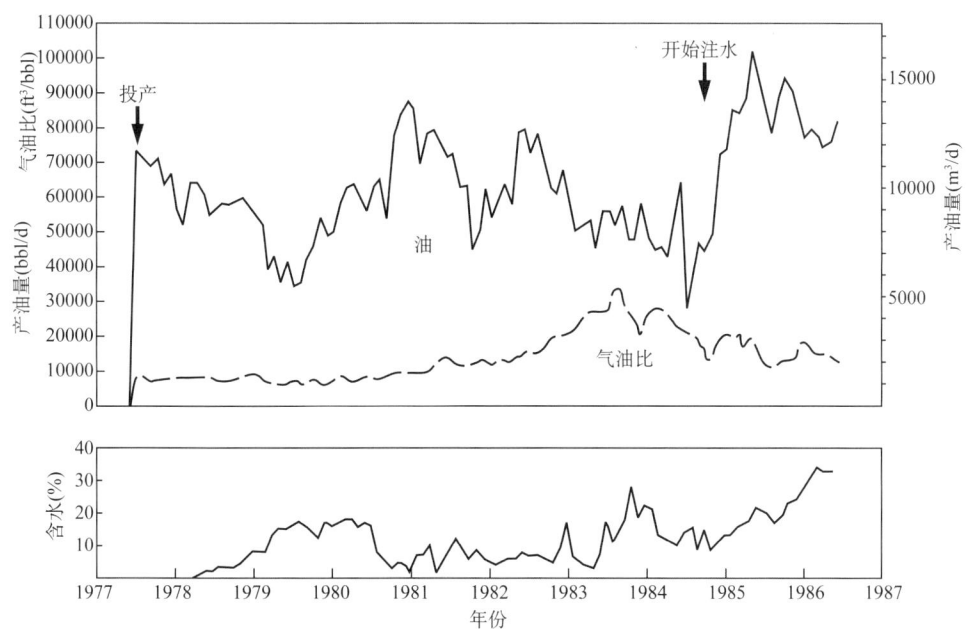

图6.14 普拉德霍湾油田的生产历史图(据Atkinson等,1990;转载得到的Springer-Verlag许可)

1977年投产,请注意该油田在经历了1979年的产量递减后,在1981年开始注水后产量递减缓慢,因此在1984年实施了第二轮注水,提高了产量。目前该油田产量递减较快

该油田的产层为二叠系—三叠系Sadlerochit组的Ivishak砂岩(图6.15)。油田位于

Barrow 穹隆的顶部，不整合和断层相结合构成其北部边界（图 6.15 和图 6.16）。油田分为西部和东部两个开发区（图 6.16）。

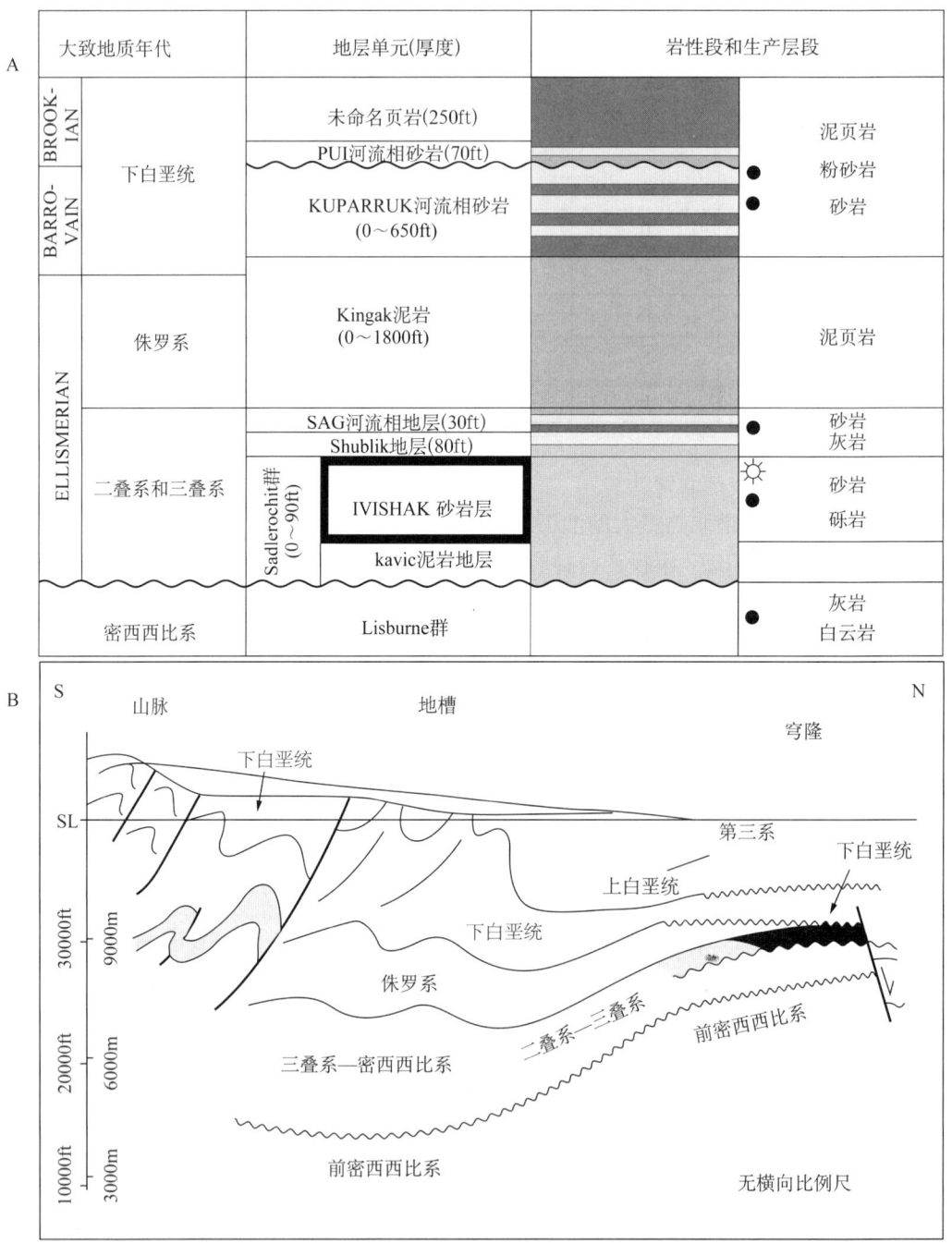

图 6.15 （A）组成普拉德霍湾油田的不同年代地层的地质剖面图；（B）主要的储集砂体 Ivishak 砂岩，是由砂岩和泥岩共同组成的，上覆的侏罗系 Kingak 页岩以及下白垩统 Kuparuk River 岩层形成了泥页岩质顶部盖层。Kuparuk River 岩层中的砂岩是位于阿拉斯加北坡巨大的 Kuparuk River 油田中主要的储集岩体（据 Atkinson 等，1990；转载得到 Springer-Verlag 许可）

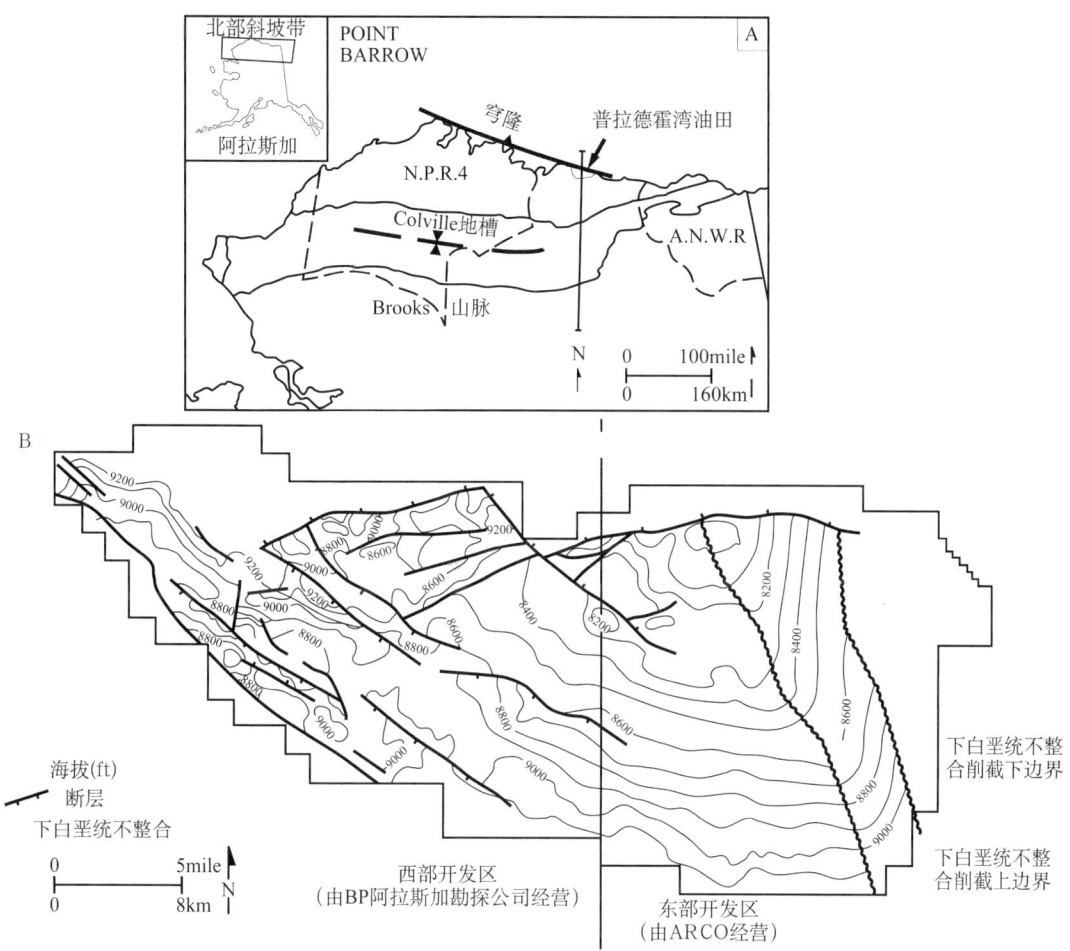

图6.16 （A）普拉德霍湾油田在 Barrow 穹隆中的位置。在地质历史时期中，Barrow 穹隆是一个区域性的大背斜，这决定了油田的构造特征，且利于油气聚集成藏；(B) 普拉德霍湾油田的构造图，包括主要断层（黑线）。该油田分东西两个区块进行开发，西区由 BP 经营，东区从前由 ARCO 经营，现在由 Conoco-Phillips 经营。在东区的东部边缘，地层被下白垩统不整合（LCU）所削截，形成该油田的东部边界（据 Atkinson 等，1990；转载得到 Springer-Verlag 许可）

油田范围内 Ivishak 砂岩的总厚 200m（600ft），净毛比达到 90%（图6.17）。大部分 Ivishak 砂岩是砂质和砾石质辫状河沉积，其下部粒度更细、泥质含量更高，属于三角洲前缘（图6.18 和图6.19）（Tye 等，1999）。

沉积序列上，该油田储层自下而上可划分为底部的三角洲前缘砂泥岩沉积，之上主要是辫状河体系远端沉积，然后是辫状河体系中部沉积，顶部为更远端的辫状河沉积（图6.18 和图6.19；参见图6.3 中辫状河沉积体系模式图）。有的砂体呈孤立状，镶嵌在厚层泛滥平原页岩中。岩相控制了砂岩的孔隙度和渗透率。辫状河体系中部沉积形成的含砾粗砂岩孔隙度和渗透率最高，其次是辫状河体系远端沉积的中砂岩，三角洲前缘粉细砂岩的孔隙度和渗透率最低（图6.20）。

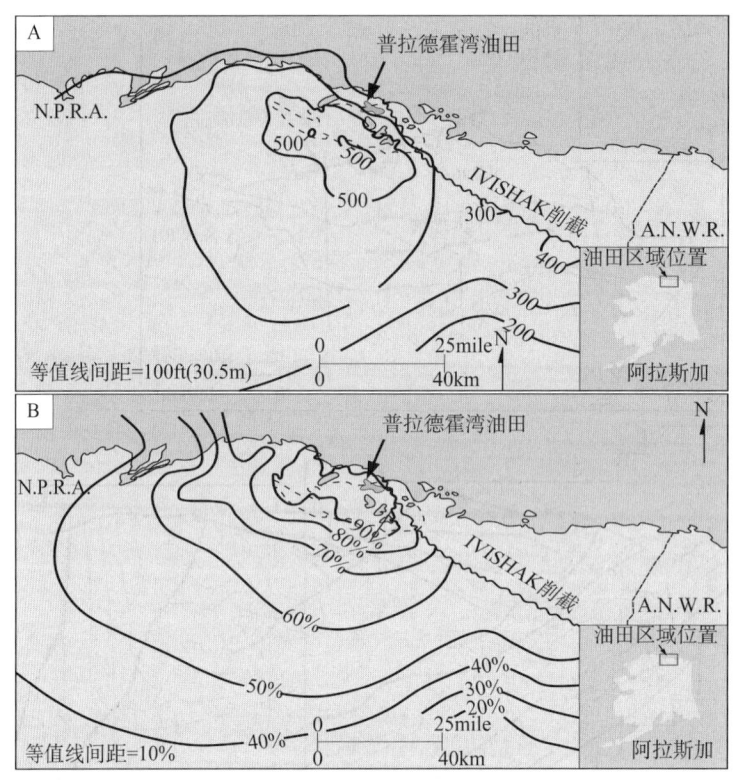

图 6.17 （A）Ivishak 砂岩的砂岩等厚图，由图可见，砂岩最大厚度大于 200m（600ft）；（B）Ivishak 砂岩的有效砂岩等厚图，在厚度最大的区域，净毛比可达 90%，有效厚度达 180m（540ft）（据 Atkinson 等，1990；转载得到 Springer-Verlag 许可）

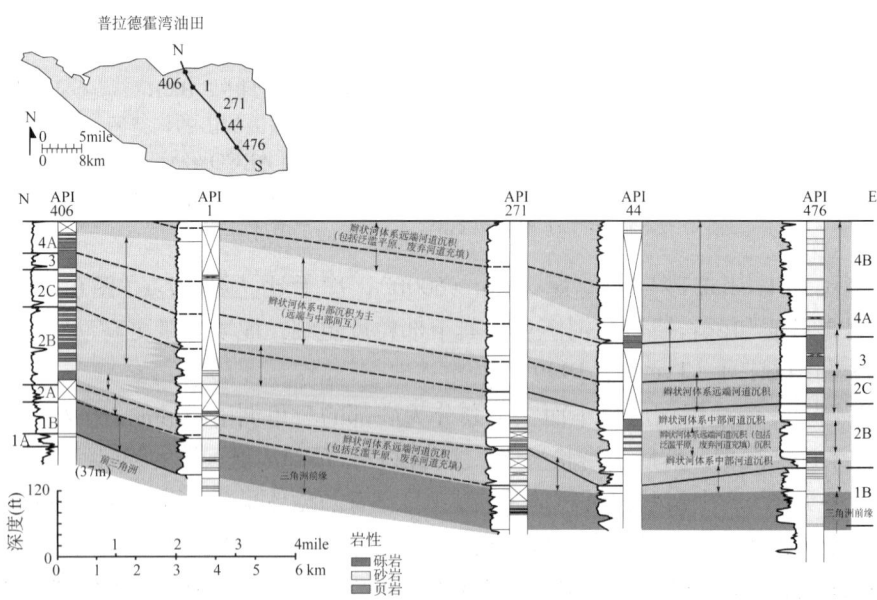

图 6.18 北西—南东向岩相和沉积环境连井剖面图（不同颜色代表不同岩石类型和沉积环境）（据 Atkinson 等，1990；转载得到 Springer-Verlag 许可）

图左侧和右侧的数字和字母(如,4A,2C 等)代表了作业者使用的地层划分方案,该图反映了岩相横向变化的趋势：砾岩向北增多，而砂岩向南增多

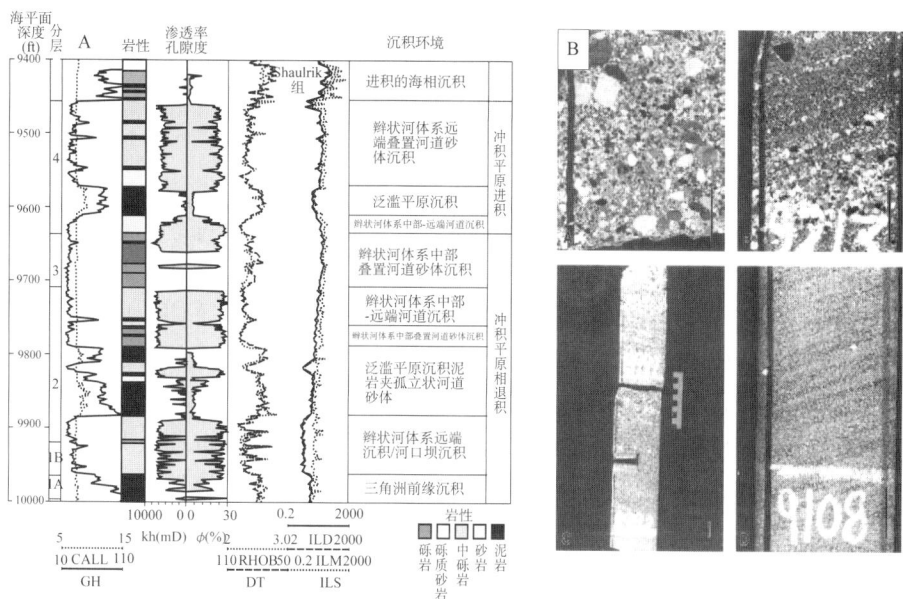

图6.19 （A）储层段综合柱状图（包括测井曲线、岩心描述以及孔渗资料，展示了不同岩性在井中的垂直叠置，但总体来说除了泥岩段，其他岩性的孔隙度和渗透率都相当高，右边一栏表述了沉积环境；（B）储层段砾岩和粗砂岩的岩心照片（据Atkinson等，1990；转载得到Springer-Verlag许可）

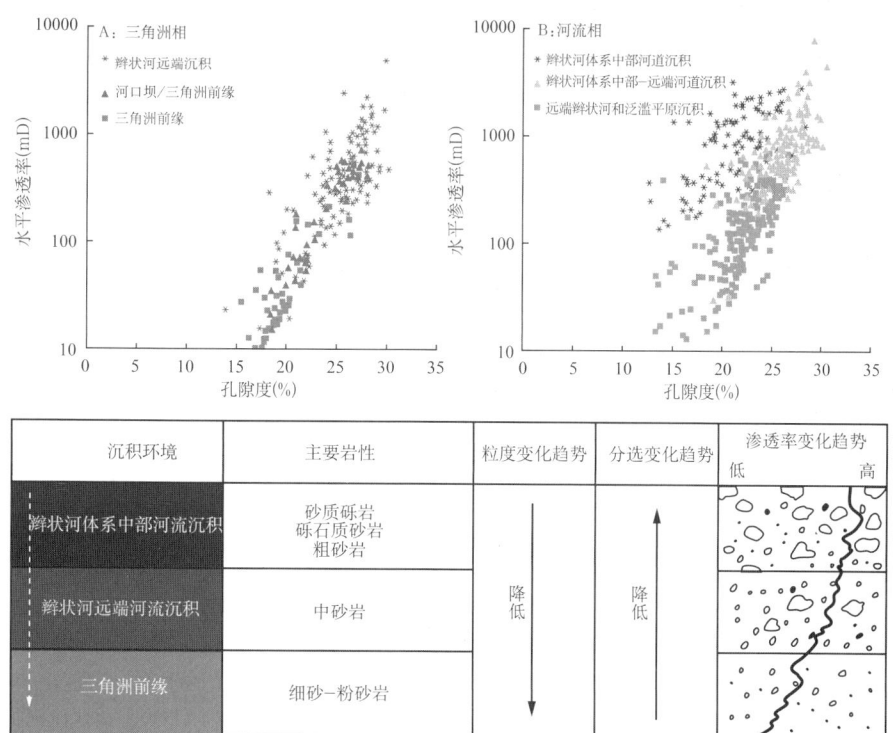

图6.20 （A）Ivishak砂岩三角洲相和河流相沉积中不同岩相的孔隙度与渗透率交会图，粒度较粗的辫状河体系中部沉积渗透性最好，其次是（渗透率降低）粒度较细的远端辫状河沉积，最后是三角洲前缘沉积；（B）Ivishak砂岩不同沉积相砂岩的粒度、分选以及渗透率变化趋势综合图（辫状河体系中部和远端沉积以及三角洲前缘沉积），这是另一口井中的沉积相解释（据Atkinson等，1990；转载得到Springer-Verlag许可）

— 165 —

6.2 曲流河沉积与储层

6.2.1 形成过程和沉积特征

顾名思义，曲流河具有沿河道延伸方向（轴向）呈波状弯曲的特征（图 6.21A）。曲流河可以形成于下切谷内（后文会详细讨论），也可以以非下切的形式直接形成于泛滥平原之上（Posamentier，2001）。对低位体系域内发育的河流系统来说，下切作用是否发生的关键在于冲积平原和邻近陆架的坡度。如果坡度比相邻的冲积平原陡，就会发生下切作用。反之，如果坡度比相邻的冲积平原缓，下切作用就不会发生。

本节首先讨论非下切型的曲流河沉积，之后讨论下切谷充填沉积及其储层。典型的曲流河一般形成于地形坡度较小的河流泄流系统的下游。因此，曲流河沉积体系的搬运和沉积能量要低于辫状河，这导致了曲流河沉积体系细粒沉积物更为普遍。虽然曲流河在一年中的大部分时间可能平静而稳定（图 6.21A 和 B 以及图 6.22A），但在洪水期却具有很大的能量（图 6.21C）。砾石和砂砾大小的颗粒以床砂载荷的形式顺流搬运（图 6.4），而细粒的悬浮载荷溢出河岸，在相邻的泛滥平原发生沉积（图 6.21C）。在洪水期，河流流动强度大，侵蚀作用和沉积作用相结合就形成了弯曲的河道，也就是曲流环或河套。

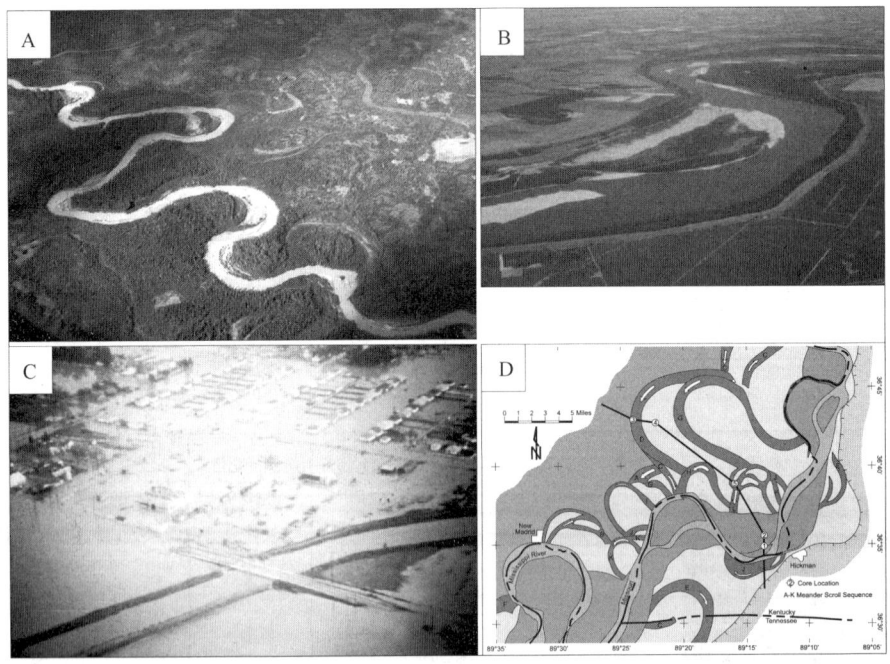

图 6.21 （A）曲流河以及邻近的泛滥平原，注意弯曲的废弃河道被泛滥平原上的植被所覆盖；（B）密西西比河河曲上的点坝砂；（C）洪水期的河流，注意堤岸指示了主河道的轮廓；（D）密西西比河流域上游地图（局部），显示了边滩沉积的复杂性（黄色），泥质淤积河道（绿色）分割了各个边滩，蓝色是现今的活跃河道显示（B 和 D，引用得到 D. Jordan 许可）

河道中的流动构造无论水平方向上还是垂直方向上都是变化的（图 6.22）。而且，一旦河湾开始形成，在曲流弯道外侧顺流而下的水流比在内侧的流得更快一些（也就是说，曲流弯道外侧比内侧流速快）。因此，外侧弯道主要受到侵蚀作用，由此得名"凹岸"。内侧弯道发生沉积作用，形成"边滩点沙坝"（图6.21B）。

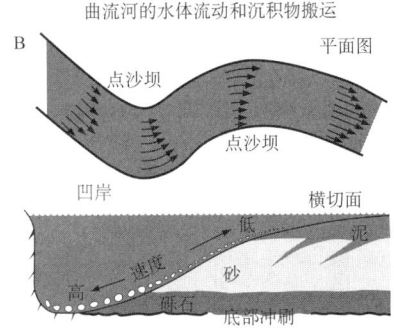

图6.22 （A）流动的河流，具有曲流弯道的凹岸和点坝，注意具波纹的床砂底形，水的流动和沉积物的搬运是沿从河面到河底的方向进行的；(B)曲流河水流的平面图和剖面图，凹岸的水流速度比凸岸（边滩）的高，导致凹岸受侵蚀，凸岸发生沉积形成边滩，如果不考虑河床之上的摩擦力，河道中的垂向流速从凹岸向边滩趋于递减

随着时间的推移，凹岸不断遭受侵蚀的同时凸岸不断沉积，最终在泛滥平原上发生沉积体的横向迁移（图6.23）。当水流能量特别高时，河流可以切蚀边滩以及泛滥平原，形成新的河道。旧河道逐渐废弃，最终被泥质和有机质充填。有的曲流河系统十分复杂，包含一系列被泥质废弃河道分割的砂质边滩沉积（图6.21D）。在河流剖面中（图6.22），由于上部水流流速较低，同时由于河道的侧向迁移，使边滩逐渐远离河道（图6.22和图6.23），因此从河道底部到边滩顶部沉积物粒度向上变细。

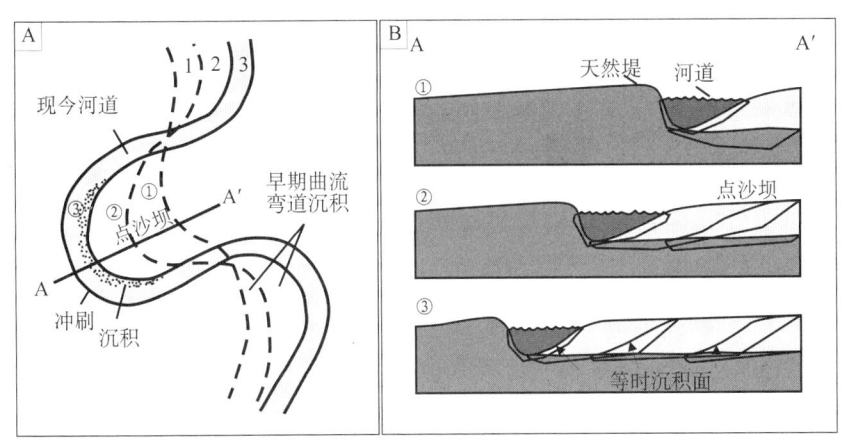

图6.23 曲流弯道侧向迁移的过程的（A）平面图以及（B）横切面

凹岸沉积物被剥蚀，顺流沉积到边滩上，导致了曲流弯道逐渐侧向迁移，图中河道迁移方向为从右向左（图片来源不详）

了解曲流河的沉积过程对了解其储层特性和生产动态有以下几方面重要意义：①边滩部位沉积的砂形成了曲流河体系的主要储层；②由于泥质充填的废弃河道横切边滩，边滩沉积的砂体可能被高度分块化（图6.21D和图6.24）；③正如第5章所说，边滩沉积（图6.24）向上粒度变细，意味着渗透率同样向上变小。因此，注水开发通常可以有效波及边滩砂岩底部渗透率高的部位，而上部细粒部位将无法波及（图6.25）。

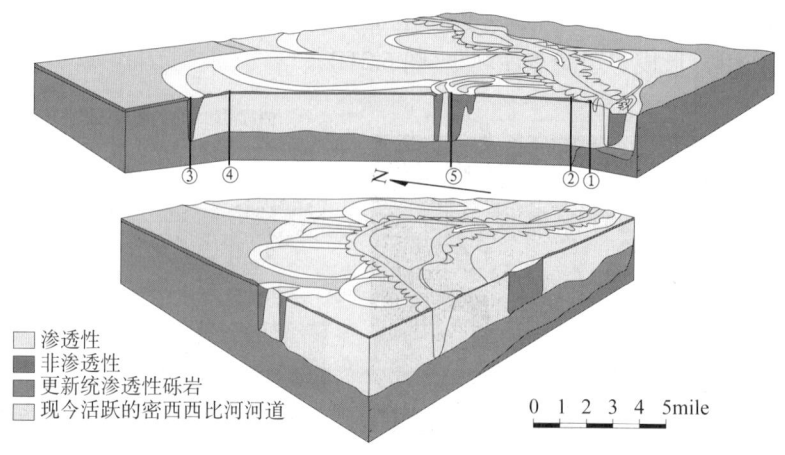

图6.24 密西西比河局部复杂沉积特征结构图（图6.21D）

曲流河带一级非均质性沉积发生在更新统砾岩的顶部活跃的河道，用蓝色表示，可渗透的边滩砂岩用黄色表示。当河道废弃时，就会被泥质或者有机质充填，这些充填物埋藏成岩后将会形成不渗透泥岩。在一套具有横向可对比性的点坝砂岩储层中，这些泥岩或泥质淤积物会形成垂向渗流屏障，阻挡流体的运移，由此，废弃河道泥岩将点坝砂岩横向分隔为多个流动单元（插图引用征得 D.Jordan 许可）

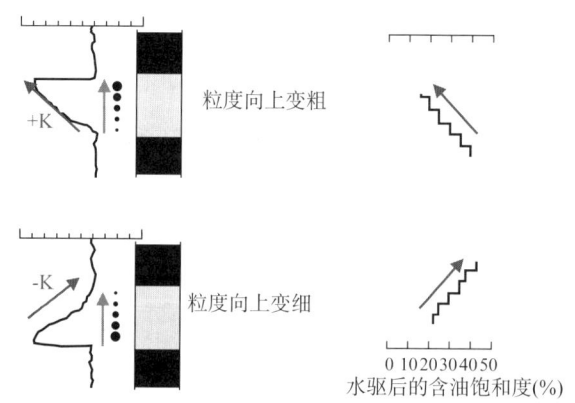

图6.25 两个砂层或砂体的伽马测井曲线简图

黑色的点代表砂岩粒度的相对大小，上图的砂岩粒度向上变粗，下图的砂岩粒度向上变细。由于粒度的影响，在粒度向上变粗的砂岩中，渗透率向上变大，而在粒度向上变细的砂岩中渗透率则向上变小。右边两个梯状曲线反映了水驱之后的剩余油饱和度。水驱的原理是水被注入到油层中驱替油，使更多的油运到生产井中。在以上两种粒度变化情况下，水驱之后剩余油的分布都是不均一的，而是根据渗透率或粒度大小的变化分布的。对粒度向上变粗的砂岩来说，由于注入水优先在油层顶部渗透性好的区域流动，所以水驱之后油层顶部的剩余油比底部的要少。因此，水驱完成后，剩余油在渗透率高的顶部少，在渗透率低的底部多。同样的原理也体现在下图粒度向上变细的砂岩中。水驱后砂岩中剩余油最少的部位是粒度粗、渗透性好的底部，这个部位水驱最彻底（图片来源不详）

6.2.2 油气藏实例

6.2.2.1 科罗拉多州 Rulison 气田

位于科罗拉多州 Piceance 盆地的 Rulison 气田可以证明：曲流河储层精细表征对提高天然气采收率具有重要意义（Kuuskraa 等，1997）。储层表征技术使得该气藏恢复生产，并且将预测的最终采收率（EUR）从每井低于 $1.0 \times 10^9 ft^3$ 提高到大约 $1.9 \times 10^9 ft^3$，提高了 90%。

南 Piceance 盆地单位面积（1mile² 为 1 个单位）产气量等值线图显示，Rulison 气田在该区域中产气量最高（图 6.26）。

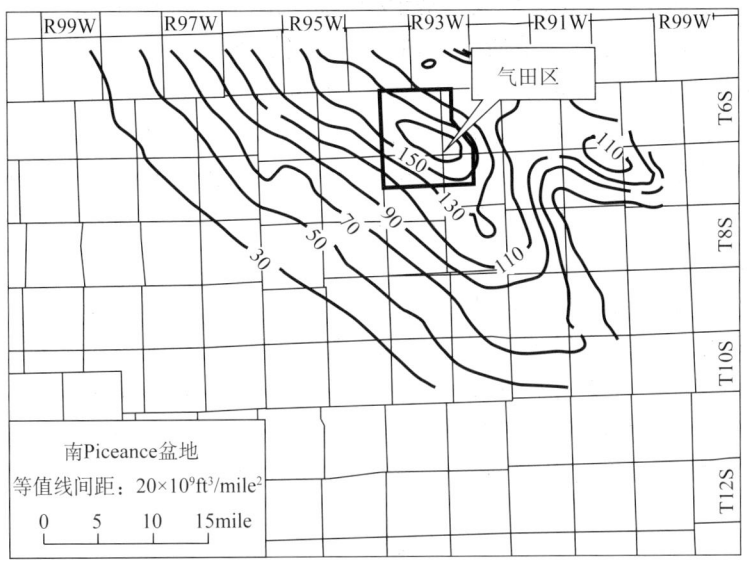

图 6.26 南 Piceance 盆地单位面积产气量等值线图，Rulison 气田在这个区域产气量最高（据 Kuuskraa 等，1997；转载得到落基山脉地质学家协会许可）

Rulison 气田的产层是上白垩统 Williams Fork 组砂岩。Williams Fork 组是该区域的主力含气层，储层为河流边滩沉积形成的多期叠置透镜状砂岩。每套砂岩厚 6.7～20m（20～60ft），宽约 500m（1500ft），但是砂体内部连通性差。同时，黏土和胶结物导致基质孔隙度和渗透率低，也影响了产量（图 6.27）。试井渗透率高于岩心渗透率（高出 1～2 个数量级），说明这个致密砂岩气田有很高的裂缝渗透率。采用航磁、地震以及测井资料对开启的天然裂缝的分布趋势及走向进行分析。通过分析，发现了一个高产带，在这个带内开启裂缝十分发育。高产带的预测最终采收率（EURs）是非高产带的三倍。同时，考虑黏土矿物伊利石和蒙皂石的影响重新确定了地层水电阻率；根据重新确定的地层水电阻率计算的含气饱和度从之前的 40% 提高到了 64%～85%。

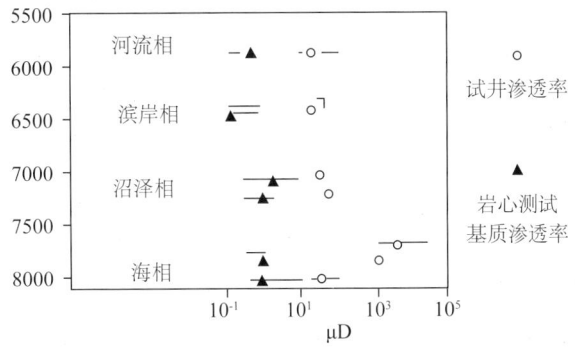

图 6.27 不同沉积相砂岩的岩心基质渗透率和试井渗透率投点图
（据 Kuuskraa 等，1997；转载得到落基山脉地质学家协会许可）

试井渗透率比基质渗透率高出一个或多个数量级，说明储层中存在开启的裂缝，这是一个对渗透率有重要影响的因素

在 1993 年以前，钻井只布在具有较高生产能力的区域。1993 年，更多区域进行了测试并投入了开发，直井或斜井钻遇并确定了大量的产层。然而，为了确定单井控制面积，必须预测边滩砂岩储层连通体的规模。基于相似露头的边滩透镜体的测量数据，同时考虑 Rulison 气田砂岩的展布方向，地质学家估计砂岩储层整体展布方向为北西—南东向，横向上单个边滩透镜体的连通宽度平均为 250m（750ft）（图 6.28）。根据这一宽度，计算不同井控面积下可钻遇的边滩砂岩连通体的个数（表 6.2）。以 640acre 的范围为例，井控面积为 160acre/井时需要钻 4 口井，这 4 口井都将钻遇相互独立不连通的砂体；井控面积为 80acre/井时需要钻 8 口井，其中有 2 口井将钻遇同一个砂体，其他 6 口井将钻遇相互独立的砂体。井控面积为 40acre/井时需要钻 16 口井，其中有 4 口井将会钻遇同一砂体，其他 12 口井会钻遇不同的砂体；最后，井控面积为 20acre/井时需要钻 32 口井，其中 8 口井钻遇同一砂体，其他 24 口井会钻遇不同的砂体。开发早期井距较大（160acre/井），由于干井数量多，井控面积随后减少到了 40acre/井，最后该区以 20acre/井的井控面积进行了实验开发。有趣的是，当新井距离老井的平均井控面积为 50acre 时，新井的井底压力恰好为原始地层压力，这进一步证明了边滩砂体内部是高度分块化的。

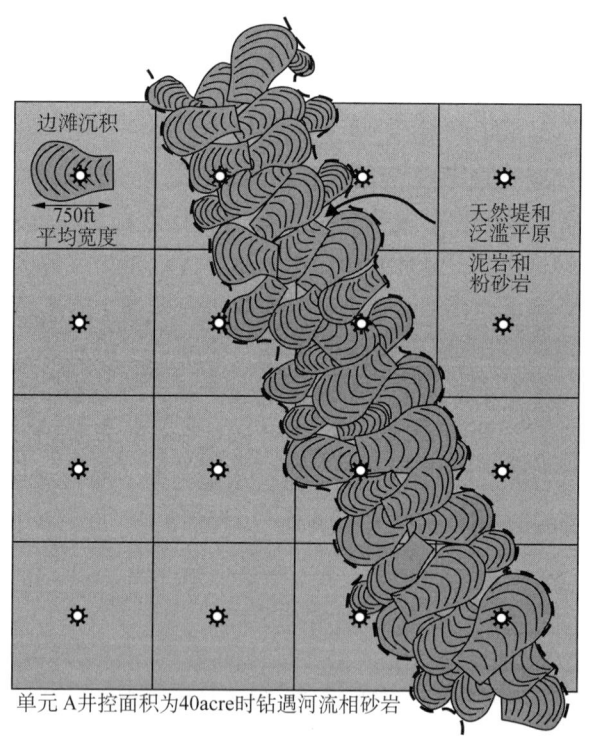

图 6.28 Rulison 气田的边滩砂岩储集体的分布示意图（参考了露头砂体规模数据）（据 Kuuskraa 等，1997；转载得到落基山脉地质学家协会许可）

整个方格代表了 1mile² 的单位面积，每个小方格占 1/8，等于 40acre

确定合适的井距必须有所权衡。井距越小，钻到产层的可能性越大。但是，每增加一口井的花费都很高。因此，在必要的情况下钻最少的井。在这个气田中，以 160acre 为单位钻井，单位面积的天然气采收率仅为 7%，而以 40acre 为单位钻井，单位面积的天然气采收率可以达到 26%（表 6.2）。

表 6.2 科罗拉多州 Rulison 气田不同井距下的采收率

井控面积		钻遇同一砂体的井数（口）	钻遇不同砂体的井数（口）	预测最终采收率（%）
acre/井	（井数/mile²）			
160	4	0	4	7
80	8	2	16	13
40	16	4	12	26
20	32	8	24	—

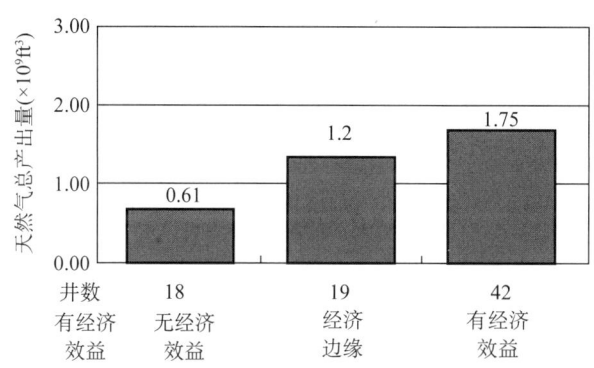

假设条件：成本支出800,000美元/井，作业费1,000美元/月
天然气储存0.22美元/10³ft³
税20%/7.5%

图 6.29 根据储层精细表征成果改进后的钻井净效益直方图
（据 Kuuskraa 等，1997；转载得到落基山脉地质学家协会许可）

根据图中列出的成本价格，在价格为 \$1.50/10³ft³ 时，Rulison 气田钻井 42 口时总产量为 $1.75 \times 10^9 ft^3$，具有经济效益；19 口产量为 $1.20 \times 10^9 ft^3$，处于经济边缘；仅钻 18 口时，不具有经济效益。在此成本条件下，77% 的井被视为是有经济效益的

图 6.29 说明了以上分析所带来的经济效益。纵轴表示产出的天然气总量。在天然气价格为 \$1.50/10³ft³，发现成本和设备更新成本为 \$0.50/10³ft³ 时，钻 42 口井产量为 $1.75 \times 10^9 ft^3$，具有经济效益；经济下限井数为 19 口，产量为 $1.20 \times 10^9 ft^3$；如果钻 18 口井，则不具有经济效益。在此成本条件下，77% 的井被视为是有经济效益的。

6.2.2.2 得克萨斯州 Stratton 气田

南得克萨斯州 Stratton 气田发现于 1922 年，到 1994 年累计产气量达 $2.4 \times 10^{12} ft^3$（Levey 等，1994）。该气田产气层为渐新统 Frio 组，是一套厚度较大的河流相砂泥岩地层，沿着区域沉积走向产气量高。该套沉积是从物源向 Vicksburg 断层下降盘延伸而形成的，该套沉积历时 8Ma（Galloway 等，1982）。

Stratton 气田位于 Frio 组中段。Frio 组是一套加积层序，加积速率是随时间变化的。在加积速率低的时期，发育侧向叠置的河流—决口扇沉积体系；而在加积速率高的时期，发育垂向叠置的河道—决口扇体系（Kerr 和 Jirik，1990）。单个的河道充填层序厚度为 3～10m（10～30ft）。通常情况下，多个河道合并成多层叠置的带状，宽度可达几千米（英里）。地震反射显示，大部分断层延伸到 Frio 组下段，但并没有切割 Frio 组中段（Hardage

等，1996）。

在 Frio 组储层中，有一套命名为 F37 的砂岩储层，由一套互相横切的曲流河河道砂岩以及伴生的泛滥平原泥岩组成。三维地震时间切片（大约 1.64s，据 Levey 等，1994）表明这套储层很复杂，但不能直接说明河道砂体个数（图 6.30）。然而，压力数据和测井对比结果显示，在一个 1mile^2（井控面积 40 ~ 80acre/井）的范围内至少有 3 个相互分隔的河道砂体，储层品质都较好（孔隙度大于 20%，渗透率 10 ~ 92mD），它们各自具有不同的压力范围（图 6.31）。储层评价表明如果井控面积达到 40acre/井，那么就能实现可采储量的增加，而井控面积增大则不能增加可采储量（Levey 等，1992）。

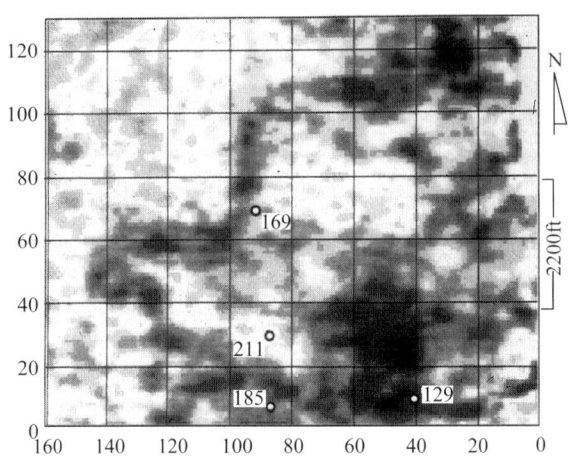

图 6.30　Stratton 气田 F37 曲流河储层的 3D 地震水平切片（等时切片图）（据 Hardage 等，1996；本文转载得到 AAPG 许可，如需引用仍需得到许可）

曲流河道用蓝色表示，为低振幅，图中标注了四口井的位置

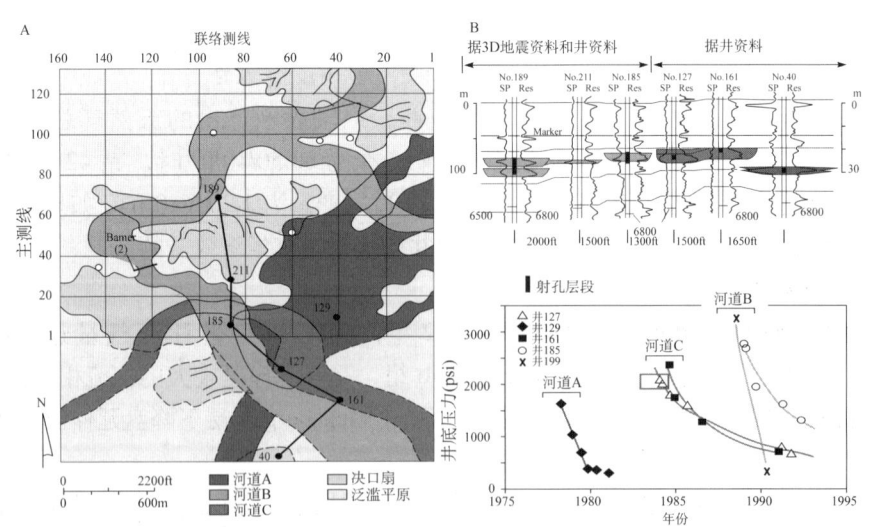

图 6.31　图 6.30 中 3D 地震等时切片的曲流河沉积体系解释
（据 Hardage 等，1996；转载得到 AAPG 的许可，如需引用仍需得到许可）

根据测井曲线对比剖面和压力资料（B），绘制了三个不同的河道砂体，剖面的位置如（A）所示，图 6.30 中也标注了一些井位

Sanchez（2003）采用相同 3D 地震数据体，应用多种地震处理技术对比 F37 层埋深浅的 B64 层（约 1.24s 处，据 Levey 等，1994）（图 6.32），其目的是评价这些地震处理技术能否提高河流沉积体系的成像能力和分辨率。基于 21 口井的测井曲线资料（包括伽马测井、中子孔隙度、密度孔隙度、声波测井以及电阻率测井）进行了岩石物性评价，确定了储层的孔隙度、泥质含量、含水饱和度、含气饱和度以及有效储层厚度。构造上，B64 层与 F37 层情况相似，结构较简单。

第 2 章中已经论述了不同地震频率下 B46 层的频谱分解时间切片（图 2.22 和图 2.23）。研究表明，频谱分解时间切片在不同频率下具有不同特征，因此，可以用来提高储层成像精度，刻画储层精细特征。

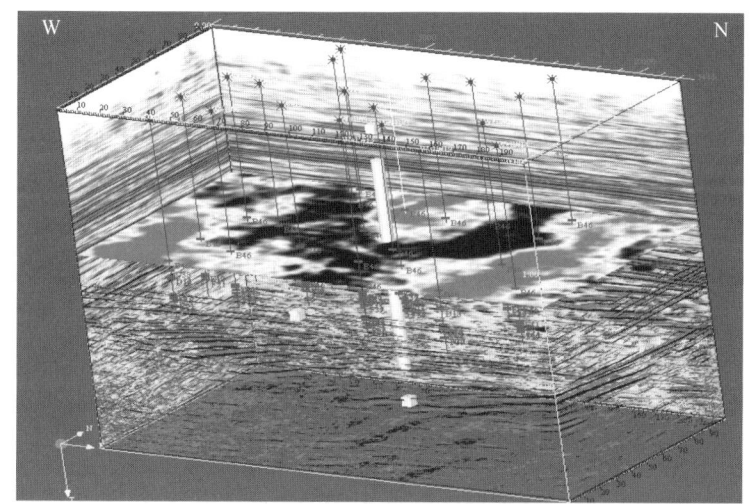

图 6.32　Stratton 气田 B46 层的 3D 地震时间切片（垂直的蓝色线条代表井；
转载得到 M.E.N. Sanchez 的许可）

在该层中井资料具有很好的控制作用

将 B46 层沿层面拉平，其地震时间切片显示了明显的弯曲河道，其中相对高的地震震幅明显地指示了河道（图 6.32 和图 6.33A）。振幅的变化（图中颜色的变化代表振幅的变化）是岩性和流体成分变化的结果。

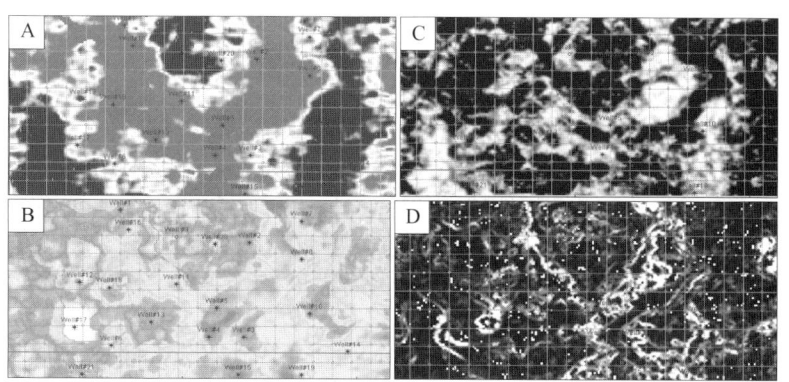

图 6.33　(A)B46 层的地震振幅时间切片，同一时间切片如图 6.32 所示；(B)同一时间切片的声阻抗图像；(C)同一时间切片的相干体图像；(D)同一时间切片的声阻抗—相干体图像。这些图像的产生参见正文或参考 Sanchez（2003）（转载得到 M.E.N. Sanchez 的许可）

与图6.33A所示的时间切片同一层位的另一图片是声阻抗时间切片（图6.33B）。地震反射振幅是相邻岩层间声阻抗差异的反映。声阻抗是岩石密度和声波速度的产物，因此可以通过测量它得到岩石物理性质。声阻抗数据可以直接被转换成岩性参数或者储层物性，例如孔隙度和有效厚度。这个实例中（图6.33B），采用基于模型的反演算法进行反演，产生声阻抗数据体，从而得到声阻抗时间切片。声阻抗时间切片比地震震幅切片更能对储层展布进行精细刻画，并能反映储集砂体的分块性（图6.33A）。

图6.33C是同一层位的方差切片。在第2章中提到的相干属性（或者与之相反的一个属性——方差）是反映地震反射横向变化或相似性的参数。这个例子中（图6.33C）用灰色标尺量化了岩性参数的变化。与声阻抗时间切片相同，这个切片也说明该层存在明显的岩性变化。

将同一层的方差数据体与声阻抗数据体相结合，用一张切片显示，可以反映更多的细节（图6.33D）。

基于以上地震属性的处理结果，Sanchez（2003）将声阻抗、方差、谱分解、振幅包络线以及地震道的瞬时频率结合起来，采用人工神经网络算法，产生了一种基于三维数据体的属性分析方法，用来预测孔隙度和电阻率。该数据体的时间范围是0.34s，其顶部为B46层位，底部大约在F37之上0.09s。分析过程采用了21口井中的部分井作为控制点。穿过0.34s这个地震时窗的一些井的孔隙度预测值与实际值的交会图表明，预测值与实际值相关性很好（r=0.976571）（图6.34A）。孔隙度平面图和电阻率平面图突出了高孔隙度和高电阻率的分布范围（图6.34B和C）。Sanchez（2003）的研究表明，采用这种方法分析地震属性，可以突出钻井目标，减少钻井风险。

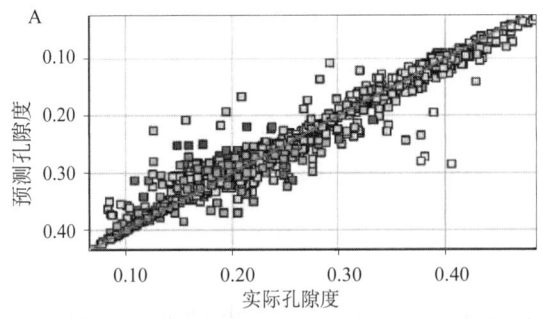

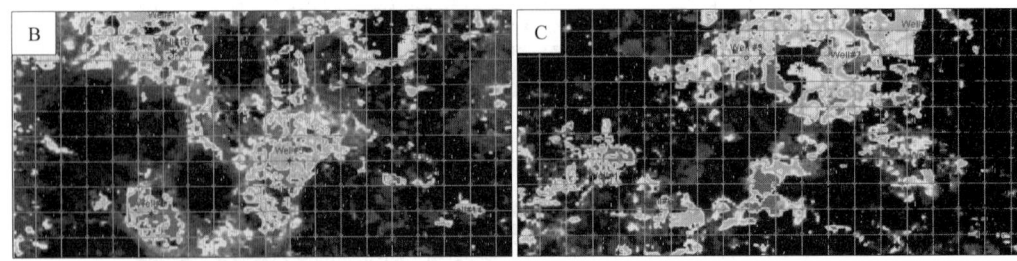

孔隙度（红色=28%；黑色=20%）　　　　　电阻率（红色=3%；黑色=2%）

图6.34 （A）对18口测试井（不同颜色数据点）的不同储层段进行神经网络分析得到的实际孔隙度（横轴）与预测孔隙度（纵轴）交会图，S=0.976571;Error=0.0139535；（B）图6.33所示区域的孔隙度分布预测图；（C）图6.33所示区域的电阻率分布预测图（据Sanchez，2003）

图（B）和（C）都是通过井点标定的地震属性神用经网络分析得到的

6.3 下切谷充填沉积与储层

6.3.1 形成过程和沉积特征

当河流向下切入泛滥平原或者下伏的地层达到一定深度，并且在洪水期水流也不会漫过河岸时，就形成了下切谷（图6.35）。之前活跃的泛滥平原废弃成为河道间沉积（Posamentier，2001）。引起河谷下切的原因包括基准面下降、冲积平原的构造翘倾以及河流流量下降形成低能水流。在水流对下伏地层进行下切的时期，沉积物被顺流搬运，远离下切谷沉积体系。充填作用主要发生于基准面旋回从下降到上升的转换期和基准面上升期（图6.36）。下切谷的充填作用无论是在侧向上还是在垂向上都十分复杂。侧向上，本章前文已经描述过的曲流河沉积作用同样会发生在下切谷中，所以形成的沉积同样很复杂；纵向上，顺河流方向下切谷充填沉积也是变化的，向上游方向过渡为最初的河流沉积，向下游过渡为更多受海相沉积环境影响的沉积物（Bowen 和 Weimer，2003，2004）。垂向上，理想的下切谷充填序列自下而上为底部的河道滞留沉积，向上渐变为河流相砂岩，其上被河口砂岩和泥岩所覆盖（图6.36）。然而，向上游方向这一垂向序列将会具有更多的河流相沉积地层特征，向下游方向会具有更多的靠近海相沉积环境的河口沉积特征。图6.2C是新西兰北岛西海岸上现代下切谷的一个实例。这个河谷靠近海岸线。在低潮期（如图所示），河谷范围内发育河流水道；然而，在高潮期，河谷内海拔较低的部位被潮水淹没，河口沉积作用将重新改造河流沉积物。向上游（陆地）方向，潮汐作用对下切谷沉积的影响会逐渐减小直至消失。

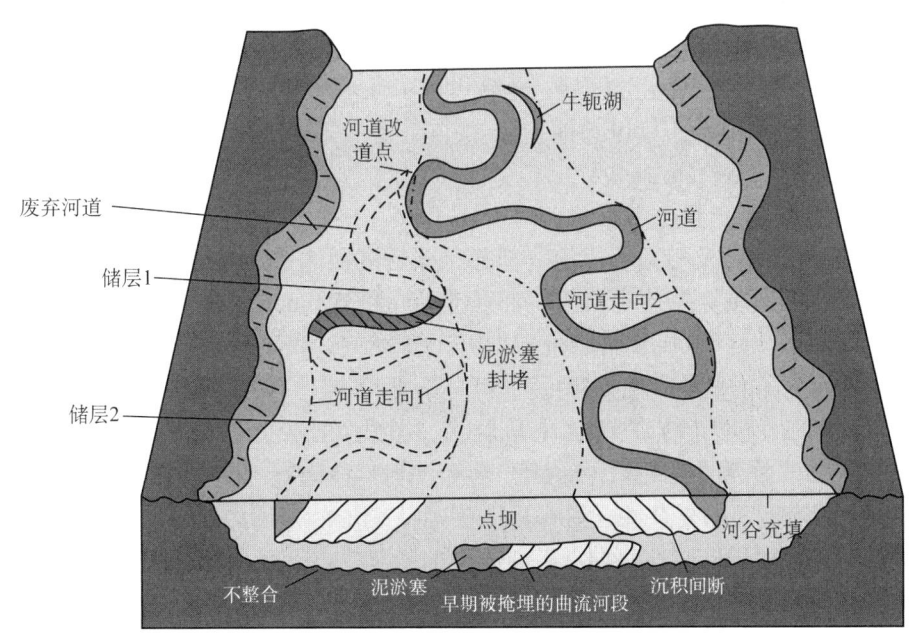

图6.35 下切谷中河流沉积物分布示意图

这条河谷下切到先前存在的沉积物中，褐色表示了先前存在的沉积物。谷底是一个不整合面，由于曲流河道随时间发生侧向迁移，边滩沉积的位置在侧向和垂向上发生变化（图6.25）（图片来自 R.Weimer）

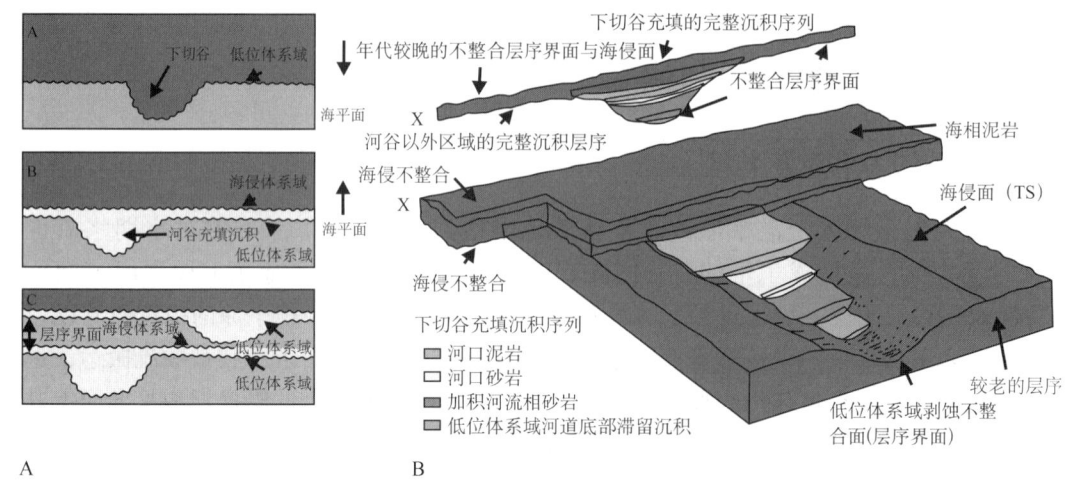

图 6.36 （A）海平面升降引起的河谷下切和充填的过程。海平面下降的过程中，河谷发生侵蚀作用；海面上升的过程中，河谷被充填。（B）河谷充填的理想沉积层序。底部是河道底部滞留沉积，随着海面上升，海水呈推进方式进入河谷，形成受海洋影响的河口，改造了之前的河流沉积物，形成河口沉积。当河谷被完全充填时，顶部则沉积开阔海相泥页岩（据 Weimer，1992；引用经 AAPG 许可，如需引用仍需得到其许可）

6.3.2 油气藏实例

6.3.2.1 科罗拉多州 Sooner 油田

Sooner 油田位于科罗拉多州丹佛盆地，其产油层是上白垩统的 D 砂岩（Sippel，1996；Montgomery，1997）。在第 1 章中已经论述了基于井点和三维地震反射资料得到的平面图（图 1.10），其砂岩储层属于下切谷沉积。依据井数据绘制的平面图显示出一个厚度达 8m（25ft）的连通砂体。三维地震资料揭示了该砂体内部结构复杂，分为多个部分。认识到这套河流相砂岩内部的多个储层分区后，重新设计了注水和井网加密方案，这样不仅减少了开采费用，还增产达 100×10^4bbl 原油。

6.3.2.2 科罗拉多州 Sorrento 油田

Sorrento 油田位于科罗拉多州的东南角（Mark，1998）。它是莫罗万阶（下宾夕法尼亚统）下切谷充填沉积以及相关沉积的一部分，该套沉积体系延伸范围包括科罗拉多东部、堪萨斯州西南部以及俄克拉何马州西北部（Bowen 和 Weimer，2003，2004）。该套沉积体系已经产出了超过 200×10^6bbl 原油和 8×10^{12}ft^3 天然气。该下切谷形成和充填于海平面低位时期和海平面上升的早期（图 6.36）。

Sorrento 油田的储集砂岩在平面上呈肘状，净砂岩厚度至少达 17m（50ft）（图 6.37，由图 6.38 可见砂体单元的截断值（cutoff）为 75 API）（Mark，1998）。从常规测井上看，砂岩响应明显，没有明显的复杂性（图 6.38）。然而，岩心标定后的伽马、中子、密度以及声波测井显示，该套砂岩储层在垂向上存在较大的变化。自下而上，底部为河道砂岩；其上覆盖被改造过的河口砂岩，顶部为海相泥岩（这个沉积层序与图 6.36 中的理想层序具有可比性）。被改造过的河口砂岩的渗透率比粒度相对粗的河流相砂岩低（图 6.38）。在河道砂岩中，由于碳酸盐岩胶结程度的不同，局部形成低渗的"致密夹层"。

3D 地震勘探勾勒了下切谷的主要轮廓，同时也反映了河谷内振幅存在明显变化

（图 6.39A）。岩心和测井资料证实了下切谷内沉积物内部结构复杂（图 6.39B）。为了将地震反射与沉积相相对应，从测井和岩心资料上识别沉积相，并在每条地震测线上将沉积相与相应的地震反射进行对比（图 6.40）。这一过程虽然很耗时，但是这种根据 3D 地震数据体精细成图的方法可以作出单个流动单元的三维空间分布图（Mark，1998）。静态压力测试证实，这一方法绘制出来的四套下切谷河道砂岩（流动单元）是相互孤立的（图 6.37）。砂岩内部的这种空间分隔一部分是由于存在碳酸盐岩致密胶结带，当两期河道沉积相连通时，就可能形成这些致密胶结带；同时，这种空间分隔也是油田内部复杂的沉积相分布造成的。油田的部分区块采集了地震 S 波资料，比地震 P 波资料揭示了更为复杂的储层内部空间分隔（图 2.30）（Blott 等，1999）。实践证明，这个层次的储层表征，对于优化加密井方案是有用的。

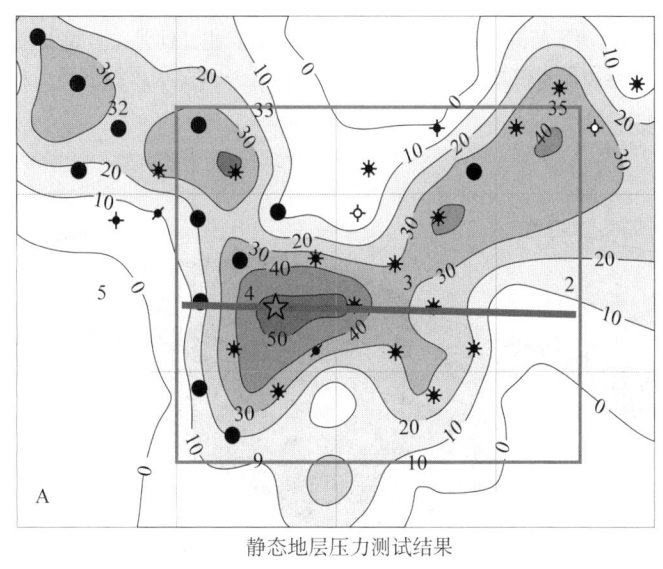

静态地层压力测试结果

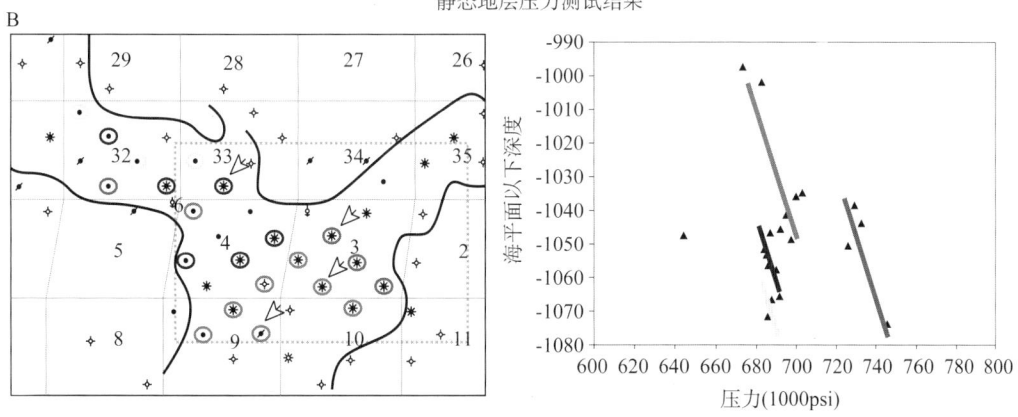

图 6.37 （A）Sorrento 油田砂岩等厚图。由图可见储层展布呈弯曲状，指示了曲流河沉积（下切谷中的曲流河）。砂岩等厚线弯曲处厚度最大，这很可能对应了一个边滩沉积。（B）该油田油井的静态地层压力测试结果。压力与深度交会图拟合出四条曲线，说明该砂岩储层内部至少被分隔成了 4 个储集单元。图中标示了压力测试井的位置。井的颜色与压力测试曲线的颜色相对应，以说明曲线数据来自哪些井。请注意每条曲线对应的井都集中分布在油田中不同的区域，从而从平面上证明了砂岩储层内部被分隔成不同储集体的认识（据 Mark，1998）

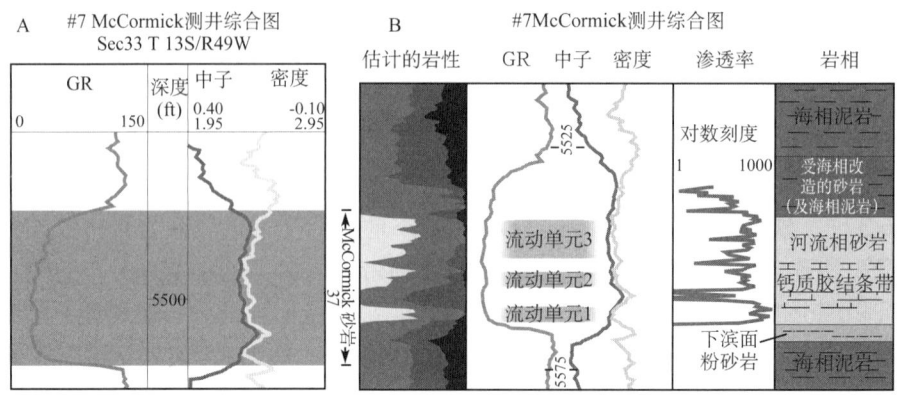

图 6.38 （A）Sorrento 油田的典型测井曲线。伽马曲线形态指示了相当均质的砂岩层，然而，正如（B）中所显示，该井的岩心揭示了河流相和受海相改造过的砂质岩相。此外，方解石条带的渗透率很低（见渗透率曲线）。因此，这段砂岩被划分为多个层（据 Mark，1998；引用经落基山脉地质学家协会许可）

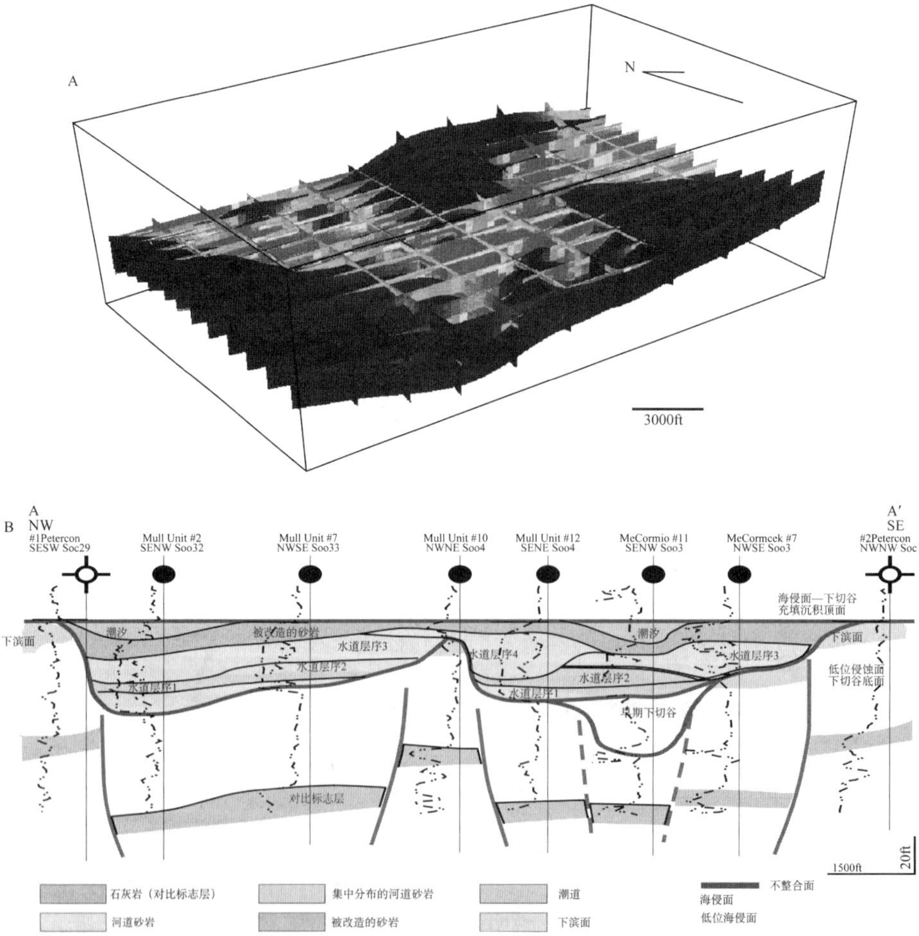

图 6.39 （A）Sorrento 油田 3D 地震数据体，地震波振幅的变化（颜色）反映了下切谷的外部轮廓和内部复杂性。（B）Sorrento 油田过井构造剖面，反映了①下部断层与下切谷之间的空间关系；②根据井点和地震资料分析得到的不同河道砂体的分布（据 Mark，1998；引用经落基山脉地质学家协会许可）

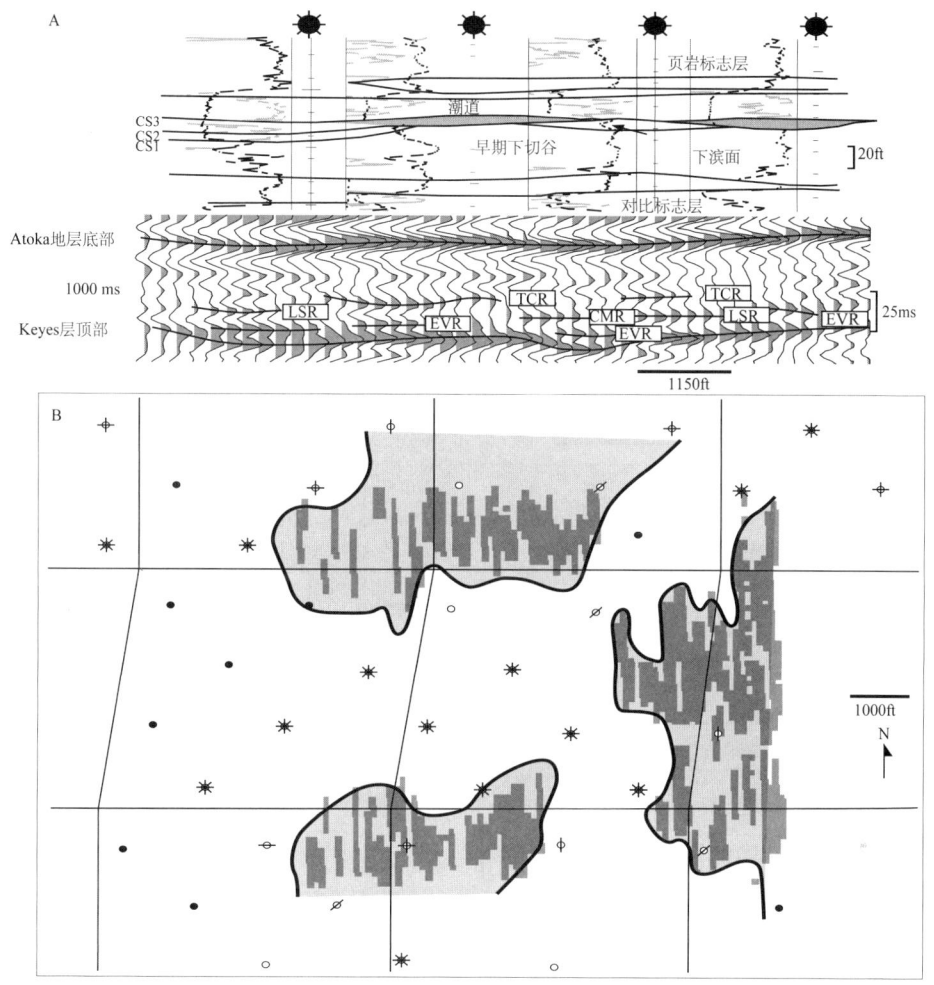

图 6.40 （A）3D 地震数据体的垂向地震剖面和对应的井点沉积相解释（沉积相解释根据测井和岩心资料得出）。为了描述该油田的沉积相展布，每一个地震反射在三维地震数据体上逐条测线进行了解释。（B）根据地震解释结果绘制出的一个沉积相实例。竖条纹表示在每一地震测线（垂向地震剖面）上的针对某一个地震反射得到的地震解释结果（据 Mark，1998；引用经落基山脉地质学家协会许可）

LSR—下滨面反射；EVR—早期下切谷反射；CMR—碳酸盐岩反射；TCR—潮道反射

6.3.2.3　堪萨斯州西南斯德哥尔摩油田

斯德哥尔摩油田是另一个莫罗万阶下切谷充填储层的实例，它与 Sorrento 油田的走向大致相同（图 6.41）（Tillman 和 Pittman，1993）。该油田的储层同样继承了曲流河沉积储层的形状特征，产层为斯德哥尔摩砂岩。该套砂岩下切到下伏的莫罗万段灰岩（图 6.42）。常规 2D 地震反射资料揭示了砂岩内部的一些复杂性，但是不能像 Mark（1998）和 Blott 等（1999）那样细致而有效地解析 Sorrento 油田储层的内部非均质性。虽然不同井的斯德哥尔摩砂岩的常规测井曲线看起来都很相似，但是岩心描述表明河口相和河流相在垂向上叠置、侧向上毗邻（图 6.43）。河口相砂岩由于孔喉半径较小，其渗透率比河流相砂岩低了将近一个数量级（表 6.3）。这个例子说明，当利用常规测井曲线划分和对比砂岩层段时，那些从测井曲线形状上看并不明显的垂向和侧向的岩相变化及储层物性变化，反而可能通过井间的对比显示出来。

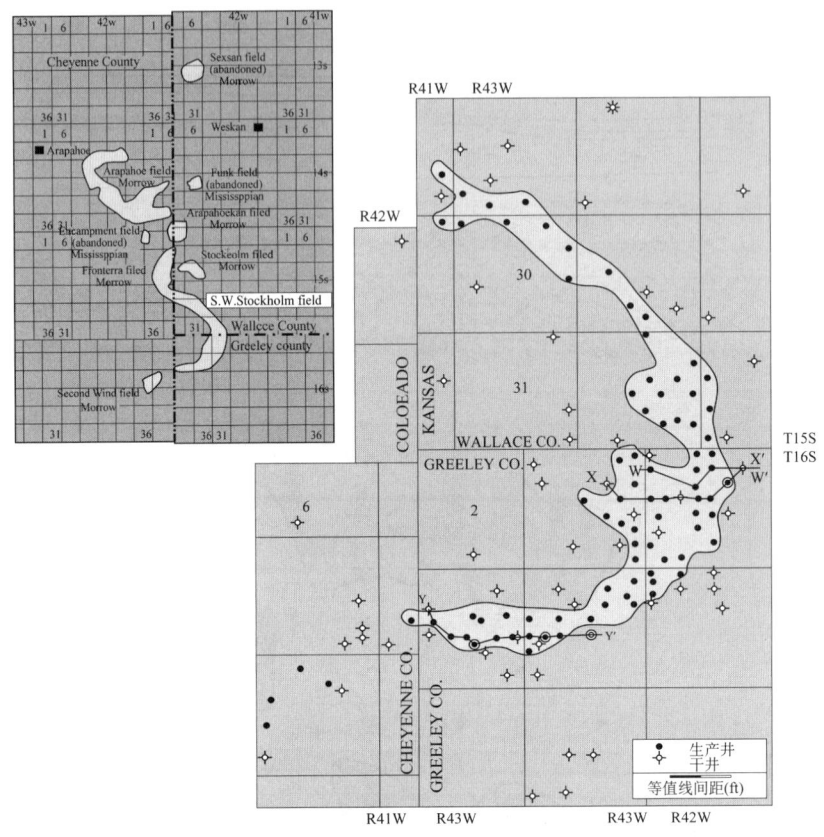

图 6.41　堪萨斯州的斯德哥尔摩油田（插图）和西南斯德哥尔摩油田（据 Tillman 和 Pittman，1993；引用经 PennWell Books 许可）

由图可见砂岩储层平面展布呈现出弯曲的轮廓，这是鉴别曲流河（下切谷内）的典型轮廓特征

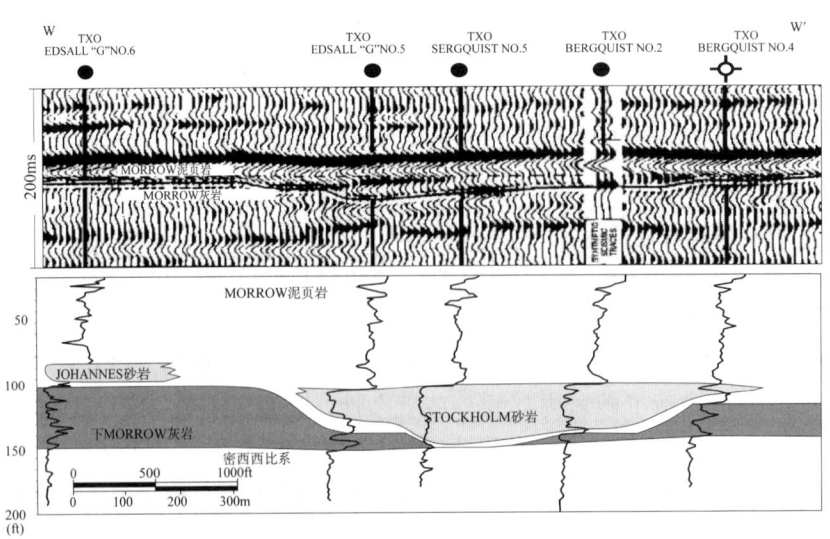

图 6.42　西南斯德哥尔摩油田下切谷沉积储层的 2D 地震资料以及相应的解释（据 Tillman 和 Pittman，1993；引用经 Penn Well Books 许可）

该河谷下切到下伏的下莫罗万组石灰岩，石灰岩和砂岩接触面是一个不整合面

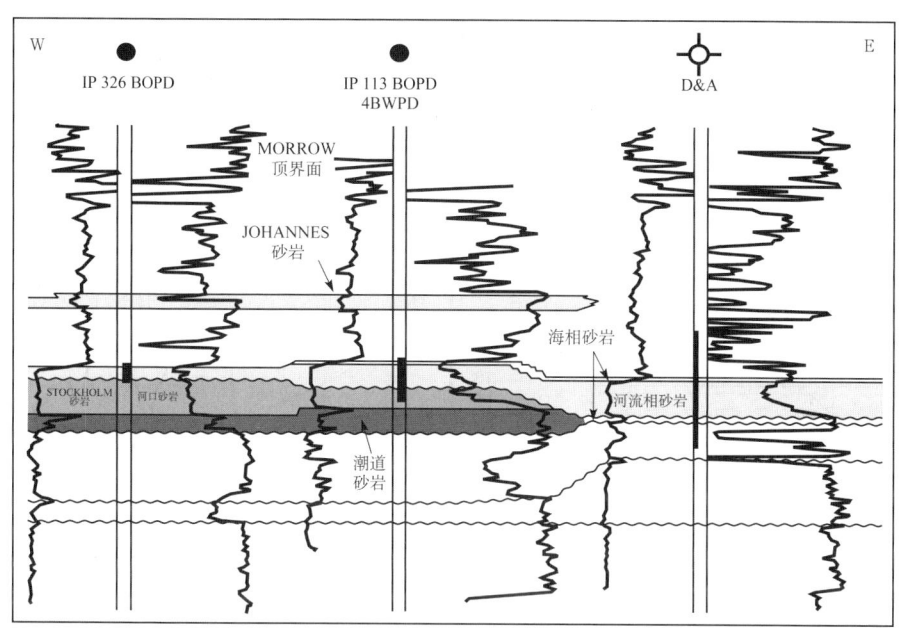

图 6.43 斯德哥尔摩砂岩的连井对比剖面（据 Tillman 和 Pittman，1993；引用经 Penn Well Books 许可）

此图表征了该砂岩中河流相和河口相的分布，三口井的岩相虽然不同，但是伽马曲线看起来很相似，其中有两口产油

表 6.3　堪萨斯州西南斯德哥尔摩油田储层性质

储层		渗透率（mD）	孔隙度（%）	R_{35}（μm）
河流相砂岩	平均值	703	16.3	19
	变化范围	129～1890	11.7～20.6	11.2～33.5
河口相砂岩	平均值	80.8	14.4	7.1
	变化范围	50～111	11.5～17.8	6.0～8.4

6.4　混合型河流储层

Glenn Pool 油田是一个处于开发成熟阶段的油田，发现于 20 世纪早期。该油田的发现拉开了俄克拉何马州丰富多彩并且经久不衰的石油与天然气勘探历史（图 6.44）。该油田经历了多个产量递减阶段，但是每次都通过压力恢复、注水以及加密井等方式扭转了产量递减的局面（图 6.44）。

Glenn Pool 油田的产层是狄莫阶（宾夕法尼亚系）Bartlesville 砂岩。该套砂岩属于下切谷充填沉积，充填早期为辫状河相，晚期为曲流河相（图 6.45 和图 6.46）（Kerr 等，1999；Ye 和 Kerr，2000）。辫状河砂岩在侧向上总体连续，夹少量泥岩披覆层或沉积间断。而曲流河砂岩却呈细粒透镜状，侧向连续性差（图 6.46）。辫状河储层的孔隙度和渗透率比曲流河储层好很多（图 6.46）。图 6.46 中从一口油井的岩心描述和分析就可以说明该砂岩内部复杂的分块性及其对注水效果的影响（图 6.46）。在这口井中，含油迹砂岩和油浸砂岩局限分布在曲流河上部沉积相中,这说明注入水选择性地驱替了渗透性更好的早期辫状河相储层,并绕过低渗的曲流河相(图 6.47,图 6.47 与图 6.25 对比可见)。因此,在这种开发非常成熟的油田,提高产量的可能性之一就是针对曲流河相储层进行选择性地水驱。

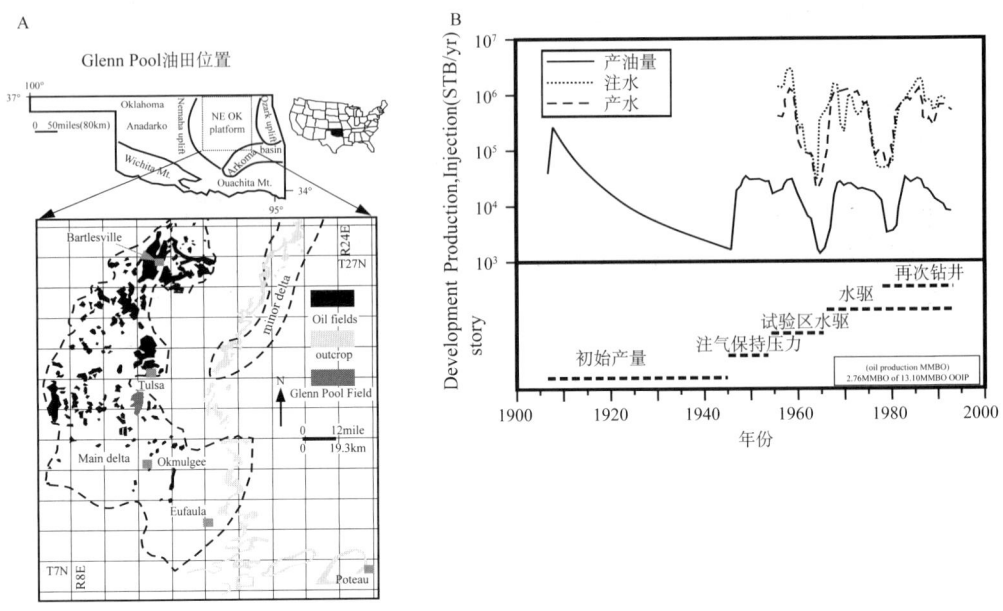

图 6.44　俄克拉何马州 Glenn Pool 油田的位置(A)及其生产史(B)(据 Kerr 等,1999;Ye 和 Kerr,2000;引用经 AAPG 许可,进一步引用仍需得到其许可)

(A)油田的地面分布(黑色)和 Bartlesville 砂岩露头(黄色)的地表分布;(B)为了逆转该油田产量递减的趋势,所采取的多种提高采收率的措施

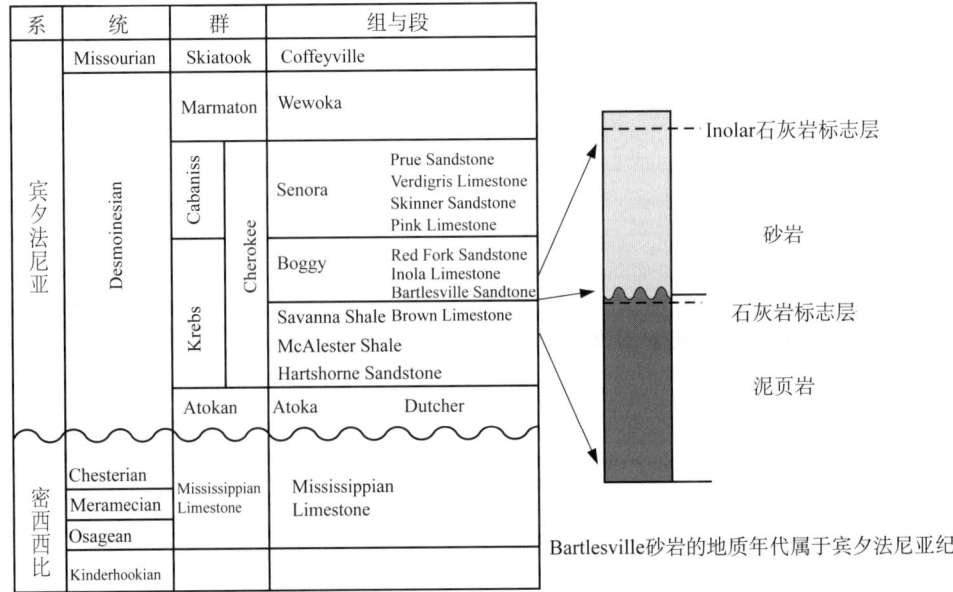

图 6.45　Glenn Pool 油田 Bartlesville 砂岩的宾夕法尼亚系切洛基群(Cherokee)年代地层表(据 Kerr 等,1999;Ye 和 Kerr,2000;引用经 AAPG 许可,进一步引用仍需得到其许可)

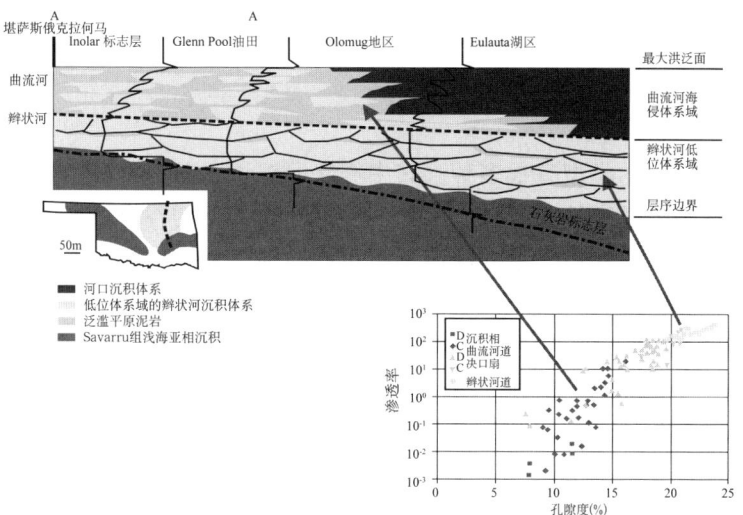

图 6.46 Glenn Poo 油田辫状河和曲流河沉积地层分布的模式图（据 Kerr 等，1999；Ye 和 Kerr，2000）

Savanna 地层（橙色）位于下切谷沉积之下，辫状河沉积在不整合面之上，之上为曲流河沉积。由于辫状河沉积粒度较粗，因此孔隙度与渗透率交会图反映出辫状河的储层物性比曲流河的好

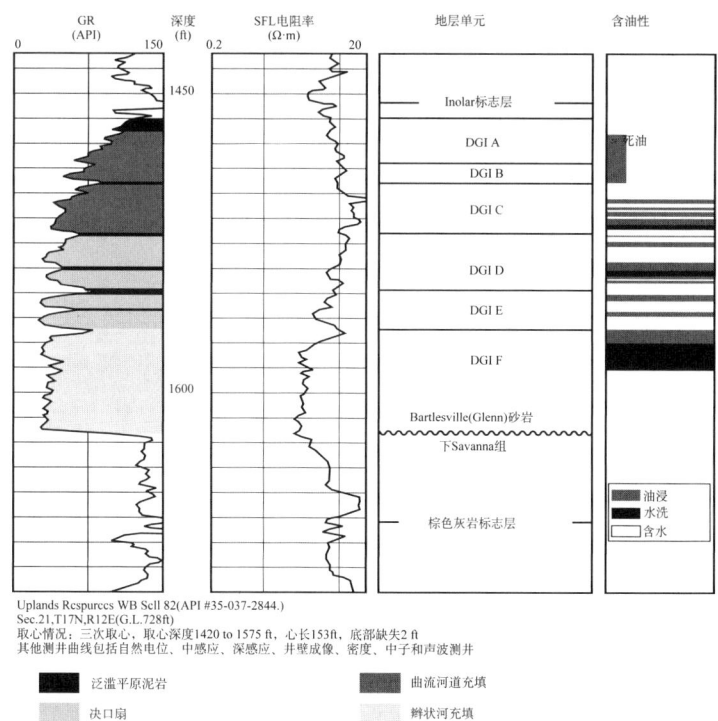

图 6.47 Bartlesville 砂岩的某口取心井的伽马和电阻率曲线（据 Kerr 等，1999；Ye 和 Kerr，2000；引用经 AAPG 许可，进一步引用仍需得到其许可）

黄色层段发育辫状河沉积；橙色层段发育曲流河沉积；粉色层段是一个过渡层段；最右边的一栏用绿色标注了该井油浸砂岩的分布层段，其岩心在取到地表时原油不断渗出，蓝色段表示了含油渍砂岩，但不渗油（其原因是大部分油在水驱阶段被冲洗掉了）；白色表示了含水层段。由图可见，大部分岩心渗油的层段属于辫状河—曲流河的过渡沉积或者曲流河沉积。这是因为这些沉积相的储层渗透率较低，水选择性地绕过了这些渗透性相对差的区域

6.5 小结

河流相沉积和储层的类型有很多种。其中辫状河沉积和曲流河沉积是两种典型的河流相沉积类型。在河谷内发育的包含以上其中一种或两种的下切谷充填作为第三种河流相沉积类型。另外,在下切谷河口附近的河流沉积可能被河口和潮汐作用所改造,最终产生一系列特征不同的储层。每种河流相储层的几何形态、规模大小以及储层特征取决于搬运作用、沉积作用以及沉积后(成岩)作用,而这些因素又受到地理位置、沉积物源、气候以及构造运动等若干外部条件的控制。

辫状河沉积粒度相对较粗,由砾石和砂组成,泥质含量极低甚至不含泥。因此,辫状河沉积砂层在辫状河平原的大部分甚至全部范围内都是侧向连续的,只在局部可能存在少量泥页岩层破坏这种连续性。

相比之下,曲流河沉积粒度较细,砂体多为透镜状,砂岩往往被泛滥平原的泥页岩部分或者完全包围。根据沉积时期水流强度的差异和沉积后期压实和胶结作用类型的不同,曲流河沉积储层的孔隙度和渗透率变化很大。但是,总体上来说,辫状河沉积储层比曲流河储层孔隙性和渗透性都更好。

由于不同类型的河流相储层之间存在很多不同之处,因此其动态响应特征也是多变的。河流相储层油田的油藏管理方案中应该包括对河流相储层类型及其特征的评价。例如,辫状河储层中的波及系数往往比曲流河储层中的高。另外,水平井在一系列不连续的曲流河砂岩中的应用效果,可能比在更为连续和相互连通的辫状河储层中更好。地震反射信息连同测井、取心以及试井分析等多种资料的综合分析,可以充分地辨别河流相储层的类型,并预测其生产动态和采收率。

第 7 章 风成沉积和储层

风成（风积）砂岩沉积可以形成良好的油气藏。风是一种非常有效的地质营力，它既能在垂向的气流柱内也能在水平顺风方向上把颗粒分选成砂、粉砂及泥。因此，在所有已知的风成沉积的区域，沉积物的粒度分选都非常好。良好的分选常常形成良好的储层（第 5 章）。

干旱的沙漠是风成砂岩沉积的两个主要环境之一。通常情况下，风成砂在干旱的山间盆地内沉积。在这种背景下，物源可能来自受频繁的大风影响而形成的沿着山脉分布的冲积扇（图 7.1）。此外，只在雨季流动的间歇性河流将河流沉积物运送到有干涸河道的盆地（干涸河道是沙漠河道，或者有间歇性河流流动的干河床；该词也适用于封闭的沙漠盆地，在该盆地内干涸河道终止，并且其中充填着由间歇河道沉积的河流沉积物）。这种河流沉积物能在后期被改造为风成沉积物。内陆沙漠沉积物往往相当厚且分布面积广（图 7.2）。它们和冲积扇、辫状河、沙漠和干盐湖一起构成更大的陆相沉积系统。它们有时也会出现在延伸到海洋环境的滨海平原（图 7.1）。

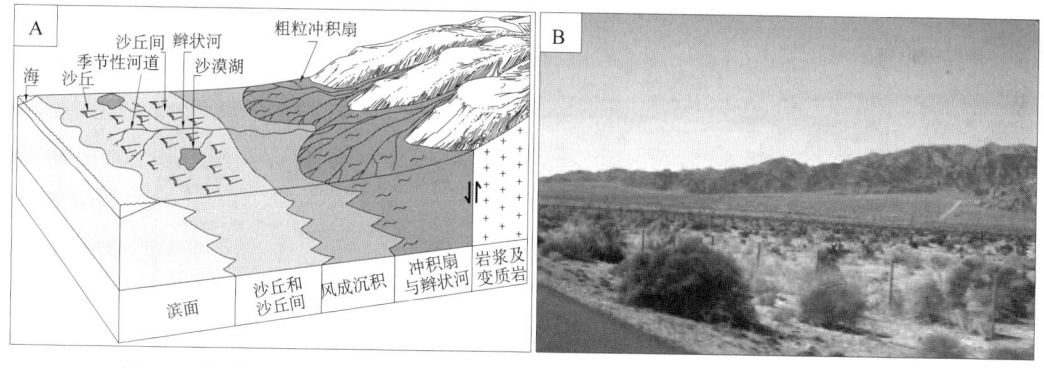

图 7.1 各种沉积环境中的冲积扇和风成沉积体系（图来自戴维森等，2002 年；再版获得 Prentice-Hall 公司的许可）

这张照片显示了一个山脚下的冲积扇，冲积扇往往为风成沉积提供物质来源

海滩向陆一侧是风成砂堆积的第二个主要沉积环境（图 7.2 和图 7.3）。风常会沿着海岸线吹向海岸（滨岸风）。这些风可吹起砂子并把它们搬运到海滩后面，形成沙丘，使其远离冲洗带的影响。植被可生长在沙丘表面，从而稳固沙丘，并且阻止它进一步向内陆迁移。许多条带状的海滩向陆一侧与同样呈条带状的沙丘相邻，从而形成潜在的优质储层。

最大的风成储层是那些像沙漠一样的沉积。海岸沙丘也能形成储层，但它们只是滨面或障壁岛地层序列中的某一套具油气产能的沉积（微）相（第 8 章）。在本章中将讨论风成砂的搬运和沉积的过程，也将列举有关风成储层的例子。

图 7.2 干旱的山间盆地内的内陆沙漠

大沙丘在形态上不对称，反映了它们从左至右的顺风迁移

图 7.3 海岸沙丘

左边是一个太平洋冲洗带，向陆地方向是一个沙滩；沙丘中的砂由岸上风从沙滩上带来，沙丘脊上的植被有助于稳固沙丘并阻止它们进一步向陆地迁移

7.1 搬运过程与沉积物

风成环境中砂被搬运的过程在第 3 章中已提及（图 3.36）。在风暴中，砂、粉砂及黏土沉积物会受侵蚀并被吹到空中。尘暴（当风穿过地面洼地的时候形成的风漏斗）在多风地区是一种很普通的现象。尘暴往往剥蚀沉积颗粒，并把它们带入气团中（图 7.4A）。当颗粒被带到空中，往往成层状顺风迁移（图 7.4B）。那些较大较重的颗粒跳跃前进，或在风足够大的时候悬浮前进，较小的颗粒在空中搬运更远。虽然空气黏度比水要小得多，但颗粒

在空气中的运移过程类似于在河流中运移（图 3.37）。在强风期可以产生沙尘或沙尘暴并且能快速的搬运沉积物，当通过人类聚集地区，它们就会具有破坏性（图 7.4C），它们会在开着窗的车和房子中沉积下来，或磨损大楼和其他建筑物。

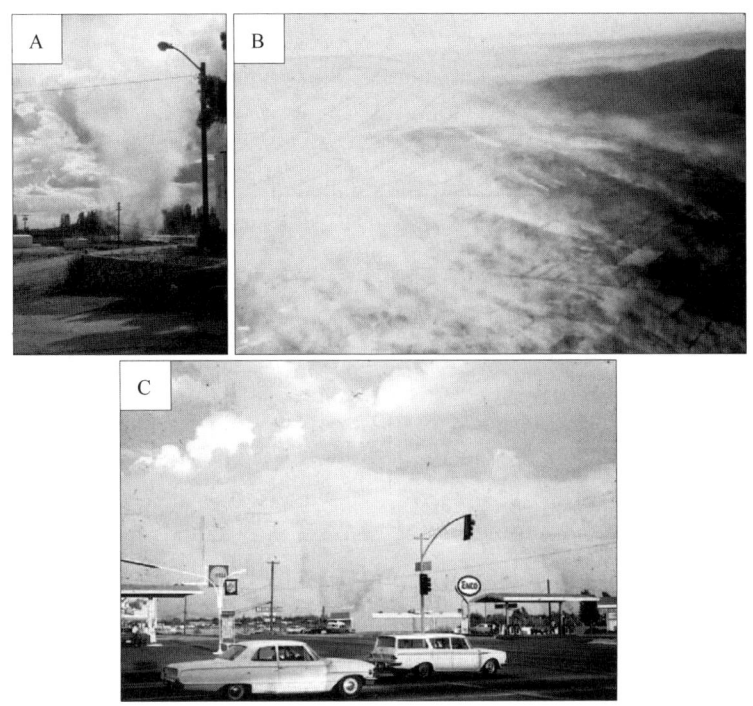

图 7.4 风成沉积物的颗粒主要是砂和粉砂

（A）在一个拖车停车场内形成的'尘暴'，强风吹过一个洼地形成局部'气旋'，它能把沉积物（如果沉积物在洼地的表面）抬升到气团中，继而顺风迁移；（B）尘（粉砂）暴吹起农田里的砂和粉砂并把它们搬运到空中，要注意的是，砂和粉砂由局部点源产生，这表明一系列的局部尘暴把颗粒带到了空气中；（C）临近亚利桑那州菲尼克斯街道交叉路口的一次沙暴，使天空变黑，如果汽车的窗户是开着的，一部分砂和粉砂就会进入车内

对于较小规模的沙丘，当风把砂粒卷起穿过沙丘迎风面的最高点，沉降在背风面（也称为沙丘的滑塌面或滑落面（图 3.36））时，单个沙丘朝顺风方向移动。风成沉积物在沙丘背风面迁移与成层沉积包括以下几个过程：颗粒流动（颗粒沿着陡峭的沙丘背风面滑落下来）、颗粒滑落（颗粒在沙丘的背风坡上部沉降下来）及风成纹层迁移（在沙丘的背风面，风把砂子吹起，但与沙丘移动方向垂直）(Hunter, 1977)。

因此，大规模的交错层理是风成砂岩的主要特征（图 3.36、图 7.5 和图 7.6）。根据风向的变化以及砂岩相对于观察者的方位，交错层理在单一方向上可能是倾斜的，也可能倾斜的角度会发生变化（图 7.6 和图 7.7）。此外，一个典型的沙丘崩塌面可能并不那么陡倾，而可能是从沙脊到沙丘的底面呈向上凹的形态，以至于交错层理的倾角沿沙丘的背风面向下而减小。沃克（1980）提出了关于美国西部侏罗系—二叠系 9 个风成砂岩的统计结果：

最大厚度 40 ~ 70m；

交错层理厚度 15 ~ 30m；

交错层理的倾角 5°~ 35°。

不是只有风成沉积才有交错层理。因此，要证明交错层理最初是风成的需要更多的证据。其他与沙丘有关的（沉积）特征有雨痕、动物的足迹、在滑落面上的波纹（其波峰与层面的倾角平行）以及水平层状干盐湖与间歇性河流沉积。

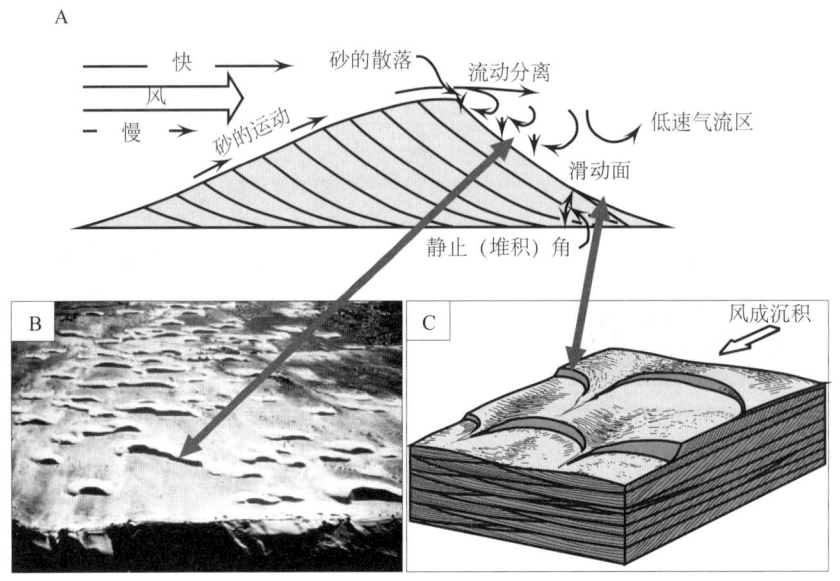

图 7.5　沙丘运移图解

（A）风向由左至右，部分砂粒沿着沙丘迎风面向上移动，穿过沙丘的峰脊到达背风面或滑塌面。沙丘内部交错层理的形成是砂顺风侧向运动的结果。在侧视图中，可以通过记录交错层理的倾角（顺坡）来确定风的方向。（B）沙丘背风面就是顺坡方向。（C）与风向平行的方向相比，与风向垂直的方向砂体内部沉积构造更倾向于透镜状，这种解释来自于 Weber（1987）（再版获得沉积地质学会的许可，SEPM）

图 7.6　风成交错层理（沿亚利桑那州 DeChelley 峡谷一侧）

风向从左至右，这是通过交错层理的方向确定的。要注意的是水平层状地层隔开交错层理。这些水平地层或者是风蚀表面，或者是河流/干盐湖沉积，在储层模型中可作为交错层理垂向连通的隔层

图 7.7 （A）一个建筑石材采石场中的风成砂岩，注意滑塌面交错层理的平行特征；（B）层理倾角比（A）中风成砂岩的交错层理更具变化性，表明风向有轻微的变化

干盐湖和萨布哈（蒸发泵）都是由间歇性的浅水汇集形成的。通常含盐分的水被封闭在沙漠或者半干旱地区表面上（干盐湖），或者被封闭在潮上的海岸环境（盐沼）。在这两种情况下，水先汇聚然后蒸发，残留下蒸发岩、潮滩和风成沉积物。水也会从地面之下渗出形成浅水水域，这些特征只有在相对潮湿的气候才会发育。在干旱环境中，沙丘会越过干盐湖沉积物进行迁移。同时，风蚀会使沉积物暴露于水体表面之上，形成水平风蚀表面（Friedman 和 Sanders，1978）。

这样的（干、湿）气候周期与海平面升降的冰期—间冰期有关，形成如宾夕法尼亚系—二叠系的风成 Tensleep 砂岩沉积（7.2.5 节）。据 Carr-Crabaugh 等的观点（1996），每个准层序（成因上与岩层或岩层组有关的整合序列）都以不整合面为底面。在不整合面以上的风成砂岩是被改造的风成砂岩，它本身被海相砂质白云岩或白云质砂岩覆盖。风成沙丘是在冰期的低水位期沉积下来的（图 7.8A）。其后，随着间冰期的到来，海平面上升，沙丘被淹没，沙丘顶部向下倾陡坡滑落。随着持续的海侵，沙丘最终被海相地层覆盖，由此被保留下来（图 7.8B）。

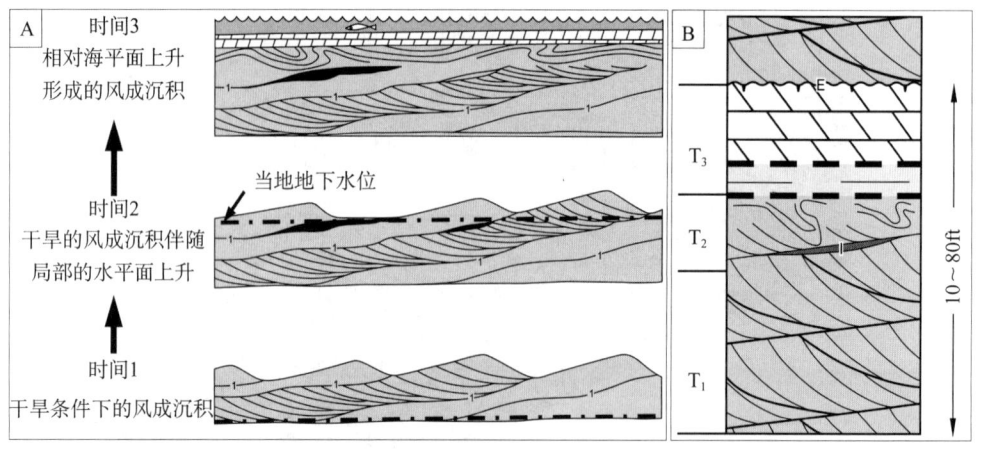

图 7.8 （A）与风向平行的 Tensleep 砂岩沉积、迁移和保存的示意图。在时间 1，沙丘沉积并在干旱的表面迁移（从左至右），水位在地面之下，一级界面在图中特别标明。在时间 2，海平面上升使地下水位上升，并淹没沙丘间地区。在时间 3，随着海平面继续上升，淹没沙丘并改造沙丘的顶部，尤其是海平面持续上升的时候，沙丘会保留下来，而海相沉积物在它们上部沉积下来。（B）一个海平面上升周期形成典型的垂向层序。侵蚀面覆盖海相地层是下一个水位下降周期开始后侵蚀的结果（据 Carr-Crabaugh 等，1996 年；再版获得 GCSSEPM 的许可）

与此相反，Ciftci 等（2004）识别出了同样的沉积相，但他们将准层序的底面定在白云岩及白云质砂岩底部，并将其看作一个洪泛面。不论在哪种情况下，水平层状地层都会把沙丘的风成交错层理分隔开（图 7.6）。在储层中，这些水平层理可以作为垂向的隔层把单个的交错层理（储集相）隔挡开，特别是当水平层中含有洪泛泥和蒸发干盐湖沉积物的时候，这种隔挡层更为明显。

此外，由颗粒流动、颗粒滑落和风成波痕沉积的沉积物，其粒度变化和地层厚度变化导致了埋藏阶段胶结程度的变化，并最终导致了渗透率细微的变化（图 5.5）。因此，一个好的风成砂岩储层模型需要非常详细的渗透率测量，而不是进行间距大的岩心测量（图 5.7）。Porsser 和 Maskall（1993）确定了北海 Auk 油田 Leman 砂岩的薄层颗粒流动纹层和层系（小于 1～6cm），渗透率范围是 13～960mD（基于微型渗透仪读数），而毫米至厘米级的风成波痕纹层的渗透率是 0.75～489mD。Porsser 等声称，以 30cm（1ft）采样间隔为标准的岩心测量结果不能精确地表示渗透率剖面。而应该用微型渗透仪对每一个与沉积倾角垂直的纹层进行测量；同时也应测量与纹层的长轴平行的剖面，每个剖面测量间隔为 15～30cm（0.5～1ft）。

7.2 储层实例

典型的风成储层通常很复杂。不同角度的细小交错层理增加了它的复杂性。相应的河流相、干盐湖相和海相的出现以及差异成岩作用的存在，导致渗透率具有明显的各向异性。下面就举一些储层的实例（包括相关的露头）来说明其复杂性以及与风成储层有关的油气开发问题。

7.2.1 北海 Leman 砂岩气藏

在北海南部的几个油田中，二叠系赤底组的 Leman 砂岩主要产出天然气（Weber, 1987；Abbots, 1991）。这些砂岩在稳定的克拉通半干旱盆地中沉积。油田主要位于北西—南东向延伸的断裂构造上（图 7.9）。Leman 砂岩被 Zechstein 蒸发岩覆盖，其中包括一套很好的盖层可以封盖储层砂岩（图 7.10）。人们认为天然气是来自下伏的石炭系煤层。在 Leman 砂岩中最常见的沉积相是交错层理风成砂岩、河流相砂岩、盐沼和干盐湖泥岩，还有改造过的风成砂岩。风成砂岩能构成储层，而河流和萨布哈（干盐湖）沉积不是储集相。改造过的砂岩孔隙度和渗透率比下伏沙丘砂岩低得多，而且不是主要的储集层段。地层倾角测井在钻井中对于区分沉积相具有很大帮助（图 7.10）。

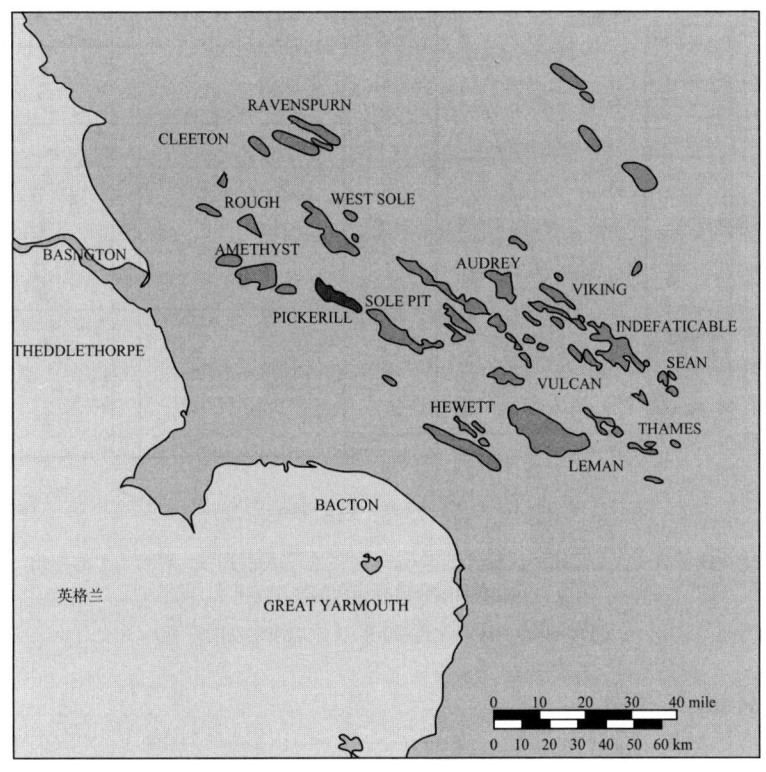

图 7.9 北海南部的风成砂天然气田（据 Abbots, 1991；再版获得伦敦地质学会的许可）

Leman 气田，Pickerill 气田和 Rough 气田在正文中讨论。Rotliegend 砂岩是产层，位于二叠系。气源来自宾夕法尼亚系河流—三角洲沉积形成的下伏煤层，上覆于 Rotliegend 砂岩的二叠系 Zechstein 盐岩，是储层顶部的盖层

这些气田中最大的是 Leman 气田，这是一个特大气田。估算天然气最终储量为 $11.5 \times 10^{12} ft^3$。Leman 砂岩在该气田中厚 180～270m（540～810ft）（Weber, 1987）。交错层理平均 4.5m（13.5ft）。在岩心中，交错层理代表了横向沙丘的背风面或滑塌面，具有明显均一的倾角（图 7.7）。井的产能显示井间砂岩横向连续性和连通性很好。亚利桑那州 DeChelly 的一个砂岩露头（图 7.6）的交错层理的平均长度是 900m（2700ft）（Weber, 1987）。这个长度大于 Leman 气田的井距，从而解释了井间良好的砂体连通性的成因。

Leman 砂岩储层中常见的问题是沉积相之间复杂的渗透性。例如，颗粒滑落、颗粒流

动以及风成波痕纹层与层理的颗粒大小不同。此外，沙丘间的砂往往呈水平层状，且由于风蚀作用粒度呈现双峰值分布。这种粒度上的变化导致纹层内成岩胶结作用不同（图5.5），并最终导致渗透率在层间发生变化。

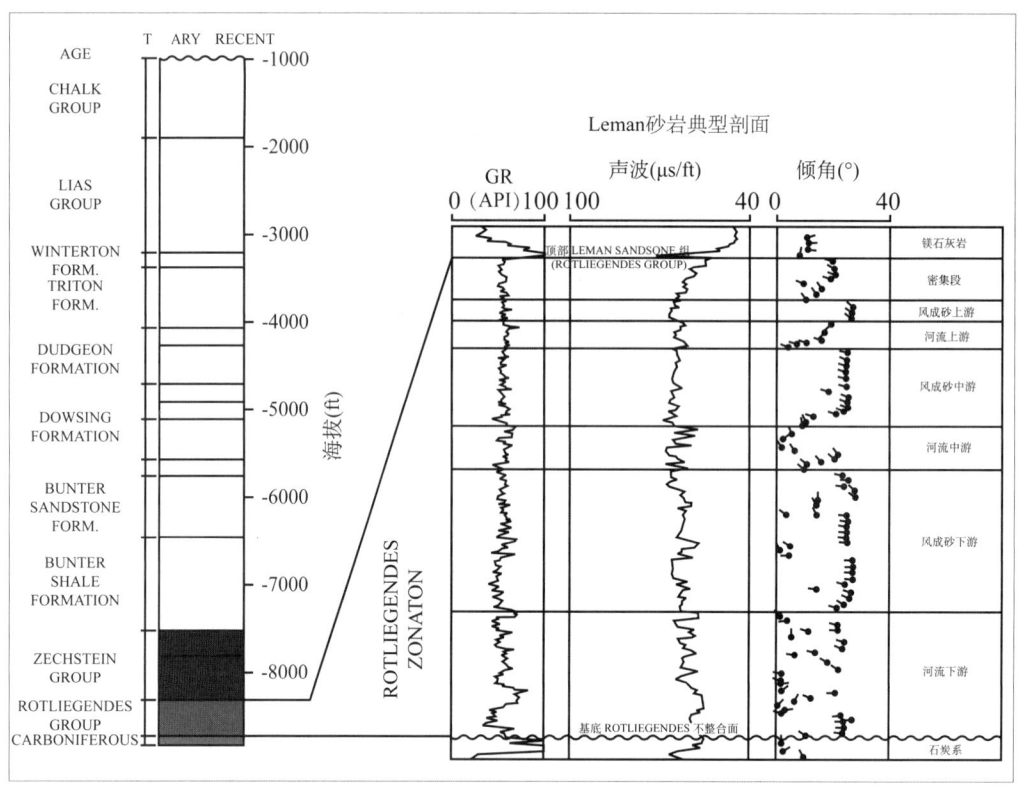

图 7.10　北海石炭—白垩系地层层序

Leman 砂岩是北海南部许多天然气田的储层（图 7.9）。虽然在伽马测井曲线上没有太大的变化，但倾角测井曲线能区分风成相和河流相

（据 Abbots，1991；再版获得伦敦地质学会的许可）

7.2.2　北海 Rough 气田

Rough 气田显示了 Leman 砂岩储层的其他典型特点（Ellis，1993）。此气田由三个单元组成。最下部的单元包括风成沙丘和沙丘间砂岩（包括河流相漫流砾岩和改造的风成砂岩）互层。该单元厚 7～12m（20～35ft），从底部的砾岩到风成和席状漫溢砂，再到顶部的河流相砂岩和砾岩，总体向上变细。中间单元是一个 15m（45ft）厚的低渗透单元，由较少河流相砾岩和含有较少沉积物的砂岩组成。最上面的单元包括 8～15m（25～45ft）风成沙丘和沙丘间砂岩，它与河流漫流砂岩互层（主要发育在底部）。上部的次生白云岩在该地区主要起胶结作用。在这 3 个单元中，风成砂岩孔隙度和渗透率最高，河流相最低（图 7.11）。这说明该气田的风成沉积具高渗透率，河流相沉积具低渗透率。由此可知，井筒中的流动剖面研究表明注水（生产）情况与沉积相具有一致性。此外，绘制风成相和河流相的分布图可以改善今后开发井部署，以获得最佳的产能。

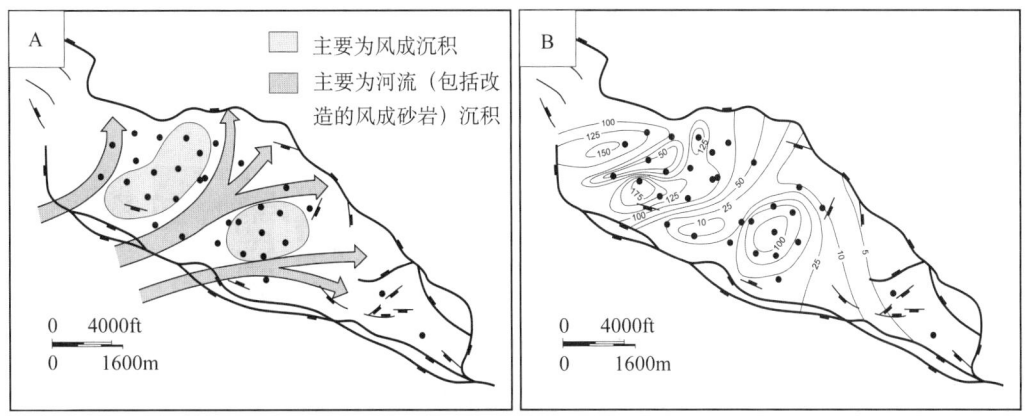

图 7.11 （A）北海 Rough 气田的沉积模式，风成沉积被河流（干涸河床）沉积分隔，这些河流相沉积来自于西部和西南部；（B）Rough 气田的平均试井渗透率分布图。需注意的是高渗透率区域（高达 100mD）和风成沉积之间的一致性（据 Ellis，1993；再版获得伦敦地质学会的许可）

7.2.3 北海 Pickerill 油田

Pickerill 油田说明了北海另一个 Leman 砂岩储层以及沉积构造对其的影响（图 7.12）。发现井和第一批预探井的压力数据表明它至少可以再细分为两个独立的区块。西北向的断裂带是主要的断裂带，它将 1 井和 2 井与 3—5 井分隔开，而 6 井在距断裂带更远的地方。断裂带以外的井的岩心表现出典型的 Leman 砂岩交错层理特征，而井 6 的岩心被严重错断，破碎且充满胶结物（图 7.13）。

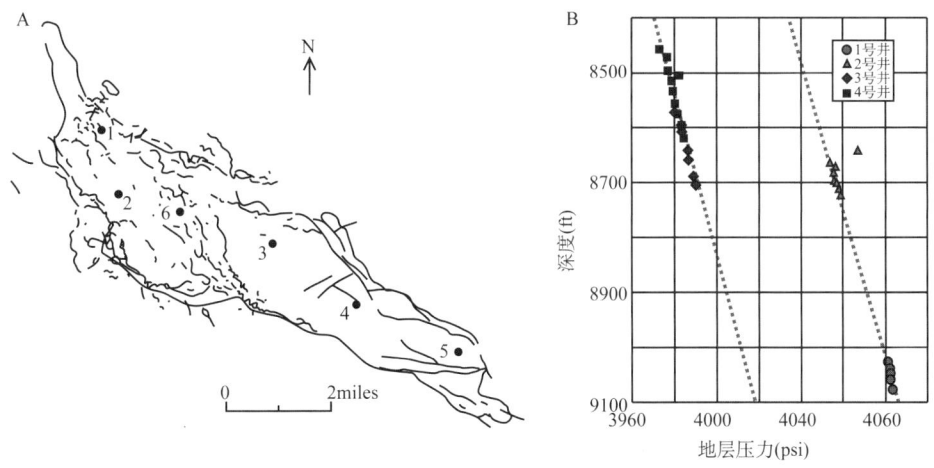

图 7.12 （A）北海南部的 Pickerill 油田。波浪线是从二维地震资料中检测出的断层。三维地震振幅如图 5.47 所示。（B）1—4 井的地层压力趋势。要注意这两种压力趋势，一个为油田的西北部（井 1，2）的压力，另一个为油田的中—东南部（井 3，4）的压力。6 井位于该油田的高度断裂地区

在 Pickerill 油田，虽然倾角测井曲线特征与图 7.10 中的特征相同，但常规测井不易区分风成砂岩和河流相砂岩（图 7.13A）。储层顶部附近岩层有较高的声速和密度值，这是因为其中含有较高密度的蒸发岩胶结物，它们是在 Zechstein 海海侵淹没沙丘时从砂岩孔隙中沉淀出来的。

在第 5 章中，Pickerill 油田作为多孔隙地区地震检测的例子已经进行了讨论（图 5.44—图 5.47）。三维地震数据作为补充资料，不仅表明了该区域具有高度断裂的特点，而且表明多孔隙区带的分块性。

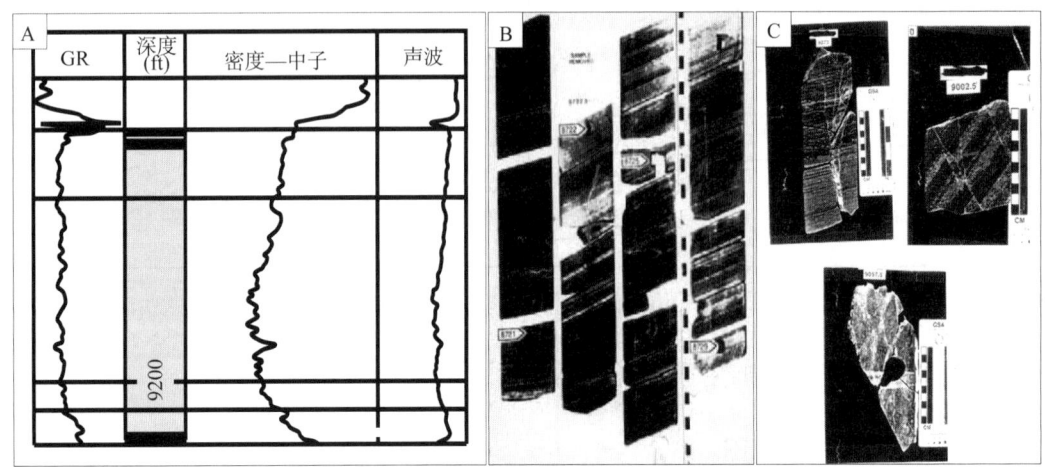

图 7.13 （A）北海 Pickerill 油田中一口井的伽马、密度—中子、声波测井曲线。伽马测井曲线没有明显特征。风成砂岩的上部有较高的密度和更短的声波传播时间，是因为砂岩顶部有更多的蒸发岩胶结物。（B）该油田中另一口井岩心中的典型风成交错层理。（C）6 井中的部分岩心薄片（图 7.12），揭示了胶结物填充断层和裂缝的情况

7.2.4 怀俄明州 Painter 储层油田

Painter 储层油田位于美国怀俄明州西南部和犹他州东北部，是一个侏罗系 Nugger 砂岩油田（Tillman，1989）。该油田位于临近 Absaroka 推覆体边缘的非对称背斜上。原始地质储量估计为 138×10^6 bbl，在 1977—1989 年累计产量已经超过 30×10^6 bbl（没有最近的数据）。Nugget 砂岩主要是从沿海到内陆的沙漠风成沉积，这套砂岩从怀俄明州南部一直延伸到犹他州的东南部和北部。

Painter 储层油田中的 Nugget 砂岩由极细粒到粗粒、中等到良好分选的砂组成，并在沙丘和沙丘间环境下沉积。单个沙丘从层状到薄层状，倾角高达 25°。较厚的纹层（大于 1cm 或 0.4in 厚）是颗粒滑动沉积，不到 1cm 厚纹层是风积纹层。沙丘（交错层理）厚度范围从不到 0.3m（1ft）到近 15m（50ft）。一些取心井中的沙丘井段完全是由颗粒流动纹层和薄层组成，而其他井段由颗粒流动和风成纹层互层组成。沙丘的趾积层（指一个沙丘的推进前坡面的前端）倾角向上增大，且凹面向上。

沙丘间沉积或席状砂组成的地层厚度从不到 0.3m（1ft）到大于 10m（30ft）。沙丘间相又分为两种亚相。"干旱沙丘间"亚相颗粒分选为中等，呈水平层状至波纹层状，它们是风通过一个较干旱的、平坦的丘间地带使沉积物发生迁移形成的。"潮湿沙丘间"亚相是由虫孔、斑点、波浪和变形的风成纹层组成的，由此推断沉积物中的水分促进了有机体的活动，减少了砂岩的含量。

这些砂岩的成岩作用包括压实、压溶、石英的次生加大、碳酸盐胶结、石英和长石的压溶，还有颗粒包壳和孔隙中的伊利石搭桥现象等。构造特征包括开启的和闭合的裂缝。

虽然成岩作用降低了原始储层的物性（特别是渗透性，伊利石的桥接使其变差），并且裂缝和构造也产生了一定的影响，但生产状况主要由沉积因素控制。孔隙度和渗透率值随沉积相更替而变化（表7.1）。沙丘相的储层物性比沙丘间沉积相更好。由于良好的成层性，在四个相中$K_v:K_h$的比值从3:1到7:1。和大多数风成储层一样，Painter储层油田沙丘相有很强的定向渗透性，这是由倾角测井确定的（除去构造倾斜；第2章）。最大渗透率的方向平行于丘脊（沙丘背风面岩相的延伸轴），从西北指向东南（图7.5C）。砂岩成层导致渗透率朝一个方向减小，这使得纵穿岩层方向的$K_v:K_h$值比沿岩层方向低（图7.5C）。在向气顶加压以提高油田压力的生产历史过程中，渗透率的各向异性得到证实。

表7.1 Painter储层油田沉积相和储层特性的关系（据Tillman，1989）

相		孔隙度平均（%）	水平渗透率（mD）		垂直渗透率（mD）	
			平均	范围	平均	范围
沙丘	崩落	14.5	22.5	0.2～1450	7.5	0.19～631
	混合	12	6.7	0.04～363	1.6	0.06～275
沙丘间	干的	9.9	1.8	0.06～120	0.36	0.04～30
	湿的	9	0.49	0.04～10	0.22	0.04～10

7.2.5 美国怀俄明州 Tensleep 砂岩

在应用露头研究改进地下储层表征方面，Tensleep砂岩是一个很好的例子。

7.2.5.1 露头位置和特征

中宾夕法尼亚—下二叠统Tensleep砂岩由风成和海相地层组成，它是在怀俄明州中北部的滨海平原环境中沉积的（Ciftci等，2004）。同时期的风成沉积一直延伸到怀俄明州其他地区和科罗拉多州及犹他州部分地区。这些风成砂岩构成了美国落基山脉地区重要产层。渗透率各向异性有时会导致石油的采收率低至15%，下面将详细论述。

Tensleep砂岩在Bighorn盆地内可分为上、下两个层段。上段包含大部分的风成储层相。风成岩层中大部分是颗粒层和风积纹层。这些沉积相具有不同的厚度、连续性、颗粒大小、填充物及分选性，这些因素导致储层成层性的复杂性和渗透性的各向异性。

影响Tensleep砂岩储层中流体流动的主要沉积因素是界面的性质。界面分为四种级别：海相—风成相界面（在本章前面提到过）和一级、二级和三级界面（图7.14和图7.15）（Carr-Crabaugh等，1996；Ciftci等，2004）。一级界面代表的是大沙丘底形的迁移和会聚，它们的倾角小于1°且横向延伸远；界面之间是3～20米（9～60ft）厚的大型板状风成交错层理砂岩，低渗透的沙丘间沉积有时在界面边界处出现。二级界面介于一级界面和单套的风成交错层理之间。沿着二级界面，交错层理从接近顶部的板状过渡到层系底部的槽状。三级界面是再造的界面，它以风成交错层理为边界，是因风向和速度的变化造成的。在各种规模的界面上下，总是存在渗透性差异（图7.14）。

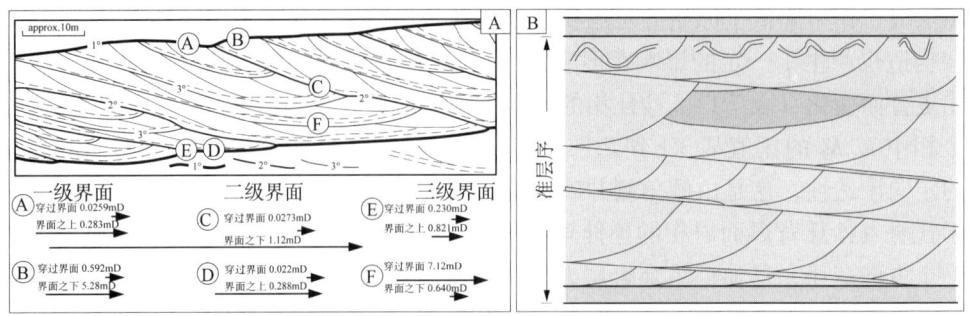

图7.14 (A) 一级、二级、三级界面的划分。在一级界面上的渗透率是0.0259mD，而在这个界面下的砂岩的渗透率是5.28mD。界面本身对穿过他的流体来说是一个低渗透的隔层。其他的界面上也存在类似的差异（经过Carr-Crabaugh等修正，1996）。(B) 层内层序（据Ciftci等，2004）。这些层序不同于Carr-Crabaugh（图7.8B）的垂向层序，后者准层序的顶部在海相地层之上，而这里层内层序的顶部在海相地层的底部（A—再版获得GCSSEPM许可；B—再版获得AAPG的许可，进一步使用需得到许可）

图7.15 Tensleep砂岩露头显示的一级和二级边界

风的方向是从右到左，通过图7.14可估计界面上下的渗透率（照片由N.Harley提供）

7.2.5.2 露头的三维地质模型

Ciftci等（2004）通过分析Tensleep砂岩组成的厚61m（200ft）的高度暴露一系列北东—南西走向的峡谷沉积，发表文章论述了三维空间上不同规模的沉积分块性（图7.16）。刻画并定位（利用GPS）这些峡谷的地层特征，还对比了峡谷间的特征。通过这些数据建立起了一个超过4.04km²（1000acre）的三维地质模型。通过准层序的露头和一级界面细分识别出了几个不同的区带，并且这些区带的峡谷是可以相互对比的，这一成果为三维地质模型的构建打下了基础（图7.17）。每个区带代表了一个独立的被非渗透层隔开的储层分块单元。在不同的区带之间，岩性和其他属性各不相同（表7.2）。

表7.2 Tensleep砂岩露头地区的特征

区带	厚度(m)	岩性	相	孔隙度(%)	渗透率(mD)
L		泥岩，白云岩，蒸发岩	蒸发岩台地	储层的顶部盖层	
I–J–K	0～26	交错层理砂岩	风成相	与B—F相似	
H	3～10	砂岩和白云岩	沙丘间沉积	4.8	
G	最大达12	交错层理砂岩，有细小规模的层理面		比其他层都低，由于风成层理发育	
F	6～28	交错层理砂岩，在顶部发生变形	风成相，海相，接近顶部发生改造	17.7	420

续表

区带	厚度(m)	岩性	相	孔隙度(%)	渗透率(mD)
E	极薄到无	交错层理砂岩	风成相		
C–D	12~16	交错层理砂岩	风成相	15.7~16.5	167~216
B	12	白云质砂岩	海相	5.7~12.1	4.6~54
A	地面之下的底界面				

注：储层质量数值是基于临近 Tensleep 油田的平均值，区带之间的界面为准层序界面和一级界面。

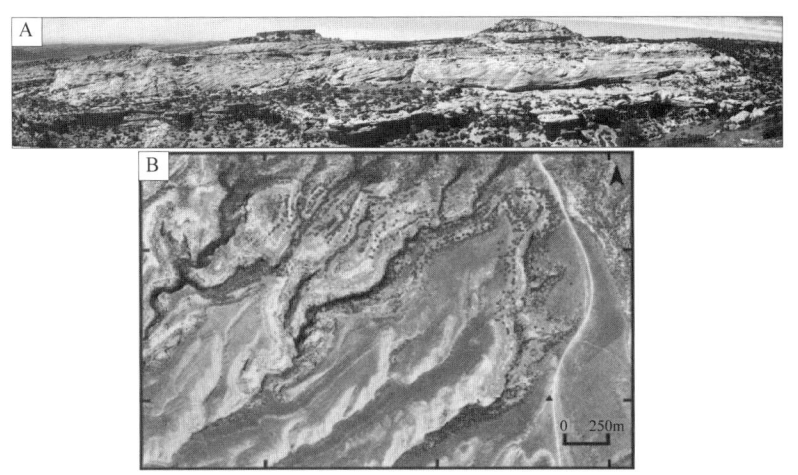

图 7.16　(A) 与图 7.15 所示的是同一个 Tensleep 砂岩悬崖壁的远距离照片；(B) 一些平行峡谷的航空照片，每个峡谷壁都出露 Tensleep 砂岩，在这一系列峡谷中测量了地层剖面并用 GPS 在三维空间中进行了定位。绿色、红色的小点标明了被测剖面的位置。由于地层平坦（水平），峡谷间的地层可以进行对比，进而可以做出 Tensleep 砂岩三维地质模型图（据 Ciftci 等，2004；再版获 AAPG 的许可，进一步使用需得到许可）

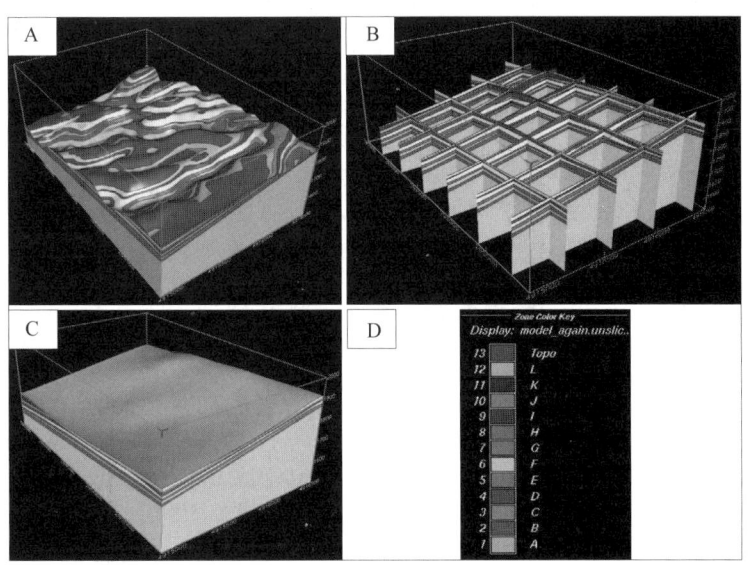

图 7.17　(A) 每个峡谷 13 个层面的彩色显示；(B) 去除地面地形的 13 个层面对比栅状图；(C) 13 个层面的三维模型；(D) 13 个层面的颜色代码（据 Ciftci 等，2004；再版获 AAPG 的许可，进一步使用需得到许可）

Ciftci 等（2004）提出，地质模型可以用来模拟直井的生产动态。可以设计出泄水面积为 0.04～0.65km²（10～160acre）的一系列不同井距的开发模型，并用来模拟评估界面对流体流动的影响（图 7.18）。由此可计算出每个方案预期排驱体积及理想排驱体积并将其和同类体积模型模拟的排驱体积进行了比较（图 7.19）。模拟的与理想的排驱体积之间的差异是界面起负面作用的结果。

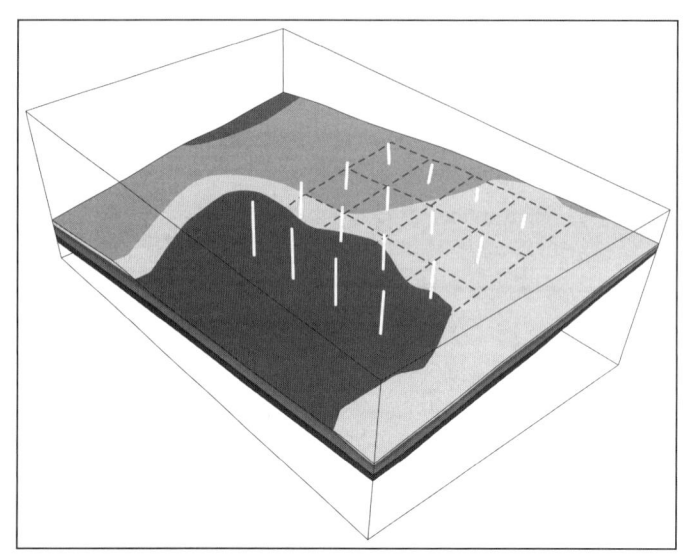

图 7.18　0.08km²（20acre）的直井地质模型，虚线代表井的排驱面积（据 Ciftci 等，2004；转载获 AAPG 的许可，进一步使用需许可）

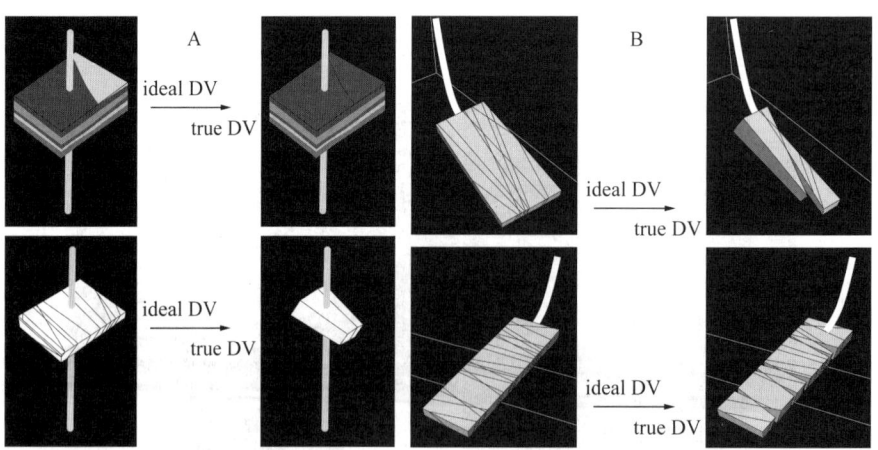

图 7.19　（A）直井的体积分析，说明了只有一级界面和包含二级界面的单一直井的真实排驱体积（或井筒接触的体积）和理想排驱体积的比率；(B) 水平井的体积分析，只有一级界面和二级界面的单一水平井的真实排驱体积（或井筒接触的体积）和理想排驱体积的比率（据 Ciftci 等，2004）
ideal DV—理想排驱体积；true DV—真实排驱体积

地质模型模拟的排驱体积表明：垂直井能有效地开发一级界面之间的风成储层段（图 7.20）。即使是 0.65km²（160acre）的区域也能达到理想排驱体积的 95%。此模拟结果和 Tensleep 油田的低生产水平不同，该油田中主要是垂直开发井。直井模拟的较低排驱效率已证实二级界面也会影响井的生产动态,其中包括那些一级界面之间存在不渗透二级界面的直井模拟结果(图 7.20)。即使用 0.04km² (10acre) 间距的井网也只能达到理想排驱体积的 42%。用 0.65km² (160acre) 间距的井网只能采出 10%。根据这些模拟结果,二级界面成为流体流动的阻碍。为了减少开发的费用,井距必须减少到 33m (100ft),而这个间距对 Tensleep 砂岩和大多数其他风成砂岩储层是昂贵的。水平井模拟具有更好的排驱效率(图 7.21)。露头研究表明,二级界面在地层倾斜方向的水平间距是 33m (100ft)。得到较大排驱体积的最重要的因素是根据二级界面给水平井定向。方向平行于二级界面倾向(或垂直于沙丘脊峰的长轴;图 7.5C)的水平井穿过几个二级界面可以获得最高的排驱效率。由于二级界面之间的间距是 33m,150m 的水平段能穿越被一级界面垂向限定和被二级界面水平限定的 5 个风成地层的区块(图 7.14)。在这项研究中,没有包括三级界面。不过,他们也可以使储层中流体流动的路径变得复杂。

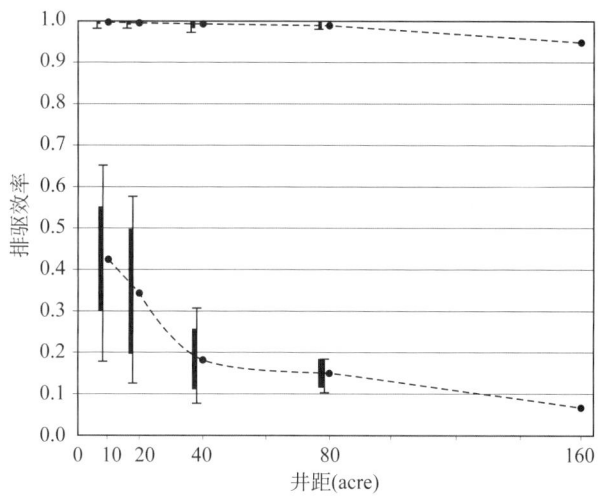

图 7.20 一级界面(间隔)且不同井距的垂直井的平均容量分析,排驱效率是不同井距的井的真实排驱体积和理想排驱体积的比值(据 Ciftci 等,2004;再版获得 AAPG 的许可,进一步使用需许可)

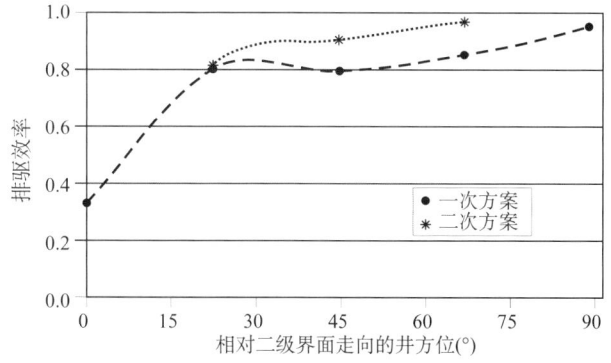

图 7.21 有关水平井的两个不同体积分析(据 Ciftci 等,2004;转载获得 AAPG 的许可,进一步使用需许可)
排驱效率是真实排驱体积(或与井筒接触的体积)和理想排驱体积的比值(单个水平井中有二级界面和分块)。水平轴是根据界面定的井方位,注意井的方位接近界面倾角的方向(90°)时,排驱效率也会提高

7.2.5.3 在 Tensleep 地下储层中的应用

由于模拟结果说明了界面对储层生产动态的影响,有必要利用地下的数据改进界面识别的标准。虽然岩心是区分界面的理想资料,但倾角测井和井筒成像测井也是一种非常好的识别界面的方法(图 7.22)(Carr-Crabaugh 等,1996)。

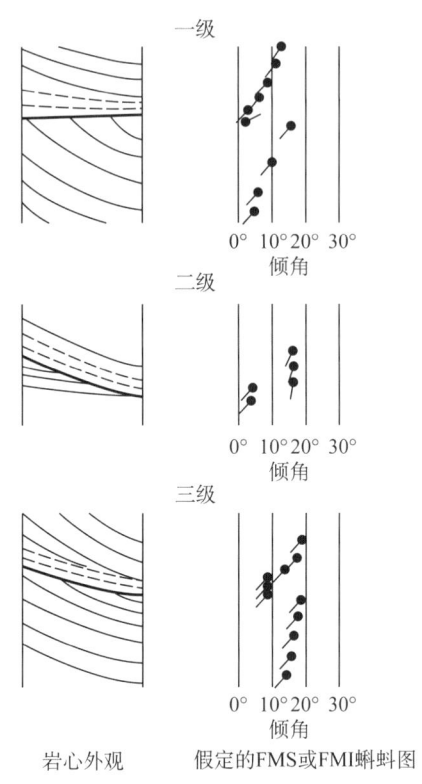

图 7.22 风成地层的一级、二级、三级界面的岩心和倾角的不同组合模式(据 Carr-Crabaugh 等,1996;再版获得 GCSSEPM 的许可)

此外,在建立测井曲线对比剖面时,要注意识别重要的界面。如果没有倾角测井或井筒成像测井,可能无法识别倾斜的界面(图 7.23)。

露头模型的模拟结果在 Byron 油田进行了测试,该区域长 5.6km(3.5mile),宽 2.4km (1.5mile),隶属于一个具有 180m(600ft)闭合高度的双向倾伏背斜(Hurley 等,2003)。1992 年,在该区钻了一口北东向的水平井,大致垂直于风成沙丘的脊峰,平行于已知的主要裂缝方向。这样给井定向的原因是与尽量少的裂缝相交,减少含水率。该井的水平段向上倾斜,最后的 105m(315ft)井段在厚为 6m(20ft)的地层范围内(图 7.24)。这口井的 FMS 测井(地层微电阻率扫描成像测井)解释结果显示了两套开启的裂缝,主要裂缝是北西走向,间距为 2.3m(7.5ft);北东走向的裂缝间距为 0.9m(3ft)。用 FMI(地层微电阻率成像测井)的测量结果建立的累计倾角矢量图(第 2 章)表明钻孔至少穿过五个 19m (63ft)厚的以二级界面(图 7.24 和图 7.25)为界的区块。在露头模型模拟的基础上,考虑到地层分块(二级界面)的情况,水平井应采用最佳的方位。根据裂缝分布,该井是垂直于主要的裂缝带(走向)钻入的,穿过了大约 46 个主要裂缝。毋庸置疑,虽然井筒的方向与次级裂缝带平行,但该井也钻遇了不少次级裂缝。

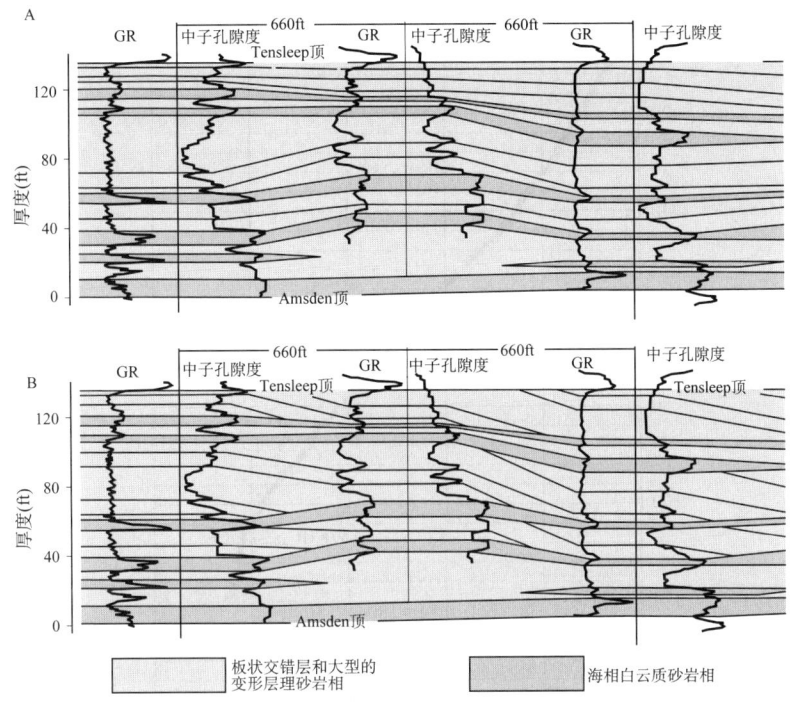

图 7.23　怀俄明州 Byron 油田测井曲线对比反映出一级界面的变化

(A) 常见的层状地层对比模式；(B) 倾斜的一级界面，它们是渗透性遮挡或是砂岩层内的隔层

（据 Hurley 等，2003；再版获得 AAPG 的许可，进一步使用需许可）

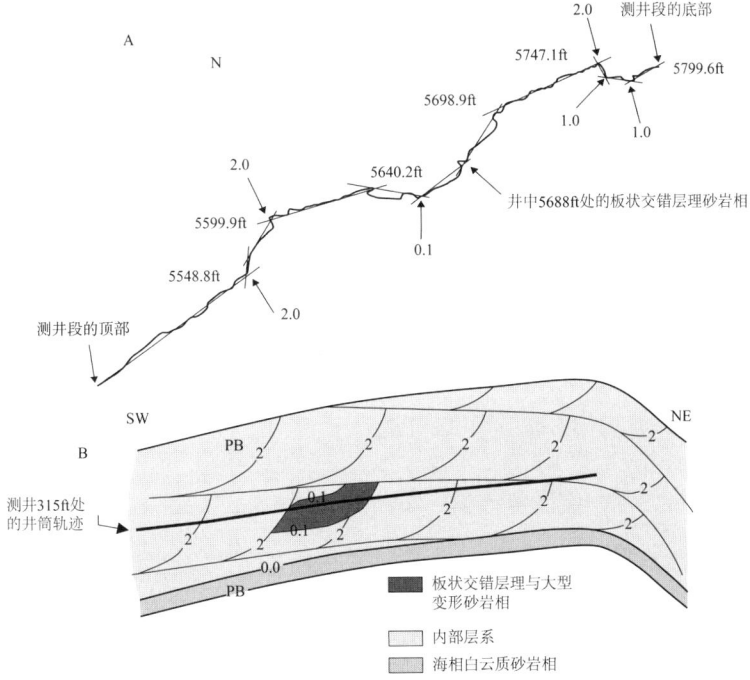

图 7.24　(A) 怀俄明州 Byron 油田 Lindsay #3H 水平井 FMS 地层倾角方位解释，表明倾角范围，此图是从右上方最大的地层深度向左下方最浅的深度读取，不同的直线确定不同的二级界面和区块；(B) 推断出的井筒轨迹与一级、二级界面关系示意图

— 201 —

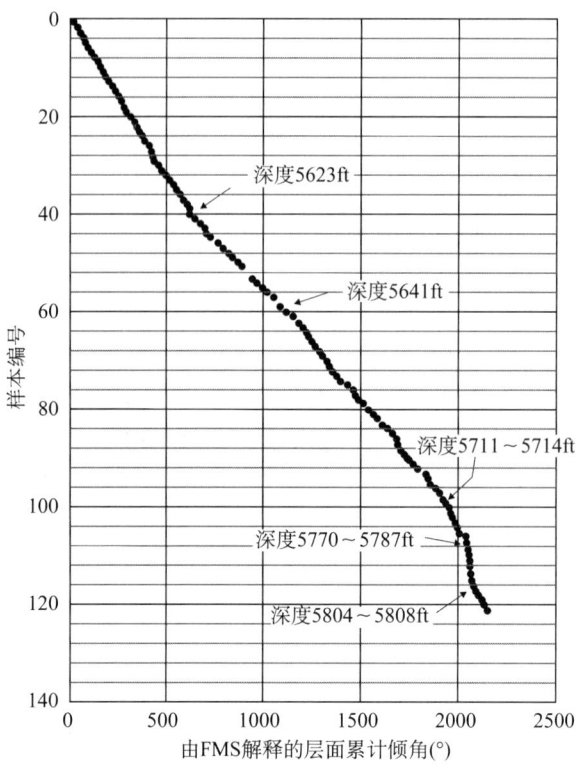

图7.25 Byron油田Lindsay #3H水平井由FMS解释出的层面累计倾角散点图,倾角的转折点解释为界面(据Hurley 等，2003；转载获得 AAPG 的许可，进一步使用需许可)

7.3 小结

　　本章重点强调储层特征，其次才强调对露头的描述。这是因为影响油层生产动态的风成储层的独特性和精细尺度分层性已经由储层本身很好地记录下来了。由于界面导致（储层中）存在储层分块性和渗透率各向异性，所以对风成储层详细的描述非常重要。除了界面的影响，由于纹层内粒度、胶结状况不同也会导致小规模的孔隙度和渗透率的差异性，测量和记录这些差异性很困难，而且费用也较高。这一事实进一步说明了精细储层描述的重要性。

第8章 非三角洲的滨浅海沉积与储层

大陆架的定义是"在海岸线和大陆坡之间的浅海地带(或在没有明显大陆坡时,以水深200m为界)"(Jackson,1997,第138页)。全球范围内,大陆架的平均宽度为75km,平均坡度1.7m/km(0.1°)(图8.1)。然而,大陆架的宽度和坡度在不同的地区存在很大差别。例如,美国东海岸的大陆架广泛而较平坦,而南美和西非西海岸的大陆架往往十分狭窄(图3.29)。

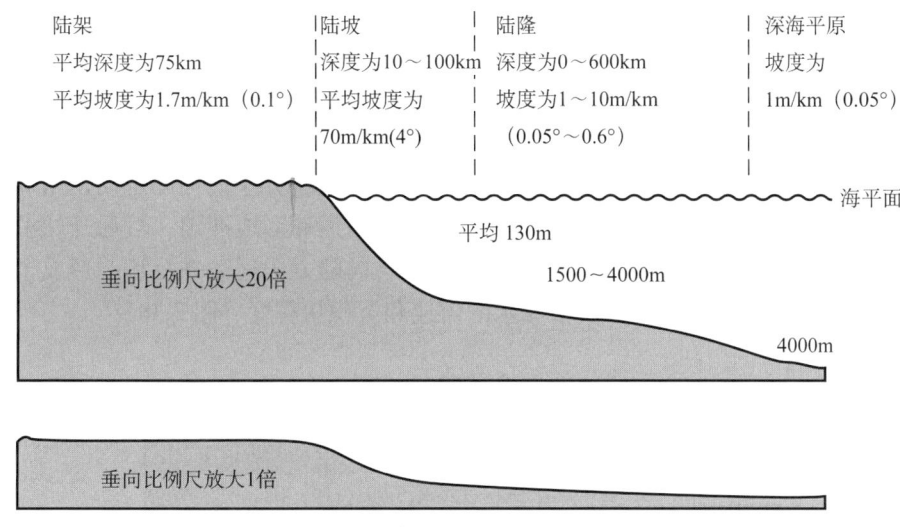

图8.1 陆架、陆坡、陆隆和深海平原地貌图(图来源不明)

不同沉积背景下的沉积过程及其产生的沉积物有很大差别。例如,有大型河流入海的地方与没有大型河流入海的地方沉积物截然不同(图3.3)。前者通常形成三角形的海岸线与大陆架,与后者区别较大。

本章将探讨非三角洲的滨岸至陆架边缘沉积与储层,而下一章将讨论三角洲型滨岸至陆架边缘沉积与储层。

8.1 浅海水动力条件和沉积环境

非三角洲滨岸接受多种物源的沉积物。例如,沉积物可能会暂时沉积在河口并随后被近岸海浪和海流卷起,发生沿岸移动形成海滩(图3.39C和图8.2)。同时,沉积物可以从浅海海底向陆地搬运,形成海滩沉积。一般来说,由于风力产生的海浪和临滨海流导致海水通道向陆地运动,在滨岸带会存在从浅海海底到海岸线的运砂。

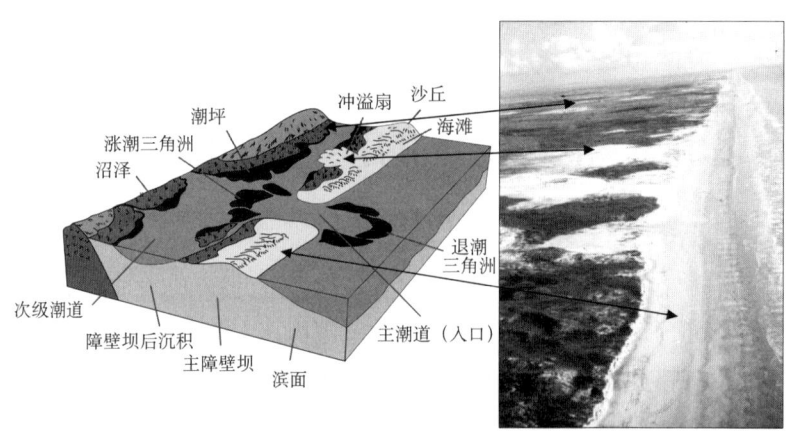

图 8.2 得克萨斯州墨西哥湾沿岸地区的砂质海滩

冲溢扇上覆于富含有机物泥的沼泽和潟湖。当滨岸上的风从海滩把砂吹向内陆时,得克萨斯州南部海岸在飓风作用下冲溢扇就形成了,当海滩砂和冲溢扇砂被埋藏后,能够形成良好的储层,该图是一个在文中讨论的障壁岛体系

　　水质点在广海中以圆为轨迹运动(图 8.3A)。当水深减小为 $1/2$ 波长时,波浪会碰到海底。由于波浪继续向陆地移动,摩擦力把水质点的圆形运动轨迹改变为椭圆形运动轨迹(图 8.3B)。与海水表面水质点相比,摩擦力阻碍海底附近水分子的向陆运动,因此前者速度大于后者,波浪破碎,形成碎浪。碎浪沿着海滩向上运动形成冲浪,然后开始沿海滩回落形成回流。水质点运动的不同方式导致粗粒沉积物向陆方向运动并沉积,形成了各种沉积构造,而这些沉积构造的特征取决于海水的流速和沉积物粒度(图 3.38)。

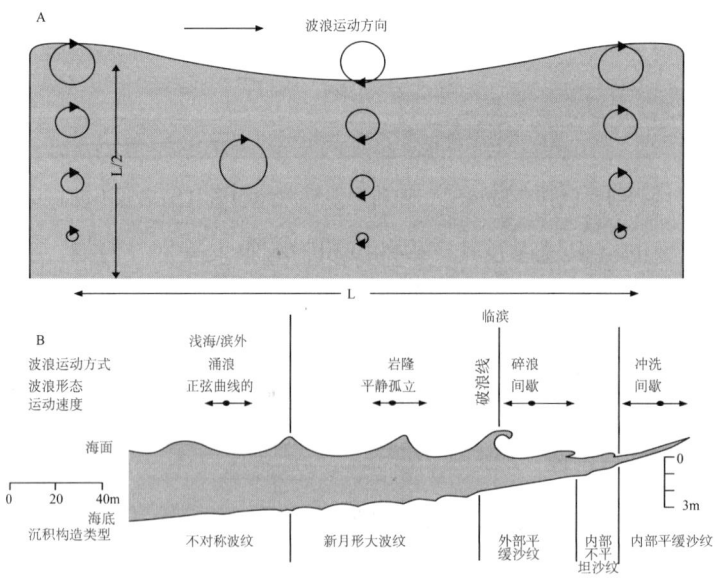

图 8.3 (A)波浪的运动,包括水粒子从水面到深度是一半波长的圆形或椭圆形运动(L/2)。轨道直径从水面到深度为 L/2 的地方逐步减少,在这之下没有关联的粒子运动。(B)滨外到近滨环境,显示当波接近岸边波动和轨道速度。当波达到水深为 L/2 的地方,水粒子的圆周运动趋向于椭圆运动。在边缘海附近,相对于水表面,伴生的摩擦效应减小了波的速度,直到波浪变得不稳定和"破碎",创造碎波带和冲洗带(图来源不明)

　　潮汐在滨岸沉积中也发挥着重要作用。如果涨潮明显强于退潮,在入潮口的向陆方向

就可能形成小的涨潮三角洲（图 8.4A）。相反，如果退潮强于涨潮，在入潮口向海的一侧就会形成退潮三角洲（图 8.4B）。在潮坪或潮汐三角洲的内部，沉积构造常常表现出双向交错层理或"羽状"交错层理，这些层理反映了交替变化的潮汐运动（图 3.42）。

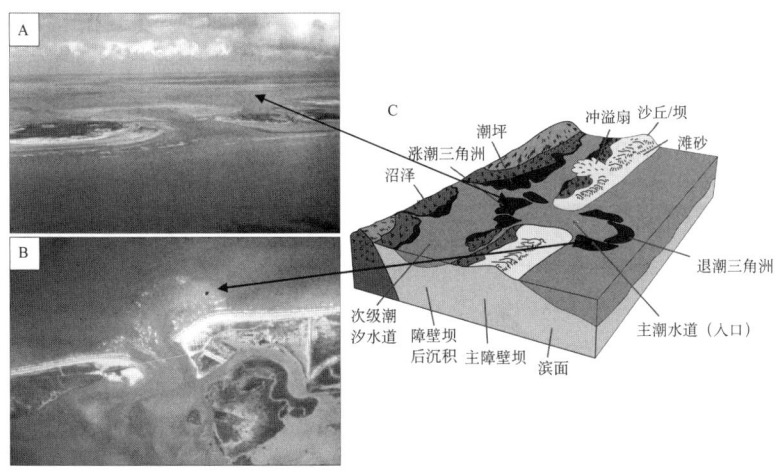

图 8.4 （A）涨潮三角洲照片。注意三角洲的形状。底部是海洋，图片的顶部是潟湖，陆地也在这个方向。涨潮流显然有足够大的力量通过潮汐通道将沉积物搬运到内陆潟湖里。（B）海滩、潟湖、退潮通道照片。当潮汐有足够的力量通过海滨将砂岩向海搬运时，就形成退潮三角洲。潮汐三角洲两种类型都可以形成良好的但小规模的储层。（C）本书讨论的一个障壁岛沉积模式简图

与滨面沉积环境相邻的是向海一侧的浅海/滨外或开阔大陆架环境和向陆一侧的前滨、冲浪带、海滩和沙丘环境（图 8.5）。由于向浅海方向水深的递增，沉积物往往逐渐变细（图 8.5）。高能量的上滨面沉积物通常是由分选较好的砂岩组成。向着陆架边缘方向含砂量和粒度降低，而泥质含量增加。由于不同能量的波浪、海流以及不同海底类型的共同影响，在滨面到开阔陆架的各个部位，发育不同优势生物。其中，针管迹和克鲁兹迹等是典型的遗迹化石，它对识别具体沉积环境有重要作用（图 3.60）。

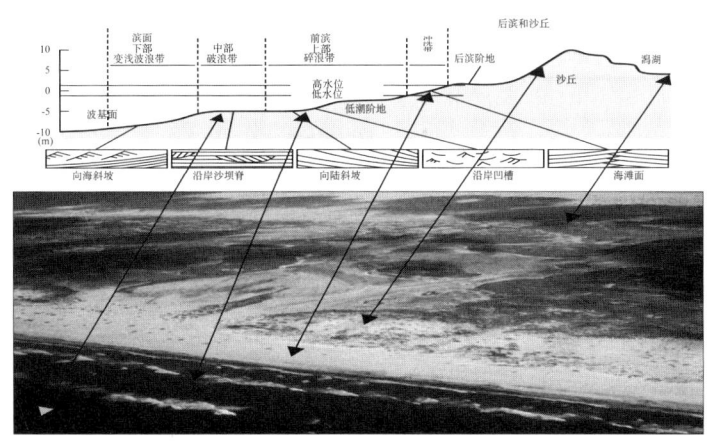

图 8.5 一个现代前滨及后滨/潟湖沉积照片（据 Berg，1986）

照片中的滨面在水面之下，在解释图中说明了判断不同环境砂岩的各种沉积构造

8.2 浅海沉积

在过去的 25 年里，在"滨面"和"大陆架"沉积物的构成及其沉积过程引起了较多争议。"浅海"砂质沉积物的来源有几种可能，相关讨论从未间断过（图 8.6）。其中一个例子就是美国的怀俄明州 Powder River 盆地的白垩系 Shannon 砂岩的沉积成因问题（图 8.7）（Snedden 与 Bergman，1999）。我们现在回顾一下对这个地层沉积史的各种不同解释。

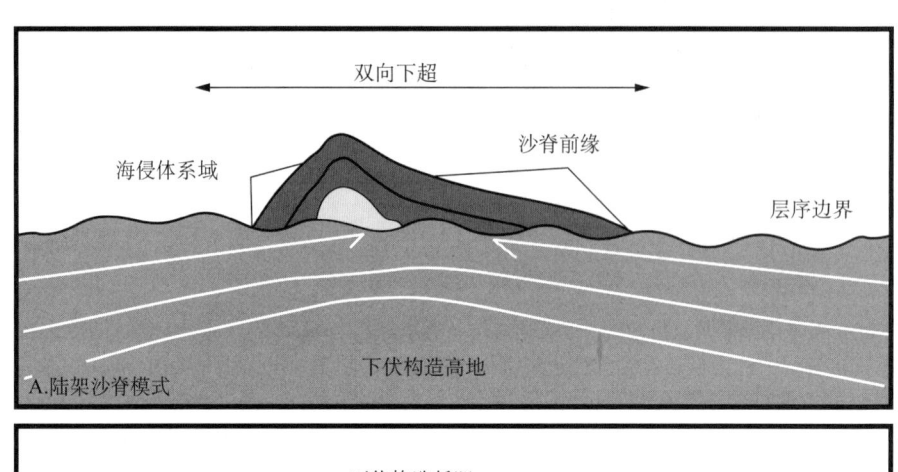

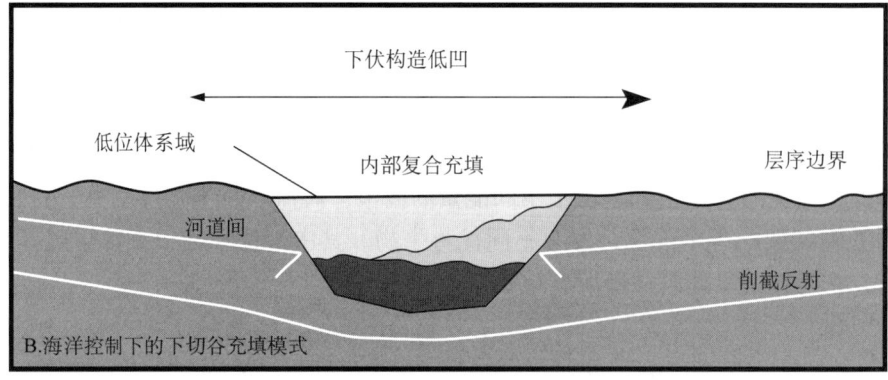

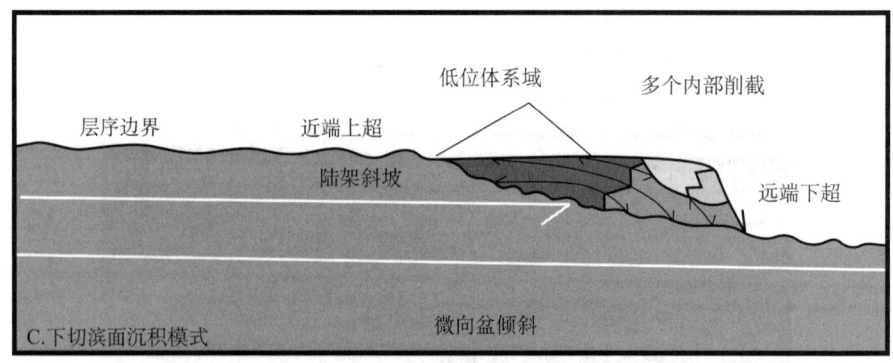

图 8.6 文中探讨的浅海砂体的 3 种不同地层模式（据 Snedden 和 Bergman，1999；SEPM 许可转载）

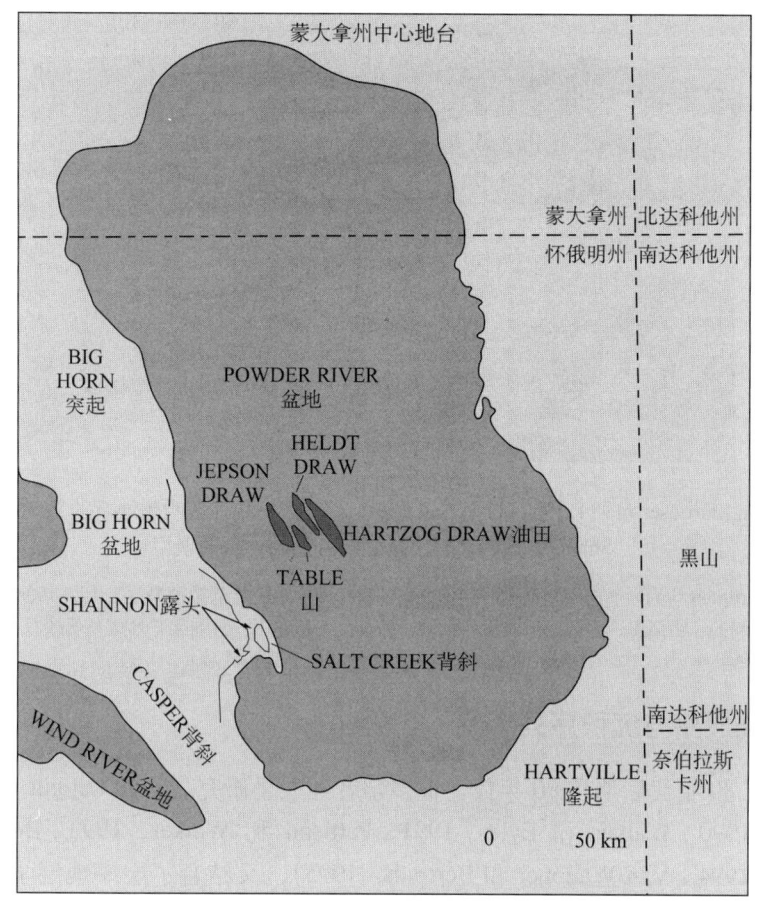

图8.7 怀俄明州和蒙大拿州的 Powder River 盆地 Hartzog Drwa 油田及相关油田分布图（绿色）（据 Tillman 和 Martinsen，1984；SEPM 转载）

这些油田的白垩系 Shannon 砂岩产出油气，注意每个 Shannon 砂岩的伸长形展布特点和方向

8.2.1 滨外沙坝或沙脊

在 20 世纪 70 年代和 80 年代，研究者认为沉积在 Western Interior Seaway 的白垩系长条带状砂岩为陆架沙脊或沙坝，它们与古岸线不相连而是沉积到离陆架不远的地方（Berg，1975；Hobson 等，1982；Tillman 和 Siemers，1984；Turner 和 Conger，1981；Beaumont，1984；Slatt，1984；Tillman 和 Martinsen，1984，1987；Gaynor 和 Scheihing，1988；Gaynor 和 Swift，1988）（图 8.6A 与图 8.8）。这种"陆架砂岩"往往是由于大陆架泥质沉积的分隔，从砂质海岸线分离出来的，因此他们认为这些砂岩源于附近的三角洲沉积。在与海平面变化有关的层序地层学概念出现之前，这种沉积理论最为人们所认可（如海平面被认为是静态）。然而，针对这个陆架砂岩模式后来出现了一些不同意见。例如：①沉积间断是存在的，而大陆架砂岩解释观点有时会忽视这一点；②在静止海平面条件下，大量砂被搬运穿越泥质陆架区，重新再建造成沙脊方面，这种观点缺乏令人满意的解释；③滨面的遗迹化石组合可能存在（Bergman，1994）。

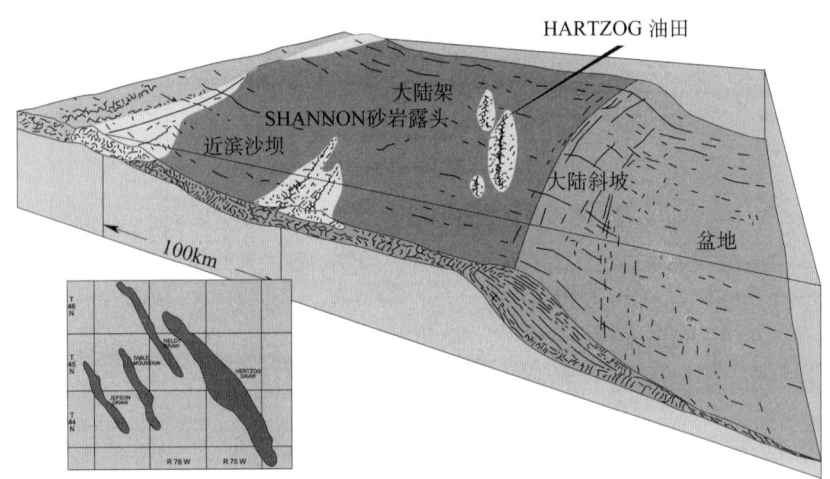

图8.8 Tillman 和 Martinsen（1984,1987）针对 Salt Creek 背斜露头和怀俄明州地下的 Hartzog 油田（小插图）Shannon 砂岩，提出了"浅海陆架沙坝"模型

Tillman 和 Martinsen 认为砂质沉积物从同时期南北向的海岸线通过泥岩陆架被搬运了大约100mile（160km），而这是通过倾斜的、由风暴产生的水流作用的结果，砂再次沉积在中、外陆架并形成条形沙脊，小图为图8.7所示油田的全貌（沉积地质学会许可转载）

8.2.2 滨面准层序与沉积序列

在20世纪80年代后期和90年代，很多学者经大量研究（例如 Leggitt 等，1990；Van Wagoner 等，1990；Walker 和 Eyles，1991；Pattison 和 Walker，1992；Bergman，1994；Hart 和 Plint，1994；Van Wagoner 和 Bertram，1995），又结合了层序地层学的概念，达成共识认为，沉积在白垩系 Western Interior Seaway 的条带状砂岩，至少有一部分（即使不是大多数）实际上是形成于海平面变化时期的滨面沉积（图8.6C）。

常见的解释是：在海平面下降阶段滨面产生下切，砂质沉积物随之沉积在该下切倾斜面上。之后，在海平面上升期的亚层序中，同样的砂质沉积物被重新建造，形成平行于古岸线的条带状沉积体（图8.6C）。

据 Walker 和 Eyles（1991），海平面上升的速率控制着滨面砂岩最终的构型、分布及连续性。Walker 和 Eyles 利用加拿大艾伯塔省白垩系 Cardium 组的关键界面和沉积物分布图，识别出一系列地质事件：①向古陆地方向的盆底隆升造成了相对的海平面下降而海岸线向盆地方向迁移；②地表遭受长期侵蚀，形成主要的不整合面；③随后海底向古陆方向下降，造成了持续的海侵；④在整个海侵过程中，相对海平面静止，产生一小型横向下切近滨，又称梯级在其之上滨面砂岩发生进积（图8.9）。

在海平面快速上升时期，滨面沉积在向陆方向以较大角度退积；而在海平面缓慢上升时期，单个滨面砂岩将前积到坡度较小的斜坡之上，同时在斜坡表面逐步发生退积（图8.9）。

滨面层序的基本地层单位称为准层序，其定义为一个"岩层或岩层组受海泛面或与之相关的界面限定的、成因上有联系的、相对完整的沉积序列"（Van Wagoner 等，1990，第8页；图8.9）。层序地层格架中准层序的意义将在第11章详细讨论。

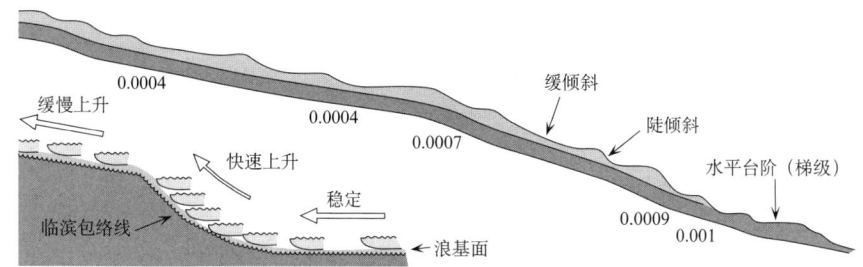

图 8.9 一个倾斜的纵剖面简图（据 Walker 和 Eyles，1991；SEPM 许可转载）

剖面上每个单独阶地（梯级状）是水平的，左下方的小插图说明了滨面包络线的形成过程，此包络线由单一滨面侧向和垂向变化而形成

向海进积的准层序包括从临滨到浅海大陆架环境（从左至右）的各种沉积相和与之对应的自然伽马测井曲线（图 8.10）。在向海方向上，自然伽马测井曲线中泥质含量越来越多，而砂的含量逐渐减少。在进积过程中，浅水相沉积在深水相之上（图 8.11）。因此，可以通过 3 个现象来识别这种进积准层序：①粒度和砂质向上增加；②高能量沉积构造向上增加；③高能量遗迹化石向上增加。通常这些特征像露头一样，可以通过岩心和测井曲线来识别（图 8.12）。

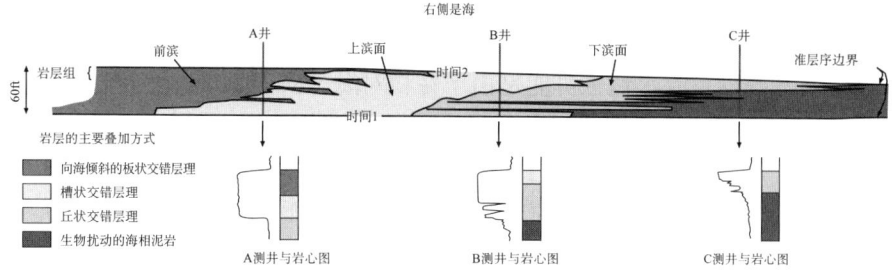

图 8.10 （滨面）准层序的形成过程（据 Van Wagoner 等，1990；AAPG 许可转载，经其许可才能进一步使用）

这是一个与层理或层理组有成因关系的，同时被海泛面或与海平面相关的界面所限定的沉积序列，是一个向海进积的沉积序列，从左到右，（沉积亚）相从前滨变为上滨面、下滨面，最后变为浅海陆架沉积。图中也有与之对应的测井曲线模式

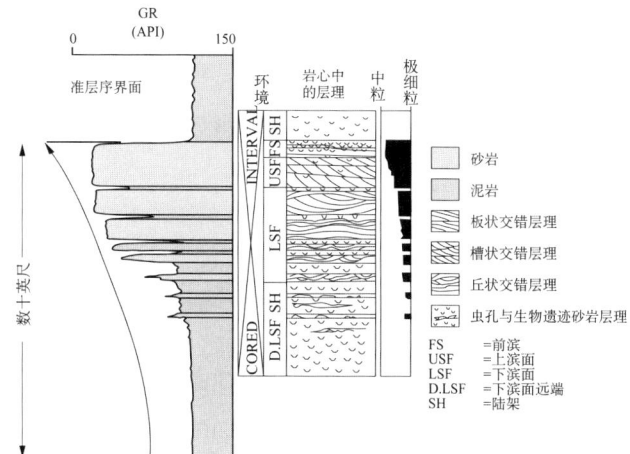

图 8.11 沉积在砂质沙滩环境的向上变粗的准层序沉积特征（据 Van Wagoner 等修改，1990）

图 8.12 两个白垩系准层序的露头照片

这两个准层序被认为类似 Terry 砂岩层序。岩层呈陡的下倾,层序的顶部在左边。下部的序列(照片的右边,右手边的红色箭头所示)从底部到上部,包括泥岩、泥砂互层、砂岩,分别代表浅海、下滨面、上滨面地层。上覆厚层且颜色较深的页岩,是一套海侵泥页岩。在这套泥页岩之下砂岩表面,是一个粒度相对较粗、含有植物碎屑和鲨鱼牙齿的海侵侵蚀面(TSE)。海侵泥页岩横向上连续很远,并能为类似的地下储层提供一个良好的顶部盖层。上覆于海侵泥页岩之上的最初是泥岩,然后是砂泥岩互层,最后是砂岩,代表了另一套进积层序(左边红色箭头)

强制海退后的低位海岸带为另一种近滨模式(Posamentier 等,1992)。据此模式,沉积过路带、地表暴露以及流水侵蚀可能是由于在相对海平面下降(即强制海退期),浅水与滨岸沉积快速向海迁移造成(图 8.13)。强制海退期沉积的两个主要特征是:①(浅海中)粗粒沉积物的出现,通常越是向海靠近的细粒沉积越为远物源沉积物(图 8.13);②在基底侵蚀面之上残余陆相地层,并逐渐向海形成阶梯状的接触面(图 8.13 和图 8.14)。

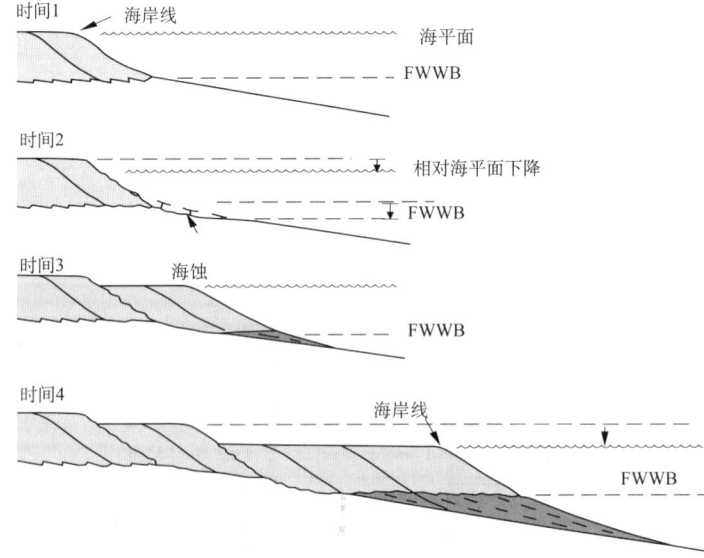

图 8.13 强制性海退示意图(据 Posamentier 等,1992);AAPG 许可转载,经其许可才能进行进一步使用)

"强制性海退"是相对海平面的快速下降。这种强制性海退导致沉积环境与沉积相向盆地迁移,这样在明显的同一地层面上,粗粒沉积物向海方向沉积到细粒沉积物之上。此外,在向陆方向上形成了一个侵蚀面;而向海方向呈现阶梯状的垂向岩石沉积序列。FWWB 是浪基面

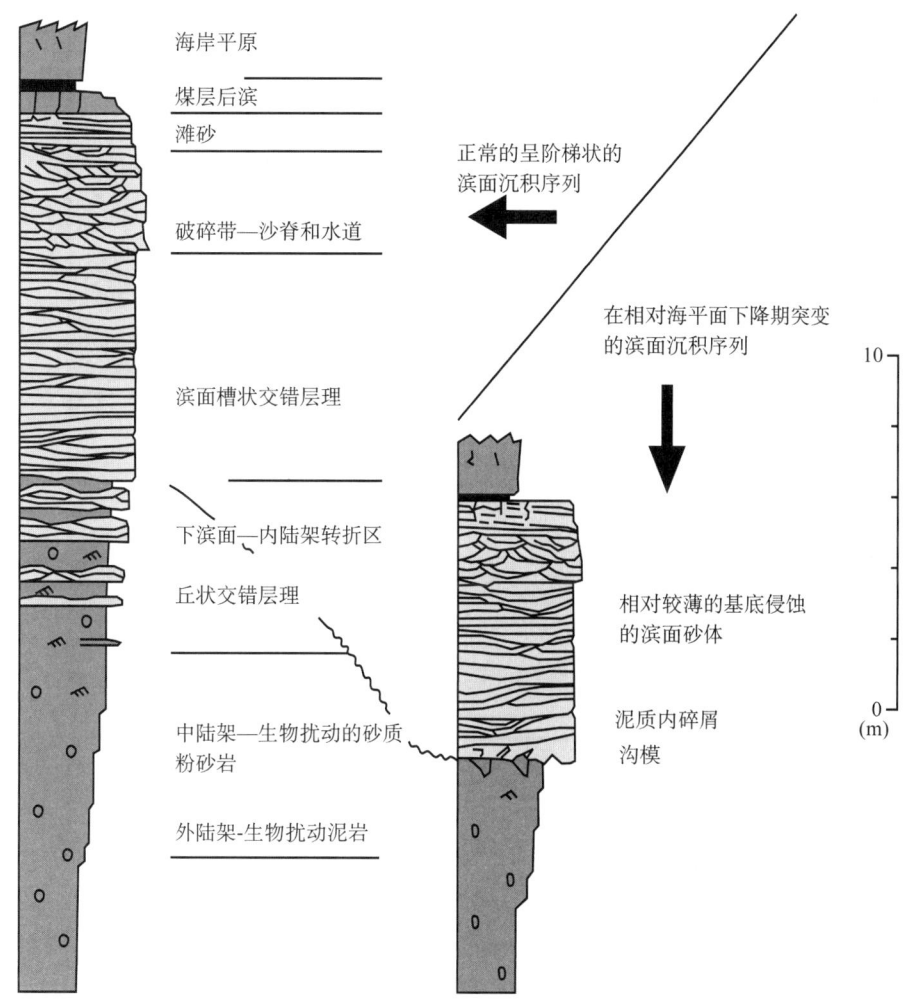

图 8.14 图 8.13 所示的相对海平面下降期的沉积相类型（据 Walker，1980；加拿大地质协会许可转载）

在向陆地方向不整合或侵蚀面表现为突变的砂岩面，但它在向海方向可能呈阶梯状

8.2.3 海相控制的下切谷充填沉积

下切谷充填沉积在前面的章节中讨论过，这种沉积往往呈现条带状。这些砂岩在海平面下降期形成的下切谷中发生沉积。而这些下切谷在随后的海平面上升期被河口沉积物所充填（图 8.6B）。

8.2.4 沉积物来源的重要性

无论沉积物源来自哪里，非三角洲的砂岩沉积层序可以横向扩展很长距离（图 8.2），因此它们可以成为潜在的优质储层。不过，值得注意的是，上述的三个地质模型中的储层砂岩内部连续性不同，导致看似相同的储层中流体流动屏障与路径不同（图 8.15）。因此，关键是对这样的储层，要充分评估其储层信息，选择适合储层表征和最终生产动态的最优模型。

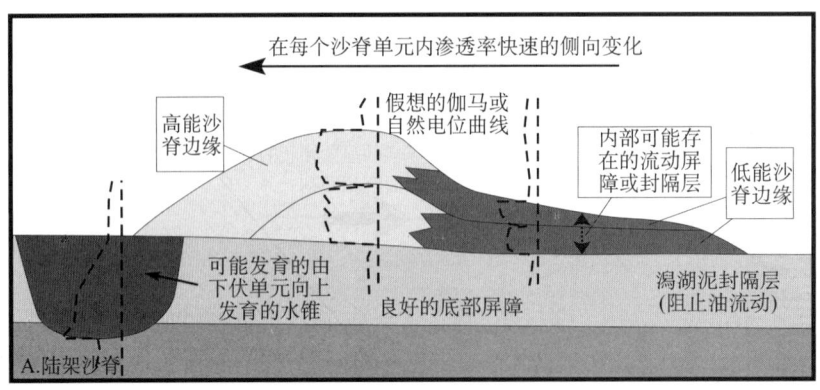
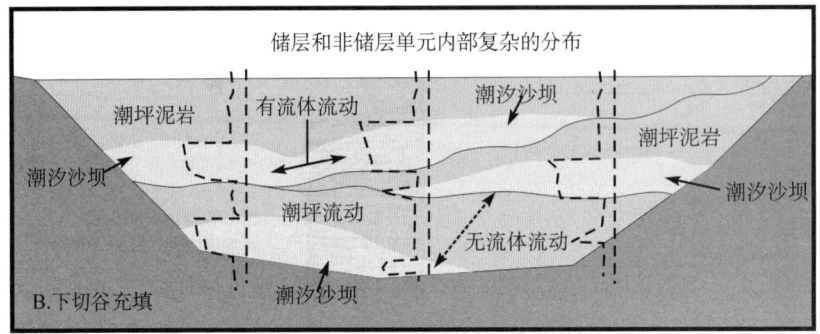
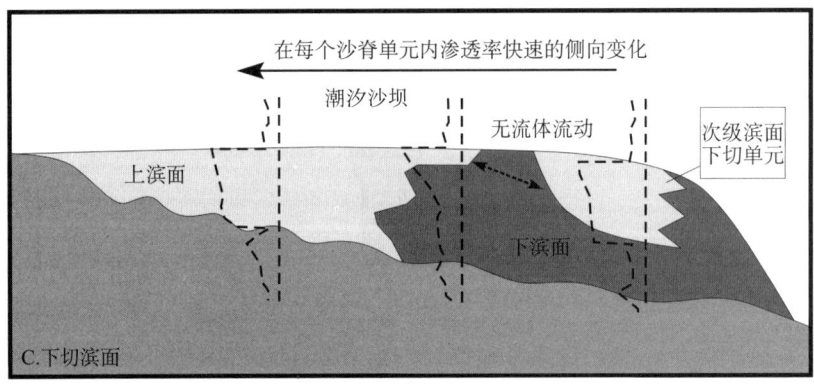

图 8.15 图 8.6 中所示的三种浅海砂岩沉积模式的不同测井响应
(据 Snedden 和 Bergman, 1999; SEPM 许可转载)

8.3 浅海储层

8.3.1 让人困惑的 Hartzog Draw 油田

Hartzog Draw 油田（图 8.7，图 8.8 和图 8.16）是 Powder River 盆地最大的 Shannon 组砂岩油田。它长约 35km，宽达 5km，发现于 1975 年，初次采油在 1977 年达到峰值，每天生产石油约 39000bbl。该油田于 1981 年开始注水（Sullivan 等，1997）。油田产层为 2750～3000m 的一个 30m 厚的 Shannon 组砂岩（净砂层约 20m 厚）。1987 年，注水生产达到峰值，日产量约 19000bbl 油，产量自那时起一直处于稳步下降期。

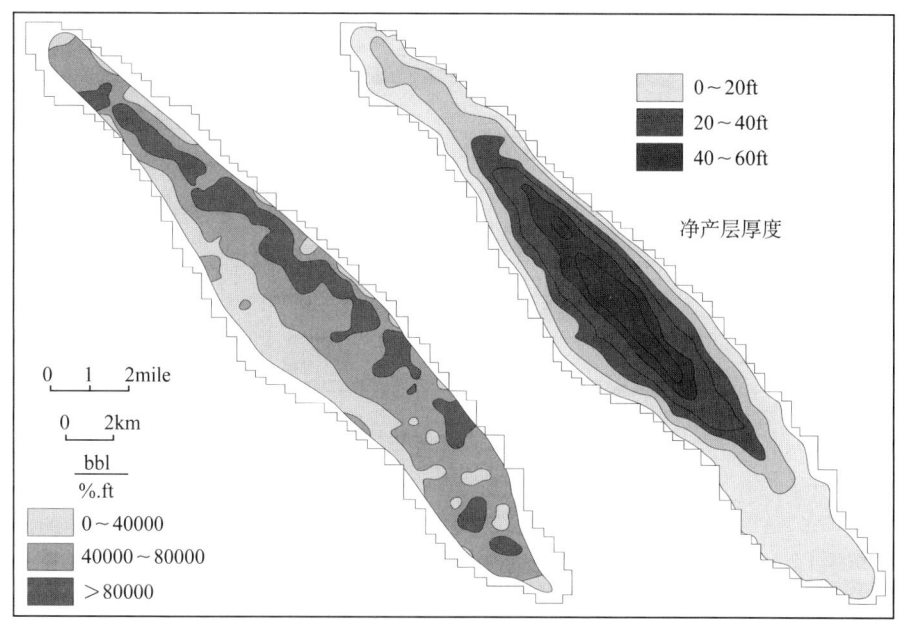

图 8.16 橘黄色（右侧）图是 Hartzog Draw 油田 Shannon 砂岩储层的净产层等厚图（据 Tillman 和 Martinsen，1987；SEPM 许可转载）

最厚砂岩不在油田的中心，而是被朝向北东的某些砂岩代替(右上)。绿色(左侧)图像显示了油田早期的生产状况，以桶/每单位孔隙体积（英尺）计算，这也是油田古向海一侧（东北部）的最大产量

8.3.1.1 Hartzog Draw 油田浅海沙脊成因解释模式（大陆架沙坝）(1984—1987)

Tillman 和 Martinsen（1984，1987）针对 Salt Creek 背斜露头的 Shannon 组砂岩和怀俄明州地下的 Hartzog Draw 油田，提出了"浅海陆架沙坝"模型（图 8.8）。他们认为砂体物源为 160km（100mile）外的南北向同生海岸带。其经倾斜风暴流携带，穿过泥质陆架，最终沉积在陆架中部至陆架边缘，或在原沉积体上重新建造，形成条带状沙脊。Tillman 和 Martinsen（1984）识别并解释了以下沉积相：①开阔陆架上的海底生物扰动陆架粉砂岩（图 8.8）；②平行层理到波状层理，偶见风暴沉积的沙坝内沉积；③交错层理粗粒砂岩，代表沿沙脊侧翼和在核部沉积的高能沉积。

油田东部的累计产量（到 1980 年）和净产层厚度均比西部要大（图 8.16）。因而，Gaynor 和 Scheihing（1988）认为，水流（波浪或潮汐）在向海一侧重新改造了沙坝，提供分选更好和粒度更粗的砂岩，因此，多孔且高渗透的砂岩主要分布在东边（图 8.17）。

8.3.1.2 Hartzog Draw 油田低水位滨面沉积解释模式（1993—1994）

Walker 和 Bergman（1994）重新解释了在怀俄明州滨面沉积的 Shannon 组砂岩的成因（重点是在 Hartzog Draw 油田）（图 8.18）。他们的横剖面模型表明，Shannon 组砂岩包括了一系列在低水位期沉积的从西向东进积的砂岩，在随后的一些地质时期里部分被海蚀作用侵蚀。图中的条带状砂岩是综合沉积作用的结果，最初广泛的滨面沉积由于海侵被侵蚀，砂岩沿着狭长线形的海岸线沉积，最终形成一组内部结构复杂的滨面沉积单砂体。他们的模型由 Walker 和 Eyles（1991）提出的白垩系 Cardium 地层模型相类似（图 8.9）。

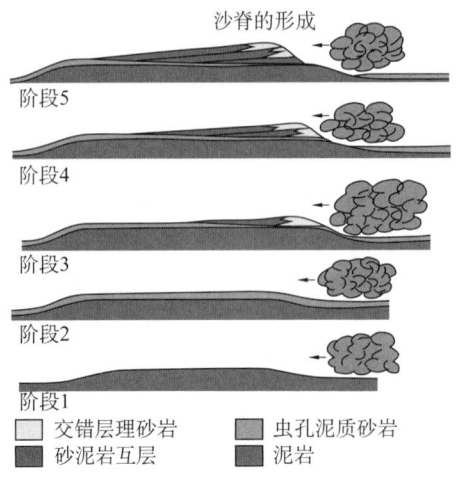

图 8.17 在图 8.16 中所示的生产不对称性

D. Swift 解释（个人联系获取的资料，1990）的向海一侧更纯净、分选更好、多孔和渗透性更好的砂岩。向海一侧更洁净的砂岩由大的风暴改造形成。这种成因在图中得到了展示，这表明了前积的沙脊形成过程，即由最初的大陆架底面砂的再造和簸选（阶段 1 和 2），然后沙脊向海一侧前积簸选和建造，这都是风暴形成的水流作用（阶段 1 和 2）。在这种沉积方式下，沙脊沉积在古向海方向不仅分选更好、更洁净、粒度更粗，而且在垂向上，从下至上分选更好、更洁净且粒度变粗（图片由 D. Swift 提供）

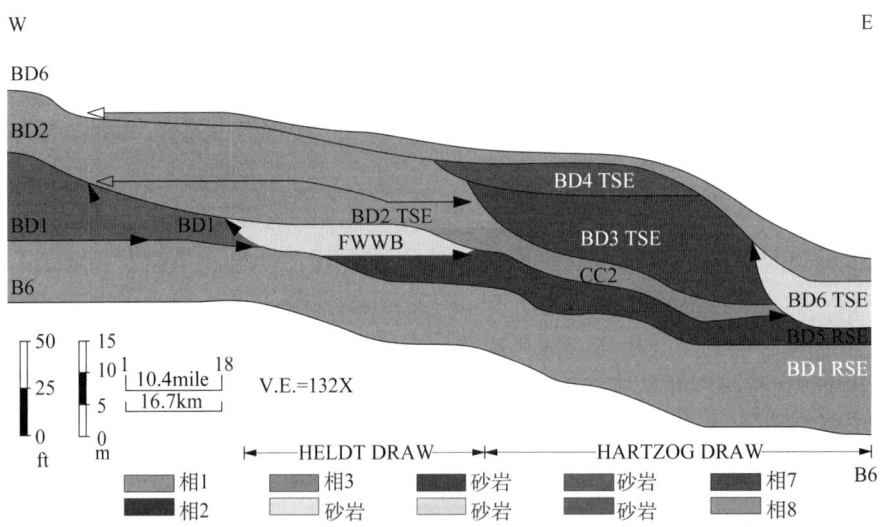

图 8.18 Walker 和 Bergman（1993），Bergman（1994）重新解释，认为怀俄明州 Shannon 砂岩为滨面沉积（据 Bergman，1994；SEPM 许可转载）

这一剖面模型说明，Shannon 砂岩包括一系列由西向东进积的低水位期滨面砂岩沉积（由不同颜色显示），后来一些时期内，部分滨面沉积被海侵侵蚀掉了（图 8.9 和文中对这一过程的解释）。空心的箭头代表了上超，实心的箭头代表削截

BD1—海退侵蚀面；BD2—海侵侵蚀面；CC2—与不整合对应的整合；BD3—海退侵蚀面；BD4—海侵侵蚀面；BD5—海退侵蚀面；BD6—海侵侵蚀面；TSE—海侵侵蚀面；RSE—海退侵蚀面；FWWB—好天气时的浪基面

8.3.1.3 Hartzog Draw 油田与下切谷充填相邻的潮汐沙坝成因解释模式（1997）

Sullivan 等（1997）解释 Hartzog Draw 油田的 Shannon 组砂岩成因为：与一系列东南走向的下切谷相邻的向上变粗的潮汐沙坝沉积（图 8.19）。他们识别出了三个主要的受不整

合控制的沉积层序：①"Copenhagen Blue"层序，由区域性不整合面之上的远源潮汐沙坝构成，这一区域性不整合面把"Copenhagen Blue"层序与下伏"Cody Shale"浅海泥岩分隔开；②"Crimson Red"层序，是主要的储层段，由高质量的近源潮汐沙坝构成；③高度下切的，上覆于"Crimson Red"层序的"Canary Yellow"层序，由于"Crimson Red"层序的砂岩储层与"Canary Yellow"层序远源潮汐沙坝和浅海泥岩之间形成指状交叉接触，"Canary Yellow"层序边界成为 Hartzog Draw 油田的圈闭。表 8.1 总结了近源、远源的潮汐沙坝相和浅海相的储集性能。近源潮汐沙坝相有最高的净毛比和最好的孔隙度和渗透率；而浅海相有最低的净毛比，最差的孔隙度和渗透率。

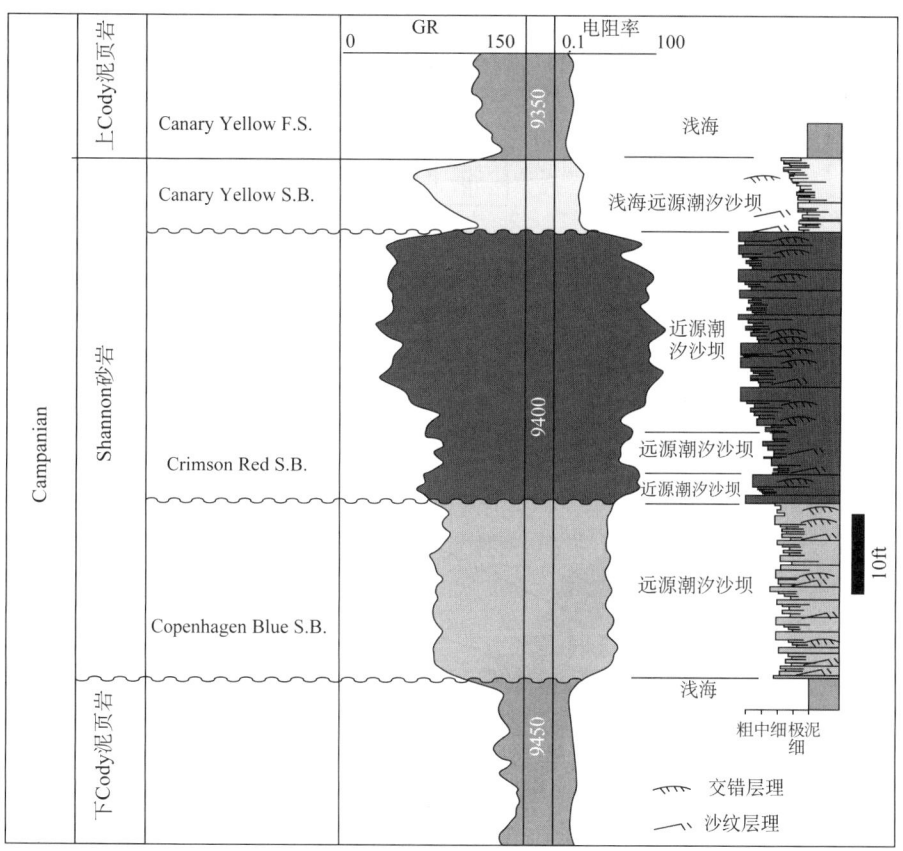

图 8.19　Sullivan 等（1997）重新解释了 Hartzog Draw 油田的 Shannon 砂岩的成因，认为是一系列向上变粗的潮汐沙坝沉积（SEPM 许可转载）

与东南方向下切谷有关的一些侵蚀作用产生了储层厚度的变化。可以识别出三个主要的受不整合限定的沉积层序：最下面的是"Copenhagen Blue"层序，是由远源的潮汐沙坝组成，该套沉积位于浅海的"Cody Shale"泥岩之上；"Crimson Red"层序，是主要的储集层段，主要由高储集性能的近源潮汐沙坝砂岩构成；高度下切的上覆"Canary Yellow"层序，由远源的潮汐沙坝和浅海泥岩组成

做一条过 Hartzog Draw 和相邻的 Pumpkin Buttes 油田的南西—北东向地层剖面，便可以说明 Shannon 组砂岩内已开发的三个低水位层序的接触关系（图 8.20）。Copenhagen Blue 和 Crimson Red 层序都被 Canary Yellow 层序界面高角度不整合接触，因此 Crimson Red 层序最厚，储集性能最好，其剩余油也就最少。这是因为高储集性能好的砂岩储层在注水开发中波及系数大。该地区的中等储集性能的沉积层水驱不充分，因此注水开发潜力

最大（水驱可采量占剩余油总量的60%）。在 Crimson Red 中的优质储层为水驱波及区，而 Crimson Red 的西南部 Canary Yellow 的局部地区以及 Copenhagen Blue 的局部地区为中等储层剩余油含量高。

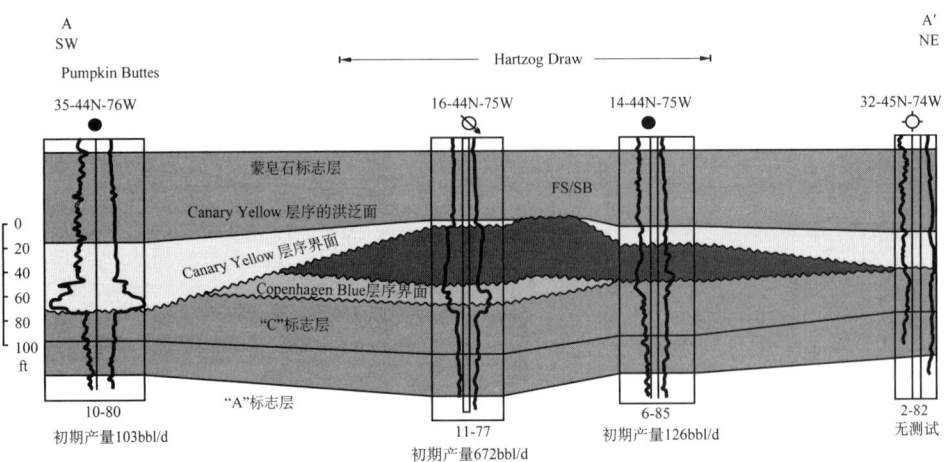

图 8.20　过 Hartzog Draw 油田和相邻 Pumpkin Buttes 油田的一个南西—北东方向的地层剖面（据 Sullivan 等，1997；SEPM 许可转载）

说明在 Shannon 砂岩低水位层序组中发育三个层序。Copenhagen Blue 和 Crimson Red 层序都被 Canary Yellow 层序界面很好地切蚀，由此在 Hartzog Draw 油田产生了厚度最大且具有高储集性能的 Crimson Red 地层 FS—洪泛面；SB—层序界面

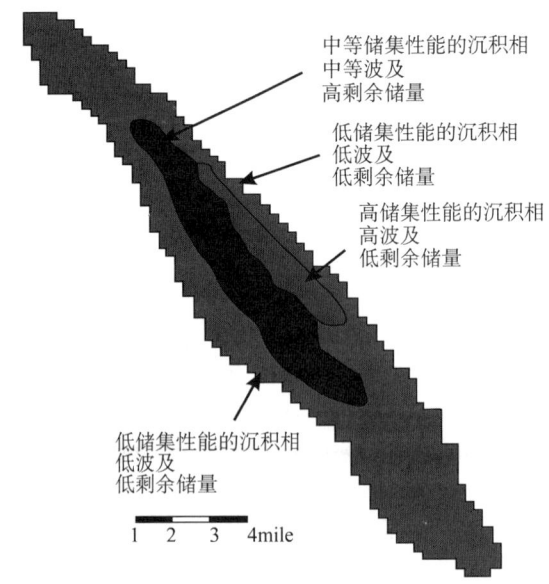

图 8.21　由沉积相决定的剩余储量分布和预期回收率（截至 1997 年）（据 Sullivan 等，1997；SEPM 许可转载）

红色区域包括了相对物性较差、剩余储量较低的沉积相（主要是 Canary Yellow 层序）；在紫色区域包括了已经有效地进行注水开发的高储集性能的沉积相（主要是 Crimson Red 层序），因此，剩余储量较低；蓝色的地区包括了中度开发的中等储集性能的沉积相，所以它包含了最多的注水开发储量（约占总剩余储量的 60%）。图 8.20 的剖面图垂直于本图中储量分布的走向

表 8.1　Hartzog Draw 油田 Shannon 砂岩的储集性能

相	孔隙度（%）	砂/泥比（%）	渗透率（mD）
近源潮汐沙坝	12.9～13.6	80～100	13.6～15.9
远源潮汐沙坝	7～11	10～90	2.4～8.7
浅海	3.5～5.3	0～10	0.5～1.7

8.3.2　科罗拉多州丹佛盆地的 Terry 砂岩

Hambert-Aristocrat 油田的 Terry 砂岩提供了一系列在垂向上被泥岩分开的滨面沉积砂岩的例子（图 8.22 中标号为 B—G）（Slatt，1997）。Terry 砂岩位于美国科罗拉多州丹佛盆地的东翼，主要产出石油和天然气。油田于 1972 年开始投产，以 320acre 间距部署天然气井和 40acre 间距部署油井。到 1993 年 8 月的累计产量是 $24.8 \times 10^9 ft^3$ 气和 $1 \times 10^6 bbl$ 油。渗透率平均在 1mD 或更低，而且砂岩单体渗透率很少超过 10mD，因为这些细粒砂岩胶结程度很高（图 8.23 和图 8.24）。

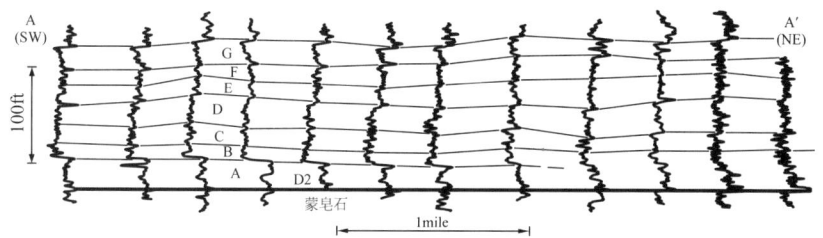

图 8.22　过 Hambert-Aristocrat 油田的南西—北东方向的地层剖面（据 Slatt，1997；SEPM 许可转载）

一个明显的蒙皂石岩层形成地层对比的基准面。六套滨面储层段（B—G）中每个都被洪泛泥岩隔开，均确定含有 Terry 砂岩。A 段是陆架泥岩。请注意 A 段突变的上表面朝向南西方向（古向陆方向），渐变面朝向北东方向（古向海方向），这是典型的滨面层序（图 8.8，图 8.10，图 8.13 和图 8.14）

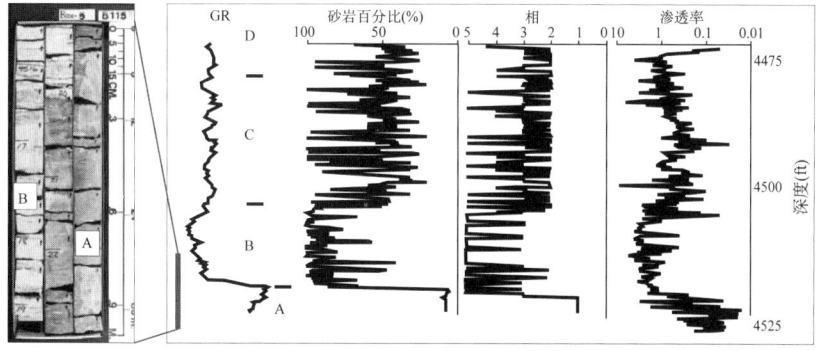

图 8.23　三个准层序的岩心和自然伽马测井曲线（B—D，如图 8.22 所示；其下为陆架岩相 A）（据 Slatt，1997；SEPM 许可转载）

该图表明了砂的百分含量、相及渗透率的正比关系。从测井和岩心资料上看，A 和 B 之间的接触面突变明显。同时，层序 B 很清楚地展示了砂岩的自然伽马测井响应，反映出上临滨富砂的情况。准层序 C 和 D 表明了总体为泥/页岩的测井响应，薄互层的砂岩和泥/页岩反映了总体富泥，为中—下滨面沉积。总的来说，在这口井中，Terry 砂岩从底部的准层序 B 向上变得更细（富泥），反映出沉积过程中水体总体上发生暂时性加深

相 1—生物扰动的大陆架泥岩；相 2—虫孔—生物扰动砂质泥岩；相 3—虫孔—生物扰动的泥质砂岩；相 4—板状交错层理砂岩；相 5—沙纹层理砂岩

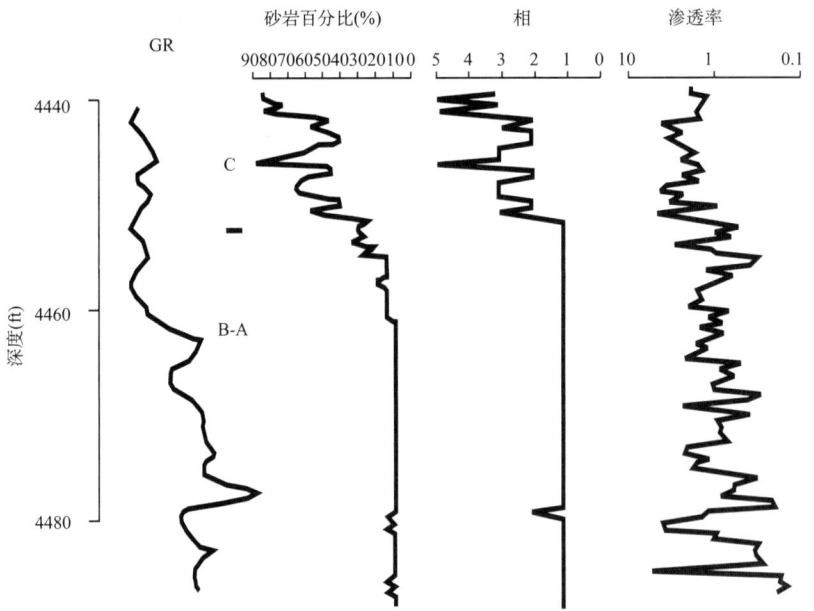

图 8.24 Hambert-Aristocrat 油田内另一口取心井的自然伽马曲线、砂岩含量、相及渗透率（据 Slatt，1997；SEPM 许可转载）

垂直剖面图表明，这口井不同于图 8.23 中所示的情况，因为这口井向上砂岩含量变大。A 和 B 之间的接触面是渐变的，为生物扰动泥岩地层。准层序 C 由生物扰动的砂质泥岩到泥质砂岩构成，解释为下滨面背景的沉积

和 Western Interior Seaway 中许多白垩系砂岩的情况一样，科罗拉多 Spindle 油田（Porter 和 Weimer，1982）和 Antelope-LaPoudre 油田（Hambert-Aristocrat 油田北部；Siemers 和 Ristow，1986）中的 Terry 砂岩在 20 世纪 80 年代被解释为远滨陆架沙坝，后来，Slatt 采用更详细的图件并运用层序地层学的概念，得出结论认为在 Hambert-Aristocrat 油田的 Terry 砂岩（包括其他油田中的 Terry 砂岩）是由一系列海退滨面准层序形成的，与 Cardium 组沉积类似（图 8.9）（Slatt，1997）。

Hambert-Aristocrat 油田的 Terry 砂岩层序地层特征将在后面的章节中讨论。基于描述储层（沉积）相的目的，这里将只讨论 A 和 B 两个沉积单元。

单元 A 是一套沉积在开放陆架环境的含虫孔泥岩。单元 A 上覆地层为滨面砂岩 B。在油田的西部（古向陆方向）区域，单元 B 有一侵蚀的底面，其上沉积一套上滨面砂岩其净毛比约达 100%，平均渗透率 7~8mD（图 8.23）。在东面古向海方向，单元 A 和 B 之间接触面的测井曲线是渐变而不是突变接触（图 8.24）。因此，很难在开放陆架单元 A 和中-下滨面单元 B 之间找到一个界面。图 8.25 表明了单元 A 和 B 的从块状变化到渐变状的大体区域。二者边界向海一侧的净毛比含量不足 30%，渗透率 1~3mD。

（沉积）相向海进积以及对应的净砂比和渗透率变化，与典型的向海变细的滨面层序特征相一致（图 8.6），这个层序具有突变的侵蚀底面和渐变的底面，其中侵蚀面为近海的低水位侵蚀形成；而渐变底面为向海方向进积形成（图 8.10，图 8.13 和图 8.14）。尽管单元 B 是致密的低渗透含气砂岩，它仍说明在单一准层序中渗透率向海逐渐减小，这是向海砂岩含量（也可能是粒度）逐渐减少造成的。

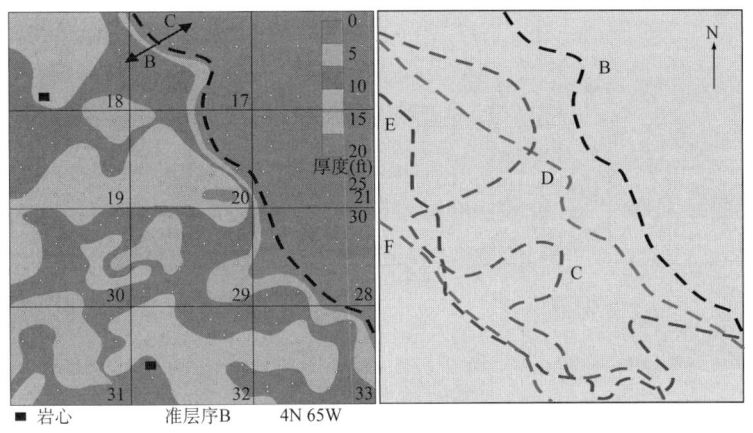

图 8.25 Hambert-Aristocrat 油田的部分平面图

该图说明了每个层序中块状砂岩和向上砂逐渐增多的砂岩之间界面的位置

(据 Slatt,1997;SEPM 许可转载)

8.4 障壁岛沉积和储层

8.4.1 复杂的沉积过程和沉积物

由于形成过程的多样性,所以障障岛沉积相当复杂(图 8.26)。在较长的时间内,它们受海平面变化的影响。在较短的时间内,它们是浅海波浪(图 8.3)和冲击滨面的洋流交互作用的结果,并且沿着海滩前缘沉积(图 8.2 和图 8.27)。砂还沿着海滩向陆地沉积,形成沙丘(图 7.3)。强烈的(有时因飓风引起)风暴浪和风暴流可以将砂搬运到障壁坝后成为冲溢沉积(图 8.2)。潮汐产生强烈的潮汐流也对砂的沉积有一定的影响,它可以下切出潮汐通道,并在潮汐通道的两侧形成涨潮三角洲和退潮三角洲(图 8.4,图 8.26 和图 8.28)。因此,障壁岛储层结构十分复杂,在油气资源勘探开发方面面临诸多挑战。

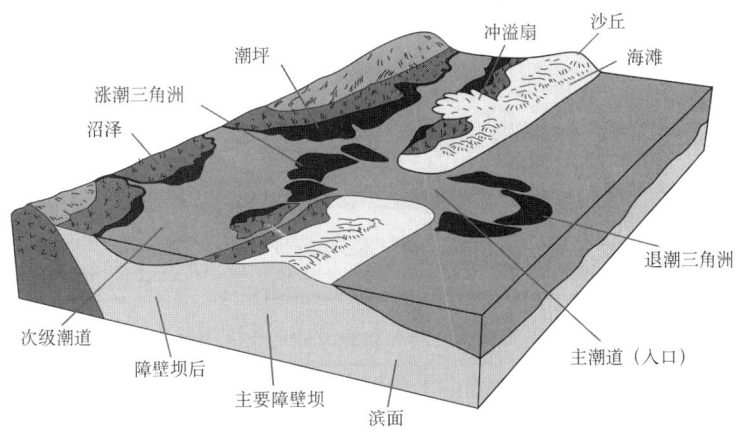

图 8.26 障壁岛体系立体模式图(据 Walker,1980;加拿大地质协会许可转载)

此图说明了沉积的复杂性,在文章中讨论的障壁岛系统包括一些不同的组成部分

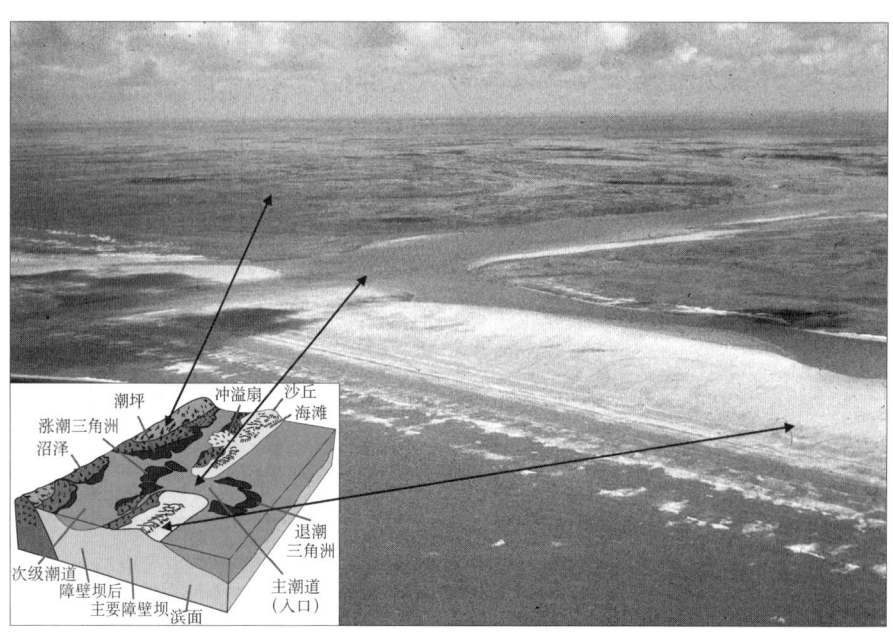

图 8.27 得克萨斯州墨西哥湾沿岸地区的一个现代障壁岛、潮道和潟湖沉积照片

当障壁砂和潮汐水道砂被埋藏到地下时,它们能够成为好的储层。如果潟湖沉积富含有机质,它们能够形成烃源岩,这与通常潟湖沉积会形成烃源岩的情况是一样的。图中的小插图是一个障壁岛立体模式图

图 8.28 涨潮三角洲和海滩砂现代沉积照片

当涨潮水越过海滩通过潮道将砂逐渐向内陆搬运时,就会形成涨潮三角洲。涨潮三角洲和海滩砂被埋藏在地下后,都能够形成很好的储层。小插图是在文章中讨论的一个障壁岛体系

8.4.2 蒙大拿州与怀俄明州的 Bell Creek 油田和 Recluse 油田

Bell Creek 油田与 Recluse 油田位于怀俄明州和蒙大拿州交界处,是两个开发成熟、研

究充分的油田，主要储层为一套白垩系泥质砂岩（图 8.29）（Berg，1986）。因为这些油田钻井资料丰富为我们提供了一个研究障壁岛储层地质和生产复杂性极佳的范例。这两个油田发现于 1967 年，到 1977 年，Bell Creek 油田 195 口油井的年产量是 8.8×10^6bbl 油，10 年累计生产 86.3×10^6bbl 油。在同一时期 Recluse 油田 58 口油井的年产量达到 8.4×10^6bbl 油，10 年累计生产 20.8×10^6bbl 油（Berg，1986）。

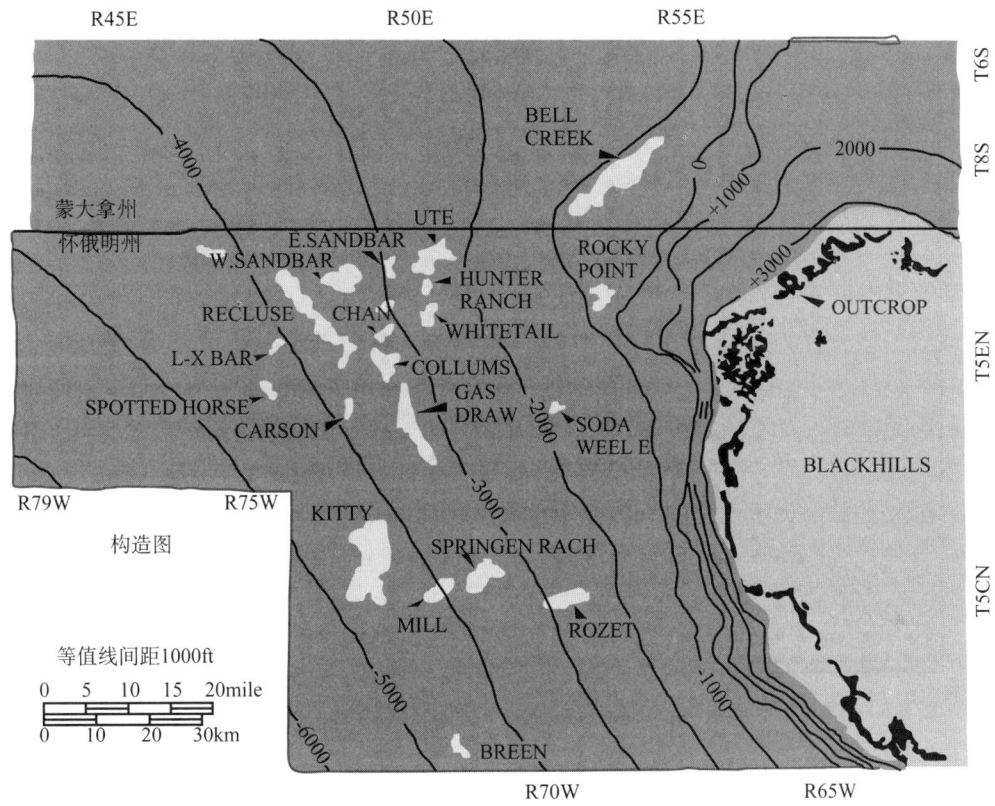

图 8.29 Bell Creek 油田和 Recluse 油田的位置图（据 Berg，1986；AAPG 许可转载）

两个油田位于怀俄明州和蒙大拿州 Powder River 盆地，其他几个白垩系油田也以黄色表示

Bell Creek 油田北东向延伸的特征（图 8.30）表明，它可能是一个海滩沉积；图中油田西北侧的突起被解释为涨潮三角洲（沉积时，海洋东南）（Berg，1986）。油田中一口井的岩心可以解释出以下相：① 1.5m 厚非常细粒的块状风成砂岩；② 1.5m 厚细粒薄互层海滩与上滨面砂岩；③ 3m 厚块状到细粒薄层的中滨面砂岩；④ 0.9m 厚，强生物扰动的下滨面泥页岩。这个沉积序列和美国得克萨斯州的现代障壁岛——Galveston 岛是完全相同的。通过将岩心与测井曲线对比，可识别位于不整合面之上的六个区带（图 8.31A）。某些区带的厚层的障壁岛砂岩可能横向上逐渐变为潟湖相薄层泥页岩沉积（图 8.31B）。井间不连续性是潟湖泥页岩沉积的结果，这些泥页岩把储层砂岩分成不同的区块（图 8.32）。

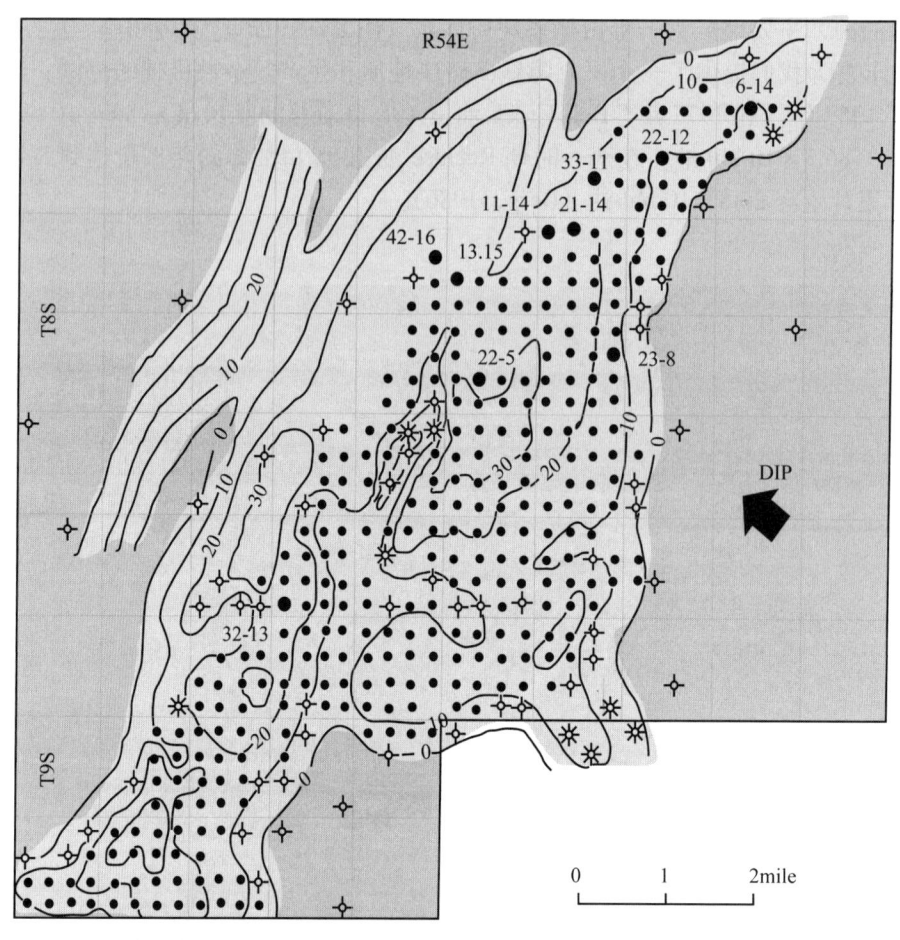

图 8.30 蒙大拿州 Bell Creek 油田泥质砂岩等厚图（据 Berg，1986；AAPG 允许再版）

黑点表示井位，该油田已经钻了大量的井

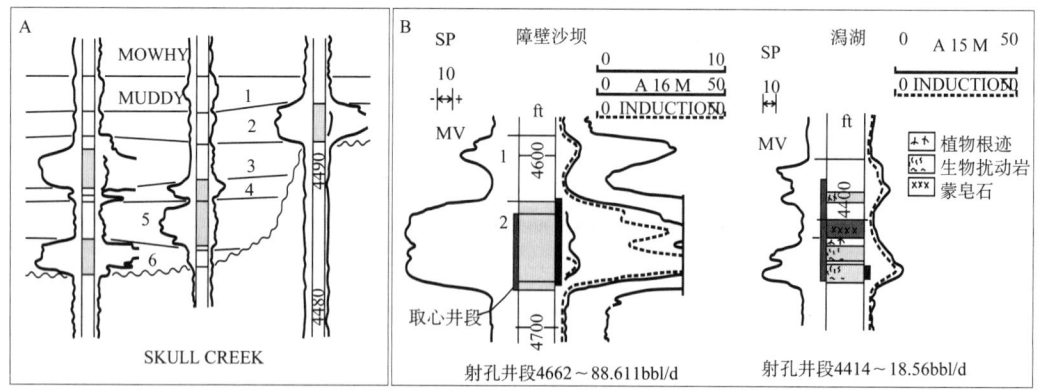

图 8.31 （A）Bell Creek 油田三口井的测井曲线，从中可识别出 6 个储层段，这些储层段的最下部为一个
不整合面。（B）Bell Creek 油田两口井的测井曲线，该储层为障壁岛砂体或者海滩砂。初期产量为 611bbl/d，
而更薄的潟湖沉积储层初期产量为 56bbl/d。正如（A）所示，这两个沉积相同一层段里
发生横向相变（据 Berg，1986；AAPG 允许再版）

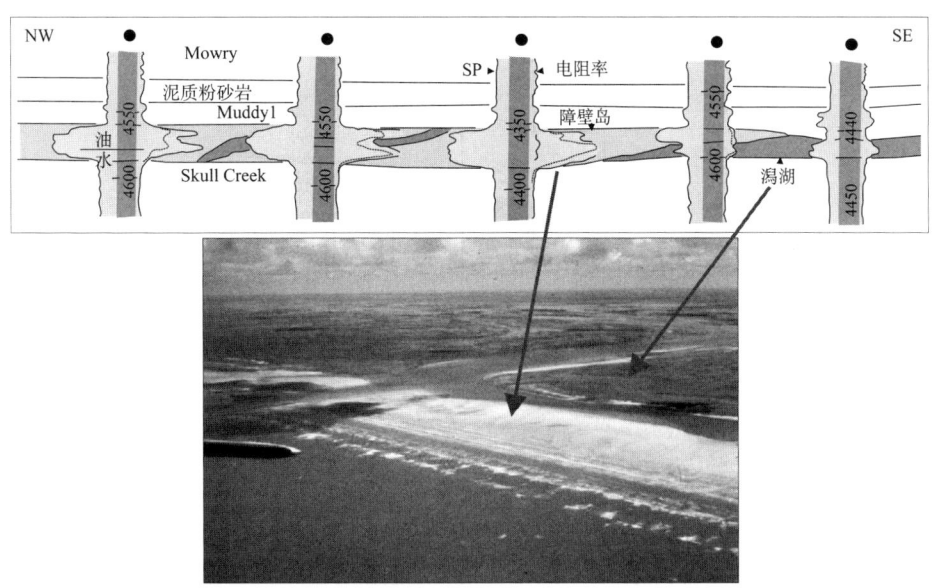

图 8.32 上面的一个图是 Bell Creek 油田中的一个横剖面，障壁岛砂体是主要的储层。侵入井内的泥岩为潟湖相泥岩。在 42-16 井和 13-15 井之间、13-15 井和 22-5 井之间的泥岩解释为潟湖相泥岩。这种解释方案的原因是在这三口井里，砂体是孤立不连续的，因此砂体之间必定存在泥岩隔层。下面的小插图说明现代得克萨斯海湾的不同沉积相带（据 Berg，1986；AAPG 允许转载）

Recluse 油田的展布方向近似地垂直于 Bell Creek 油田（图 8.33）（Berg，1986）。虽然 Recluse 油田由条带状的砂岩组成，和 Bell Creek 油田一样，但是 Recluse 油田中的砂体连续性较差，说明此油田存在分区分块性。在同一油田中，一些井中存在水在构造上比油还要高的现象，这也证实了这种分区分块性（图 8.34）。Recluse 油田的砂岩从细粒到中粒均有（图 8.35）。由于颗粒大小的影响，细粒砂岩比中粒砂岩具有更低的孔隙度和渗透率，第 5 章中我们已经讨论过这一问题。

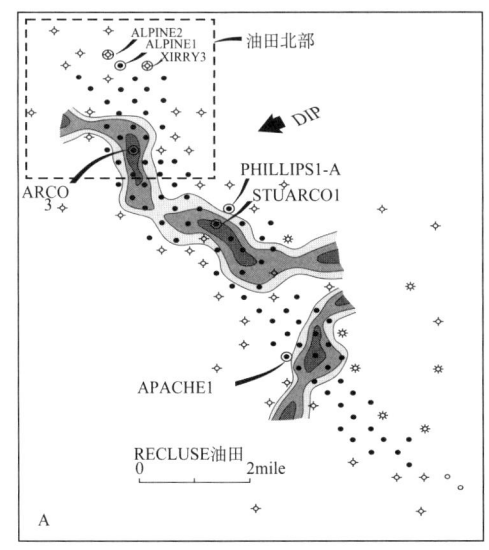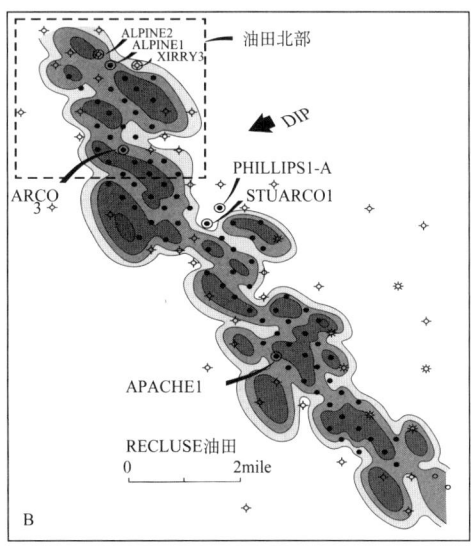

图 8.33 Recluse 油田 A 层和 B 层等厚图（据 Berg，1986；AAPG 允许转载）

注意油田境内有大量的钻井，Recluse B 层被表示为部分或完全孤立的砂体形态图

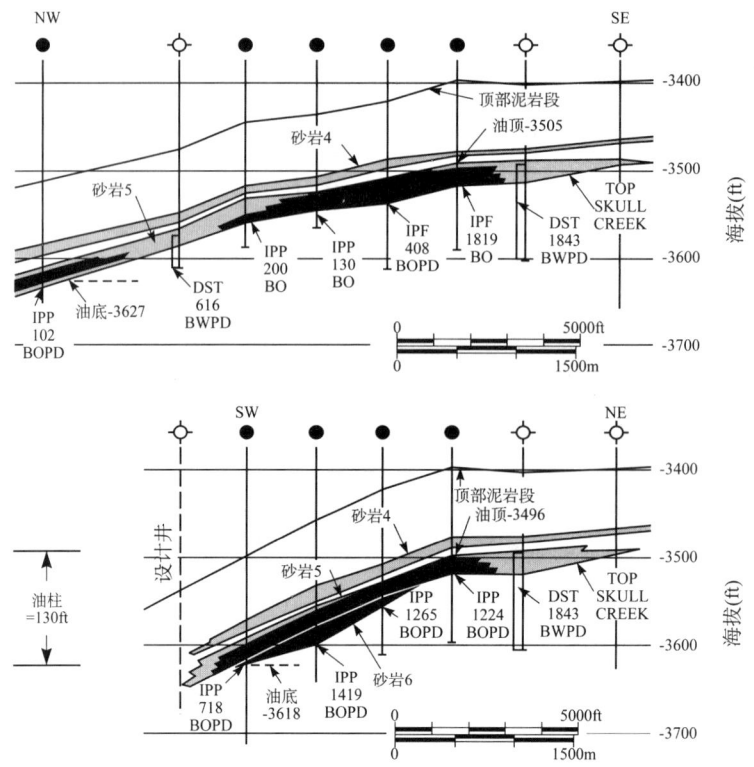

图 8.34 构造剖面图,右侧为上倾方向(据 Berg,1986;AAPG 允许转载)

在上面一个图中,初期产量表明,构造上倾方向的井含油更多。然而,构造最高处的 Davis 3 井含水。水在油上部通常表明在井间存在一些隔夹层阻止流体的流动。同样的情况也出现在下面一个构造剖面上,在此剖面中,构造高部位含水而构造低部位含油

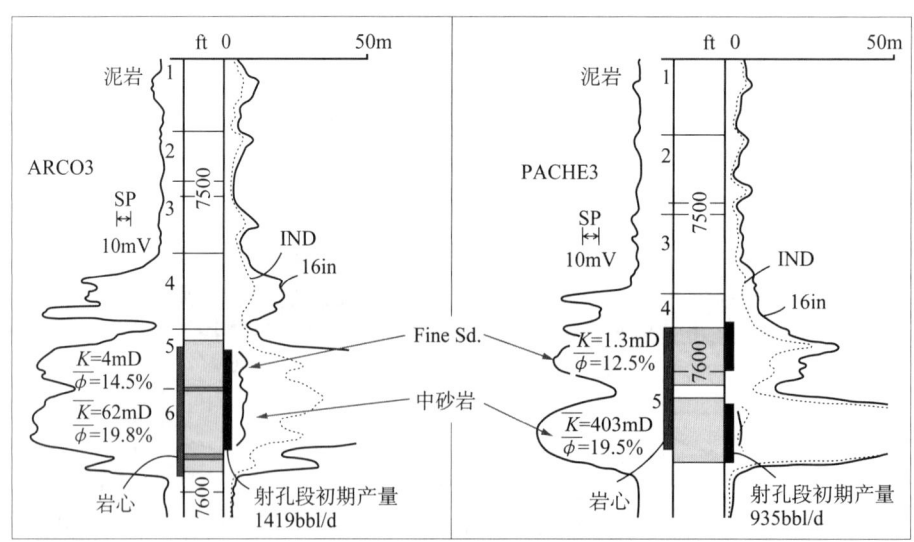

图 8.35 Recluse 油田两口井的测井曲线图(据 Berg,1986;AAPG 允许转载)

在这两组曲线中,下部为中砂岩,上部为细砂岩。注意图上孔隙度和渗透率的不同。粒度更细的砂岩孔隙度和渗透率值比颗粒中等的砂体要低,这与第 5 章中讨论的结果一致。这两口井初期日产量分别在 1419bbl 和 935bbl,均是产量较好的井

8.5 小结

浅海环境包括，从海岸线到大陆架边缘的地区，这种复杂的沉积环境会形成复杂的沉积。然后，复杂的沉积会转化为复杂的储层。为了最大限度地认识油藏生产动态，就必须了解构成储层的浅海沉积类型。这并不简单，上文中美国 Western Interior Seaway 的白垩系条带状砂岩应有各种不同的解释。这些砂岩的露头和地下储层可解释为浅海陆架沙坝或沙脊、滨面砂体以及受潮汐影响的下切谷充填沉积。解释沉积类型不仅是一个学术问题，这在实际工作中也至关重要，因为每个不同成因类型的砂岩具有不同的几何形态与分块特点。

障壁岛沉积在储层表征研究领域颇具难度。由于影响障壁岛形成的沉积过程繁多，因此会形成多种砂泥岩几何形态与展布趋势。几何形态上的差异可能导致潜在的、很难预测的储层高度分块性。此外，理解储层沉积特征及其形成进程，有利于预测沉积体几何形态与合理部署井位。

第 9 章 三角洲沉积和储层

海岸带是位于陆相沉积和海相沉积之间的过渡区。这个区域同时受到海洋和非海洋环境与沉积作用的双重影响。非海洋的影响向陆方向加强,而海洋的影响则向海方向加强。上一章讨论了海岸带和开阔大陆架的沉积过程与沉积物特征,这些地区缺少主要的河流,也没有充足的周期性沉积物源。而各种河流流入海洋时,它们携带的沉积物卸载在海岸地带,随着时间的推移,就会形成三角洲沉积(图 9.1)。

图 9.1 阿拉斯加 Juneau 地区航拍照片,一个三角洲

三角洲沉积的几何形态和岩性地层特征由几个因素控制,如河流的沉积物卸载量、河流的规模和流域面积、地形条件(沉积物顺此地势沿一定的路线搬运至海)、近海海洋作用的特点与强度(沉积物到达海岸后,海洋作用重新改造和分散沉积物)。同时,海岸地带可以接受从浅海和海岸线附近搬运而来的沉积物,而这些物源与河流无关。本章主要描述不同的三角洲沉积类型,并将讨论对储层构型与岩性地层特征有影响的沉积作用。本章也将列出一些三角洲油气储层的实例。这些实例说明了解三角洲的储层构型对于解决三角洲储层的问题十分重要。

9.1 常见三角洲的沉积作用、环境及类型

当淡水携带的沉积物到达海岸带时，这些混合物（淡水与沉积物）以发散式延伸到海洋中（图9.2）。如果混合物密度比海水密度大，混合物将沉到水体底部，沿海底流动。如果混合物的密度比海水密度小，沉积物就会在海水表面流动，慢慢地沉到海底，形成大面积的海底沉积。二者的海底底形都随沉积物的持续增加而向上建造，并向海推移。随着时间的推移，沉积物向海洋方向前积搬运（图9.3）。通常三角洲被分为三种类型。如果沉积物进入海洋环境之后没有受到海洋作用的影响，就会形成一种前积型的河控三角洲。如果海岸地区存在波浪、海流或是潮汐作用，沉积物可能被不同方向的波浪、海流及潮汐搬运分散到不同的方向。如果在海岸地带波浪占主导作用，形成的三角洲称为浪控三角洲；如果潮汐作用占主导作用，则形成的三角洲称为潮控三角洲。

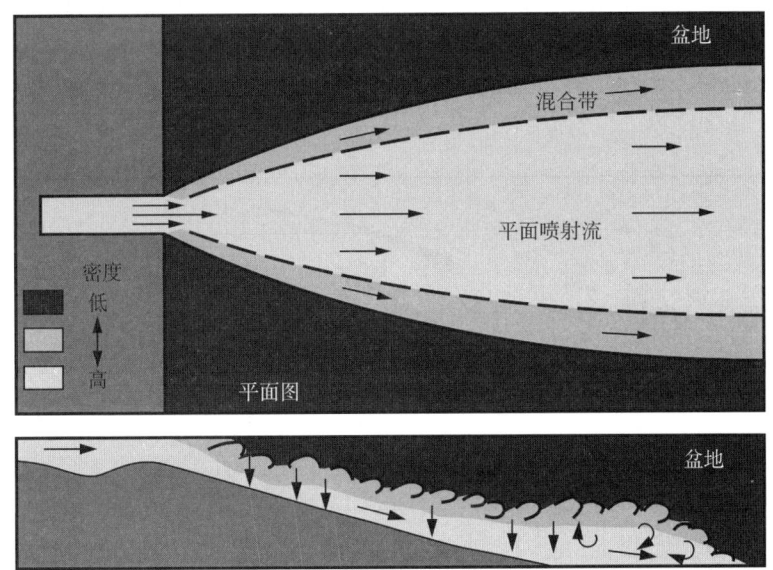

图 9.2 由河流携带的沉积物进入海岸地带时的流动特征（据 Fisher 等，1969，修正；AAPG 允许再版）

当混合物密度小于海水密度时，悬浮在淡水里的沉积物沿着高密度海水表面发生平面喷射流；如果淡水携带混合物密度比海水密度大，那么混合物会沉到海底受重力影响向浅海方向流动，形成高密度流

实际上，河流、潮汐、波浪及海流三者比重并不确定，对于三角洲沉积物的最终分布都起作用。Bhattacharya 和 Walker（1992）认为三角洲的形成与分布受控于河流、潮汐和波浪的相对影响程度，据此他们把三角洲分为 6 类。同时，河流、波浪及潮汐的影响可能随着海岸线发生变化，因此在垂向与横向上，一个三角洲沉积体系中沉积相分布可能非常复杂。例如，黑海西北边缘的多瑙河三角洲体系是由一个类似于河控三角洲的北部朵叶体与一些类似于浪控三角洲的南部朵叶体构成（Bhattacharya 和 Giosan，2003）。对于三角洲油气储层而言，确定三角洲的成因类型对于开发生产最优化是必不可少的。所以地下的三角洲类型进行解释是很容易出错的，因为我们只能依靠一些分散的井和数量有限的岩心或是

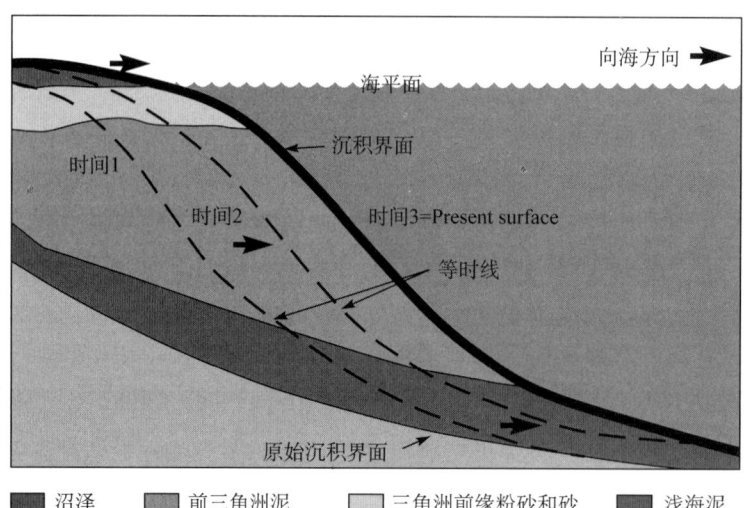

图 9.3　三角洲随着时间向海前积的过程（从等时线 1 到等时线 3）（据 Scruton，1960，修正；AAPG 允许再版）

由于在前积过程中沉积相发生迁移，等时线形成倾斜地形并切割相边界，此图反映沉积相的成因。穿过三角洲的任何一个垂直点，例如可以钻一口直井，三角洲地层的沉积物颗粒大小会向上增大

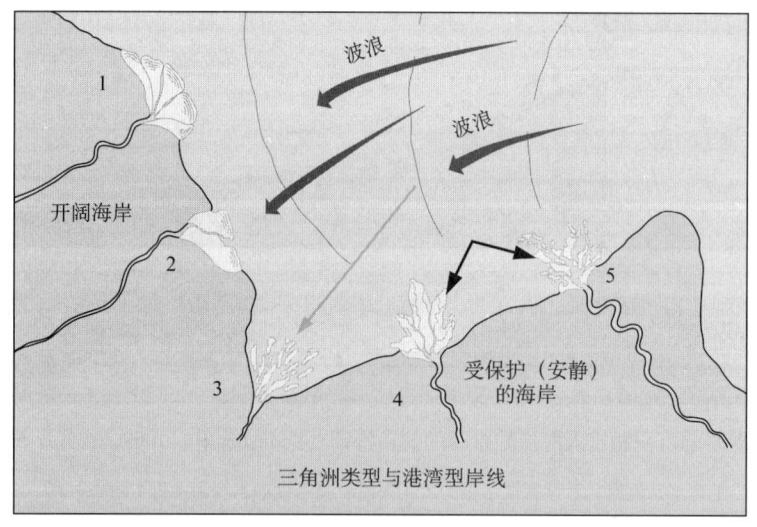

图 9.4　随海岸线形状变化，河流、波浪和潮汐相互间作用形成不同类型三角洲的示意图

三角洲 1 和三角洲 2 为浪控三角洲，波浪对河流三角洲的沉积物直接产生影响；三角洲 3 是潮控三角洲，在狭窄的海湾接受高能量潮汐作用；三角洲 4 和 5 为河控三角洲，未受到开阔海的潮汐和波浪的影响（图片来源未知）

测井曲线来识别三角洲的沉积过程和环境。此外，砂岩储层和泥岩隔挡层的几何形态、大小和方位在不同类型的三角洲中是不同的（图 9.6），因此我们必须完全了解这些要素才能有效地开发三角洲油藏。

根据三角洲不同部位的水体深度、地形坡度和沉积（亚）相类型，三角洲主要由三个亚相组成。在河控三角洲中（图 9.7）：①三角洲平原主要由淡水和半咸水携带的泥、砂和

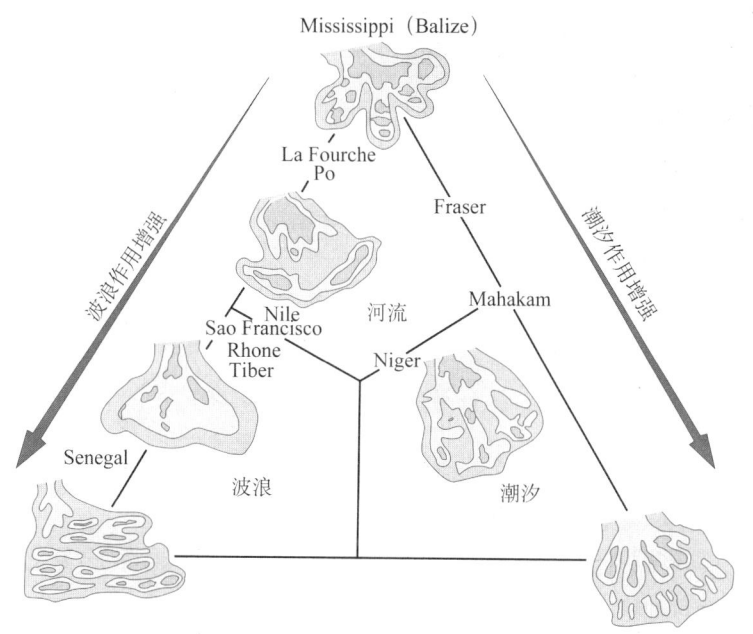

图 9.5 三角洲三分法,基于河流、波浪和潮汐相对的影响可分为六种类型
(据 Bhattacharya 和 Walker,1992;加拿大地质协会许可再版)

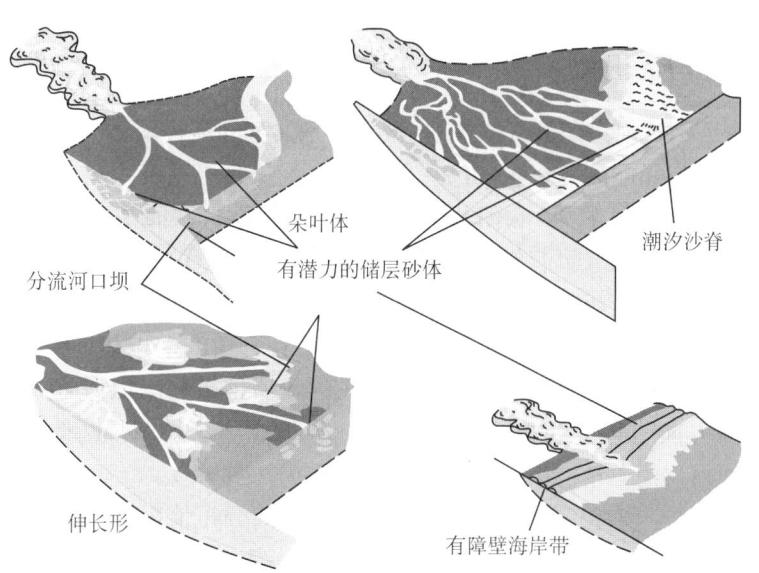

图 9.6 三角洲的基本几何形态和有潜力的砂岩储层
(据 Reading,1986,修改;Blackwell 允许再版)

泥炭组成;②三角洲前缘主要由砂组成,其粒度随水深增加而减小;③前三角洲主要由泥和少量的砂组成。向海更远的地方,前三角洲泥将逐渐与大陆架泥混为一体。在三角洲前缘中,物源充足可以聚集形成分流河道沙坝、河道砂和决口扇,它们经埋藏作用可以形成储层。主干河道和分流水道都会伴生天然堤。

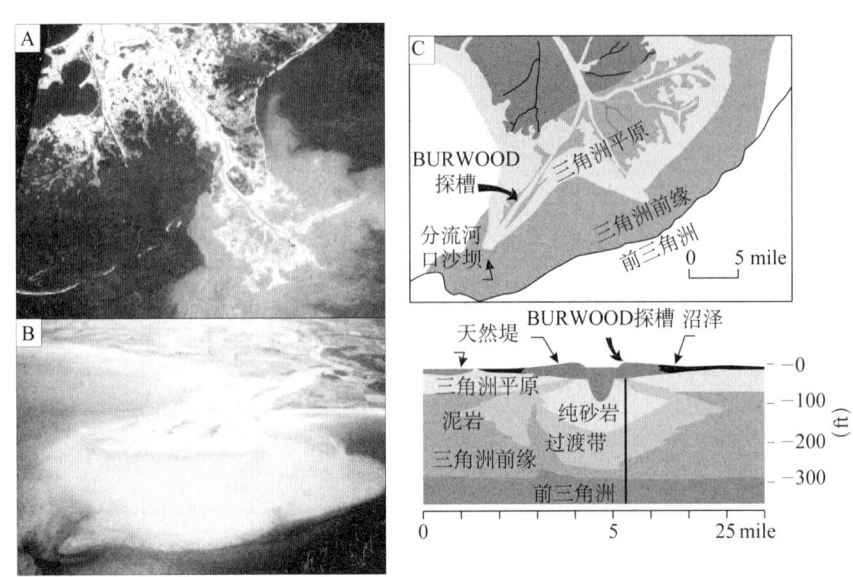

图9.7 河控三角洲（据Fisk，1961，修改；AAPG允许再版）

（A）悬浮沉积物（羽状）分布的航空红外照片，密西西比河三角洲，现代鸟足状三角洲沉积；
（B）悬浮沉积物（羽状）出现在河口；（C）河控三角洲垂向和侧向的沉积相分布特征

9.2 河控三角洲沉积模式和储层

9.2.1 沉积过程与沉积物

长期以来密西西比河三角洲（图9.7）被认为是典型的河控型三角洲（图9.5）。强烈的波浪和海流作用没有影响到受保护的海岸，因此，沉积物可以沉积在海岸附近且不发生平行海岸方向的破坏改造（图9.4和图9.7）。随着时间推移，在海平面和海底之间将有足够的可容纳空间接受沉积物（可容纳空间详细内容可见第11章），形成向海方向前积的三角洲与三角洲的不同（亚）相带（图9.7）。通过这一过程，代表瞬时地质时间的等时面会切穿沉积相间的边界（图9.3中的等时线）。但是，随着三角洲前积和加积作用的持续进行，水体深度将会逐步下降，下降到某一个点后，主河流所携带的沉积物质将会被带到更深的水体之中（向海方向地势更低的部位），因此，会造成"三角洲朵叶体迁移"。在过去的4600年里，密西西比河三角洲朵叶体迁移不少于8次（图9.8）。

图9.9展现了一个河控三角洲的主要相带及其空间分布情况。砂岩储层的（微）相包括河道砂体和分流河口沙坝。分流河道间湾、沼泽和潟湖发育泥岩隔挡层，它们将砂岩分隔开来，有的时候为烃源岩。通过露头，根据（微）相带之间的联系以及明显的粒度向上变粗的沉积构造组合特征识别出不同的相带（图9.10）。在地下，类似的特征可以通过岩心和测井识别，例如，沿河道中心向外砂体侧向减薄、粒度变细（图9.10）。

在Prudhoe湾油田中砂岩储层为河控三角洲的分流河道和分流河口沙坝沉积（图9.11）（Tye和Hickey，2001）。为了研究它的形成过程，在分流河口沙坝砂体储层里钻了一口1000ft（300m）的水平井，进行了三次取心。从岩心中确定了七个砂岩岩相，所有储层都是分选中等到分选很好的砂岩，粒度由细到很细。分选最好的砂岩岩相平均渗透率为

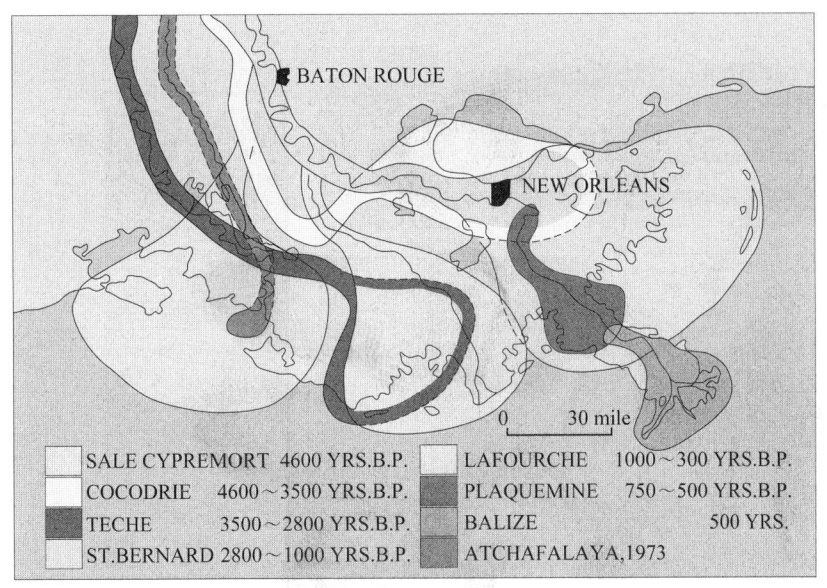

图9.8 在过去的4600年里密西西比河三角洲朵叶体的生长模式(据Kolb和VanLopik，1966年在Shirley发表文章中的图2修改；休斯敦地质协会允许再版)

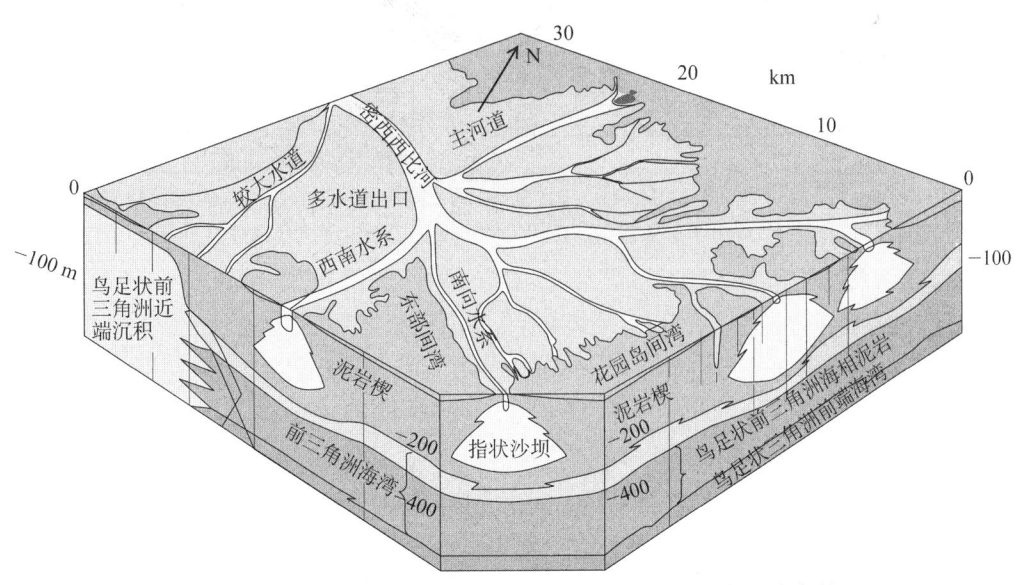

图9.9 现代密西西比河鸟足状三角洲沉积环境和沉积相分布简图
(据Fisk，1961，修改；AAPG允许再版)

129mD，其余六个岩相的平均渗透率为12~40mD。这些岩相都是通过研究现代河控三角洲的沉积物和沉积过程进行识别的。Tye和Hichey(2001)认为在洪水位期，沉积物从分流河道中呈羽状流散出来，在分流河口沙坝的顶部、沙坝最近端以及近端河口坝的边缘部分沉积了分选最好、渗透率最高的砂(图9.12)。远处的砂泥沉积粒度较细、分选较差，沉积于低位体系域中。

经过很长一段时间，在前积过程中，分流河道多次分叉形成面积较宽、(走向)近似平

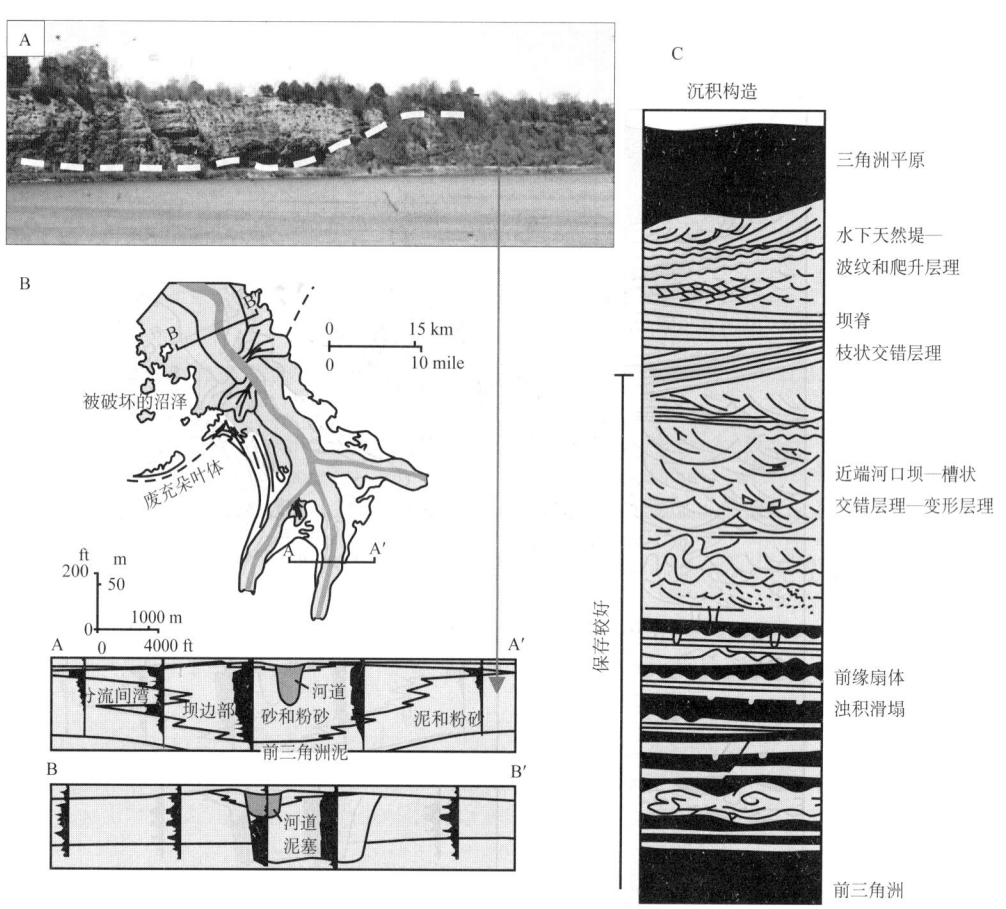

图 9.10 （A）宾西法尼亚期分流河道砂体；（B）河控三角洲朵体与前积的分流河口沙坝和分流河道沉积相剖面简图。测井曲线来自于 Gulf Coast 盆地北部 Wilcox Holly Springs 三角洲体系（始新统）中的井筒数据（据 Galloway,1968,修改);(C) 常见的河口沙坝垂向剖面（Gulf Coast 地质学会联合会允许再版）

行的由许多个河口坝组成的宽席状砂相带。做一个沙坝的横剖面可看到其中的沉积相和渗透率。

9.2.2 储层实例——Prudhoe 湾油田

位于美国阿拉斯加的 Prudhoe 湾油田，处于古 Sagavanirktok 河形成的河控三角洲之上，它的基本地质概况在第 6 章进行了介绍。该油田中产油最多的储集岩是由曲流河、辫状河形成的。底部的地层段被称作 Romeo Zone（图 9.11—图 9.13），主要是由质量较差的河控三角洲的三角洲前缘和前三角洲沉积组成（图 6.18、图 6.20 及图 9.13），最近这些年开始将其作为生产目标，主要通过水平井进行生产（Tye 等，1999；Tye 和 Hickey，2001）。分流河道和分流河口沙坝砂体具有生产能力（图 9.11，图 9.13 和图 9.14）。其沉积史中存在向东南方向前积的坡度较小的、细粒的河流体系，从源区往外延伸了大约 100km（60mile）。河道平面上被泥质泛滥平原分隔。顺着水流的方向，河道分叉形成三角洲平原和相应的分流河口沙坝（图 9.11）。

河控沉积形成了垂向和侧向上重要的相变，相变进一步造成了储层垂向与侧向上的高

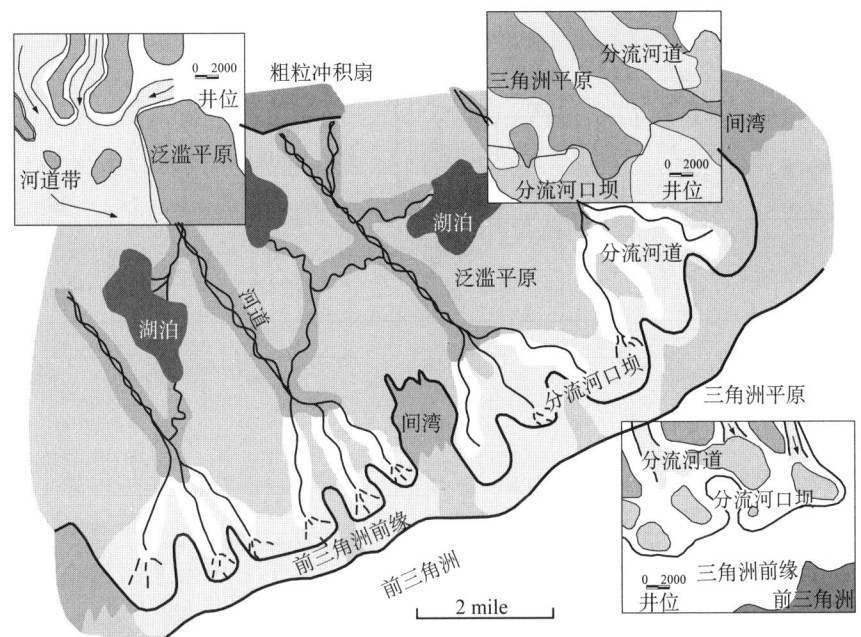

图 9.11 根据沉积时存在的沉积特征,重建的 Prudhoe 湾油田古地理 Romeo(地层名)沉积相模式简图
(据 Tye 等,1999;AAPG 允许再版)

三幅小插图是三个 Romeo 地层的沉积相组合,从近端(左上角)到远端(右下)

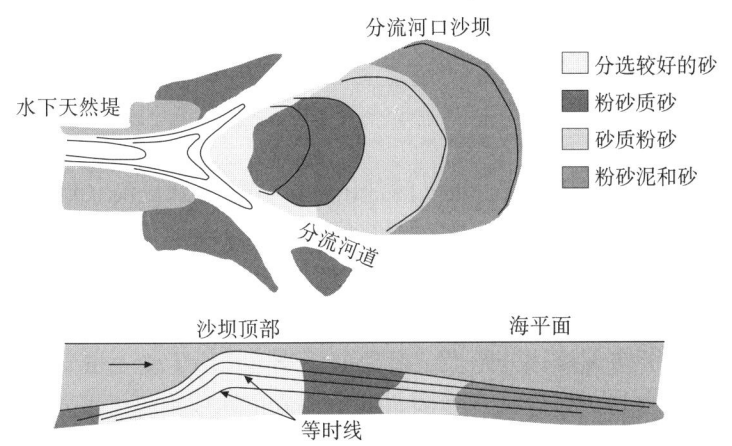

图 9.12 典型的沉积物分布模式和分流河口沙坝横剖面。此图展示典型的分流河道分叉情况,河道分叉使沙坝出现不同的岩相,导致粗粒沉积物在分叉点顺流的坝顶与坝边缘集中沉积
(据 Tye 和 Hickey,2001,修改;AAPG 允许再版)

度非均质性。过去对于这个复杂三角洲的储层表征研究是在岩性地层基础上对比砂岩和泥岩地层。然而,Tye 等(1999)采用层序地层学和时间地层的对比概念(第 11 章将具体讨论),可以使井间对比结果更好地与生产历史相匹配(图 9.13)。在运用层序地层学解释之前,由于没有意识到砂岩储层轻微倾斜特征,从而对比存在错误。

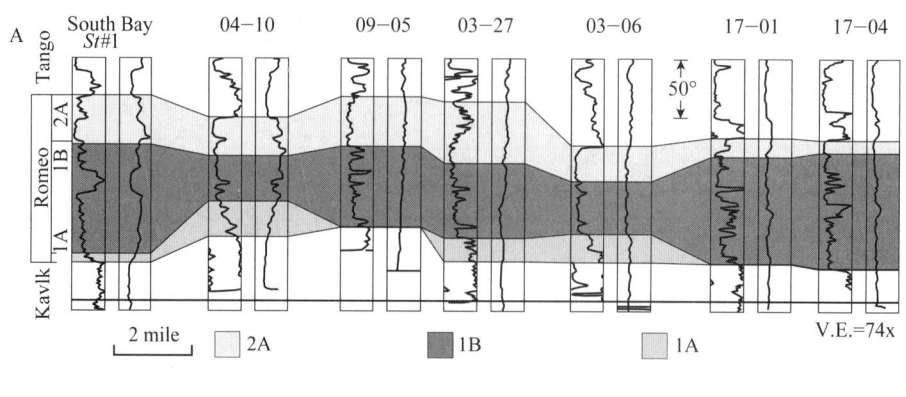

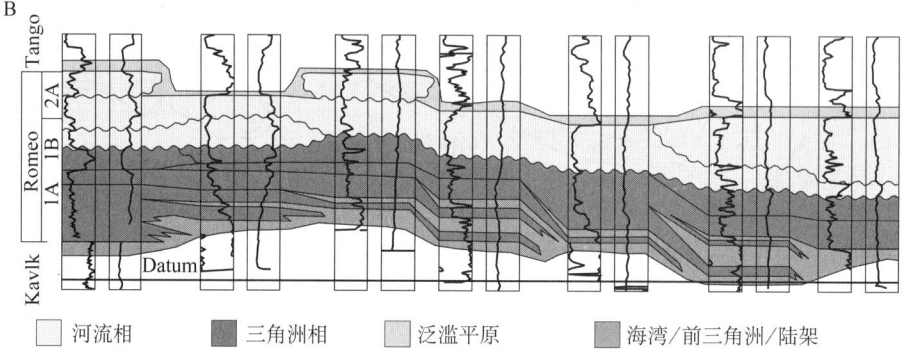

图 9.13 关于 Romeo 地层早先岩性地层对比研究（A）与后来层序地层对比与解释（B）的对比（据 Tye 等，1999；AAPG 允许再版）

（A）在岩性地层对比中，只有隔层 1A 不连续；（B）在层序地层对比剖面中，底部地层缓倾的特征证实了地层下超方式的存在。后期研究表明地层并不是平的；相反，富砂的三角洲楔与间湾、前三角洲及陆架泥岩呈指状交叉下倾沉积

认识分流河口沙坝的成因使 Prudhoe 湾油田的采收率得到提高。详细的河口坝侧向属性（包括渗透率）可以从水平井、取心井中获得，而不是依靠传统垂向井的岩心资料，由此可知：弯曲的水平井轨迹将会比传统常规井钻遇更多的高渗透率的岩相。

我们发现在 Prudhoe 湾油田三角洲相中的泥页岩对于油气生产和流体流动也非常重要。一些连续性好的泥岩分布规模比井距大；而另一部分泥岩由于受上覆砂岩的剥蚀或地层尖灭的原因，其连续性较差（图 9.15）。连续性好的泥岩可以成为流体垂向流动的阻碍，对水驱有利。通过控制三角洲砂岩水平井射孔位置，开发者避免了三角洲低渗砂岩和上伏高渗河流相砂岩发生水窜（图 9.16 和图 9.17）（Tye 等，1999）。对泥岩连续性的创新性认识运用到一口直井中，结果在 1992 年 5 月到 1993 年 1 月之间日稳产超过 300bbl。在此期间，日产水量上升表明日产油量将随着时间逐步下降（图 9.18）。研究人员把 8950ft 的一个泥岩段作为泥岩盖层绘制成图，认为可以在泥岩盖层之下的三角洲砂岩中形成油气圈闭。钻井采用水平井这种非常规完井方式将井眼轨道钻至地层中，这一措施使日产量达到 400bbl 左右（图 9.18）。

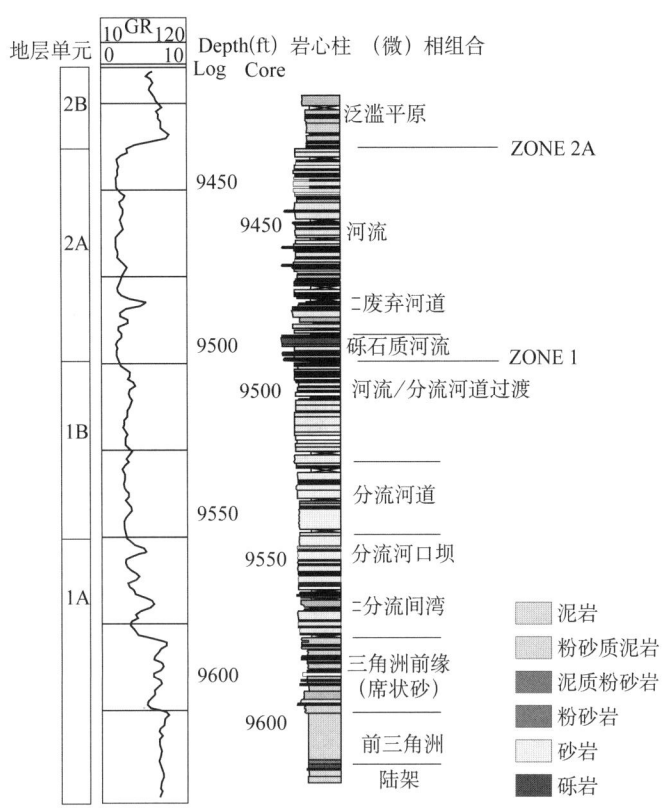

图 9.14　07-06 井 Romeo 地层中典型的岩相与沉积（微）相组合的垂向叠加模式及其伽马测井响应（据 Tye 等，1999；AAPG 允许再版，进一步使用需许可）

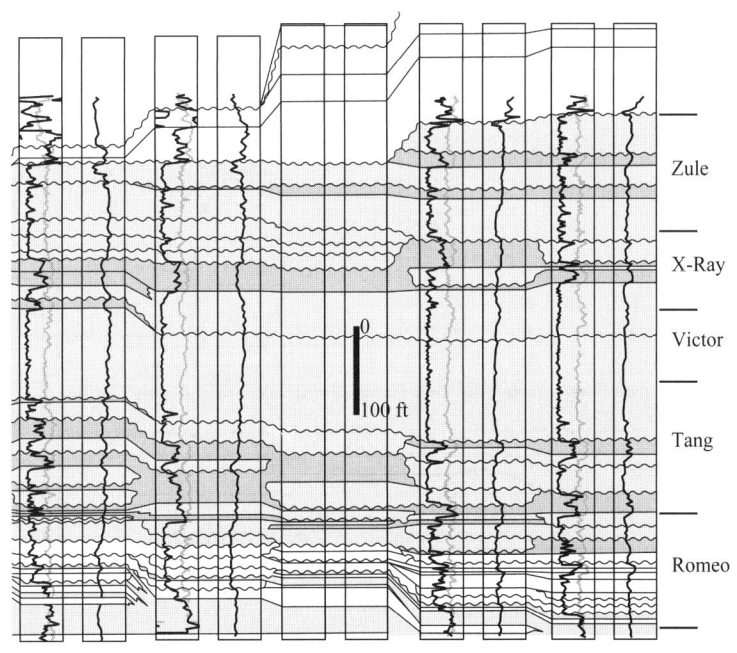

图 9.15　部分过 Prudhoe 湾油田的 Sadlerochi 砂岩、南北向测井曲线对比剖面
（据 Tye 等，1999，修改；AAPG 允许再版）

棕黄色是洪泛平原；黄色为河流/分流河道沉积；白色是分流河口沙坝、三角洲前缘和前三角洲（大陆架沉积）

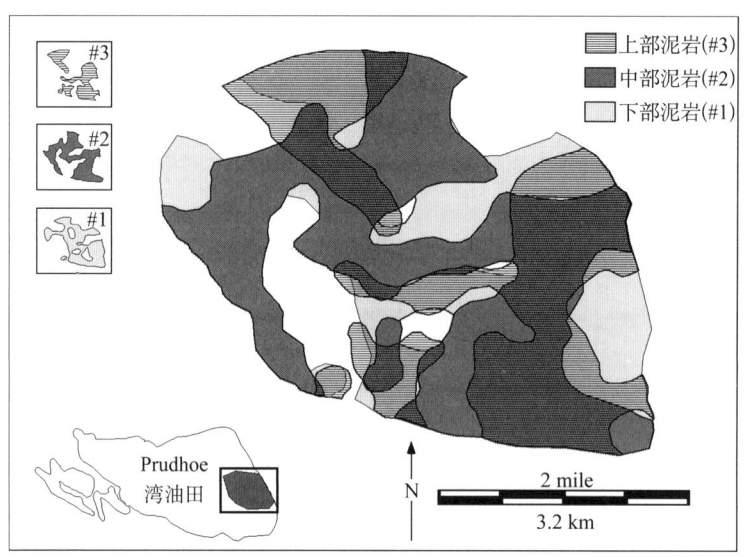

图 9.16 Prudhoe 湾油田东部三套明显不同泥岩地层的成因分布图
(据 Tye 等,1999,修改;AAPG 允许再版,进一步使用需许可)

在一些地区,由于无沉积或是受到剥蚀,三套泥岩都不发育;而在另外一些地区,三种泥岩将相邻的油层分隔开来。只有在知道这些地层细节信息基础上,才能有效地指导重力驱、水驱及提高采收率措施的实施

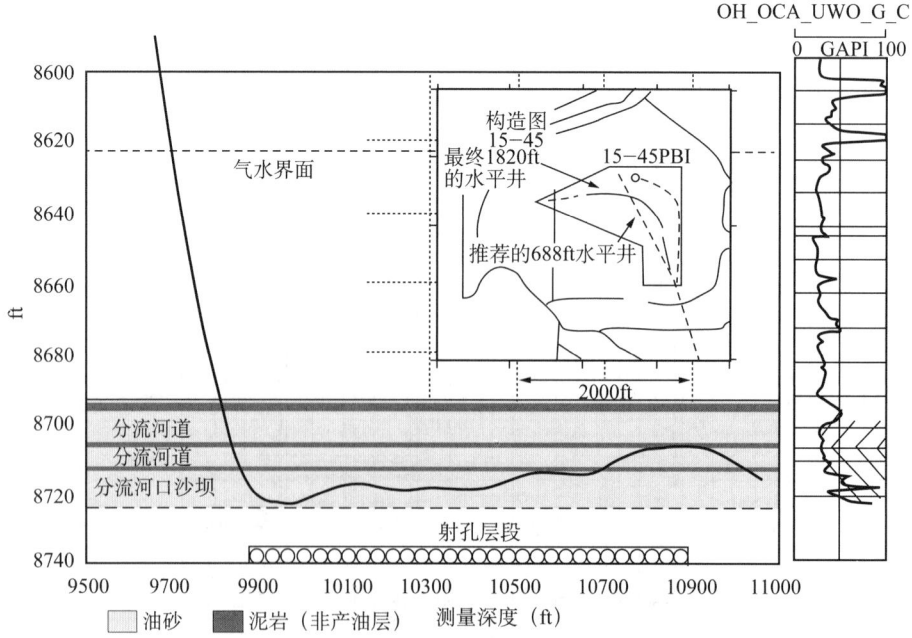

图 9.17 被泥岩分隔的分流河道和河口沙坝中的水平井,泥岩隔开了砂岩并阻止了气顶泄露
(气侵)(据 Tye 等,1999;AAPG 允许再版)

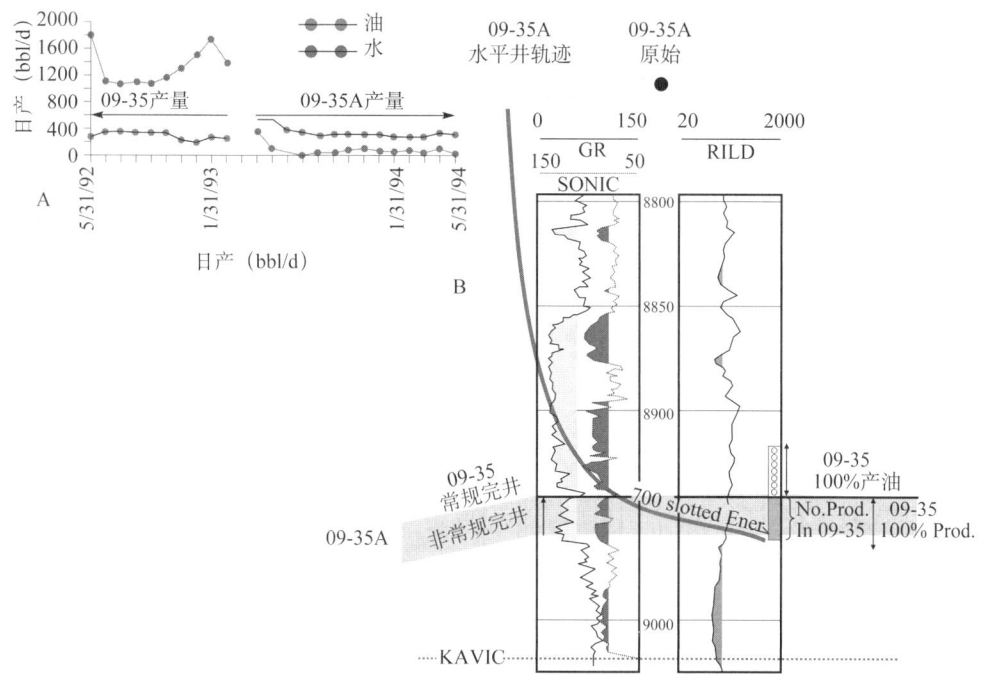

图 9.18 原始井 09-35 和定向水平井 09-35A 的电测曲线响应（据 Tye 等，1999，修改；AAPG 允许再版）

09-35A 井设计在 Romeo 层底部砂岩中生产，在地层段不采用高密度射孔完井方式，利用 8936ft（2725m）处的泥岩对水体进行阻挡。伽马射线上的充填为有产能的砂岩。左上角的图对比了两口井的油水产量，09-35A 井产油速率小幅增加，但水的产量大幅下降

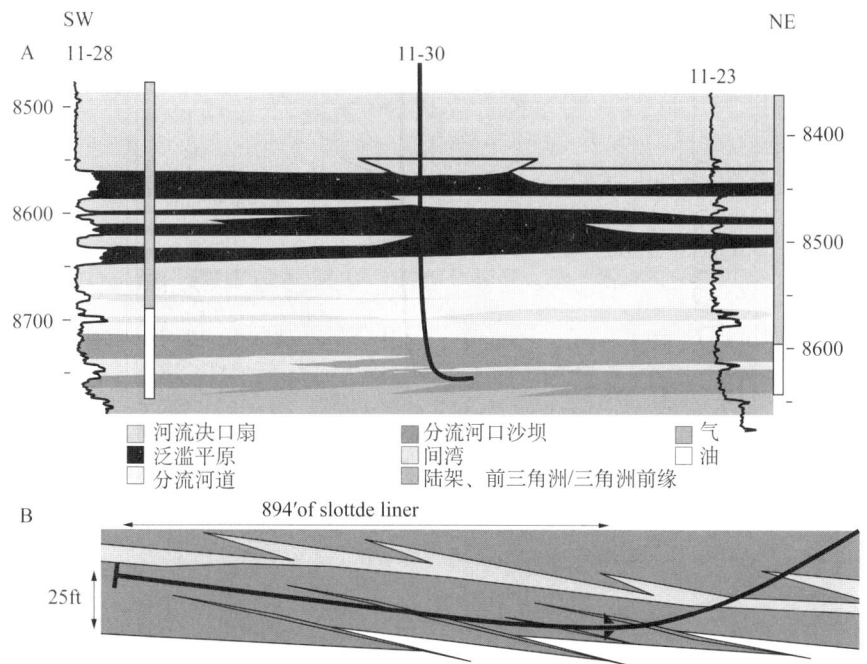

图 9.19 （A）11-28 井和 11-23 井之间沉积（微）相组合解释剖面简图，11-30 井为设计井钻井方案。水平井 11-30 井轨迹与剖面 A 垂直。（B）在一连续分流间湾泥岩之下穿过分流河口沙坝的井轨迹（据 Tye 等，1999，修改；AAPG 允许再版）

图 9.19 给出第二个实例,从中可了解理解泥岩连续性的重要性。水平井 11-30 完钻于一套间湾泥岩之下,该泥岩阻挡了其上部气顶的逸散。894ft(272m)的长水平段完全处于砂岩内部,其中 475ft(144m)被认定是净产层。到 1999 年,日产油量已经稳定在 1600bbl,且气油比较低(Tye 等,1999)。这些细化的储层表征和实际应用大大延长了此类大型油田的生产寿命。

9.3 浪控三角洲

9.3.1 沉积过程与沉积物

沿着受到波浪和洋流影响的开放滨岸,沉积在滨岸上的沉积物受到水流的冲击作用发生侧向扩散(图 9.4)。如果有足够的砂到达海岸线,随着时间推移,滨岸带会发生侧向加积,同时发生向海前积(图 9.6),结果形成扇形或是弓形的砂体,如尼罗河三角洲,其砂体延伸很远且厚度大(图 9.20)。沙脊的前积会形成一个垂向上由下向上粒度变粗、砂质增多的地层层序。由于粒度的影响,孔隙度和渗透率向上变大,第 5 章已讨论过这一问题(图 9.22)。

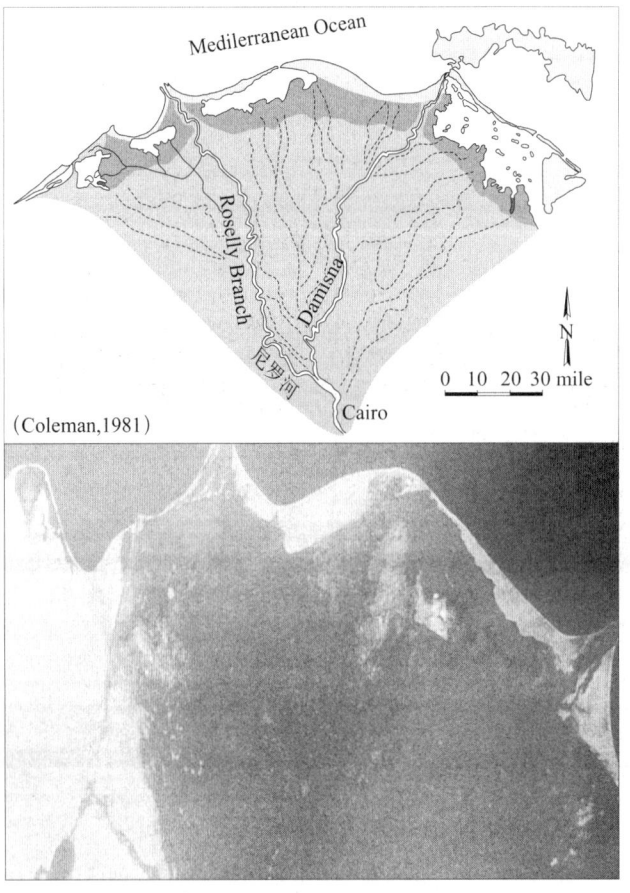

图 9.20 尼罗河扇形三角洲成因解释图
(据 Coleman 等,1981,修改)

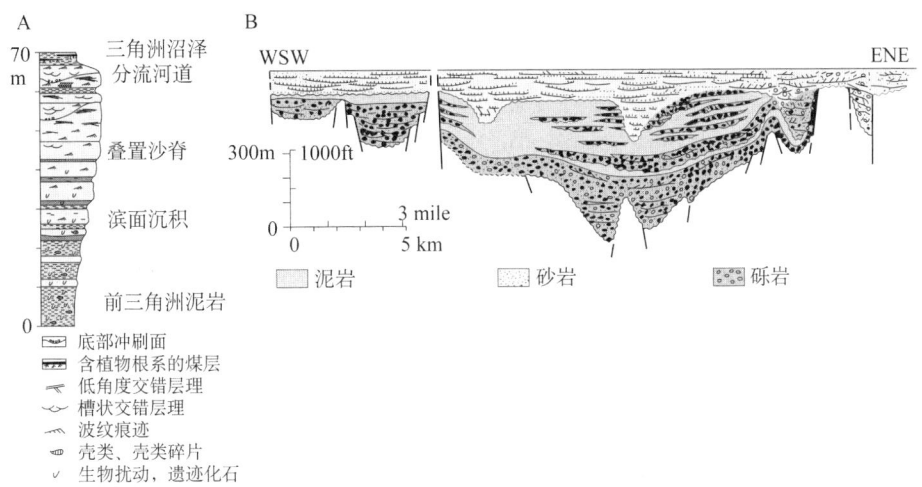

图9.21 浪控三角洲沉积垂向地层序列和沉积特征简图(据Miall,1980);(B)浪控三角洲沉积的侧向岩相分布(加拿大地质学会允许再版)

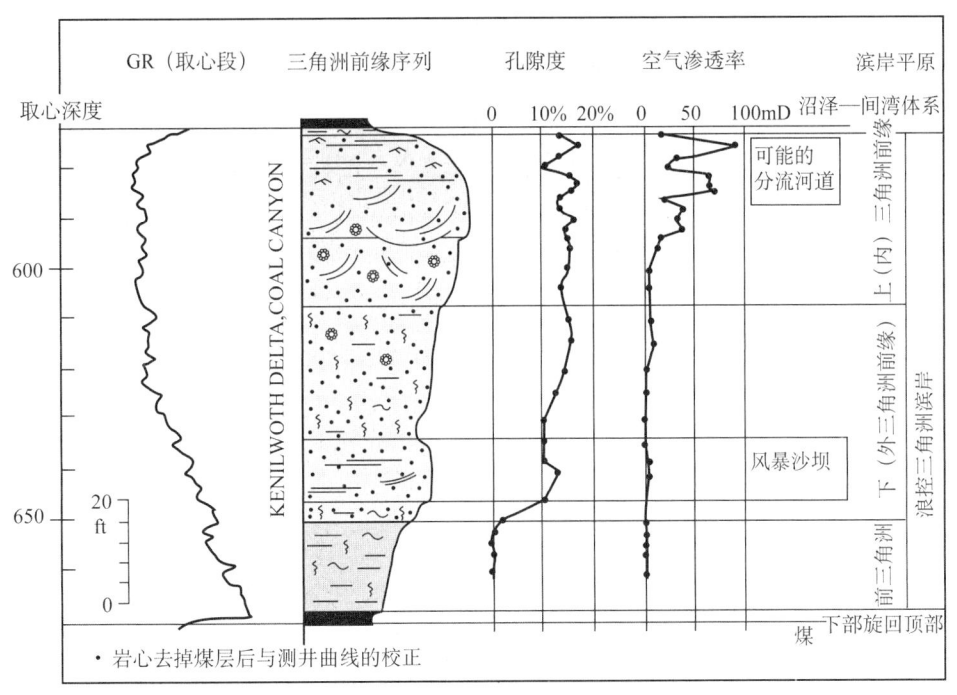

图9.22 犹他州Carbon县Blackhawk组的浪控Kenilworth三角洲沉积旋回
(据Balsley,1980,修改;AAPG允许再版)

除了粒度向上变粗,砂质含量向上增多,沉积物的垂向序列也显示出大量波浪和海流作用产生的交错层理、贝壳碎片和其他高能水动力指示标志(图9.21)。这个垂向序列特征明显与河控三角洲不同(比较图9.10,图9.14和图9.21),通过地下取心资料也可以区分两类三角洲。浪控三角洲的一个测井剖面表明滩脊(图9.6和图9.21)与河控三角洲沉积相比有更好的侧向连续性(图9.6和图9.10)。

Bhattacharya和Giosan(2003)区分出波浪影响形成的对称型三角洲与非对称型三角

洲。基于入海河流卸载沉积物（对三角洲）的影响情况、河流携带的沉积物到达海岸后侧向分散程度及方向，可以对这两类三角洲进行区分。在那些只有河流物质输入而没有沿岸沉积物移动的地区，将会形成弓形到尖头状的对称三角洲（图9.6）。部分分流河口沙坝上的滩脊沉积会均匀分布在河口的两侧。但是如果沿岸物质流充足，当其到达海岸后，逆流侧会受河流截挡，形成海滩低脊平原，而顺流侧会形成条带状沙脊，被泥质充填的河槽所分割。图9.24是对称和不对称的浪控三角洲实例，图9.25是非对称浪控三角洲模式。Bhattacharya 和 Giosan（2003）也指出对称和非对称的浪控三角洲可以在一个三角洲体系内形成，例如，尼罗河三角洲同时存在对称的 Rosetta 朵叶体和非对称的 Damietta 朵叶体（图9.20）。

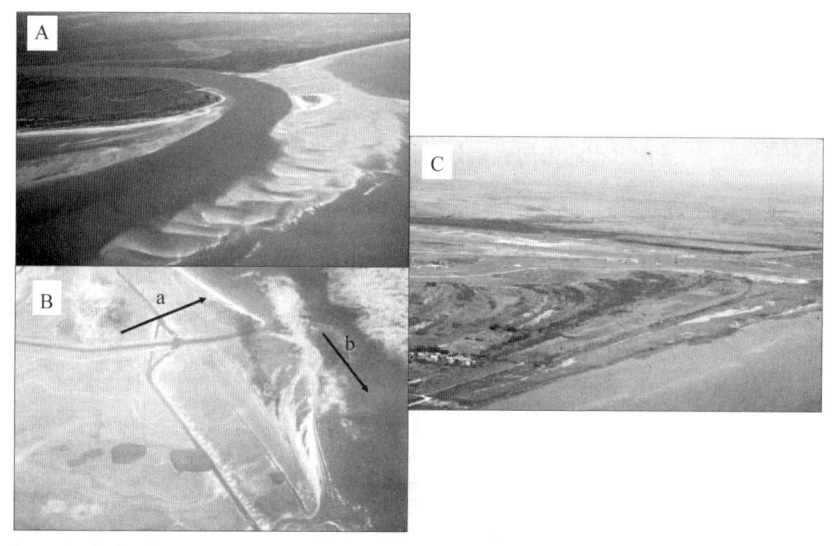

图9.23 航空照片（A）当砂到达河口时在波浪作用下偏移到左下侧更低的地方；航空照片（B）浪控三角洲局部前积形成的滨岸沉积，a 为前积方向，b 为砂到达河口时，波浪带动滨岸砂的运动方向；航空照片（C）向海前积过程中（B）的古海岸线

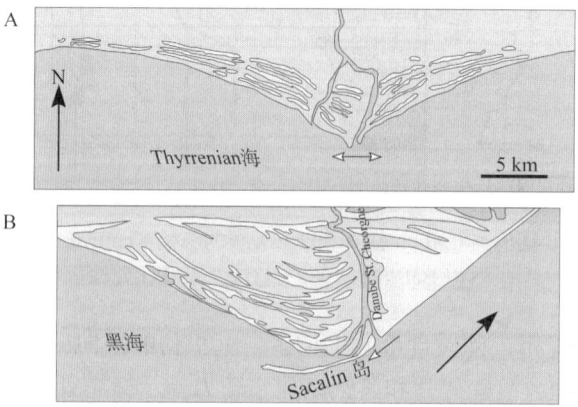

图9.24 （A）形态对称的浪控三角洲——意大利 Tiber 三角洲（据 Bellotti 等，1994）；
（B）非对称的浪控三角洲——罗马尼亚 Danube 三角洲的 St.Gheorghe 朵叶体（据 Gastescu，1992）
非对称是沉积物达到海岸线后受波浪再改造而发生顺流再分配以及
由于波浪沿岸迁移使砂质沉积物逆流堆积的结果（沉积地质协会允许再版）

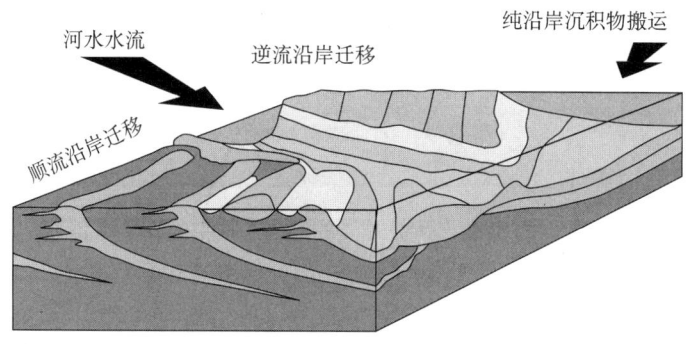

图9.25 非对称三角洲的三维沉积相构型示意图（据Bhattacharya和Giosan，2003，修改）
砂质障壁坝复合体与前三角洲泥在三角洲顺流方向形成，三角洲逆游一侧形成富砂沙脊平原

9.3.2 储层实例——Budare油田

Budare油田在委内瑞拉盆地的东部，这是一个成熟的浪控三角洲复杂储层的例子（Hamilton等，2002）。其可采储量为4.43×10^8bbl，自从1954年该油田发现以来，生产了9500×10^4bbl油。20世纪90年代早期，其6年内持续减产到日产3000bbl。进行精细储层表征又带来了连续四年的增产，日产量增加到16000~17000bbl，累计增产2400×10^4bbl油。储层表征工作包括综合地质、三维地震及油田开采中的工程资料分析，以及露头类比研究。

Budare油田主要产层为古近系Merecure和Ofcina储层，它们都是由河流和波浪双重控制的三角洲复合体。Merecure层可以划分出A，B和C三个地层单元。其中单元A是浪控三角洲（将只对单元A进行进一步讨论）。Merecure层A单元厚30~37m（100~120ft），其顶部和底部均与侧向连续且易于对比的海侵海相泥岩（最大洪泛面，见第11章定义）相接触。其中净砂岩厚12~29m（40~95ft）。砂岩的倾向都为南北向，走向都为东西向（图9.26）。这两个砂体分布趋势反映了两类主要的沉积（微）相，分流河道（南北向分布）与分流河口沙坝、薄分流（滨海）平原或是海滩脊（东西方向分布）（图9.27）。分流河道和河口沙坝都表现出箱状、含砂量较高的测井曲线特征；而分流河道平原测井曲线表现为薄层、锯齿状并向上略微变粗的特征（图9.27）。分流河口沙坝垂直厚度达到27m（90ft），可以单独作为流动单元。分流河道砂体厚度达到17m（55ft）。分流河道平原在河口坝两侧，具有更明显的砂泥间互特征，流动单元厚3~6m（10~20ft）（图9.28）。

Budare油田构造分块性很强，由18个单独的断块油藏组成（图9.29）。主要的断层为北西—南东向，还有许多小型的联络断层。大断层的断距一般为30~46m（100~150ft）。在18个独立断块中，5个断块是依据油水界面识别的；5个断块是通过油层底界识别出来的；2个是通过压力资料或是生产数据确定的；剩下的6个是通过包括Merecure层A单元的一些地层的钻井资料识别出来的。例如，一个断块中的一口直井的压力数据在1991年是1112psi；而在1993年，一口水平扩边井穿过了一条断层，其相邻断块的压力数据为1636psi（图9.30）。另外两口井也钻遇了同一条断层，但未钻遇同一断块，压力数值分别为1172psi和1581psi（图9.30）；这两口钻井相隔6个月。Hamilton等（2002）还提供了一些辅助的流体性质样品数据，它们也能说明油藏的分块性。

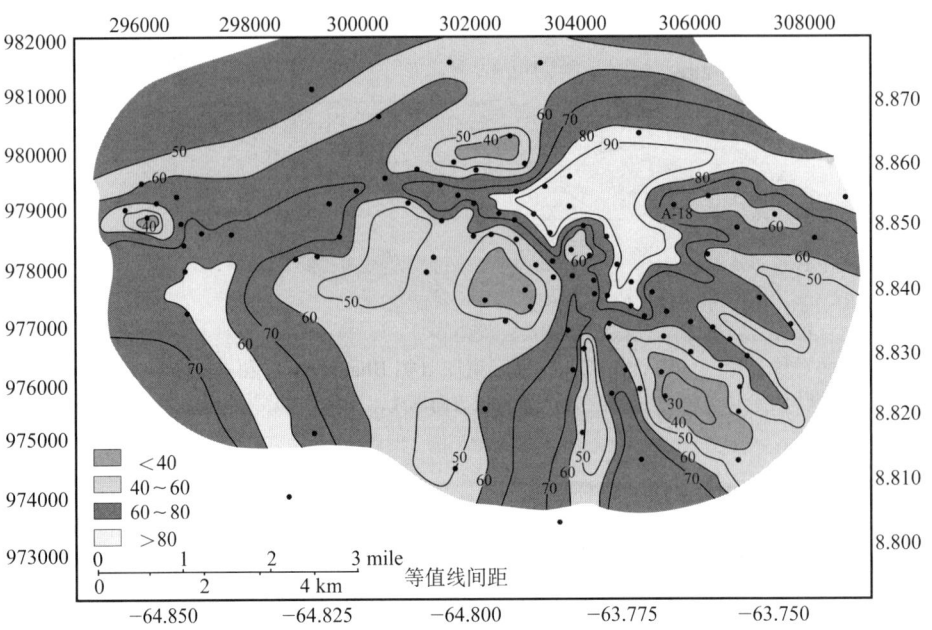

图 9.26 Budare 油田 Merecure 层 A 单元砂岩厚度分布图（据 Hamilton 等，2002；AAPG 允许再版）

注意砂体展布方向的变化，从油田南部的南北向分布变为油田北部的东西向分布

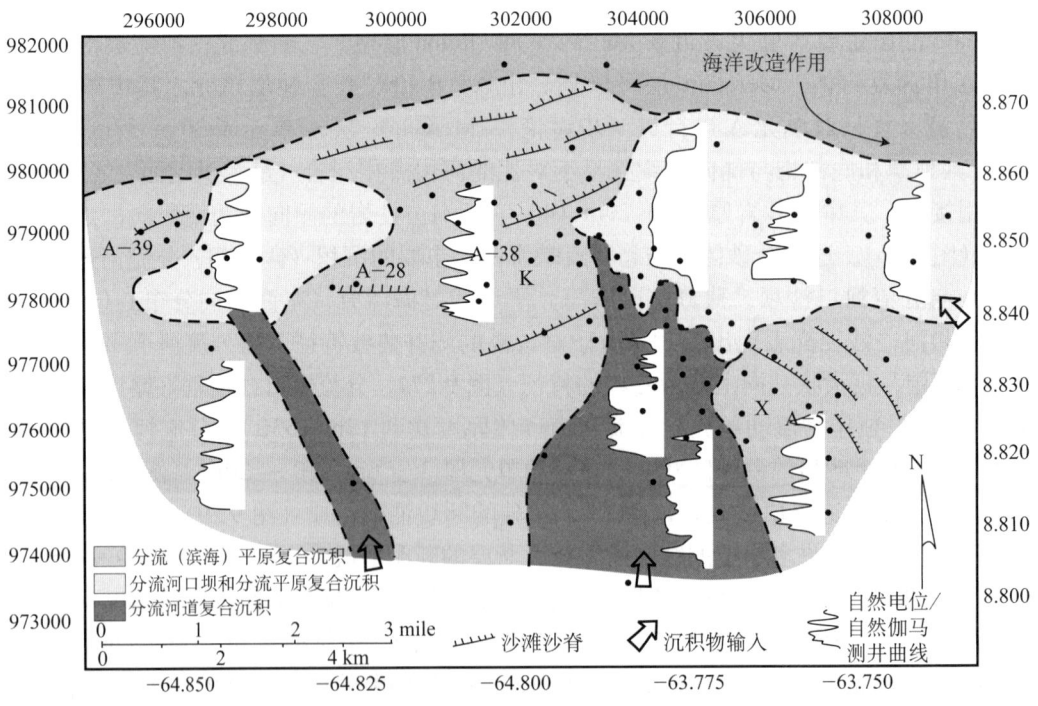

图 9.27 委内瑞拉 Budare 油田 Merecure 层 A 单元测井相（据 Hamilton 等，2002；AAPG 允许再版）

箱状测井曲线形态代表分流河道和分流河口沙坝沉积；薄的、锯齿状的、粒径向上略微变粗的测井曲线
代表分流平原，它是由于海洋再作用和来自河口坝砂的再分布而形成

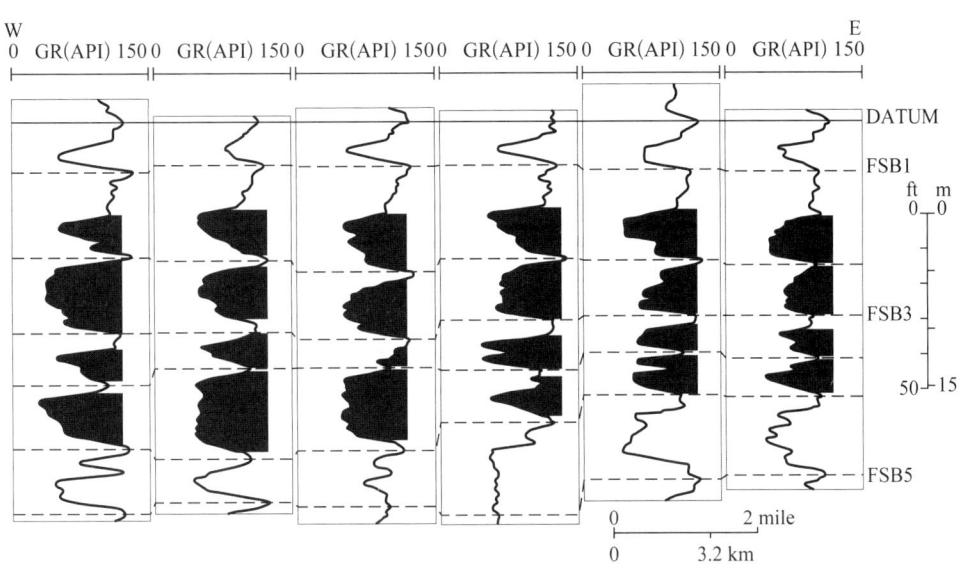

图 9.28 委内瑞拉 Budare 油田 Merecure 层 A 单元东西向剖面（据 Hamilton 等，2002；AAPG 允许再版）

此图说明了滨海平原及相关沉积相的成层结构。注意沉积相具有较好的长距离连续性

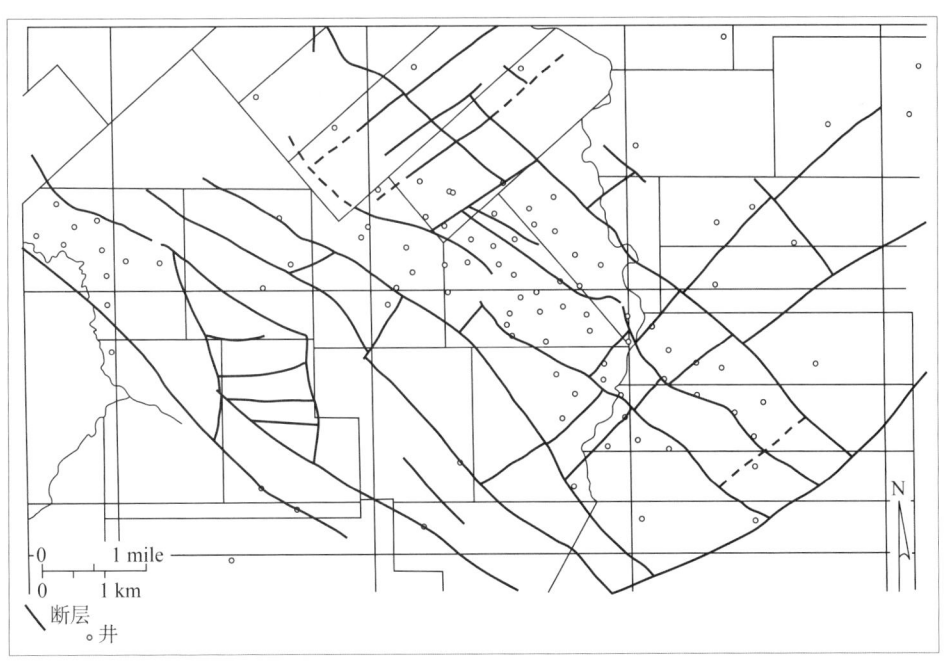

图 9.29 委内瑞拉 Budare 油田 Merecure 层 A 单元构造与断层分布，注意油田构造
分块特征很强（据 Hamilton 等，2002；AAPG 允许再版）

Budare 油田储层表征成功的关键在于人们认识到了 Merecure 层 A 单元及其他储层段的非均质类型和发育程度。应用非均质分析的成果使预计原始石油地质储量增加到 6.22×10^8 bbl，大量钻井方案得以通过，从而使计算地质储量比原来多出 52.8×10^8 bbl。

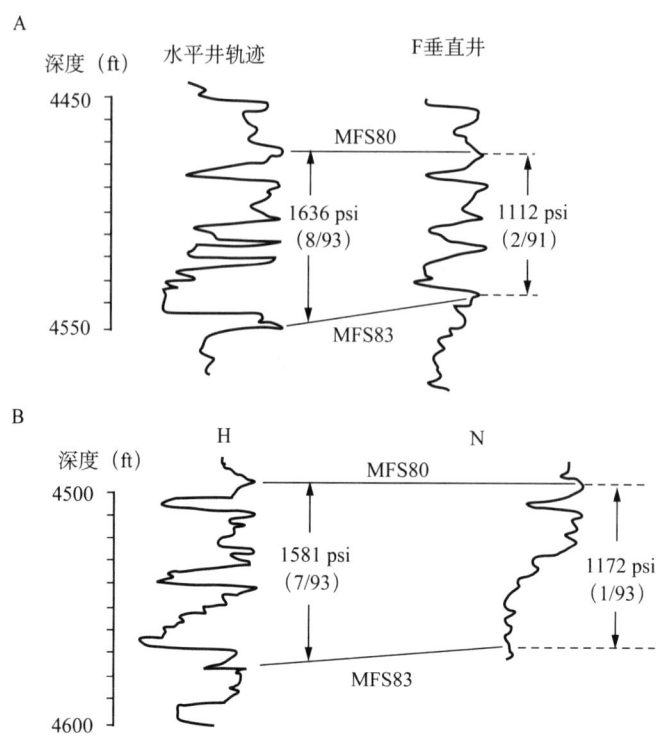

图9.30 委内瑞拉 Budare 油田 Merecure 层 A 单元井压力数据（据 Hamilton 等，2002；AAPG 允许再版）

图 A 和图 B 均说明压力在两口井内不同（图 A，直井 F 和水平井 F；图 B，直井 H 和直井 N），这是由于两口井之间的封闭断层造成的

9.4 潮控三角洲

9.4.1 沉积过程与沉积物

在港湾状的海岸线内，波浪和潮汐可以互相影响，取决于港湾的形状和波浪来袭的方向（图9.4）。潮汐（从正常低潮到正常高潮）可分为小潮（潮差低于2m），中潮（潮差2～4m）及大潮（潮差超过4m）。大潮对于潮控三角洲沉积作用最大，其部分原因是一个潮汐涨落周期内，大潮的影响范围更大。

在较窄的港湾内，潮汐能可以形成向陆的前积，形成一个大型的潮汐控制带。因此潮控三角洲处于一个高能环境，其沉积物粒度相对较粗。图9.31为典型的（潮控）沉积环境和沉积相。在此模式中，潮控三角洲平原为泥质沉积。砂质沉积主要出现在潮道和浅海沙脊中，其展布方向都平行于潮汐水流方向。

正如河控和浪控三角洲一样，潮控三角洲的垂向地层序列具有一些独特的沉积特征可由此进行识别和区分。这些特征包括交错层理（包括羽状交错层理）、介壳屑堆积、虫孔及分选较好的砂。这些潮道和浅海沙脊的长条形特征导致在垂直潮汐流方向上，砂体呈透镜状、侧向不连续；而沿潮汐流方向，砂体连续性好（图9.32）。

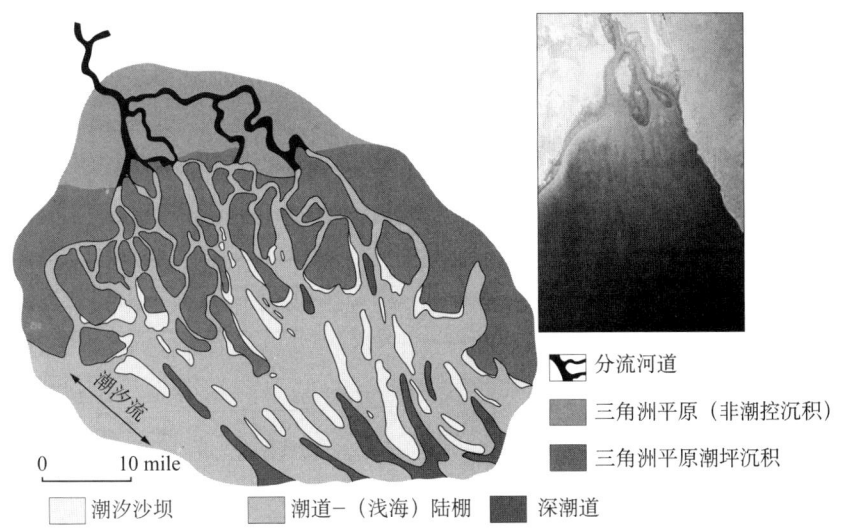

图 9.31 Papua 海湾潮控三角洲简图（据 Fisher 等，1969；海湾地质联合会允许再版）

注意潮下砂体的伸长方向，小插图来源未知

9.4.2 储层实例——Lagunillas 油田

委内瑞拉西部马拉开波盆地 Lagunillas 油田为始新统潮控三角洲相。这里的三角洲砂岩虽然渗透率很低（平均 10mD），原始地质储量超过 50×10^8 bbl（Maguregui 和 Tyler，1991），其采收率约为 14%。这里的储层被称为"始新统压裂型砂岩"，这是由于砂岩胶结程度高，流体要流动到井眼里需要压裂产生裂缝。实施压裂增产后，日产量由 100bbl 增加到 500bbl。除了渗透率较低以外，储层沿沉积走向不连续（图 9.32），这是导致采收率低的另一原因。

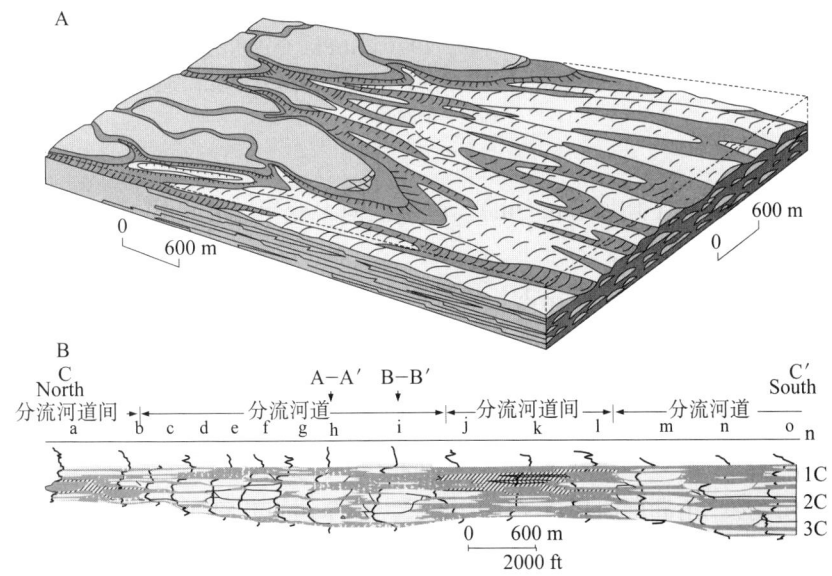

图 9.32 （A）委内瑞拉西部马拉开波盆地 Lagunillas 油田的始新统压裂型潮控三角洲沉积三维沉积模式简图；(B) 该油田中一个油藏段走向剖面上的测井相（据 Maguregui 和 Tyler，1991；SEPM 允许再版）

油藏内部四个主要的沉积（微）相：河口分流河道、潮汐沙脊、前三角洲（陆架）沉积及潮汐水道。

河口分流河道砂体（图 9.33）的沉积分为底部中—小型交错层理，上部波状层理、沙纹层理及脉状（压扁）层理。平均单砂体厚 2.6m（8ft），多个单砂体叠置形成一个单独的河口分流河道沉积。

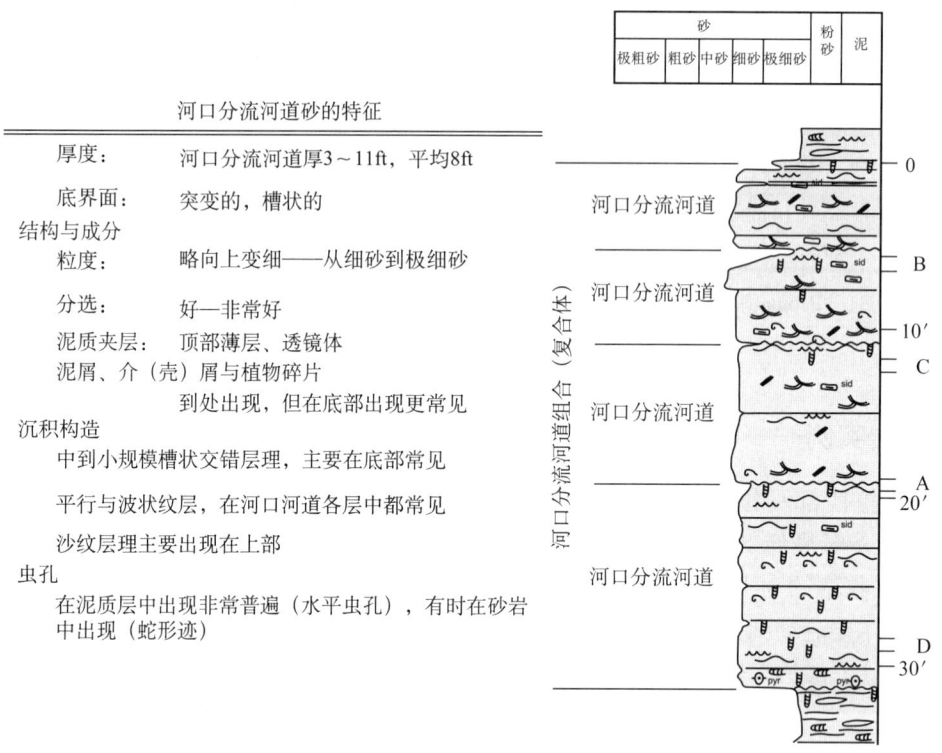

图 9.33 委内瑞拉西部马拉开波盆地 Lagunillas 油田潮控三角洲的河口分流河道砂的沉积特征与叠置模式
（据 Maguregui 和 Tyler，1991；SEPM 允许再版）
单砂体表现出粒度略向上变细、沉积规模略向上变小的趋势，冲刷底面通常把底部细砂岩与下伏河道顶部的极细砂岩分隔开

潮汐沙脊（图 9.34）平均厚 2m（6ft），以粒径向上变粗、分选好及上部出现小型槽状交错层理和具大量虫孔为特征。

前三角洲（陆架）沉积由多纹层的、虫孔泥岩夹极薄的粉砂岩与极细砂岩透镜体构成。该沉积相厚度向海方向变大，其上部为潮汐沙脊。

潮汐水道沉积没有取到岩心，因此不清楚它的沉积特征。测井曲线上表现出低含砂比，由此可以和河口分流河道区分开来。测井曲线底部突变，锯齿状的砂、泥岩互层，具有粒度向上变细的趋势。图 9.35 是四个沉积微相空间分布示意图。

五个完整的潮控三角洲旋回构成了油田储层。砂体延伸方向为沉积倾向（西—东）。旋回 1：位于最底部，从下往上，为单元 A（由一系列的潮汐沙脊叠置而成）和单元 B（由河口分流河道砂体组成）（图 9.36）。单元 A 和单元 B 砂体的几何形态为线型，并与潮汐流平行。其他旋回在垂向和侧向上的沉积模式与上面叙述的沉积相特征相似。

潮汐沙脊砂的特征	
厚度：	厚3~12ft，平均6ft
底界面：	渐变的，含有海相泥岩
结构与成分	
粒度：	向上变粗——从底部的粉砂/极细砂岩向上变为细砂岩
分选：	好——非常好
泥质夹层：	常见，向上逐渐减少，相对含量说明砂岩向上变粗变厚的趋势。
泥屑与植物碎片	主要出现在上半部分
介（壳）屑	主要上部的砂层中出现，有时在顶部大量集中出现
沉积构造	
	波状纹层与沙纹层理，主要出现在（微）相的下部2/3
	小规模槽状交错层理，通常在（微）相的上部1/3出现
虫孔	在（微）相的下半部分或最顶部最常见，有时由于生物扰动在泥质砂岩分布较均匀，蛇形迹在富砂层常见。

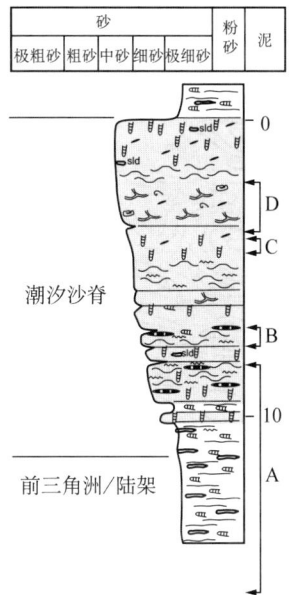

图 9.34 委内瑞拉西部马拉开波盆地 Lagunillas 油田潮控三角洲潮汐沙脊的沉积特征和叠置模式
（据 Maguregui 和 Tyler，1991；SEPM 允许再版）

砂岩底部与前三角洲（大陆架）沉积渐变接触，向上粒度变粗，厚度变大。
潮汐沙脊顶部出现发育良好的、规模较小的槽状交错层理

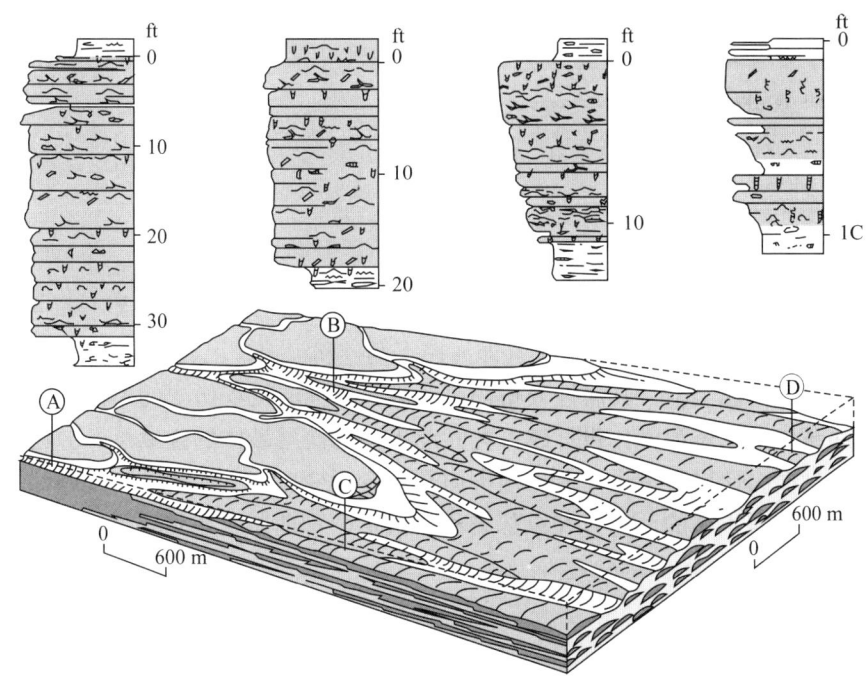

图 9.35 委内瑞拉西部马拉开波盆地 Lagunillas 油田潮控三角洲沉积模式图
（据 Maguregui 和 Tyler，1991；SEPM 允许再版）

与图 9.32 一样的沉积模式三维简图，此图标明了沉积相及其在此模式里的空间位置（A）一个典型的河口分流河道组合垂向沉积剖面；（B）潮汐作用强烈改造的向海过渡带；（C）一个近缘潮汐沙脊；
（D）远缘薄层潮汐沙脊，沉积远离河口，沉积物供给有限且潮流较弱

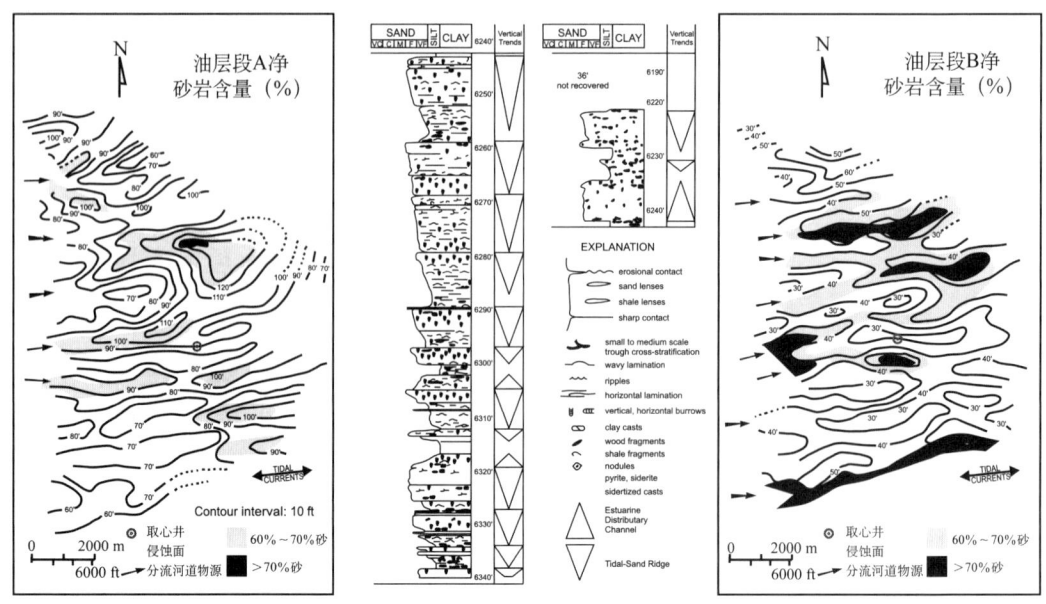

图 9.36 委内瑞拉西部马拉开波盆地 Lagunillas 油田油层段 A 和 B 的净砂岩厚度图
（据 Maguregui 和 Tyler，1991；SEPM 允许再版）
海滩沙脊的延伸方向是东西向，与古潮汐水流方向平行

储层的连续性和流体流动方式很大程度上取决于潮控三角洲体系的沉积过程。在沉积倾向（砂体延伸方向）上，储层砂岩表现出良好的连续性与流体流动性。但是在走向，砂体连续性较差。如果要使油气产量最大化，后期油气开采方案中必须考虑沉积构造样式（Bhattacharya 和 Walker，1992）。

9.5 小结

从全球来看，三角洲通常含有大型的油气藏。三角洲的几何形状、大小和内部构型是诸多变量构成的函数。三角洲的三分法（即河控、潮控和浪控）已经是多年的标准。然而，即使同属于某一三角洲类型，其属性分布都可能因三角洲的沉积历史的不同而产生较大差异。在研究油藏生产动态和优化设计时，尤其应当注意储层砂体的连续性、方向性及泥岩遮挡层的分布规律。储层质量也随着三角洲内部相变而变。为了实现油气产量最大化，仅仅明确三角洲类别是不够的。进行井位部署和油藏生产管理彻底地掌握目标三角洲的储层特点和变化规律。

第10章 深水沉积和储层

10.1 概述

深水沉积体系是在现代沉积环境下不易触及、观察和研究的一种储层体系。对深水沉积体系的研究需要很多不同的远程观测技术，每一种观测技术只能提供整个体系某一方面的信息。所以，对深水沉积储层体系的认知落后于其他储层体系（后者的现代沉积过程更容易观察和记录）。地质学家运用综合方法研究深水体系，采用多种类型的数据进行多学科间交叉研究，包括露头研究、二维和三维地震反射数据（浅、深分辨率数据）、岩心、测井组合、生物地层学、试井及生产信息。这些数据集合体按流程输入微机，通过储层模拟系统来模拟储层特征。

10.1.1 定义

"深水"一词用在两个方面。第一，从地质意义上讲，深水沉积是指风暴浪底之下，从斜坡到盆地底部，在重力流作用下搬运并沉积在海洋环境中的沉积物。沉积物重力流作用也会发生在水深可能超过300m的湖泊和克拉通盆地中。除非另有说明，在本书中的"深水体系"一词均指海相沉积物重力流作用、环境及其沉积。也有作者使用了另外的术语来描述深水沉积作用及其沉积，例如"浊积体系"（Mutti 和 Normark，1987，1991）、"浊积复合体"（Stelting 等，2000）和"海底扇"（Bouma 等，1985）。深水沉积和储层在现今陆上和海上的盆地中均可出现。

第二，从工程上讲，深水沉积指现今水深超过500m的深度钻遇的储层。钻井工程师用"深水"这一定义来描述钻头到达海底（即泥线）前，钻井管柱穿过水体的深度。本章中，深水指水深500～2000m，而大于2000m的水深为超深水。

10.1.2 全球深水（油气）资源

在过去的15年中，深水和超深水的勘探和开发工作有了很大的进展，它们现在是石油工业年度上游预算的主要部分。深水勘探开发工作的巨大挑战主要表现在以下几点：①随着勘探继续向海上更远处推进，钻探工作逐渐走向深水；②深水储层具有地质复杂性；③深水储层的勘探和开发需要前缘科技的支持。为了补偿满足这些挑战所需要的巨大费用，工作人员必须尽量减小勘探周期（从发现到第一次开采之间的时间），并且在合理费用前提下保持最大工作效率。

继20世纪70年代后期第一次深水钻井（工程上的定义）之后，又有了38次重大发现（可采储量超过5×10^8bbl当量）（图10.1和图10.2）（Pettingill 和 Weimer，2001）。在近几十年中，虽然在世界范围内大型油田的总发现量有所下降，但是深水大油田的发现速度却迅速增长。相比于同时期发现的大型油区36%的含油储量，大型深海储层新发现的含油储

量接近于 66%（图 10.1 和图 10.2）

虽然深水发现资源量在稳步增长，但它在当今全球范围内总油当量资源中所占比例不到 5%（BP，2000）。由于当前基础设施和经济条件的限制，深水中天然气勘探尚未成熟，但它注定是未来勘探工作的焦点。

至 2003 年底，在 6 个大洲的 18 个盆地深水中发现的总资源量约有 $780×10^8$ bbl（图 10.2）。大多数已发现的深水资源位于墨西哥湾北部，巴西和西非（图 10.2）。这一总资源

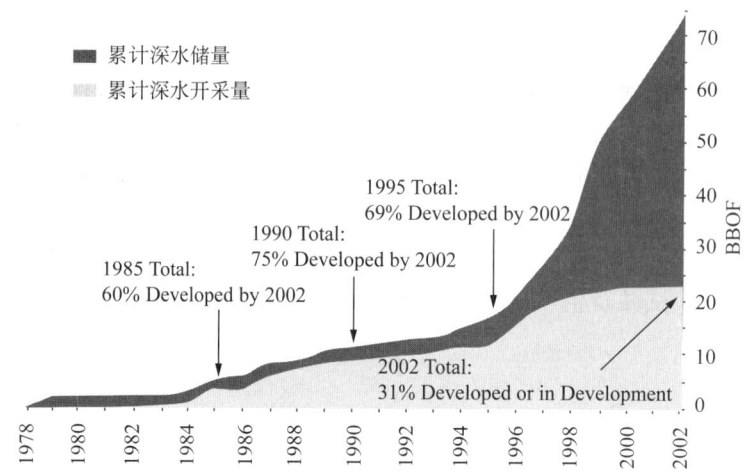

图 10.1　深水资源发现量对比图（2002 年底）

数据基于现今水深在 500～2000m 之间的深水储层资源
（AAPG 许可再版，进一步使用需要其许可）

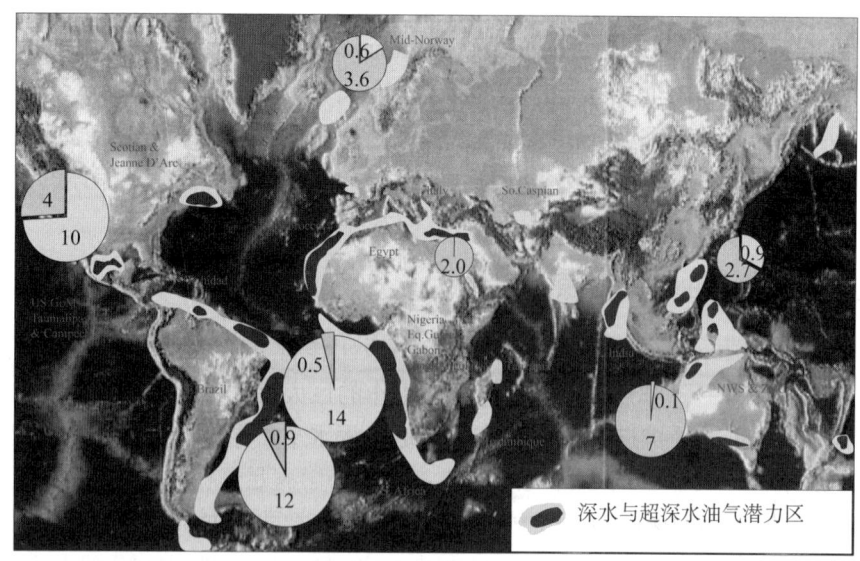

图 10.2　2001 年中期，各区块已发现的总的深水（超过 500m）可采石油资源分布图
（据 Pettingill 和 Weimer 修改，2001；经 AAPG 许可再版）

这些资源包括动用储量、在建设中的储量和未投入建设储量，但在技术上属于可采的资源。
主要的远景盆地也有标示。绿色代表石油，红色代表天然气。
总发现量是 $780×10^8$ bbl 油当量，其中有 $480×10^8$ bbl 石油，$180×10^{12}$ ft³ 天然气

量包括 4300×10^4 bbl 石油和凝析油以及大约 $180\times10^{12}\mathrm{ft}^3$ 的气。深水资源约占深水总发现资源量的 85%，超深水资源约占深水总发现资源量的 15%。深水总资源量的一半以上是自 1995 年以来发现的。深水总资源中，大约只有 31% 已经开发或正在开发，已经被开采的资源量不到总资源量的 5%，这说明该领域在开发方面尚不成熟（图 10.1）。

至 1985 年，全球深水勘探成功率只有大约 10%，但是自 1985 年以后，随着在墨西哥湾和西非勘探的巨大成功，成功率已平均接近 30%（BP，2000）。勘探成功率在西非最高，亚洲最低。在当时勘探成功率较低的刚果盆地，过去几年中勘探成功率已经超过了 80%。

虽然最初参与深水勘探的只是一些较大的公司，但渐渐地一些小公司也开始渗透进来。通常，小公司进行勘探的区域具有以下两个特点：①主要的基础设施已经具备，便于开展工作；②他们可以用有限的流动资金进行合作，在降低投资风险的同时还可能获得较高的报酬。

10.2 深水沉积作用

第一次真正认识深水（地质意义上）沉积作用及沉积始于 Kuenen 和 Migliorini（1950）的一篇经典文章，在该文中他们描述了通过水槽试验和露头观察发现的"粒级层"（图 10.3）。在该文中他们提出了浊流的概念，是沉积物由浅水向深水处搬运的重要作用（图 10.4）。这一沉积作用出现的最初的间接证据有 20 世纪早中期在加拿大东部海上（Heezen 和 Ewing，1952）的深海（200～3500m 水深）海底通讯电缆的周期性破坏现象；哥伦比亚海上（Heezen，1956）的 Magdalena 扇；刚果河和大陆坡（Heezen 等，1964）。当研究人员确认了这一重要沉积作用之后，他们最终确定电缆损坏的原因是底部浊流的高速冲蚀。

浊流的形成仅需要海水和较之于总水量很少的沉积物质，在重力的影响下顺着斜坡流动。由于流体是主要的组成部分，所以流动变成紊流并且以紊流的形式继续向下流动。近

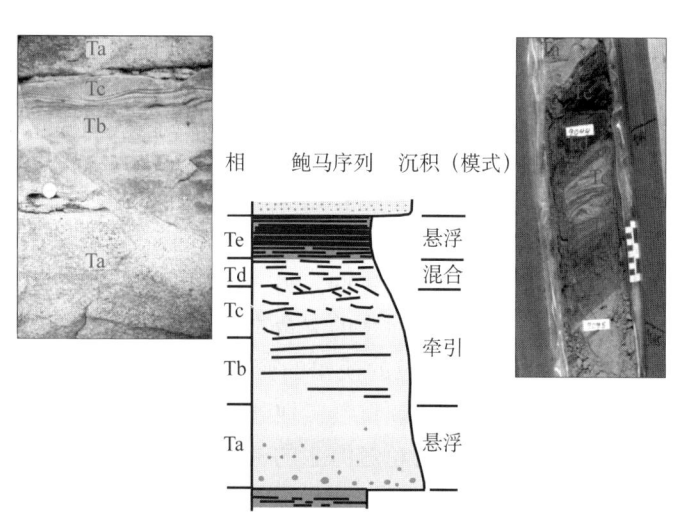

图 10.3 露头中的鲍马（1962）序列（据 C.Jenkins 提供岩心照片，个人联系得到，2003）

由 Ta（块状到粒序砂岩），Tb（平行层理砂岩）和 Tc（波纹层理砂岩）。鲍马序列中的 Td（块状粉砂岩到泥岩）和 Te（黏土岩）已被风化掉。Ta 通常被认为是"粒序砂"段，但通常从 Ta 到 Te 粒径向上逐渐减小

来的很多研究证明，除浊流之外，还有各种类型的沉积物重力流也会将沉积物带入深水（图 10.5）。这些流体的流态依据流动中颗粒之间的相互作用而发生变化。在沉积物浓度较低时，流体的流动以紊流为主；随着沉积物浓度的增高，颗粒的相互作用越来越频繁，不同的流动机制促使颗粒在流体内保持运动（图 10.5）。

在有的文献中记载，沉积物重力流会在深海盆地中穿行数千千米（Walker，1992）。这

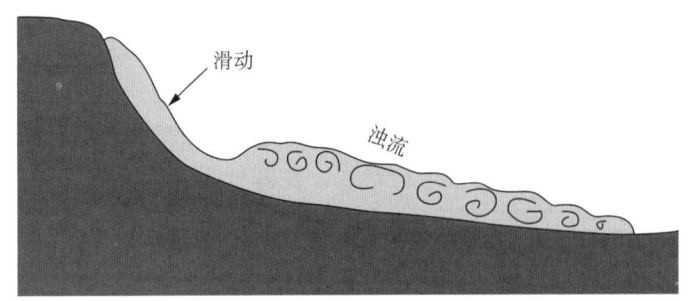

图 10.4 上斜坡处发生浊流的简图（据 Morris 修改，1971；经 SEPM 批准再版）

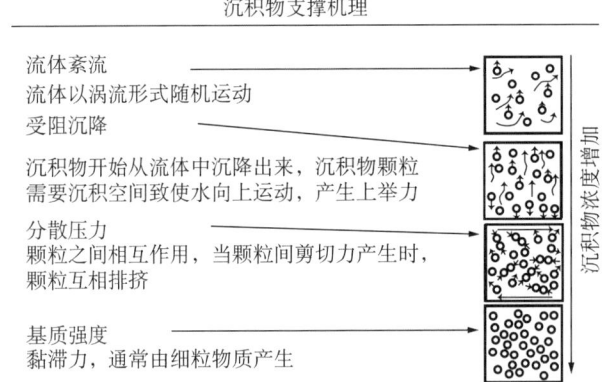

图 10.5 在海洋深水环境下产生并导致大部分沉积物在深水沉积的各种沉积物支撑机理
（据 D.Pyles，个人联系得到，2002）

这些支撑机理与流体中颗粒的体积颗粒加水的总体积之比有关。
随着颗粒浓度的增加，流动逐渐由稀薄的紊流变为粘结的层流

些沉积物重力流都有一个共同的特点：它们皆起源于海洋环境中。例如，由于地震而触发沉积物从上陆坡向下移动，从而产生沉积物重力流（图 10.4）。这些类型的流动被称为"触发"流，由名字即可看出它们是在瞬间产生的。另一组流动被称为"非触发"流，或者更确切地说是高密度流，包括当沉积物与河水的混合物在洪水期从河口进入海洋环境时形成的流体（图 10.6）。含有（沉积物）颗粒的淡水的密度不足以使之下沉到更高密度的海水之下，相反，流体漂浮在海面上，直到颗粒慢慢地分散到海水之中。如果是非常高浓度的颗粒进入到海洋环境，流体的密度就会超过海水的密度，这样一来，流体就会沉到海底以类似于"触发"流的方式沿斜坡向下运动。这种流态的临界密度为 42 kg/m^3（Mulder 等，2003）。

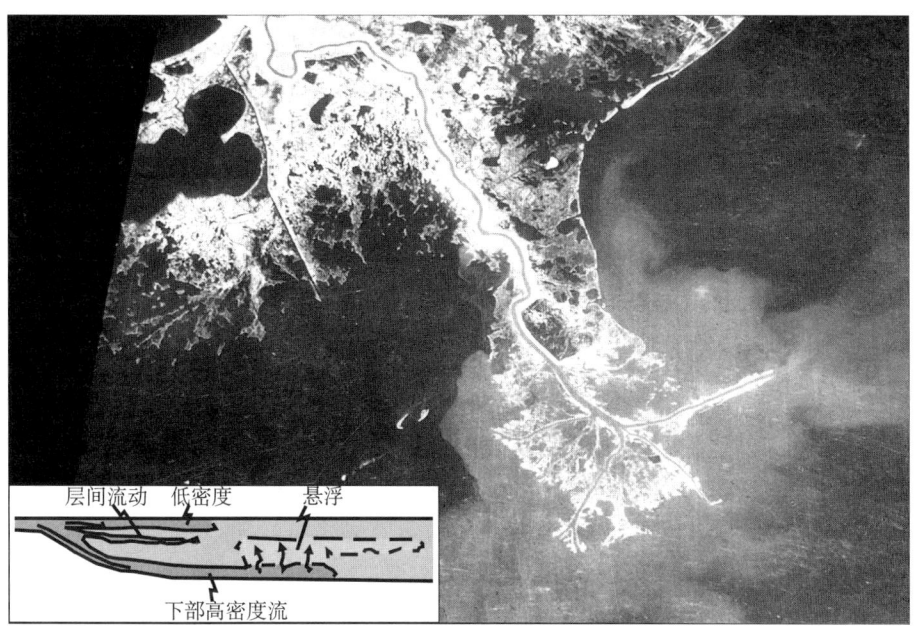

图 10.6 密西西比河某一分流河道河口细粒沉积羽状发散的红外线航空相片
（据 Mulder 等，2003；经伦敦地质学会批准再印）

该图显示了在河流羽状沉积物入海时可以产生的流动类型。
当淡水中悬浮沉积物的浓度超过 42kg/m³ 时便形成高密度浊流

10.3 沉积模式

  Bouma（1962），Mutti 和 Ricci Lucchi（1972），Normark（1978）开创性的工作为我们提供了海底扇及其地层的早期地质模式。Walker（1978）企图将这些模式合并成一个综合海底扇模式，这个海底扇包含一个补给峡谷水道，一个近源上部扇叶和一个较远的朵叶状边缘，并且所有这些组成部分皆位于一个盆地—平原沉积中（图 10.7）。根据这一模式，沉积物的粒度向海方向逐渐减小，这说明油气储层的潜力向海的方向也逐渐减小。虽然在很长一段时间内这个模式被奉为标准模式，但是 2D 和 3D 地震反射技术的广泛应用表明这种模式过于简化。Walker（1992）随后宣布放弃他那基于这些依据的综合扇模式，并且表示一个模型并不能适合所有的深水沉积体系，而这一声明已被很多研究所证实。

  对深海沉积的主要突破性认识是伴随着 3D 地震反射资料的发展与迅速应用而出现的。这些资料的应用伴随海底成像技术的发展而提高，例如 GLORIA 侧扫描声呐技术，可以让地质科学家在 3D 空间内详细描述地层和相之间的关系。因此，地质科学家已经对深水环境的复杂作用及沉积拥有了可证实的见解。

  很多斜坡体系都是富泥的。直到大约 15 年前，当研究人员认识到大量的砂体出现在泥质斜坡（如安哥拉和墨西哥湾北部）（图 10.8）下倾方向的时候，人们才充分认识到水道作为砂体穿过斜坡进入盆底通道的重要性。很多的斜坡水道是以沉积物通过的迹象（如在某些情况下，粗粒滞流沉积、牵引流沉积、细粒尾部的非均质岩屑沉积和细粒天然堤沉积）为标志的。在这样的体系中，沉积物的粒度不会向海方向递减。例如，在密西西比河

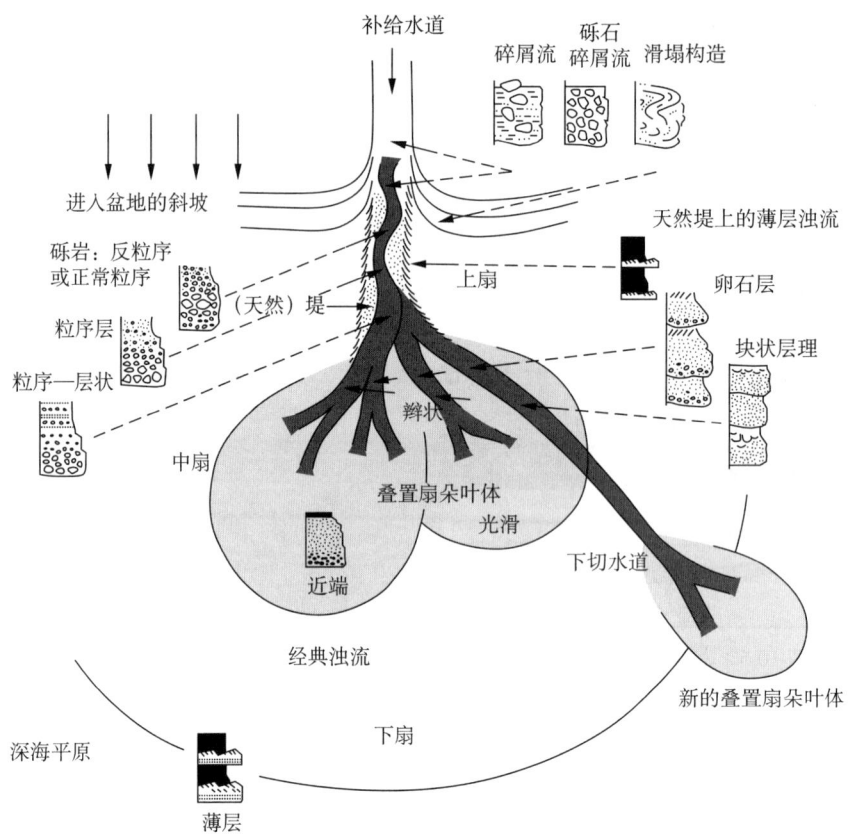

图 10.7 Walker（1978）的综合海底扇模式
（AAPG 许可再版，进一步使用需要其许可）

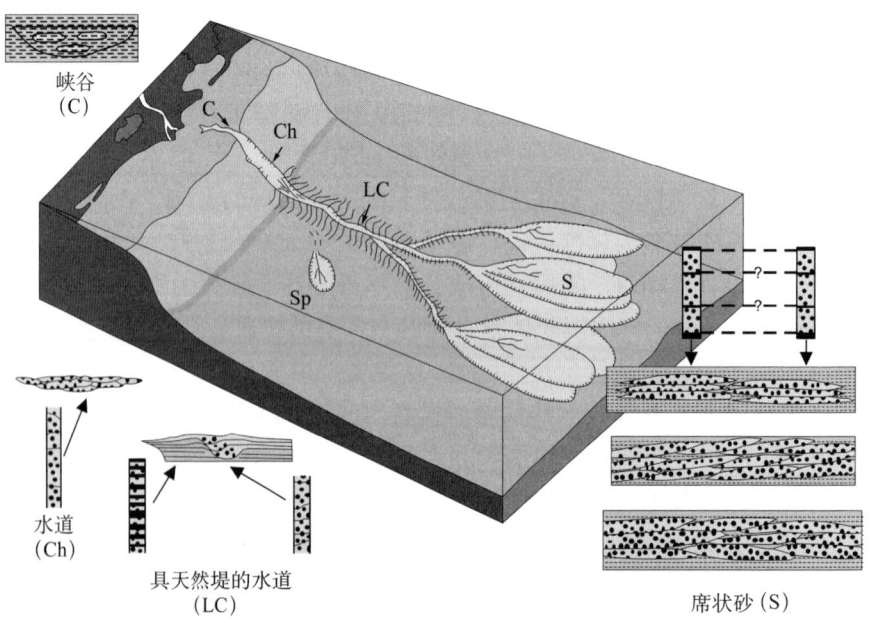

图 10.8 细粒深水沉积体系的构形要素简图
（据 Bouma 修正，2000；AAPG 许可再版，进一步使用需要其许可）

海底扇中，距现在的陆架边缘 220km 的深水岩心中发现了砾石沉积物（Stelting 等，1985）。在现代亚马逊河海底扇中，上部扇有 5% 的砂（和 95% 的泥），中部扇有 10%~30% 的砂，下部扇有 70% 的砂，盆地平原有 30% 的砂（Piper 和 Normark，2001）。通过对得克萨斯州西部二叠纪灌木林峡谷深水沉积相的古地理再现证实该地区上斜坡有 50% 的砂岩，下斜坡有 63% 的砂岩，斜坡底部有 76% 的砂岩，盆地底部有 93% 的砂岩（Gardner 和 Borer，2000）。这些沉积体系中，向海砂岩含量的不同是由于扇和斜坡的上倾部分包含补给水道，这种限制性沉积充填（砂）往往伴随泥质沉积；下倾部分包含席状砂或朵叶体（图 10.8）。

10.4 深水沉积的构形要素

Mutti（1985）提出了浊积岩构形要素的概念。Chapin 等（1994）为壳牌石油公司进一步发展了这一概念，来描述该公司在墨西哥湾北部的深水勘探发现（图 10.9）。Chapin 等（1994）强调了三种主要的砂层构形要素（即储层的类型）：席状砂（层状的和复合的）、水道（单个的或多层的）、天然堤中的薄层砂。这一深水沉积体系构形要素的描述性分类方法在石油和天然气行业中得到了广泛的应用。

深水沉积体系主要的构形要素包括：峡谷、（冲刷）水道、（加积）具天然堤的水道和席状砂或朵叶体（图 10.8 和图 10.9）。下面提供一些例子说明每个构形要素的特征。需要注意的是，在储层表征中，应该包括不同类型的数据信息，因为不同比例尺的每一种类型资料提供信息的详细程度不同。例如，在储层规模内，三种构形要素的地震反射样式具有明显的不同（图 10.10）。

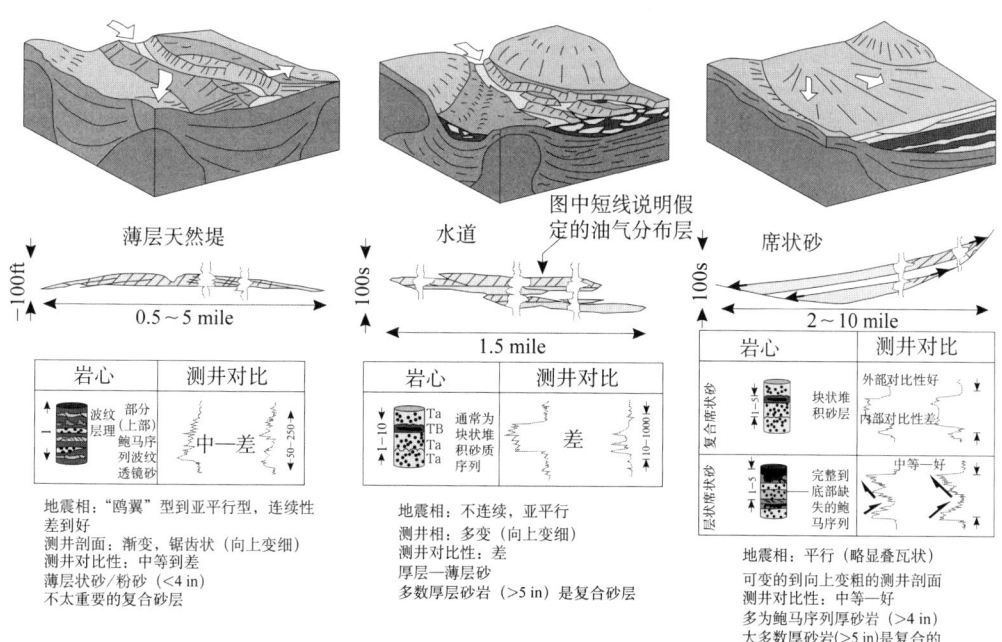

图 10.9 深水沉积构形要素的分类，以墨西哥湾北部储层为例（据 Chapin 等，1994；经 SEPM 墨西哥湾岸区分会批准再版）

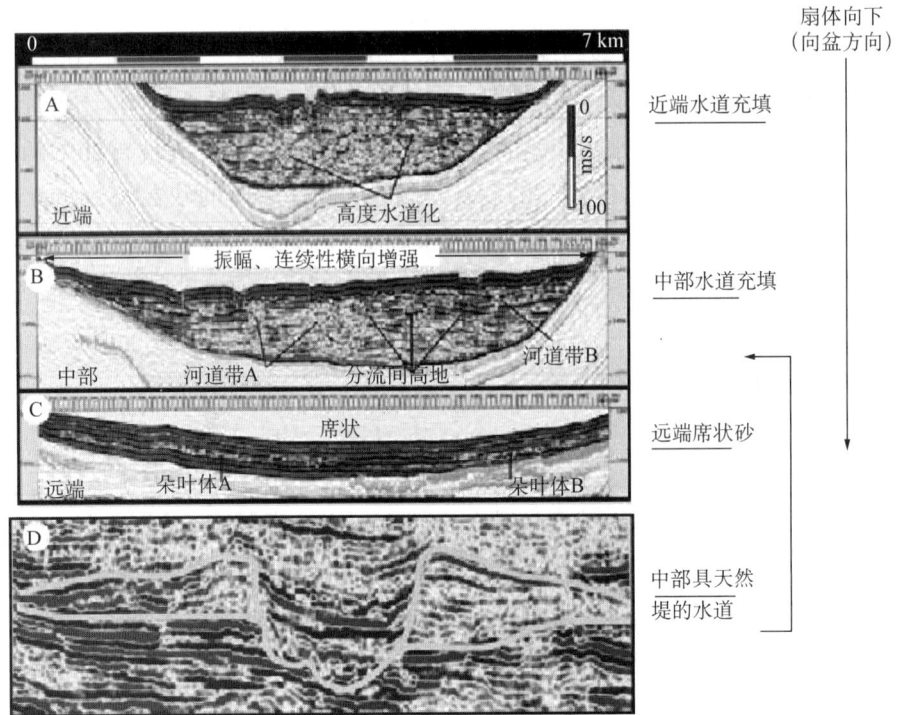

图 10.10 A、B、C 是墨西哥湾北部深水小型盆地浅坡内部的三个高分辨率地震剖面；横切上扇水道化体系的近端剖面 A 和中部剖面 B，横切席状砂沉积的远端剖面 C；可以看到，朵叶体 A 和 B 在横向连续的席状反射中具有轻微的丘状反射特征。在双程传播的时间内，这些沉积物有 50ms 那么大。它们横向反射连续并超覆在盆地边缘。剖面 D 源于墨西哥湾西部具天然堤的水道复合体的地震剖面（A，B，C 据 Beaubouef 等，2003；经 SEPM 墨西哥湾岸区分会批准再版）

10.4.1 席状砂岩和储层

席状砂及其形成的砂岩是一些深水中具有最高生产率、最高最终采收率的储层。这是因为它们通常具有最简单的储层几何形态：好的横向连续性、板状外形、潜在的良好垂向连通性、宽厚比大（纵横比）（大于 500∶1）、粒度范围小、侵蚀特征少（Chapin 等，1994；Mahaffie，1994）。因为在世界各地对这些储层研究的初步成功，石油行业已经开始对席状砂及其形成的砂岩进行了很详细的研究，以求能够深入地了解它们，进而从中发现并开采出更多的油气。但是在有些情况下，最初认为是席状砂的储层之后也会被确定为复合水道砂。

席状砂是由水道末端的减速水流沉积而成（图 10.11）。席状砂的存在说明沉积物先在上倾方向的水道发生过路沉积（受限流），之后沉积在不受限制的下倾方向的环境中。不同于其他深水储层构形要素，席状砂的面积通常会超过圈闭面积。它们也可能延展到整个含盐或泥页岩微型盆地（图 10.12）。

Chapin 等（1994）定义了两种类型的席状砂：层状的和复合的（图 10.9）。复合席状砂以高含砂率、砂与砂叠置接触为主要特征。它们由叠置的砂岩层和少量的泥岩互层组成（图 10.13）。相反，层状的席状砂主要特征为相对低的净砂岩含量，呈砂泥互层。不论是在纵向还是横向上，席状砂都表现出从复合状到层状的相互转变。

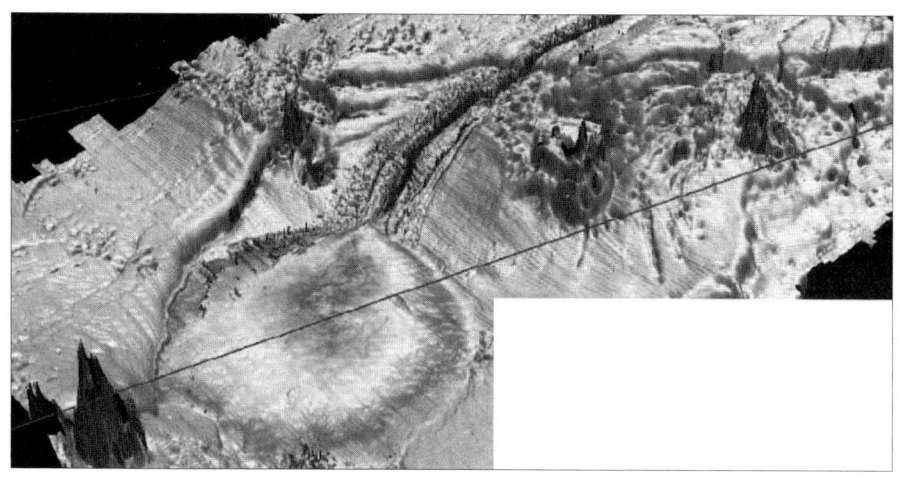

图 10.11 一个等时沉积朵叶体的三维透视图（据 Pirmez 等，2000；经 SEPM 墨西哥湾岸区分会批准再版）
该朵叶体为披覆于探测海底之上的席状砂沉积，这套沉积出现在尼日利亚大陆坡小型陆坡内盆地中，该盆地由
大陆坡页岩形变形成。最大等值线用红色来表示（100ms），圈出了三个不同的具有席状砂的区域。
垂向上的条纹代表三维数据的探测轨迹

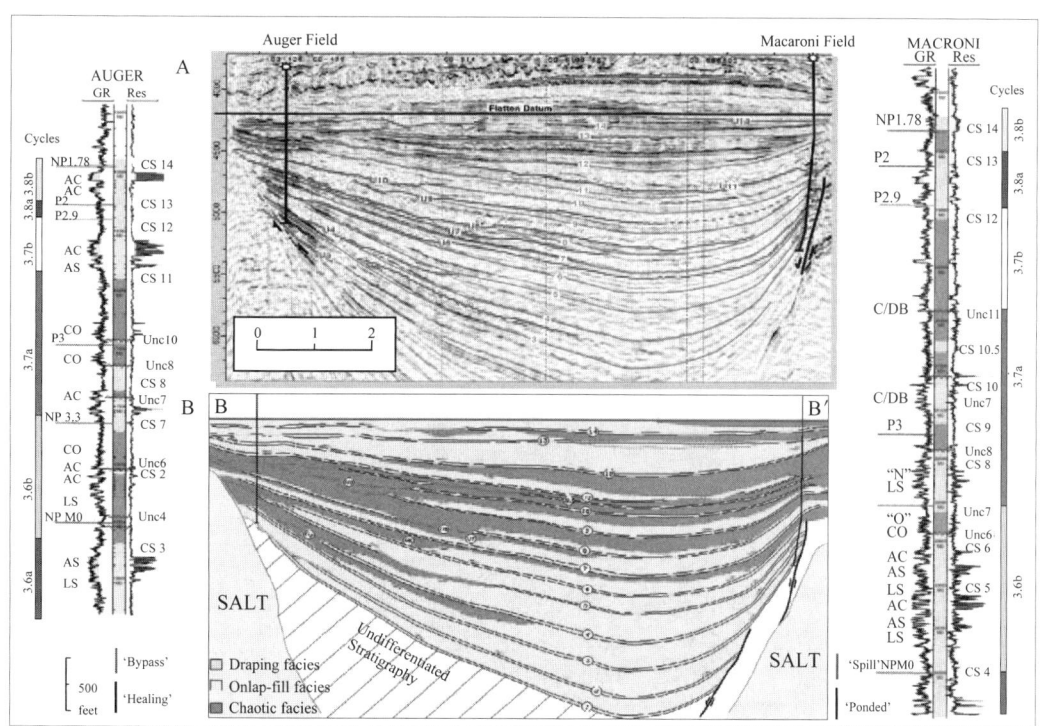

图 10.12 （A）横切 Greater Auger 小型盆地的拉平地震剖面，显示了 Auger 和 Macaroni 油田的关系，解释出来的多层席状砂覆盖了盆地的大部分区域；（B）两口井之间的地层填充组合。黄色表示的是上超充填相（即富含砂的席状砂），橙色区域是河道充填相（过路沉积相）。两种不同的相在图中都展现出来。每个油田的伽马曲线说明了层状席状砂（LS）和复合席状砂（AS）（据 Booth 等，2000；经 SEPM 许可再版）

尽管席状砂是横向连续的，依然有三种复杂性可以使他们成为不同生产能力的储层。①席状砂的表面通常被周期性为其补给沉积物的水道所切割（图 10.14），一旦水道废弃，内部就可能会沉积泥质，最终会导致同一地层被泥岩切割而不连续。②席状砂外部形态变

化部分取决于它们所沉积的海底地貌（图 10.14），这种特征通常可通过地震识别。③砂岩之间（单一层状席状砂和独立的、较厚的复合席状砂或者多个层状席状砂层段）的页岩长度至少可以延伸至与同一盆地内砂岩同样的长度，由此产生垂向分隔的或者可划分的储层段（图 10.13）。还有一些例子可以进一步论证这些复杂性。

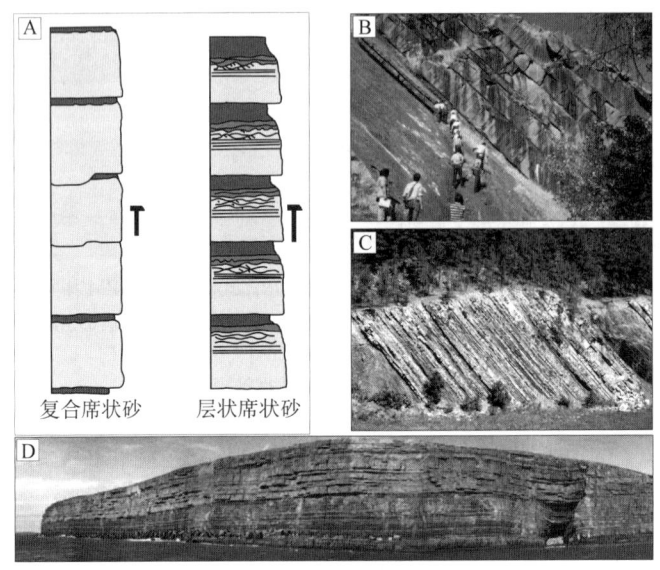

图 10.13 （A）复合和层状席状砂示意图（据 Mutti，1985）；（B）复合席状砂，加利福尼亚；（C）层状席状砂，Jackfork 群,阿肯色州；（D）复合席状砂上覆于层状席状砂之上（据 Kilcloher Cliff Section，Ross 组，爱尔兰）

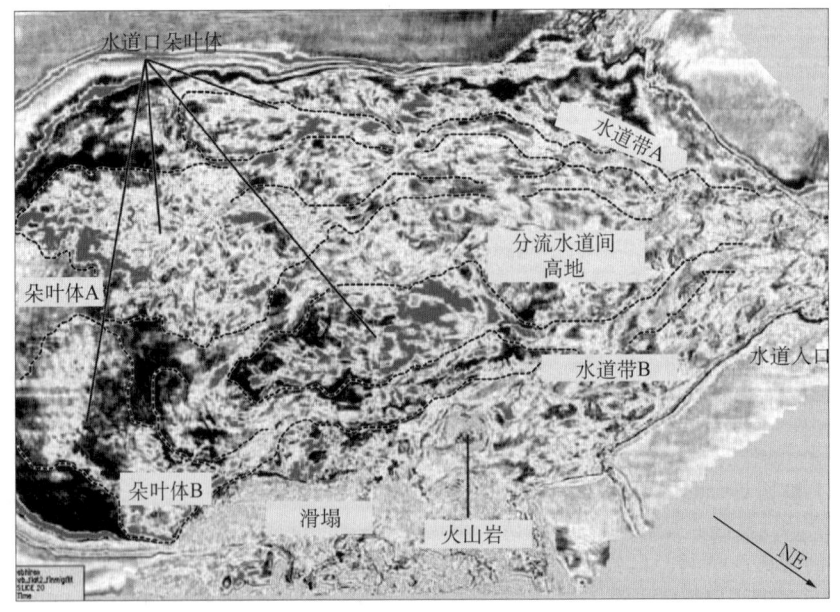

图 10.14 墨西哥湾北部陆坡内盆地中海底以下 20ms 处的沿层地震切片
（据 Beaubouef 等，2003；经 SEPM 墨西哥湾区分会许可再版）

两处明显的上扇水道带（A，B）向右（北）到下水道口的朵叶体变化，
同时展现出来的是盆地边缘、泥火山和滑塌构造

10.4.1.1 Auger 油田

Auger 油田是墨西哥湾小型盐盆地中一系列席状砂中的一个实例（图 10.12）（McGee 等，1994；Bilinski 等，1994；Booth 等，2000；Kendrick，2000；Beaubouef 等，2003）。该油区由于在 S 砂层极高的采油速度而备受关注，也因此可以称其为 HRHU 储层。S 砂层已经产出 120×10^6 bbl 油当量，到 2000 年的时候，其中 7 口油井就产出了 110×10^6 bbl 油当量，这一良好的生产效果是由于优质含水层的支撑以及当初对原始石油地质储量和产量的保守估计。

S 砂层包括一系列位于断层和地层尖灭复合圈闭中的层状和复合席状砂。这套地层中含油单元位于含水单元的下方。这一分隔是亚地震规模泥岩所导致的结果，该泥岩延伸与砂岩一样远，并垂向分隔砂岩（图 10.15）。虽然是亚地震规模，但是这些泥岩却限制了流体的垂向流动（Kendrick，2000）。

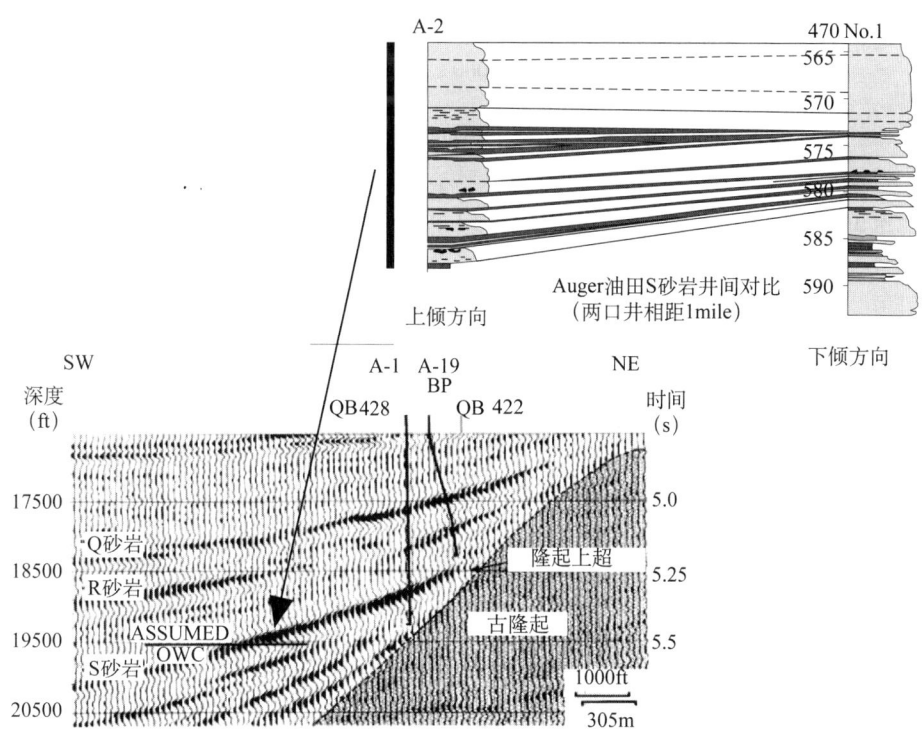

图 10.15 右上方的图显示了间隔约 1mile（1.6km）的两口井间 S 砂层的对比。砂层用黄色表示，泥岩用棕色表示。由图中可以看出几个连续的泥岩层（解释的）将砂层分隔开来。下部的图是与 S 砂层对应的地震振幅剖面（据 Bilinski 等，1994，修改；经 SEPM 墨西哥湾区分会许可再版）

10.4.1.2 Mensa 油田

第二个砂岩储层复杂性的例子是位于墨西哥湾北部密西西比峡谷区块的 Mensa 油田（Pfeiffer 等，2000）。Mensa 油田是在 1985 年作为重大地震异常而发现的，它披覆在一个小型陆坡内盆地中一个主要的龟形构造（背斜）上（图 10.16）。主要产油层（I 砂层）中净砂岩含量几乎达到了 90%。孔隙度变化范围在 29% ~ 32%，渗透率变化范围在 500 ~ 2000mD。估算原始天然气地质储量为 $1.3 \times 10^{12} \text{ft}^3$，其中 I 砂层段含气 $7500 \times 10^8 \text{ft}^3$。

根据岩心、地震资料和测井的响应，该储层最初解释为均质砂层，向下倾方向与主要

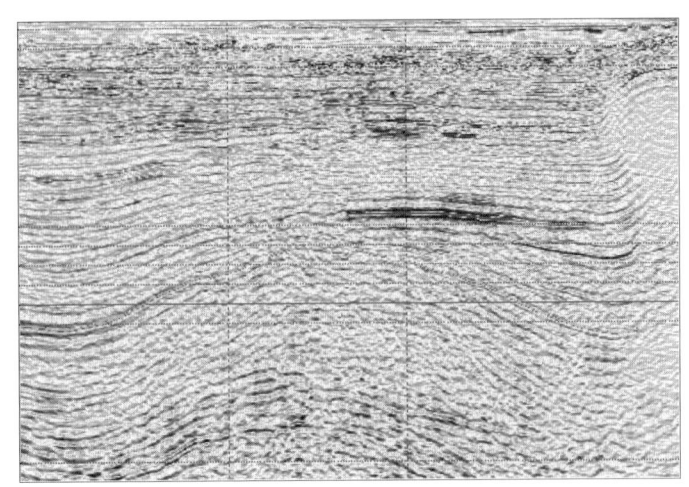

图 10.16 横切墨西哥北部深海密西西比 731 峡谷 Mensa 油田的地震剖面，强地震振幅显示为储层（据 Pfeiffer 等，2000；经 SEPM 墨西哥湾区分会许可再版）

的水层相连，水层为油田提供了驱动力。然而，在 1997 年进行开采之后，测量的压力数据并不支持原始的储层模型。新的油藏模拟显示该油藏主要为溶解气驱油藏，很少甚至没有水层能量的补充。新的高分辨率地震数据显示了一个更加复杂的储层结构。前面所观察的横向连续反射的席状砂不同，三个轻微偏移叠置的席状砂显示了出来（图 10.17）。一个席状砂可能切入另一个席状砂，并且他们可能被之间的局部低渗透隔层所分开。此外，一个切入主要产油层西部的侵蚀水道可能限制了水层可提供的生产压力。

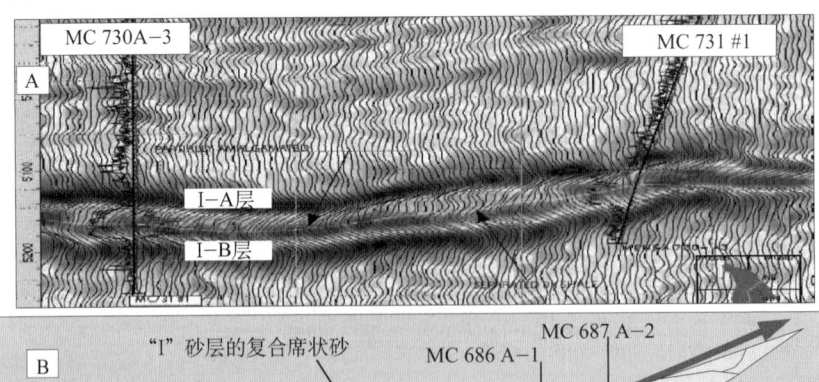

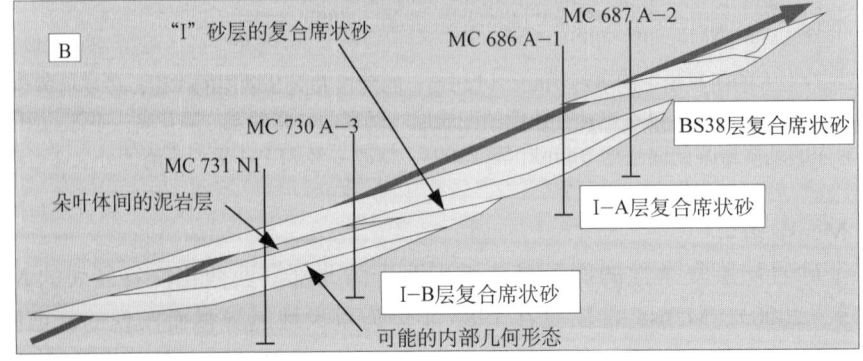

图 10.17 （A）横切 Mensa 油田地震剖面。该图来源于高频地震数据包，显示了时间域的伽马测井曲线和两个复合席状砂层 I—A 和 I—B。（B）根据高频地震资料解释结合井信息绘制的剖面示意图。补充资料解释了三个不连续席状砂，其中的两个压力相通（据 Pfeiffer 等，2000；经 SEPM 墨西哥湾区分会许可再版）

和 Auger 油田的情况一样，Mensa 油田的储层复杂性也是亚地震规模的。最后，补充井工作显示储层之间有充足的连通性可以保持海底管线回接。

10.4.1.3 Ram Powell J 砂体

砂岩储层复杂性的第三个例子是墨西哥湾北部 Viosca Knoll 956 区块的 Ram Powell 油田（Rossen 和 Sickafoose，1994；Clemenceau，1995）。Ram Powell 油田于 1984 年发现，1997 年开始投入开发。它是墨西哥湾北部最早的发现之一。Ram Powell 油田的产量来自一系列单个储集砂岩，包括所有主要的深水构形要素：复合席状砂/水道（J）砂岩、水道—天然堤（L 和 M）砂岩和复合水道（N）砂岩（图 10.18）。

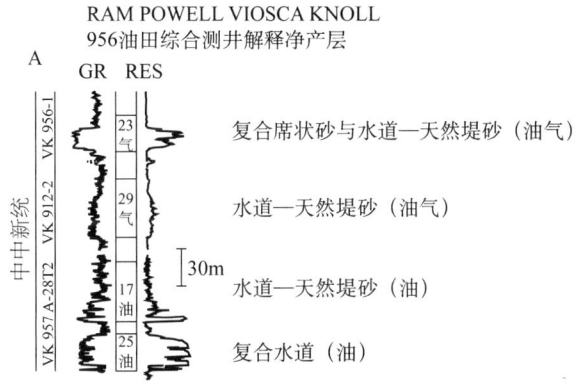

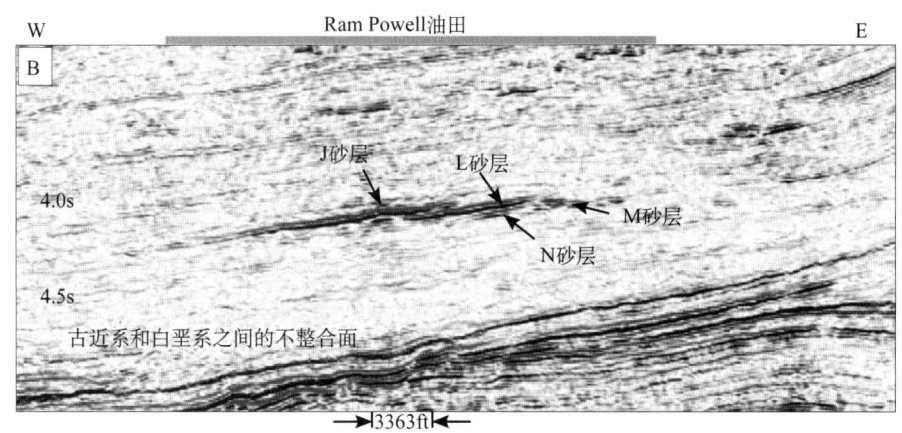

图 10.18 （A）墨西哥湾北部 Ram Powell 油田的标准测井显示的 J，L，M 和 N 砂层（据 Craig 等，2003；经 AAPG 批准再版。）；（B）横切 Ram-Powell 油田地震剖面，图示了 J，L，M 和 N 砂层（据 Clemenceau 等，2000；经 SEPM 墨西哥湾区分会许可再版）

J 砂层是一其上覆盖水道—天然堤沉积的席状砂复合体。岩心平均孔隙度是 30%，渗透率变化范围是 640～2680mD。据估计，地质储量为 80×10^6 bbl 油和 $6000 \times 10^8 ft^3$ 气。油环含油量约为 50×10^6 bbl。至 2001 年末，三口水平井的累计产量达到 29×10^6 bbl 油和 $2059 \times 10^8 ft^3$ 天然气。其中，油井 Viosca Knoll 956A-3ST1（图 10.19）在一段时间内保持了墨西哥湾的最高生产纪录 40900bbl/d 油当量。

1993 年，J 砂层原始开发方案中有 8 口垂直井（6 口位于油环内，2 口为气顶的采气井）。原计划井距为 $1.4km^2$（340acre），产量期望值为 6000bbl/d。然而，水平钻探和完井

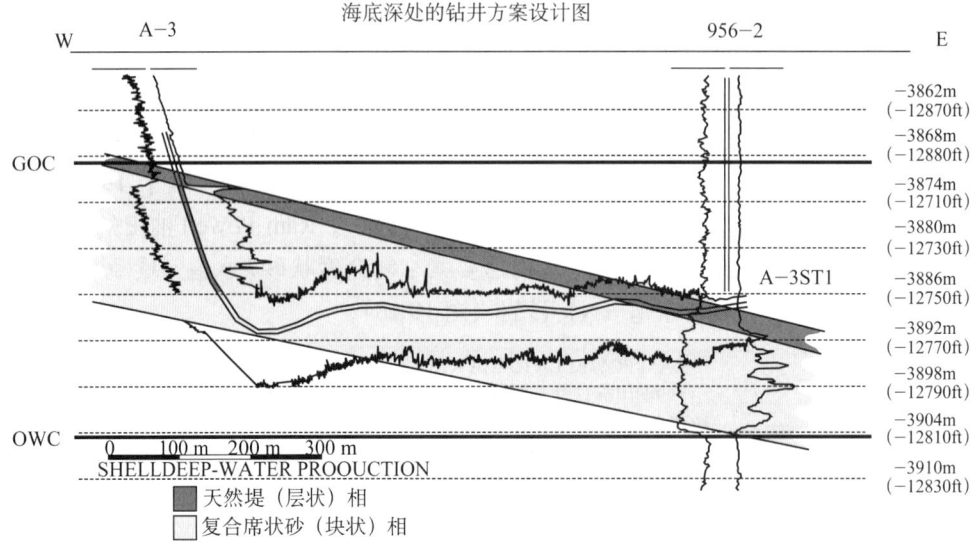

图 10.19 穿过 J 砂层的 Viosca Knoll 956 A-3 水平井轨迹（据 Craig 等，2003；经 AAPG 批准再版）

J 砂层的下部是复合席状砂，上覆一薄层天然堤相

作业技术上的提高使得油环开发的效率大大提高。尤其是油藏模拟表明，3 口水平井，井距 3.2km² （800acre），可以日产量 30000bbl 对油环进行开采，大大节省了开发费用（图10.19）。钻井过程中发现了一些没有预测到的储层特征，于是对钻井计划进行了修改。实际上，这个钻井计划是很成功的。

10.4.1.4 Wilmington 油田长滩油层组

第四个例子是位于美国加利福尼亚州南部 Wilmington 油田的长滩油层组（Slatt 等，1993；Clarke 和 Phillips，2003）。Wilmington 油田是加利福尼亚州南部洛杉矶盆地几个大型油田中最大的。长滩油层组覆盖了该油区的东南部，部分在海上，部分下伏于长滩城区之下（图 10.20）。长滩油层组的总原始石油地质储量为 38×10^8 bbl。在这个油层组已钻井

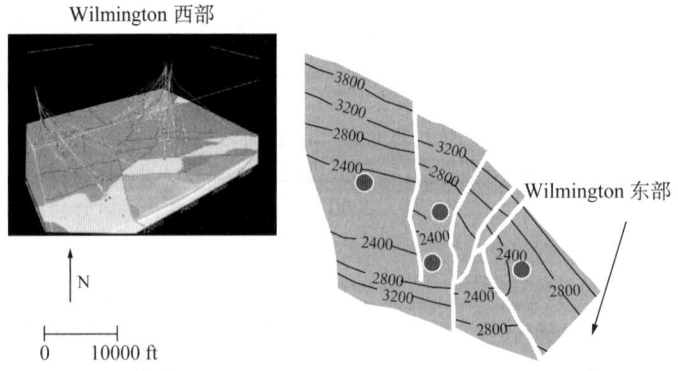

图 10.20 长滩油组构造图（据 Clarke 和 Phillips，2003，修正；经 AAPG 许可再版，进一步使用需要其许可）

Wilmington 油田长滩油层组西部和东部以产量为界，西部地区于 1936 年开始开发，东部地区于 1954 年开始开发。该油层组位于一构造起伏约 530m （1600ft） 的大型背斜之上。断层分隔储层，该油组的主要开发地点为四个海上群岛(红色点)。北部倾角是 20°，向南变陡峭，为 60°。Wilmington 油田构造长 11mile(18km)，宽 3mile(5km)，面积达 13500acre。10% 的产量源于长滩城区的地下，长滩油层组其余的产量来自长滩港断层之下

1500 多口，钻遇多个油层和亚油层。在 20 世纪 60 年代末期，该油层组石油产量曾达到 100000bbl/d。

Wilmington 油田是 1936 年发现的一个非常成熟的油田，1965 年开始开发长滩油层组。为了保持油藏压力，降低长滩城区的下沉程度，开采后不久就进行了注水开发。之后，对长滩油层组中最高产油层（Ranger 油层）进行了地质研究。研究发现：更多地采用选择性射孔和注水开发可以提高那些被侧向连续的泥岩分隔、之前未进行开发的砂岩的产量。包括 Ranger 油层在内的非固结砂岩的平均孔隙度约为 28%，渗透率的变化范围从几个毫达西到几个达西。后来的钻井证实了这一结论。

在其他层段——Tar 油层，Union 油层和 Terminal 油层——设计注蒸汽驱方案并成功地应用于水平井（图 10.21 和图 10.22）（Clarke 和 Phillips，2003）。一些较新的水平井初始原

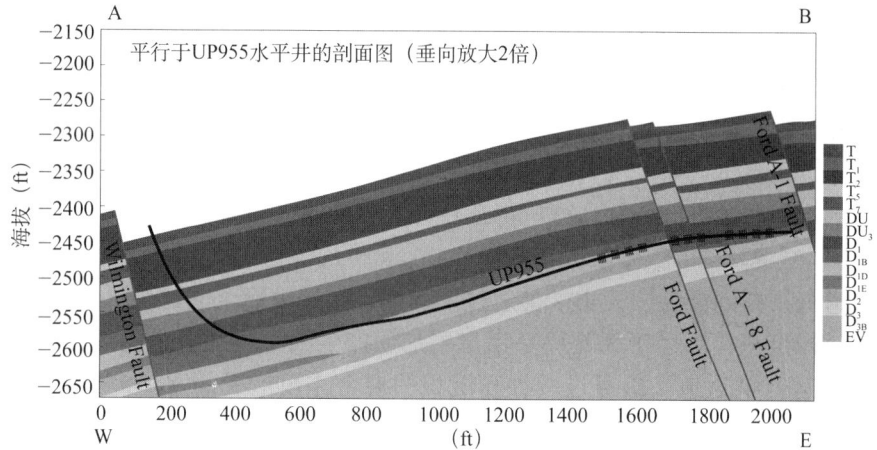

图 10.21　穿过加利福尼亚 Wilmington 油田长滩油层组 D1 砂层的 UP955 水平井轨迹剖面示意图（据 Clarke 和 Phillips，2003；经 AAPG 许可再版，进一步使用需要其许可）

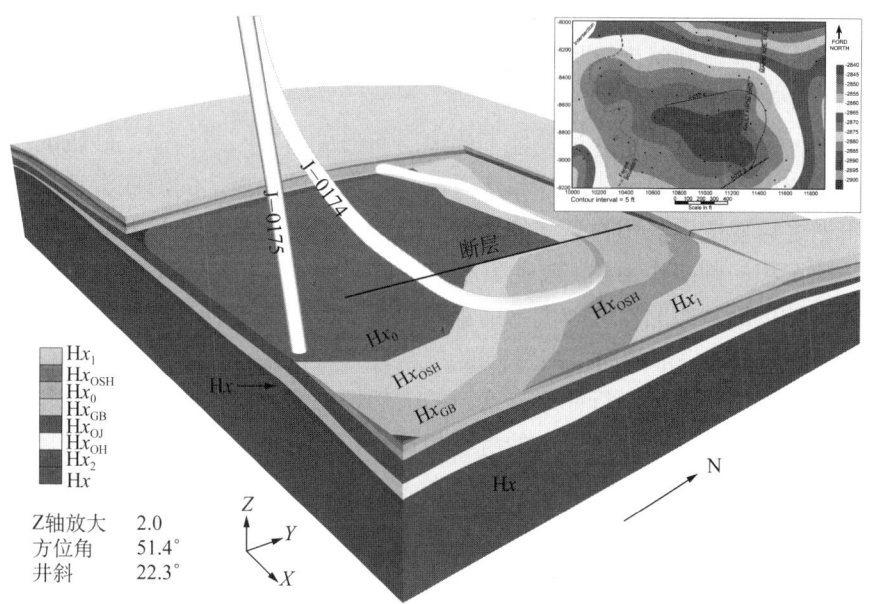

图 10.22　加利福尼亚 Wilmington 油田长滩油层组 Hx_0 砂岩中水平井轨迹，图中展示了弯曲的井轨迹（据 Clarke 和 Phillips，2003；据 AAPG 许可再版，进一步使用需要其许可）

油产量已经超过600bbl/d油，普通井日产约300bbl油，含水率达80%。2003年，整个油层组的产量为38000bbl/d油。在所有这些开发项目中，对区域地层和储层特征的认识帮助开发人员增加了数亿桶的新储量。特别重要的是对横向连续的分割渗透性砂岩组合的非渗透泥岩的认识以及对砂体长距离连续性的认识（图10.21）。在这些开发项目中应用了一些非常精尖的水平钻井技术（图10.22）。

10.4.2 峡谷和水道充填砂岩及储层

在过去的10年间深水水道在石油工业中受到了广泛的关注，主要因为以下几点：①在一些深水盆地中的重要发现表明这些盆地中的油层特征是开发决策的关键（例如，巴西的Campos盆地、安哥拉海上、尼罗河和Mahakam三角洲、墨西哥湾北部、Shetland群岛西部、挪威中部海上）；②逐步发展的3D地震技术可以反映水道体系复杂的内部几何形态（尤其是弯曲的水道）；③在对水道充填沉积进行钻探时需要避开浅流（非水道）的问题。

对水道及其沉积物的研究已经进行了很多年——从不同的角度，应用多种数据组合，包括：现代海底数据、浅层地下数据（用于避免浅层危害钻井勘测的浅层地震）、深部勘探地震数据、储层和露头数据。从大量发布的研究数据中可以得出的一个结论就是：大多数的水道充填都有一些独有的特征，这些特征在开发初期不及早发现就会造成后期开发时经济上的浪费。

深水水道沉积被划分为三大类：①通过下伏地层的侵蚀而生成的水道沉积，很少或没有天然堤—溢岸沉积；②由于天然堤—溢岸层加积产生一个附加下陷而形成的水道沉积，这为砂泥的搬运提供通道；③通过侵蚀和沉积的混合作用形成的水道，其侵蚀和沉积可以是同时的，也可以是发生于不同的充填演化阶段（图10.23）（Mutti和Normark，1987，1991；Clark和Pickering，1996；Morris和Normark，2000）。侵蚀水道的充填有时会被称为复合水道砂或者大型水道，加积水道充填有时被称为具天然堤的水道充填或者低起伏水道—天然堤（Mayall和O'Byrne，2002；Saller等，2003）。上倾方向的河道被冲刷得较厉害，因为有较大的斜坡倾斜度，导致流动速度较大。向下倾方向，随着坡度的变缓，水道变成复合侵蚀沉积或加积（图10.24）。

顾名思义，侵蚀水道是指通过侵蚀下伏地层而形成的下凹或沟道。砂质沉积物重力流是常见的侵蚀营力，但是较大的峡谷和水道都是由在泥质斜坡上的海底滑动形成的——由此产生的下凹之后变成供沉积物运移的通道。这种滑动可由很多种途径产生，包括①地震活动；②快速沉积，削峭作用和/或孔隙压力的改变（尤其是在海平面变化期间）造成的不稳定性和斜坡坍塌；③触发大型流动的细粒底流；④气水合物（冰状笼形化合物）向上穿过斜坡沉积物到斜坡底部的向上突然释放。

相反，加积水道是由于平行并毗连水道的天然堤—溢岸地层长期沉积和建造形成的沟道或下凹。天然堤岩层与相邻水道内的沉积相比，粒度更细，地层更薄，并且天然堤与水道地层常常被复杂的水道边缘相分隔，说明在天然堤沉积和水道充填沉积之间有一个重要的时间间隔。

河道从较直的长条形变为高弯度，与河流体系从长条形—辫状—分流体系变为曲流河类似（图10.23）。尽管对深水水道弯曲的成因讨论热烈，一般是弯曲度与斜坡倾斜度成反比，因此，细粒、低能的水道充填往往比粗粒、高能的水道充填更弯曲。在下斜坡，除了

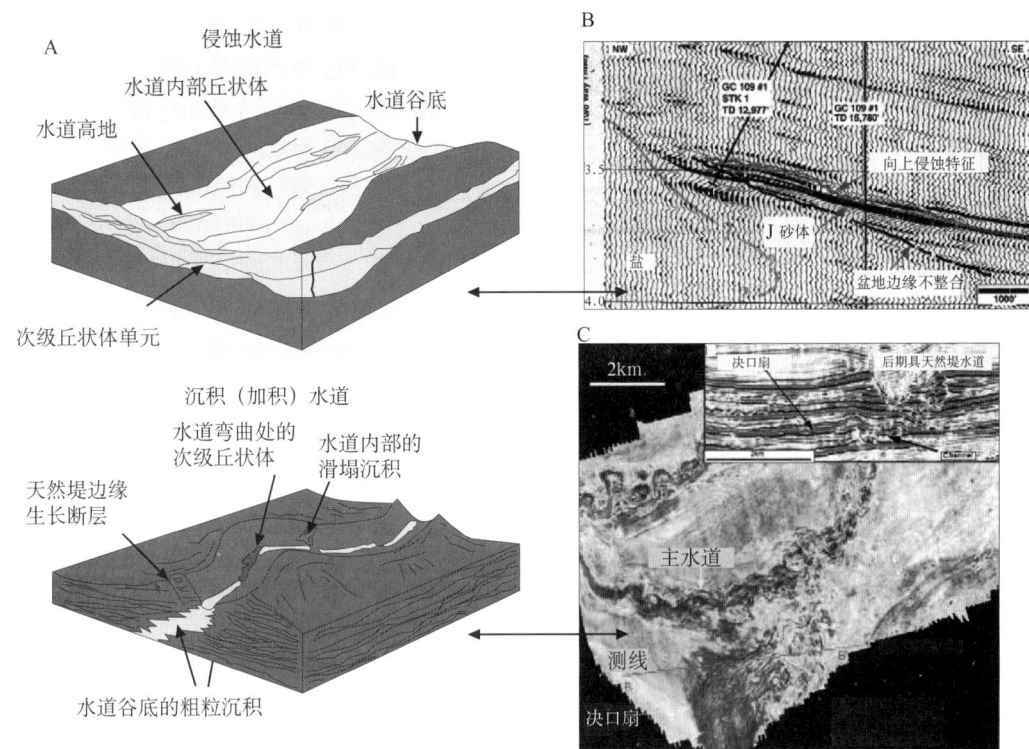

图 10.23 （A）水道充填的两个端元类型：侵蚀水道充填、沉积或加积水道充填（据 Clark 和 Pickering，1996）；（B）清晰反映如今被泥岩充填的侵蚀面的地震剖面（据 Holman 和 Robertson，1994）；（C）沉积水道的纵剖面和水平地震沿层切片（据 Mayall 和 Stewart，2000；经 SEPM 墨西哥湾区分会许可再版）

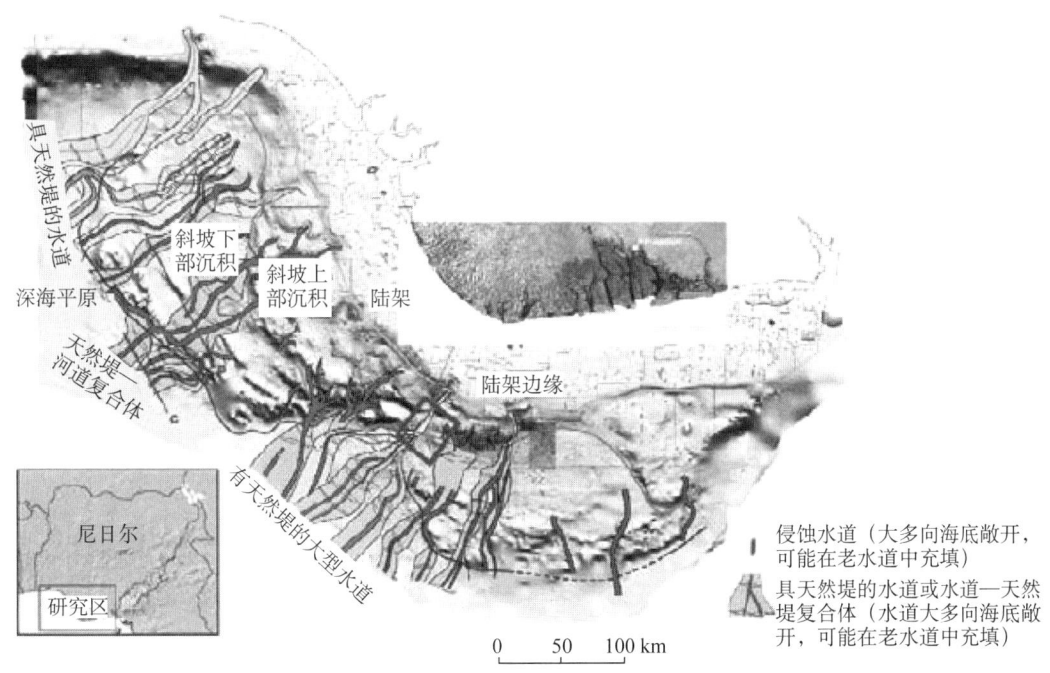

图 10.24 尼日利亚海上的晕渲深海测量图（据 Mitchum 和 Wach，2002；经 SEPM 墨西哥湾区分会许可再版）
上部是晚更新世不同时期的斜坡河道，上斜坡为侵蚀水道，向下方水道侵蚀较轻，
变为加积的水道—天然堤或水道复合体

水道类型和形状上的变化外,水道充填的垂向叠加方式也发生改变,从靠近基底的更加宽阔的侵蚀水道变为向上侵蚀—加积混合的分流水道,再到靠近顶部的具有突起天然堤的更小的加积水道(图10.25)。这种可预测的垂向叠加方式是因为水道通常回填产生的,水道

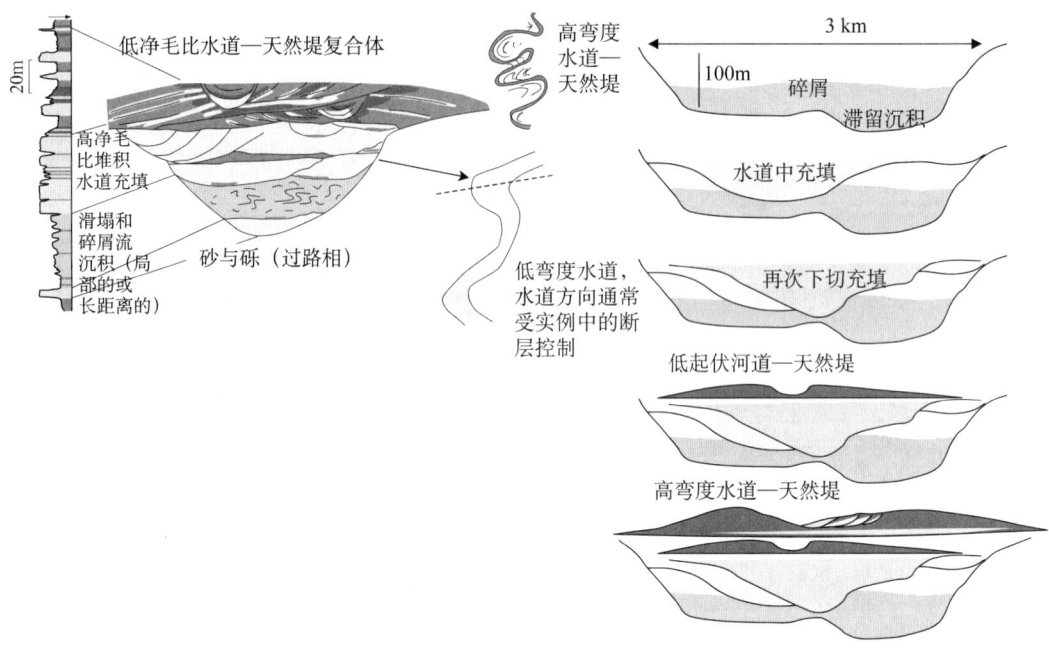

图10.25 连续发育的水道充填相剖面示意图(据 Mayall 和 Stewart, 2000;经 SEPM 墨西哥湾区分会许可再版)

底部是一巨大的侵蚀面,其上是一富含砂的滞留薄层,再上面是富泥的碎屑岩,向上是厚层、复合水道充填沉积(具有很高的净毛比),再向上是具天然堤的水道沉积(净毛比较低)。同时也展示了一个解释的垂向序列(或伽马测井响应)与水道几何形态的平面图(高弯度的水道—天然堤,低弯度富砂水道充填)。反复地侵蚀与充填是水道的一个常见特征

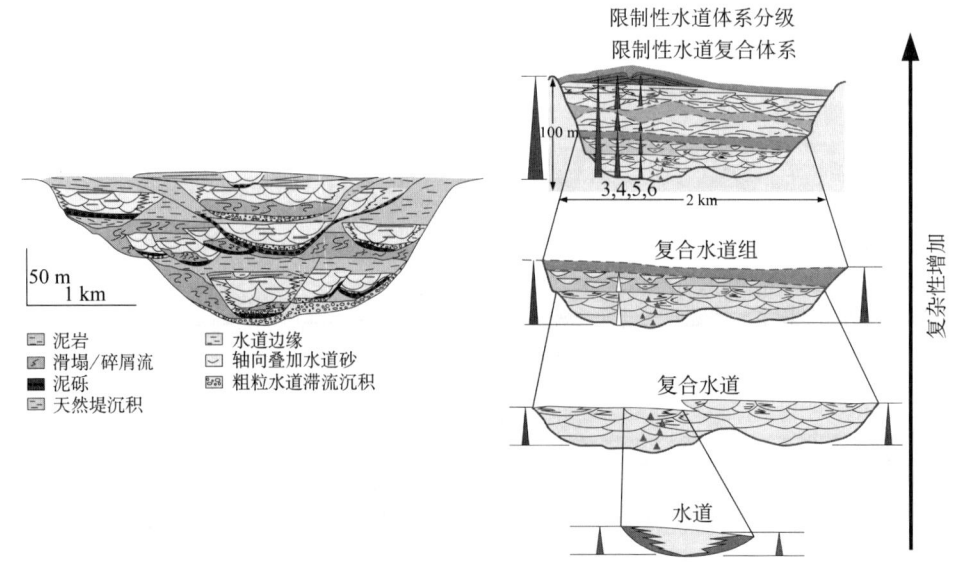

图10.26 不同级别的限制性水道的剖面示意图
(据 Sprague 等,2002;经 AAPG 许可再版,进一步使用需要其许可)

图中水道分级从单个水道到复合水道,再到复合水道组,最后到限制性水道复合体系。多重水道充填和天然堤沉积的泥质夹层造成了较强的非均质性,形成很多潜在的流体隔挡及阻碍

的回填发生在海平面的上升早期和相对转换期,此时能量、粒度和流量都在逐渐变小,沉积中心逐渐向陆地方向移动。虽然最终的水道内部充填通常相当复杂,但是水道充填经常可以细分为有序的可识别的模式或不同级别的地层(图10.26)(Gardner 和 Borer,2000;Navarre 等,2002;Sprague 等,2002)。

水道内部的充填组分也有很大的变化。沉积物中可以包括砾、砂、泥和混合充填,取决于很多因素,包括构造、气候和沉积物供应(Reading 和 Richards,1994;Richards 等,1998)。水道充填沉积物可以包括各种沉积物重力流的沉积,从浊积岩到碎屑岩及滑塌沉积,两者都伴有半远洋悬浮沉降物。根据由较多的分流水道向上变化到较小的具天然堤的水道这一变化趋势,充填的粒度通常向上减小(图10.25)。

下面讨论一些储层的例子来说明水道充填砂岩的变化情况。

10.4.2.1 Ram Powell N 砂岩

Ram Powell N 砂岩是 Ram Powell 油田最底部的储集砂岩(图10.18)(Lerch 等,1997;Kendrick,2000;Craig 等,2003)。N 砂层展布为南北向长条形,反映了砂岩的峡谷沉积形态(图10.27)。储集砂岩被斜坡泥岩包围封盖,并且向上倾方向尖灭,在略微向南倾伏的鼻状构造侧翼形成极好的地层岩性圈闭。

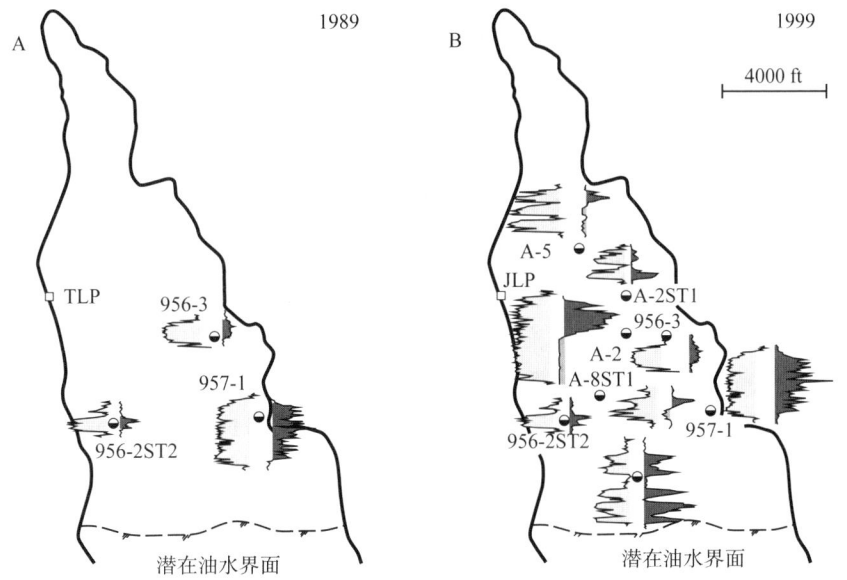

图10.27 Ram Powell N 砂层水道充填储层(据 Kendrick,2000;经 SEPM 墨西哥湾区分会许可再版)

(A) 1989年的油田。地震解释为透镜状砂体。第一口井——957-1 井钻遇饱含油的厚层砂(砂体用黄色表示,原油用绿色表示)。第二口井——956-2ST2 井钻遇较薄的但也充满油的砂层。第三口井——956-3 井钻遇稍厚饱含油砂层。基于这三口井的成功,又打了一系列的开发井。(B) 至1999年时开发钻探的结果。后来的钻井显示砂层主要为油水同层(水用蓝色表示)。另外不同井中的油水界面构造高度不同,说明砂体孤立。因此,油田的实际含油量比开始预测的要少

1997年,整个 Ram Powell N 砂岩的储量报道为 75×10^6 bbl 油当量。早期评价井钻遇了高净毛比且较厚的含油层(图10.27)。油藏模拟显示该砂组只有一个油水界面且连续性很好,这说明砂岩可能有相当不错的驱油效率和压力补充。然而,首批三口开发井表明即使井间压力在某种程度上连通,但在预测的油水界面上方钻遇了多个流体界面(图10.27)。

这种现象说明在储层层段内存在着高度的不连续性和分隔，于是采用水平井提高产量。为了避免由孤立水道砂产生的分隔所带来的风险，设计的水平井轨迹穿过多个砂体（图10.28）。一口725m（2380ft）长的水平井采油速度达到最高11681bbl/d。

10.4.2.2 墨西哥湾北部的 Garden Banks 191 油田

Garden Banks 191 油田是在 1997 年通过钻遇席状砂气藏——"4500ft"砂层而发现的（Fugitt 等，2000）。

1990 年，一口井证实了深部地震振幅异常，发现了"8500ft"砂层（图10.29）。虽然该砂层中普遍发育横向不连续的泥岩，该水道充填砂岩储层仍具有很好的垂向连通性。

从 1993—2000 年间，在"8500ft"砂层，4 口井（A1，A2，A3 和 A7 井）共采出 $1260 \times 10^8 \text{ft}^3$ 天然气（图10.29）。但每天 $150 \times 10^8 \text{ft}^3$ 天然气的采气速率随着时间的延长稳步下降。

生产动态说明该砂层的连通性和连续性具有很大的可变性。例如，RFT（重复地层测试）压力显示三个独立砂岩段（3，4，5 号）在垂向上相互连通，相当于一个砂体。但是实际上，最上面的两个段（1 和 2 号）彼此连通，而与下部砂岩段是分开的。3 号砂岩段进一步划分为下部（3L）、中部（3M）和上部（3U）三个层段，在这些层段中不同的储层压力和气水接触面表明它们之间具有一定程度的分隔性，可能是因为泥岩分隔了透镜状砂岩（图10.29）。由于泥岩的分割作用，如果该储层产油的话，那么采收率将会大大降低。

10.4.2.3 北海英国区段 Andrew 油田

Andrew 油田位于北海 UKCS（英国大陆架）16/27a 和 16/28 区块（Leonard 等，2000；Jolley 等，2003）。该油田发现于 1974 年，1994 年批准开发，1996 年上市。

油气被圈闭在一简单穹隆构造之上四周下倾的圈闭中，构造之下是 Zechstein 盐底辟。1996 年估算的原始石油地质储量为 $262 \times 10^6 \text{bbl}$，该值在 2002 年修改为 $315 \times 10^6 \text{bbl}$，储量也由原来的 $132 \times 10^6 \text{bbl}$ 油修改为 $154 \times 10^6 \text{bbl}$ 油。天然气的产量估计为 $2800 \times 10^8 \text{ft}^3$。在产量最大的两年半时间内，石油的产量超过了 $70 \times 10^6 \text{bbl}$，采油速率由 54500bbl/d 增加到 75000bbl/d，并且高峰产量增长了 1.5 年。

由于一些经济和技术上的不确定性导致勘探之后开发的长期滞后，这些不确定性在水平井技术发展之后才降到最低。11 口具有高采油速率和低压力下降的发散状水平开发井（从 24 口原计划常规垂直井变化而来）的钻探为开发油环提供了动力。单个水平井的平均采油速度为 10000bbl/d，单井控制储量为 $1300 \times 10^4 \text{bbl}$。采收率也由 1996 年的 46% 上升到 2002 年的 49%，加上钻井方案优化，采收率有望达到 53%。

Andrew 油田通过采用详细监测、水平井开发方案提供了一个成功的范例。该油田开发的成功在某些方面也归功于对影响水平井的四类潜在非均质性的详细研究：

这四类非均质性表现在：①水道几何形态的变化，②泥质隔层，③高渗透率条带，④断层。

让我们回顾一下有关泥质隔层的研究实例。在可能贯穿整个油田的横向连续泥岩存在和缺失两种情况，模拟穿过油层的水平井生产动态（图10.30）。若缺少连续的泥岩，就会在井底发生大量的气体锥进。若具有连续分布的泥岩，泥岩的封隔足以避免井筒发生早期气体锥进。

该模拟结果对井的设计提供了依据。单井的生产测井表明地层水已选择性渗流到高渗透（500mD）砂岩中（上述的另一种潜在非均质性）（图10.31）。

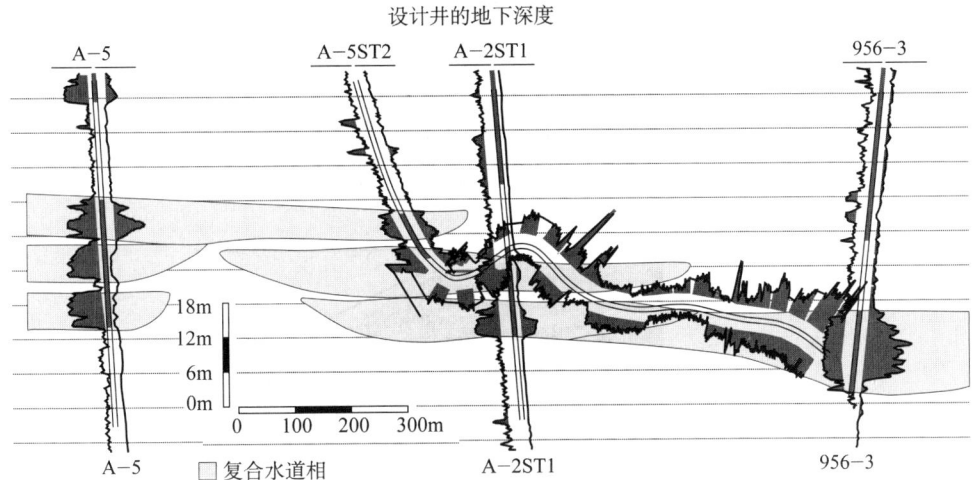

图 10.28 Ram Powell N 砂层水平钻井图（据 Craig 等，2003；经 AAPG 许可再版，进一步使用需要其许可）
图中显示了该油田的四口井和孤立砂体的分布。所钻水平井从多个孤立砂体中开采石油

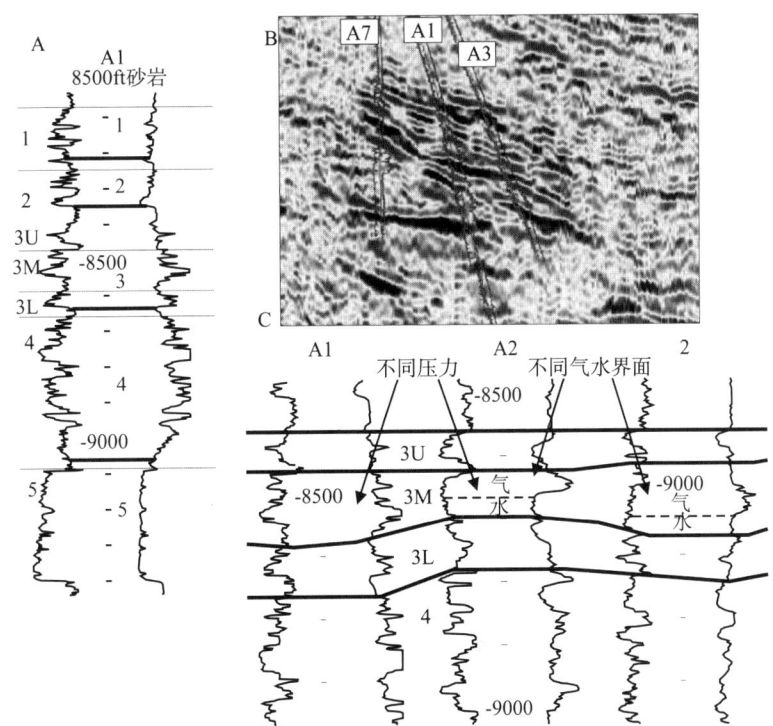

图 10.29 Garden Banks191 气田（据 Fugitt 等，2000；经 SEPM 墨西哥湾区分会许可再版）

（A）测井曲线显示了该油田 5 个储层段——标号为 1—5；（B）地震反射剖面显示倾斜的地层，水平的气水界面，该剖面上三口井钻遇该气藏；(C) 3 号层段进一步细分为上部（3U）、中部（3M）和下部（3L）三个单元。3M 单元在 A1 井和 A2 井之间表现出不同的储层压力，在 A2 和 2 井之间表现出不同的气水界面。所有这些特征表明 3M 段砂体是孤立的，可能是由于水道砂体的透镜状性质决定的

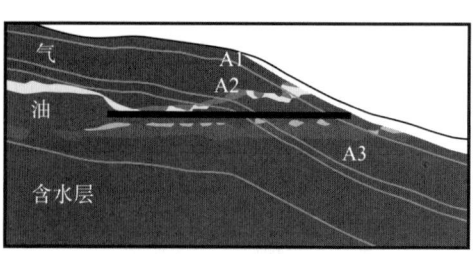

敏感性1：
A3泥岩缺失
底部气体垂向锥进

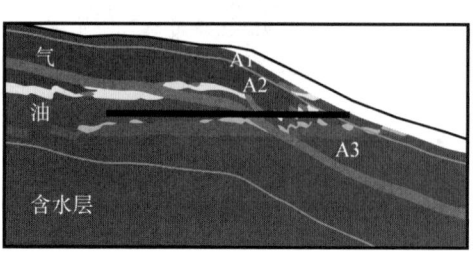

敏感性2：
连续A3泥岩
底部受A3泥岩阻挡
流体在下部流动

图 10.30 Andrew 油田两种水平井模拟模型
（据 Jolley 等，2003；经 AAPG 许可再版，进一步使用需要其许可）

图中显示了储层砂中泥岩隔层的缺失（敏感性1）和存在（敏感性2）的影响。该水平井钻
遇一相对较薄的油环。若泥岩隔层缺失，就会导致气体量下降并产生早期突破进入井眼。
若泥岩隔层存在，就会阻止气体量的下降，不会影响石油生产

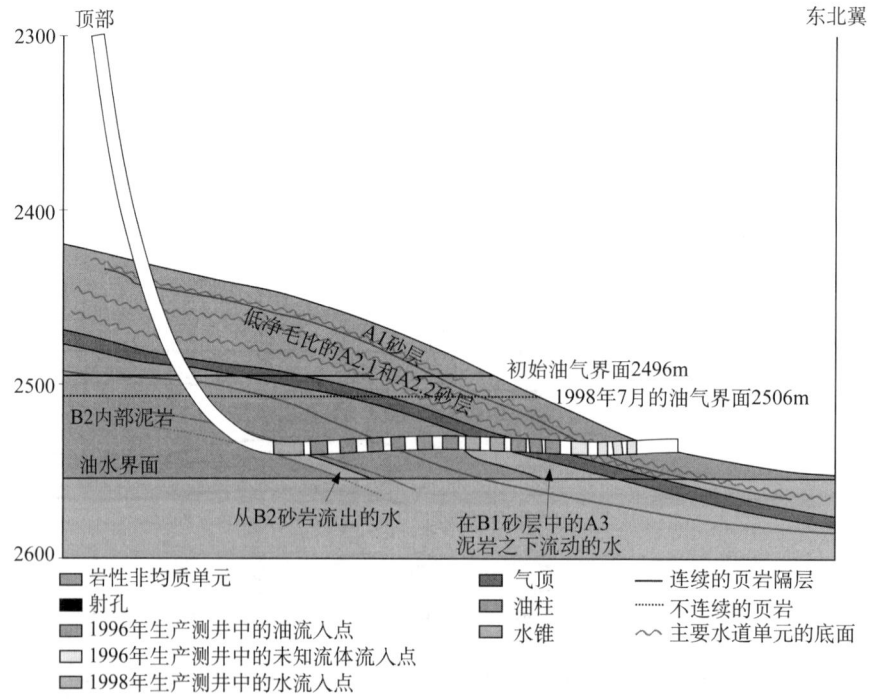

图 10.31 Andrew 油田沿 A03 水平井剖面示意图
（据 Jolley 等，2003；经 AAPG 许可再版，进一步使用需要其许可）

图中是由 RST 解释出的、沿高渗透（500mD）砂岩的进水点（蓝色）。在 B1 砂层中，水在 A3 泥岩之下流动，
即使泥岩隔层阻止了气体量下降，下部砂岩由于渗透率不同导致了水的不均匀突进

10.4.2.4 安哥拉海上 Girassol 油田

Girassol 油田是安哥拉海上 17 区块深水沉积（水深超过 1300m）的一个重要发现（Kolla 等，2001；Beydoun 等，2002；Navarre 等，2002）。它是水道—朵叶体复合体的一个实例，由于其储量规模巨大（据估计原始石油地质储量约 8×10^8 bbl），人们对其进行了精细研究。尽管它的开采时间不长，但是到 2002 年中期，该油田 8 口井的日产量达到了 200000bbl。Girassol 油田是一个由技术进步而创造价值的典型例子。在 1996 年，大家认为普通 3D 地震资料的采集和处理质量已经很好了（图 10.32）。后来，采集的高分辨率 3D 地震勘测资料在横向和垂向上的分辨率几乎提高了一倍，因此提供了比以往更加详细的资料。与用最初的 3D 地震数据设计的开发方案相比，优化的评价和开发井的设计方案使总开发井数减少了 25%。

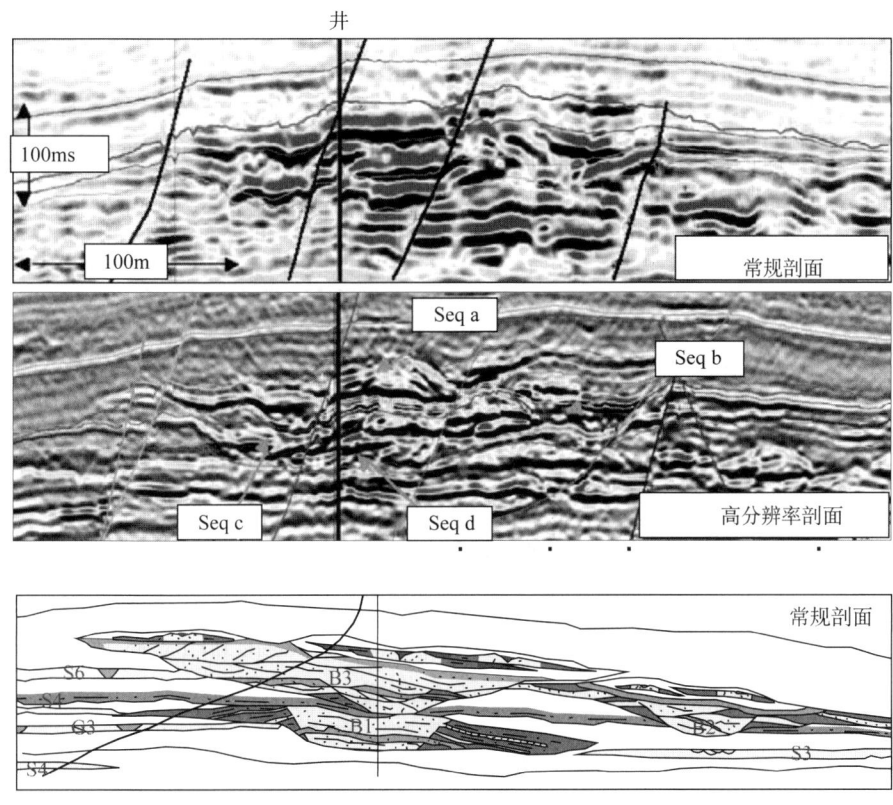

图 10.32 安哥拉海上 Girassol 油田常规分辨率与高分辨率地震剖面对比
（据 Beydoun 等，2002；经 Leading Edge 批准再版）

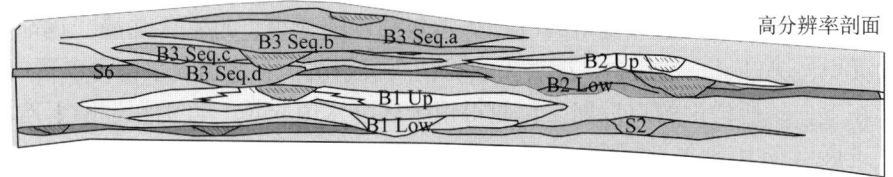

在岩相解释简图中，高分辨率地震剖面图提供了储层中不同级次水道充填的非常清楚的图像

10.4.3 天然堤沉积和储层

在过去的十年间，大多数大油气公司将注意力放在了对水道充填和席状砂储层的开发上，对作为潜在储层的天然堤—溢岸沉积却知之甚少。天然堤—溢岸沉积主要包括与弯曲水道毗邻形成的泥岩和薄层砂（厚度为毫米到厘米级）、薄层状砂体和砂岩（下文将其统称为"薄层"）（图 10.33）。它们有时会具有极好的孔隙度和达到达西级别的渗透率。由于其横向呈楔形，且为薄的砂泥互层，薄层可以成为理想的地层圈闭。直到井筒成像测井技术在深水沉积上得到广泛应用，潜在的和已发现的薄层含油气层才得到重视，这是因为在常规的测井中它们显示为低阻、低对比度（偏泥质的）的层段。最近几年，根据岩心和井筒成像测井技术对薄层含油层的认识，使很多油田增加了含油体积。

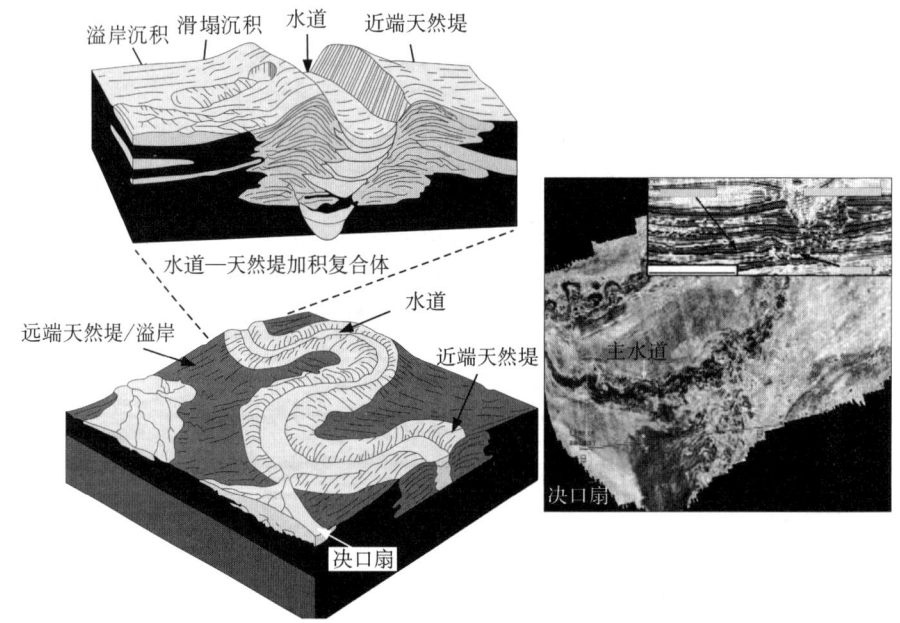

图 10.33 反映主要亚环境的水道—天然堤体系立体图（据 Roberts 和 Compani 修改，1996）

此图中也展示了位于安哥拉海上具有明显的中新统决口扇的水道—天然堤体系的均方根振幅图（20ms 的时窗）。该决口扇呈扇形，是水道决口形成的。地震剖面显示了属性提取的时窗（据 Mayall 和 Stewart，2000；经 SEPM 墨西哥湾岸区分会批准再版）

时至今日，依然没有一个对薄层储层的综合预测模式。具天然堤的水道体系是个常规的沉积模式（图 10.33）。该环境下的沉积类型包括水道充填、近端天然堤、远端天然堤溢岸、滑塌沉积、决口扇。这其中，近端天然堤、决口扇沉积和水道充填都可以形成储层。

正如在上一章所讨论的，近期工作使得用于区分水道充填、近端和远端天然堤的测井标准有了进展（图 10.34）。由倾角测量仪或者井筒成像测井技术（井筒成像测井）所测出的地层倾角对这一研究目的尤为有用（Browne 和 Slatt，2002）。在地层下倾时，水道充填表现出倾角系统地向上减小。由于常见侵蚀面近端天然堤表现为较高的净砂层含量，好的垂向连通性，此外还有相对较高且各不相同的倾角和倾向。远端天然堤/溢岸特征为低净砂岩含量，横向连续性更好，垂向连通性更差以及相对低且更一致的倾角和倾向。两种不

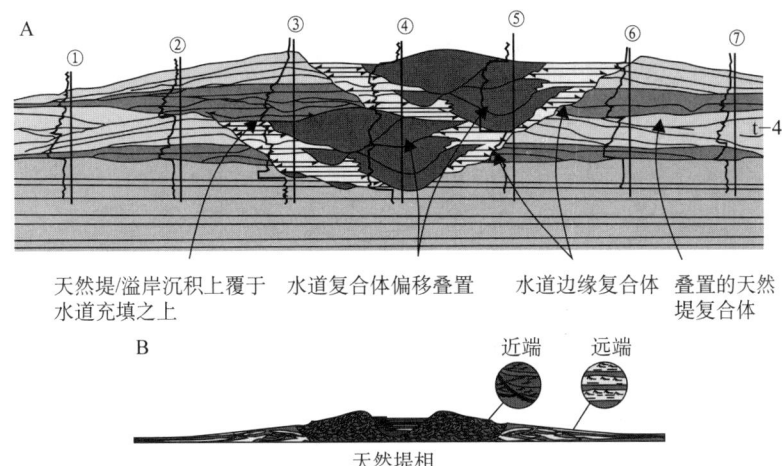

图 10.34 (A) 横切水道—天然堤体系的剖面示意图以及与之对应的伽马或自然电位测井曲线,可以看到天然堤沉积的粒度在垂向上递减,该图展示了两种规模的天然堤:主要水道外侧的天然堤(用绿色/亮灰色和橙色/深灰色表示)和主水道内部并与小水道伴生的天然堤(用黄色/白色表示)(据 Beaubouef 等修正,2003;经 AAPG 许可使用,进一步使用需其许可)。(B) 单个水道—天然堤/溢岸沉积的小模式图,说明水道边缘、近端和远端天然堤的特征(据 Slatt 等,1998)

同规模的天然堤也可这样区分,即与主水道相关的天然堤和主水道内或与较小的内部水道相关的天然堤(图 10.34)。滑塌沉积沿着水道边缘常将天然堤与其伴生的水道分隔。

天然堤由部分水道化沉积物重力流溢岸或者当重力流沿水道轴部向下流动时溢出水道而形成。"流动剥离"是当沉积物重力流在蜿蜒水道中流动时沉积组分分离的一个过程,为海底弯曲水道的独特现象(Piper 和 Normark,1983;Peakall 等,2000)。流动剥离发生在蜿蜒水道外侧弯曲处,浊流在该处加速,与河道沿凹岸边缘流动加速的方式相似。高速沉积物重力流不能通过弯曲处时,就突破天然堤,从弯曲处顺流直下,以决口扇的形式沉积在天然堤的外侧。流速通常不足以将所有的沉积物溢出天然堤,因此流体的粗粒部分在水道中搬运,并沉积在水道口更远处,然而细粒沉积物被剥离出来,搬运到分支水道或天然堤位置上。随着时间的推移,因为流体在溢出近端天然堤后流速迅速降低,因此近端天然堤比远端天然堤接受更多的沉积物,最后形成楔状体沉积——厚层近端天然堤和较薄且多泥的远端天然堤/溢岸(图 10.35)。从近端向远端,沉积物变细变薄,总孔隙度和渗透率减小(图 10.36)。水道认为是在天然堤加积之后充填的——或者至少水道的加积速度比天然堤的加积速度更慢的情况下发生的,因此,随着水道底部的沉积充填,其上部不断地形成。

以下是一些少数已发表的关于天然堤/溢岸沉积储层的例子。毋庸置疑,未来的发现将会提高这一重要深水沉积类型的经济价值。

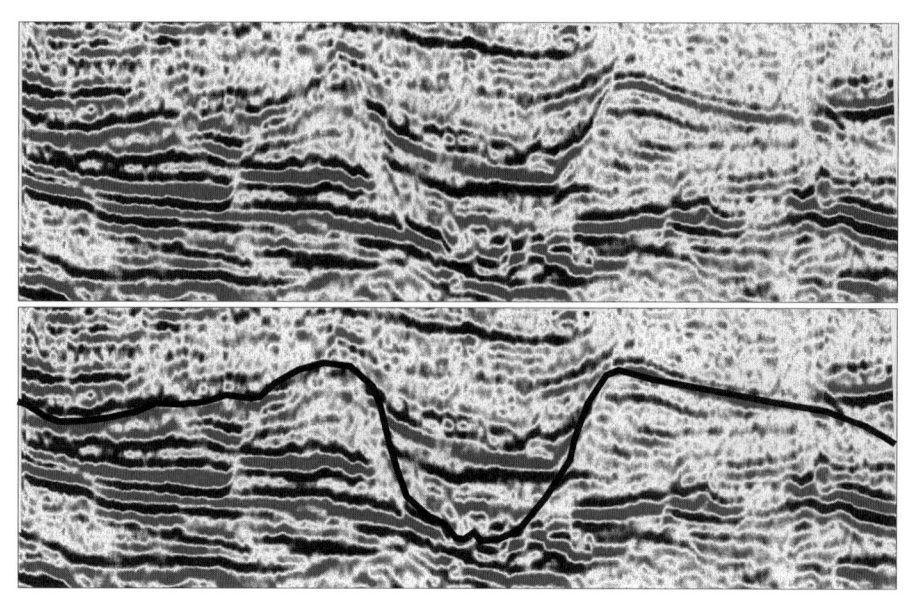

图 10.35 未解释和已解释的具天然堤水道的地震剖面,主水道和与之伴生的天然堤用黄色圈出。(地震剖面源自墨西哥湾西部)

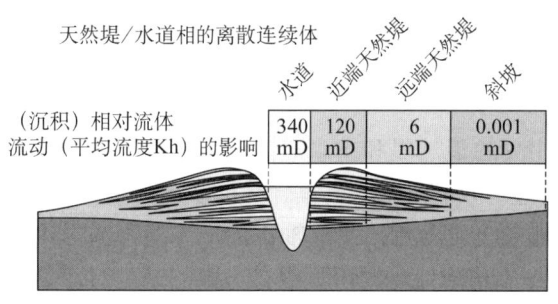

图 10.36 逐渐远离水道的横向渗透率分布示意图(图版由 C.Jenkins 提供,个人联系得到,2003)

10.4.3.1 Ram Powell L 砂岩储层

Ram Powell L 是水道—天然堤沉积(图 10.18),它是墨西哥湾北部深湾区不多见的几个纯地层岩性圈闭之一(Clemenceau 等,2000;Kendrick,2000)。L 砂层中含有 $2500×10^8 \sim 3000×10^8 ft^3$ 的天然气。第一次对 L 砂层进行开发时,根据存在含油气充填水道砂的设想,5 口井应该钻遇水道充填砂层。事实上,这 5 口井都钻遇了 500～675m(1500～2000ft)宽的水道砂中的好砂层,但这些砂层都是亲水性的(图 10.37)。钻到水道毗连的强振幅反射区的井则是含气的(图 10.37)。在强振幅区的边缘附近,4 天的油气井测试发现该井的每日流量为 $23×10^6 ft^3$ 天然气,2700bbl 凝析油。当时的开发策略决定在近端天然堤砂层内平行于水道边缘钻一口 830m(2500ft)长的水平井。该近端天然堤砂层是根据岩心、地层倾角测井、与水道的相对位置以及露头模式进行识别的,特别是根据岩心中相对高的净砂岩含量和地层倾角测井中相对高的倾角识别出来的(图 10.38);远端天然堤则是以岩心中相对低的净砂岩含量和地层倾角测井中相对低且一致的地层倾角模式为识别依据(图 10.38)。这口水平井的产量超过了预期值,其最高产量达到了 $105×10^6 ft^3/d$ 天然气,9600bbl/d 凝析油(Clemenceau 等,2000)。至 2001 年底,已经生产了 $1021×10^8 ft^3$ 天然气和 $650×10^6 bbl$ 凝析油。

水平井的钻探也提供了新的信息。近端天然堤包括四个性质不同的、向上尖灭的薄砂层组,每组都通过泥岩与其他层组分隔。至少有两个单元存在不同的液面深度,压力数据显

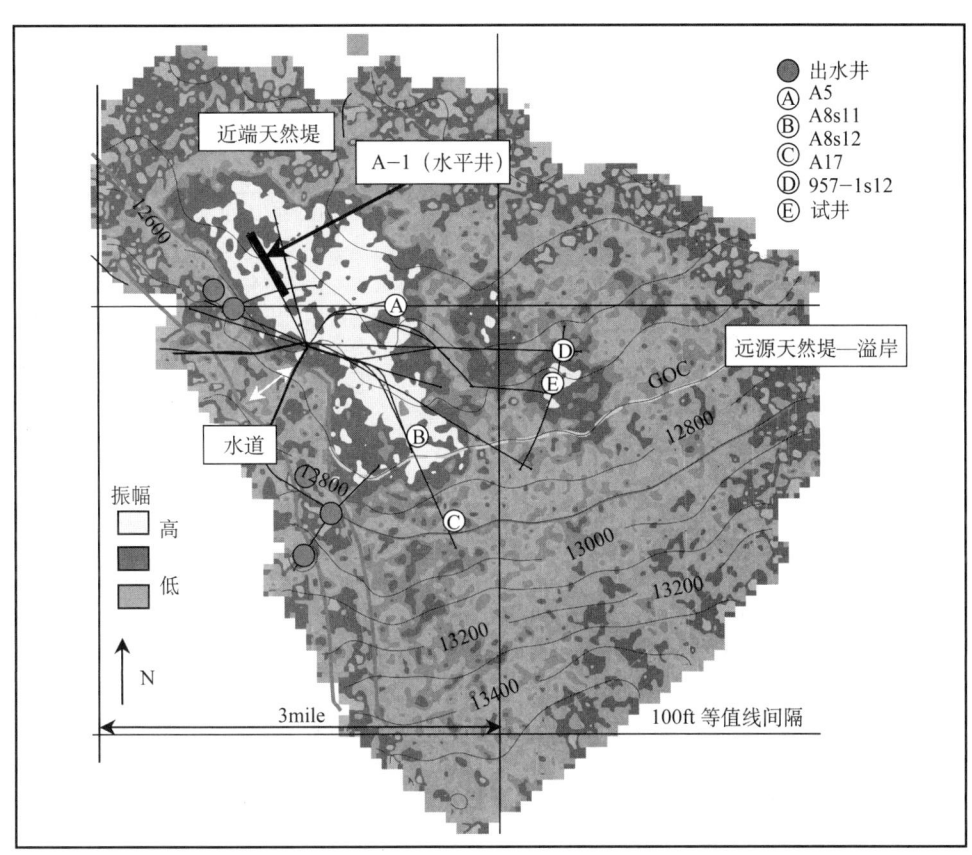

图 10.37 墨西哥北部深湾区叠加在 L 砂层顶部构造图之上的 Ram Powell L 砂岩段振幅提取图
（据 Clemenceau 等，2000；经 SEPM 墨西哥湾岸区分会批准再版）

由于储层中天然气的影响，动用的天然堤砂岩对应着图上的高振幅区域。还可以看到，与之毗连的河道
（绿色线所圈区域）对应着低振幅且不含油气

示它们各自表现为独立的流动单元。开发后的数据显示，从近端到远端天然堤沉积，大面积砂体连通。随着时间的延长，由于储层内部阻碍的破坏使得连通性似乎在增加，可以通过压力先增加其后压力下降曲线证实变平。压力测试表明天然堤和与之毗连的水道砂岩之间不连通。最为重要的是，现在的估计表明这一口井就会将整个储层中的油采完。

10.4.3.2　墨西哥湾北部 Tahoe 油田的 M4.1 砂层

位于 Viosca Knoll 783 区块的 Tahoe 油田发现于 1984 年（Shew 等，1994；Shew，1997；Kendrick，2000）。它是墨西哥湾北部深海湾最先发现并开发的薄层油藏之一。该油田存在两个储层，M4.1 是较深的，也是主要的储层。该油田被一条明显的水道劈分（图 10.39）。作业者（壳牌石油公司）开始并不确定这个薄储层是否具有保证开发所需的足够高的连续生产能力。为解决这个问题，他们进行了几个露头类比研究，783-4ST2 井在一个"泥质"层段进行了取心和测试（图 10.40）。取心结果表明储层段由多个单层厚度一般小于 1cm 的层和纹理叠置而成，平均孔隙度是 27%，平均渗透率是 70mD（有些层达到 500mD）（图 10.40）。尽管如此，该层段开采速度高达 $29 \times 10^6 ft^3/d$ 天然气和 950bbl/d 凝析油。1994 年 1 月只有一口井开发整个储层。1996 年增加了四口开发井并进入第二个开发阶

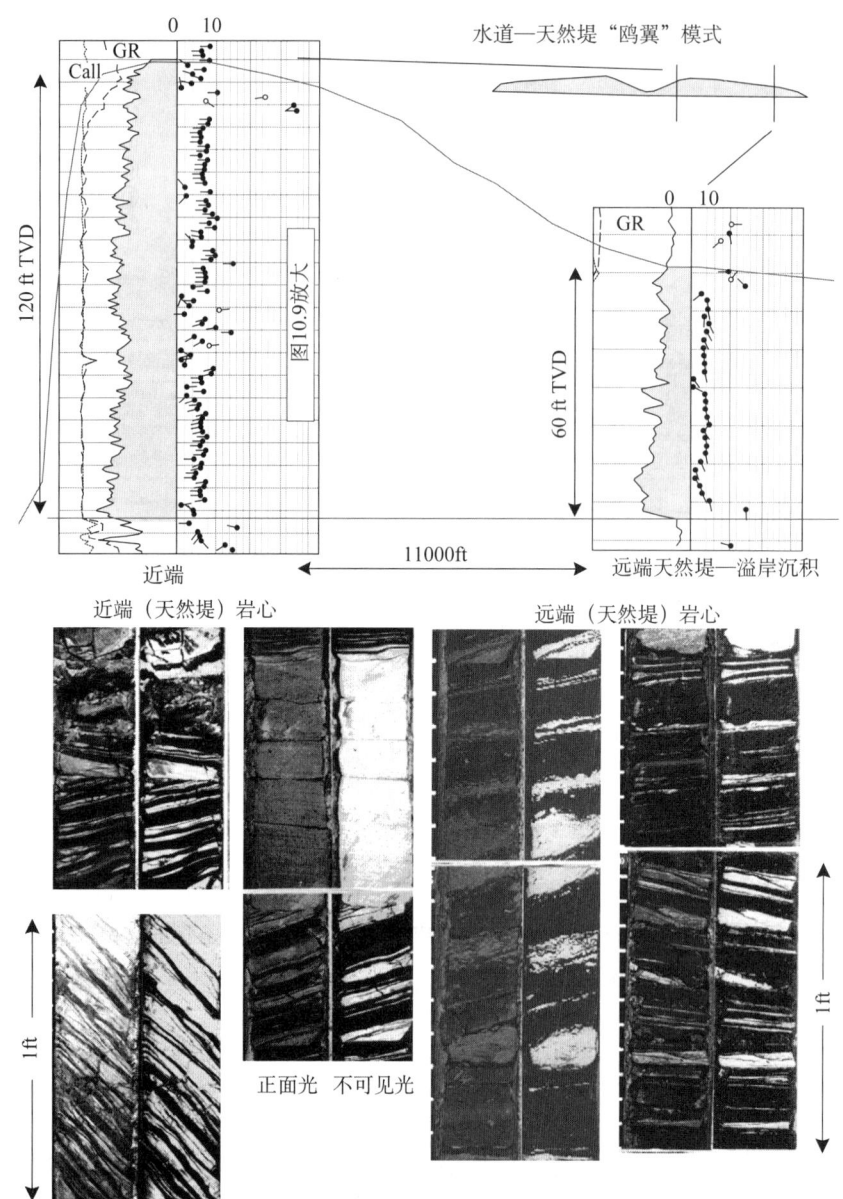

图 10.38 Ram Powell L 砂层近端和远端天然堤的测井曲线与岩心照片
（据 Clemenceau 等，2000；经 SEPM 墨西哥湾岸区分会批准再版）

照片所示的净砂层含量和倾角的变化与图 10.34 所描述的类似

段。2000 年中期，四口井生产了 1700 多万桶天然气和凝析油。同时，西部天然堤的油水界面比东部天然堤浅，这表示并非整个油田均连通（图 10.39）。

10.4.3.3 墨西哥湾西北部的 Falcon 气田

Falcon 气田位于墨西哥湾西北部 579 和 623 东断块范围内（Abdulah 等，2004），发现于 2001 年。三维地震沿层切片、相分析、地层倾角数据和所有岩心分析均显示该储层是水道—天然堤复合体的一部分。天然气聚集在一个复合地层/构造圈闭中，该圈闭表现为高

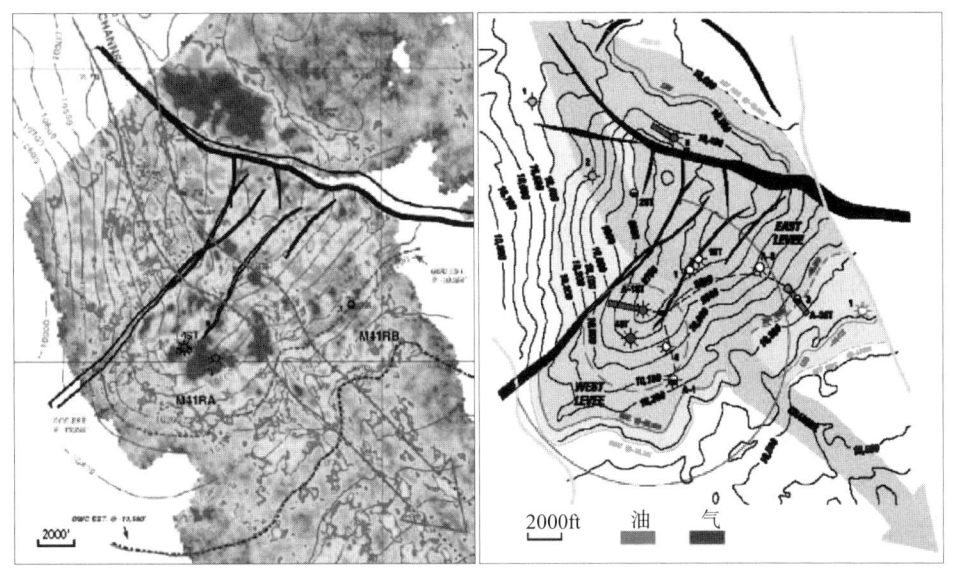

图 10.39 横切墨西哥湾北部深处 Tahoe 油田 M4.1 砂层的深度域地震剖面及其解释（据 Kendrick，2000；经 SEPM 墨西哥湾岸区分会批准再版）

可以看到中部发育水道，由于它是泥岩充填，所以显示出相对低的振幅

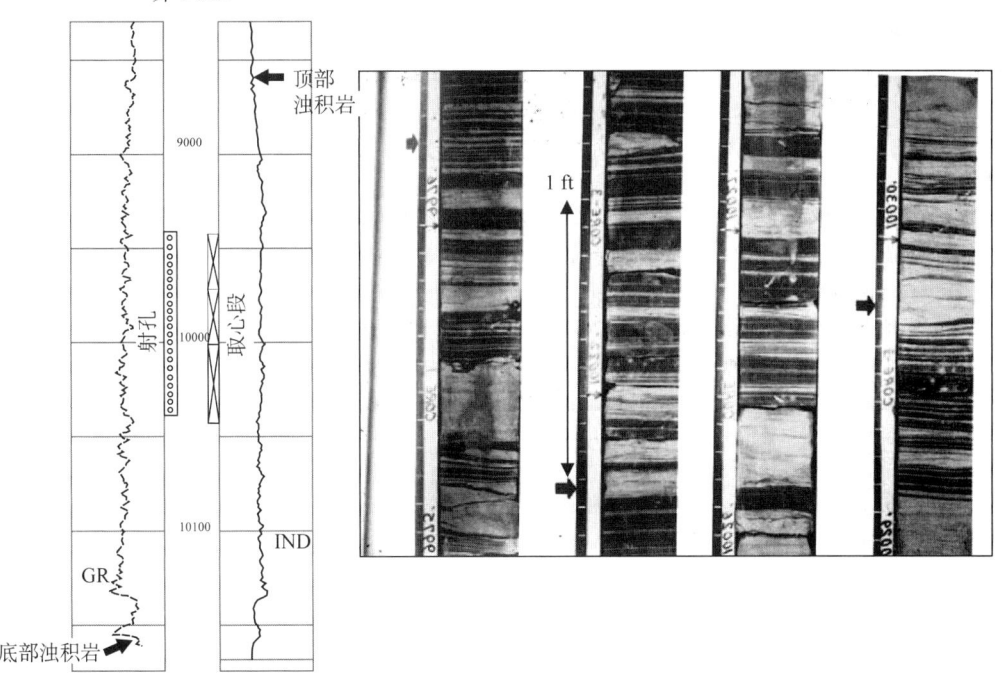

图 10.40 Tahoe 油田 4-ST2 井射孔和取心段（据 Shew 等，1994；经 SEPM 批准再版）

图中显示出研究层段中的泥岩测井响应和薄层的特征

振幅、低阻抗的地震异常。水道形态由直到弯曲，变化多样，水道为泥质充填。沿水道两侧不同构造高度的（地震反射）平点表明水道为流动屏障。地层倾角数据揭示远离水道的倾向模式，倾向大致与水道近似直角。两个叠置的天然堤层序从水道向外倾斜，上面的天然堤倾角4°～6°，下面的天然堤倾角5°～8°。

气田中识别出了四种相：①近端—中部天然堤，是主要的天然气储层，具有84%的薄层净砂岩含量，孔隙度高达37.8%；②远端天然堤/溢岸沉积，具有20%的净砂岩含量；③水道间决口扇，具有50%～60%净砂岩，砂岩向上变粗变厚，复合席状砂；④细粒盆底相，由页岩和粉砂岩组成，覆盖整个层序。整个取心段的渗透率为0.06～6220mD，平均孔隙度是31.4%。

10.5　小结

本章简述了深水沉积和储层的重要特征。这些储层是相当复杂多变的。对不同构型要素的认识对油气开采起着至关重要的作用，因为这些构型要素代表了不同的外部几何形态、粒度大小、空间方位及其内部沉积与地层特征。正因为这些不同，油气体积和预期采收率便会随着构型要素而变化（图10.41）。

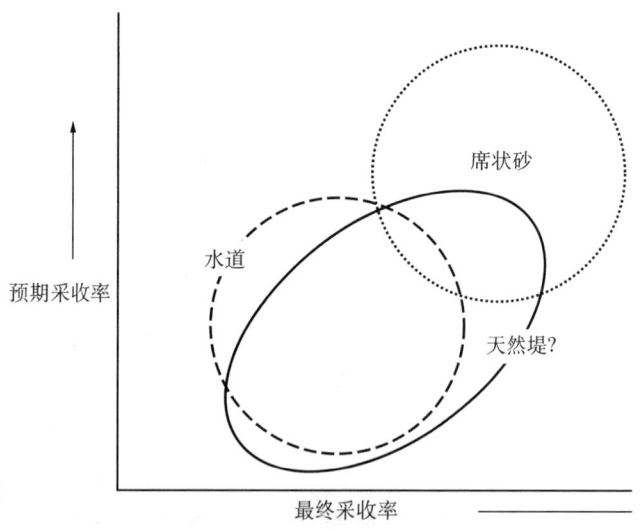

图10.41　三种主要深水沉积构型要素大致的最终采收率和预期采收率关系示意图

第 11 章　应用层序地层学进行储层表征

层序地层学是一门研究年代地层格架或地质年代格架中沉积岩之间相互关系的学科。其基础工作是识别地层界面、区域不整合及整合以及了解年代地层格架内岩相和沉积环境的关系。层序地层学从根本上区别于岩石地层学。在层序地层学中，地层界面、界面之间岩体是在认为地层层段是等时的、侧向连续的以及区域上可对比的（例如，蒙皂石层或密集段）的基础上确定出来的，而不是以岩性特征和它们的地层关系为基础的（图 11.1）。因此，年代地层界面经常切穿岩性地层界面（图 11.1 和图 11.2），同时测井对比在这两门学科中也有很大不同（图 11.1 和图 11.3）。在开始测井地层对比工作之前，明智的方法是列出可用的数据并且选择合理的对比方法，例如是选择岩性地层还是年代地层进行对比（Mulholland，1994）。年代地层对比是值得推荐的地层对比方法。

层序地层学是地层学中一个极具综合性的分支学科。具有里程碑意义的《地震地

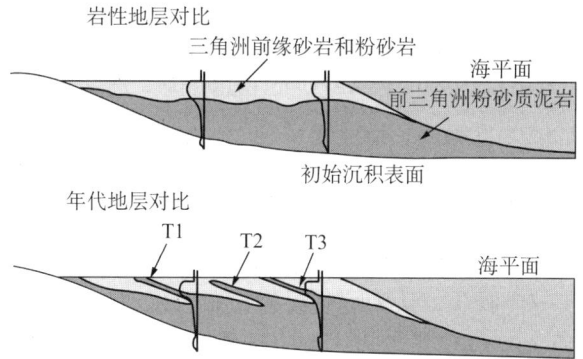

图 11.1　两口假想井之间的岩性地层和年代地层对比和地层解释的比较（据 Bashore 等，1994；经 AAPG 许可再版）

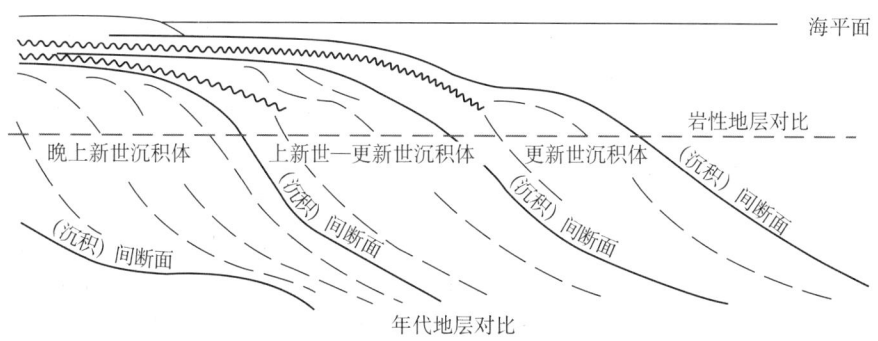

图 11.2　一系列前积沉积体的年代地层和岩性地层对比方法的比较
（据 Frasier，1974；经 AAPG 的允许再版，进一步使用需其许可）

图中间断面代表没有明显沉积的时间段

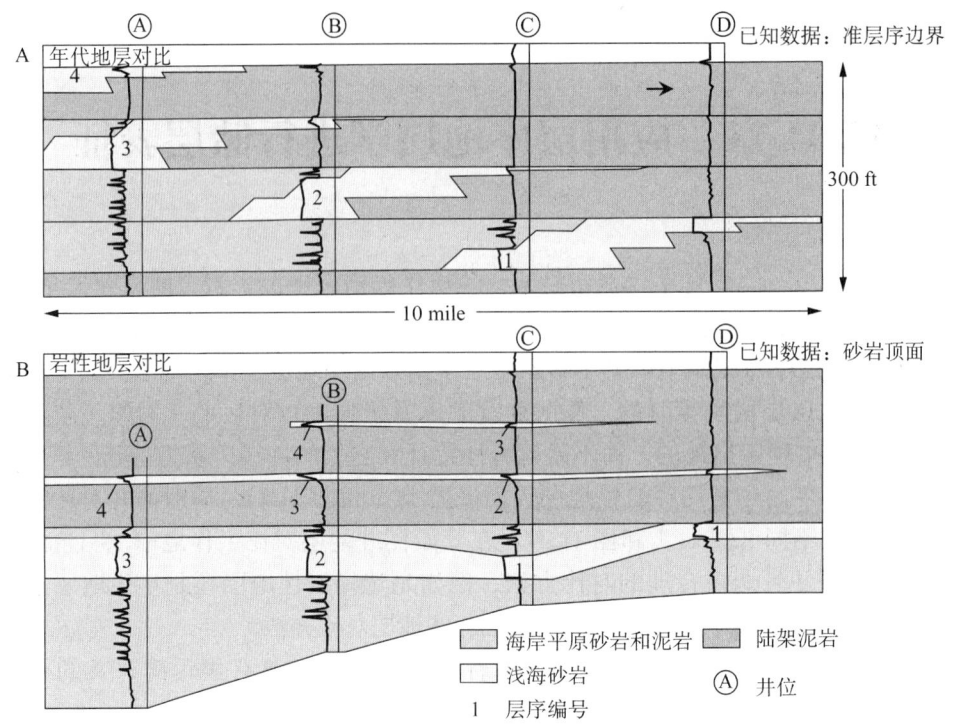

图 11.3 以年代地层学（A）和岩性地层学（B）为基础的测井对比剖面的比较
（据 Van Wagoner 等，1990；经 AAPG 允许重新出版，进一步使用需其许可）

年代地层对比用的是准层序边界数据，岩性地层对比用的是地层顶面数据。年代地层对比指示了四个准层序沉积，每个新的准层序逐渐向左（向陆）迁移，总的概念是一个退积的准层序组。根据年代地层单元的对比，1—4 号砂体不连通，而根据（B）中的岩性地层对比，它们是连通的

层学在油气勘探中的应用》（Seismic stratigraphy—Application to hydrocarbon exploration (Payton, 1977)），引入一个概念，认为地震反射记录可以将沉积层序成像化（该研究建立了地震地层学）。在那篇 AAPG 文章发表之前，地震反射记录主要用来进行地下构造解释，以反映盆地的几何形态和充填特征。Payton（1977）提出的许多概念早期的研究人员已有应用（例如，某些概念也可追溯到 Sloss, 1963）。但是 Payton 的论文集（1977）呼吁应用地震反射记录来进行地层解释。因此，地震地层学是层序地层学的前身。

1988 年，另一具有标志性意义的论文集由 SEPM 出版，标题为《海平面变化——一种综合方法》（Sea Level changes-An Integrated Approch (Wilgus 等, 1988)）。这本论文集介绍了许多层序地层学的现代概念。紧接着是 Van Wagoner 等 (1990) 的"测井、岩心、露头中的硅质碎屑岩层序地层学"，其不仅强调了层序地层的岩石格架，而且也证明层序地层学可以应用在高分辨率的次级地震规模中（这部著作中也阐述了层序地层学的发展历史）。继这些早期的著作之后还有一些重要的书籍，例如《前陆盆地沉积层序地层：北美白垩系的露头和地下实例》（Sequence stratigraphy of Foreland Basin Deposits: Outcrop and Subsurface Examples from the Cretaceous of North America (Van Wagoner 和 Bertram, 1995)），《孤立浅海砂体：层序地层分析和沉积学解释》（Isolated Shallow Marine Sand Bodies: Sequence Stratigraphic Analysis and Sedimentologic Interpretation (Bergman 和 Snedden, 1999)) 以及《硅质碎屑岩层序地层学——概念和应用》（Siliciclastic Sequence

Stratigraphy—Concepts and Applications（Posamentier 和 Allen，1999））。当然，现在也有许多相关主题的论文和书籍。

层序地层学具有多学科交叉的特点。层序地层学家必须精通地震反射记录、测井、岩心和生物地层及地化资料的解释。层序地层学在勘探中的应用范围包括地层单元的区域对比、应用地震反射记录或测井资料识别或预测盖层、烃源岩、圈闭和储层及其在时间（地质的和地震的）和空间（在盆地中）的位置。在油藏开发中，层序地层学的应用包括更精确和更精细的对比以及为设计加密井和二次采油井预测其潜在的地层和岩性区块的时空位置。

最初的地震地层学和层序地层学理论更多的目的是为了勘探而不是开发。然而，在本章中，层序地层学只是被当做一种基本的方法，更多强调的是在储层表征中的应用。尤其强调的是高分辨率层序地层学的作用，即把层序地层学原理应用于前面章节所描述的诸多类型的储层之中。

11.1 基本定义和概念

正如层序地层学的概念和应用在发生演化一样，这门学科的学术名词也在发展。下面将提供一些重要的定义和概念，它们是进行深入讨论的基础。这些定义和概念主要是根据 Van Wagoner 等（1990）、Emery 及 Myers（1996）等的观点进行总结和修改的。此外，下面也将说明许多常见的定义与概念的变化（进一步的讨论见 Vail，1987 的文章）。

11.1.1 在时间和空间上与海水体积有关的定义和概念

海平面升降：全球海平面小的量度是在任何给定时间内海洋表面到一个固定点的距离，这个固定点一般是地心（图 11.4）。海平面升降变化是由于大洋盆地体积的变化（通过洋脊

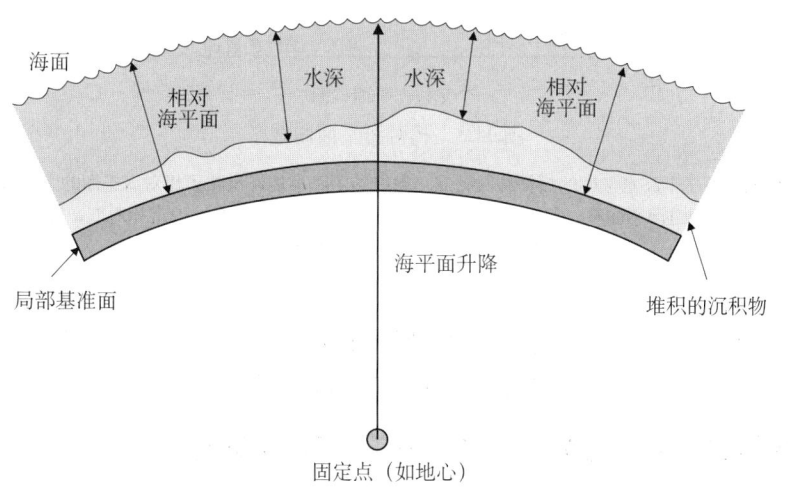

图 11.4　海平面的定义（据 Jervey，1988）

海平面升降是在任何给定时间内所测量的海洋表面到一个固定基准点的距离或深度，这个固定基准点一般是地心。相对海平面是海洋表面到一个可动面的距离或深度，例如基底顶部或某一沉积层面。水深是指在任何给定时间海洋表面到海底的距离或深度（定义根据 Emery 和 Myers 修改，1996；经 Blackwell Science 有限公司允许重新出版）

的海水体积变化导致）或者是由于海水体积的变化（由于冰川作用和冰川消退作用）。

相对海平面：海洋表面到一个局部可动面的距离或深度，例如基底或海底沉积物堆积的表面（图11.4）。相对海平面发生变化的原因有：大地构造运动引起基底基面沉降和抬升、沉积物堆积过程中由于压实作用导致基底面沉降，以及海平面垂直升降。相对海平面上升是由于沉降、压实和（或）海平面上升，相对海平面下降是由于大地构造运动的抬升和（或）海平面的下降。

水深：在任何给定时间内海平面到海底（海洋沉积物表面）的距离或深度（图11.4）。

可容纳空间：在任何时间点沉积物都能在其中堆积的有效空间的大小。垂向上，它与水深类似。

相对海平面变化旋回/曲线：海平面上升和下降的一个完整旋回（图11.5）。海平面变化曲线的下降半旋回为相对海平面出现下降的时间段。海平面变化曲线的上升半旋回为相对海平面出现上升的时间段；两者之间的转折点出现在海平面上升和下降之间的转换处。

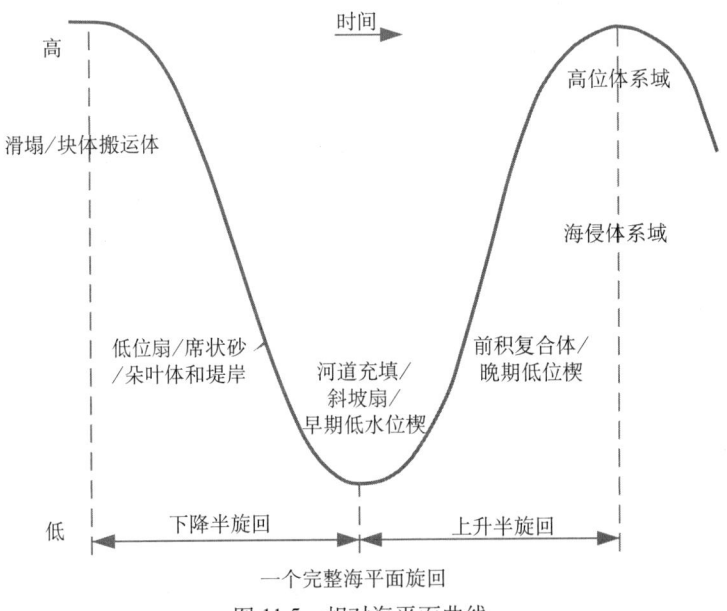

图11.5 相对海平面曲线

由一个高水位期到下一个高水位期的完整旋回组成，曲线的下降半旋回反映了相对海平面的下降阶段；同样，上升半旋回也反映了相对海平面在一段时间内的上升。红色表示了低位体系域的沉积时期，这与相对海平面的位置相关，海侵和高位体系域用绿色表示

海平面低水位期：在一个相对海平面旋回中的最小海平面高度（图11.6）。

海平面高水位期：在一个相对海平面旋回中的最大海平面高度（图11.6）。

11.1.2 层序地层格架中与沉积物堆积有关的定义和概念

沉积物供给：填充可容纳空间的沉积物的体积和供给速率。

沉积剖面：从海岸线到海盆的前积地层剖面，由顶积层、前积层（斜坡沉积）和底积层地层面组成（图11.7）。

海岸上超：顶积层的向陆尖灭（换言之，是滨岸平原相向上的界限）（图11.7）。

退覆坡折：顶积层面和前积层面之间的坡度转换点（图 11.7）。

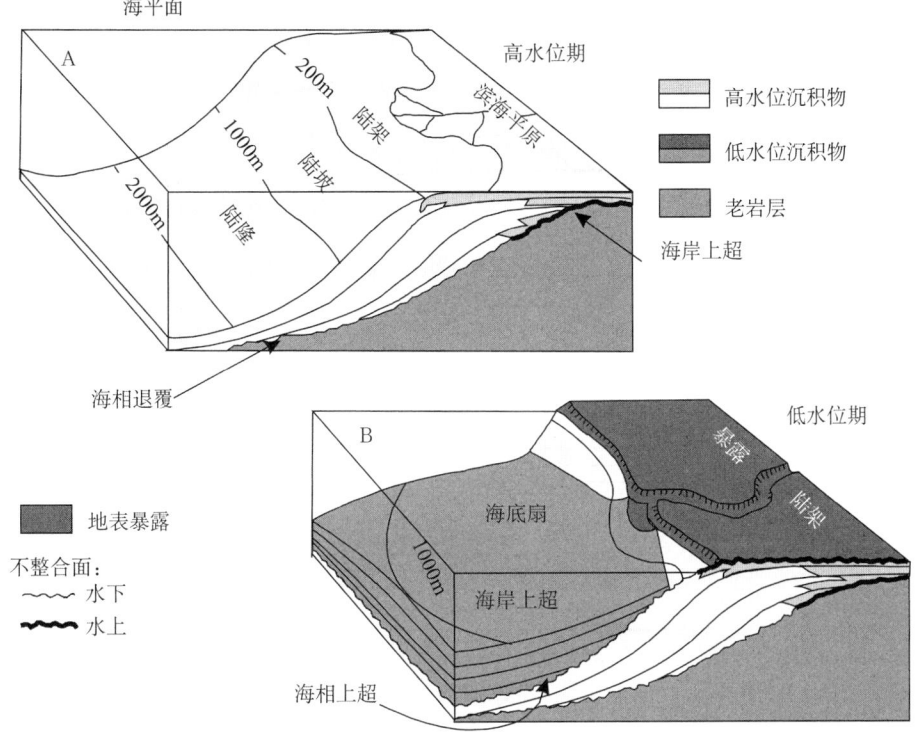

图 11.6 与海平面高水位期（A）和低水位期（B）有关的沉积环境、沉积物的沉积及剥蚀面示意图（据 Vail 等，1977）

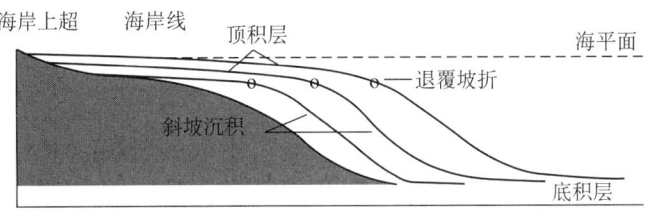

图例：o 逐次退覆坡折点

图 11.7 一个典型的进积剖面
（据 Emery 和 Myers，1996；经 Blackwell Science 公司许可再版）

说明了底积层、前积层（斜坡沉积）和顶积层以及退覆坡折和海岸上超的位置

进积：当沉积物的供给速率超过可容纳空间的增大速率时，沉积相带向盆地方向迁移。进积可表示为斜坡沉积向盆地方向的迁移（图 11.7 和图 11.8）。海岸线向盆地迁移称为海退。

加积：当沉积物的供给速率大体上相当于可容纳空间增大的速率时，形成地层垂向叠加（图 11.8）。

退积：当沉积物的供给速率小于可容纳空间增大的速率时，形成沉积相带向陆地方向的迁移（图 11.8）。海岸线向陆地迁移称为海侵/进。

整合：将较新地层和较老地层分开的一个面，没有剥蚀和沉积间断的迹象，也没有明

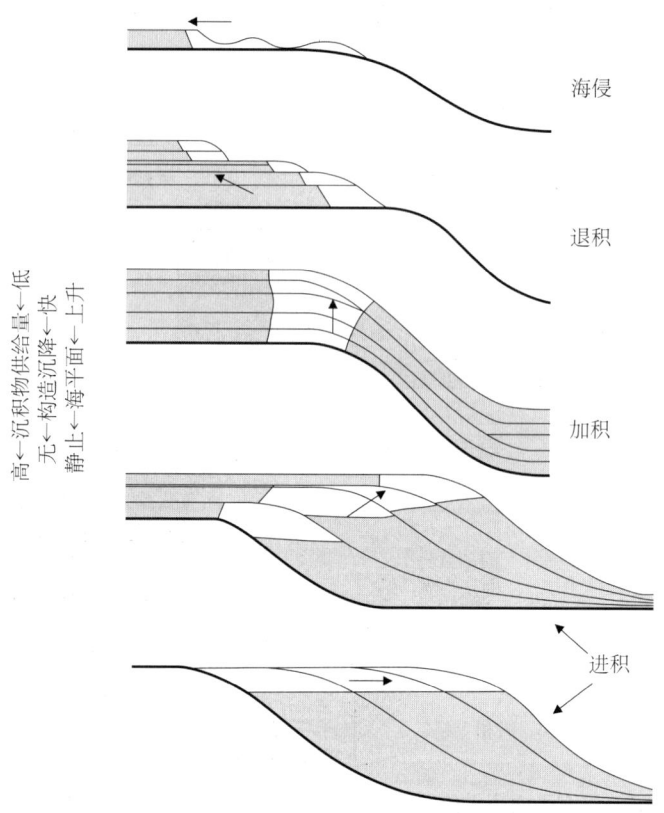

图 11.8 由沉积物供给、构造沉降和海平面（即可容纳空间）决定的沉积构型
（据 Galloway 修改，1989；AAPG 许可再版）

当沉积物的供给速率超过可容纳空间的增长速率时，形成进积模式。当沉积物的供应速率大体上等于可容纳空间的增长速率时，形成加积模式。当沉积物的供应速率小于可容纳空间的增长速率时，形成退积模式

显的地层缺失（地质年代中断）。

不整合：将较新地层（上部）和较老地层（下部）分开的一个面，伴随有地表侵蚀削截和其他的海底侵蚀迹象，或者有地表暴露，并且有明显的地层缺失/间断现象。

沉积层序：一套相对整合、成因上相互联系的地层序列，在其顶部与底部以不整合或与之相关的整合为界（图 11.9）。

准层序：以海泛面或与其对应的面为界，包括在成因上有联系的相似的一套岩层或岩层组。大多数硅质碎屑岩准层序通常是进积的，结果导致了海水向上变浅（颗粒向上变粗变纯净），并伴生浅海相沉积（图 8.10，图 11.10，和图 11.11）。如果向滨海区沉积物供应的速率超过了由于沉降或海平面上升引起的海水加深的速率，那么沉积物就会向盆地方向进积（图 11.12，第 1 阶段）。如果水深增加速度比沉积物供应速度快，那么海水则会向陆淹没先前的准层序，形成密集段/海泛面，这是一个新准层序底面的标志（图 11.12，第 2 阶段）。如果沉积速率超过了相对海平面上升的速率，就会形成另一个进积层序，泥质密集段将两个进积层序分隔开，即在垂向上能把两个砂岩层分隔开。（图 11.12，第 3 阶段）。

准层序组：一系列成因上有联系的准层序形成特定型式的垂向叠置，其界面为主要海泛面和其对应界面（图 11.10）。图 11.13 中用三种准层序组来说明由于沉积速率和可容纳空

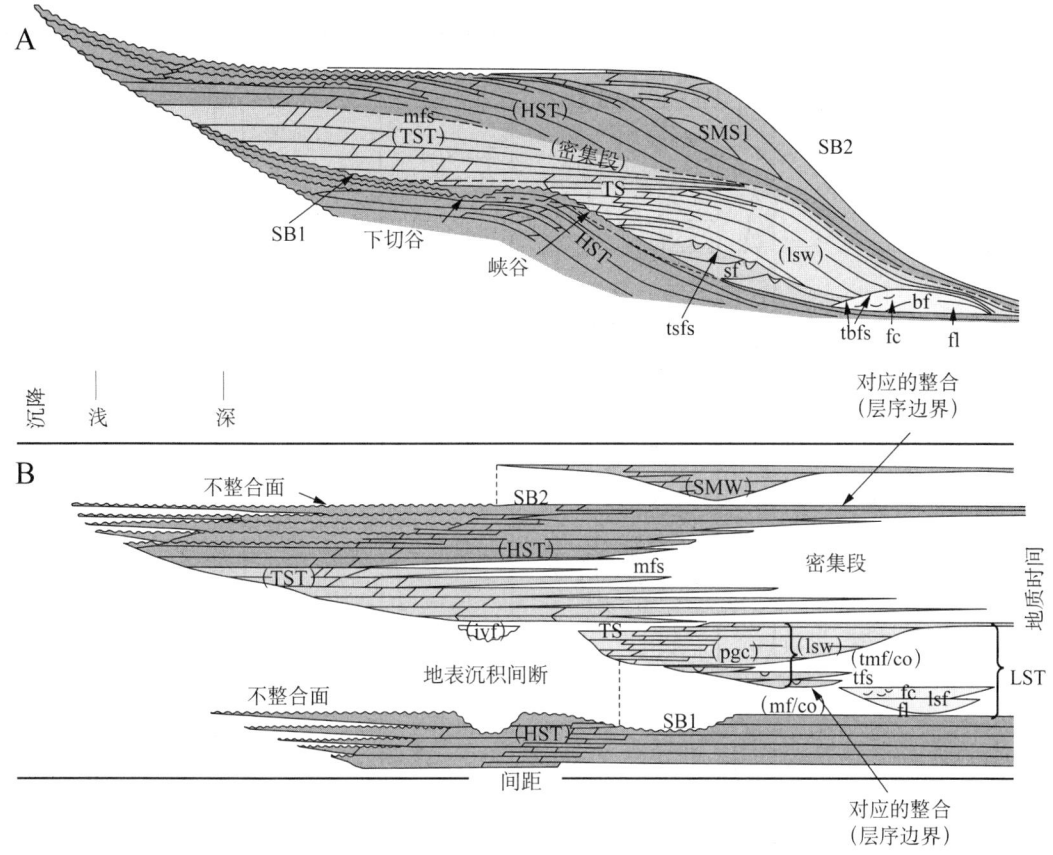

图 11.9　硅质碎屑岩地层理想的三级层序剖面图（据 Vail，1987；AAPG 许可再版并进一步使用）

图（A）阐明了沉积物和体系域在深度和空间上的分布；
图（B）展示了沉积物和体系域在时间（垂向上）和空间上的分布，空白区域记录了发生在不同区域的特定时间段内的沉积间断和剥蚀，着色的区域记录了不同地区特定时间段内的沉积层段

Bf—盆底扇；fl—扇朵叶体；fc—扇上水道；sf—斜坡扇；tbsf—盆底扇顶面；tsfs—斜坡扇顶面；
lsw—低位楔；TS—海侵面；ivf—下切谷；SB1—I 型层序边界；SB2—II 型层序边界；TST—海侵体系域；
mfs—最大海泛面；HST—高位体系域；smst—陆架边缘体系域；pgc—进积复合体

间增加速率不相等而引起的地层变化。当一组独立的准层序由于沉积速率超过可容纳空间增加速率而发生沉积时，就形成一个进积型准层序组。在这种情况下，相对前一个准层序，每个准层序都逐渐向盆地中央方向进积。这种模式在测井上的识别特征是向上砂岩厚度增大、泥岩厚度减薄。退积型准层序组形成于沉积速率小于可容纳空间增加速率的时期。在这种情况下，每个准层序都相对前一个准层序逐步向陆方向沉积。这种模式测井识别特征是向上砂岩厚度减薄、泥岩厚度加大。加积型准层序组形成于沉积速率大体上相当于可容纳空间增加速率的时期。在这种情况下，每个准层序向盆地延伸与前一个准层序相同的距离。这种模式在测井中的沉积特征是一组等厚砂岩与等厚泥岩互层，而且砂岩的沉积相类型也相同。

　　海泛面：一个将新地层（上部）和老地层（下部）分开的界面，穿过这个面有水深突然增加迹象。这个面可能伴随有小规模的海底侵蚀或沉积间断。海泛面代表着准层序的顶面，准层序以上的地层与直接沉积在海泛面之上的地层相比，沉积环境水深更大。代表

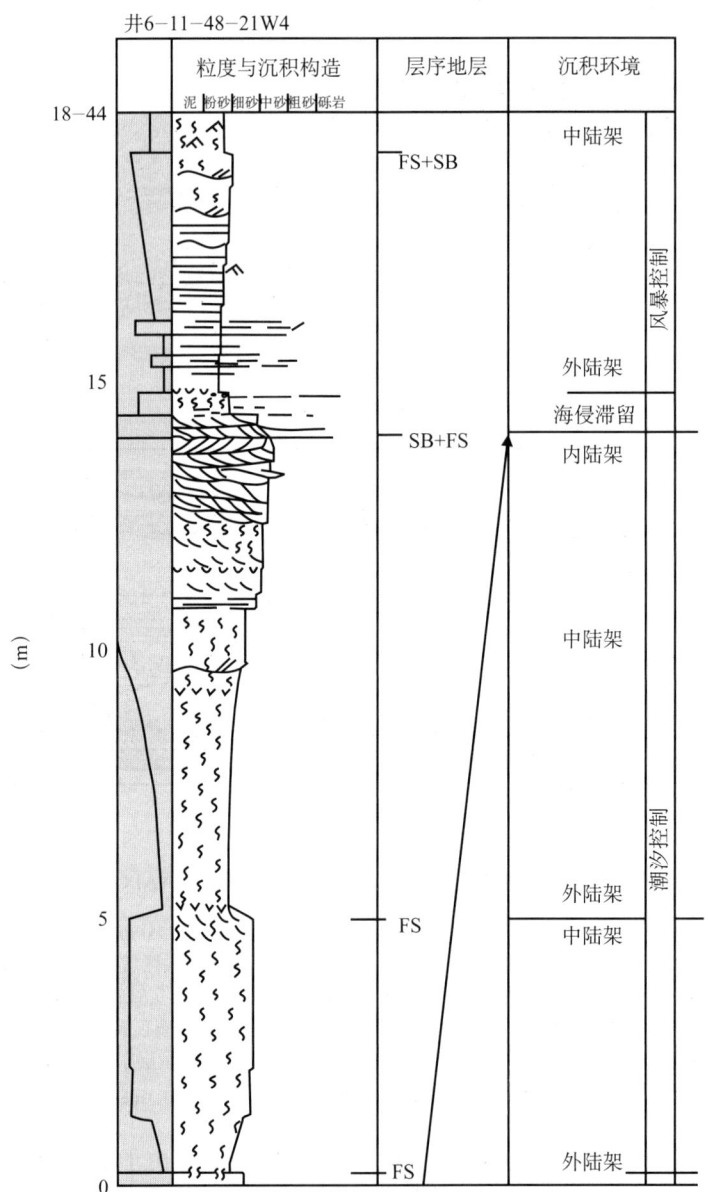

图 11.10 加拿大艾伯塔 Viking 组岩心上的潮汐和风暴控制的准层序
（据 Emery 和 Myers，1996；经 Blackwell Science 公司许可再版）

FS—洪泛面，SB—层序界面

层序的底部是外陆架之上的洪泛面；第二个洪泛面表明了水深从陆架中部到外部发生轻微增加；接下来中陆架和内陆架地层中的砂质含量向上增加，并出现一套相对粗粒的海侵滞留层底面层序边界的标志；随后外陆架之上出现另一个洪泛面沉积；最后是中陆架沉积地层。第四个洪泛面和可能的层序界面标志着地层层序的顶部

海侵迟滞的粗粒沉积、贝壳碎屑、泥岩撕裂屑及化学沉淀颗粒可以确定海泛面。最大海泛面是在一个相对海平面变化周期中，代表海岸线或海岸向陆方向上超的最大推进面（图 11.9）。

图11.11 （A）犹他州白垩系的两个滨面准层序。侵蚀海侵面以相对粗粒的沉积为特征，有大量虫孔，并且有鲨鱼牙齿出现。纯净砂岩的含量从外陆架到中陆架再到内陆架逐步增多。大箭头指向向上变粗、变厚的地层。（B）怀俄明州两套与（A）中所述的犹他州白垩系相似的准层序。大箭头指向向上变粗并变厚的地层。这两个准层序的上部包含了大量的遗迹化石、牡蛎贝壳和波痕

OS—外陆架；MS—中陆架；IS—内陆架；TSE—侵蚀海侵面；FS—洪泛面

层序边界：陆上侵蚀面（不整合）或地表/海底沉积间断面（平行不整合）（图11.9）。人们最初定义了两种层序边界（Van Wagoner等，1988）。Ⅰ型层序边界（图11.9，SB-1），是由于海平面下降速率超过了沉降速率而引起的相对海平面下降形成的。海平面下降的距离足够大，使得海岸线移动到退覆坡折附近或之下（图11.7）。与此相反，Ⅱ型层序边界（图11.9，SB-2）是由于海平面下降速率略小于或等于沉降速率，对海平面小幅下降由此形成的层序边界。在这种情况下，新的滨线不能向海延伸到退覆坡折处。

沉积体系：三维空间里，成因上有联系的岩相组合（图11.14—图11.16）。

体系域：与沉积过程和沉积环境有关，并且以不连续的、可识别的界面为界的三维岩相组合（图11.9）。在大部分碎屑岩沉积层序中，体系域在侧向和垂向上的排列方式都可预测（图11.9）。

低位体系域：在相对海平面下降且海平面上升早期形成的体系域（图11.9）。低位体系域有四个部分：块体搬运沉积、盆底扇、斜坡扇（也指河道—天然堤复合体）和前积复合

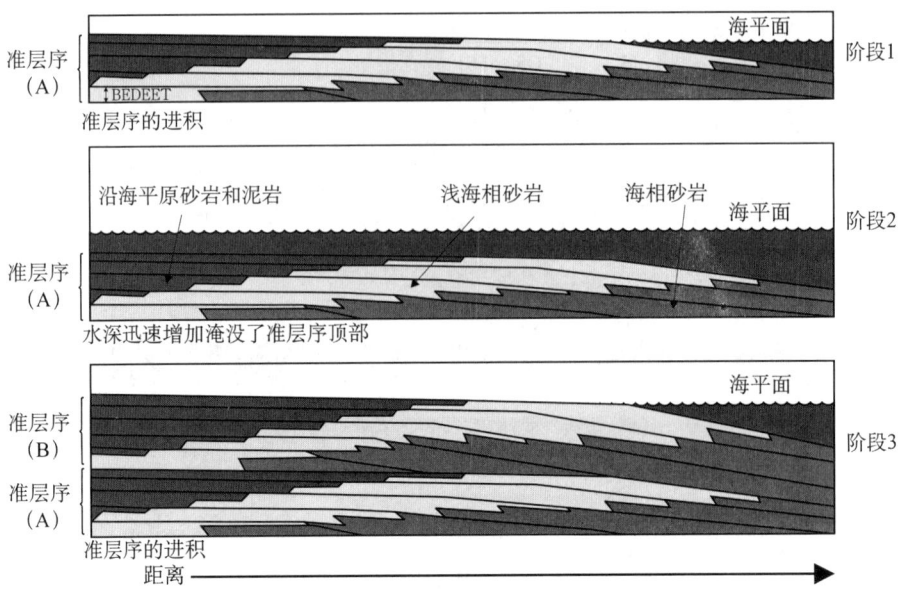

图 11.12　和图 11.11 一样的两个准层序示意图（据 Van Wagoner 等，1990；经 AAPG 许可再版）

阶段 1 表示当沉积速率超过水体深度的增长速率时准层序 A 发生前积；阶段 2 表示水深迅速增加，淹没了准层序 A 的顶层，形成了表面凝聚有化学沉淀矿物、火山灰层和相对粗粒的非生物或生物（如鲨鱼齿）颗粒的侵蚀海侵面；阶段 3 说明侵蚀海侵面之上的海相页岩的沉积位置，其后当沉积速率又一次超过水体深度增长速率时，形成第二个进积准层序。准层序 B 的底部下超在侵蚀海侵面之上

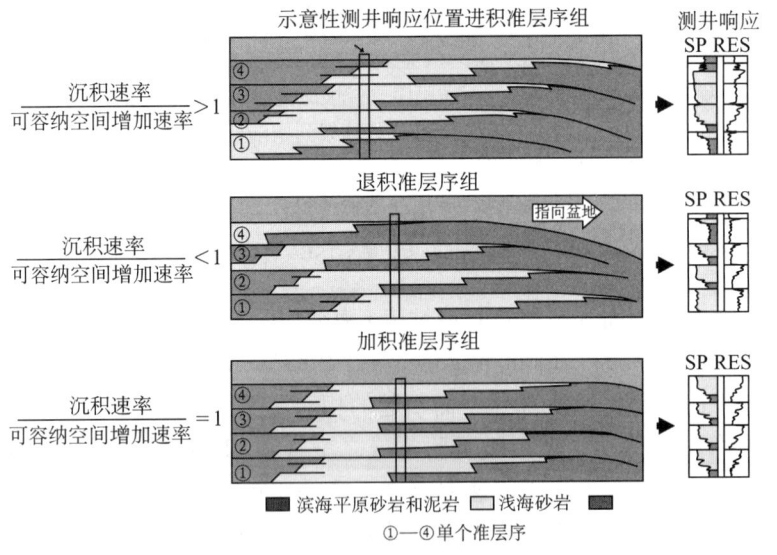

图 11.13　四个准层序叠置成的准层序组及其测井曲线特征（据 Van Wagoner 等，1990；经 AAPG 许可再版）

对于进积准层序组，每个准层序比前一个准层序向海延伸更远，测井曲线模式为向上变粗变厚型。在形成这种准层序组的时间段内，沉积物的沉积速率超过可容纳空间增加速率。总体的进积被相对海平面周期性的上升不时打断，这样就形成了一个海泛面，其上沉积了另一套更新的准层序。对于退积准层序组，每个准层序比前一个准层序向海延伸更近，测井曲线模式为向上变细变薄型。在形成这种准层序组的时间段内，沉积物的沉积速率小于可容纳空间增加速率。总体的退积被相对海平面周期性的停滞不时打断，这样形成下一个新准层序的进积。对于加积准层序组，每个准层序都与前一准层序向海延伸相同的距离，四个准层序的测井曲线大体一致。在形成这种准层序组的时间段内，沉积物的沉积速率大体上相当于可容纳空间增加的速率

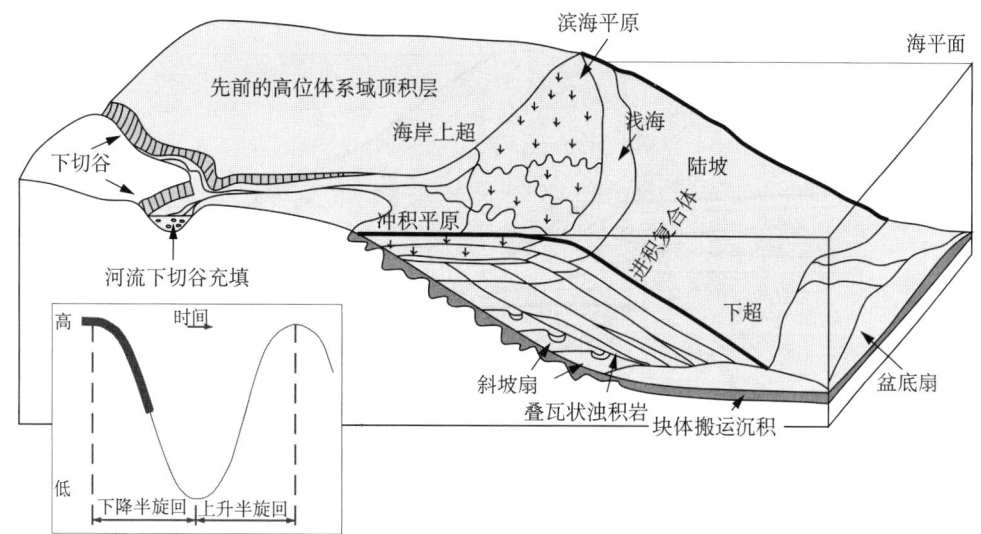

图 11.14　相对海平面下降期的陆架—盆地剖面特征
（据 Emery 和 Myers 修订，1996；经 Blackwell Science 公司许可再版）

这个时期陆架区暴露于地表，产生了一个侵蚀面或者沉积间断（不整合），河流下切先前形成的高位体系域沉积，形成下切谷。当海平面下降时，沉积物运移至陆架坡折之外，并且首先作为盆底扇沉积在深水中。当海平面开始上升时，沉积物以斜坡扇和进积复合体的形成沉积。因为在相对海平面下降的早期，陆架边缘不稳定，所以块体搬运沉积物沉积在层序的最底部。陆架和陆坡上的这四种沉积类型组成了低位体系域

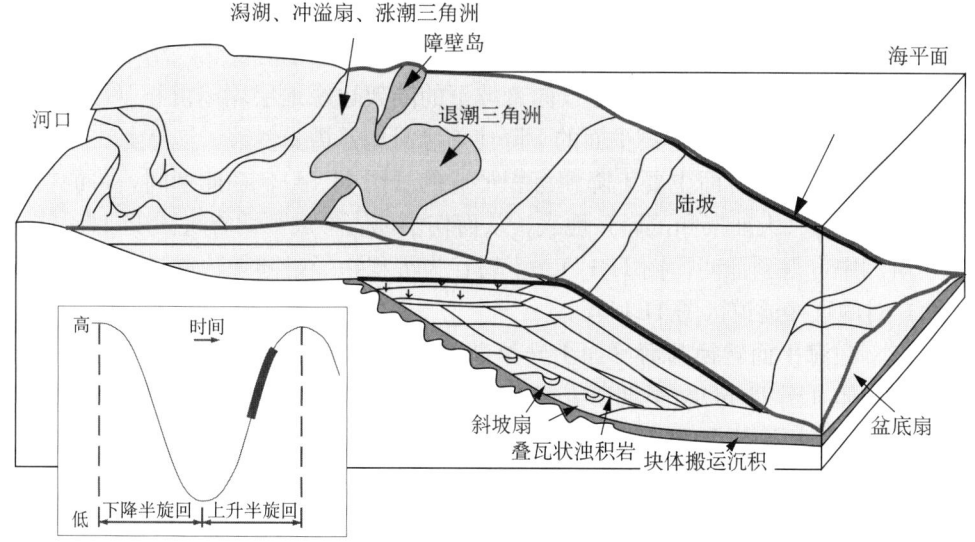

图 11.15　相对海平面迅速上升时期的陆架—盆地剖面特征
（据 Emery 和 Myers 修订，1996；经 Blackwell Science 公司许可再版）

当海平面上升淹没先前暴露的陆架边缘（图 11.14）时，沉积物沉积在陆架上，下切谷首先被底部河流沉积充填；然后被当海水侵入河谷形成的半咸水河口沉积充填。随着海平面的持续上升，形成一系列的沿岸沉积，例如障壁岛，潟湖—风成沉积—海滩—滨面地层及涨—退潮三角洲。这些沉积构成了向陆进积的海侵体系域。泥可能在陆架和滨线之后（向陆一侧）以及近滨处沉积。在海平面上升的最大阶段，形成一个被最大海泛面所覆盖的细粒的、富含有机物的密集段。最大洪泛面代表了海岸向陆的最大延伸范围和大陆架的最大水深。在这个时期内，很少有沉积物沉积在深水中，沉积在那里的沉积物一般都是粉砂和／或黏土

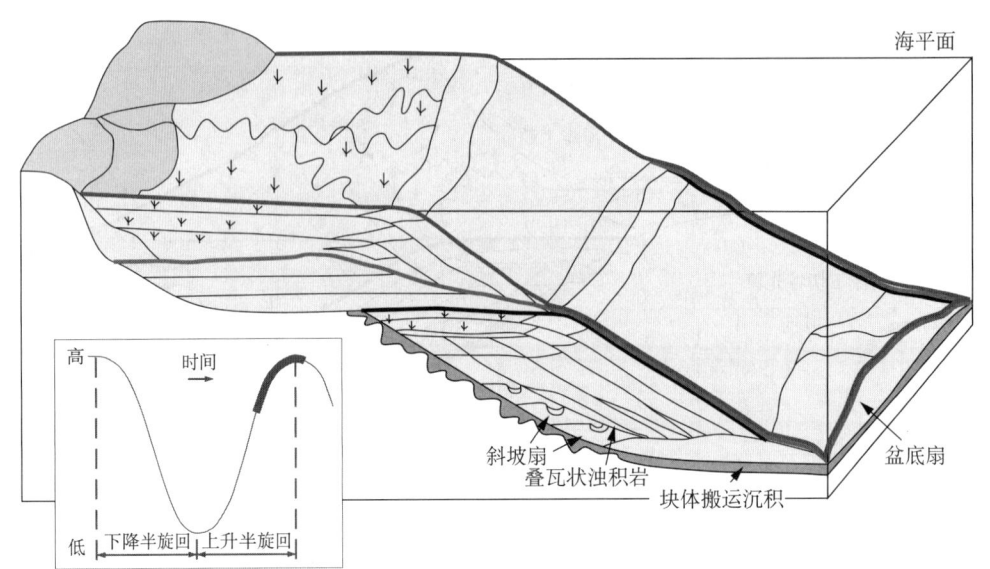

图 11.16 海平面上升速率下降时期的陆架—盆地剖面特征
(据 Emery 和 Myers，1996 修改；经 Blackwell Science 公司许可再版)

在这一时期，海平面的上升使可容纳空间增大，所以沉积物向海进积。在大型河流体系发育的地区会形成三角洲。在其他地区，形成三角洲之间的滨线地层。进积的沉积物形成高位体系域，下超在最大海泛面之上。在此期间，极少的沉积物在深水区沉积，虽然深水区的砂岩可能沉积在大型的河流三角洲前面(例如高位体系域的浊积沉积)，但此处的沉积物主要是粉砂和/或黏土

体（也指晚期低位楔状体）(图 11.14)。块体搬运沉积形成于相对海平面刚开始从高水位位置下降时的深水中。这个下降引起了斜坡上部沉积物的孔隙压力变化，结果导致斜坡不稳定，产生大规模塌陷、搬运，随后导致向着坡下的陆架边缘地层塌陷沉积 (图 11.14)。图 11.17 也说明了湖泊三角洲由于湖平面的下降使前缘滑塌并遭受侵蚀，这与上述原理相同。

盆底扇是在相对海平面主要下降期沉积形成的 (图 11.14)。在此期间，可能携带沉积物的河流流经浅海（大陆架和滨岸）地表，从而切割地表形成下切谷 (图 11.14；这个原理在湖泊三角洲中也得到证明，图 11.17)。下切谷为沉积物经过陆架边缘进入深水环境（斜坡和盆地）时的直接通道 (图 11.14)。

接下来，在海平面转换与海平面上升早期 (图 11.5)，沉积了一套更小规模的细粒水道—堤岸复合体 (图 11.14)。早期研究表明，水道和天然堤是同时沉积形成的，但是目前推测天然堤是在海平面下降期形成的，同时沉积物重力流粗粒的部分从水道内被搬运到天然堤边缘之处，从而形成河口朵状体或者前端决口扇 (图 11.18)。

最后，当海平面继续上升，就会形成进积复合体，从而在斜坡上部形成可容纳空间 (图 11.14)。下切谷在海平面转换早期开始充填，并当海水上升侵入河谷时继续充填，形成河口湾 (图 11.15)。许多下切谷底部以河流沉积充填，上部以河口湾沉积充填。在大部分低水位期间，很少有沉积物沉积在陆架、滨岸和非海相环境，因为这些环境一般暴露于地表，通常形成侵蚀面 (图 11.6 和图 11.9)。

海侵体系域：在相对海平面快速上升时期沉积形成的体系域 (图 11.5 和 11.15)。海侵体系域包含各种陆架、滨面沉积以及在最大海泛面时形成的密集段。当相对海平面上升到陆架坡折之上，大陆架被淹没，滨面和陆架沉积物开始沉积。随着海平面的持续上升，滨

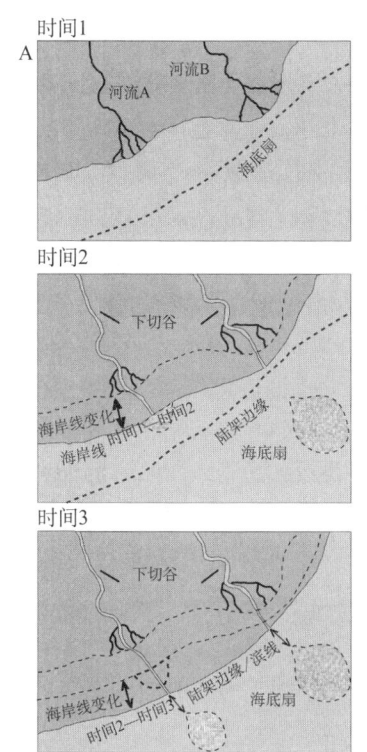

时间2：海平面下降，海岸线向盆地迁移并且河流切入早期的沉积物，砂岩在深水中以陆架三角洲的形式沉积

时间3：海平面上升，海岸线向陆迁移，下切谷被填充，盆地内只有泥岩沉积

图11.17 （A）两类不同大小的三角洲以及与相对海平面下降有关的海底扇发育状况。时间1：高位期海平面。时间2：相对海平面开始下降时，发生河流下切作用，沉积物路过大陆架。海底扇发育在较大三角洲（河流体系B）的向盆地方向。海岸线/三角洲形成在河流体系A的向盆地方向。时间3：持续海平面低位期，海底扇发育在河流体系A的向盆地方向，而河流体系B向盆地方向的海底扇仍然在接受沉积（据Posamentier等，1991修改）。（B）一个采矿区中的现代河流三角洲。在相对低的湖水水位时，冰前消退和河流下切的复合作用产生对三角洲表面的下切。在这个时期进入该体系的任何砂体（例如在一次风暴中）将沿着下切谷内的暴露面搬运，并沉积在湖泊底部（AAPG许可再版并进一步使用）

线、滨面沉积向陆地方向迁移，从而产生一套向陆推进（退积）的与滨线有关的滨面沉积（图11.15）。同时，细粒沉积物沉积在向陆推进的滨线之后的海泛大陆架的底面。

在海平面上升的最高速率点处（图11.5），滨线向陆方向延伸至最远位置（规模最大的海岸上超），并开始沉积形成密集段。密集段通常是指富泥与富有机质的沉积物在陆架、陆坡及盆地内平铺式沉积。关于密集段，下面将有更详细的讨论，因为它是识别地震反射记录、测井、岩心和露头时的一个关键沉积段，识别密集段能够建立沉积层序地层格架（Loutit等，1988）。

最大洪泛面位于密集段顶部，它表示海岸线向陆方向迁移的最大值。海侵过程中，深水区的沉积物相对较少（图11.15）。

高位体系域：海平面持续上升但是上升速率降低时的体系域（图11.5）。这时，可容纳空间增加速率小于沉积物供给的速率，沉积物向盆地进积，形成广阔的滨海平原和大型河流三角洲以及三角洲之间的滨岸沉积（图11.16，图11.17也表明湖平面较高时湖泊三角洲的沉积早于地表暴露沉积）。在同一时期，深水区的沉积物相对较少（图11.16）。在深水区，海侵和高水位期的复合沉积可能为一套薄而面积广阔的富含有机质的泥页岩层。

陆架边缘体系域：为在相对海平面下降不明显的时期沉积的体系域（即海平面下降速

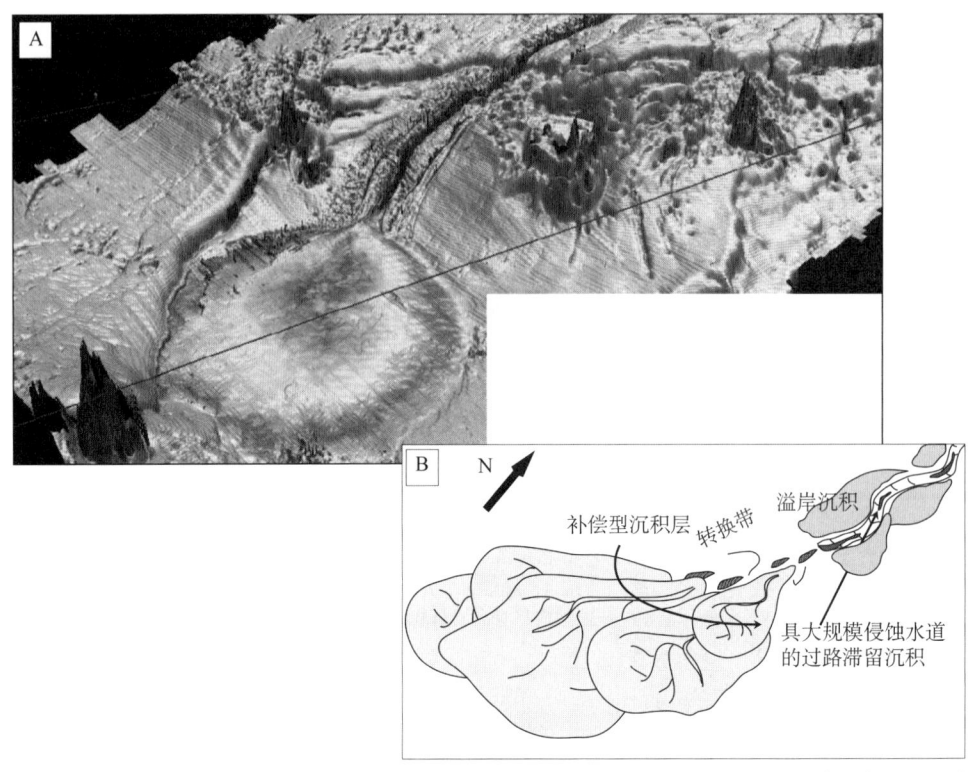

图 11.18 （A）从三维地震反射体中提取的浅海海底照片，该图说明天然堤—水道（复合体）的终点处存在一个朵叶状砂体（橘色和黄色）。假定河道保持开放，所以沉积物可以通过它搬运，并在其前面沉积下来。（据 Pirmez 等，2000；经 SEPM 许可再版）。（B）与（A）相同特征的沉积示意图，说明的是怀俄明州的一个 Lewis 页岩露头（据 Minken，2004）

率略小于或等于盆地沉降速率），会有部分大陆架暴露出来，但是海岸线不会一直向海方向延伸到退覆坡折处（图 11.17），由此沉积形成的地层被称为陆架边缘体系域，由进积的顶积层和斜坡（倾斜）沉积组成，然后变为加积，并最终向上产生退积（随时间的变化）。这种Ⅱ型层序边界以海岸上超向下迁移，但没有移动到退覆坡折以外来进行识别（图 11.9）。陆架边缘体系域易于靠地震测线来识别，尽管这非常困难，但如果可能，还需要露头、岩心和测井曲线来识别。

11.1.3 在年代地层格架内有关海平面波动旋回和沉积物堆积的定义与概念

旋回（相对海平面变化）：海平面发生相对的上升和下降的时间段（Vail 等，1977）。一个旋回可以认为是局部性的、区域性的或是全球范围的。海平面升降旋回是指海平面此次下降到下次下降，或此次上升到下次上升这一完整周期，如图 11.19 和 11.20 所示。

亚旋回：相对海平面的上升和稳定的时间段，紧接着是另一个海平面相对上升，而没有明显的海平面下降（Vail 等，1977）（图 11.20）。

一级旋回：持续上亿年的海平面升降周期。在显生宙（前寒武纪之后），有两个这样的旋回，一个是从前寒武纪到三叠纪之间 3 亿年的旋回，一个是从三叠纪至今的 2.25 亿年的旋回（图 11.9 和 11.21）。

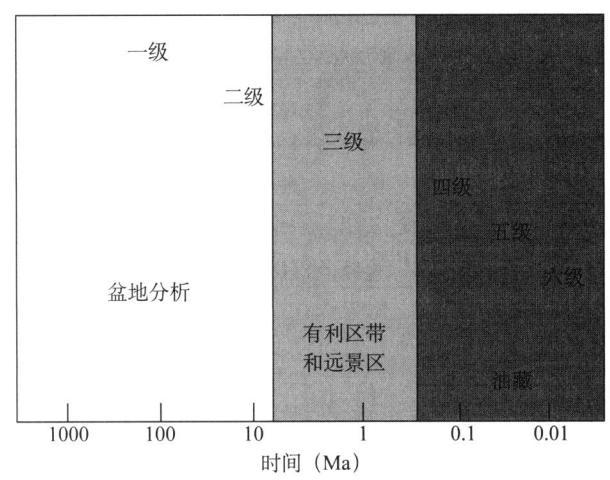

图 11.19 相对海平面变化旋回级别及其对应的层序地层分析的级别
（据 Mitchum 等，2002；经 SEPM 许可再版）

一级旋回的尺度是以亿年为单位，二级旋回的尺度是以千万年为单位，三级旋回的尺度是以百万年为单位，四级旋回的尺度是以十万年为单位，五级旋回的尺度是以万年为单位，六级旋回的尺度是以千年为单位

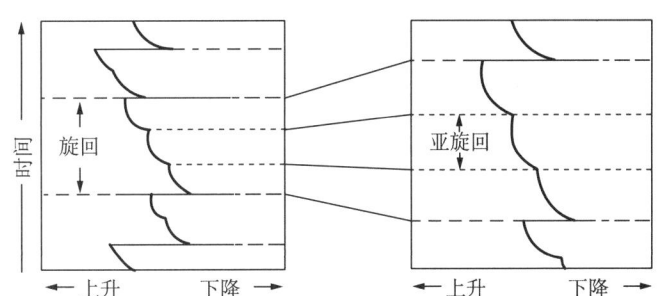

图 11.20 相对海平面变化的旋回和亚旋回解释图（据 Vail 等，1977；经 AAPG 许可再版）

每一期旋回都以海平面相对较大的下降为边界。旋回中的亚旋回以早期海平面的快速上升为界，紧接着是相对海平面的稳定期。层序形成于海平面旋回中，准层序形成于亚旋回中。由一组亚旋回形成的一组准层序称为准层序组。在右图中，总体旋回是一个相对海平面上升的旋回，形成退积准层序组（图 11.13）。在每个准旋回的底部，都会形成一个海侵侵蚀面，因为海平面快速上升在这个面上主要沉积粉砂和黏土。在接下来的准旋回的剩余时间段中由于相对海平面上升速度减慢或处于稳定，形成一个进积准层序（图 11.12）

二级旋回：持续 90～100Ma 的海平面升降周期（图 11.19 和图 11.21）。在图 11.21 中有多个这种二级旋回，都叠加在显生宙的一级旋回之上。

三级旋回：持续 1～5Ma 的海平面升降周期（图 11.9 和图 11.22）。

四级旋回：持续 10～25 万年的海平面升降周期（图 11.9 和图 11.22）。在图 11.22 中有多个这种四级旋回都叠加在三级旋回之上。

五级旋回：大约持续几万年的海平面升降周期（图 11.19）。

六级旋回：一般持续上千年的海平面升降周期（图 11.19）。

沉降：地表向下的沉降或沉陷。海底不停地沉降，但是其沉降速率会因为沉积负荷或构造活动随时间发生变化。图 11.23 说明了在 1.2Ma 的时间段内相对恒定的沉降速率和由三级、四级和五级海平面升降旋回复合而成的海平面曲线之间的关系。15cm/ka 的恒定的持

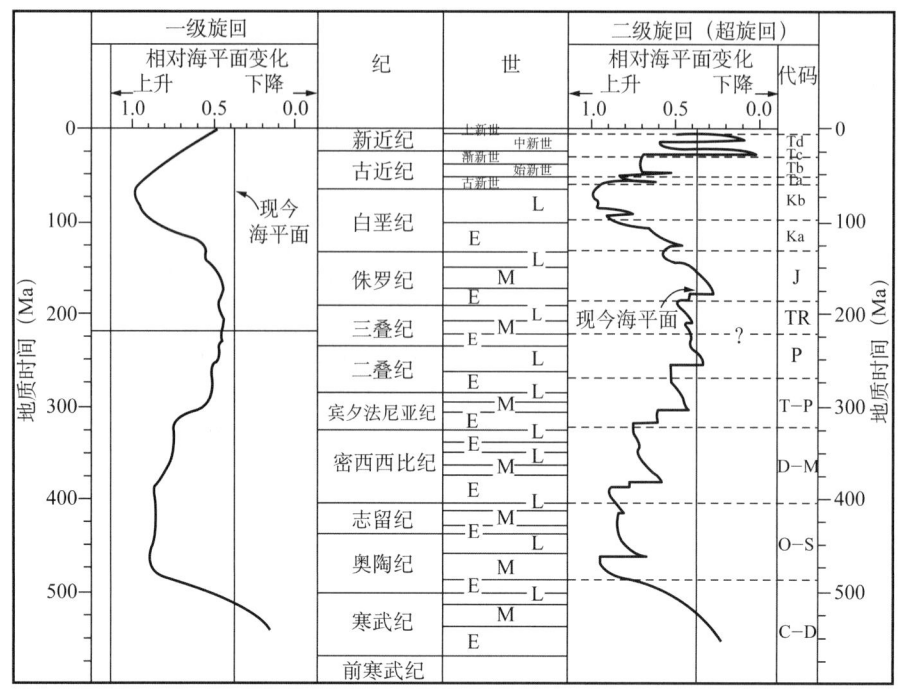

图 11.21 相对海平面变化的一级旋回和二级旋回（据 Vail 等，1977；经 AAPG 许可再版）

第一个一级旋回发生在中寒武世到中三叠世；第二个一级旋回发生在中三叠世到现今。如果以高水位来确定旋回，那么一级旋回出现在奥陶纪初期和白垩纪初期之间。在图表的右侧，二级升降旋回叠加在一级旋回之上

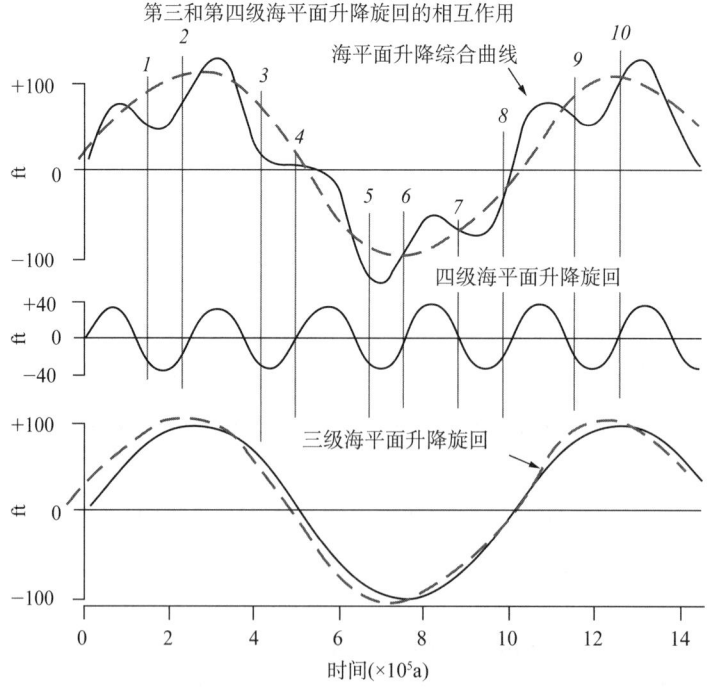

图 11.22 第三和第四级海平面升降旋回的相互作用

下部曲线是一个持续时间约为 1Ma 的三级旋回，中间的曲线是一系列四级旋回，每一个旋回都持续 10 万到 20 万年，顶部曲线说明了四级旋回叠加在三级旋回之上，以及旋回叠加导致的相对海平面变化趋势。海平面的十个位置已经标在顶部曲线上，本文将论述这十个时间段内的沉积样式

续沉降速率被叠加到这个综合海平面曲线上。曲线上标为 SB 的两个点之间限定了一个完整的三级层序，而 MFS 是最大洪泛面出现的时间。在这个例子中，沉降和海平面升降的净效应是相对海平面的上升。

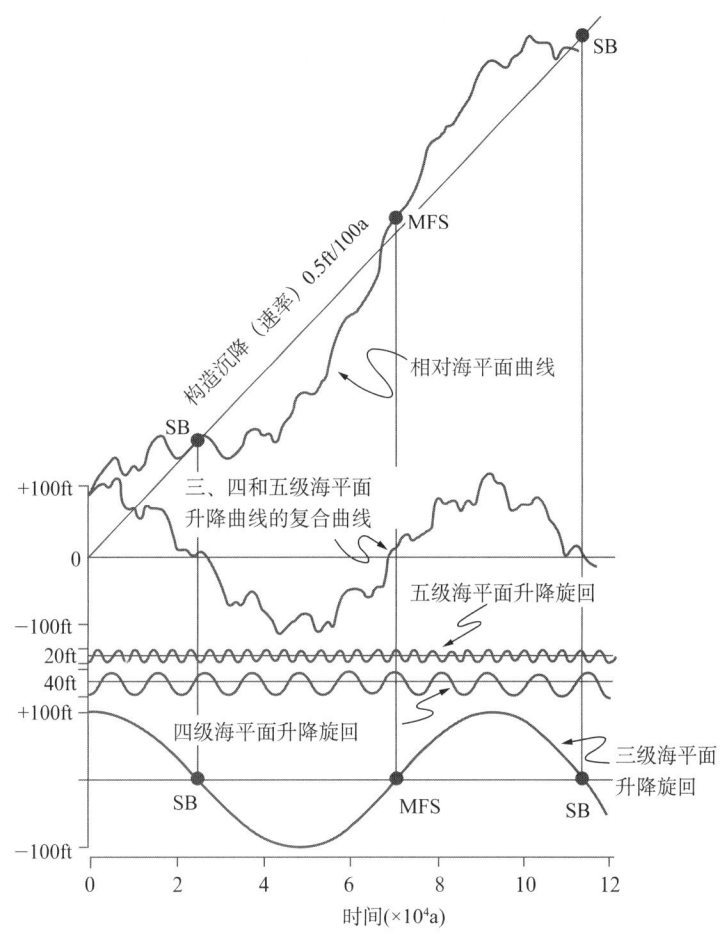

图 11.23　包含海平面升降和构造变化（沉降）的相对海平面曲线
（据 Van Wagoner 等，1990；经 AAPG 许可再版）

图中所示与图 11.22 类似，但添加了五级旋回以及由恒定的盆地沉降曲线与海平面升降旋回复合而成的相对于海平面变化曲线。曲线表明了在 1.2Ma 的时间里总体上升的相对海平面、三级层序边界(SB)及一个最大海泛面(MFS)。小规模旋回产生了小规模的相对海平面变化，但这些较小的变化也可能会对总体的沉积样式有很大影响，特别是在油藏级别上

11.2　层序地层格架的建立

11.2.1　识别一个关键面作为起始点

为了建立一个层序地层格架，需要先识别一个关键地层面。最大海泛面及对应密集段可能在沉积地层层序中最易识别，所以就要寻找能够识别这些组成部分的可用数据的识别

特征（Loutit 等，1988）。接下来将讨论在岩心或露头、地震反射记录以及测井曲线中可以明确识别出来的特征。

因为密集段代表相对长的地质时代，相对薄层的细粒沉积物沉积于大面积的海洋区域中，它们通常富含有机质和化学沉淀矿物（例如海绿石、菱铁矿以及磷灰石）（图11.24）。它们也指示微体动物群和微体植物群的高丰度和多样性（第四章已讨论）。因此，在常规测井中，密集段被认为是具有最高伽马值的层段（图11.25A和图11.25B）。在侧向延伸的露头上，密集段和最大洪泛面通过上覆高位体系域下超到这一界面之上而识别出来（图11.9和图11.26A）。

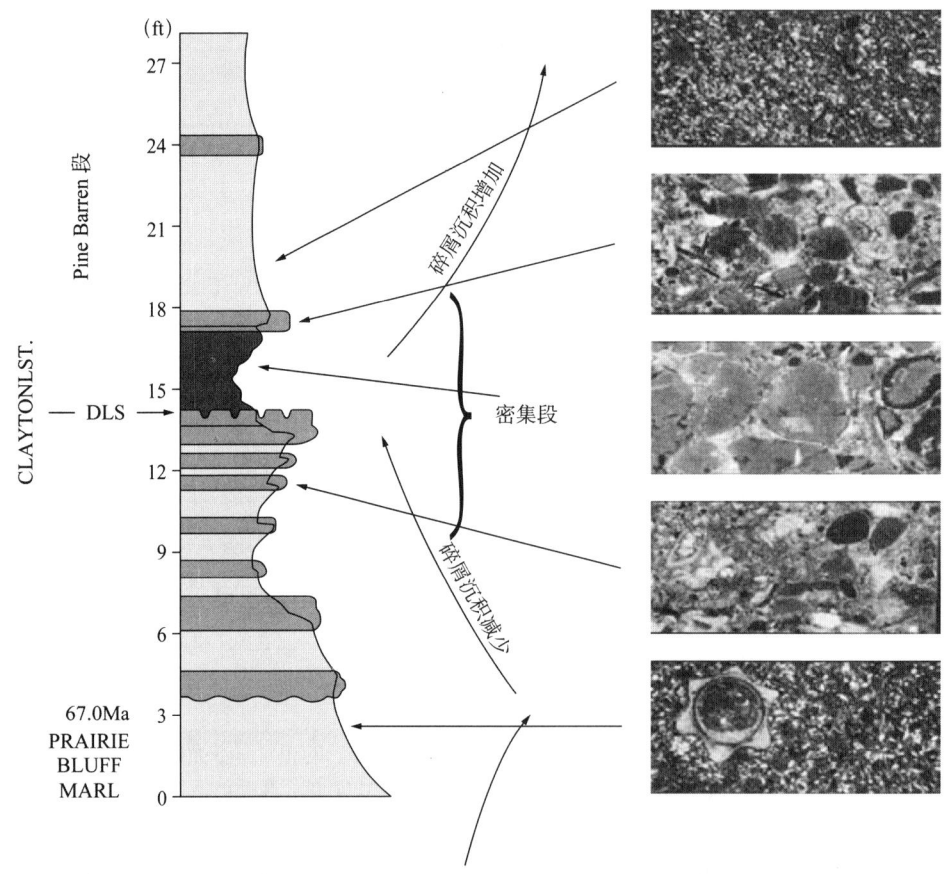

图 11.24　密集段的多种岩性特征，包括相对粗粒的沉积物、丰富的化石及海绿石颗粒
（据 Loutit 等，1988；经 SEPM 许可再版）

同样的模式可以通过地震反射记录（图11.26B）和长测井横剖面识别出来，例如图11.25C所示的Lance–Fox Hills–Lewis泥页岩剖面。

层序界面有时也能通过岩心、测井曲线和地震确定。在岩心上，层序界面可以为厚砂岩层的侵蚀底面。在常规测井曲线中，层序界面是下部细粒沉积物与上部厚砂岩之间的突变面（图11.25B和图11.27B）。由于反射方向的不一致，层序界面最容易在地震反射中识别出来；尤其当反射轴上超至侵蚀面，而侵蚀面上下的反射轴方向不同时，更易识别层序界面（图11.26B）。

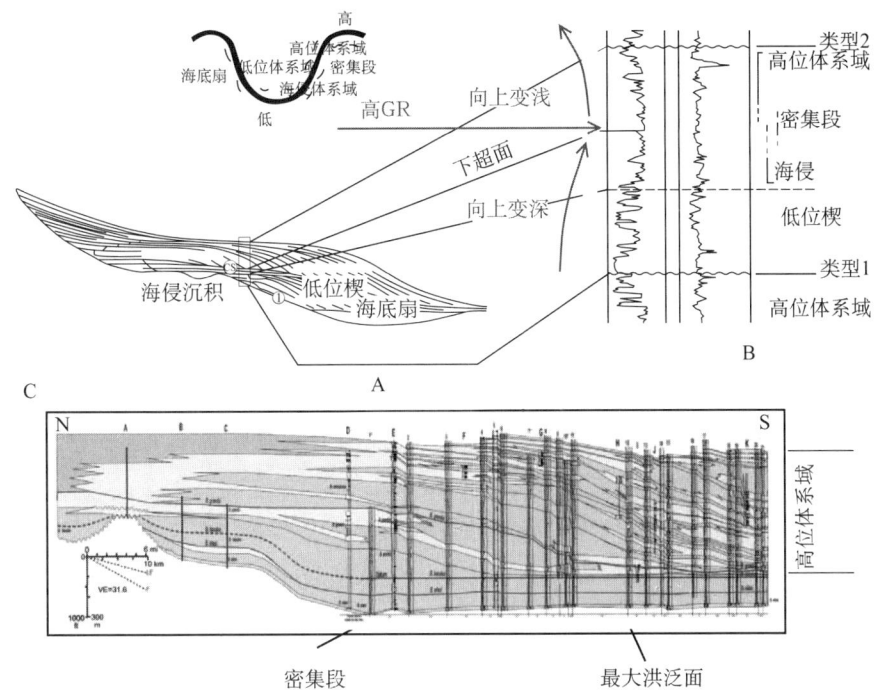

图 11.25 （A）沉积层序和相对海平面曲线。（B）测井曲线中的垂向序列，显示了沉积层序中不同结构单元的叠置及其测井曲线特征。层序的最底部是 I 型层序边界。由于相对海平面开始上升（向上变深）低位体系域沉积在边界之上，形成向上变细的序列。海侵体系域和其所包含的密集段（伽马曲线最大响应为标志，为"高 GR"）是由于海平面上升速度的增加所形成。由于可容纳空间在高水位期增加，高位体系域形成一个进积序列，由三角洲沉积及相关地层组成（向上变浅的模式）((A) 和（B）修改自 Loutit 等，1988)。（C）怀俄明州 Lance 组—Fox Hills 砂岩—Lewis 页岩沉积体系的 3 级海侵和随后的进积序列（Pyles 和 Slatt），这些图的对比证明利用测井剖面建立基于测井的层序地层格架的可信度比利用单个常规测井曲线推测更高

11.2.2 体系域的识别与对比

一旦最大海泛面或层序界面在测井中被识别出来，接下来可以识别相关的体系域，并预测出它们在层序地层中的位置（图 11.25A）。

图 11.27 通过测井曲线对比了一段地层的年代地层解释和岩石地层学解释。岩石地层学定义了地层组和段，而年代地层定义了体系域的界面。

图 11.28 表明了两口相距 1.2km 的井的年代地层对比和解释。此例中，密集段被确定为一个高伽马泥岩。因此，可以识别和对比两口井中密集段上、下的体系域。类似的另一相似地层的露头（图 11.28）也可验证这一年代地层解释（Slatt 等）。

11.2.3 预测体系域及沉积相的垂向和侧向分布（储层、烃源岩和盖层）

在一个沉积层序中，沿着一个沉积剖面，各个体系域和沉积相在不同时期沉积在不同位置（图 11.9）。例如，在相对海平面下降时期，大部分沉积物在深水区沉积，而大陆架持续暴露变成侵蚀表面（即层序界面）（图 11.14）。在相对海平面上升阶段，深水中很少有沉积物沉积，而大部分沉积在陆架（包括下切谷）、滨线和邻近的滨海平原中（图 11.15 和 11.16）。因此，在沉积剖面上，可以在横向上预测不同的体系域和沉积相（也可以预测相

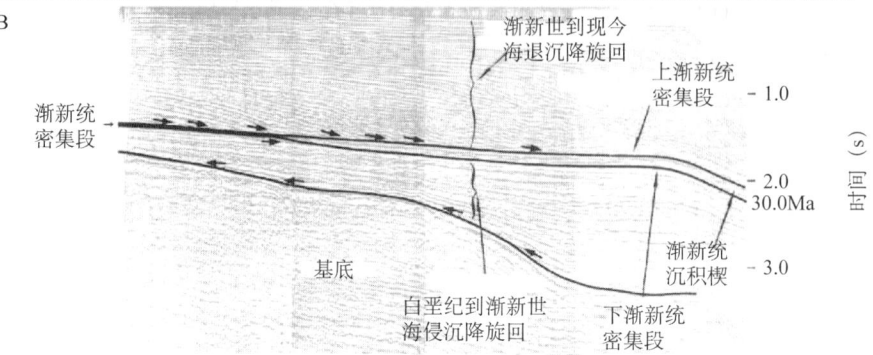

图 11.26 （A）法国的一个露头，高位体系域下超在密集段上（来自 McDonaugh，1988）；
（B）地震反射剖面显示低位楔上超在下伏的基底岩石上，高位体系域下超在密集段上
（据 Loutit 等，1988；经 SEPM 许可再版）

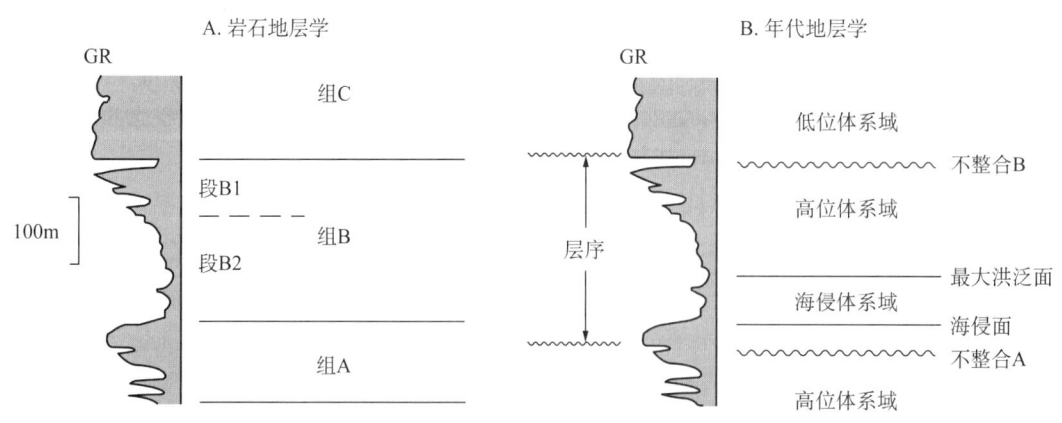

图 11.27 （A）岩石地层学和（B）年代地层学的测井解释对比
（据 Posamentier 和 Allen，1999；经 SEPM 许可再版）

岩石地层学以物理特征定义岩石地层单位，年代地层学或层序地层学以分隔地层的重要界面定义岩石地层单位

关的烃源岩、储层和盖层）（图 11.29）。

此外，沿着沉积剖面，还可以预测一个沉积层序内不同沉积部位垂向上的地层叠加。例如，井 A（图 11.29）中一个完整的垂向序列从底往上包含层序界面、盆底扇（可能下部为块体搬运沉积）、斜坡扇（天然堤沉积）、晚期低位进积楔（前积复合体）、薄的海侵泥岩以及薄的高水位泥岩，上覆同一层序界面。井 B（图 11.29）中预测的垂向序列从底往上可以包含层序界面、海侵滨面砂岩、陆架泥岩（密集段）、进积三角洲和海岸平原地层，也可

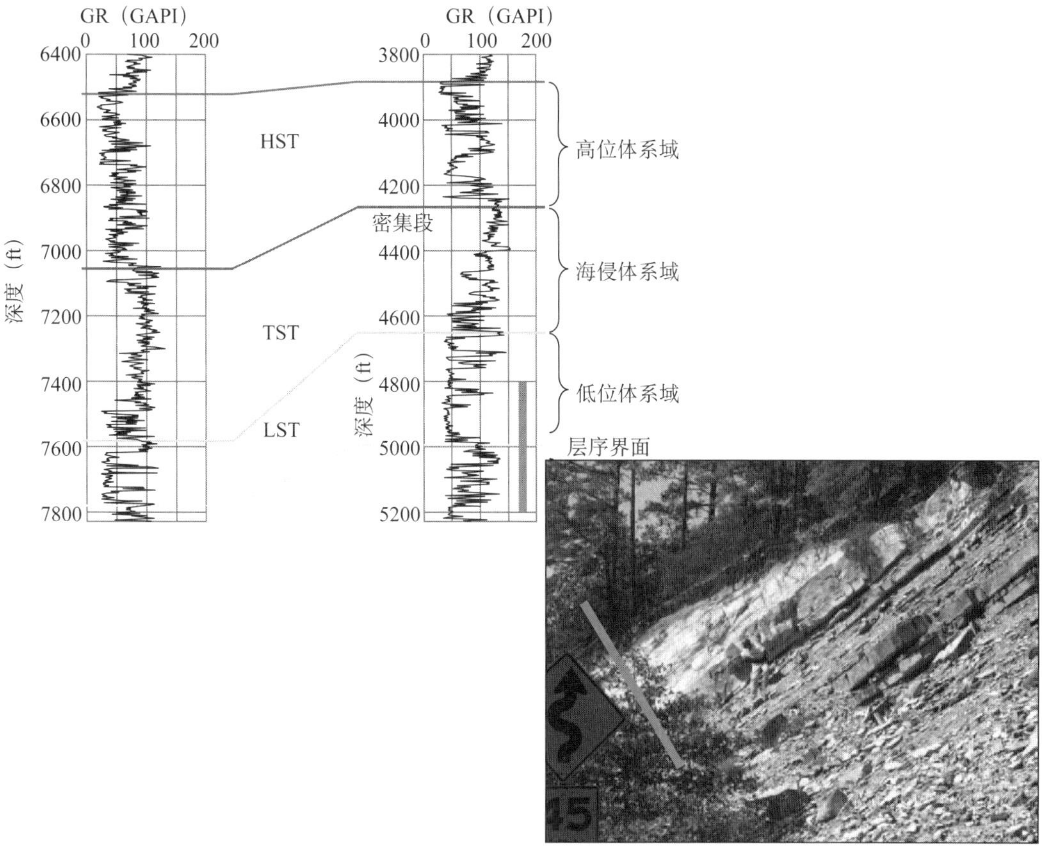

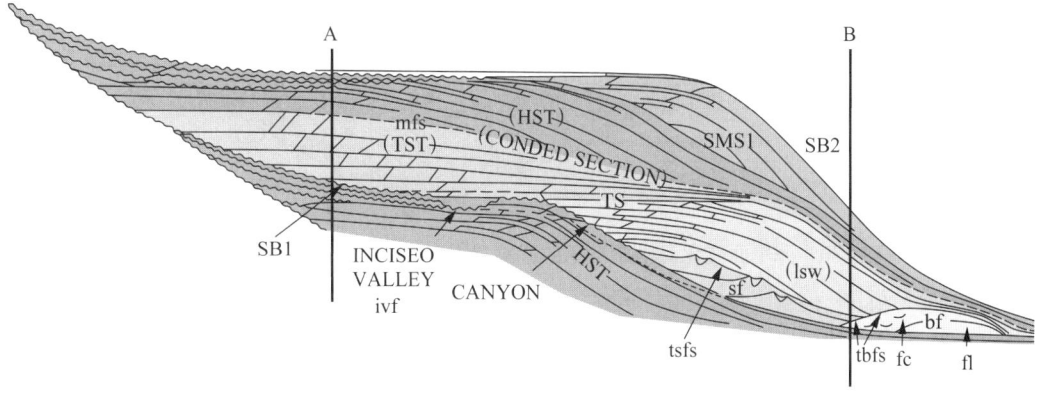

图 11.28 俄克拉荷马州东部的宾夕法尼亚系 Jackfork 群两口井伽马曲线的层序地层对比（据 Slatt 等）

2 口井相距 1.2km，（右下侧）露头插图和对比图中右侧井中的垂直橙色线标记的那段相似

图 11.29 层序地层模式表明了在沉积层序中富含砂岩相的位置（黄色）
（据 Vail，1987，修改；经 AAPG 许可再版并进一步使用）

能存在河流沉积，上覆同一层序界面。

  储层的类型与本书前面章节中讨论过的垂向地层有关，而后者与沉积、储层相关。井 A（图 11.29）的储层类型是滨海和浅海沉积（第 8 章）、河流沉积（包括下切谷填充，第 6 章）、三角洲沉积（第 6 章）以及风暴沉积（第 7 章）。井 B 中储层类型是低位体系域的深

水沉积（第 10 章）。

层序地层学这门学科最开始是由地震地层学发展而来的，很多年来都依靠二维地震解释。二维地震解释发展到三维地震解释存在很多不确定性。Posamentier 等（1991）提出了一个经典的例子（图 11.30）。该例中，在海平面高水位时期（时期 1），滨海砂岩被限制在最大的海底峡谷之中，并被搬运到深水区；但在接下来的低水位期（时期 2），三个峡谷都能沉积砂岩。一条沿着最大峡谷轴线的二维地震剖面可以图示海底扇，因此可能导致错误的解释，即海底扇全部为低水位期沉积。

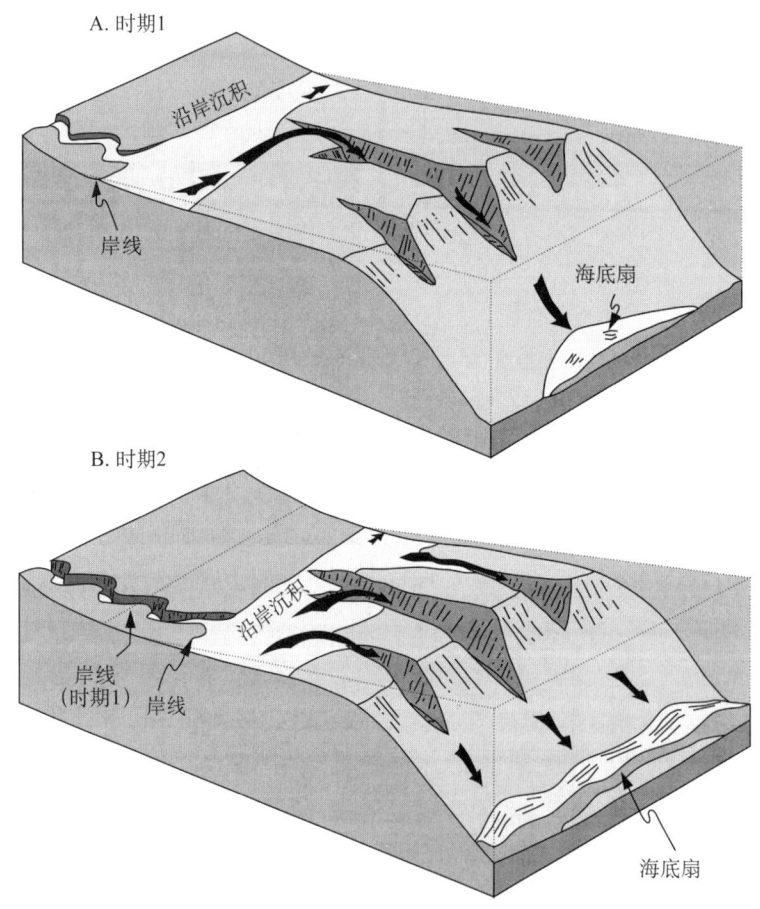

图 11.30　海平面变化对沿岸沉积的影响（据 Posamentier 等，1991，修改）

（A）在相对高水位时期（时期 1），只有一小部分的大型水下峡谷获得沿岸漂移沉积体系的沉积物；（B）在相对低水位时期（时期 2），滨线和沿岸沉积向盆地内部移动，经水下峡谷输送到深水区的沉积物体积增加

三维地震数据的频繁使用帮助地质学家解决了二维地震数据在三维空间中的应用问题，但这个问题在一维测井、二维测井剖面和二维露头剖面上依然存在。Yielding 和 Apps（1994）提供了墨西哥湾陆架边缘到斜坡区域的层序地层解释剖面（图 11.31）。用单井的测井曲线结合地震反射进行解释，可以识别出九个沉积层序。然而，只有第二和第九个层序包含完整的低位体系域，另外七个层序只包含低位体系域的一部分。这是因为这口垂直井的位置代表二维地震剖面上的单点数据，在漫长的地质历史中，这一点上发生了沉积和剥蚀。与相对静止的井点相比，沉积环境和沉积相在横向上将会发生变化。因此，在一个完

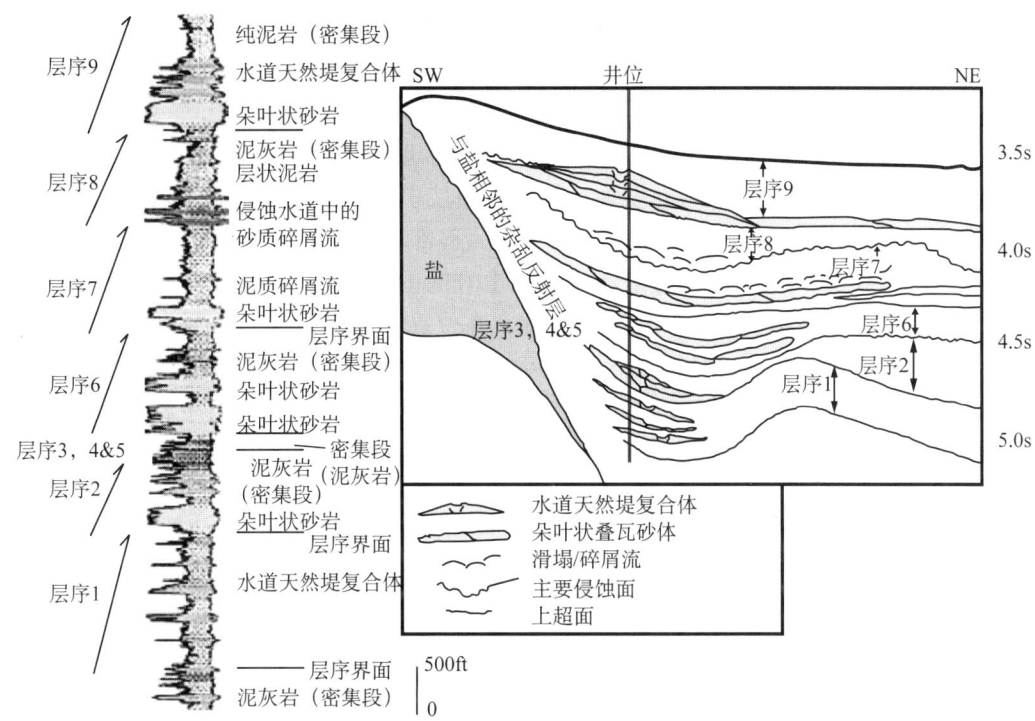

图 11.31 通过单井测井解释的九个沉积层序,(右侧)二维示意图说明了组成层序的
沉积相的横向分布(据 Yielding 和 Apps,1994;经 SEPM 许可再版)

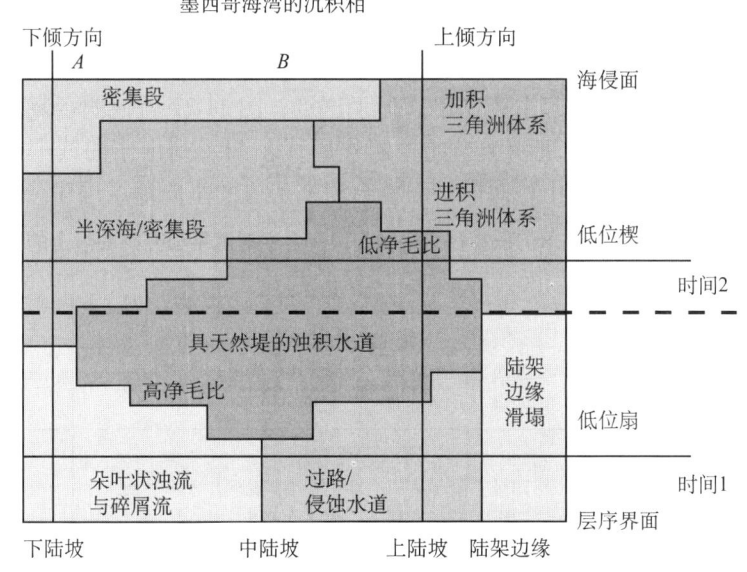

图 11.32 墨西哥湾的陆架边缘到下陆坡的沉积剖面中沉积相的时空分布
(据 Yieldin 和 Apps,1994 年;经 SEPM 许可再版)

"低位扇"和"低位前积楔"代表了由此构成的低位体系域的地质时间(海平面下降阶段和相对海平面上升转换的早期)。时期 1 和时期 2 指特定的地质时间段,此图说明了在这些地质时间内沿着该沉积剖面出现的各种沉积相。A 和 B 是指沿着该沉积剖面上两口井的位置以及在低水位扇和低水位楔时期沉积的各种沉积相

整的时间段内，一口井中不能沉积一套完整的低位体系域。

尽管如此，还是可以预测以下两个方面：①从陆架边缘到斜坡剖面上任意处井中的垂向层序；②在这个剖面上，在一个单独时间段内沉积相的横向分布。

图 11.32 说明了以上两点。在时期 1（低位扇沉积时或相对海平面下降时），陆架边缘和斜坡上部以侵蚀面和侵蚀水道充填为特征；而斜坡中、下部以盆底扇（Yielding 和 Apps 称之为浊流朵叶体，1994）和碎屑流沉积（可能为底部块体搬运沉积）为特征（第 10 章）。在时期 2（低位楔沉积时或相对海平面转换和上升时间段里），顺坡沉积由泥质前积三角洲、水道—天然堤及深海泥岩沉积组成。因此，在位置 A（图 11.32）的钻井中，从底部向上，包含层序界面及上覆朵叶体、席状体或可能为块状搬运沉积（碎屑流），然后上覆相对薄层的泥岩沉积。在位置 B（图 11.32）的钻井中，从底部向上，包含层序界面及上覆侵蚀水道充填、水道—天然堤沉积地层，然后上覆三角洲沉积。

11.3 高分辨率层序地层学

11.3.1 概述

术语"低分辨率层序地层学"通常用于描述低精度的地震剖面上的层序旋回（Posamentier 和 Weimer，1993）。相比之下，高分辨率层序地层学适用于高分辨率的测井、岩心和露头研究（也就是比三级层序/旋回的持续时间更短）（Mitchum 和 Van Wagoner，1991）。然而，由于地震分辨率的提高（例如谱分解等）和三维地震数据进行了储层表征使用的增长，目前利用地震反射数据可以进行四级层序/旋回的解释。

不同时间规模叠加而成的相对海平面变化旋回（图 11.20—11.22），最终在控制盆地内大、小区域上的沉积类型方面起主要作用。关于这点，图 11.22 就说明了复合的（叠加的）三级和四级海平面升降曲线对沉积类型的控制作用。表 11.1 列出了曲线上 10 个时间点的重大沉积事件。表 11.2 说明了由相对海平面叠合周期形成的垂向地层层序。

表 11.1　不同时期的深水沉积物在三级和四级复合相对海平面升降曲线上的特征

海平面曲线上的位置	海平面	复合曲线	深水海底沉积
1-2	三级上升半旋回		以泥为主
1	四级下降半旋回	2 型（小规模）下降旋回	泥
2	四级上升半旋回	上升	泥
3—5	三级下降半旋回		以砂为主
3	四级下降半旋回	1 型（小规模）下降旋回	大规模的砂
4	四级上升半旋回	海平面静止	泥
5	四级下降半旋回	1 型（小规模）下降旋回	大规模的砂
6—10	三级上升半旋回		以泥为主
6	四级上升半旋回	上升	泥
7	四级下降半旋回	2 型（小规模）下降旋回	小规模的砂
8	四级上升半旋回	主要为上升	泥
9	四级下降半旋回	2 型（小规模）下降旋回	小规模的砂
10	四级上升半旋回	上升	泥

表 11.2 由图 11.22 的复合曲线得到的垂向地层分布

顶	泥岩（时间点 10）
	在侵蚀面或非沉积面或两者之上的薄层砂岩（时间点 9）
	厚层泥岩（时间点 8）
	在侵蚀面或非沉积面或两者之上的薄层砂岩（时间点 7）
	泥岩（时间点 6）
	在侵蚀面或非沉积面或两者之上的厚层砂岩（时间点 5）
	薄层泥岩（时间点 4）
	在侵蚀面或非沉积面或两者之上的厚层砂岩（时间点 3）
底	具小规模侵蚀面或非沉积面的泥岩（时间点 1—2）

11.3.2 在油藏勘探和开发中的应用

预测沉积层序在侧向和垂向上的分布特征、体系域组成及沉积相，在砂岩储层的勘探开发中起重要作用。以表 11.2 为例，深水砂岩（通常为勘探目标）主要是在三级相对海平面旋回的下降期沉积的，其顶、底泥岩可作为盖层。在储层规模中，第 4 个时间点的泥岩在垂向上可分隔其上覆和下伏的砂岩。

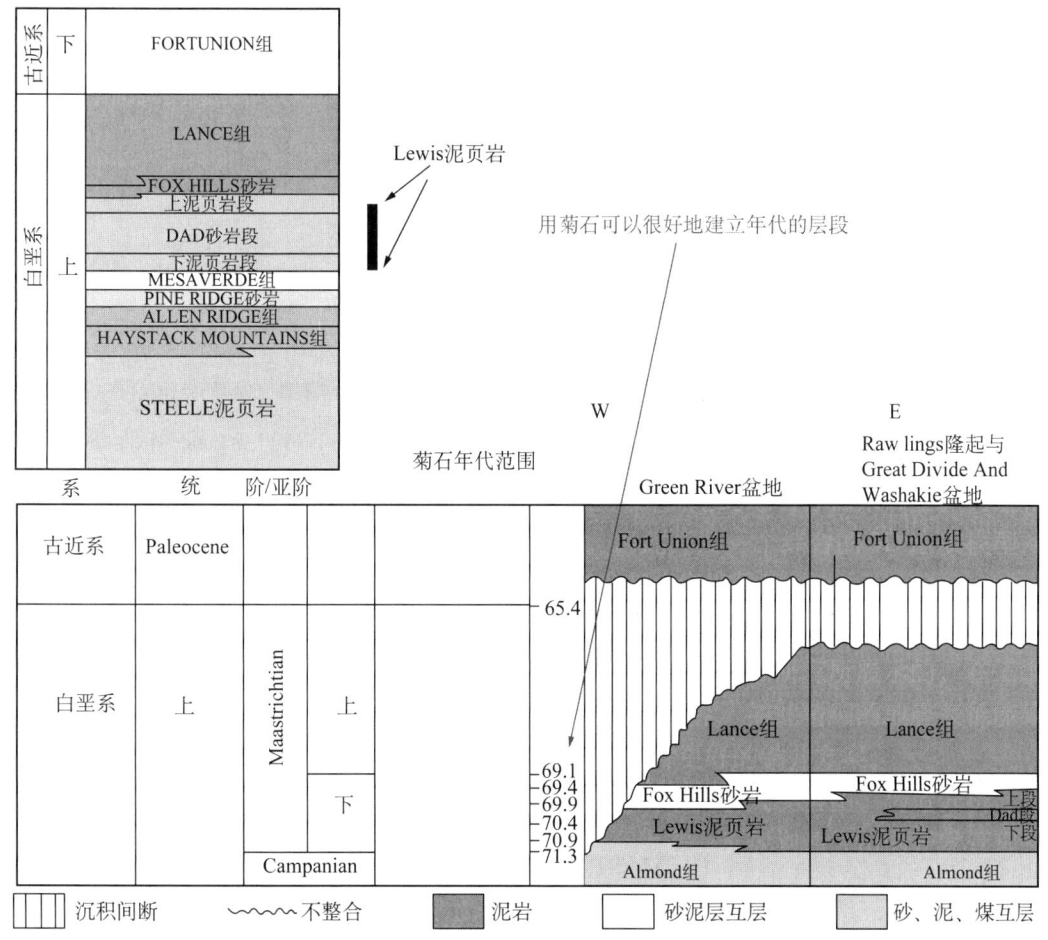

图 11.33 怀俄明州中南部上白垩统年代地层图表（据 Pyles, 2000, 修改）

图中标明了菊石地层年龄，在左上图中有上白垩统和古近系的岩性地层柱

在本节中，通过四个研究实例来说明高分辨率层序地层学在储层表征中的应用。这些实例研究以前面的章节中讨论过的不同类型的储层为例，通过它们阐明应用层序地层学提高储层构型解释精度的方法，进而能改善井位布署和储层管理工作。

11.3.2.1 研究实例 1：怀俄明州白垩系 Lance 组 Fox Hills 砂岩—Lewis 泥岩体系的高分辨率层序地层学研究——为勘探开发寻找含油气系统

精细菊石定年测定表明白垩系 Lance 组—Fox Hills 砂岩—Lewis 泥岩沉积体系沉积于 69.1～71.3Ma 之间（图 11.33）（Pyles 和 Slatt）。一套 150km 长（90mile）、900m 厚（3000ft）的地层由 Lewis 泥岩、Fox Hills 砂岩及 Lance 构成，该套地层位于含气层 Almond（图 11.34）。水平层状的下 Lewis 泥岩覆盖在 Almond 组之上。Dad 砂岩、上 Lewis 泥岩及 Fox Hills 砂岩形成等时倾斜地层，下超在下 Lewis 泥岩之上。下 Lewis 泥岩被富含有机质的泥质水平层"Asquith 标志层"所覆盖（Asquith，1970）。由于 Fox Hills 砂岩—Lewis 泥岩的沉积时间间隔是 2.2Ma（图 11.33），因此被确定为一个三级层序地层旋回。下 Lewis 泥岩是一个三级旋回的海侵体系域，Asquith 标志层是它的密集段。在 Asquith 标志层（最大洪泛面）之上出现的下超模式被确定为一个三级旋回的高位体系域下超地层。

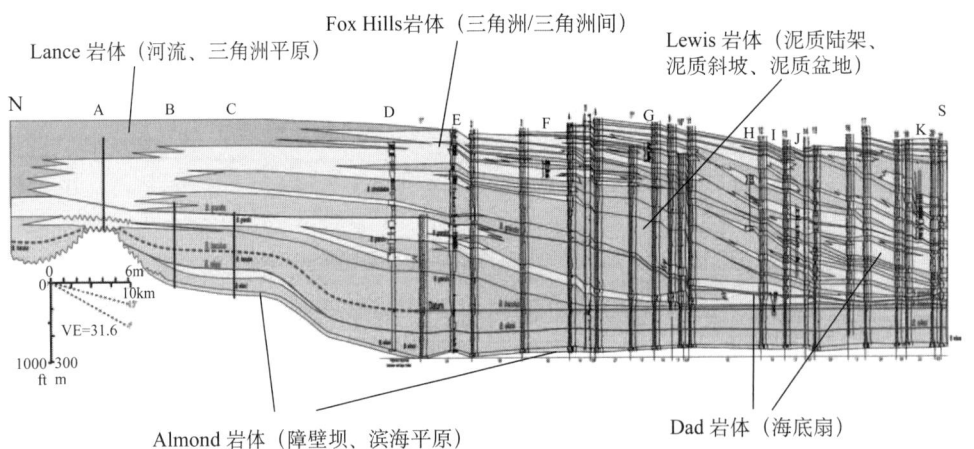

图 11.34 怀俄明州 Washakie 盆地上 Almond 组、Lewis 泥页岩、Fox Hills 砂岩及 Lance 组的 150km 长、900m 厚的南北向地层剖面（据 Pyles 和 Slatt）

Almond 组顶面是一个海侵侵蚀面，下 Lewis 泥页岩（图 11.33）水平上覆于这个面上，并且被富含有机物的"Asquith 标志层"覆盖（除剖面北部外，数据均适用）。更新的地层单元以进积模式下超于这个面上。下 Lewis 泥页岩是一个被 Asquith 密集段和最大洪泛面覆盖的海侵体系域。Dad 砂岩和上 Lewis 泥页岩是盆地相和陆坡相，Fox Hills 砂岩是三角洲 / 三角洲间沉积，Lance 组是河流和三角洲平原沉积。该剖面是由测井曲线、地层剖面露头测量及露头上探槽构建的

采用菊石生物层为标志层进行时间地层对比识别出高水位下超模式，以此为基础，根据蒙皂石层（代表地质时期中的一些时间点）和泥岩的相互关系，可以建立一套更详细的年代地层格架（图 11.35）。Pyles（2000）在图 11.34 上一段 72km（45mile）长的剖面中划分出 21 个四级高分辨率旋回（2.2Ma/21 旋回 =105000a/ 旋回）（原书有误，译者注）沉积层序，它形成了三级旋回高位体系域之上的叠置沉积。

这个研究实例说明了一个事实：四级旋回低水位期盆底扇砂岩在 2.2Ma 的时间间隔中逐渐向盆地（向南）沉积，这导致在此方向上形成有利含气储集岩叠置体，并与顶部和侧

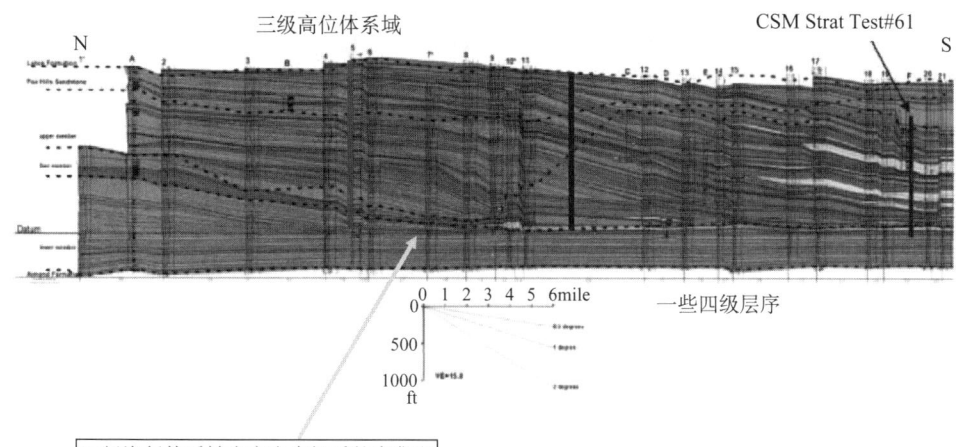

图 11.35 此图是图 11.34 中所示的高分辨层序地层格架的一部分（据 Pyles，2000，修改）

本图中，Asquith 密集段标志层由绿/黑色水平线标出。黑色虚线指的是岩石地层的边界。年代地层的下超面横穿岩石地层界面。CSMStrat Test #61 是一个钻遇 Lewis 泥页岩的露头探槽

翼的泥岩封闭组合在一起。同时，位于剖面南部的东—西走向的 Cherokee 凸起可能会形成 Dad 砂岩构造圈闭。另外，深水沉积 Dad 砂岩、Fox Hills 滨岸和浅海相砂岩储层都是勘探有利目标。

多年以来，Lewis 泥岩一直是次要的勘探目标，有时候钻穿该层到达下伏含气层 Almond 组时，也对此层进行测试（见图 11.34）。在过去几年里，对 Lewis 泥岩中天然气的勘探已经显著增多，其中部分原因在于南部储油砂岩的潜力巨大（图 11.34 和图 11.35）。基于 Lewis 泥岩建立的层序地层格架构成了一个完整的油气系统，包括生油岩层（Asquith 标志层）、储集岩层（Dad 砂岩，盆底扇和具天然堤的水道沉积）、盖层（泥岩和黏土岩）以及圈闭（构造圈闭和地层圈闭）。

11.3.2.2 研究实例 2：深水储层露头类比——新西兰中新统 Mt.Messenger 组高分辨率层序地层学研究

实例 2 是关于新西兰的 Mt. Messenger 组。在全球处于相对海平面较低和海平面升高早期，该套地层沉积在一个盆地斜坡位置（图 11.36）(Browne 和 Slatt，2002)。一套清晰的生物地层沉积物指示沉积时水深超过 600～1000m，其时间间隔超过 1Ma，因此这是一个三级层序地层旋回。岩层沿着一条 10km 长的悬崖面缓倾（图 11.37），约有 600m 厚（1800ft），是一套完整的低位体系域（Diridoni，1996；Browne 和 Slatt，2002）。

沿着露头面发育四个独立的盆底扇砂岩，在它们发生尖灭接触到斜坡泥岩之前，可以向内陆追踪数千米（三维空间）（图 11.38）。沿着悬崖面，四套砂岩覆盖在切蚀下伏泥岩的侵蚀面之上（图 11.39A）。据推测这些砂岩解释为三级旋回的相对海平面下降期沉积形成。每个砂岩单元向上逐渐减薄并夹有泥灰岩（图 11.39B），然后变为含有丰富微体动物群的厚层的层状泥灰岩（图 11.39C），这些泥灰岩解释为四级海侵—高水位时沉积，形成在该时间段内较少碎屑沉积物在盆地中发生沉积。因此，这四套以剥蚀面为底界的砂岩（图 11.38）是一个三级旋回下降期的四级低位体系域沉积，而这个三级旋回被至少 3 期复合的三—四

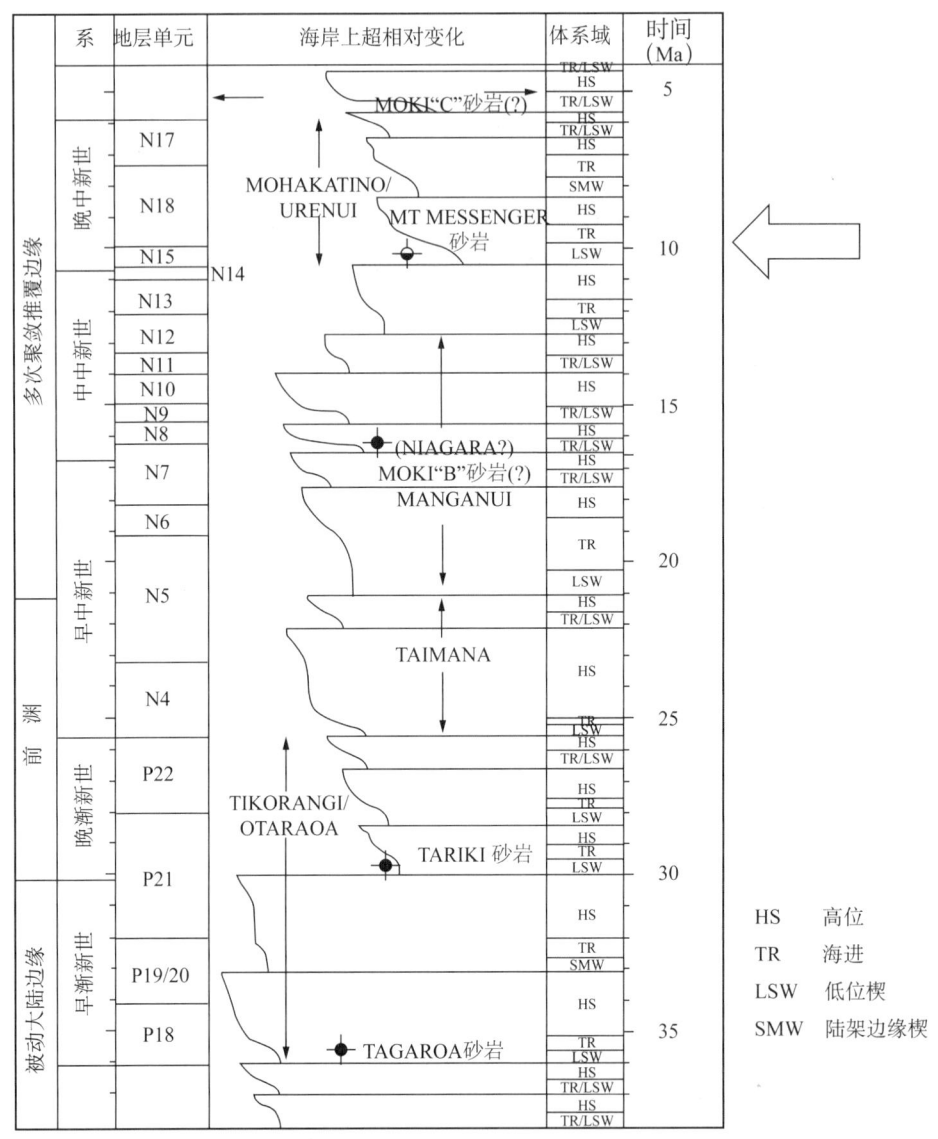

图 11.36 澳大利亚 Carnarvon 盆地的海岸线变化图与图 10.30 中 Haq 等（1987）的相对海岸上超曲线对比（《科学》杂志允许再版）

级静水位期高位期分隔。而这个沉积史可能与之前图 11.22 中的综合相对海平面曲线上的时间段 3—5 有些类似。

这个实例的重要性在于这些泥灰岩的出现，它们大范围地沉积在海底。广泛分布的细粒海侵—高水位深水泥灰岩在墨西哥湾深水区等区域普遍存在（图 11.31）。在类似的勘探区域，这些泥灰岩是绝佳的潜在标志层，可以推测沉积环境与沉积年代（见第 4 章）。在相似储层中，这些泥灰岩可能是砂岩之间的垂直隔夹层，同时，它也是非常好的标志层。

11.3.2.3 研究实例 3：科罗拉多州 Hambert-Aristocrat 油田白垩系 Terry 砂岩滨面准层序组的高分辨率层序地层学研究

在第 8 章中，在 Hambert–Aristocrat 油田 Pierre 泥岩中的 Terry 砂岩段中可识别出 7 个地层段（标记为 A—G，图 8.22）。Terry 砂岩被描述成"一系列的退积滨岸准层序"。在这

图 11.37　新西兰北岛 Taranaki 海岸中新统 Mt.Messenger 组和 Urenui 组的露头

文中所提到的一口勘探井和两口研究井的位置已在图中标明。低位体系域的组成部分(盆底扇、天然堤—水道充填及前积复合体)沿垂直的悬崖分布。岩层向右下方约倾斜 5°。Mt. Messenger 组已被 Browne 和 Slatt 描述过 (2002)

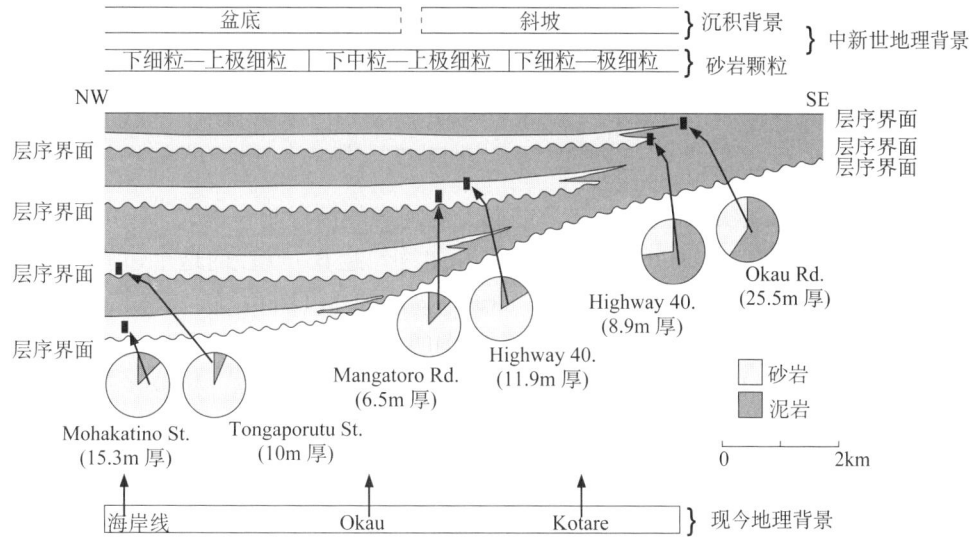

图 11.38　沿悬崖面(图 11.37)出露的四个盆底扇砂岩(黄色)和分隔每套砂岩的泥灰岩分布 (Mt.Messenger 组由 Browne 和 Slatt 描述；经 AAPG 许可再版)

里,该准层序组是在一个层序地层格架内描述的。

A 段是泥岩,代表着广海陆棚沉积。在油田的西面,存在突变砂岩,代表 B 砂岩段,它上覆于 A 段(图 8.22)。但是,向东这套砂岩逐渐变为下伏的广海陆棚泥岩(对比 8.23 和图 8.24)。图 8.10 和图 8.14 中两个测井曲线模式说明在一个准层序形成期里,向海方向发生相变。在测井曲线模式图和岩心描述图的基础上(Slatt,1997),这个准层序向西确定了一套上滨面砂岩,它向东(古盆地方向)变为下滨面沉积到浅海陆棚沉积(图 8.10)。类似的侧向测井曲线模式也出现在 C 段到 G 段(图 8.22),尽管不是所有的测井曲线都一致。准层序 B—G 中每个岩层段都被海侵泥岩或密集段/洪泛面分隔。通过在剖面上确定古向陆

图 11.39 Mt. Messenger 组露头照片

(A) 盆底扇 (bf) 上覆在之前的高水位泥岩上 (hs)。红色虚线标记了 4 级层序边界。更新世的河流阶地沉积 (Pl) 上覆在 Mt.Messenger 组上。阶地沉积的底部由黑色虚线标记。(B) 灰质泥岩 (m) 上覆在薄层砂岩（暗色）和灰质泥岩 (i) 互层之上。薄砂岩层解释为远端的盆底扇沉积，而厚层灰质泥岩 (m) 解释为一套 4 级海侵体系域沉积。(C) 砂岩（暗色）和灰质泥岩薄互层向上变为厚层灰质泥岩的特写。注意一些薄砂岩发生侧向尖灭（图中的人为比例尺）

的箱状测井模式（上—中滨面）与古向海的向上变纯净的渐变测井模式（下滨面或者浅海陆棚）之间的界面，并以工区 100 多口井的测井曲线勾绘 B—G 段的这个边界，可以证明这个边界与所有连续的、较年轻的准层序一同逐渐向陆迁移（图 8.25）。

在准层序组向陆迁移的基础之上，图 11.40 阐明了 terry 砂岩段沉积历史。准层序与亚旋回曲线暂时相关（图 11.20），也说明最先是一次相对海平面下降，接着是一套被不整合面侵蚀的泥岩（准层序 A），其上覆为上滨面地层（图 8.9、图 8.13 和图 8.14）。随后的准

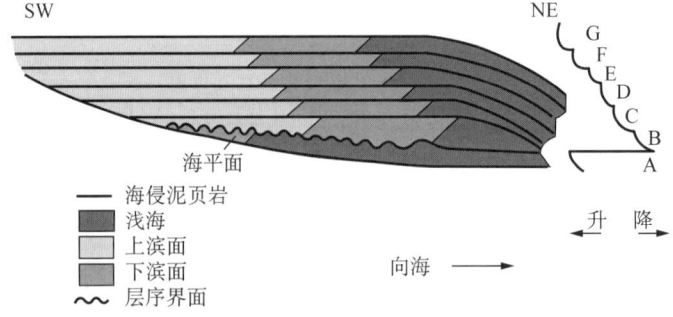

图 11.40 Terry 砂岩准层序组的沉积示意图（据 Slatt，1977 年；经 SEPM 墨西哥湾分会许可再版）

准层序 B 的底部西南方向（古陆向）受到侵蚀，而东北（古海向）逐渐被陆架泥岩上覆。每一个后继的准层序都向陆迁移，共同形成一个退积的准层序组（图 11.1）。这个准层序组是由一个相对海平面上升期的低频旋回（3 级？）和 6 个海平面先迅速上升（海侵泥页岩沉积）随后相对稳定（单一滨面准层序的进积）的高频旋回（4 级？）形成的

层序首先为相对快速海泛形成的陆架沉积和泥岩密集段，然后是相对静止海平面和向盆地进积形成的滨面和浅海沉积地层。准层序的延伸范围逐渐减小，因此形成了一个总体由一系列高级别的（进积）准层序组成的（即退积型准层序组，图 11.13）低级别的海侵体系域（准层序组）。

通常就储层表征和生产动态而言，沉积史的重要作用包括：

洪泛面/密集段泥岩可能在横向上延伸较远，而成为准层序中砂岩之间的垂向遮挡。

在任何一个准层序中，储层质量存在向海变差的趋势（通过孔隙度和渗透率的降低表现出来），正如在第五章中所讨论的一样，这是由于向海净砂岩逐渐减少（可能由于砂岩粒度减小）（比较图 8.23 和图 8.24）。

同时，在这个退积准层序组中每一个准层序的净砂岩和储层质量会向上减少或变差，这正如图 11.13 所阐述的以及第 5 章所讨论的一样。

11.3.2.4 研究实例 4：俄克拉荷马州宾夕法尼亚的 Glenn Pool 油田与堪萨斯州 Southwest Stockholm 油田下切谷储层的高分辨率层序地层学研究

在第 6 章，位于美国俄克拉何马州的 Glenn Pool 区油田被认为是一套复合的河流相沉积，由下部的辫状河流相与上部曲流河流相组成。储层的质量受沉积相控制，质量较好的储层出现在辫状河流相中（图 6.48）。Kerr 等（1999）及 Ye 和 Kerr（2000）把沉积相分布在一个层序地层格架中进行研究。下部的辫状河流相是一个非海相的低位体系域。粗粒地层在一个位于下切谷内的广阔区域中沉积，其底部是一个区域性的层序界面。在早期的海平面转换和相对海平面上升期间，河流体系的能量减弱，而细粒富泥质的曲流河/洪泛平原在辫状河流相之上发生沉积。因此，地层的垂向变化样式、连续性及储层质量受控于一个或多个海平面波动过程中的主要沉积过程。这个例子中辫状河相（它构成一个低位体系域）是相互连通并具有最好质量的储层（图 6.48）。曲流河相（一套海侵体系域）沉积在低能量的富泥洪泛平原之上，因此储层的连续性和连通性以及储层质量都不够好。实质上，这套储层由两套非常不同的构型要素组成，每一套都有自己的生产特征。

在第 6 章中，Southwest Stockholm 油田被描述为由两个下切谷充填相组成，一个是低渗透率的河口湾相，一个是高渗透率的河流相（见图 6.43 和表 6.3）（Tillman 和 Pittman，1993）。在相对海平面下降期，河谷下切，而在海平面转换早期，河谷部分以河流沉积物充填，随后以河口沉积充填，此后海平面升高足够大时，河谷以半成水与成水充填（图 11.15）。河流沉积物上覆于河口湾沉积物的事实指示存在不只一期海平面波动/变化事件。正如第 6 章指出的一样，单独的测井模式不能反映两种沉积相中净砂岩的显著差别，而渗透率随净砂岩数量级不同也发生变化。再有，这个油田中有两套不同的储层构型要素和储层类型，每一个都可能有自己的生产特征。

11.4 小结

层序地层学是在年代地层格架内研究沉积岩的相互关系的一门学科。该学科研究现在已经很成熟，从 Payton（1977）在其发表的里程碑式的著作中提出地震地层学的概念到其应用，这门学科的发展已经超过了 30 年。层序地层学的研究为勘探开发时预测储层、烃源岩及盖层的时空分布特征提供了有力的工具，也是预测油气勘探与储层规模的有力工具。

层序地层是在不同的时间尺度的（从亿万年到数千年）相对海平面变化旋回中沉积形成的（从高位到低位，反之亦然）。这些在时间和空间上的旋回叠置提供了可以预测的、从陆地到深海环境的地层模式。

许多用来识别地层样式及其所包含的沉积相的标准已得到确认。一旦识别出一个重要的年代地层界面并绘制成图（地震测线、测井曲线，或是露头），就可以确定层序地层格架，这个界面上、下的沉积相都可以进行预测。储层、烃源岩和盖层也能够在时间（地质和地震）和空间上进行预测。

高分辨率准层序由侧向上连续的泥岩、侧向与垂向上储层质量和连续性发生变化的砂岩组成，它对储层生产动态有重要影响。因此，通过层序地层分析，在油田中应该尽早识别这些高分辨率层序。

本章中所列举的四个研究实例是用来说明层序地层学如何在河流、滨岸及深海储层（在前面章节探讨的）中进行应用。

第12章 油藏勘探开发综合表征实例：印尼南苏门答腊盆地 Jabung 区块 Betara 东北部油田

本章列举了一个用多种数据资料进行储层表征的例子，包括 455km² (175mile²) 的 3D 地震勘测资料、30 口井的常规测井曲线、4 口井的压力数据（重复地层测试、RFT 和模块动态测试、MDT 数据）、常规取心和井壁取心、2 口井的地层成像（FMT）测井以及一些关于地球化学、生物地层学、岩屑描述、油藏流体分析/PVT、钻杆测试（DST）数据等相关报告和数据（中油国际，1998a—d）。本章所列举的油田是 Betara 东北部油田，位于印度尼西亚南苏门答腊盆地北边的 Jabung 区块（图 12.1），区域地质和构造历史已由 Suta（2004）详细描述。

Betara 东北部油田位于东北部走向边界断层以北基底隆起地段，该边界断层将该油田与南部的 Gemah 油田分开（图 12.2）。北部的正断层为该油田的北部边界。该油田在西部以一个逆断层为界，在东部以一个重新活动的正断层为界，该正断层长 25km（15mile），横跨 Betara 东北部油田，向南到 Gemah 油田延伸了 6km（4mile）（图 12.1）。倾向相同的背斜为 Betara 北部油田和 Gemah 油田的油气聚集提供了有效的圈闭条件。

在 Jabung 区块，包括 Betara 东北部油田，主要生产层段为渐新统的 Talang Akar 组下段，可分为两个主要的相：下部的砾石质、粗粒辫状河砂岩相和上部具泥岩夹层的细粒砂质曲流河相。这两个相被连续的泛滥平原或海相泥岩分隔开来。烃源岩包括 Talang Akar 组的煤以及下伏湖相的 Lahat 组的层内泥岩。

12.1 Betara 东北部油田的发展历史

Betara 东北部油田目前由在印尼的中国石油国际（以前是 Devon 能源公司经营，该公司在 Santa Fe 能源资源公司获得经营权之后成为作业者）公司代表马来西亚石油公司和印度尼西亚国家石油公司经营。该油田面积 138km²（34000acre），是 Jabung 区块里最大的油田，呈北西走向，沿 Betara 北部油田向北延伸、沿 Gemah 油田向南延伸（图 12.1，插图）。

1971 年，Betara-1 井钻遇到较薄的下 Talang Akar 砂岩，在构造的顶部有油气显示，但这口井没有测试就放弃了（图 12.2）。1995 年，根据新的 800km（500mile）二维地震数据显示，在 Betara-1 井的下倾方向所钻遇到 NEB-1 是沿着 Betara 基底隆起的侧翼（图 12.2）。NEB-1 井正好钻遇到总厚达 81m（266ft）的八个独立的下 Talang Akar 段砂岩，其中的 36m（117ft）是净含油气砂层。通过对三个不同砂岩体的开发试验研究发现综合生产速率是日产 $18.22 \times 10^6 \text{ft}^3$ 天然气和 432bbl 凝析油。1996 年，向南上倾方向所钻的探边井 NEB-2 钻遇了 14m（42ft）厚的净气层，为两套砂体，试油结果为日产 $12 \times 10^6 \text{ft}^3$ 天然

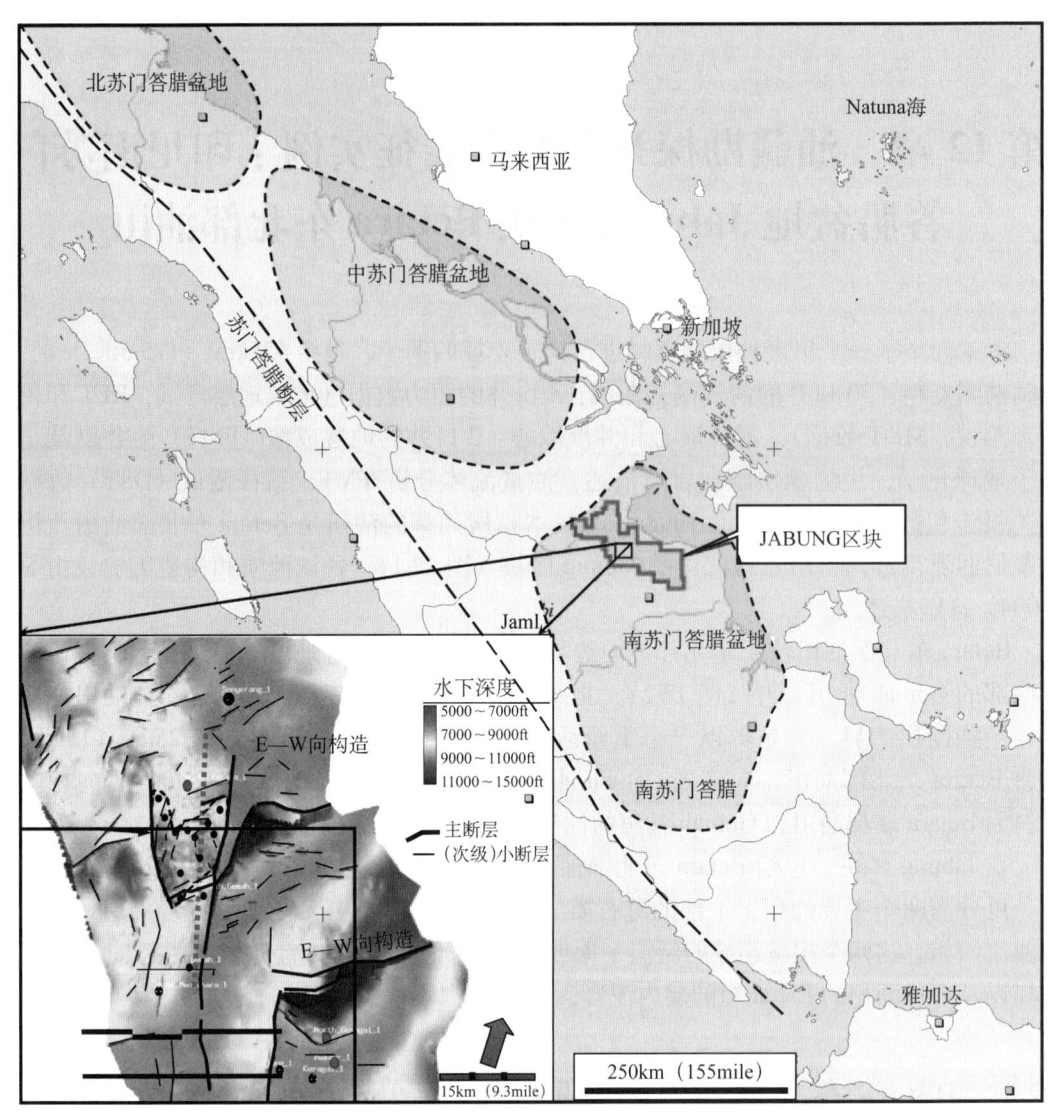

图 12.1 苏门答腊岛和相关盆地的区域位置图（据 Suta 等；2000）

本次研究重点是位于 Jabung 区块的油藏，包括 Betara 东北部油田，该图是基岩 3D 顶面深度构造图，Betara 复杂构造与其埋深息息相关

气和 207bbl 凝析油。1995—1999 年，在 Betara 东北部油田钻了 10 口井来确定边界。其中 5 口井钻遇了气顶下方的油环，证明了 Betara 东北部油田不像最初所设想的只有天然气。1999—2000 年，采集并处理了 455km²（175mile²）的 3D 地震资料，该 3D 资料采用全覆盖 20m（66 ft）的地震反射面元，并利用地震解释结果指导了水平井 NEB-11 井的钻进。

12.2 油田特征

12.2.1 总储层厚度

本区所进行的 3D 地震勘测旨在反映 Betara 东北部、Gemah 与 Betara 北部油气田下

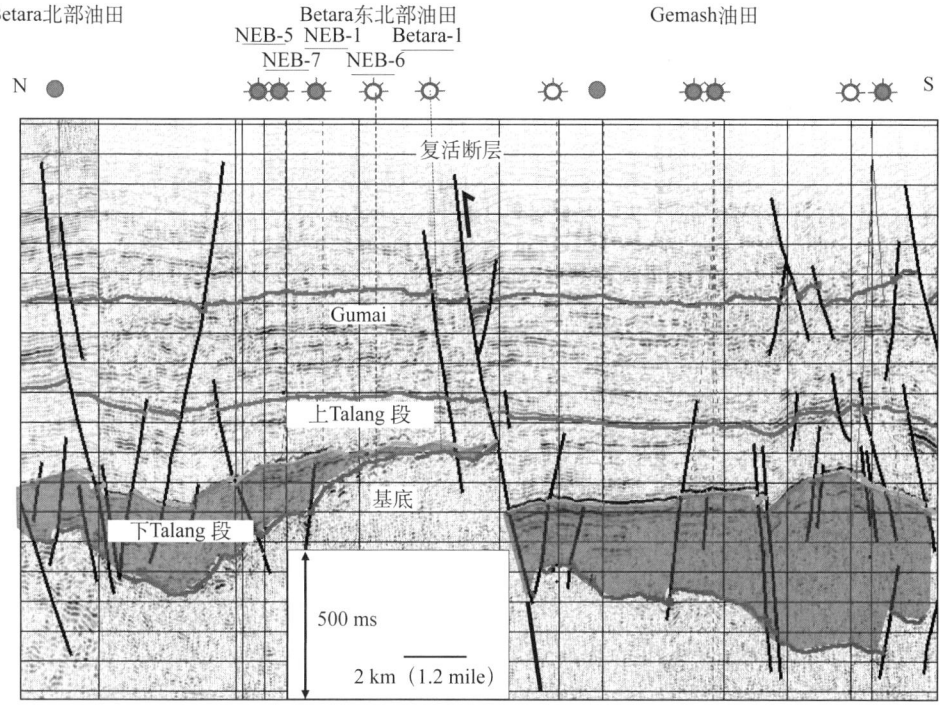

图 12.2 北—南区域地震剖面

南部，Betara 东北部油田以一条东北到西南走向的古复活断层为边界，该断层将 Betara 东北部油田与 Gemah 油田分开；北部，以一个构造洼陷为界，将 Betara 东北部油田与 Betara 北部油田分开

Talang Akar 段的储层情况（图 12.2），并运用 IESX 3-D 和 CPS-3 软件进行解释和成图 (Geoframe 斯伦贝谢公司)。利用从研究区及周围地区所得到的 18 次（时深）地震检炮勘测得到该区的时深曲线。

由于沉积岩和花岗岩基岩之间的高波阻抗差，使得基岩上部（下 Talang Akar 段基底）是很容易成图（图 12.3A）。该套地层的顶面深度在 1300～1600m（4400～5400ft），油田中部向北微倾 1°～2°，而在北部边缘大约向北倾 4°（图 12.3B）。最低的海拔为 1800m (5800ft)，地层顶面是鞍状构造——将 Betara 东北部油田和北部油田分开（图 12.3B）。向南方向，由于一系列的油田边界拉伸断层，地层倾角很陡，这些断层将该油田与南部的 Gemah 油田分开。

正如绘制基岩顶面到地层顶面深度图一样，下 Talang Akar 段在东南部（超过 900m，3000ft）和北部区域（1200m，4000ft）最厚（图 12.4）。总储层厚度从南部 Betara-1 井的 30m（100ft）到东北部 NEB-7 井的 218m（715ft）不等。沉积物向北—东北部逐渐加厚，并集中了大多数石油和天然气储量。由于发育一系列老的生长断层，储层厚度由在油田南部边缘的 NEB-8/8St 井突变到 200m（600ft）以上。共计 200m（650ft）的烃柱发育在 Betara-1 井的 1428m（4685ft）处的储层顶部和北部 NEB-10 井实钻的已知最低油层边界之间。

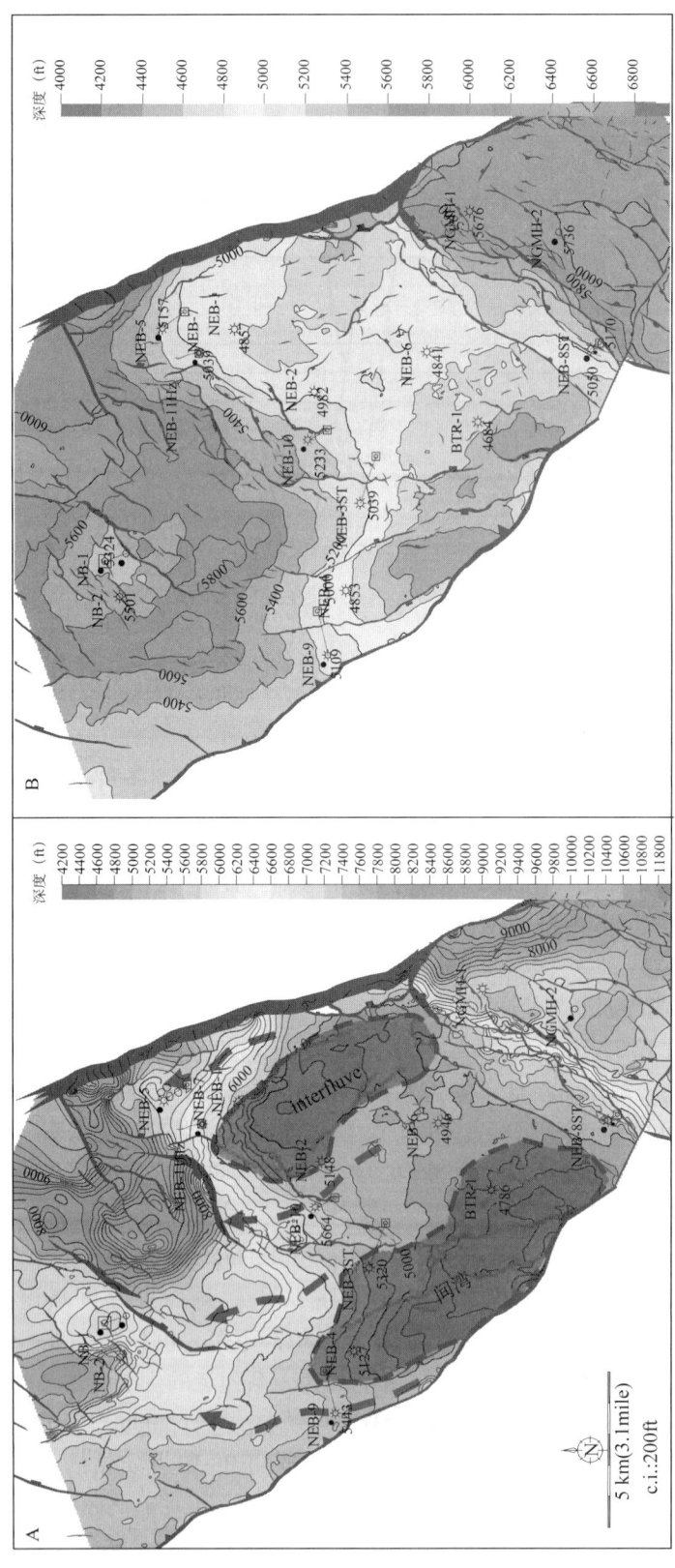

图 12.3 (A) 底部油藏的深度构造图 (花岗岩基底顶部), 红色箭头代表古凹陷 (凹部) 的排烃方向, 这些古凹陷里可能里可能沉积好的砂岩; (B) 下 Talang Akar 段顶面深度构造图

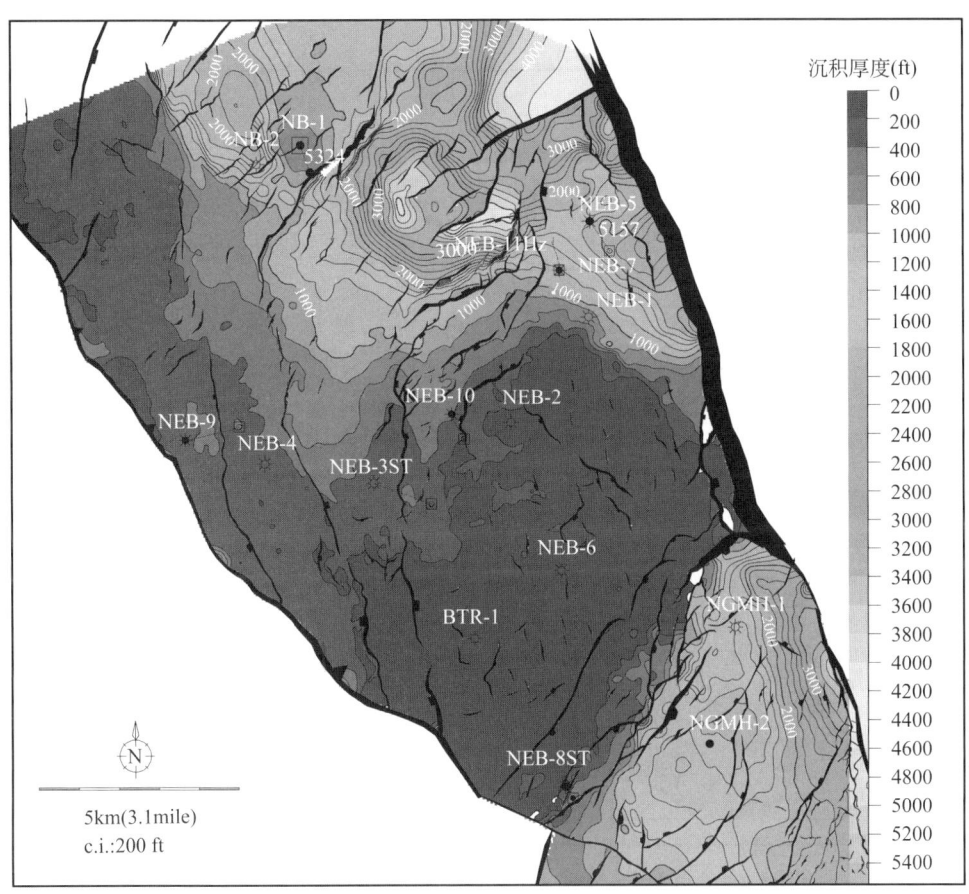

图 12.4　下 Talang Akar 段的等厚图（下 Talang Akar 段总沉积厚度）

12.2.2　沉积相、物性及其分布

12.2.2.1　下部辫状河流相

下部储层的地震振幅是连续的。下部储层层段的等厚图是通过上下分界面的地震绘图资料值相减得到的（图 12.5A）。等厚图上显示 NEB-5 井以北的厚度大于 1100m（3500ft），到东南部，沉积物厚度超过 800m（2500ft）（图 12.5A），而基岩隆起地段没有沉积物。

NEB-7 井中向上变粗变纯的辫状河砂岩相的上部取心段可见（图 12.6）浅灰色、次棱角状到次圆状、粗到极粗粒石英砂岩，偶尔夹杂着一些岩屑，常含细砾和中砾。从含砾碎屑岩到深度为 1649m（5410ft）处的泥质粗砂岩构成了向上变细的岩性序列，靠近顶部发育交错层理和弱平行层理（图 12.6）。在深度 1641m（5385ft）处的薄层灰色交错层理砂岩和在深度为 1640m（5382ft）处的泥页岩和薄煤层互层，其上部在 1634m（5361ft）处有较纯较厚的砂岩（图 12.6）。最上部层段为 8m（25ft）厚的水平到交错层理砂岩和含砾砂岩（图 12.7）。

可能是由于沉积期间该区存在陡峭的盆地斜坡，辫状河流沉积相中的砂砾岩层仅仅出现在油田东北部的井中（图 12.5 和图 12.8）。到该油田的南部 Gemah 油田，盆地斜坡变缓沉积了更为均质的厚层纯净砂岩，自然伽马曲线为箱形，构成了辫状河沉积相。

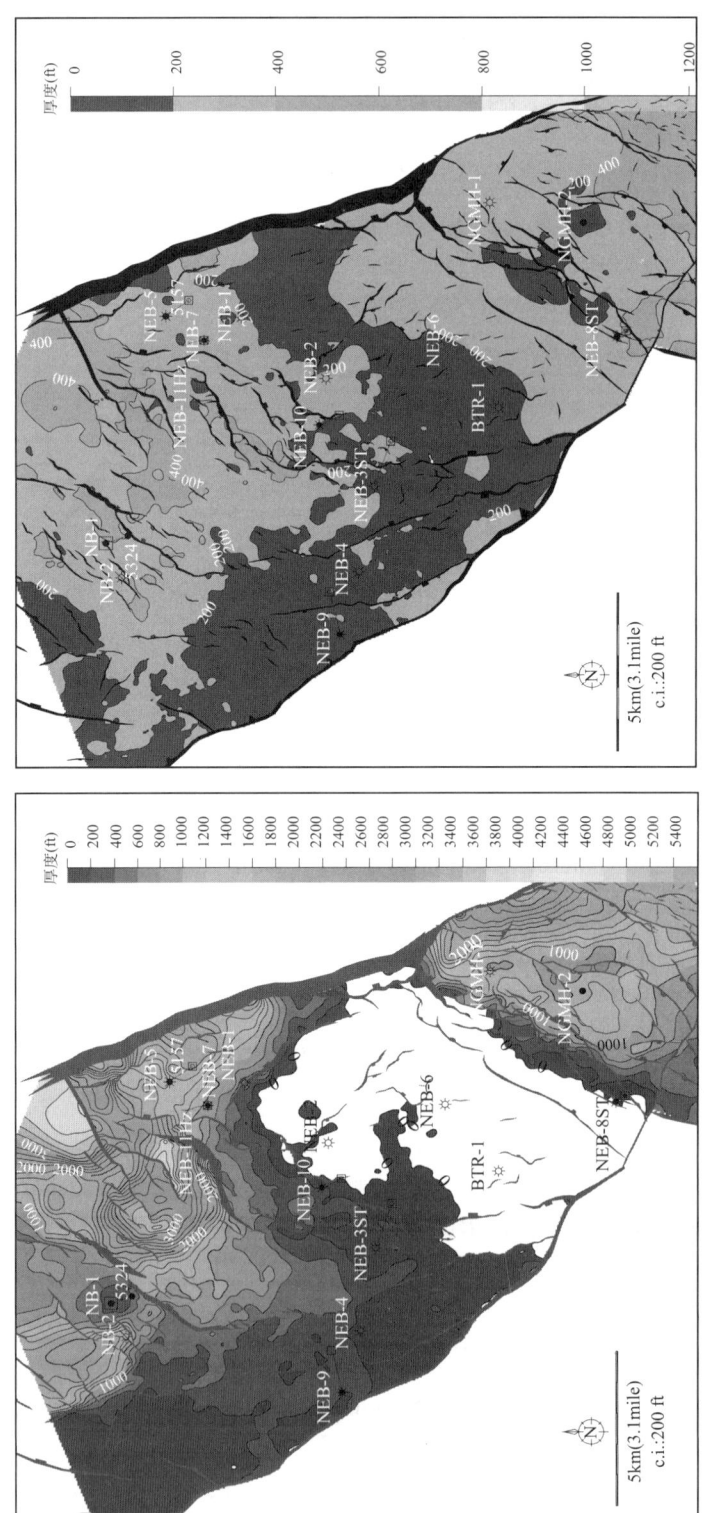

图 12.5 （A）下部辫状河相储层总地层等厚图；（B）上部曲流河相储层总地层等厚图

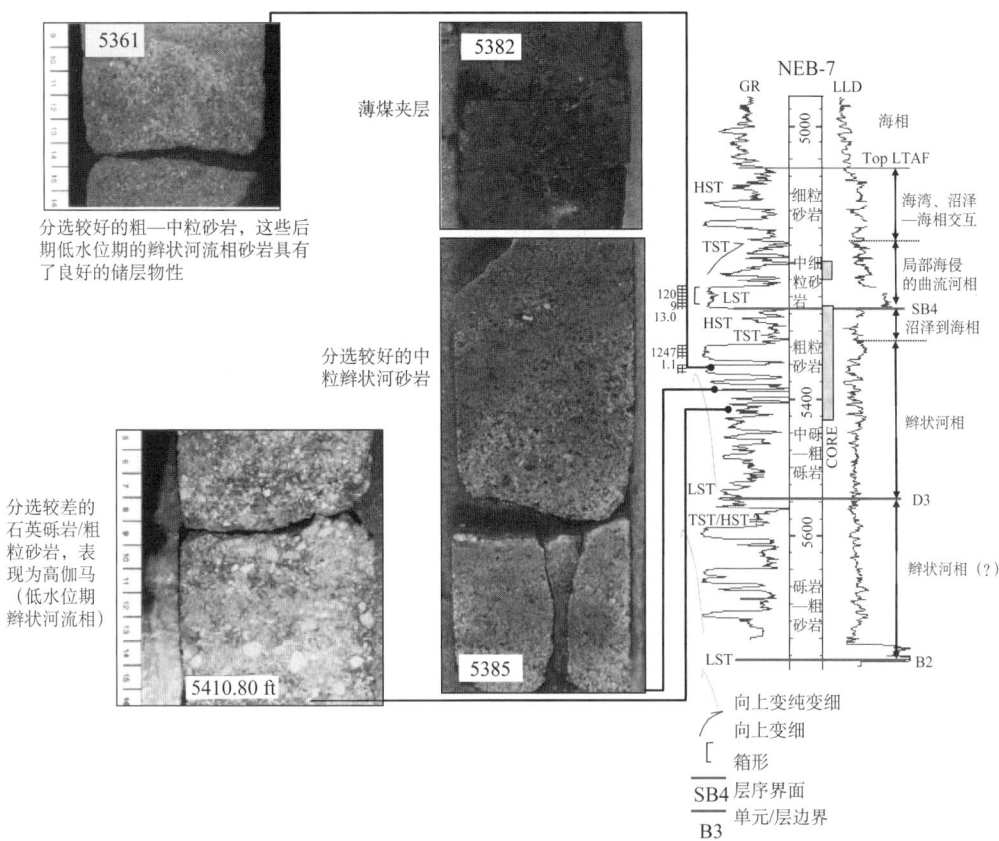

图 12.6 NEB-7 井下部辫状河流相沉积的岩心照片和测井曲线

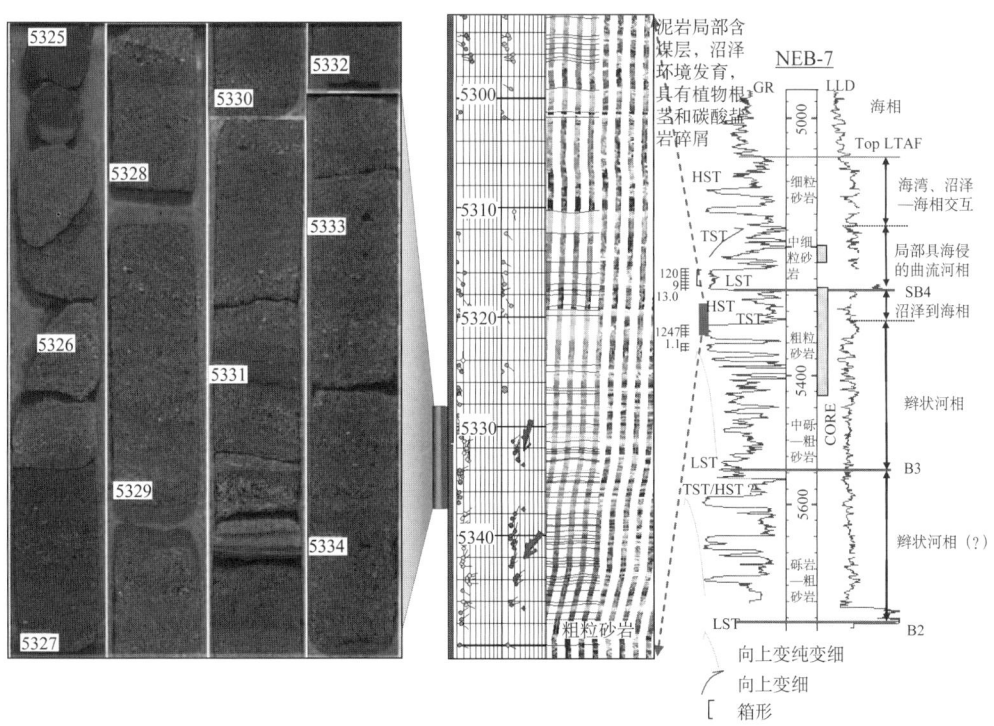

图 12.7 NEB-7 井的测井曲线和岩心

最上部为粗到极粗粒、分选好的砂岩，具有薄煤层和泥岩夹层。在这口井中的砂岩层段试油为 1250bbl/d

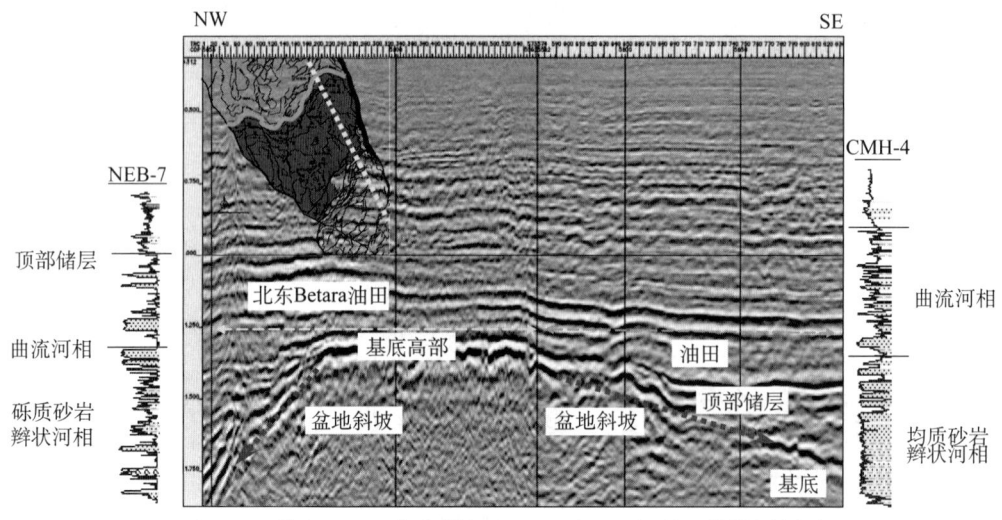

图 12.8 贯穿 Betara 东北部和 Gemha（GMH）油田的地震剖面

该剖面表明在 Betara 东北部油田的北部存在陡峭的盆地斜坡，在该斜坡发现的辫状河砾质砂岩比南部 Gemha 油田更多，在南部 Gemha 油田的辫状河相沉积在缓坡之上，含有均质的、复合厚层砂岩（小插图说明了剖面位置图）

NEB-7 井取心层段的平均孔隙度为 23%，平均渗透率高达 2.6D（图 12.9）。该层段在 NEB-7 井中试油为 1247bbl/d，在 NEB-9 井中试油为 1454bbl/d，在 NEB-1 井中对两个层段的测试总日产 $1000×10^4 ft^3$ 天然气和 220bbl 凝析油。对辫状河相上部测井资料分析表明 NEB-1，NEB-5，NEB-7，NEB-9 及 NEB-10 井的平均孔隙度为 19.6%。

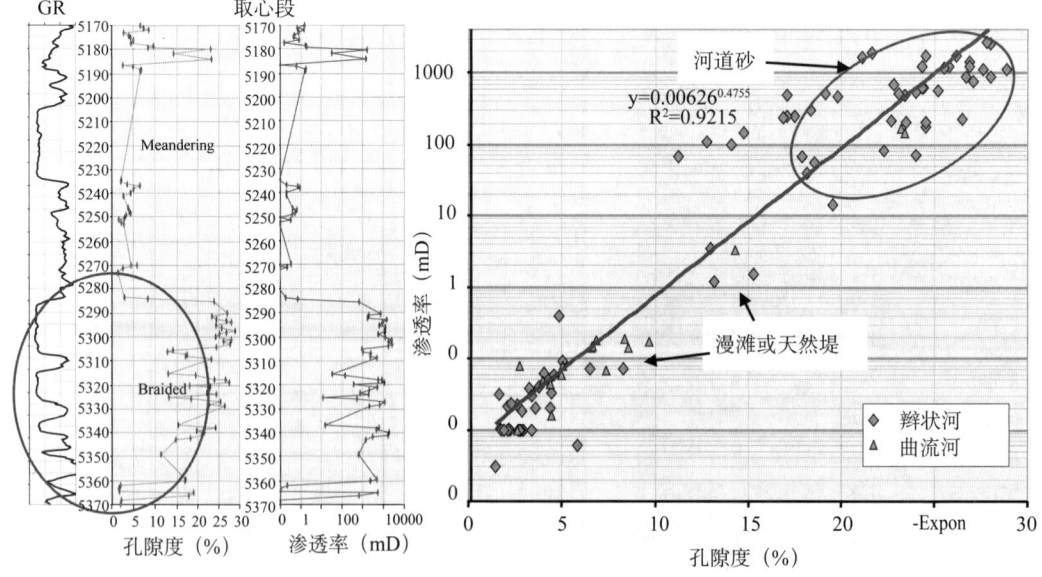

图 12.9 NEB-7 井的测井曲线和取心层段

取心层段表明下部油藏的储层物性很好，上部曲流河相有限的取心资料也表明了其具有良好的储层物性

12.2.2.2.2 泥页岩段

覆盖于下部辫状河砂岩段之上的是 15m 厚的泥页岩；在最上部，含有海相生物潜穴（图 12.10）。NBE-7 井的井筒成像测井表明有构造倾斜，泥页岩以上的砂岩向西—北西向的倾角为 1°～5°，泥页岩以下砂岩向西—北西向的倾角为 5°（图 12.10）。NBE-10 井的井筒成像测井表明泥页岩以上的砂岩向西—北西向的倾角是 7°，泥页岩以下砂岩向西—北西向的倾角是 11°（图 12.11）。在 3D 地震体中，一个中强度的连续反射层，说明泥页岩层可以作为分割上、下储层的隔层（图 12.12）。

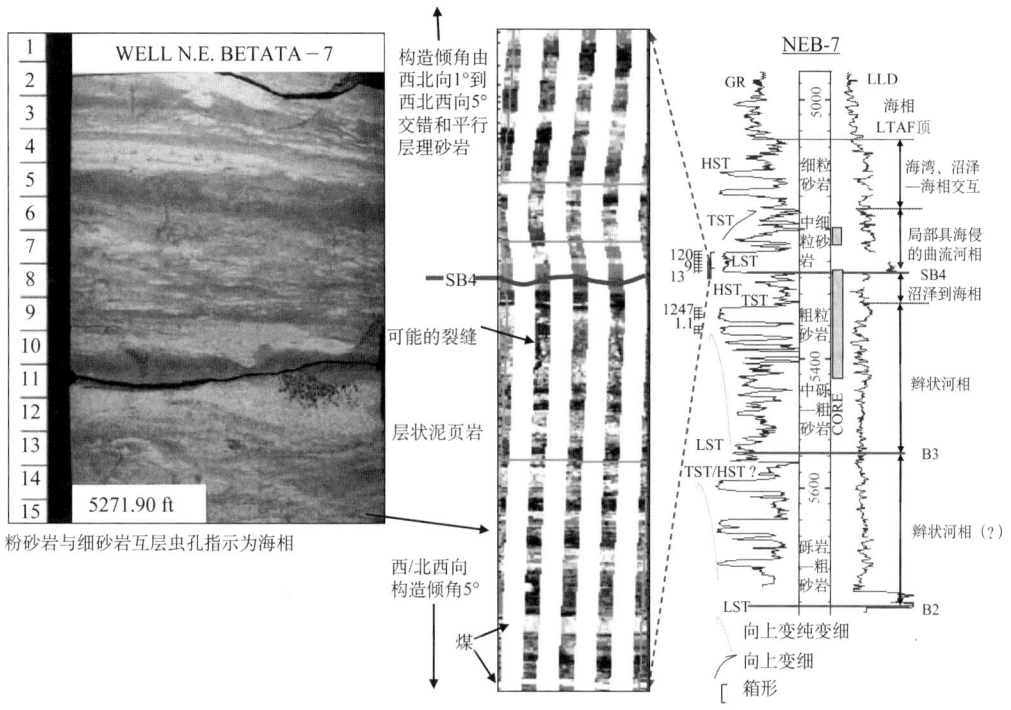

图 12.10　海相沉积岩心图片，层序边界下面为层状浅灰色页岩（SB-4）

12.2.2.3　上部曲流河相

通过地震上界定的上、下储层相边界相减得到上部储集层段的等厚线图，厚度从几米到近 150m（图 12.5B）。该油田的中部为构造顶部，即 Betara-1 和 NEB-6 井周围发育薄储层。北部的 NEB-5 井、NEB-11 水平井和 NEB-10 井以及南部的侧钻井 NEB-8 储层略微增厚（图 12.5B）。

上部曲流河相储层只在 NEB-7 井取心，该取心段贯穿一个相当薄的泥、砂层段，但是 FMI 测井却解释出了一套多层叠加的河床组成的厚层复合底部砂岩（图 12.13）。取心井段（12.14）岩性为绿—白色、中—极细粒、中等分选和胶结、结构成熟的、含有一些岩屑颗粒的石英砂岩。该段向上粒度逐渐变细，局部具有 5m（15ft）厚的交错层理到平行层理砂岩。该砂岩段与含根茎和薄煤层、碳酸岩结核以及许多垂向和水平虫孔的泥岩/页岩呈互层。

上部油藏的取心段平均孔隙度是 19%，平均渗透率是 65mD（如图 12.9）。测井平均孔隙度为 23%，孔隙度门槛值为 9%。该砂岩在 NEB-7 井测试日产 120bbl 凝析油和 $900 \times 10^4 ft^3$ 天然气，并在 NEB-5 井和 NEB-11 水平井中进行了试油。

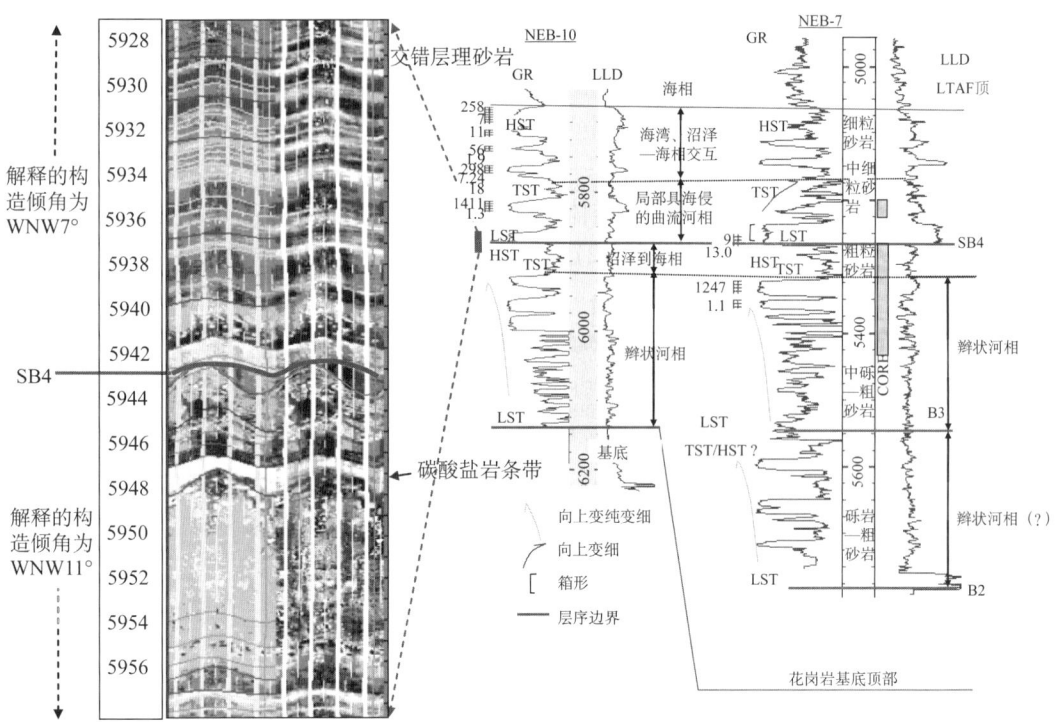

图 12.11 NEB-10 井的 FMI 说明了解释的层序边界（SB4），与 NEB-7 井的层序界面可对比

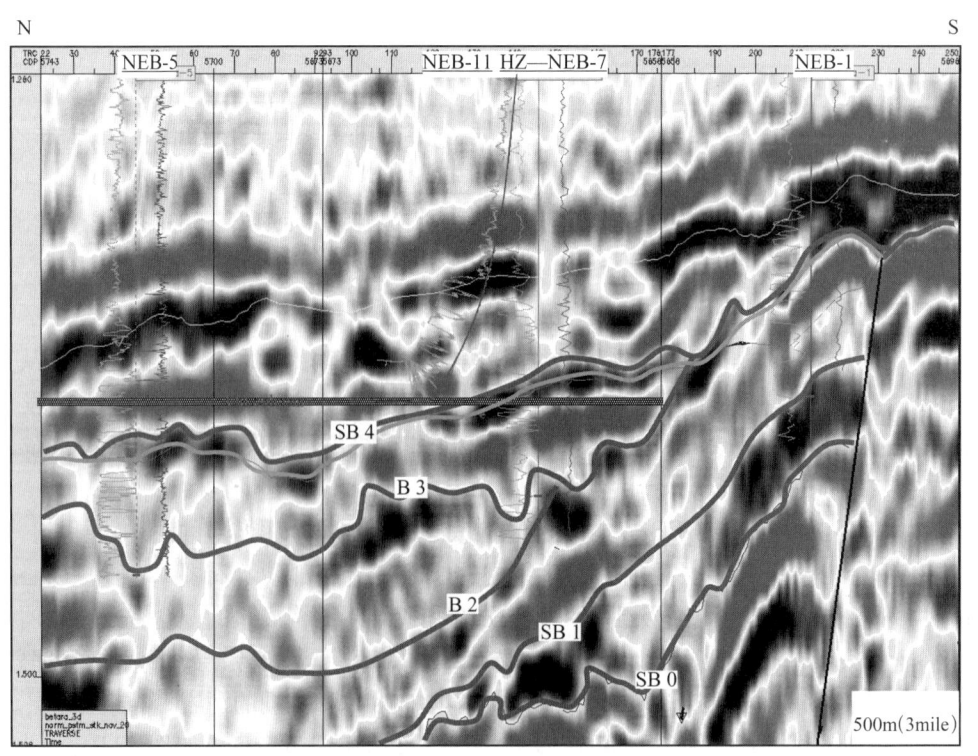

图 12.12 通过 NEB-1，NEB-5，NEB-7 井和 NEB-11 水平井的地震剖面图

SB—层序边界；B—层边界

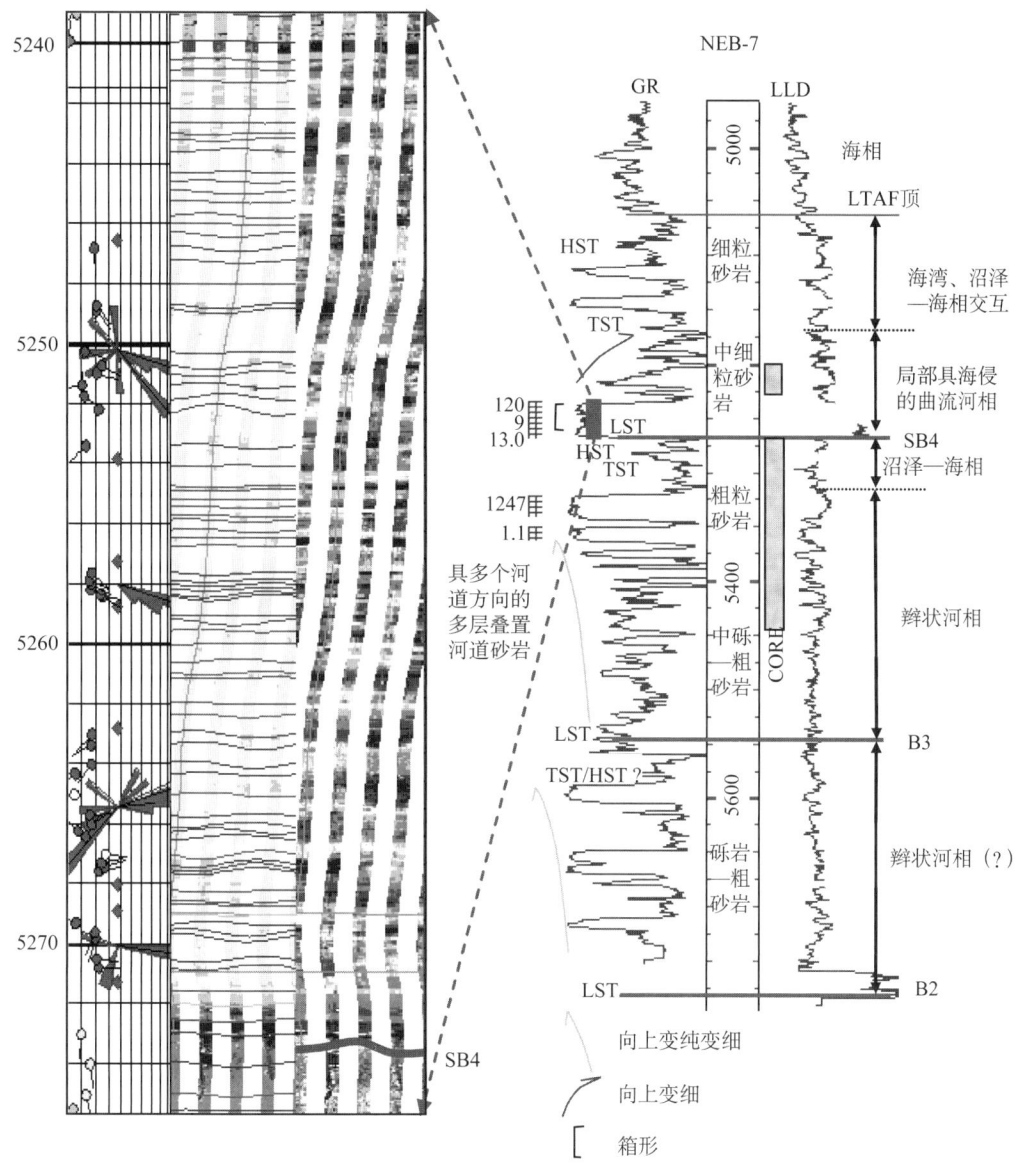

图12.13 FMI测井，曲流河相底部叠置（多层）的河道砂岩

本井钻井取心，但许多层段岩心没有收获到，该砂岩层段在NEB-7井试气并在水平井NEB-11分段试油

在上部储层顶面之下50ms的时间间隔提取的RMS振幅显示在NEB-5和NEB-7区域有一条高弯度河道带（图12.15），进一步证实了上部储层段为曲流河沉积。同一层位内地震图像上呈现的间断是同一河道带的不同部位（图12.16）。在该层内，分别在NEB-5，NEB-7和NEB-11水平井的砂岩内钻遇12m（35ft）厚的油柱。曲流河砂岩在NEB-5井和NEB-11水平井分段试油，并在NEB-7井中试气。1392ms处的层位切片图（图12.17）证明了预测的含油砂岩的横向分布的复杂性，可用于减小在计算可靠油气储量中的不确定性。

12.2.3 储层分区/分块性

正如油田构造剖面图12.18和图12.19所示，主要流体界面在整个油田中是不连续的，

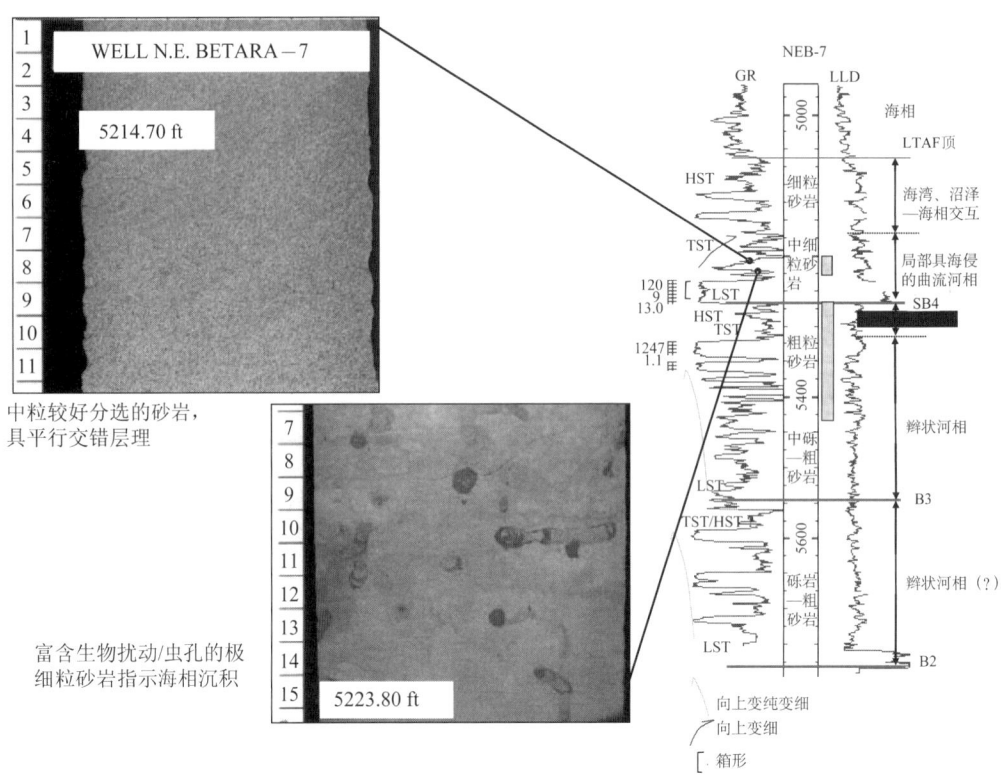

图 12.14 曲流河中—细粒砂岩岩心

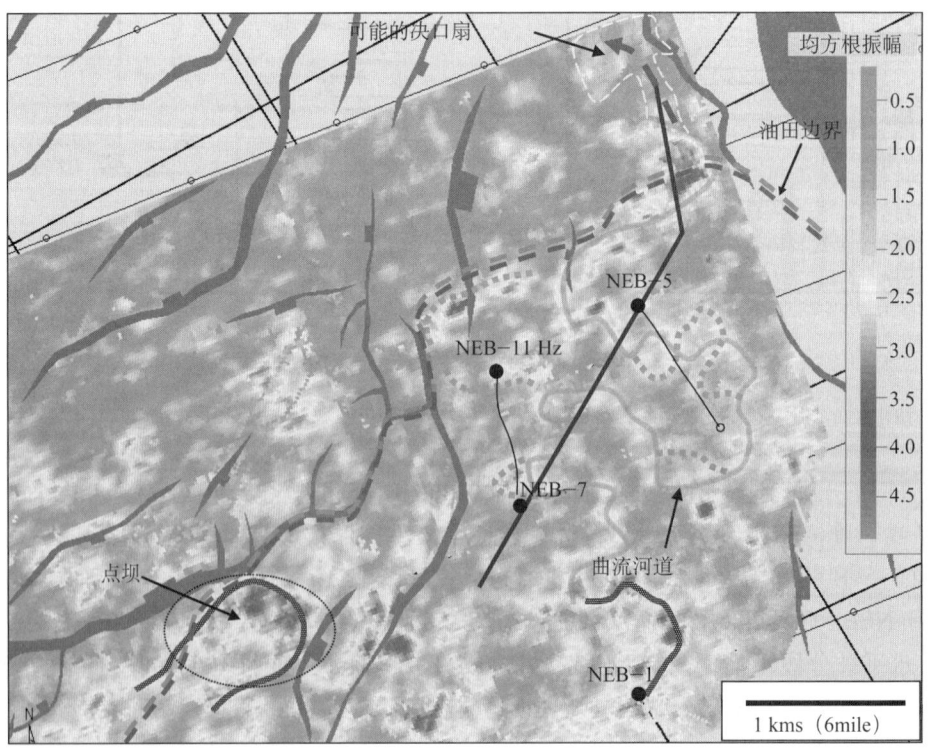

图 12.15 地震振幅显示了下 Talang Akar 段上部储层 NEB-1、NEB-5、NEB-7 井和 NEB-11 水平井周围发育的河道带振幅是从上部储层（下 Talang Akar 段的顶部）顶以下 50ms 提取的，NEB-7 井钻遇的河道和 NEB-5 井钻遇的河道有可能是同一成因单元（在一个井区内），河道的侧向分布和走向受断层的控制

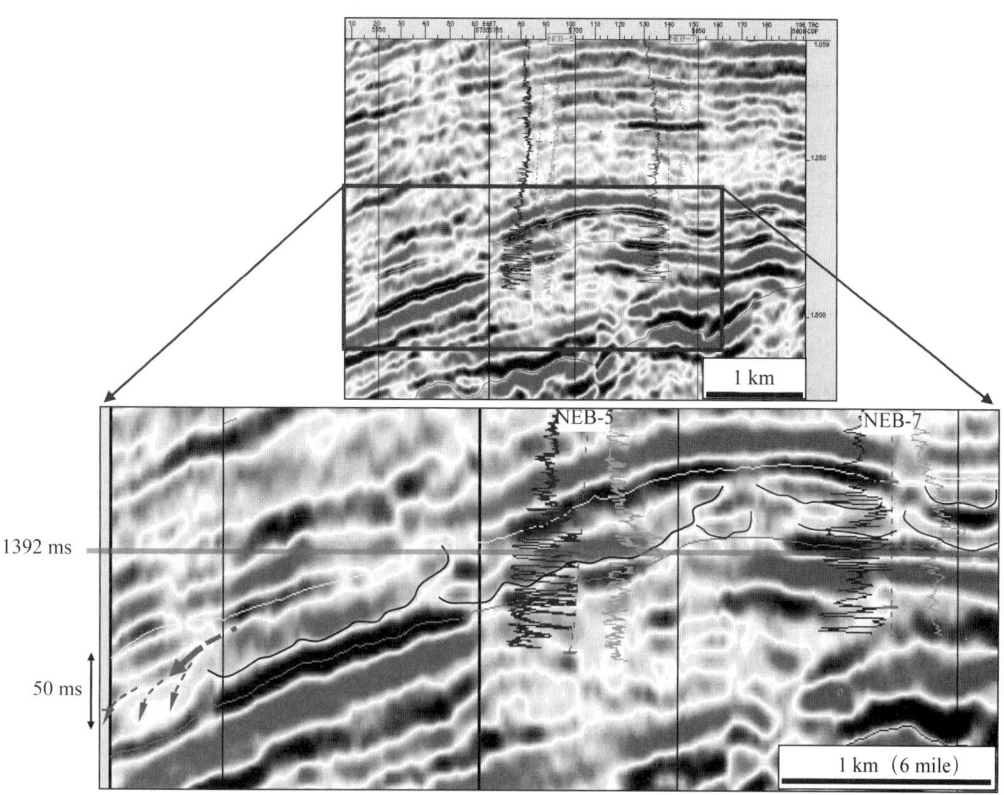

图 12.16　过 NEB-7 和 NEB-5 井横切高弯度河道带的地震剖面（图 12.14）

红色箭头（左下部）可能指示决口扇，绿色线代表约 1392ms 处的油环，黑实线代表解释的河床

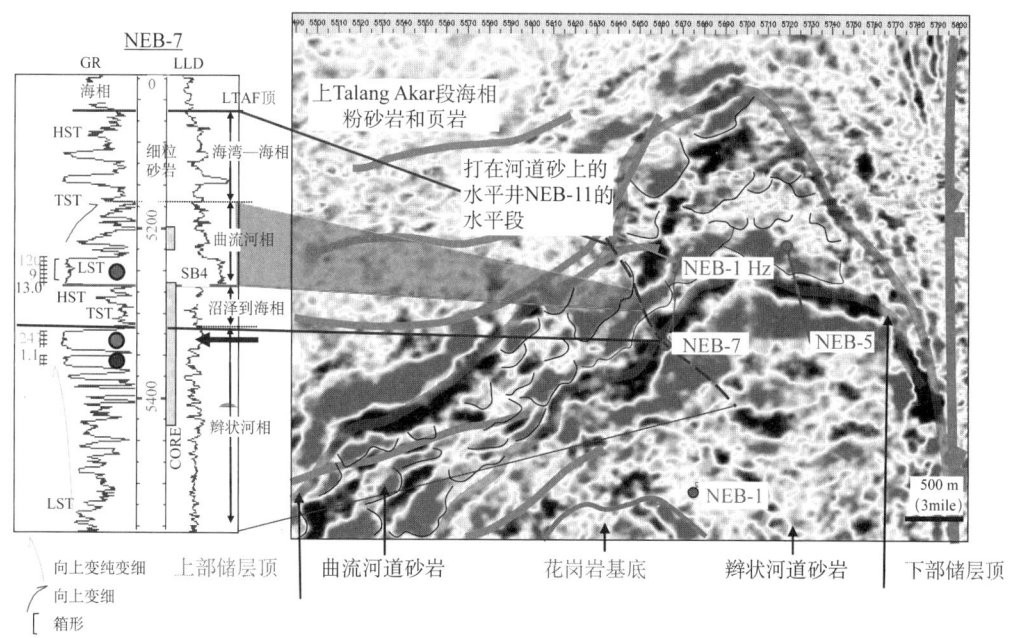

图 12.17　双程传播为 1392ms 处的地震时间切片上强振幅在 NEB-5 井和水平井 NEB-11 水平段区显示为含油的曲流河道砂岩，在 NEB-7 井区为含油的辫状河砂岩

振幅"地震地下露头"特征与 Betara 东北部油田测井具有相关性。强振幅代表曲流河（上部储层）河道带和辫状河相（下部储层），可以推测曲流河道带明显的河床（细黑线），灰色线代表断层

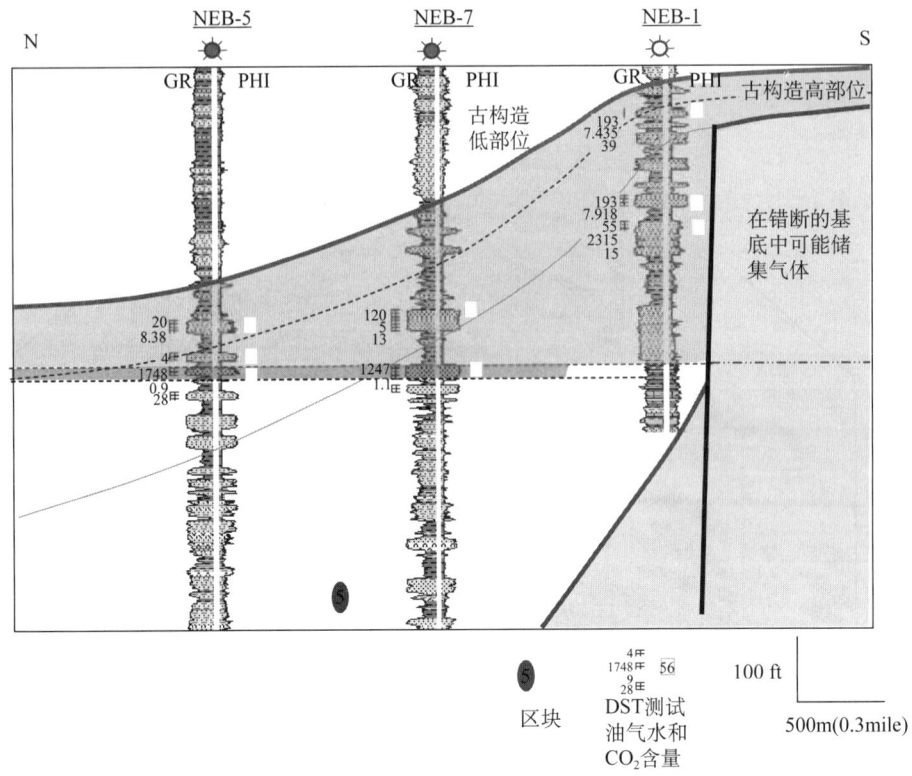

图 12.18 南北向构造剖面，区块 5 中的井表现出相同的流体界面和 CO_2 含量

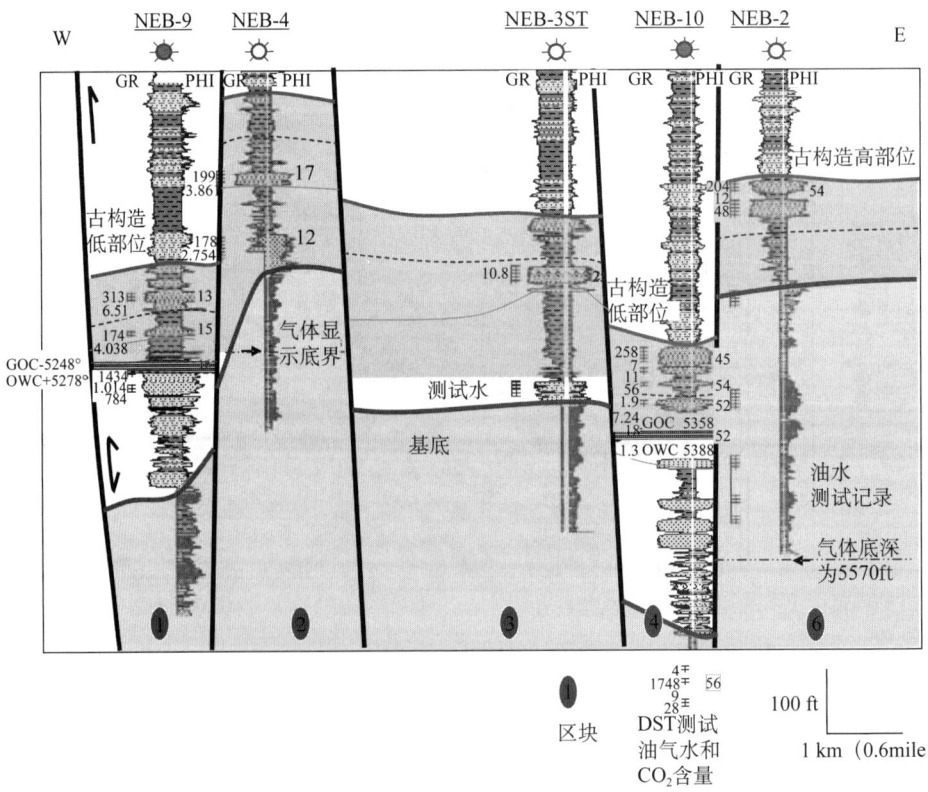

图 12.19 东西向构造剖面，显示不同储层区块的流体分布

表明该储层在构造上具有分区性。从钻杆测试（DSTs）中得到的垂向流体分布信息（图12.20）表明：在同一构造高度上的油气同时出现，同时在油的下倾方向也有气出现，这些都进一步表明了储层在空间上是彼此分隔的。根据断层信息，该区储层可以分割成7个区块（图12.21）（Saifuddin 等, 2001），例如，NEB-9井（区块1）和NEB-10井（区块4）中的气油、油水界面深度与NEB-5井和NEB-7井（区块5）中的不同（图12.19和图12.21）。

井中二氧化碳的分布也是分区块的（图12.19和图12.22）。二氧化碳的浓度向西逐渐减小，这一趋势说明二氧化碳来源于东部并向西部运移。井中二氧化碳的浓度在垂向上没有变化。

区块划分主要是受构造断裂和后期复活断层所控制，沉积物在伸展盆地凹陷中沉积。例如，砂质沉积相易分布在NEB-1，NEB-5，NEB-7，NEB-9和NEB-10井的地堑处（图12.20和图12.21）。初期的1，2，3，4和5南北向断块（图12.21）决定了在伸展构造阶段沉积物的一般特征，如几何形态、宽度、厚度和方位等。

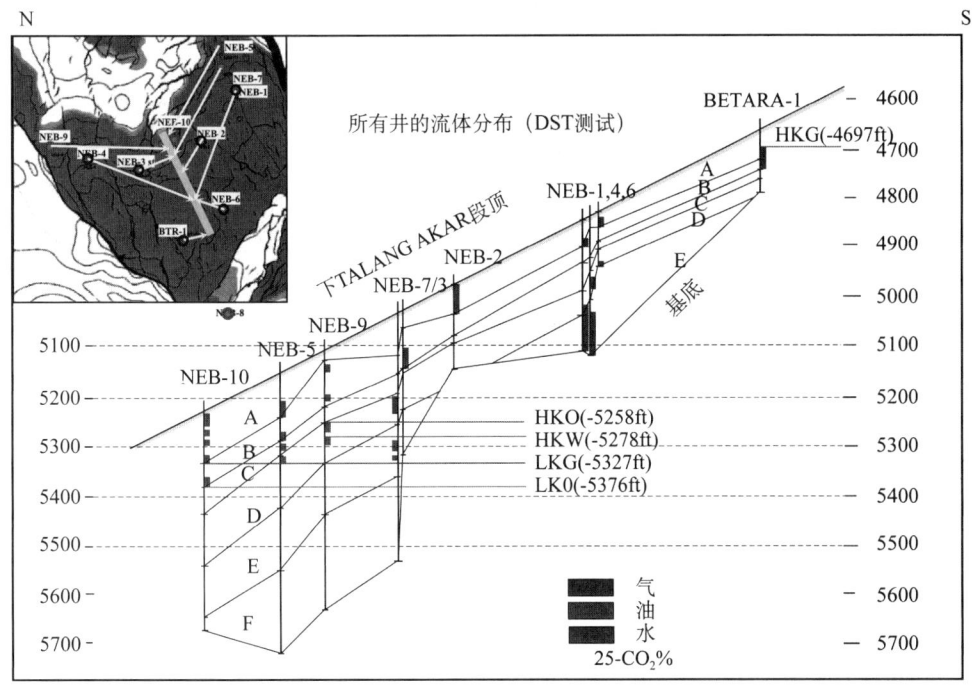

图12.20 南北向井位部署方案构造剖面图解

从Betara-1井钻遇的最高部位储层到NEB-10井钻遇的最低部位储层，说明了储层细分和DST测试的流体分布，表明具有多个流体接触面（中石油的分析要早于三维地震采集）

12.3 沉积模式

在本次研究之前，人们认为储集砂岩遍布整个盆地。现在研究表明断块控制的较多砂质储层发育在古构造低部位（图12.23）。这种模式表明古构造低部位和河道间发育不同的沉积类型。这种模式主要适应于在砂质含量多的古构造低部位的油田开发（图12-24）。

图 12.21 下 Talang Akar 段的顶部构造图

图中显示了 7 个区块及其 CO_2 分布，区块以断层为边界，区块 6 又根据 CO_2 的不同含量进一步划分为两个区域

PVT测试分流器气体中CO_2气体的百分含量总结表

Betara东北部油田 PVT测试CO_2分布区域

Well	DST	Region 1 Separtor Gas(52%CO_2)			Region 2 Separtor Gas(27%CO_2)			Region 3 Separtor Gas(16%CO_2)		
		%CO_2	%C1	%C7+	%CO_2	%C1	%C7+	%CO_2	%C1	%C7+
NEB-1	1A	54.19	29.35	0.20						
	3	54.37	29.79	0.07						
NEB-2	4	54.52	30.67	0.16						
NEB-3	2				25.31	51.6	0.11			
NEB-4	1							12.31	61.78	0.11
	2							16.69	58.37	0.13
NEB-5	2	56.37	26.75	0.14						
	4	54.12	31.99	0.12						
NEB-6	2	37.47	37.18	0.61						
NEB-7	2	55.88	24.45	0.27						
	3	55.65	31.88	0.05						
NEB-8ST	1				28.24	45.07	0.27			
NEB-9	2							15.45	50.29	0.33
	4							13.00	63.47	0.05
NEB-10	1	51.05	23.53	0.36						
	2	49.52	22.73	1.58						
	3	52.57	30.93	0.23						
NEB-13		56.26	25.63	0.26						
NEB-20		47.75	27.81	0.27						
NEB-22								18.43	57.54	0.27
NEB-17								21.45	45.17	0.46
Average		52.29	28.67	0.332	26.78	48.335	0.19	16.22	56.10	0.22

Betara东北部油田组成成分分析及CO_2分布

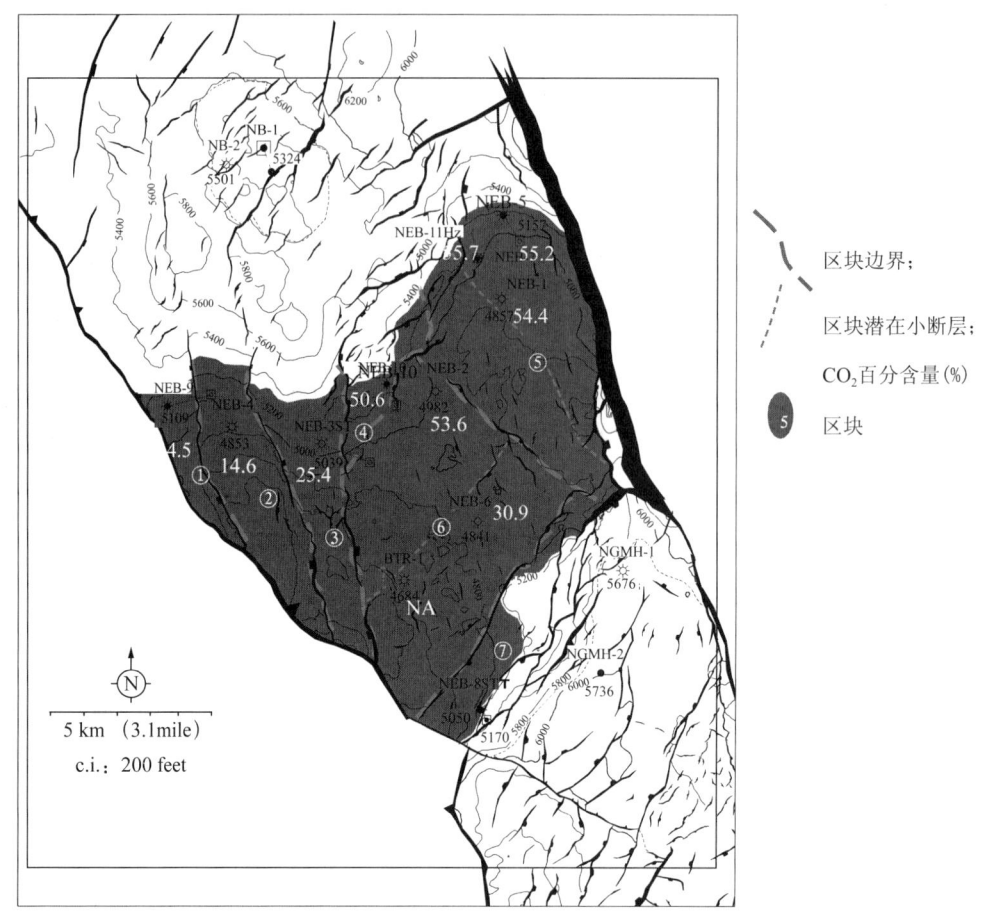

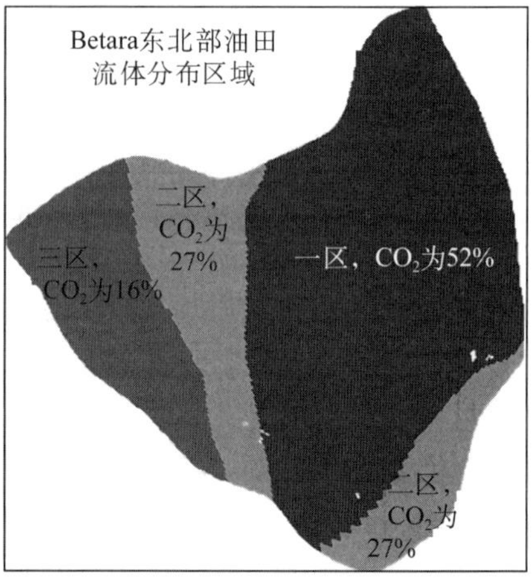

图 12.22 Betara 东北部油气田 CO_2 含量分布

这是根据试井数据把井分为三类来进行分区的，并利用当前断层模式来确定这三个区域之间的边界

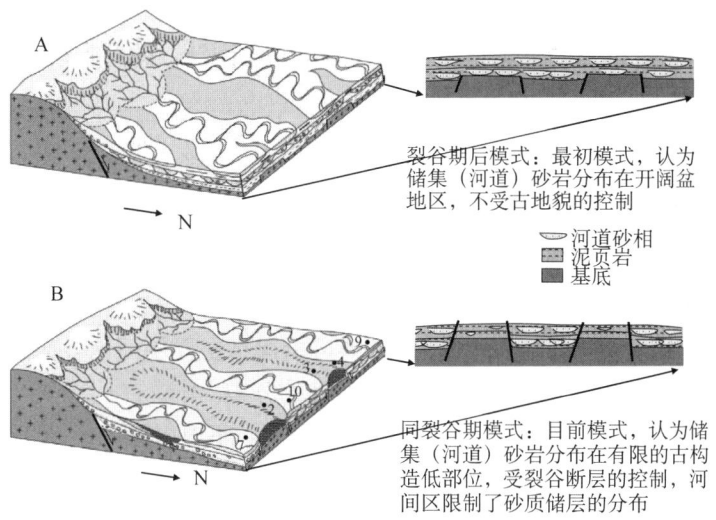

图 12.23 （A）最初模式解释的 LTAF 储层是在裂谷期后沉积的，（B）现在的模式表明同生裂谷期储层的发育受古低地和古高地区域的断块控制

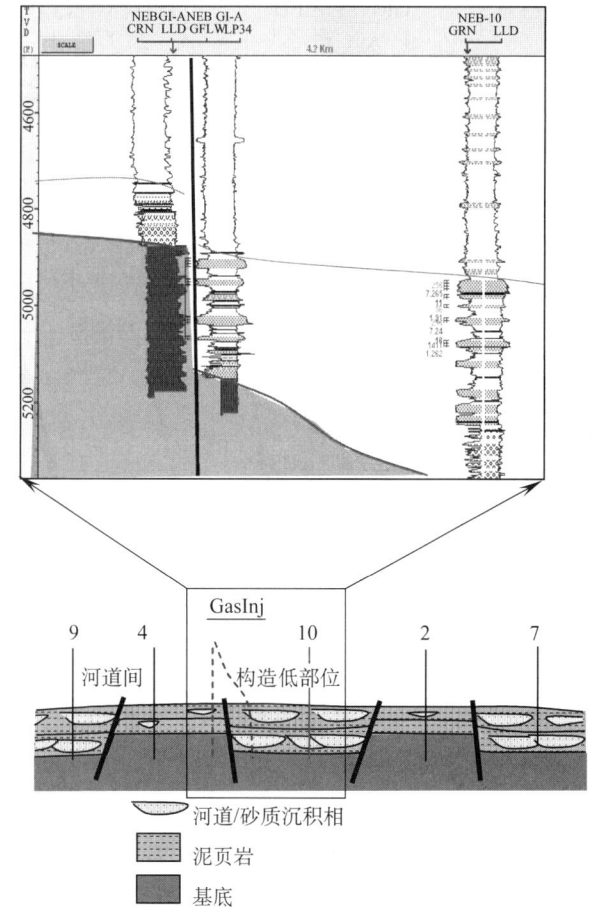

图 12.24 一口注气井侧钻钻遇了构造低部位的河流砂岩

2005年1月钻了一口注气井，测试存在近源河道砂，证实了这种模式的合理性。然而，最初该井钻遇低孔低渗的非河道相，然后向东北向侧钻，钻到古构造低部位的用来注气的厚层河道砂岩。

12.4 层序地层

三维地震体显示出几个向北倾斜的反射同相轴，解释为层序界面（图12.12）。综合地震、测井（包括FMI），生物地层学和岩心资料可以提高主要层面或界面的对比解释结果，这些层面或界面可以从地层上划分储层和流体界面的分布。

综合考虑以上情况，可搭建出一个储层高分辨率层序地层框架（图12.25）。在NEB-5，NEB-7和NEB-10井周围，FMI测井（井筒地层微电阻率成像测井）曲线和地震剖面上可以清楚地看到不整合标志层SB0。这一不整合面发育在盆地裂谷早期基岩的顶部。下部的辫状河储层在低水位期间沉积在该不整合面之上。

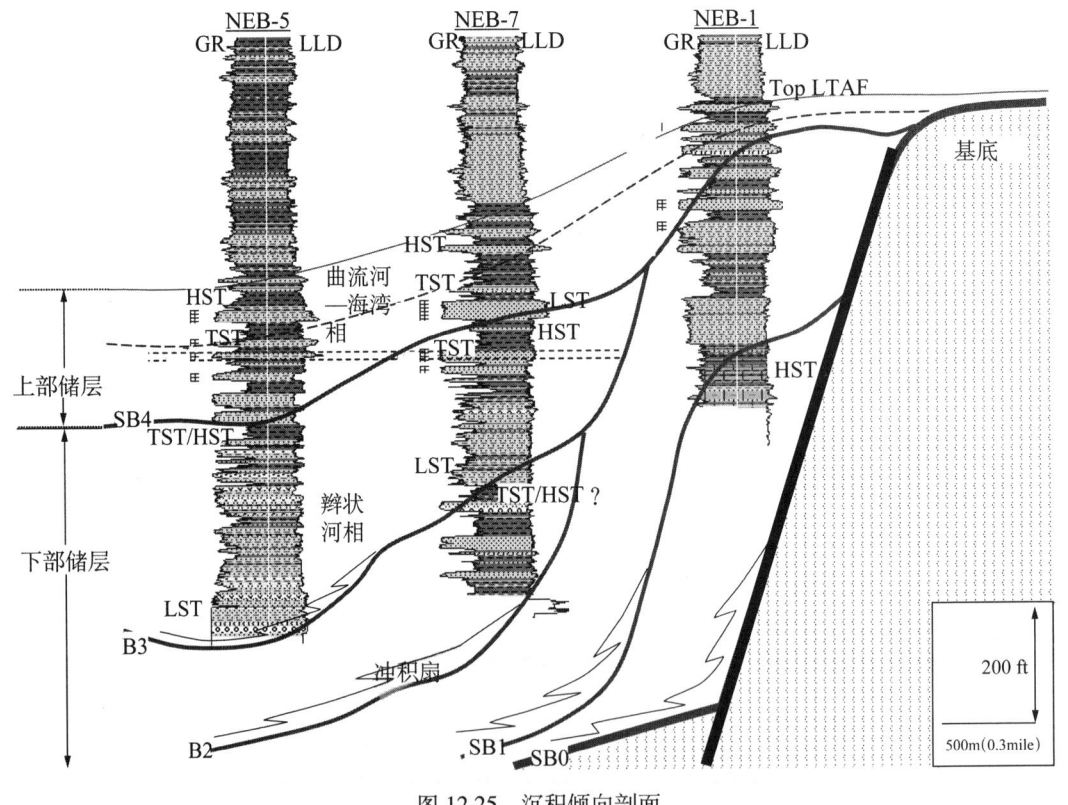

图12.25 沉积倾向剖面

该图展示了Betara东北部油气田的东北边缘解释的一系列层序边界，冲积扇可能发育于辫状河流相之下 SB—层序边界；LST—低位体系域；TST—海侵体系域；HST—高位体系域

在NEB-5、NEB-7、NEB-1和NEB-10井中解释的第二个主要层序界面（SB4）位于上部曲流河道带储层的底部（图12.6、图12.7、图12.10、图12.11和图12.26）。层序边

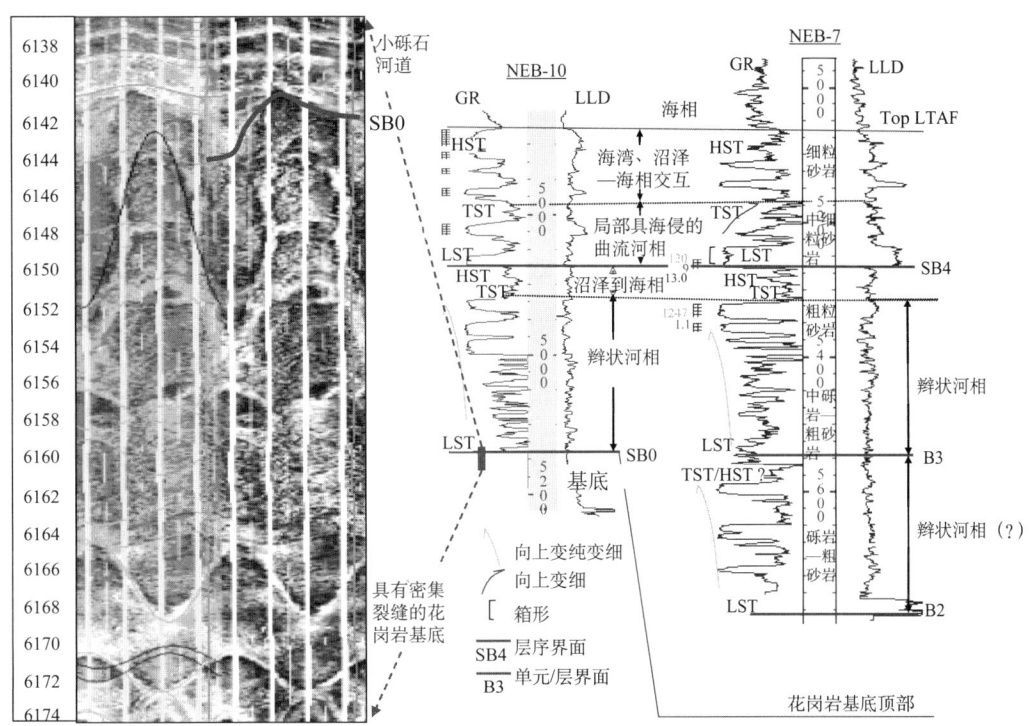

图 12.26　NEB-10 井 FMI（全井筒地层微电阻率成像测井）图像上的典型裂缝性基底

剖面的上部可见在花岗岩基底和辫状河道底部之间的不整合，代表了主要的层序界面（SB0）

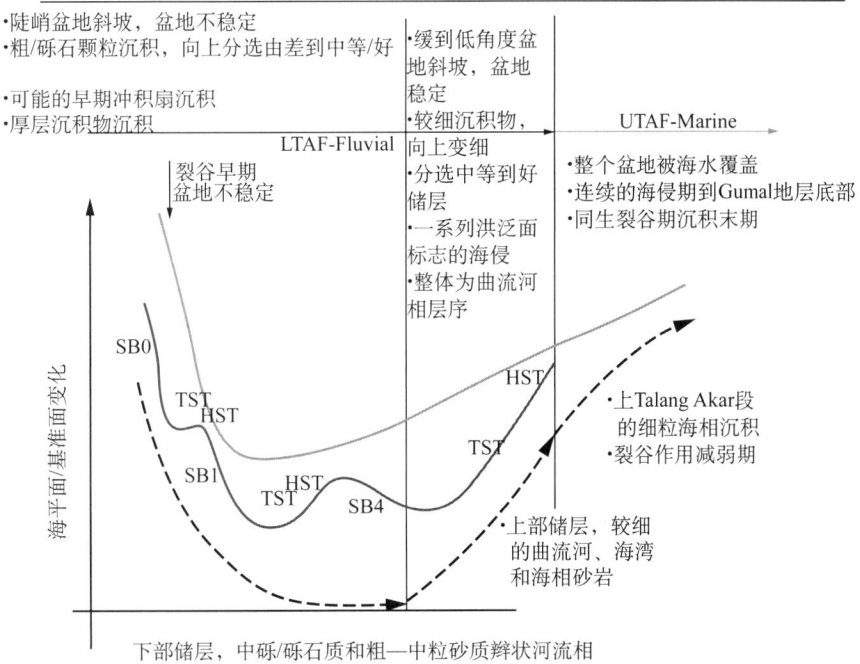

图 12.27　Betara 东北部油气田的海平面/基准面升降变化示意图

这是在层序地层分析的基础上绘制的。红色是修正后的海平面升降曲线，灰色线据 Haq 等（1987）

界标志着沉积类型的重大转变，即从早期的海侵/高位期海相泥页岩转变到低水位期（当海从本区退出时）的砂质曲流河相沉积（图12.7和图12.26）。在此期间，同期的辫状河砂岩可能沉积在靠近碎屑物源的南部地区。接下来海平面/基准面上升导致上部曲流河段形成总体向上变细的沉积序列（图12.5B）。在马来西亚群岛北部海域的马来盆地，经研究在更新统河流层序中也存在一个类似的海平面/沉积发育史（Miall，2002）。

另外，在地震剖面和测井曲线上识别了次级层序界面标志层SB1，SB2和SB3（图12.6、图12.7、图12.10-图12.12、图12.25和图12.26）。NEB-7井中SB3界面上下压差100psi，表明SB3是一个主要的界面。在NEB-1井中储层砂岩下面的碳酸盐岩隔层可以作为另外一个层序界面（SB1）（图12.25）。

相对海平面或基准面随时间的变化而发育不同的层序（图12.27）。裂谷早期主要海平面的下降标志着下Talang Akar段砂岩沉积。附近突出的基岩高地可能是碎屑沉积的物源。古地理特征导致了一系列粗粒辫状河砂岩（下部储层段）在局限低部位的沉积，滞留在SB0面上。曲流河和海湾的沉积（上部储层段）标志着海平面/基准面的转变上升，随后被上Talang Akar段（UTAF）的海相泥页岩所覆盖（图12.27）。

高分辨率曲线解释了储层的高分辨率层序的发育（图12.27）。已形成的SB1层序界面将该界面之下的碳酸盐岩段（NEB-1井钻遇）（高频海侵/高水位期沉积）与该界面之上的河流相沉积（高频下降期沉积）分开。在裂谷晚期阶段，盆地倾斜比较缓，因此滨海平原、海相沉积物和主要的泥页岩在高频海侵/高水位期沉积。之后海平面的频繁下降，产生了SB4界面。随后是海平面上升期，沉积了向上变细的曲流河砂体。

12.5 油田开发方案

12.5.1 油田开发建议

基于油藏表征、沉积模式、层序地层学和试井数据，建立一个物质平衡储层模型来指导早期的油田开发。Betara东北部油气田包括两个油气藏：一个油藏和一个凝析气藏（图12.28）。油藏容积法结合物质平衡储层模型表明油藏中包含着大约10%~15%的潜在凝析气藏。敏感性分析结果，即用物质平衡模型来评价开始采气后对采油的影响表明采气计划若推迟四年，原油采收率将增加大约7%。这一分析表明油藏驱动动力机制大部分来自于气顶和伴生气驱，部分为有限的水驱（图12.29）。

根据这些研究结果建议：早期阶段先进行油环开发，然后再大量开采凝析气藏。这个建议符合天然气认证机构的要求，也符合天然气购买方以及建立天然气加工厂的需求，相对于油藏开发，所有这些都需要更多的时间。油气分两个阶段开发的另一好处就是在早期原油开发阶段可以补充井资料，用于提供更好的地质油藏数值模拟模型来改善油气藏管理，从而获得油气藏最佳的采收率。

12.5.2 建议开发井的确定

构造和地层分区/分块性均对油田开发具有挑战性。虽已经钻了一些补充开发井，根据三维地震资料结合新井和开发数据将继续钻井。例如，声阻抗体等地震属性已经应用于

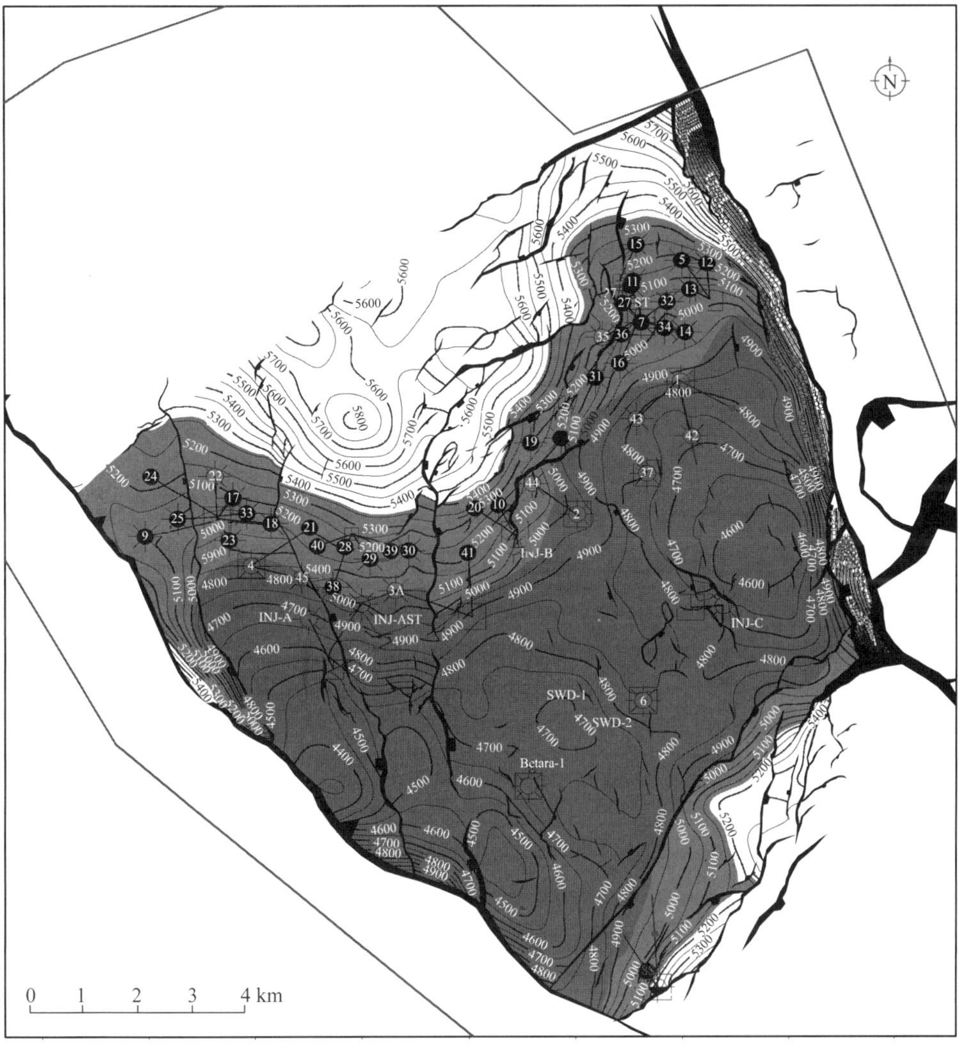

图 12.28 Betara 东北部油气田的油环/油藏在构造上可根据南北向断层细分为五个区域（块）

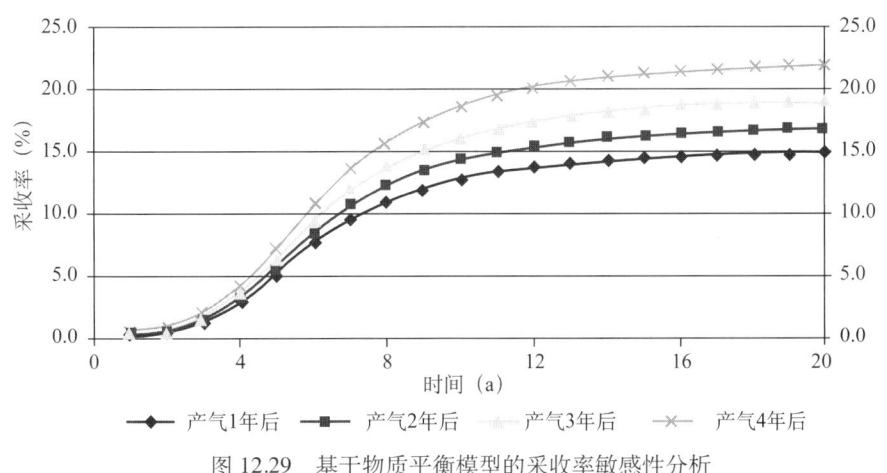

图 12.29 基于物质平衡模型的采收率敏感性分析

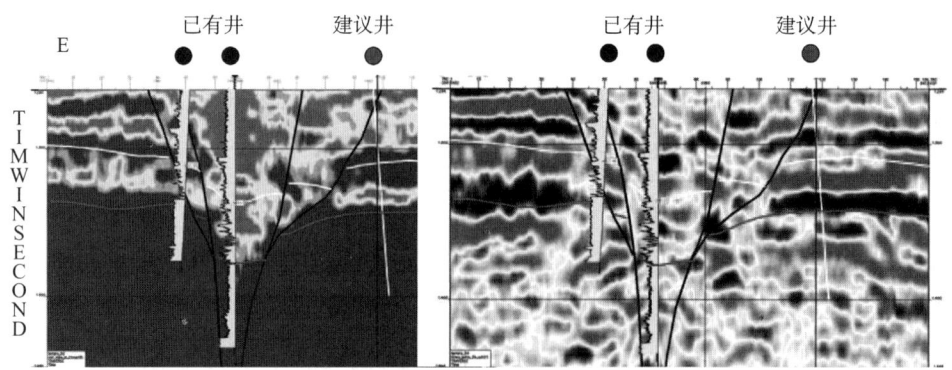

图 12.30　构造和地层复杂的区块里已有的和计划的井位，如地震属性分析所示

下 Talang Akar 段，以便获得更好的潜在油气砂体图像（图 12.30）。

12.5.3　油藏开发挑战及策略

Betara 东北部油田开发的主要挑战如下：

（1）该开发方案必须考虑到该油气藏有一个大的气顶，一个薄油环，各区块的薄油柱有不同的油气和油水界面（9～11m 或者 30～35ft）（图 12.19，图 12.20，图 12.28 和图 12.31）；河道狭窄而弯曲，在某些区域具有薄砂层（图 12.15）。

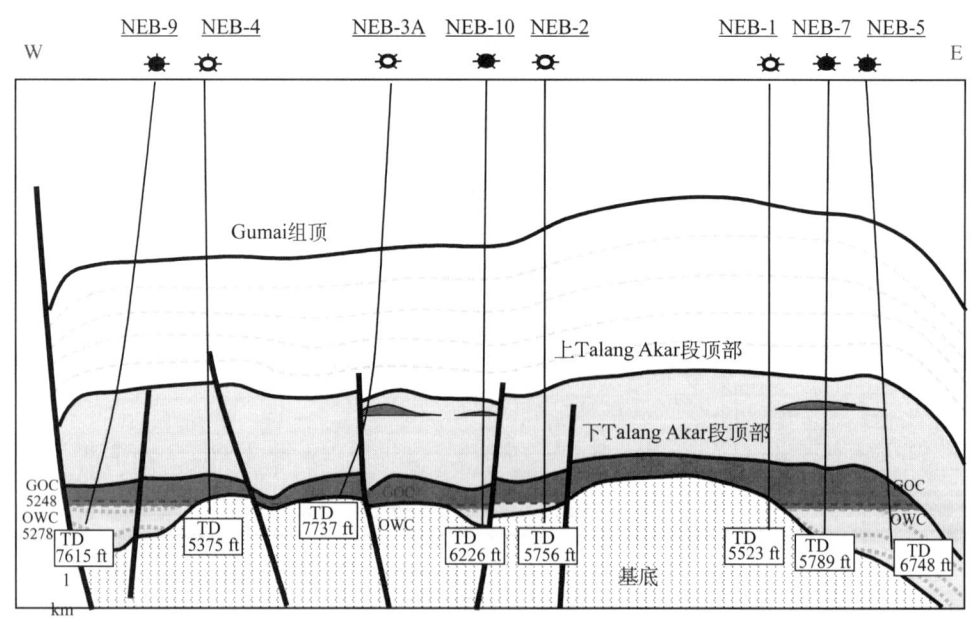

图 12.31　Betara 东北部油气田具有一个大型气顶，一个小油环，不同断块里面的薄油柱具有不同气油（GOC）和油水（OWC）接触面

（2）油田中 CO_2 的含量变化较大，东部区域为 55%，西部区域为 15%（图 12.21、图 12.22）。CO_2 含量的可变性在天然气开发中是非常重要的，尤其对天然气处理装置的设计和保证对可能的天然气买家的供应尤为重要，天然气开发策略会受整个油田 CO_2 分区的影响。

这些挑战是形成一个开发策略的主要驱动力，该开发策略应实现油气采收率最大化、钻井风险与投资最小化。为完成这一开发策略，建议采用以下几条实施计划：

（1）选择既钻遇油藏又钻遇气藏的井位。在开始的 2～4 年中，这些井应该设计采油。之后，这些井将转化为采气。其中一口井基于这一策略成功钻遇含油、含气两套砂体（图 12.32）。

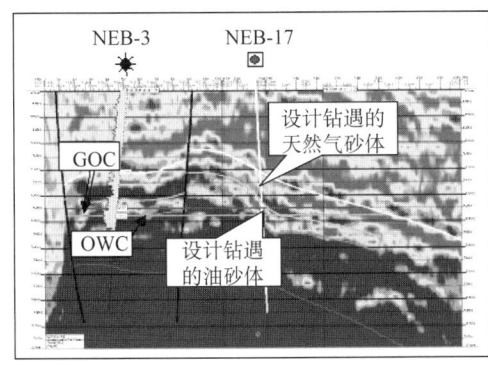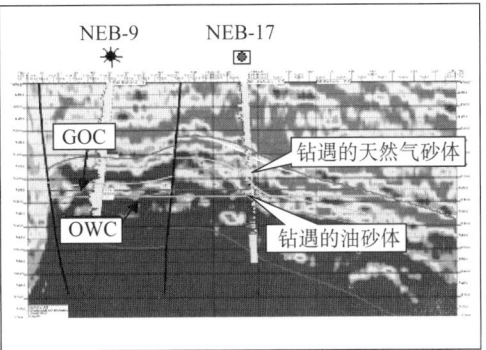

图 12.32　布井开发策略

左图是一个地震属性深度剖面图，说明了原计划的 NEB-17 井位，该井设计钻遇天然气和石油两套砂岩；右图显示了正如从地震属性分析预测的那样，该井成功钻遇天然气和石油砂岩

（2）油层选择性射孔以减少可能的气水锥进。

（3）保持一个合理的产油速度，以治理早期的水侵或气侵。

（4）安装一个拥有多个封隔器和滑套阀的生产套管，以便能够通过钢丝绳起下作业改变生产层位而无需起管柱或更换新的管柱。通过这种生产管柱的设计，每次改变生产层位大约能节省 500000 美元（图 12.33）。

（5）进行详细的、多学科综合表征，优化井位设计，在油环上选择合适的井位。经过几年的生产开发后，增加的井数据及生产历史数据可以用来建立更加全面的地质油藏数值模拟模型。在天然气开采阶段，更新的数值模拟模型将用于：①提供最佳的井距，预测原油、天然气、凝析油的产量以及液化石油气和天然气的销售；②更准确地预测二氧化碳分布及含量；③确定油田的压力分布图。所有这些信息将被用来设计和建造生产设施。

初期的油藏数值模拟是基于现有地质模型产生的（图 12.34）。该模型用于进一步部署开发井并进行产量预测（图 12.35），该模型将随着新资料的获得而继续更新，并且这个流程是油藏管理所必需的。

12.6　结论和应用

下 Talang Akar 段是该区主要的含油气地层。储层被厚的洪泛平原/海相泥页岩分成上下两部分。下部储层由厚的粗粒砂岩到砾岩、含砾砂岩组成，这些岩石是在相对海平面下降阶段一系列的辫状河在陡峭的古斜坡上沉积的。低水位早期辫状河沉积物是粗粒的，分选极差，储层物性比低水位期晚期沉积的砂岩差。上部储层包括在下伏地层再次沉积和再旋回的砂岩，沉积了粒度较细、纯净且分选良好的曲流河砂岩，储层物性好。上部储层的

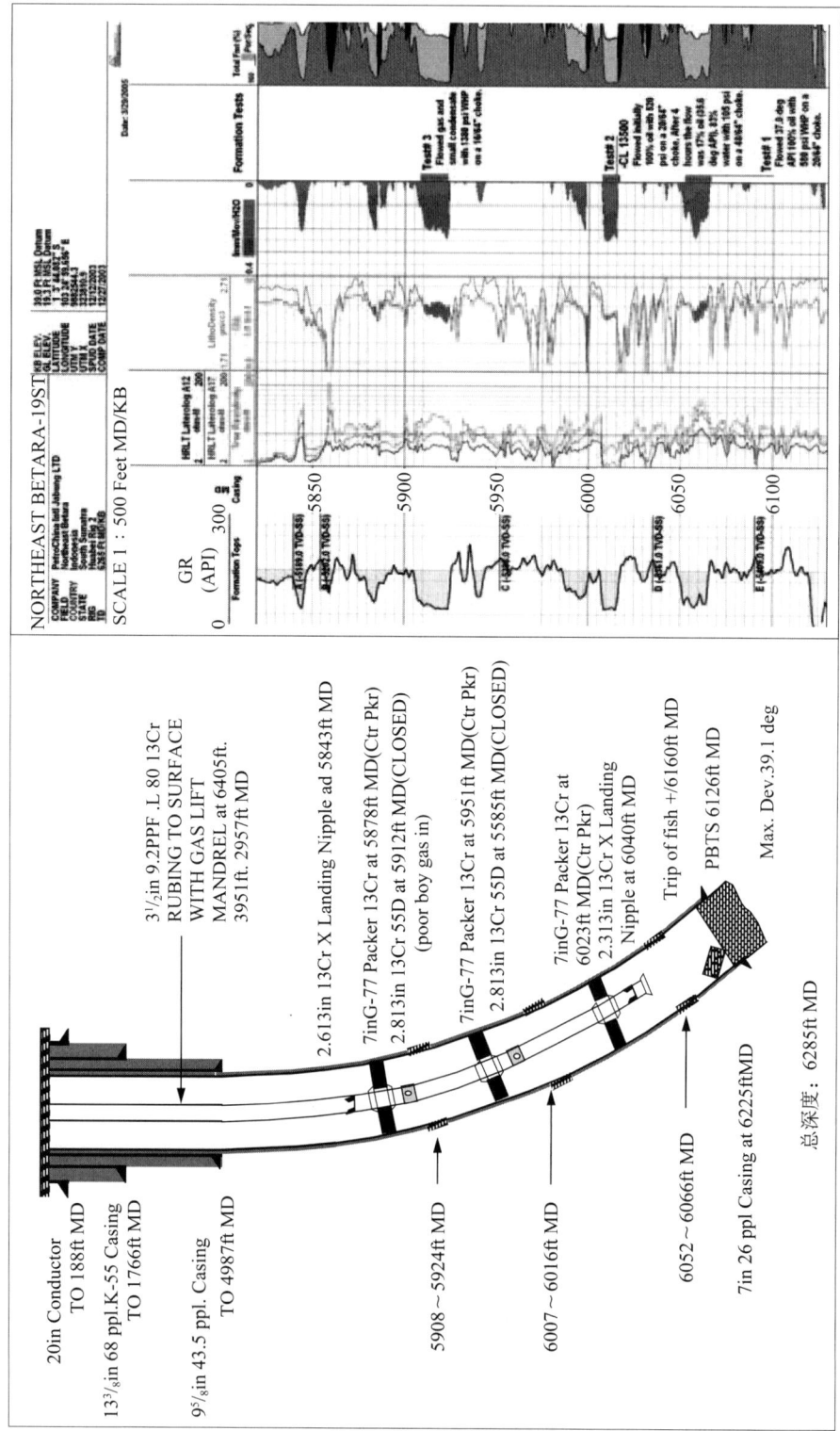

图 12.33　建议的生产套管，具有多级封隔器和滑套孔

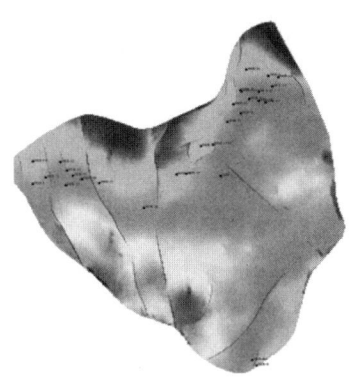
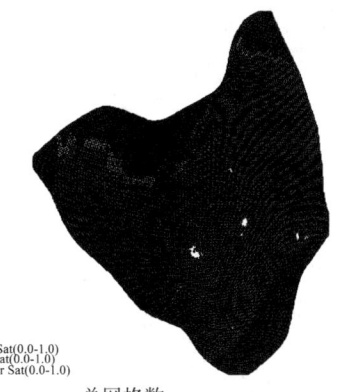

地质模型/断层描述
三维地震解释的所有断层一起被加入模型
模型中总共20条断层，所有的断层都是封闭的，
因此相连的断块间没有流体传输

总网格数：
363.220_143°127′20
平面上，平均网格大小为308ft×295ft
垂向上，网格根据地层厚度变化

图 12.34　粗化地质模型，该模型被输入到油藏模拟程序中

底部显示极好的块状纯砂岩，该砂岩是在一次较短的相对海平面下降期沉积的。

大部分储层分布在油藏的北侧、古构造低部位，该处沉积了大量的沉积物和砂岩储层。裂谷期间，正断层的运动导致储层向北增厚，而较薄的储层段沉积在基底隆起的顶部和古构造高部位及河间区域。

Betara 东北部油气田根据以下的地质因素进行分区：①裂谷期开始和后期构造反转形成的断块盆地；②河道砂体局限/不连续的侧向几何形态；③以不同的岩石类型互层（如含砾/砾状砂岩、细砂岩和页岩/泥岩）以及存在沉积层序界面为特征的层序格架控制的岩相垂向分布。分隔下部辫状河储集砂岩和上部曲流河储集砂岩的厚层泥页岩是非常重要的隔层，它们阻隔了上、下两部分储层的沟通。

构造和地层的分区控制了 Betara 东北部油气田储层流体的分布，这些认识改善了井位部署和井类型的选择（水平井、直井、斜井）。不同储层区块具有不同的流体界面，这一认识对未来油气田开发将建立一个重要的井间新区域。如果这部分没有被钻到，那么该部分就会剩下未被开发利用的储量。区块划分可使用这里所描述的综合方法来确定。构造和地层会造成对储层分块，例如 Betara 东北部油气田。因此开发一个综合的 3D 地质模型（这个模型是数值模拟模型，有开发策略）将对油气开发起决定性作用。

本次研究中，三维地震数据的分析大大有助于辨别储层非均质性和区块划分。结合井资料，三维地震分析为层序地层框架的建立提供了信息。正如该研究所展示的，在三维地震体中可以识别勾画相对较小的地层单元、断块和层序边界。如此精细的地震表征能减少储层评价的不确定性，能更加精确地计算油气储量，设计更好的钻井方案。

这项工作并不意味着提出最终或完全的储层表征结果。引入交会图、构造分析、地震属性的提取和其他表征方法作为基础性的表征手段，为进一步规划油气田的开发管理和大型盆地的研究提供了指导。储层信息的不断获得更新是任何储层表征必不可少的，而作为开发方案的一部分，储层地质模型应该是动态的，并根据新井和油气田的生产史应该周期性地更新。这一工作流程将大大提高油藏产量，改善油藏动态。

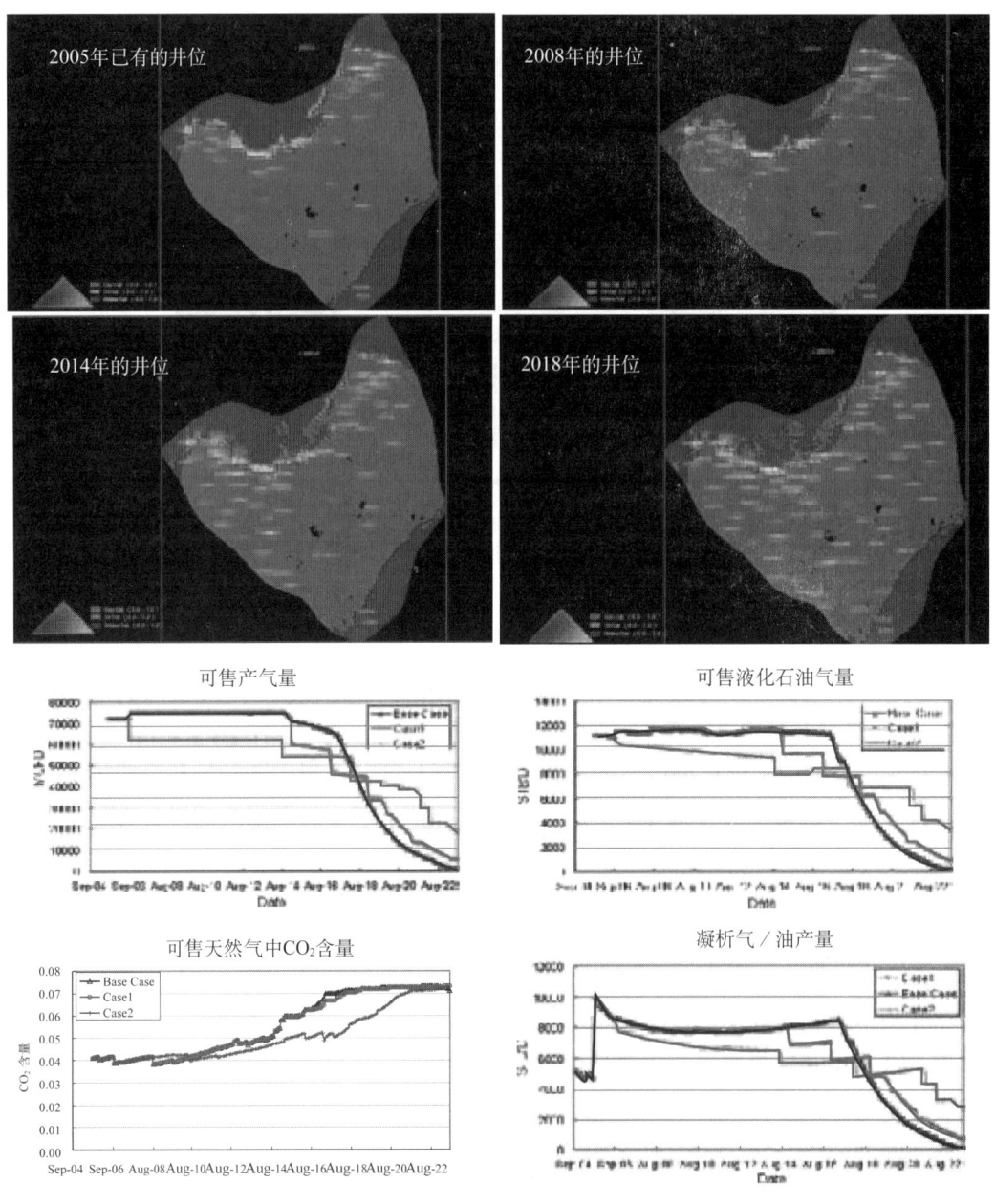

图 12.35　到 2018 年建议的开发井和不同油气田的产量预测

致谢

这项研究工作的初期阶段是在俄克拉荷马州大学地质和地球物理学院的高级学者的一篇硕士论文基础之上,由受雇于中石油于印度尼西亚工作的作者们完成。感谢中石油在 Jabung 区块勘探地质学家和地球物理学家提供数据支持以及很多有益的讨论。作者特别感谢 BPMIGAS、MIGAS,中国石油印尼部的合作,因他们的允许才发表这篇论文。

参考文献

Abbots, I.L. (Ed.), 1991. United Kingdom Oil and Gas Fields, 25 Years Commemorative Volume. Geological Society of London Memoir No. 14, 573 pp.

Abdulah, K., Doud, K., Cook, M., Keller, D., Bellamy, J., Bengtson, M., Jensen, T., Alwin, B.,2004. Reservoir facies within the deepwater sandstones of the Falcon Field – Western Gulf of Mexico. Amer. Assoc. Petrol. Geol. Ann. Mtg. Ext. Abs., April 18–21, Dallas, TX.

Al–Quahtani, M.Y., Ershaghi, I., 1999. Characterization and estimation of permeability correlation structure from performance data. In: R.A. Schatzinger, J.F. Jordan (Eds.), Reservoir Characterization: Recent Advances, Amer. Assoc. Pet. Geol. Memoir 71, pp. 343–358.

Ambrose,W.A., Tyler, N., Parsley, M.J., 1991. Facies heterogeneity, pay–continuity, and infill potentialin barrier–island, fluvial, and submarine–fan reservoirs: Examples from the Texas Gulf Coast and Midland Basin. In: A.D. Miall, N. Tyler (Eds.), The Three–Dimensional Facies Architecture of Terrigenous Clastic Sediments and Its Implications for Hydrocarbon Discovery and Recovery, SEPM (Society of Sedimentary Geology) Concepts in Sedimentology and Paleontology 3, pp. 13–21.

Armentrout, J.M., 1991. Paleontologic constraints on depositional modeling: Examples of integration of biostratigraphy and seismic stratigraphy, Pliocene–Pleistocene, Gulf of Mexico. In: P. Weimer and M.H. Link (Eds.), Seismic Facies and Sedimentary Processes of Submarine Fans and Turbidite Systems, Springer–Verlag, New York, pp. 137–170.

Asquith, D.O., 1970. Depositional topography and major marine environments, Late Cretaceous, Wyoming. Amer. Assoc. Petrol. Geol. Bull., 54, 1184–1224.

Asquith, G.B., 1982. Basic Well log Analysis for Geologists. Amer. Assoc. Pet. Geol. Methods In Exploration Series, No. 3, 216 pp.

Atkinson, C.D., McGowen, J.H., Bloch, S., Lundell, L.L., Trumbly, P.N., 1990. Braidplain and deltaic reservoir, Prudhoe Bay Field, Alaska. In: J.H. Barwis, J.G. McPherson, J.R.J. Studlick (Eds.), Sandstone Petroleum Reservoirs, Springer–Verlag, New York, pp. 7–30. Bahorich, M., Farmer, S., 1995. The coherence cube. The Leading Edge, Oct., 1053–1058.

Balsley, J.K., 1980. Cretaceous wave dominated delta systems, Book Cliffs, east–central Utah. AAPG Continuing Education Course Field Guide.

Bashore, W.M., Araktingi, U.G., Levy, M., Schweller, W.J., 1994. Importance of a geological framework and seismic data integration for reservoir modeling and subsequent fluid–flow predictions. In: J.M. Yarus, R.L. Chambers (Eds.), Stochastic Modeling and Geostatistics, AAPG Computer Applications in Geology 3, pp. 159–176.

Bates, R.L., Jackson, J.A. (Eds.), 1980. Glossary of Geology, 2nd Edition. Amer. Geol. Inst., Virginia, 751 pp.

Beard, D.C., Weyl, P.K., 1973. Influence of texture on porosity and permeability of unconsolidated sand. Amer. Assoc. Petrol. Geol. Bull., 57, 349–369.

Beaubouef, R.T., 2004. Deep–water leveed–channel complexes of the Cerro Toro Formation, Upper Cretaceous, Southern Chile. Amer. Assoc. Petrol. Geol. Bull., 88, 1471–1500.

Beaubouef, R.T., Abreu, V., VanWagoner, J.C., 2003. Basin 4 of the Brazos–Trinity slope system, western Gulf of Mexico: The terminal portion of a late Pleistocene lowstand systems tract. In:H.H. Roberts, N.C. Rosen, R.H. Fillon, J.B. Anderson (Eds.), Shelf Margin Deltas and Linked Down Slope Petroleum Systems: Global Significance and Future Exploration Potential, GCS– SEPM Foundation 23rd Annual Bob F. Perkins Research Conference, pp. 182–203.

Beaumont, E.A., 1984. Retrogradational shelf sedimentation in the Lower Cretaceous Viking Formation, central Alberta. In: R.W. Tillman, C.T. Siemers (Eds.), Siliciclastic Shelf Sediments, Soc. Econ. Paleo. and Mineral. (SEPM) Spec. Publ. 34, pp. 163–178.

Bellotti, P., Chiocci, F.L., Milli, S., Tortora, P., Valeri, P., 1994. Sequence stratigraphy and depositional setting of the Tiber Delta: Integration of high–resolution seismic, well logs, and archeological data. J. Sed. Petrol., 64, 416–432.

Berg, R.R., 1975. Depositional environments of Upper Cretaceous Sussex Sandstone, House Creek Field, Wyoming. Amer. Assoc. Petrol. Geol. Bull., 59, 2099–2110.

Berg, R.R., 1986. Reservoir Sandstones. Prentice–Hall, Englewood Cliffs, NJ, 481 pp.

Bergman, K.M., 1994. Shannon Sandstone in Hartzog Draw–Heldt Draw Fields (Cretaceous, Wyoming, USA) reinterpreted as lowstand shoreface deposits. J. Sediment. Res., B64, 184–201.

Bergman, K.M., Snedden, J.W. (Eds.), 1999. Isolated Shallow Marine Sand Bodies: Sequence Stratigraphic Analysis and Sedimentologic Interpretation. Soc. Econ. Paleo. and Mineral. (SEPM) Spec. Publ. 64, 362 pp.

Beydoun, W., Kerdraon, Y., Lefeuvre, F., Lancelin, J.P., 2002. Benefits of a 3D HR survey for Girassol field appraisal and development, Angola. The Leading Edge, 21, 1152–1155.

Bhattacharya, J.P., Giosan, L., 2003. Wave–influenced deltas: Geomorphological implications for facies reconstruction. Sedimentology, 50, 187–210.

Bhattacharya, J.P.,Walker, R.W., 1992. Deltas. In: R.G.Walker, N.P. James (Eds.), Facies Models, Geol. Assoc. Canada, pp. 157–177.

Bilinski, P.W., McGee, D.T., Pfeiffer, D.S., Shew, R.D., 1994. Reservoir characterization of the "S" sand, Auger Field, Garden Banks 426, 427, 470, 471. In: R.D. Winn Jr., J.M. Armentrout (Eds.), Turbidites and Associated Deep–Water Facies, SEPM CoreWorkshop No. 20, pp. 75–93.

Blatt, H., Middleton, G., Murray, R., 1972. Origin Of Sedimentary Rocks. Prentice Hall, Englewood Cliffs, NJ, 634 pp.

Bloch, S., 1991. Empirical prediction of porosity and permeability in sandstones. Amer. Assoc. Petrol. Geol. Bull., 75, 1145–1160.

Blott, J.E., Davis, T.L., Benson, R.D., 1999. Morrow Sandstone reservoir characterization: A 3–D multicomponent seismic success. The Leading Edge, March, 394–397.

Booth, J.R., DuVernay III, A.E., Pfeiffer, D.S., Styzen, M.J., 2000. Sequence stratigraphic framework, depositional models, and stacking patterns of ponded and slope fan systems in the Auger

Basin: Central Gulf of Mexico slope. In: P.Weimer, R.M. Slatt, J.L. Coleman, N. Rosen, C.H. Nelson, A.H. Bouma, M. Styzen, D.T. Lawrence (Eds.), Global Deep–Water Reservoirs, GCS– SEPM Foundation 20th Annual Bob F. Perkins Research Conference, pp. 82–103.

Bouma, A.H., 1962. Sedimentology of Some Flysch Deposits: A Graphic Approach to Facies Interpretation. Elsevier, Amsterdam, 168 pp.

Bouma, A.H., 2000. Fine–grained, mud–rich turbidite systems: Model and comparison with coarse–grained, sand–rich systems. In: A.H. Bouma, C.G. Stone (Eds.), Fine–Grained Turbidite Systems, AAPG Memoir 72, SEPM Spec. Publ. 68, pp. 9–19.

Bouma, A.H., Normark, W.R., Barnes, N.E., 1985. COMFAN: Needs and initial results. In: A.H. Bouma, W.R. Normark, N.E. Barnes (Eds.), Submarine Fans and Related Turbidite Systems, Springer–Verlag, New York, pp. 7–11.

Bourke, L., Delfiner, P., Trouiller, J.–C., Fett, T., Grace, M., Luthi, S., Serra, O., Standen, E., 1989. Using formation microscanner images. The Technical Review, 37, 16–40.

Bowen, D.W., Weimer, P., 2003. Regional sequence stratigraphic setting and reservoir geology of Morrow incised–valley sandstones (lower Pennsylvanian), eastern Colorado and western Kansas. Amer. Assoc. Pet. Geol. Bull., 87, 781–815.

Bowen, D.W., Weimer, P., 2004. Reservoir geology of Nicholas and Liverpool Cemetery fields (lower Pennsylvanian), Stanton County, Kansas, and their significance to the regional interpretation of the Morrow Formation incised–valley–fill systems in eastern Colorado and western Kansas. Amer. Assoc. Pet. Geol. Bull., 88, 47–70.

BP, 2000. Statistical Review of World Energy. http://www.bp.com/worldenergy/1999inreview.

Brown, A.R., 1988. Interpretation of Three–Dimensional Seismic Data. Amer. Assoc. Pet. Geol. Memoir 42, 2nd Edition, 253 pp.

Browne, G.H., Slatt, R.M., 2002. Outcrop and behind–outcrop characterization of a late Miocene slope fan system, Mt. Messenger Formation, New Zealand. Amer. Assoc. Pet. Geol. Bull., 86, 841–862.

Carr–Crabaugh, M., Hurley, N.F., Carlson, J., 1996. Interpreting eolian reservoir architecture using borehole images. In: J.A. Pacht, R.E. Sheriff, B.F. Perkins (Eds.), Stratigraphic Analysis: Utilizing Advanced Geophysical, Wireline and Borehole Technology for Petroleum Exploration and Production, GCS–SEPM Foundation 17th Annual Research Conference, pp. 39–50.

Chapin, M.A., Davies, P., Gibson, J.L., Pettingill, H.S., 1994. Reservoir architecture of turbidite sheet sandstones in laterally extensive outcrops, Ross Formation, Western Ireland. In: P. Weimer, A.H. Bouma, B.F. Perkins (Eds.), Submarine Fans and Turbidite Systems, GCS–SEPM Foundation 15th Annual Research Conference, pp. 53–68.

Chapin, M., Terwogt, D., Ketting, J., 2000. From seismic to simulation using new voxel body and geologic modeling techniques, Schiehallion Field, West of Shetlands. The Leading Edge, 19, 408–412.

Ciftci, B.N., Avianatara, A.A., Hurley, N.F., Kerr, D.R., 2004. Outrcop–based three–dimensional modeling of the Tensleep Sandstone at Alkali Creek, Bighorn Basin, Wyoming. In: G.M. Grammer, P.M. Harris, G.P. Eberle (Eds.), Integration of Outcrop and Modern Analogs in Reservoir Modeling, Amer. Assoc. Petrol. Geol. Memoir 80, pp. 235–259.

Clark, J.D., Pickering, K.T., 1996. Submarine Channels: Processes and Architecture. Vallis Press, London, 231 pp.

Clarke, D.D., Phillips, C.C., 2003. Three–dimensional geologic modeling and horizontal drilling bring more oil out of theWilmington oil field of southern California. In: T.R. Carr, E.P. Mason, C.T. Feazel (Eds.), HorizontalWells: Focus on the Reservoir, Amer. Assoc. Pet. Geol. Methods in Exploration Series No. 14, pp. 27–48.

Clemenceau, G.R., 1995. Ram/Powell Field, Viosca Knoll 912–956: Deepwater Gulf of Mexico slope fan. In: R.D. Winn Jr., J.M. Armentrout (Eds.), Turbidites and Associated Deep–Water Facies, SEPM Core Workshop No. 20, pp. 55–73.

Clemenceau, G.R., Colbert, J., Edens, D., 2000. Production results from levee–overbank turbidite sands at Ram/Powell Field, deepwater Gulf of Mexico. In: P. Weimer, R.M. Slatt, J.L. Coleman, N. Rosen, C.H. Nelson, A.H. Bouma, M. Styzen, D.T. Lawrence (Eds.), Global Deep–Water Reservoirs, Gulf Coast Section SEPM Foundation Bob F. Perkins 20th Annual Research Conference, pp. 241–251.

Coalson, E.B., Goolsby, S.M., Franklin, M.H., 1994. Subtle seals and fluid–flow barriers in carbonate rocks. In: J.C. Dolson, M.L. Hendricks, W.A. Wescott (Eds.), Unconformity–Related Hydrocarbons in Sedimentary Sequences: Guidebook for Petroleum Exploration and Exploitation in Clastic and Carbonate Sediments, Rocky Mtn. Assoc. Geol., pp. 45–58.

Coates, G.R., Xiao, L., Prammer, M.G., 1999. NMR Logging Principles and Applications. Gulf Publishing Co., Houston, TX, 234 pp.

Coleman, J.M., Roberts, H.H., Murray, S.P., Salama, M., 1981. Morphology and dynamic sedimentology of the eastern Nile shelf. Mar. Geol., 42, 301–326.

Cossey, S.P.J., 1994. Reservoir modeling of deep–water clastic sequences: Mesoscale architectural elements, aspect ratios, and producibility. In: P. Weimer, A.H. Bouma, B.F. Perkins (Eds.), Submarine Fans and Turbidite Systems, GCS – SEPM Foundation 15th Annual Research Conference, pp. 83–93.

Craig, P.A., Bourgeois, T.J., Malik, Z.A., Stroud, T.B., 2003. Planning, evaluation, and performance of horizontal wells at Ram–Powell field, deep–water Gulf of Mexico. In: T.R. Carr, E.P. Mason, C.T. Feazel (Eds.), HorizontalWells: Focus on the Reservoir, Amer. Assoc. Petrol. Geol. Methods in Exploration Series 14, pp. 95–112.

Davidson, J.P., Reed, W.E., Davis, P.M., 2002. Exploring Earth: An Introduction to Physical Geology, 2nd Edition. Prentice Hall, Englewood Cliffs, NJ, 549 pp.

Deming, D., 2001. Oil: Are we running out? In: M.W. Downey, J.C. Threet, W.A. Morgan (Eds.), Petroleum Provinces of the Twenty–First Century, Amer. Assoc. Pet. Geol. Memoir 74, pp. 45–55.

Diegel, F.A., Karlo, J.F., Schuster, D.C., Shoup, R.C., Tauvers, P.R., 1996. Cenozoic structural evolution and tectonostratigraphic framework of the northern Gulf Coast continental margin. In: M.P.A. Jackson, D.G. Roberts, S. Snelson (Eds.), Salt Tectonics, a Global Perspective, Amer. Assoc. Pet. Geol. Memoir 65, pp. 109–151.

Diridoni, J.L., 1996. Sequence stratigraphic framework of the Miocene Mt. Messenger Formation deep–water clastics, North Taranaki Basin, New Zealand. Unpubl. M.Sc. thesis, Colorado School of Mines, Golden, CO, 165 pp.

Dorn, G.A., Tubman, K.M., Cooke, D., O'Connor, R., 1996. Geophysical reservoir characterization of Pickerill Field, North Sea, using 3–D seismic and well data. In: P. Weimer, T.L. Davis (Eds.), Applications of 3–D Seismic Data To Exploration and Production, Amer. Assoc. Petrol. Geol. Studies in Geology No. 42, pp. 107–121.

Durham, L.S., 2001. The Sneider focus: He knows what he's looking for. Amer. Assoc. Pet. Geol. Explorer, May, 28.

Durham, L.S., 2003. The future looks to be gas fired. Amer. Assoc. Pet. Geol. Explorer, February, 12–14.

Ebanks, W.J. Jr., Scheihing, M.H., Atkinson, C.D., 1992. Flow units for reservoir characterization. In: D.Morton–Thompson, A.M.Woods (Eds.), Development Geology ReferenceManual, Amer. Assoc. Petrol. Geol. Methods in Exploration Series No. 10, pp. 282–284.

Edwards, J.D., 2001. Twenty–first century energy: Decline of fossil fuel increase of renewable nonpolluting energy sources. In: M.W. Downey, J.C. Threet, W.A. Morgan (Eds.), Petroleum Provinces of the Twenty–First Century, Amer. Assoc. Pet. Geol. Memoir 74, pp. 21–34.

Ellis, D., 1993. The Rough gas field: Distribution of Permian aeolian and non–aeolian reservoir facies and their impact on field development. In: C.P. North, D.J. Prosser (Eds.), Characterization of Fluvial and Aeolian Reservoirs, Geological Society of London Spec. Publ. 73, pp. 265–278.

Emery, D., Myers, K.J., 1996. Sequence Stratigraphy. Blackwell, Oxford, England, 297 pp.

Favennec, J.P., 2002. Recherche et production du petrole et du gaz–reserves. Couts, contrats, Institut Francais du Petrole, Editions Technip.

Fisher, W.L., Brown, L.F. Jr, 1984. Clastic Depositional Systems – A Genetic Approach to Facies Analysis: Annotated Outline and Bibliography, reprinted and revised. Texas Bureau of Economic Geology, 105 pp.

Fisher,W.L., Brown, L.F., Scott, A.J.,McGowen, J.H. (Eds.), 1969. Delta Systems in Exploration for Oil and Gas. Texas Bur. Econ. Geology, 92 pp.

Fisher, W.R., 1991. Future supply potential of U.S. oil and natural gas. The Leading Edge, 11, 15–21.

Fisk, H.N., 1961. Bar finger sands of the Mississippi delta. In: J.A. Peterson, J.C. Osmond (Eds.),

Geometry of Sandstone Bodies, Amer. Assoc. Petrol. Geol. Bull., AO55 (Spec. volume), 29–52.

Folk, R.L., 1968. Petrology of Sedimentary Rocks. Hemphill's Book Store, Austin, TX, 170 pp.

Frasier, D.E., 1974. Depositional episodes: Their relationship to the quaternary stratigraphic framework in the northwestern portion of the Gulf Basin. Univ. Texas Bur. Econ. Geol., Geol.Circular 4, 28 pp.

Friedman, G.M., Sanders, J.E., 1978. Principles of Sedimentology. Wiley, New York, 792 pp.

Fugitt, D.S., Herricks, G.J., Wise, M.R., Stelting, C.E., Schweller, W.J., 2000. Production characteristics of sheet and channelized turbidite reservoirs, Garden Banks 191, Gulf of Mexico, U.S.A. In: P. Weimer, R.M. Slatt, J.L. Coleman, N. Rosen, C.H. Nelson, A.H. Bouma, M. Styzen, D.T. Lawrence (Eds.), Global Deep–Water Reservoirs, GCS–SEPM Foundation 20th Annual Bob F. Perkins Research Conference, pp. 389–401.

Galloway, W.E., 1968. Depositional systems of the Lower Wilcox Group, north–central Gulf Coast Basin. Gulf Coast Assoc. Geol. Soc. Trans., 18, 275–289.

Galloway,W.E., 1989. Genetic stratigraphic sequences in basin analysis: Architecture and genesis of flooding surface bounded depositional units. Amer. Assoc. Petrol. Geol. Bull., 73, 125–142.

Galloway, W.E., Hobday, D.K., 1983. Terrigenous Clastic Depositional Systems. Application to Petroleum, Coal, and Uranium Exploration. Springer–Verlag, New York.

Galloway,W.E., Hobday, D.K., 1996. Terrigenous Clastic Depositional Systems, Springer–Verlag, Heidelberg, 489 pp.

Galloway,W.E., Hobday, D.K., Magara, K., 1982. Frio Formation of the Texas Gulf Coast Basin: depositional systems, structural framework, and hydrocarbon origin, migration, distribution, and exploration potential. The University of Texas at Austin, Bur. Econ. Geology Rept., Invest. No. 122, 78 pp.

Gardner, M.H., Borer, J.M., 2000. Submarine channel architecture along a slope to basin profile, Brushy Canyon Formation, West Texas. In: A.H. Bouma, C.G. Stone (Eds.), Fine–Grained Turbidite Systems, AAPG Memoir 72, SEPM Spec. Publ. 68, pp. 195–214.

Garich, A.M., 2004. Porosity types and relation to deepwater sedimentary facies of subsurface Jackfork Group sandstones, Latimer and LeFlore Counties, Oklahoma. Unpubl. M.S. thesis, Univ. Oklahoma, 94 pp.

Gastescu, P., 1992. Danube Delta – Tourist Map. Editura Sport–Turism, Bucuresti.

Gaynor, G.C., Scheihing, M.H., 1988. Shelf depositional environments and reservoir characteristics of the Kuparuk River Formation (Lower Cretaceous), Kuparuk Field, North Slope, Alaska. In: Giant Oil and Gas Fields: A CoreWorkshop, Soc. Econ. Paleo. and Mineral. (SEPM) Core Workshop No. 12, pp. 333–390.

Gaynor, G.C., Swift, D.J.P., 1988. Shannon Sandstone depositional model: Sand ridge dynamics on the Campanian western interior shelf. J. Sed. Petrol., 58, 868–880.

Gratton, P.J.F., 2004. Changing along with the times: President's column. Amer. Assoc. Pet.

Geol. Explorer, July, 3.

Greaves, R.J., Fulp, T.J., 1988. Three−dimensional seismic monitoring of an enhanced oil recovery process. In: A.R. Brown (Ed.), Interpretation of Three−Dimensional Seismic Data, AAPG Memoir 42, 2nd Edition, pp. 198–211.

Green, C., Slatt, R.M., 1992. Complex braided stream depositional model for the Murdoch Field, Block 44/22 U.K. southern North Sea, braided rivers: Form, process and economic applications. Abstract, The Geological Society, London, May 6–7.

Grier, S.P., Marschall, D.M., 1992. Reservoir quality. In: D. Morton−Thompson, A.M. Woods (Eds.), Development Geology Reference Manual, Amer. Assoc. Petrol. Geol. Methods in Exploration Series No. 10, pp. 275–277.

Gunter, G.W., Finneran, J.M., Hartmann, D.J.,Miller, J.D., 1997. Early determination of reservoir flow units using an integrated petrophysical method. In: Proc. Soc. Petrol. Engn., Ann. Tech. Conf. and Exhibit., No. SPE−38679, pp. 373–380.

Halderson, H.H., Damsleth, E., 1993. Challenges in reservoir characterization. Amer. Assoc. Pet. Geol. Bull., 77, 541–551.

Hamilton, D.S., Tyler, N., Tyler, R., Raeuchle, S.K., Holtz, M.H., Yeh, J., Uzcategui, M., Jimenez, T., Salazar, A., Cova, C.E., Barbato, R., Rusic, A., 2002. Reactivation of mature oil fields through advanced reservoir characterization: A case history of the Budare field, Venezuela. Amer. Assoc. Petrol. Geol. Bull., 86, 7, 1237–1262.

Handford, C.R., Loucks, R.G., 1993. Carbonate depositional sequence and systems tracts – Responses of carbonate platforms to relative sea−level changes. In: R.G. Loucks, J.F. Sarg (Eds.), Carbonate Sequence Stratigraphy: Recent Developments and Applications, Amer. Assoc. Pet. Geol. Memoir 57, pp. 3–42.

Haq, B.U., Hardenbol, J., Vail, P.R., 1987. Chronology of fluctuating sea levels since the Triassic (250 million years ago to present). Science, 235, 1156–1167.

Hardage, R.A., Levey, R.A., Pendleton, V., Simmons, J., Edson, R., 1996. 3−D seismic imaging and interpretation of fluvially deposited thin−bed reservoirs. In: P. Weimer, T.L. Davis (Eds.), Applications of 3−D Seismic Data to Exploration and Production, AAPG Studies in Geology No. 42/SEG, Geophysical Developments Series No. 5, pp. 27–34.

Hart, B.S., Plint, A.G., 1994. Tectonic influence on deposition and erosion in a ramp setting: Upper Cretaceous Cardium Formation, Alberta Foreland Basin. Amer. Assoc. Petrol. Geol. Bull., 77, 2092–2107.

Hartanto, K.,Widianto, E., Safrizal, S., 1991. Hydrocarbon prospect related to the local unconformities of the Kuang area, South Sumatra Basin. In: Proceedings of the Indonesian Petroleum Association, 20th Annual Convention, Jakarta, pp. 17–35.

He, W., Anderson, R.N., Xu, L., Boulanger, A., Meadow, B., Neal, R., 1996. 4D seismic monitoring grows as production tool. Oil & Gas Journal, May 20, 41–46.

Heezen, B.C., 1956. Corrientes de turbidez del RioMagdalena. Boletin de la Sociedad Geografica de Colombia, 51–52, 135–143.

Heezen, B.C., Ewing, M.H., 1952. Turbidity currents and submarine slumps, and the 1929 Grand Banks earthquake. Amer. J. Sci., 250, 849–873.

Heezen, B.C., Menzies, R.J., Schneider, E.D., Ewing, M.H., Grainelli, N.C.L., 1964. Congo submarine canyon. Amer. Assoc. Petrol. Geol. Bull., 48, 1126–1149.

Heymans, M.J., 1998. Evaluating reservoir compartmentalization by correlating laboratory and field data. In: R.M. Slatt (Ed.), Compartmentalized Reservoirs in Rocky Mountain Basins, Rocky Mtn. Assoc. Geol., pp. 207–218.

Hobson, J.P., Fowler, M.L., Beaumont, E.A., 1982. Depositional and statistical exploration models, Upper Cretaceous offshore sandstone complex, Sussex Member, House Creek field, Wyoming. Amer. Assoc. Petrol. Geol. Bull., 66, 689–707.

Holman, W.E., Robertson, S.S., 1994. Field development, depositional model, and production performance of the turbiditic 'J' sands at prospect Bullwinkle, Green Canyon 65 Field, outer shelf, Gulf of Mexico. In: P. Weimer, A.H. Bouma, B.F. Perkins (Eds.), Submarine Fans and Turbidite Systems, GCS–SEPM Foundation 15th Annual Research Conference, pp. 139–150.

Hunter, R.E., 1977. Basic types of stratification in small eolian dunes. Sedimentology, 24, 361–387.

Hurley, N.F., 1994. Recognition of faults, unconformities, and sequence boundaries using cumulative dip plots. AAPG Bull., 78, 1173–1185.

Hurley, N.F., Aviantara, A.A., Kerr, D.R., 2003. Structural and stratigraphic compartments in a horizontal well drilled in the eolian Tensleep Sandstone, Byron Field, Wyoming. In: T.R. Carr, E.P. Mason, C.T. Feazel (Eds.), HorizontalWells: Focus on the Reservoir, Amer. Assoc. Petrol. Geol. Methods in Exploration Series 14, pp. 143–162.

Hyne, N.J., 1991. Dictionary of Petroleum Exploration, Drilling and Production. PennWell Publishing Co., Tulsa, 623 pp.

Jackson, J.A. (Ed.), 1997. Glossary of Geology, 4th Edition. Amer. Geol. Inst., 769 pp.

Jervey, M.T., 1988. Quantitative geological modeling of siliciclastic rock sequences and their seismic expressions. In: C.K.Wilgus, B.S. Hastings, C.G.St.C. Kendall, H. Posamentier, C.A. Ross, J.C. Van Wagoner (Eds.), Sea–Level Changes – An Integrated Approach, Soc. Econ. Paleo. and Mineral. (SEPM) Spec. Publ. 42, pp. 47–69.

Jolley, L., Nicol, M., Frankenbourg, A., Leonard, A., Wreford, J., 2003. The use of horizontal wells to optimize the development of Andrew – A small oil and gas field UCKS North Sea. In: T.R. Carr, E.P. Mason, C.T. Feazel (Eds.), HorizontalWells: Focus on the Reservoir, Amer. Assoc. Petrol. Geol. Methods in Exploration Series 14, pp. 67–114.

Jordan, D.W., Lowe, D.R., Slatt, R.M., Stone, C.G., D' Agostino, A.E., Schiehing, M.H., Gillespie, R.H., 1991. Scales of Geological Heterogeneity of Pennsylvanian Jackfork Group, Ouachita Mountains, Arkansas: Applications to Field Development and Exploration for Deep– Water Sandstones. Dallas Geol. Soc. Field Guidebook for 1991 AAPG/SEPM Annual Convention, Dallas.

Kendrick, J., 2000. Turbidite reservoir architecture in the Gulf of Mexico – Insights from field development. In: P. Weimer, R.M. Slatt, J.L. Coleman, N. Rosen, C.H. Nelson, A.H. Bouma, M. Styzen, D.T. Lawrence (Eds.), Global Deep–Water Reservoirs, GCS–SEPM Foundation 20th Annual Bob F. Perkins Research Conference, pp. 450–468.

Kerr, D.R., Jirik, L.A., 1990. Fluvial architecture and reservoir compartmentalization in the Oligocene middle Frio Formation, south Texas. Gulf Coast Assoc. Geol. Soc. Trans., XL, 373–380.

Kerr, D.R., Ye, L., Bahar, A., Kelkar, M., Montgomery, S., 1999. Glenn Pool field, Oklahoma: A case of improved production from a mature reservoir. Amer. Assoc. Pet. Geol. Bull., 83, 1–18.

Kirk, R.B., 1994. Submarine fan systems in Australia and New Zealand in a sequence stratigraphic framework – An overview. In: P. Weimer, A.H. Bouma, B.F. Perkins (Eds.), Submarine Fans and Turbidite Systems, GCS–SEPM Foundation 15th Annual Research Conference, Houston, Dec., pp. 193–208.

Kolla, V., Bourges, P., Urrity, J.M., Safa, P., 2001. Evolution of deepwater Tertiary sinuous channels offshore, Angola (West Africa) and implications to reservoir architecture. Amer. Assoc. Petrol. Geol. Bull., 85, 1373–1405.

Kolodzie, S. Jr., 1980. Analysis of pore throat size and use of the Waxmann–Smits equation to determine OOIP in Spindle Field, Colorado. In: Proc. Soc. Petrol. Engn. 55th Ann. Tech. Fall Conf. paper SPE–9382, 10 pp.

Krause, F.F., Collins, H.N., Nelson, D.A., Machemer, S.D., French, P.R., 1987. Multiscale anatomy of a reservoir: Geological characterization of Pembina–Cardium Pool, west–central Alberta, Canada. Amer. Assoc. Pet. Geol. Bull., 71, 1233–1260.

Kuenen, Ph.D., Migliorini, C.I., 1950. Turbidity currents as a cause of graded bedding. J. Geol., 58, 91–127.

Kuuskraa, V.A., Barrett, T., Mueller, R., Hansen, J., 1997. Reservoir characterization for development of Mesaverde Group sandstones of the Piceance Basin, Colorado. In: E.B. Coalson, J.C. Osmond, E.T. Williams (Eds.), Innovative Applications of Petroleum Technology in the Rocky Mountain Area, Rocky Mtn. Assoc. Geol. (RMAG), pp. 61–72.

Larue, D.K., Friedmann, F., 2000. The relationships between channelized deep–water reservoir architecture and recovery from petroleum reservoirs. In: P. Weimer, R.M. Slatt, J.L. Coleman, N. Rosen, C.H. Nelson, A.H. Bouma, M. Styzen, D.T. Lawrence (Eds.), Global Deep–Water Reservoirs, GCS–SEPM Foundation 20th Annual Bob F. Perkins Research Conference, pp. 469–472.

Lawless, P.N., Fillon, R.H., Lytton III, R.G., 1997. Gulf Coast Cenozoic biostratigrahic, lithostratigraphic and sequence stratigraphic event chronology. In: Transactions 47th Ann. Meet. Gulf Coast Assoc. Geological Societies, pp. 271–282.

Leggitt, S.M., Walker, R.G., Eyles, C.H., 1990. Control of reservoir geometry and stratigraphic trapping by erosion surface E5 in the Pembina–Carrot Creek area: Upper Cretaceous Cardium Formation, Alberta, Canada. Amer. Assoc. Petrol. Geol. Bull., 74, 1165–1182.

Leonard, A., Jolley, E., Carter, A., Mills, C., Jones, N., Bowman, M., 2000. Lessons learned from the management of basin floor submarine fan reservoirs in the UKCS. In: P. Weimer, R.M. Slatt, J.L. Coleman, N. Rosen, C.H. Nelson, A.H. Bouma, M. Styzen, D.T. Lawrence (Eds.), Global Deep–Water Reservoirs, GCS–SEPM Foundation 20th Annual Bob F. Perkins Research Conference, pp. 478–501.

Lerch, C., Bramlett, K., Butler, B., Scales, J., Stroud, T., Glandt, C., 1997. Ram–Powell partners see big picture with integrated modeling. Amer. Oil and Gas Reporter, 40, 50–67.

Levey, R.A., Hardage, B.A., Edson, R., Pendleton, V., 1994. 3–D Seismic and Well Log Data Set: Fluvial Reservoir Systems, Stratton Field, South Texas. The University of Texas at Austin, Bureau of Economic Geology, 30 pp.

Levey, R.A., Sippel, M.A., Finley, R.J., Langford, R.P., 1992. Stratigraphic compartmentalization within gas reservoirs: Examples from fluvial–deltaic reservoirs of the Texas Gulf Coast. Gulf Coast Assoc. Geol. Soc. Trans, XLII, 227–235.

Lonergan, L., Lee, N., Johnson, H.D., Cartwright, J.A., Jolley, R.J.H., 2000. Remobilization and injection in deepwater depositional systems: Implications for reservoir architecture and prediction. In: P.Weimer, R.M. Slatt, J.L. Coleman, N. Rosen, C.H. Nelson, A.H. Bouma, M. Styzen, D.T. Lawrence (Eds.), Global Deep–Water Reservoirs, GCS – SEPM Foundation 20th Annual Bob F. Perkins Research Conference, pp. 515–532.

Loutit, T.S., Hardenbol, J., Vail, P.R., Baum, G.R., 1988. Condensed sections: The key to age dating and correlation of continental margin sequences. In: C.K. Wilgus, B.S. Hastings, C.G.St.C. Kendall, H. Posamentier, C.A. Ross, J.C. VanWagoner (Eds.), Sea–Level Changes – An Integrated Approach, Soc. Econ. Paleo. andMineral. (SEPM) Spec. Publ. 42, pp. 183–213.

Maglio–Johnson, T., 2000. Flow unit definition using petrophysics in a deep water turbidite deposit, Lewis Shale, Carbon County, Wyoming. Unpubl. M.S. thesis, Colorado School of Mines, 121 pp.

Maguregui, J., Tyler, N., 1991. Evolution of middle Eocene tide–dominated deltaic sandstones, Lagunillas Field, Maracaibo Basin, western Venezuela. In: A.D. Miall, N. Tyler (Eds.), The Three–Dimensional Facies Architecture of Terrigenous Clastic Sediments and Its Implications for Hydrocarbon Discovery and Recovery, Society of Sedimentary Geology (SEPM) Concepts in Sedimentology and Paleontology, pp. 233–244.

Mahaffie, M.J., 1994. Reservoir classification for turbidite intervals at the Mars discovery,Mississippi Canyon 807, Gulf of Mexico. In: P. Weimer, A.H. Bouma, B.F. Perkins (Eds.), Submarine Fans and Turbidite Systems, GCS–SEPM Foundation 15th Annual Research Conference, pp. 233–244.

Mangerud, G., Dreyer, T., Soyseth, L., Martinsen, O., Ryseth, A., 1999. High–resolution biostratigraphy and sequence development of the Paleocene succession, Grane Field, Norway. In: J.R. Underhill (Ed.), Development and Evolution of the Wessex Basin, Geological Society of London Spec. Publ. 133, pp. 167–184.

Mark, S.M., 1998. Reservoir compartmentalization of the Morrow Sandstone at Sorrento Field, southeastern Colorado. In: R.M. Slatt (Ed.), Compartmentalized Reservoirs in Rocky Mountain Basins, Rocky Mtn. Assoc. Geol. (RMAG) Publ., pp. 99–130.

Mayall, M., O'Byrne, C., 2002. Reservoir prediction and development challenges in turbidite slope channels. OTC Conf. Proc., Contribution No. 14029.

Mayall, M., Stewart, I., 2000. The architecture of turbidite slope channels. In: P. Weimer, R.M. Slatt, J.L. Coleman, N. Rosen, C.H. Nelson, A.H. Bouma, M. Styzen, D.T. Lawrence (Eds.), Global Deep–Water Reservoirs, GCS–SEPM Foundation 20th Annual Bob F. Perkins Research Conference, pp. 578–586.

McDonaugh, K.J., 1998. Private communication.

McGee, D.T., Bilinski, P.W., Gary, P.S., Pfeiffer, D.S., Sheiman, J.L., 1994. Geologic models and reservoir geometries of Auger Fields, deepwater Gulf of Mexico. In: P. Weimer, A.H. Bouma, B.F. Perkins (Eds.), Submarine Fans and Turbidite Systems, GCS–SEPM Foundation 15th Annual Research Conference, pp. 245–256.

Miall, A.D., 1980. Facies models 5. Deltas. In: R.G. Walker (Ed.), Facies Models, Geoscience Canada Reprint Series 1, pp. 43–56.

Miall, A.D., 2002. Architecture and sequence stratigraphy of Pleistocene fluvial systems inMalay Basin, based on seismic time–slice analysis. Amer. Assoc. Petrol. Geol. Bull., 86, 1201–1216.

Minken, J.D., 2004. Deep–water depositional elements: A comparison between outcrops of the dad sandstone, Lewis Shale, Wyoming and 3d seismic of slope Pleistocene deposits, Gulf of Mexico. Unpubl. M.Sc. thesis, Univ. Oklahoma, 290 pp.

Mitchum, R.M. Jr., Vail, P.R., Sangree, J.B., 2002. Sequence stratigraphy: Evolution and effects. In: J. Armentrout, N.C. Rosen (Eds.), Sequence StratigraphicModels for Exploration and Production: Evolving Methodology, Emerging Models, and Application Histories, GCS–SEPM Foundation 22nd Annual Bob F. Perkins Research Conference, pp. 1–18.

Mitchum, R.M. Jr., Van Wagoner, J.C., 1991. High–frequency sequences and their stacking patterns: Sequence stratigraphic evidence of high–frequency eustatic cycles. Sediment. Geol., 70, 131–160.

Mitchum, R.M., Wach, G., 2002. Niger Delta Pleistocene leveed channel fans: Models for offshore reservoirs. In: J.M. Armentrout, N. Rosen (Eds.), Sequence Stratigraphic Models for Exploration and Production, GCS–SEPM Foundation 22nd Annual Bob F. Perkins Research Conference, pp. 713–728.

Mitra, S., Leslie, W., 2003. Three–dimensional structural model of the Rhourde el Baguel field, Algeria. Amer. Assoc. Pet. Geol. Bull., 87, 231–250.

Montgomery, S.L., 1997. Sooner Unit, Denver Basin, Colorado: Improved waterflooding in a fluvial estuarine reservoir (Upper Cretaceous D Sandstone). Amer. Assoc. Pet. Geol. Bull., 81, 1957–1974.

Moore, C.H., 2001. Carbonate Reservoirs: Porosity Evolution and Diagenesis in a Sequence Stratigraphic Framework. Elsevier, Amsterdam, 444 pp.

Morris, R.C., 1971. Classification and interpretation of disturbed bedding types in Jackfork flysch rocks (upper Mississippian), Ouachita Mountains, Arkansas. J. Sed. Petrol., 41, 410–424.

Morris, R.C., 1971. Stratigraphy and sedimentology of the Jackfork Group, Arkansas. Amer. Assoc. Pet. Geol. Bull., 55, 387–402.

Morris, W.R., Normark, W.R., 2000. Scaling, sedimentologic and geometric criteria for comparing modern and ancient sandy turbidite elements. In: P. Weimer, R.M. Slatt, J.L. Coleman, N. Rosen, C.H. Nelson, A.H. Bouma, M. Styzen, D.T. Lawrence (Eds.), Global Deep– Water Reservoirs, GCS–SEPM Foundation Bob F. Perkins 20th Annual Research Conference, pp. 606–623.

Morton–Thompson, D., Woods, A.M. (Eds.), 1992. Development Geology Reference Manual. Amer. Assoc. Petrol. Geol. Methods in Exploration Series No. 10, 550 pp.

Mulder, T., Syvitski, J.P.M., Migeon, S., Faugeres, J.C., Savoye, B., 2003. Marine hyperpycnal flows: Initiation, behavior and related deposits: A review. Mar. Petrol. Geol., 20, 861–882.

Mulholland, J.W., 1994. Sequence stratigraphic correlation of well–log cross sections. The Mountain Geologist, 31 (3), 65–75.

Mutti, E., 1985. Turbidite systems and their relations to depositional sequences. In: G.G. Zuffa (Ed.), Provenance of Arenites, Reidel, Dordrecht, pp. 65–93.

Mutti, E., Normark, W.R., 1987. Comparing examples of modern and ancient turbidite systems: Problems and concepts. In: J.K. Leggett, G.G. Zuffa (Eds.), Marine Clastic Sedimentology, Graham and Trotman, London, pp. 1–38.

Mutti, E., Normark, W.R., 1991. An integrated approach to the study of turbidite systems. In: P. Weimer, M.H. Link (Eds.), Seismic Facies and Sedimentary Processes of Submarine Fans and Turbidite Systems, Springer–Verlag, New York, pp. 75–106.

Mutti, E., Ricci Lucchi, F., 1972. Le torbiditi de Appennino settenrionale: introduzioni all' analisi de facies. Memorie della Società Geologia Italiana, 11, 161–199.

Navarre, J.–C., Claude, D., Librelle, E., Safa, P., Villon, G., Keskes, N., 2002. Deepwater turbidite system analysis, West Africa: Sedimentary model and implications for reservoir model construction. The Leading Edge, 21, 1132–1139.

Normark, W.R., 1978. Fan valleys, channels, and depositional lobes on modern submarine fans: Characters for recognition of sandy turbidite environments. Amer. Assoc. Petrol. Geol. Bull., 62, 912–931.

Oklahoma Independent Petroleum Association, 2001. Advertisement.

Omatsola, T., 2003. Origin and distribution of friable and cemented sandstones in outcrops of the Pennsylvanian Jackfork Group, Arkansas. M.S. thesis, Univ. Oklahoma, 227 pp.

Pattison, S.A.J., Walker, R.G., 1992. Deposition and interpretation of long, narrow sandbodies underlain by a basinwide erosion surface: Cardium Formation, Cretaceous western interior seaway, Alberta, Canada. J. Sed. Petrol., 62, 292–309.

Payne, S.N.J., Ewen, D.F., Bowman, M.J., 1999. The role and value of 'high–impact biostratigraphy' in reservoir appraisal and development. In: R.W. Jones, M.D. Simmons

(Eds.), Biostratigraphy in Production and Development Geology, Geological Society of London, Spec. Publ. 152, pp. 5–22.

Payton, C.E. (Ed.), 1977. Seismic Stratigraphy – Applications to Hydrocarbon Exploration. Amer. Assoc. Petrol. Geol. Memoir 26, 516 pp.

Peakall, J., McCaffrey, W.D., Kneller, B., 2000. A process model for the evolution, morphology and architecture of sinuous submarine channels. Journal of Sedimentary Research, 70, 434–448.

Pemberton, S.G. (Ed.), 1992. Applications of Ichnology to Petroleum Exploration, A CoreWorkshop. SEPM Core Workshop 17, 317 pp.

PetroChina Inc., 1998a. Routine core analysis, petrography, biostratigraphy and geochemistry report on NEB–5Well, Jabung Block, South Sumatra, Indonesia, PT. Geoservices, Ltd. Report No. 98/0904/LAB, 49 pp.

PetroChina Inc., 1998b. Routine core analysis for conventional cores and sidewall cores from well: NEB–7, Jabung Block, South Sumatra, Indonesia, PT. Geoservices, Ltd. Report No. 98/0906/LAB, 25 pp.

PetroChina Inc., 1998c. Sedimentology, petrography, biostratigraphy & geochemistry report for conventional core and cuttings samples from well: Northeast Betara–7 [5000' – 5415.8'], Jabung Block, South Sumatra, Indonesia, PT. Geoservices, Ltd. Report No. 98/1201/LAB, 82 pp.

PetroChina Inc., 1998d. Routine core analysis, petrography, geochemistry and radiometric dating for conventional core from well: NEB–6, Jabung Block, South Sumatra, Indonesia, PT. Geoservices, Ltd. Report No. 98/0905/LAB, 37 pp.

Pettingill, H.S., Weimer, P., 2001. Global deep water exploration: Past, present and future frontiers. In: R.H. Fillon, N.C. Rosen, P. Weimer, A. Lowrie, H.W. Pettingill, R.L. Phair, H.H. Roberts, B. Van Hoorn (Eds.), Petroleum Systems of Deepwater Basins: Global and Gulf of Mexico Experience, GCS–SEPM Foundation 21st Annual Bob F. Perkins Research Conference, pp. 1–22.

Pfeiffer, D.S., Mitchell, B.T., Yevi, G.Y., 2000. Mensa: Shell's Mississippi Canyon Block 731 Field – An integrated field study. In: P. Weimer, R.M. Slatt, J.L. Coleman, N. Rosen, C.H. Nelson, A.H. Bouma, M. Styzen, D.T. Lawrence (Eds.), Global Deep–Water Reservoirs, GCS–SEPM Foundation 20th Annual Bob F. Perkins Research Conference, pp. 756–775.

Phillips, S., 1987. Dipmeter interpretation of turbidite–channel reservoir sandstones, Indian Draw Field, New Mexico. In: R.W. Tillman, K.J. Weber (Eds.), Reservoir Sedimentology, SEPM Spec. Publ. 40, pp. 113–128.

Piper, D.J.W., Normark, W.R., 1983. Turbidite depositional patterns and flow characteristics, Navy Submarine Fan, California Borderland. Sedimentology, 30, 681–694.

Piper, D.J.W., Normark,W.R., 2001. Sandy Fans – From Amazon to Hueneme and beyond. Amer. Assoc. Petrol. Geol. Bull., 85, 1407–1438.

Pirmez, C., Beaubouef, R.T., Friedmann, S.J., Mohrig, D.C., 2000. Equilibrium profile and base level in submarine channels: Examples from Late Pleistocene systems and implications for the architecture of deepwater reservoirs. In: P. Weimer, R.M. Slatt, A.H. Bouma, D.T. Lawrence, J. Coleman Jr., M. Styzen, H. Nelson (Eds.), Deepwater Reservoirs of the World, GCS– SEPM Foundation 20th Annual Bob F. Perkins Research Conference, Houston, Dec. 3–6, pp. 782–805.

Pittman, E.D., 1992. Relationship of porosity and permeability to various parameters derived from mercury injection–capillary pressure curves for sandstone. Amer. Assoc. Petrol. Geol. Bull., 76, 191–198.

Porter, K.W., Weimer, R.J., 1982. Diagenetic sequence related to structural history and petroleum accumulation: Spindle Field, Colorado. Amer. Assoc. Petrol. Geol. Bull., 66, 2543–2560.

Posamentier, H.W., 2001. Lowstand alluvial bypass systems: Incised vs. unincised. Amer. Assoc. Pet. Geol. Bull., 85, 1771–1793.

Posamentier, H.W., Allen, G.P., 1999. Siliciclastic sequence stratigraphy – concepts and applications. Soc. Econ. Paleo. and Mineral. (SEPM) Concepts in Sedimentology and Paleontology 7, 210 pp.

Posamentier, H.W., Allen, G.P., James, D.P., Tesson, M., 1992. Forced regressions in a sequence stratigraphic framework: Concepts, examples, and exploration significance. Amer. Assoc. Petrol. Geol. Bull., 76, 1687–1709.

Posamentier, H.W., Erskine, R.D., Mitchum, R.M. Jr., 1991. Models for submarine–fan deposits within a sequence–stratigraphic framework. In: P. Weimer, M.H. Link (Eds.), Seismic Facies and Sedimentary Processes of Submarine Fans and Turbidite Systems, Frontiers in Sedimentary Geology, Springer–Verlag, New York, pp. 127–136.

Posamentier, H.W., Weimer, P., 1993. Siliciclastic sequence stratigraphy and petroleum geology – Where to from here? Amer. Assoc. Petrol. Geol. Bull., 77, 731–742.

Potter, P.E., Scheidegger, A.E., 1966. Bed thickness and grain size: Graded beds. Sedimentology, 7, 233–240.

Prosser, D.J., Maskall, R., 1993. Permeability variation within Aeolian sandstones: A case study using core cut sub–parallel to slipface bedding, The Auk Field, central North Sea. In: C.P. North, D.J. Prosser (Eds.), Characterization of Fluvial and Aeolian Reservoirs, Geological Society of London Special Publ. 73, pp. 377–398.

Pyles, D.R., 2000. A high–frequency sequence stratigraphic framework for the Lewis Shale and Fox Hills Sandstone, Great Divide and Washakie Basins, Wyoming. Unpubl. M.S. thesis, Colorado School of Mines, Golden, CO, 212 pp.

Pyles, D.R., Slatt, R.M., 2000. A high–frequency sequence stratigraphic framework for shallow through deep–water deposits of the Lewis Shale and Fox Hills Sandstone, Great Divide and Washakie Basins, Wyoming. In: P. Weimer, R.M. Slatt, J.L. Coleman, N. Rosen, C.H. Nelson, A.H. Bouma, M. Styzen, D.T. Lawrence (Eds.), Global Deep–Water Reservoirs, Gulf Coast Section – SEPM Foundation Bob F. Perkins 20th Annual Research Conference, pp. 836–857.

Pyles, D.R., Slatt, R.M. Stratigraphic evolution of the Upper Cretaceous Lewis Shale, southern Wyoming: Applications to understanding shelf to base−of−slope changes in stratigraphic architecture of mud−dominated, progradational depositional systems. In: T. Nelsen, R. Shew, G. Steffens, J. Studlick, Atlas of Deepwater Outcrops, Amer. Assoc. Petrol. Geol. Studies in Geology, vol. 56, in press.

Reading, H.G., 1986. Sedimentary Environments and Facies. Blackwell Scientific, 117 pp.

Reading, H.G., Richards, M., 1994. Turbidite systems in deep−water basin margins classified by grain size and feeder system. Amer. Assoc. Petrol. Geol. Bull., 78, 792–822.

Reedy, G.K., Pepper, C.F., 1996. Analysis of finely laminated deep marine turbidites: Integration of core and log data yields a novel interpretation model. In: Proc. Soc. Petrol. Engn. (SPE) Ann. Tech. Conf. and Exhibit, CO, pp. 119-127.

Richards, M., Bowman, M., Reading, H., 1998. Submarine−fan systems I: Characterization and stratigraphic prediction. Mar. Petrol. Geol., 15, 687–717.

Roberts, M.T., Compani, B., 1996. Miocene example of a meandering submarine channel−levee system from 3−D seismic reflection data, Gulf of Mexico Basin. In: J.A. Pacht, R.E. Sheriff, B.F. Perkins (Eds.), Stratigraphic Analysis Utilizing Advanced Geophysical, Wireline and Borehole Technology for Petroleum Exploration and Production, GCS–SEPM 17th Annual Research Conference, Houston, pp. 241–254.

Robinson, J.W., McCabe, P.J., 1997. Sandstone−body and shale−body dimensions in a braided fluvial system: Salt Wash Sandstone Member (Morrison Formation), Garfield County, Utah. Amer. Assoc. Pet. Geol. Bull., 81, 1267–1291.

Romero, G., 2004. Stratigraphy and composition of turbidite deposits, Jackfork Group, Lynn Mountain syncline, Pushmataha and LeFlore Counties, Oklahoma. M.S. thesis, University of Oklahoma, 238 pp.

Ross, J.G., 1997. The Philosophy of Reserve Estimation. SPE Paper 37960.

Rossen, C., Sickafoose, D.K., 1994. 3−D seismic expression and architecture of deep−water reservoirs at Ram/Powell field, Viosca Knoll Block 912, Gulf of Mexico. In: P. Weimer, A.H. Bouma, B.F. Perkins (Eds.), Submarine Fans and Turbidite Systems, GCS–SEPM Foundation 15th Annual Research Conference, pp. 309–310.

Saifuddin, F., Soeryowibowo, M., Suta, I.N., Chandra, B., 2001. Acoustic impedance as a tool to identify reservoir targets: A case of the NE Betara−11 Horizontal well, Jabung block, South Sumatra. In: Proceedings of the Indonesian Petroleum Association, 28th Annual Convention, Jakarta, poster exhibition.

Saller, A.H., Noah, J.T., Schneider, R., Ruzuar, A.P., 2003. Lowstand deltas and a basin−floor fan, Pleistocene, offshore east Kalimantan, Indonesia. In: H.H. Roberts, N.C. Rosen, R.H. Fillon, J.B. Anderson (Eds.), GCS–SEPM Bob F. Perkins 23rd Annual Research Conference, pp. 421–440.

Sanchez, M.E.N., 2003. Integrating seismic inversion, spectral decomposition and other seismic attributes in the Furrial Area, Venezuela and Stratton Field, Texas. Unpubl. M.S. thesis, Univ.

Oklahoma, 134 pp.

Sanchez, M.E., 2004. Integrating seismic inversion, spectral decomposition and other seismic attributes in the Furrial area, Venezuela and Stratton Field, Texas. Unpubl. M.S. thesis, Univ. Oklahoma, 134 pp.

Sarg, J.F., 1988. Carbonate sequence stratigraphy. SEPM Special Publication No. 42, 155–181.

Scruton, P.C., 1960. Delta building and the deltaic sequence. In: F.P. Shepard, F.B. Phleger, T.H. Van Andel (Eds.), Recent Sediments, Northwest Gulf of Mexico, Amer. Assoc. Petrol. Geol., Tulsa, 394 pp.

Shaffer, B.L., 1990. The nature and significance of condensed sections in the Gulf Coast late Neogene sequence stratigraphy. In: G. Kinsland, T. Cagle (Eds.), Transactions 40th Ann. Meet. Gulf Coast Assoc. Geological Societies, pp. 767–776.

Shew, R.D., 1997. Deepwater Gulf of Mexico Core Workshop. Short Course #1: GCAGS Convention, New Orleans, LA.

Shew, R.D., Rollins, D.R., Tiller, G.M., Hackbarth, C.J.,White, C.D., 1994. Characterization and modeling of thin–bedded turbidite deposits from Gulf ofMexico using detailed subsurface and analog data. In: P. Weimer, A.H. Bouma, B.F. Perkins (Eds.), Submarine Fans and Turbidite Systems, GCS–SEPM Foundation 15th Annual Research Conference, pp. 327–334.

Shiralkar, G.S., Volz, R.F., Stephenson, R.E., Valle, M.J., Hird, K.B., 1996. Parallel computing alters approaches, raises integration challenges in reservoir modeling. Oil & Gas Journal, May 20, 48–56.

Shirley, M.L. (Ed.), 1966. Deltas and Their Geologic Framework. Houston Geol. Soc., 252 pp.

Siemers, C.T., Ristow, J.H., 1986. Marine–shelf bar sand/channelized sand shingled couplet, Terry Sandstone member of Pierre Shale, Denver Basin, Colorado. In: T.F. Moslow, E.G. Rhodes (Eds.), Modern and Ancient Shelf Clastics: A CoreWorkshop, Soc. Econ. Paleo. and Mineral. (SEPM) Core Workshop No. 9, Atlanta, June 15, pp. 269–324.

Sippel, M.A., 1996. Integration of 3–D seismic to define functional reservoir compartments and improve waterflood recovery in a Cretaceous reservoir, Denver Basin. In: S. Longacre, B. Katz, R. Slatt, M. Bowman (Eds.), AAPG/EAGE Research Symposium, Compartmentalized Reservoirs: Their Detection, Characterization, and Management, The Woodlands, TX.

Slatt, R.M., 1984. Continental shelf topography: Key to understanding the distribution of shelf sand ridge deposits from the Cretaceous Western Interior Seaway. Amer. Assoc. Petrol. Geol. Bull., 68, 1107–1120.

Slatt, R.M., 1997. Sequence stratigraphy, sedimentology and reservoir characteristics of the Upper Cretaceous Terry sandstone, Hambert–Aristocrat Field, Denver Basin, Colorado. In: K.W. Shanley, B.F. Perkins (Eds.), Shallow Marine and Nonmarine Reservoirs, GCS–SEPM Foundation 18th Annual Research Conference, pp. 289–302.

Slatt, R.M., 1998. Foreword: Compartmentalized reservoirs – The exception or the rule? In: R.M. Slatt (Ed.), Compartmentalized Reservoirs in Rocky Mountain Basins, Rocky Mtn. Assoc. Geol., pp. v–vii.

Slatt, R.M., Browne, G.N., Davis, R.J., Clemenceau, G.R., Colbert, J.R., Young, R.A., Anxionna, N., Spang, R.J., 1998. Outcrop–behind outcrop characterization of thin bedded turbidites for improved understanding of analog reservoirs: New Zealand and Gulf of Mexico. Soc. Petrol. Engn. Ann. Mtg., New Orleans, SPE Paper 49563, 845–853.

Slatt, R.M., Hopkins, G.L., 1991. Scaling geologic reservoir description to engineering needs. J. Petrol. Tech., 202–210.

Slatt, R.M., Jordan, D.W., Davis, R.J., 1994. Interpreting formation microscanner log images of Gulf of Mexico Pliocene turbidites by comparison with Pennsylvanian turbidite outcrops, Arkansas. In: P. Weimer, A.H. Bouma, B.F. Perkins (Eds.), Submarine Fans and Turbidite Systems, GCS–SEPM Foundation 15th Annual Research Conference, pp. 335–348.

Slatt, R.M., Mark, S., 2004. Geologic knowledge key to reservoir characterization. Amer. Oil and Gas Reporter, 111–113.

Slatt, R.M., Omatsola, B., Garich–Faust, A.M., Romero, G.A. Potential stratigraphic reservoirs in the Jackfork Group, southeastern Oklahoma. In: T. Nelsen, R. Shew, G. Steffens, J. Studlick, Atlas of Deepwater Outcrops, Amer. Assoc. Petrol. Geol. Studies in Geology, vol. 56, in press.

Slatt, R.M., Phillips, S., Boak, J.M., Lagoe, M.B., 1993. Scales of geologic heterogeneity of a deep water sand giant oil field, Long Beach Unit, Wilmington field, California. In: E.G. Rhodes, T.F. Moslow (Eds.), Frontiers in Sedimentary Geology, Marine Clastic Reservoirs, Examples and Analogs, Springer–Verlag, New York, pp. 263–292.

Slatt, R.M., Stone, C.G., Weimer, P., 2000. Characterization of slope and basin facies tracts, Lower Pennsylvanian Jackfork Group, Arkansas, with applications to deepwater (turbidite) reservoir management. In: P. Weimer, R.M. Slatt, J.L. Coleman, N. Rosen, C.H. Nelson, A.H. Bouma, M. Styzen, D.T. Lawrence (Eds.), Global Deep–Water Reservoirs, GCS–SEPM Foundation 20th Annual Bob F. Perkins Research Conference, pp. 940–980.

Slatt, R.M., Thomasson, M.R., Romig Jr., P.R., Pasternack, E.S., Boulanger, A., Anderson, R.N., Nelson Jr., H.R., 1996. Visualization technology for the oil and gas industry: Today and tomorrow. Amer. Assoc. Pet. Geol. Bull., 80, 453–459.

Slatt R.M., Weimer, P., 1999. Petroleum geology of turbidite depositional systems: Part II, Subseismic scale reservoir characteristics. The Leading Edge, May, 562–567.

Sloss, L.L., 1963. Sequences in the cratonic interior of North America. Geol. Soc. Amer. Bull., 74, 93–114.

Snedden, J.W., Bergman, K.M., 1999. Isolated shallow marine sand bodies: Deposits for all interpretations. In: K.M. Bergman, J.W. Snedden (Eds.), Isolated Shallow Marine Sand Bodies: Sequence Stratigraphic Analysis and Sedimentologic Interpretation, Soc. Econ. Paleo. and Mineral. (SEPM) Spec. Publ. 64, pp.1–11.

Sneider, R.M., 1987. Practical Petrophysics for Exploration and Development. Amer. Assoc. Petrol. Geol. Short Course Lect. Notes, variously paginated.

Sneider, R., 1999. Teams usually win competition. Amer. Assoc. Pet. Geol. Explorer, December,

24–27.

Sprague, A.R., Sullivan, M.D., Campion, K.M., Jensen, G.N., Goulding, F.J., Sickafoose, D.K., Jennette, D.C., 2002. The physical stratigraphy of deep–water stratal a hierarchical approach to the analysis of genetically related stratigraphic elements for improved reservoir prediction. Amer. Assoc. Petrol. Geol. Ann. Convention Abstracts, Houston, TX, pp. 10–13.

Srivastava, R.M., 1994. An overview of stochastic methods for reservoir characterization. In: J.M. Yarus, R.L. Chambers (Eds.), Stochastic Modeling and Geostatistics, Amer. Assoc. Pet. Geol. Computer Applications in Geology no. 3, pp. 3–16.

Stelting, C.E., Bouma, A.H., Stone, C.G., 2000. Fine–grained turbidite systems: Overview. In: A.H. Bouma, C.G. Stone (Eds.), Fine–Grained Turbidite Systems, Amer. Assoc. Petrol. Geol. Memoir 72, SEPM Spec. Publ. 68, pp. 1–8.

Stelting, C.E., Pickering, K.T., Bouma, A.H., Coleman, J.M., Cremer, M., Droz, L., Meyer–Wright, A.A., Normark, W.R., O'Connell, S., Stow, D.A.V., 1985. DSDP Leg 96 Shipboard Scientists, Drilling results on the middle Mississippi Fan. In: A.H. Bouma, W.R. Normark, N.E. Barnes (Eds.), Submarine Fans and Related Turbidite Systems, Springer–Verlag, New York, pp. 275–282.

Stephen, K.D., Clark, J.D., Gardiner, A.R., 2001. Outcrop–based stochastic modeling of turbidite amalgamation and its effects on hydrocarbon recovery. Petroleum Geoscience, 7, 163–172.

Sujanto, F.X., 1997. Substantial contribution of petroleum systems to increase exploration success in Indonesia. In: Proceedings of an International Conference on Petroleum Systems of SE Asia & Australia, Indonesian Petroleum Association, Jakarta, pp. 1–14.

Sullivan, M., Jensen, G., Goulding, F., Jennette, D., Foreman, L., Stern, D., 2000. Architectural analysis of deep–water outcrops: Implications for exploration and production of the Diana sub–basin, western Gulf of Mexico. In: P. Weimer, R.M. Slatt, J.L. Coleman, N. Rosen, C.H. Nelson, A.H. Bouma, M. Styzen, D.T. Lawrence (Eds.), Global Deep–Water Reservoirs, GCS–SEPM Foundation 20th Annual Bob F. Perkins Research Conference, pp. 1010–1031.

Sullivan, M.D., Van Wagoner, J.C., Jennette, D.C., Foster, M.E., Stuart, R.M., Lovell, R.W., Pemberton, S.G., 1997. High resolution sequence stratigraphy and architecture of the Shannon Sandstone, Hartzog Draw Field, Wyoming: Implications for reservoir management. In: K.W. Shanley, B.F. Perkins (Eds.), Shallow Marine and Nonmarine Reservoirs: Sequence Stratigraphy, Reservoir Architecture and Production Characteristics, Gulf Coast Sec. Soc. Econ. Paleon. and Mineral. (SEPM) Foundation 18th Annual Res. Conf., Houston, pp. 331–344.

Suta, I.N., 2004. Reservoir characterization of a lower Talang Akar reservoir, Northeast (NE) Betara Field, Jabung Sub–Basin, South Sumatra, Indonesia. M.Sc. thesis, Univ. of Oklahoma, 74 pp.

Suta, I.N., desAutels, D., Gresko, M., 2000. NE Betara field, South Sumatra, Indonesia: Stratigraphic architecture of a lower Talang Akar reservoir. Presentation at the Annual Amer. Assoc. Petrol. Geol. International Convention, Bali.

Suta, I.N., Xiaoguang, L., 2005. Complex stratigraphic and structural evolution of Jabung Subbasin and its hydrocarbon accumulation; Case study from Lower Talang Akar Reservoir, South Sumatra Basin, Indonesia. In: Proceedings of International Petroleum Technology Conference, Doha – Qatar, IPTC 10094.

Taylor, G., 1995. Seeing inspires believing: 'Coherence cube' seeks a fuller view of seismic. AAPG Explorer, September, 1 and 18.

Tillman, L.E., 1989. Sedimentary facies and reservoir characteristics of the Nugget Sandstone (Jurassic), Painter Reservoir Field, Uinta County, Wyoming. In: E.B. Coalson, S.S. Kaplan, C.W. Keighin, C.A. Oglesby, J.W. Robinson (Eds.), Petrogenesis and Petrophysics of Selected Sandstone Reservoir of the Rocky Mountain Region, Rocky Mtn. Assoc. Geologists, pp. 97–108.

Tillman, R.W., Martinsen, R.S., 1984. The Shannon shelf–ridge sandstone complex, Salt Creek Anticline area, Powder River Basin, Wyoming. In: R.W. Tillman, C.T. Siemers (Eds.), Siliciclastic Shelf Sedimentation, Soc. Econ. Paleo. and Mineral. (SEPM) Spec. Publ. 34, pp. 85–142.

Tillman, R.W., Martinsen, R.S., 1987. Sedimentologic model and production characteristics of Hartzog Draw Field, Wyoming: A Shannon Sandstone shelf–ridge sandstone. In: R.W. Tillman, K.J. Weber (Eds.), Reservoir Sedimentology, Soc. Econ. Paleo. and Mineral. (SEPM) Spec. Publ. 40, pp. 15–112.

Tillman, R.W., Pittman, E.D., 1993. Reservoir heterogeneity in valley–fill sandstone reservoirs, southwest Stockholm Field, Kansas. In: W. Linville (Ed.), Reservoir Characterization III, Proc. 3rd Inter. Reservoir Char. Tech. Conf., Tulsa, pp. 51–105.

Tillman, R.W., Siemers, C.T. (Eds.), 1984. Siliciclastic Shelf Sedimentation. Soc. Econ. Paleo. and Mineral. (SEPM) Spec. Publ. 34, 268 pp.

Turner, J.R., Conger, S.J., 1981. Environment of deposition and reservoir properties of the Woodbine Sandstone at Kurten Field, Brazos County Texas. Gulf Coast Assoc. Geological Societies Transactions, 31, 213–232.

Tye, R.S., Bhattacharya, J.P., Lorsong, J.A., Sindelar, S.T., Knock, D.G., Puls, D.D., Levinson, R.A., 1999. Geology and stratigraphy of fluvio–deltaic deposits in the Ivishak Formation: Applications for development of Prudhoe Bay Field, Alaska. Amer. Assoc. Pet. Geol. Bull., 83, 1588–1623.

Tye, R.S., Hickey, J.J., 2001. Permeability characterization of distributary mouth bar sandstones in Prudhoe Bay field, Alaska: How horizontal cores reduce risk in developing deltaic reservoirs. Amer. Assoc. Petrol. Geol. Bull., 85, 459–475.

US Geological Survey, 2000. World Petroleum Assessment. US Geological Survey Digital Data Series No. 60.

Vail, P.R., 1987. Seismic stratigraphy interpretation using sequence stratigraphy. Part 1: Seismic stratigraphy interpretation procedure. In: A.W. Bally (Ed.), Atlas of Seismic Stratigraphy, Amer. Assoc. Petrol. Geol. Studies in Geology 27, 1, pp. 1–10.

Vail, P.R., Mitchum, R.M. Jr., Thompson III, S., 1977. Seismic stratigraphy and global changes of sea level, Part 3: Relative changes of sea level from coastal onlap. In: C.E. Payton (Ed.),Seismic Stratigraphy – Applications to Hydrocarbon Exploration, Amer. Assoc. Petrol. Geol. Memoir 26, pp. 63–81.

Van Wagoner, J.C., Bertram, G.T. (Eds.), 1995. Sequence Stratigraphy of Foreland Basin Deposits. Amer. Assoc. Petrol. Geol. Memoir 64, 490 pp.

Van Wagoner, J.C., Mitchum, R.M., Campion, K.M., Rahmanian, V.D., 1990. Siliciclastic Sequence Stratigraphy in Well Logs, Cores, and Outcrops, Amer. Assoc. Petrol. Geol. Methods in Exploration Series 7, 55 pp.

Van Wagoner, J.C., Posamentier, H.W., Mitchum, R.M., Vail, P.R., Sarg, J.F., Loutit, T.S., Hardenbol, J., 1988. An overview of sequence stratigraphy and key definitions. In: C.K. Wilgus, B.S. Hastings, C.G.St.C. Kendall, H. Posamentier, C.A. Ross, J.C. Van Wagoner (Eds.), Sea– Level Changes – An Integrated Approach, Soc. Econ. Paleo. andMineral. (SEPM) Spec. Publ. 42, pp. 39–45.

Vavra, C.L., Kaldi, J.G., Sneider, R.M., 1992. Geologic applications of capillary pressure: A review. Amer. Assoc. Petrol. Geol. Bull., 76, 840–850.

Walker, R.G., 1978. Deep–water sandstone facies and ancient submarine fans: Models for exploration for stratigraphic traps. Amer. Assoc. Petrol. Geol. Bull., 62, 932–966.

Walker, R.G., 1980. Facies Models. Geoscience Canada Reprint Series 1, 211 pp.

Walker, R.G., 1992. Facies, facies models, and modern stratigraphic concepts. In: R.G. Walker, N.P. James (Eds.), Facies Models: Response to Sea Level Change, Geol. Assoc. Can., pp. 1–14.

Walker, R.G., Bergman, K.M., 1993. Shannon Sandstone in Wyoming: A shelf–ridge complex reinterpreted as lowstand shoreface deposits. J. Sed. Petrol., 63, 839–851.

Walker, R.G., Eyles, C.H., 1991. Topography and significance of a basin–wide sequence–bounding erosion surface in the Cretaceous Cardium Formation, Alberta, Canada. J. Sed. Petrol., 61, 473–496.

Weber, K.J., 1987. Computation of initial well productivities in aeolian sandstone on the basis of a geological model, Leman Gas Field, U.K. In: R.W. Tillman, K.J. Weber (Eds.), Reservoir Sedimentology, Soc. Econ. Paleon. and Mineral. (SEPM) Spec. Publ. No. 40, pp. 333–354.

Weimer, P., Crews, J.R., Crow, R.S., Varnai, P., 1998. Atlas of the petroleum fields and discoveries in northern Green Canyon, Ewing Bank, and southern Ship Shoal and South Timbalier area (offshore Louisiana), northern Gulf of Mexico. Amer. Assoc. Pet. Geol. Bull., 82, 878–917.

Weimer, R.J., 1992. Developments in sequence stratigraphy: Foreland and cratonic basins. Amer. Assoc. Pet. Geol. Bull., 76, 965–982.

Wilgus, C.K., Hastings, B.S., Kendall, C.G.St.C., Posamentier, H., Ross, C.A., VanWagoner, J.C., 1988. Sea–Level Changes – An Integrated Approach. Soc. Econ. Paleo. and Mineral. (SEPM) Spec. Publ. 42, 407 pp.

Witton–Barnes, E.M., Hurley, N.F., Slatt, R.M., 2000. Outcrop characterization and subsurface criteria for differentiation of sheet and channel–fill strata: Example from the Cretaceous Lewis Shale, Wyoming. In: P. Weimer, R.M. Slatt, J.L. Coleman, N. Rosen, C.H. Nelson, A.H. Bouma, M. Styzen, D.T. Lawerence (Eds.), Global Deep–Water Reservoirs, Gulf Coast Section, SEPM Foundation Bob F. Perkins 20th Annual Research Conference, pp. 1087–1104.

Ye, L., Kerr, D.R., 2000. Sequence stratigraphy of the Middle Pennsylvanian Bartlesville Sandstone, northeastern Oklahoma: A case of an underfilled incised valley. Amer. Assoc. Pet. Geol Bull., 84, 1185–1204.

Yielding, C., Apps, G., 1994. Spatial and temporal variations in the facies associations of depositional sequences on the slope: Examples from the Miocene–Pleistocene of the Gulf of Mexico. In: P. Weimer, A.H. Bouma, B.F. Perkins (Eds.), Submarine Fans and Turbidite Systems, GCS–SEPM Foundation 15th Annual Research Conference, pp. 425–437.

词汇表

2D seismic 二维地震
3D reservoir geologic model 三维储层地质模型
3D seismic 三维地震
3D stratigraphic model 三维地层模型
4D seismic 四维地震

A

abyssal 深海
accommodation space 可容纳空间
aggradation 加积
aggradational channels 加积水道
aggradational parasequence set 加积准层序组
alluvial fans 冲积扇
amalgamated channel sands 复合水道砂
amalgamated sheets 复合席状砂
angular unconformity 角度不整合
animal(microfauna) 动物（微体动物）
appraisal 评价/评价阶段
architectural elements 构型要素
artificial neural network 人工神经网络/人工神经网络算法
asset team 资产团队/精英团队
authigenic minerals 自生矿物

B

barrier island deposits and reservoirs 障壁岛沉积和储层
bathyl 半深海
beach 海滩
bedforms 底形
benchtop 实验台
benthonic microorganisms 底栖微生物
biogenic sedimentary structures 生物沉积构造
biogenic sediments 生物沉积物
biostratigraphers 生物地层学家
biostratigraphic scale 生物地层表
biostratigraphy 生物地层学

biozone 生物带/生物群带
body fossils 生物实体化石
borehole-image data 井筒成像数据
borehole-image log 井筒成像测井
Bouma Sequence 鲍马序列
braided fluvial(river) deposits and reservoirs 辫状河沉积和储层
braided river 辫状河
braided river deposits 辫状河沉积
braided river facies 辫状河相
bypassed reserves 未被波及的储量

C
caliche horizons 钙质水平层/碳酸盐岩致密胶结带
canyon and channel-fill sandstones and reservoirs 峡谷和水道充填砂岩与储层
canyons 深谷/峡谷
capillarity 毛细管力
capillary pressure 毛细管压力
capillary pressure curve 毛细管压力曲线
capillary propertie 毛细管性质
carbonate minerals 碳酸盐矿物
carbonate rock 碳酸盐岩
carbonate rock classification 碳酸盐岩分类
carbonate rock types 碳酸盐岩类型
cement 胶结物
Cenozoic 新生代
Cenozoic chronostratigraphic(time) scale 新生代/界年代地层表
channel-levee complex 水道—堤岸复合体
channels 水道/河道
chemical 化学成因
chemical sedimentary rocks 化学成因沉积岩
chemical sedimentary structures 化学沉积构造
chronostratigraphic 年代地层
clastic 碎屑/碎屑的
clay minerals 黏土矿物
coastal onlap 海岸上超
coherence-cube technology 相干体技术
compaction 压实/压实作用
compartmentalization 分区分块性/分块性/区块划分/分区
compartments 区块

composition 成分
concretion zones 结核发育区域
concretions 结核（体）
condensed section 密集段
conformity 整合
continental shelf 大陆架
conventional deposit 常规油气资源
conventional logs 常规测井
conventional oil and gas 常规石油和天然气
cross-bed 交错层理
cross-well seismic 井间地震
crossover 相交
cumulative dip plot 累计倾角散点图
cumulative flow capacity 累计产能
cumulative production 累计产量
cumulative storage capacity 累计储能
current 洋流/海流/水流
cutbank side 侵蚀岸/凹岸
cuttings 岩屑
cycle of relative change of sea level 相对海平面变化旋回/周期
cycle time 周期/旋回

D

data mining 数据挖掘/数据开发
deep water 深水
deepwater deposits and reservoirs 深水沉积和储层
deepwater systems 深水体系
deltaic deposits and reservoirs 三角洲沉积和储层
density logs 密度测井
depositional environments 沉积环境
depositional model 沉积模式
depositional profile 沉积剖面
depositional sequence 沉积序列/沉积层序
depositional stratigraphic sequence 沉积地层层序/地层沉积序列
depositional system 沉积体系
diagenesis 成岩作用
dipmeter logs 地层倾角测井
disconformity 平行不整合
dune 沙丘

dynamic properties 动态属性

E

electrofacies 测井相
environments of deposition 沉积环境
eolian 风成的
eolian(windblown) deposits and reservoirs 风成沉积和储层
erosional channels 侵蚀水道
estimated ultimate recovery(EUR) 预测最终采收率
eustatic sea level 海平面升降
evaporites 蒸发岩
exploration 勘探

F

fan deltas 扇三角洲
fifth-order cycle 五级旋回
fireflood 火驱法/火烧油田
first-order cycle 一级旋回
flood-tidal deltas 涨潮三角洲
flow unit 流动单元
fluid saturations 流体饱和度
flute mark 槽模
fluvial deposits 河流沉积
fluvial deposits and reservoirs 河流沉积和储层
fluvial river 曲流河
fluvial sediment 河流沉积物
foraminifera 有孔虫类
forced regression 强制海退
foreshore 前滨
formation micro-imager(FMI) 地层微电阻率成像测井
formation micro-scanner(FMS) 地层微电阻率扫描成像测井
fourth-order cycle 四级旋回
fracture 裂缝
fracture porosity 裂缝孔隙
framework 格架
free water level 自由水面

G

gamma-ray 伽马射线测井/伽马测井

gas hydrates(clathrates)　天然气水合物 / 气水合物（冰状笼形化合物）
geologic time　地质年代
graded beds　粒级层
grain　颗粒
gypsum　石膏

H
half-life　半衰期
herringbone cross-beds　人字形交错层理
heterogeneity　非均质性
hierarchical scales of geologic heterogeneity　地质非均质性的分级标准
high-frequency sequence stratigraphic framework　高分辨率层序地层格架
high-frequency sequence stratigraphy　高分辨率层序地层学
high-resolution or "high-impact" biostratigraphy　高分辨率或高频生物地层学
highstand of sea level　海平面高水位期
horizontal drilling　水平钻井
horizontal permeability　水平渗透率
horizontal well　水平井
Hubbert Curve　Hubbert 曲线

I
ichnofacies　遗迹化石相
ignitive flows　触发流
incised valleys　下切谷
incised-valley-fill deposits　下切谷充填沉积
incised-valley-fill deposits and reservoirs　下切谷充填沉积和储层
initial potential flow rates　初始潜在流动速率
isotopes　同位素

L
Law of Crosscutting Relations　切割关系律
Law of Faunal Succession　化石层序律 / 动物序列演替定律
Law of Original Horizontality　原始水平定律
Law of Superposition　地层叠加原理
leaching　浸出
levee deposits and reservoirs　天然堤沉积和储层
levee sediments　天然堤沉积物
leveed channels　具天然堤的水道
life cycle of a field　油气田的生命周期

lithofacies 岩相
lithostratigraphic correlation 岩性地层对比
lithostratigraphy 岩石地层学
load structures 负载构造/负载沉积构造
lobate turbidites 朵状浊积体/浊流朵体
low-resistivity pay 低阻油气产层
low-resolution sequence stratigraphy 低分辨率层序地层学
lowstand fan 低位扇
lowstand of sea level 海平面低水位期
lowstand systems tract 低位体系域
lowstand wedge 低位楔/低位前积楔

M

macroscopic heterogeneities 宏观非均质性
macrotidal 大潮
magnetostratigraphic absolute age 磁性地层划分的绝对地质年龄
marine flooding surface 海泛面
mass extinctions 大灭绝
mass transport deposit 高能携带沉积/块体搬运沉积
maximum flooding surface 最大洪泛面
meandering river 曲流河
meandering river deposits 曲流河沉积
meandering river deposits and reservoirs 曲流河沉积和储层
meandering river facies 曲流河相
meandering river sandstones 曲流河储集砂岩
megascopic heterogeneities 巨型非均质性
mesotidal 中潮
Mesozoic 中生代
microorganisms 微生物群落
micropaleontology 微体古生物学
microscopic heterogeneities 微观非均质性
microtidal 小潮
mineral composition 矿物成分
minipermeameter 微渗透率仪
mud line 泥线

N

nannoplankton 超微浮游生物
neritic 浅海

neutron logs 中子测井
nonconformity 岩性不整合
nondeltaic, shallow marine deposits and reservoirs 非三角洲的滨浅海沉积和储层
nondeltaic shorelines 非三角洲滨岸
nonignitive flows 非触发流
North American geologic time scale 北美地质年代表
Nuclear magnetic resonance(NMR) logs 核磁共振测井
numerical reservoir model 油藏数值模型

O
offlap break 退覆坡折
onshore winds 向岸风/岸上风
open-shelf environment 开阔陆架环境
outcrop analog studies 露头模拟研究/类似露头研究
overgrowth 自生加大
oxygen isotope age scale 氧同位素确定的地质时间尺度

P
Paleozoic 古生代
palynomorphs 孢粉体
paracycle 亚旋回
parasequence 准层序
parasequence set 准层序组
particle sizes 粒度
peak production 最高产量
permeability 渗透率
physical sedimentary structures 物理沉积构造
planktonic microorganisms 浮游微生物
plant(microflora) 植物（微植物群落）
playa lake 干盐湖
point bar 点坝/边滩
point counting 计点法
polygonal mud cracks 多边形泥裂
pore 孔隙
pore size 孔隙大小
pore spaces 孔隙空间
pore-throat size 孔喉大小
porosity 孔隙度
pressure tests 压力测试

production 生产
progradation 进积
progradational parasequence set 进积准层序组
prograding complex 进积复合体
provenance 源区/物源

Q
quartz overgrowths 石英自生加大/石英次生加大

R
radiolaria 放射虫类
radiometric age dating 放射性年龄测定
recovery efficiency 采收率
relative sea level 相对海平面
relative sea level cycle/curve 相对海平面旋回/曲线
remaining reserves 剩余储量
reserve growth 储量增长
reservoir characterization 储层表征
reservoir compartments 储层分块性
reservoir delineation 油藏描述/储层描述
reservoir heterogeneity 储层非均质
reservoir quality 储层质量/储层性质
resource 资源量
retrogradation 退积
retrogradational parasequence set 退积准层序组
river-dominated delta 河控三角洲
roundness 磨圆/圆度

S
sabkha 盐湖/盐沼
saltation 跳跃
sands 砂岩
sandstone injectites 砂岩岩脉
scale 规模/尺度
scanning electron microscope 扫描电子显微镜
scanning electron photomicrograph 扫描电镜照片
sea-level cycles 海平面旋回
seal capacity 封盖能力/封闭能力
second-order cycle 二级旋回

secondary porosity and permeability　次生孔隙度和渗透率

sediment gravity flow　沉积物重力流

sediment gravity flow processes　沉积物重力流作用

sediment supply　沉积物供应/沉积物源

sedimentary facies　沉积相

sedimentary rock　沉积岩

sedimentary structure　沉积构造

seismic porosity　地震计算孔隙度

seismic reflection　地震反射

seismic stratigraphy　地震地层学

seismic time slice　地震时间切片

seismic-attribute analyses　地震属性分析

seismic-reflection acquisition　地震反射采集

seismic-reflection analysis　地震反射分析

sequence boundary　层序边界

sequence boundary type 1　Ⅰ型层序边界

sequence boundary type 2　Ⅱ型层序边界

sequence stratigraphic correlation　层序地层对比

sequence stratigraphic framework　层序地层格架

sequence stratigraphy　层序地层学

sheet sandstones and reservoirs　席状砂和储层

shelf　大陆架

shelf margin systems tract　陆架边缘体系域

shoreface　滨面

shoreface deposits　滨面沉积

shoreface parasequence set　滨面准层序组

siliciclastic　硅质碎屑

siliciclastic sediments　硅质碎屑沉积物

sixth-order cycle　六级旋回

Skolithos　针管迹

Stratigraphic Modified Lorenz(SML) plot　地层修正洛伦兹线

sonic transit time　声波传播时间

sorting　分选

SP logs　自然电位测井

special core analysis　岩心分析

spectral decomposition　谱分析

sphericity　球度

stages of field development　油田开发阶段

static reservoir properties　静态油藏属性/储层静态属性

stranded lowstand shoreline 低位海岸线变化模式
submarine fans 水下扇/海底扇
submarine-fan model 水下扇模式/海底扇模式
subseismic scale 亚地震规模
subsidence 沉降
suspension 悬浮
swash 冲洗
systems tract 体系域

T
texture 结构
thick-bedded 厚层
thin section 薄片
thin-bedded 薄层
third-order cycle 三级旋回
third-order depositional sequence stratigraphic cycle 三级沉积层序地层旋回/三级旋回
tidal delta 潮汐三角洲
tidal flat 潮坪
tide 潮汐
tide-dominated deltas 潮控三角洲
tight streaks 致密夹层
tool and groove marks 压刻痕和沟槽
trace fossils 生物遗迹化石
transgressive systems tract 海侵体系域
turbidite system complexes 浊积复合体
turbidite systems 浊积体系
turbidity current 浊流

U
unconformity 不整合
undiscovered resources 待发现资源
upscaling 网格粗化

V
vector-azimuth plots 方位矢量图
vertical permeability 垂向渗透率
vibroseis 可控震源
visualization 可视化

W

Walther's Law 瓦尔特定律

Walther's Law of Succession of Facies 瓦尔特相律

Walther's Law of Succession of Sedimentary Facies 瓦尔特相序沉积定律

water depth 水深

waterflooded 注水开发

wave-dominated deltas 浪控三角洲

waves 波浪

whole-core analysis 全岩心分析

国外油气勘探开发新进展丛书(一)

书号：3592
定价：56.00元

书号：3663
定价：120.00元

书号：3700
定价：110.00元

书号：3718
定价：145.00元

书号：3722
定价：90.00元

国外油气勘探开发新进展丛书(二)

书号：4217
定价：96.00元

书号：4226
定价：60.00元

书号：4352
定价：32.00元

书号：4334
定价：115.00元

书号：4297
定价：28.00元

国外油气勘探开发新进展丛书（三）

书号：4539
定价：120.00元

书号：4725
定价：88.00元

书号：4707
定价：60.00元

书号：4681
定价：48.00元

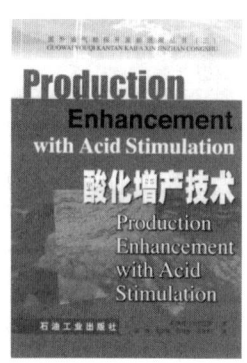

书号：4689
定价：50.00元

书号：4764
定价：78.00元

国外油气勘探开发新进展丛书(四)

书号：5554
定价：78.00元

书号：5429
定价：35.00元

书号：5599
定价：98.00元

书号：5702
定价：120.00元

书号：5676
定价：48.00元

书号：5750
定价：68.00元

国外油气勘探开发新进展丛书(五)

书号：6449
定价：52.00元

书号：5929
定价：70.00元

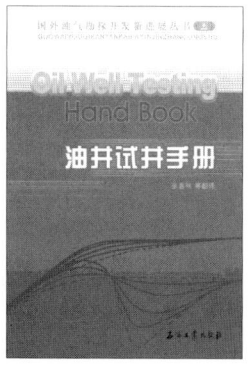

书号：6471
定价：128.00元

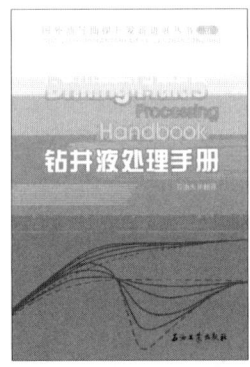

书号：6402
定价：96.00元

书号：6309
定价：185.00元

书号：6718
定价：150.00元

国外油气勘探开发新进展丛书（六）

书号：7055
定价：290.00元

书号：7000
定价：50.00元

书号：7035
定价：32.00元

书号：7075
定价：128.00元

书号：6966
定价：42.00元

书号：6967
定价：32.00元

国外油气勘探开发新进展丛书（七）

书号：7533
定价：65.00元

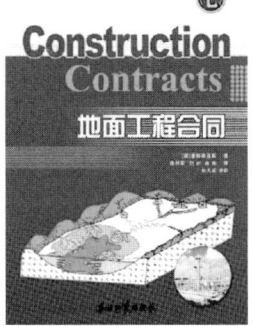

书号：7802
定价：110.00元

书号：7555
定价：60.00元

书号：7290
定价：98.00元

书号：7088
定价：120.00元

书号：7690
定价：93.00元

国外油气勘探开发新进展丛书（八）

书号：7446
定价：38.00元

书号：8065
定价：98.00元

书号：8356
定价：98.00元

书号：8092
定价：38.00元

书号：8804
定价：38.00元

国外油气勘探开发新进展丛书（九）

书号：8351
定价：68.00元

书号：8782
定价：180.00元

书号：8336
定价：80.00元

书号：8899
定价：150.00元

书号：9013

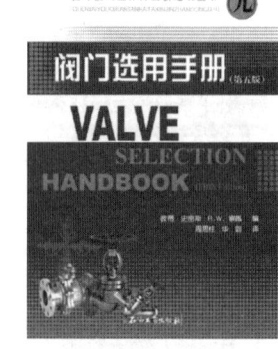

书号：7634
定价：65.00元

— 374 —

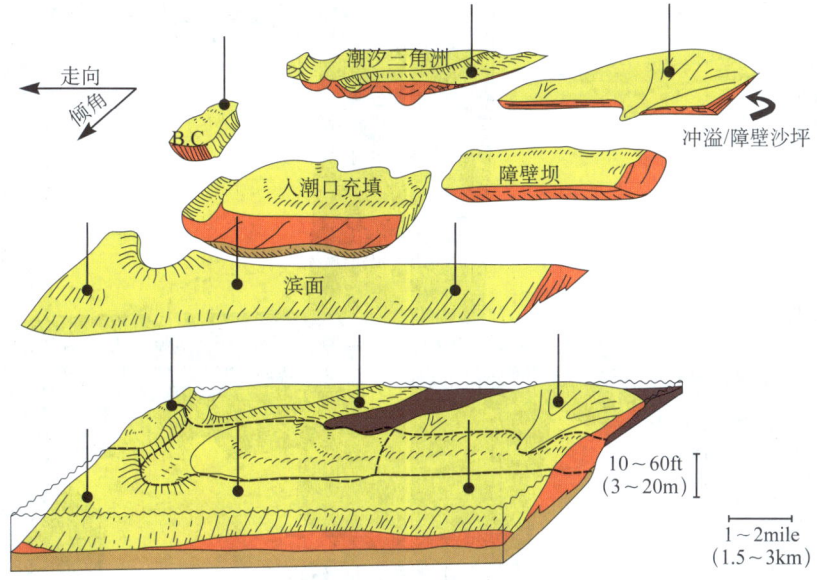

图 1.12

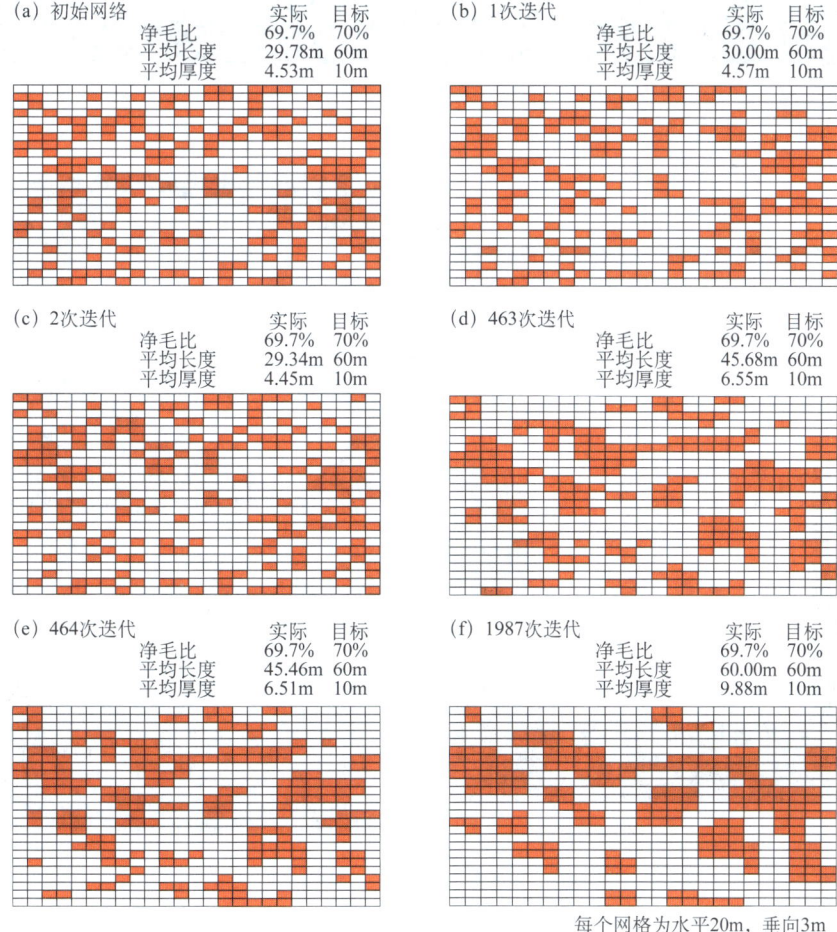

图 1.29

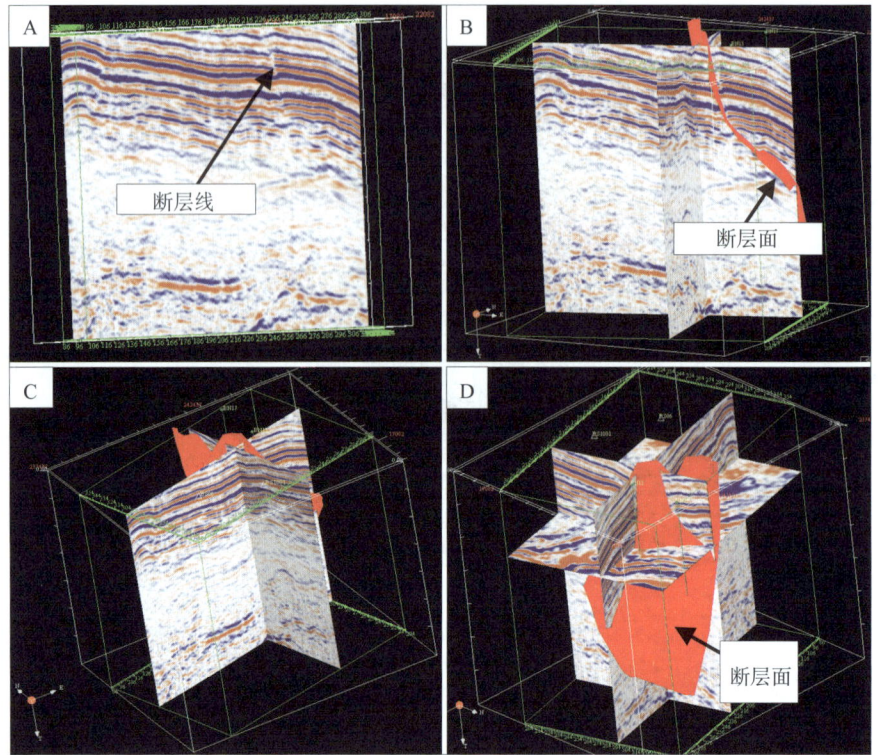

图 2.15

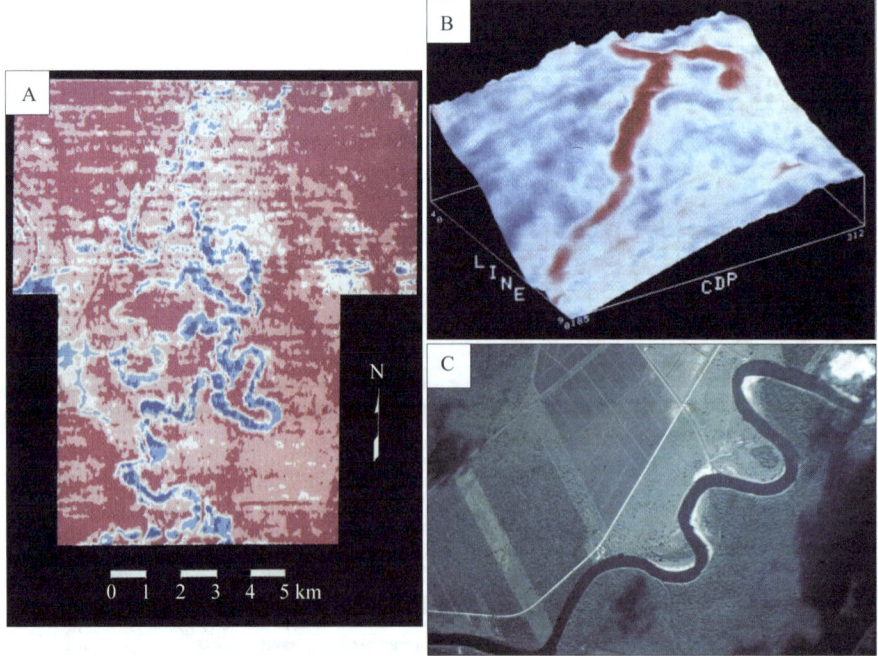

图 2.17

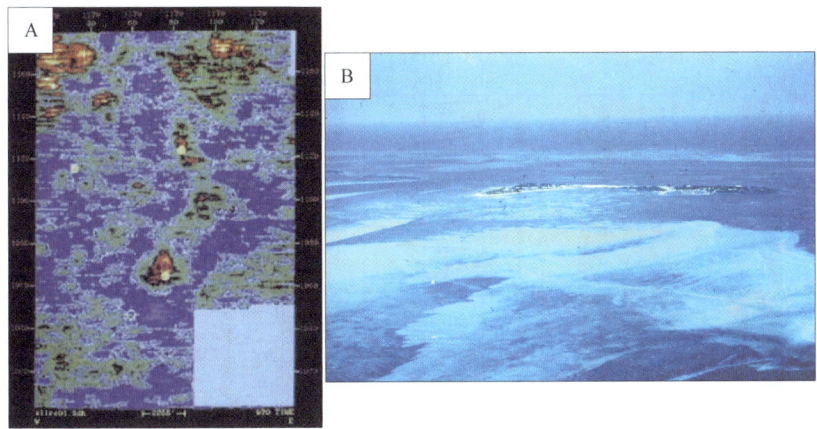

图 2.18

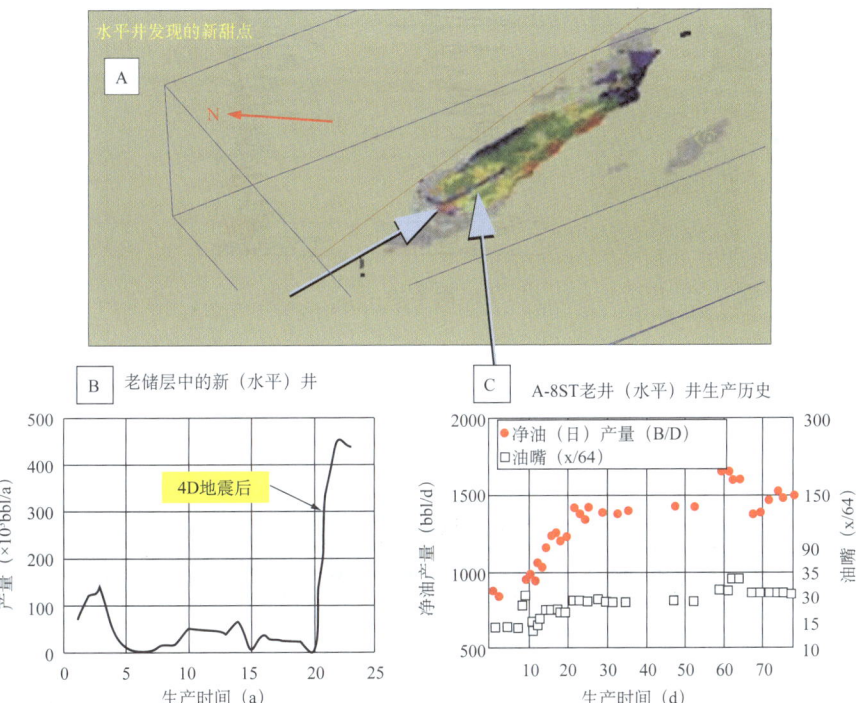

图 2.21

图 2.35

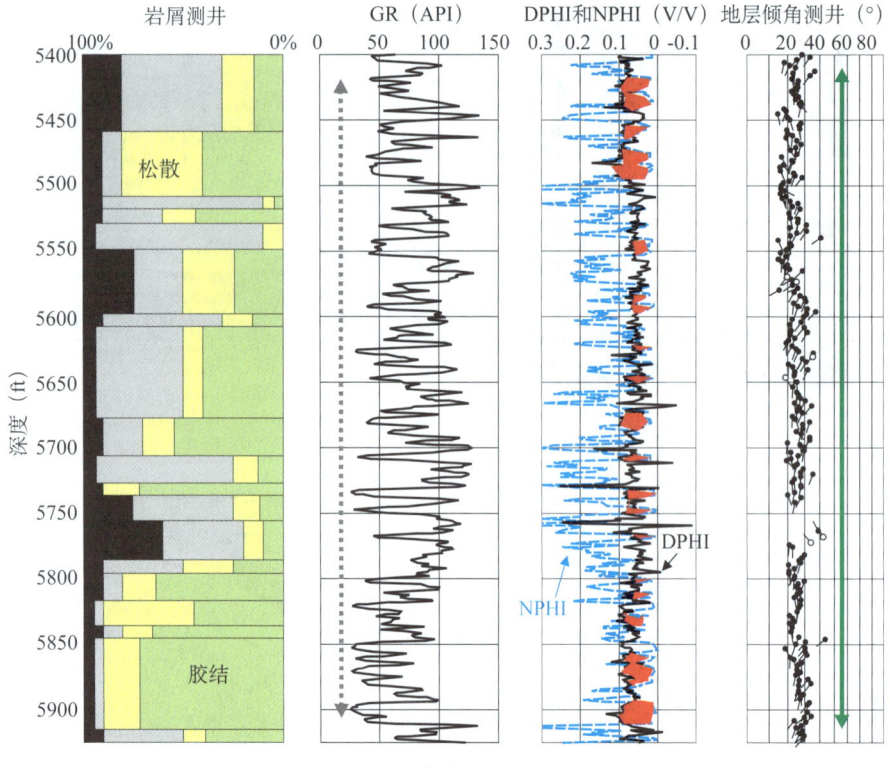

图 2.36

图 2.53

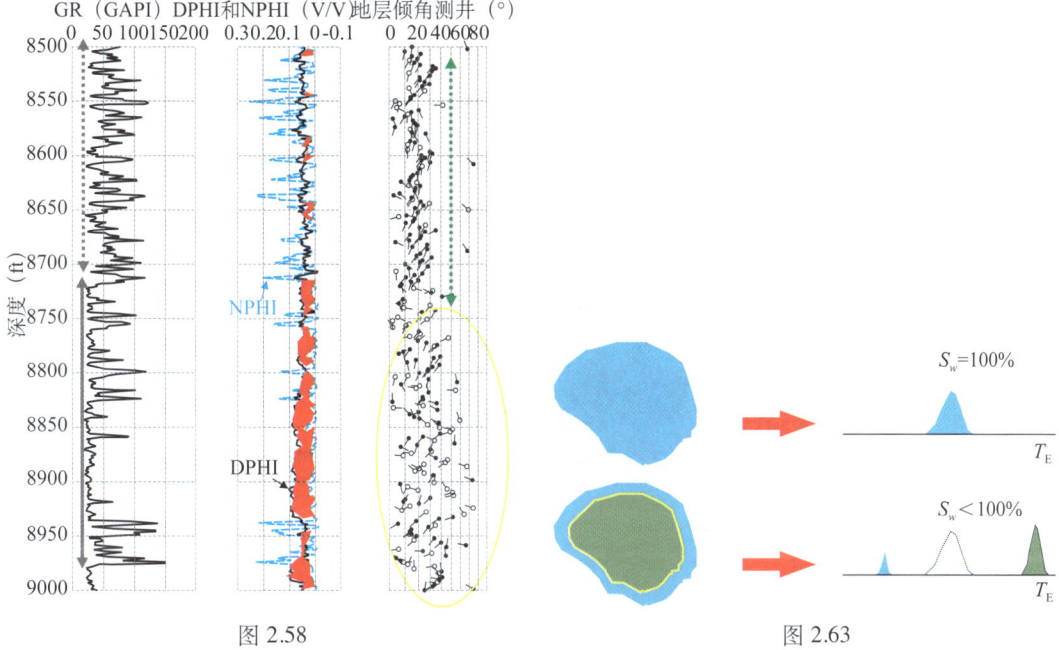

图 2.58　　　　　　　　　　图 2.63

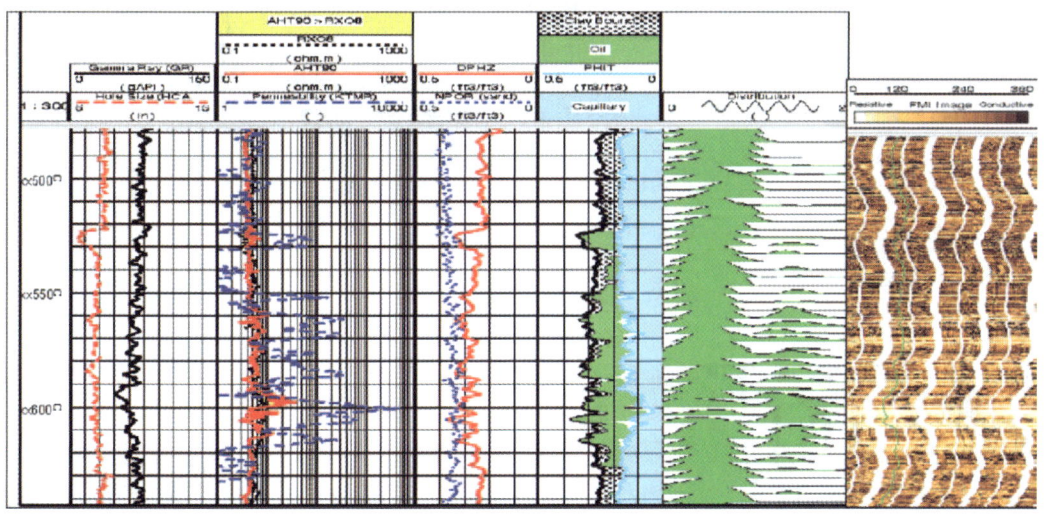

图 2.66

图 3.7

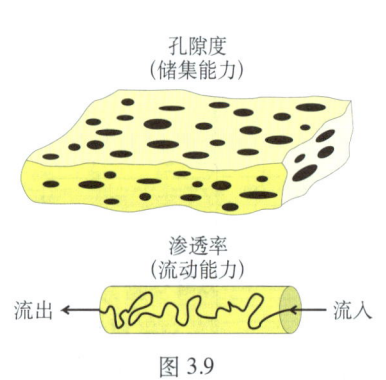

图 3.9

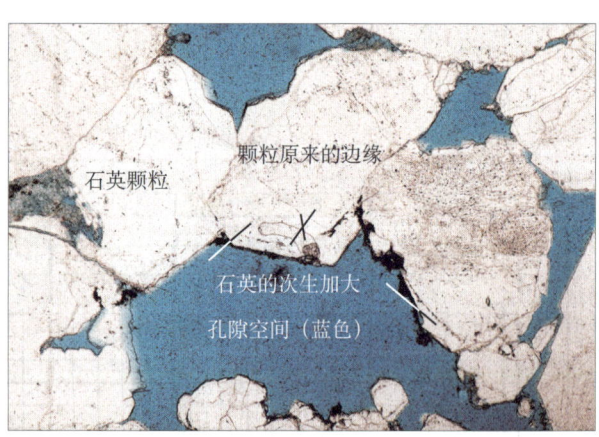

图 3.12

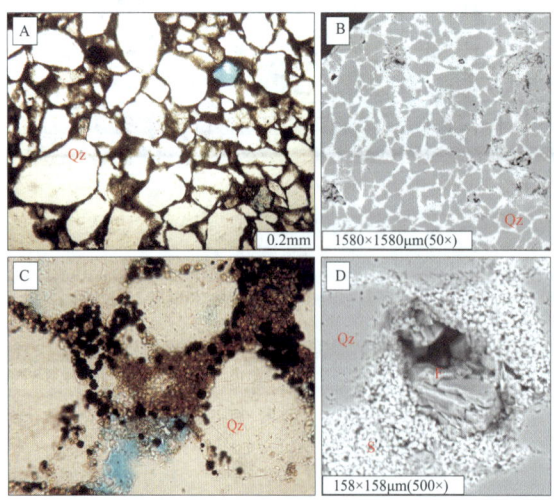

图 3.14

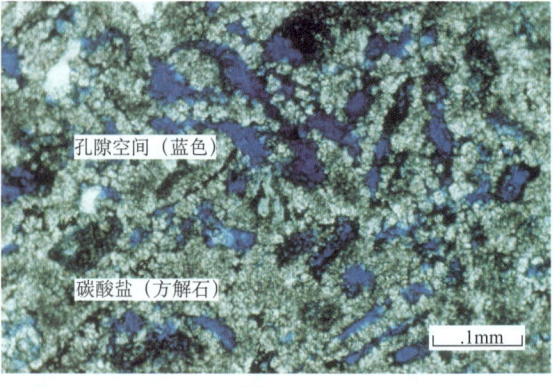

图 3.32

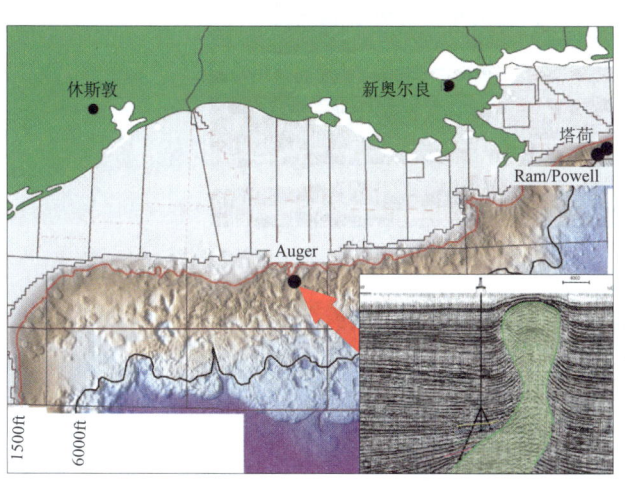

图 3.33

图 3.34

图 3.44

图 3.47

图 3.48

图 3.54

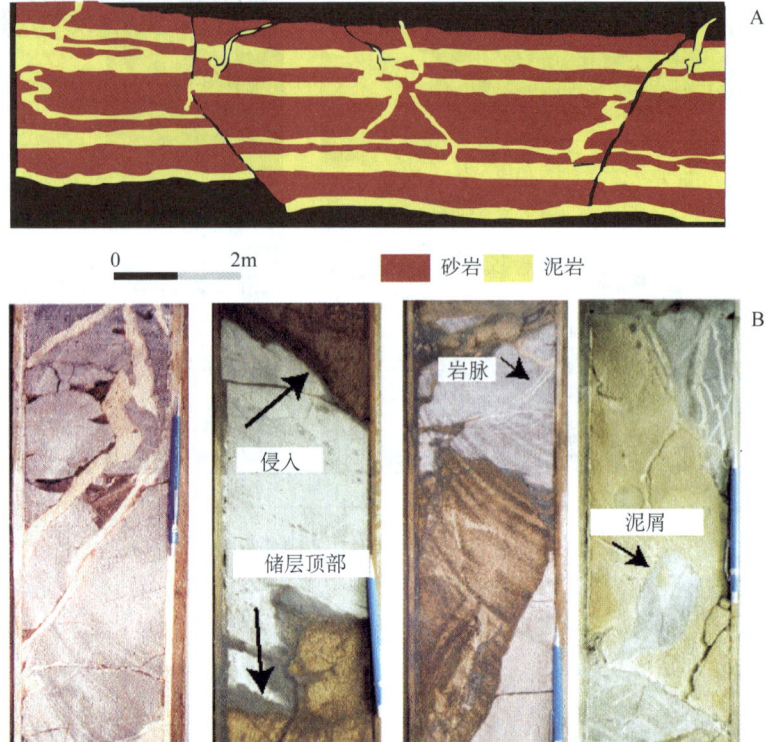

图 3.51

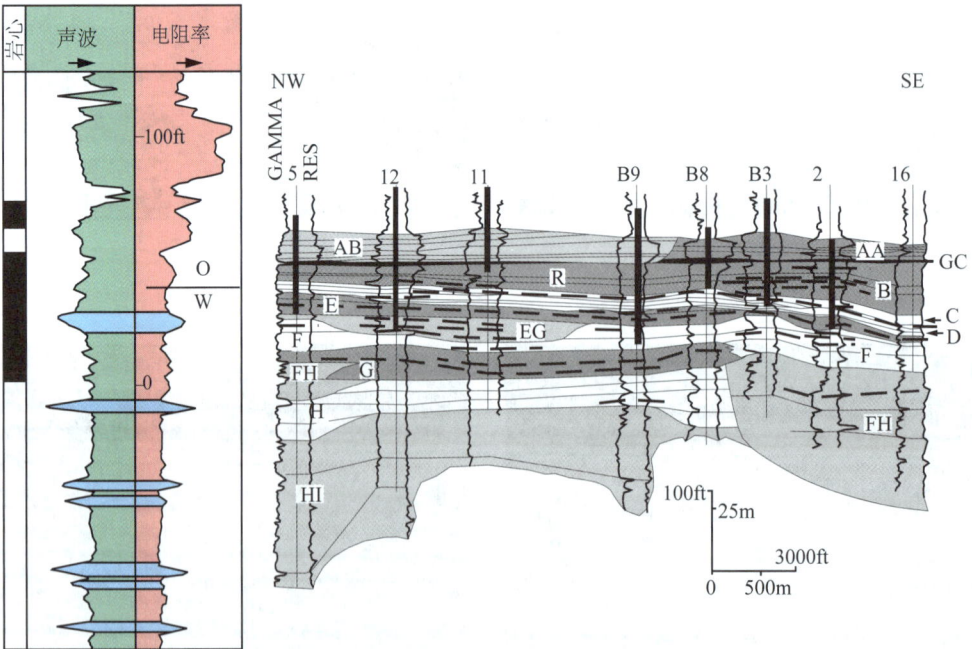

图 3.66

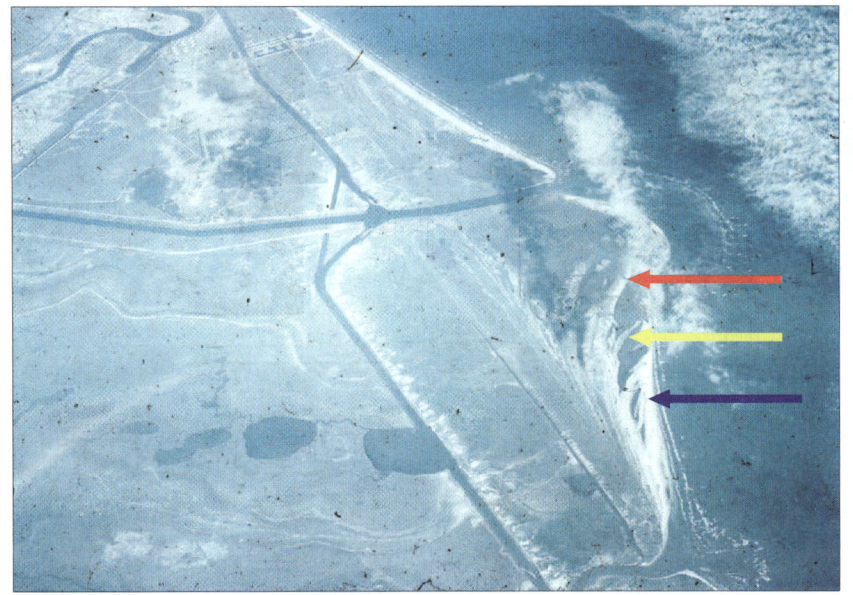

图 4.19

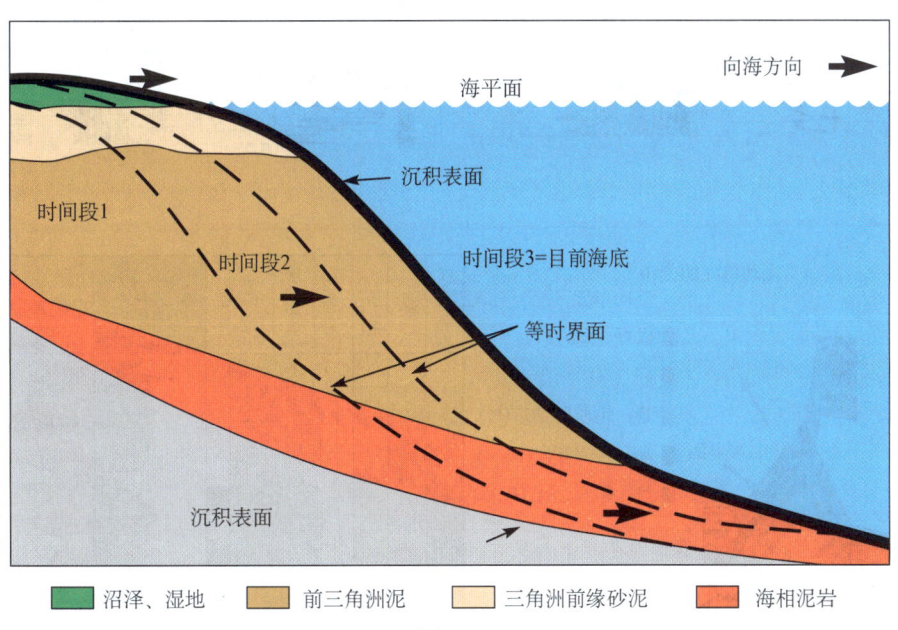

沼泽、湿地　　前三角洲泥　　三角洲前缘砂泥　　海相泥岩

图 4.22

松散的石英颗粒
极易破碎的砂岩
易碎砂岩
胶结的砂岩
石英胶结
重结晶砂岩
菱铁矿胶结
硅质粉砂岩
暗色泥岩
浅灰色泥岩
多孔隙
石英胶结
0
GR(API)
150
8.5
CAL (in)
12.5
深度
岩性组成
DPHL
NPHL
0.3
(V/V)
0.1
4950
5000
5050
5100
5150
5450
5500
5550
5600
5650
5700
5750

图 5.22

流动单元的分布
流动单元
极好（E）
好（G）
差：钙质胶结带(P_c)
差：砂泥互层(P_i)
差：黏土/泥岩(P_m)
N
油水界面
顶部砂岩
100ft
0
1km
1mile
A
流动单元
层
沉积相
相趋势
伽马曲线
中值粒度(mm)
岩心
声波时差曲线
电阻率曲线
C F
E
I
Pm
II
III
Pi
Pc
G
IV
V
B
0.230
0.261
0.183
0.134
0.213
0.084
0.083
100ft
油
水
0

图 5.26

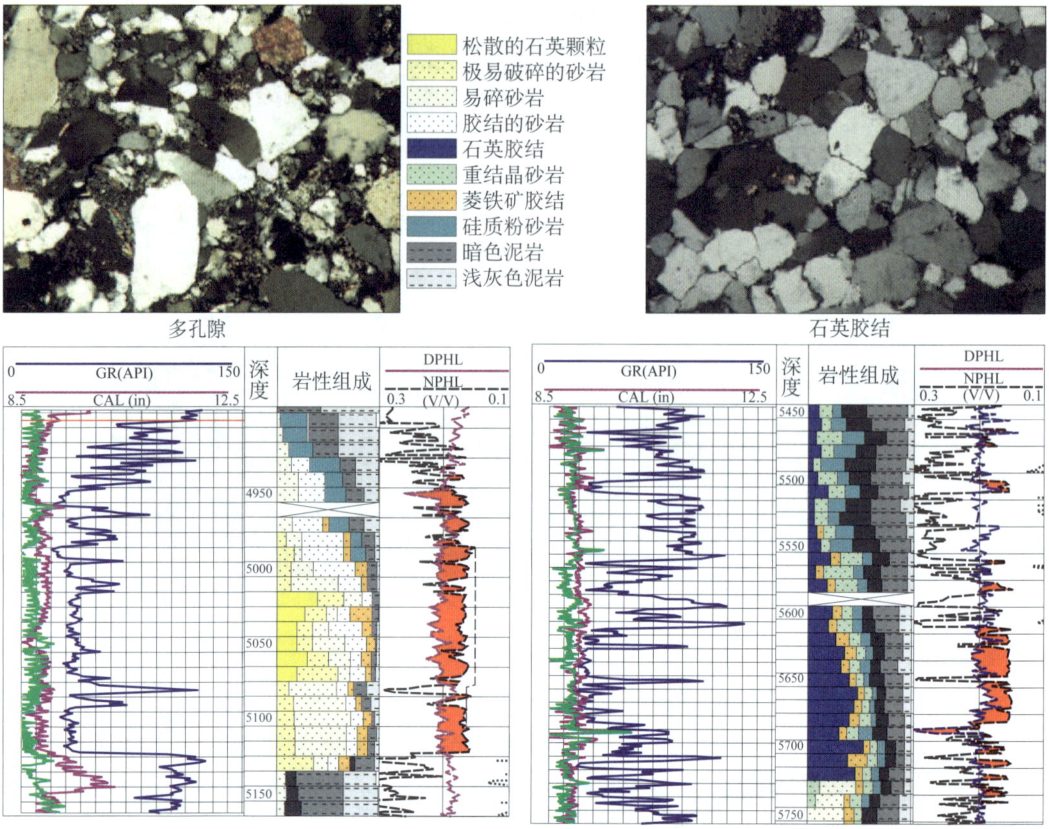

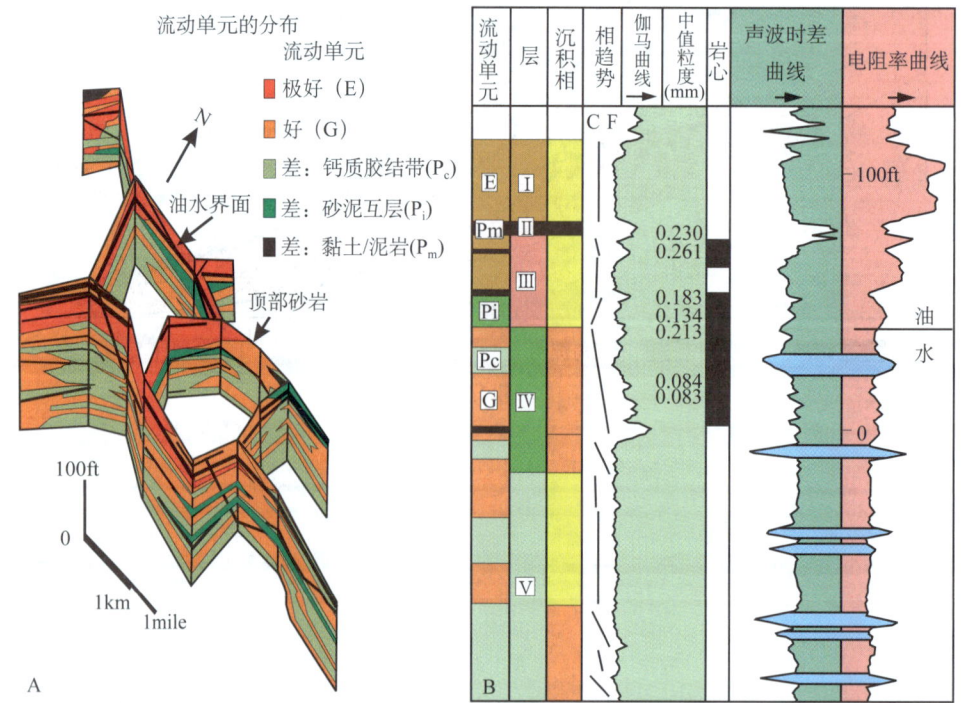

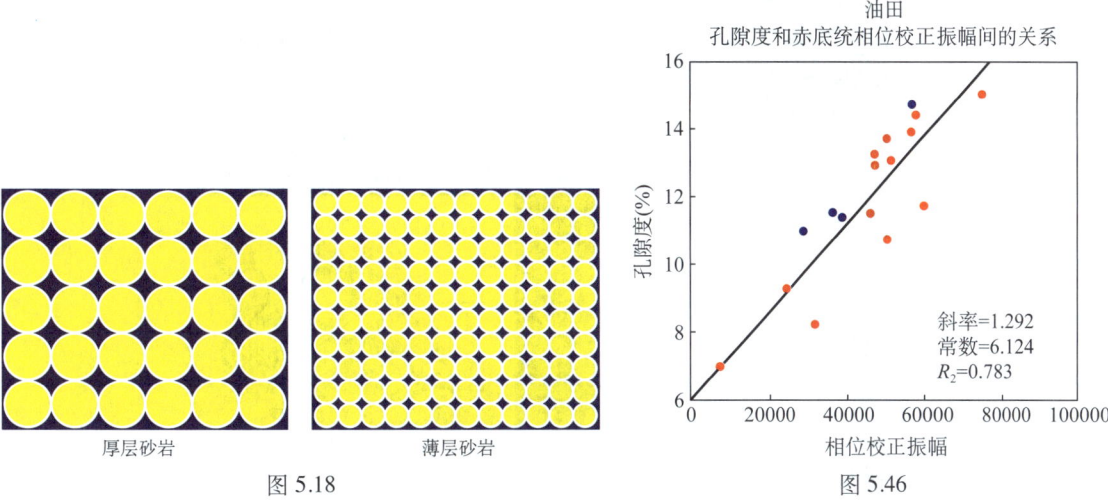

图 5.18　　　　　　　　　　　　　　　　　图 5.46

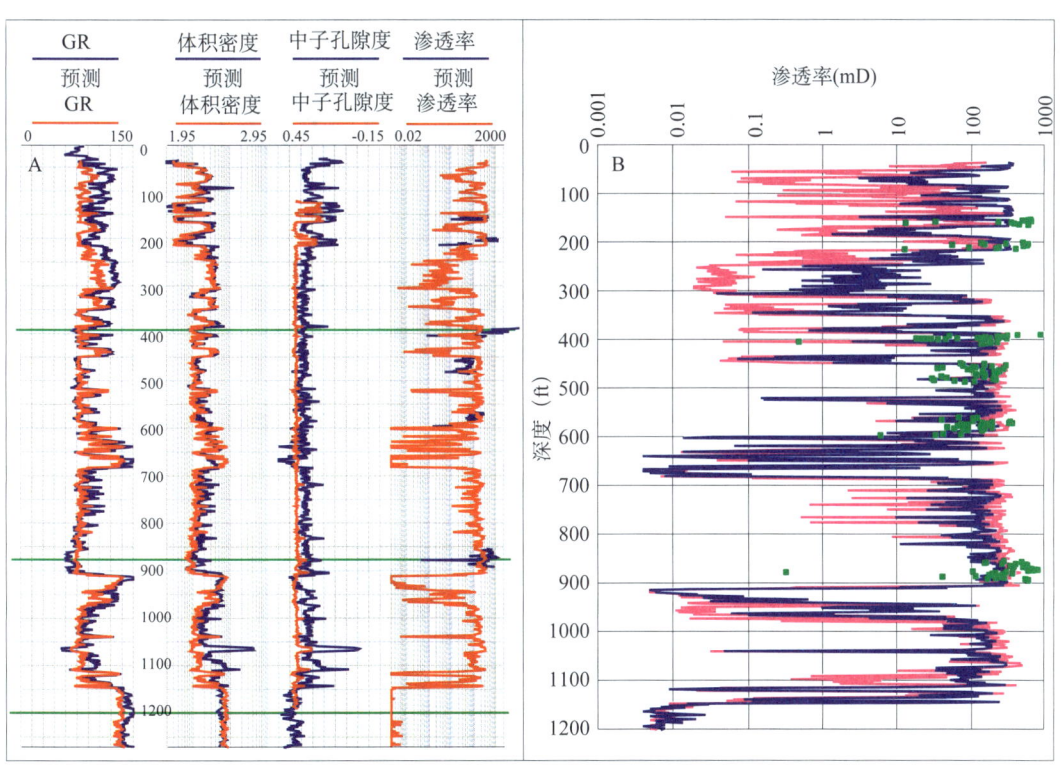

图 5.28

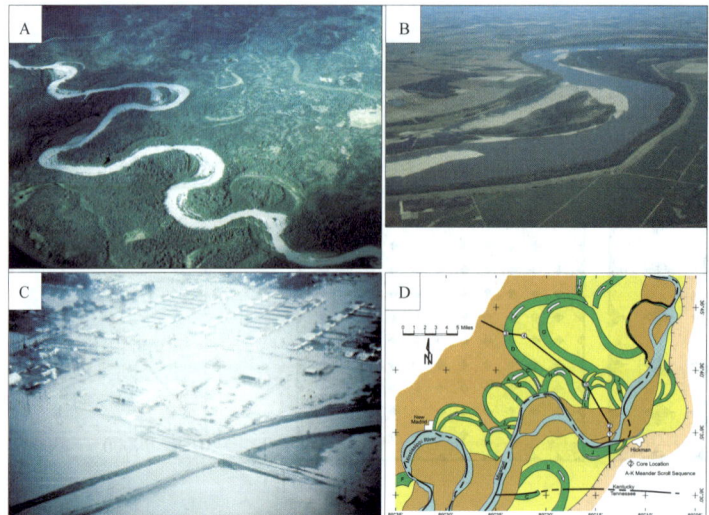

图 6.21

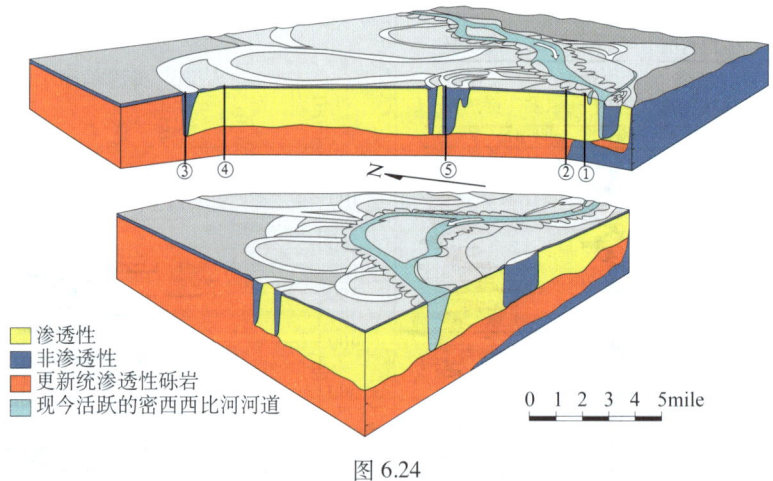

渗透性
非渗透性
更新统渗透性砾岩
现今活跃的密西西比河河道

0 1 2 3 4 5mile

图 6.24

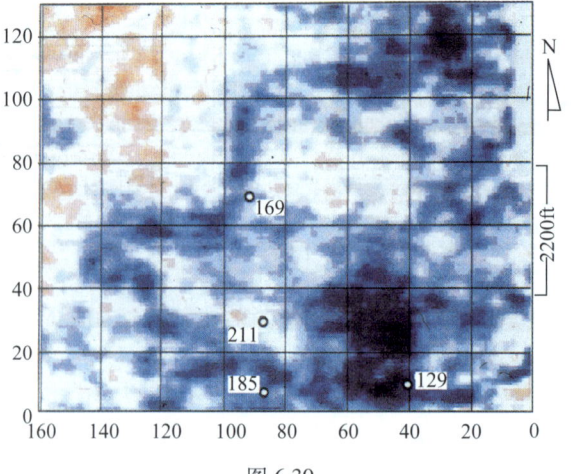

图 6.30

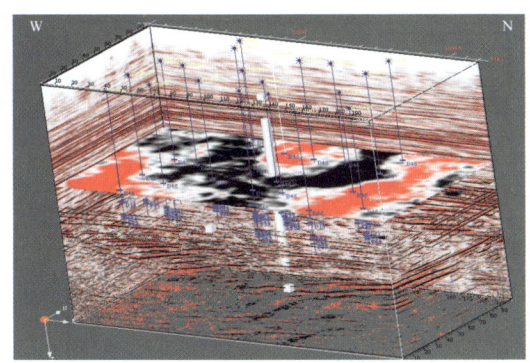

图 6.32

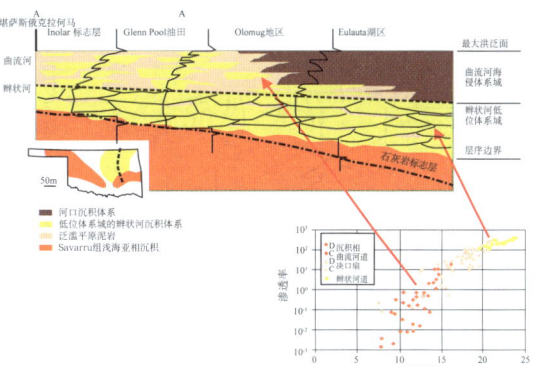

图 6.46

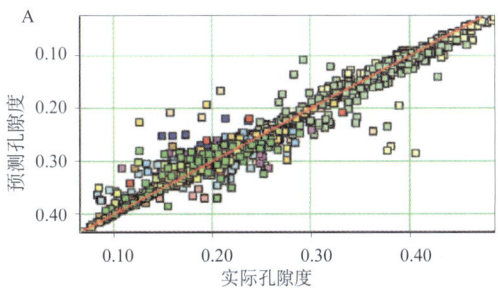

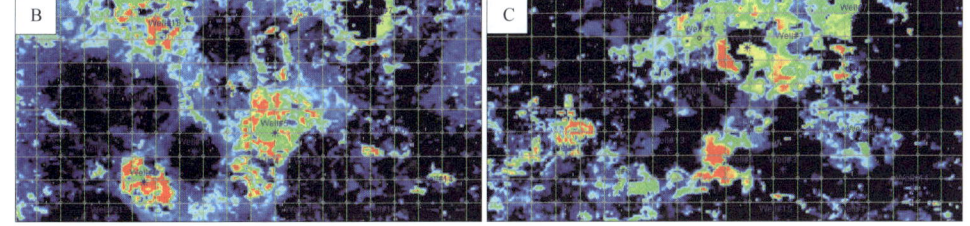

孔隙度（红色=28%；黑色=20%）　　　　　渗透率（红色=3%；黑色=2%）

图 6.34

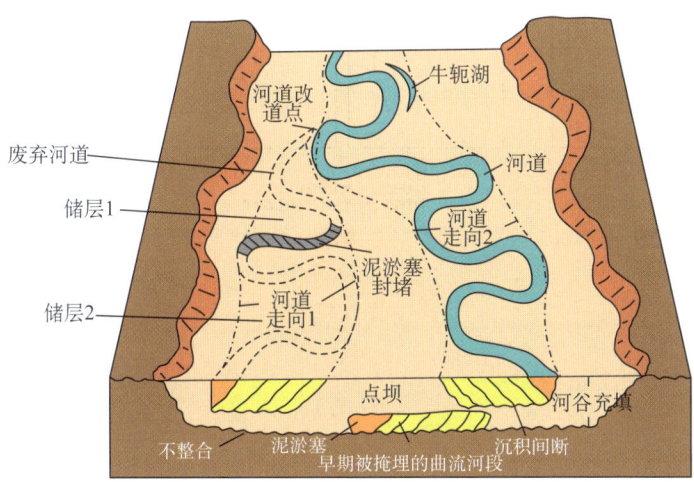

图 6.35

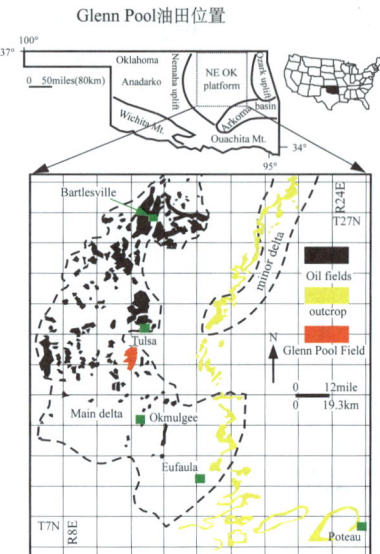
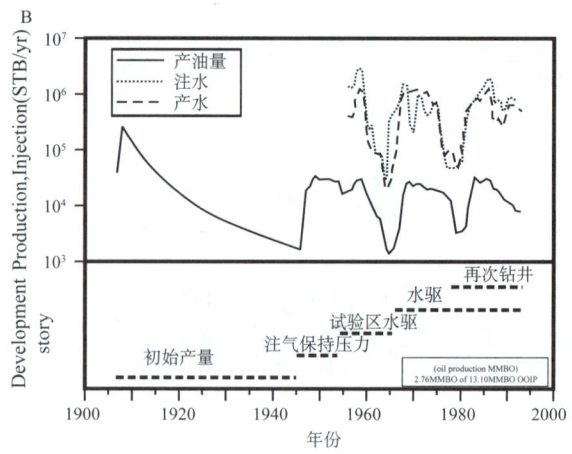

图 6.44

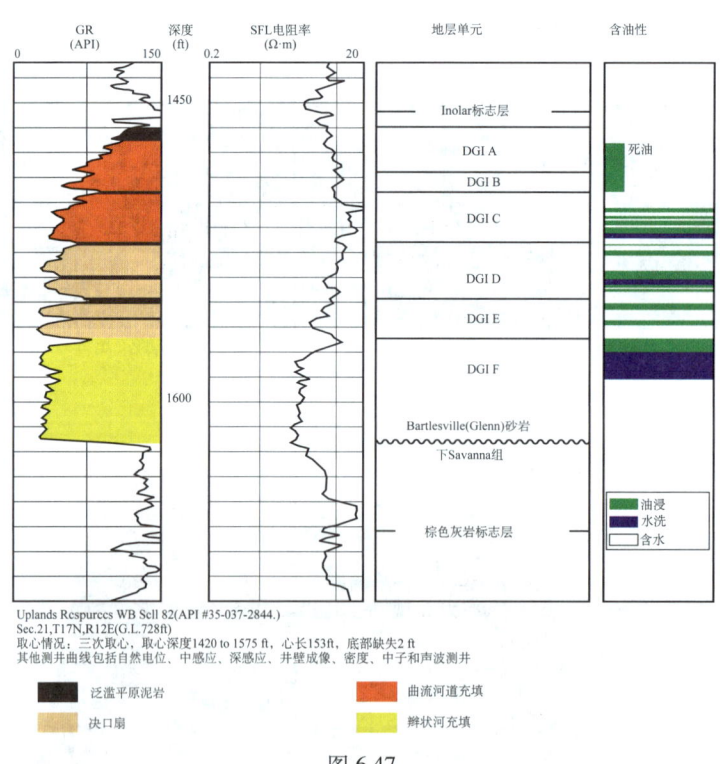

图 6.47

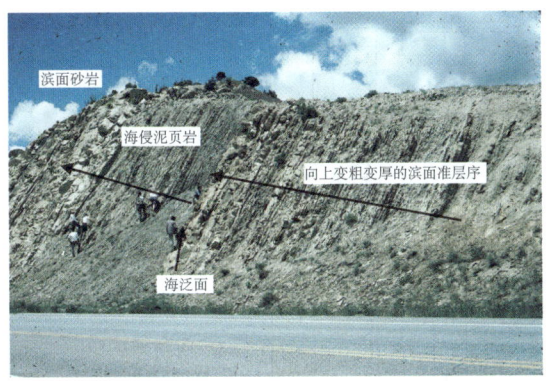

图 8.12

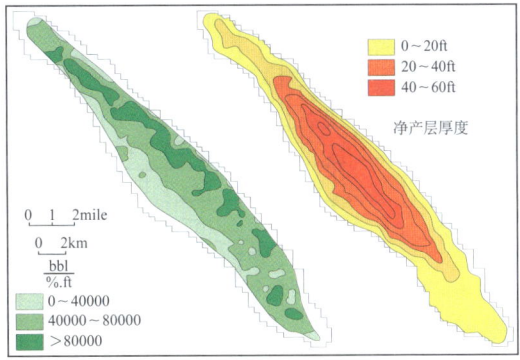

图 8.16

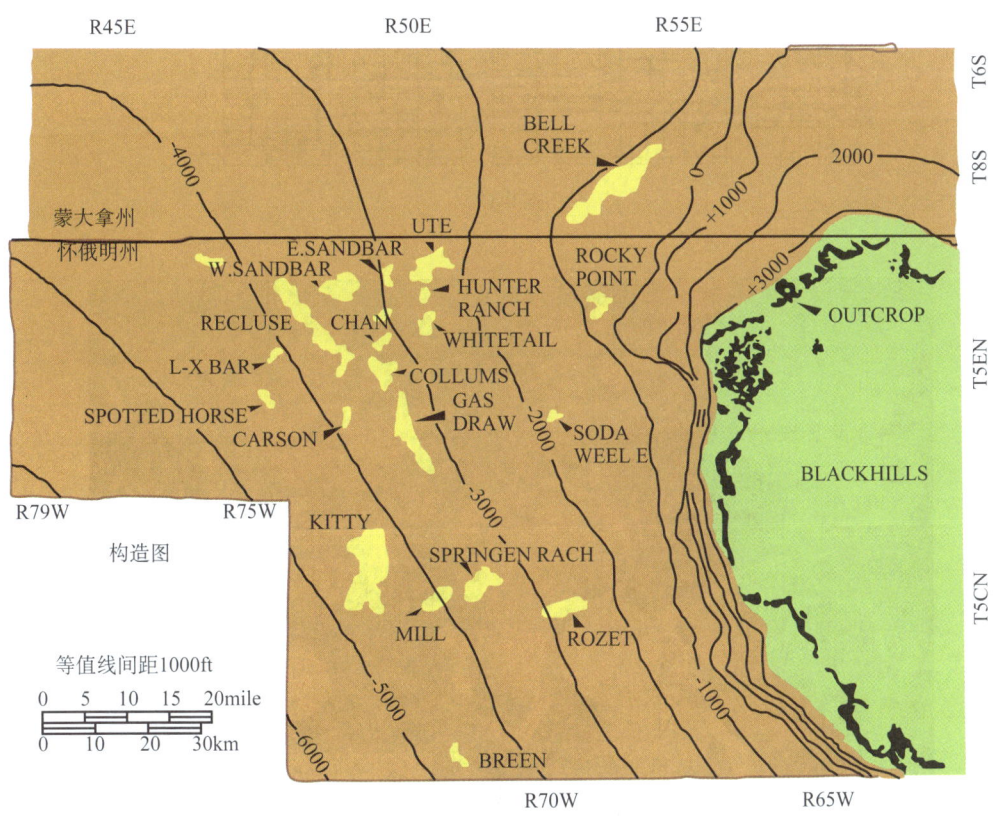

图 8.29

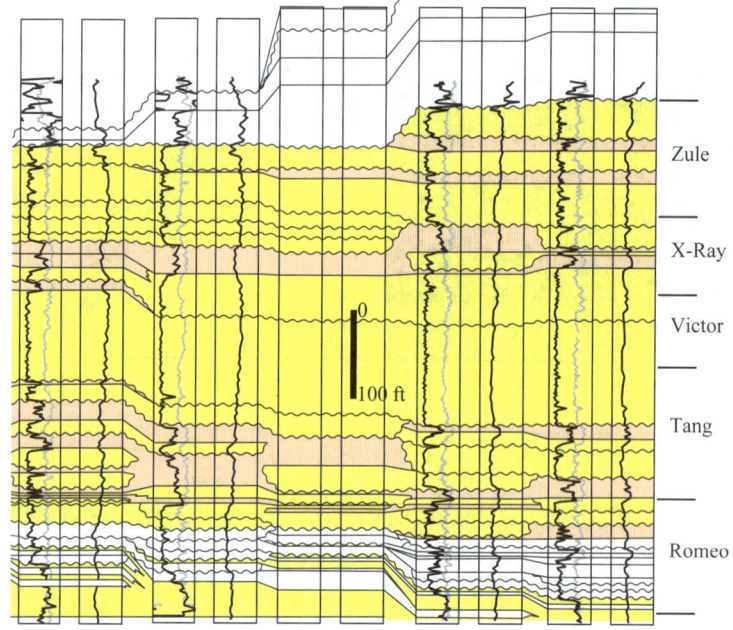

图 9.15

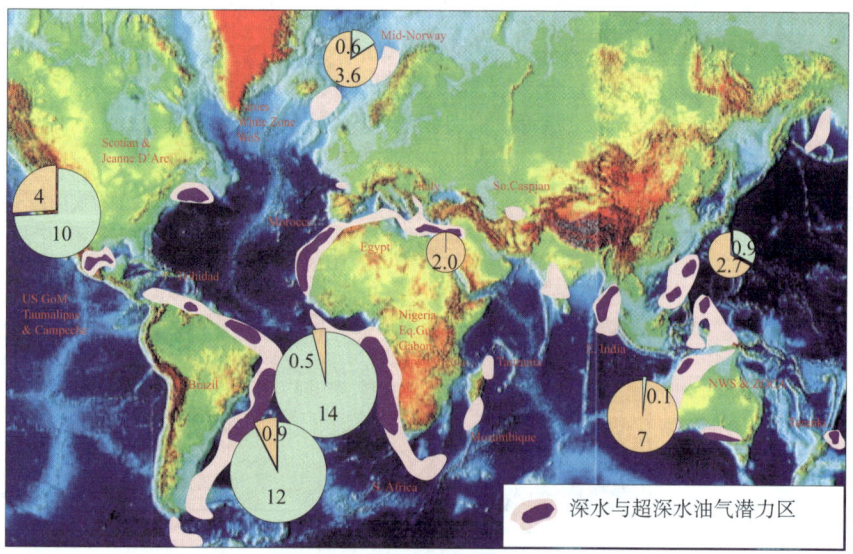

图 10.2

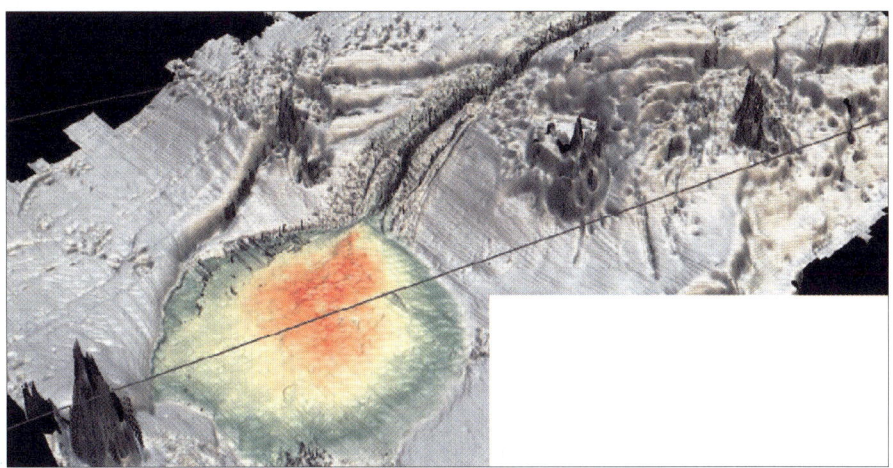

图 10.11

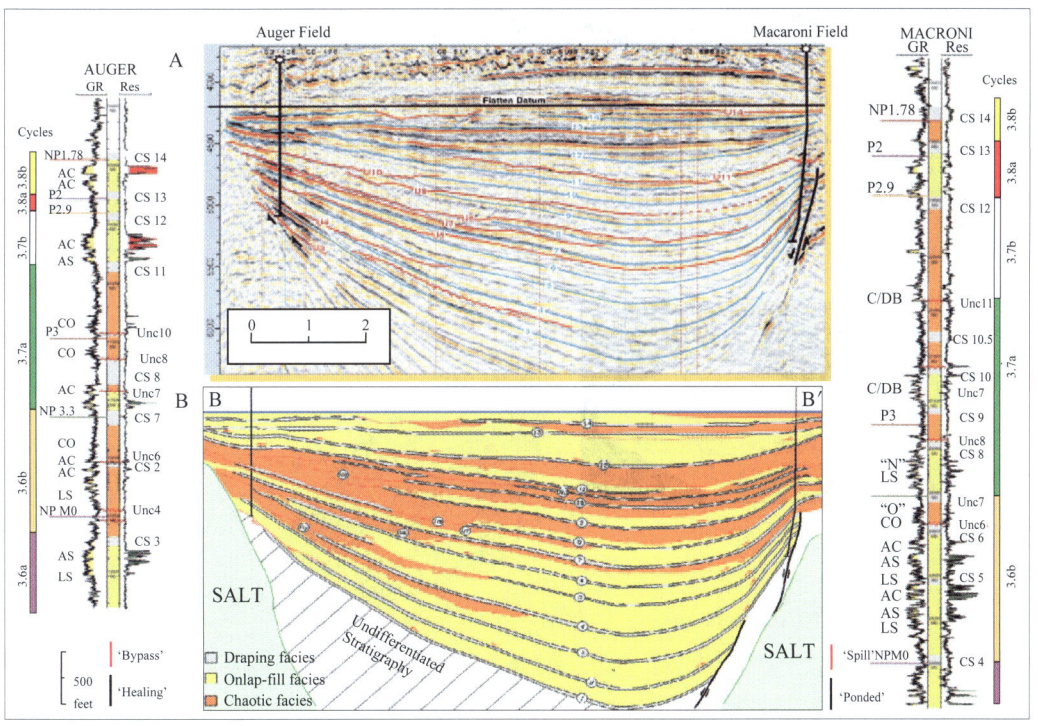

图 10.12

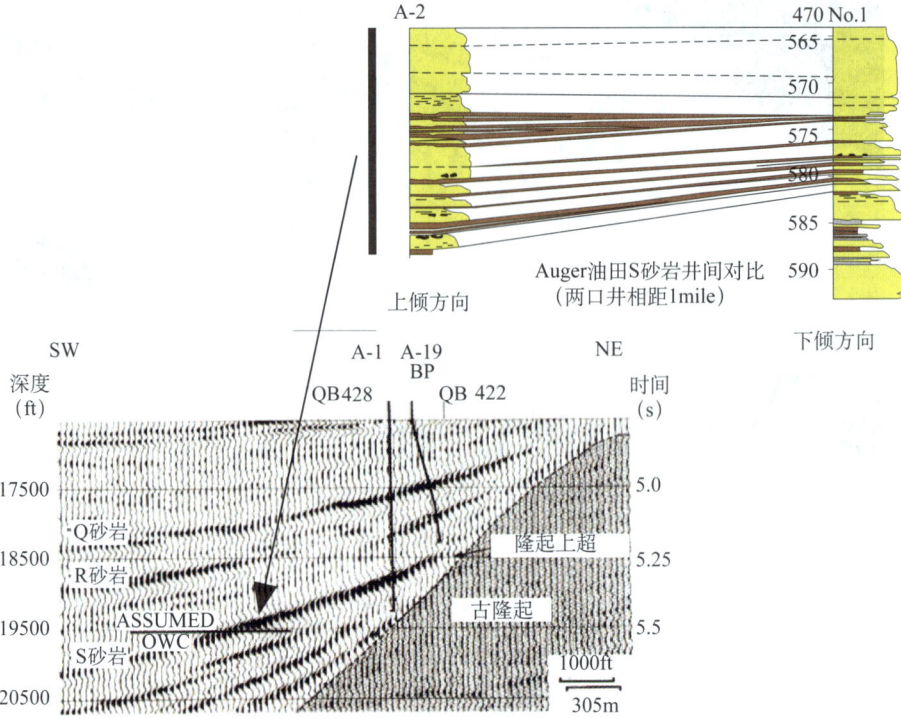

图 10.15

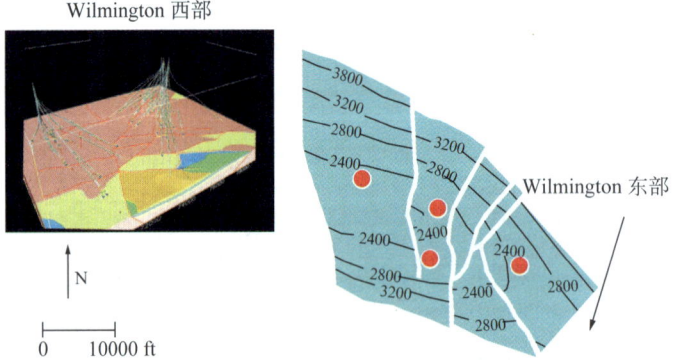

图 10.20

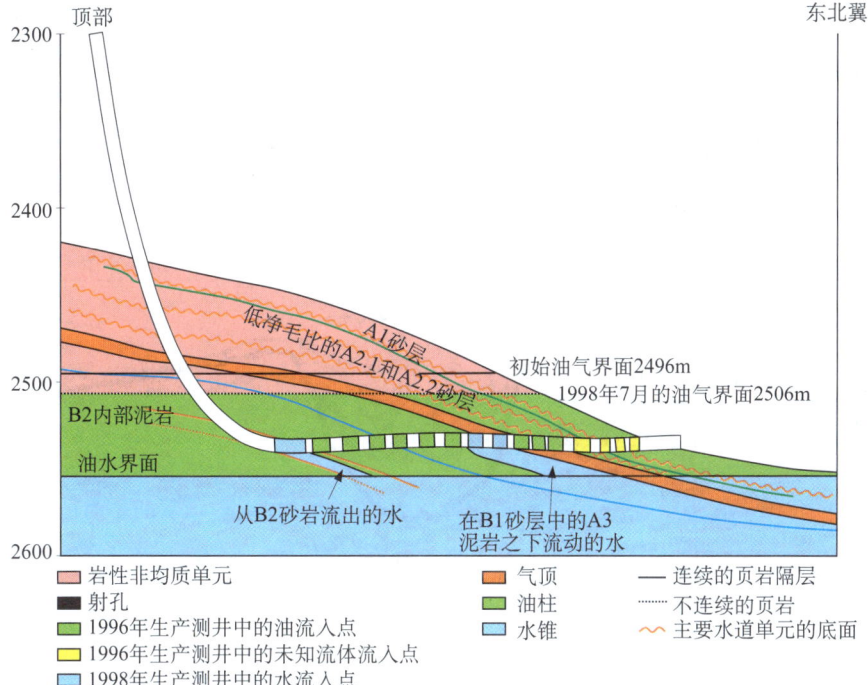

图 10.31

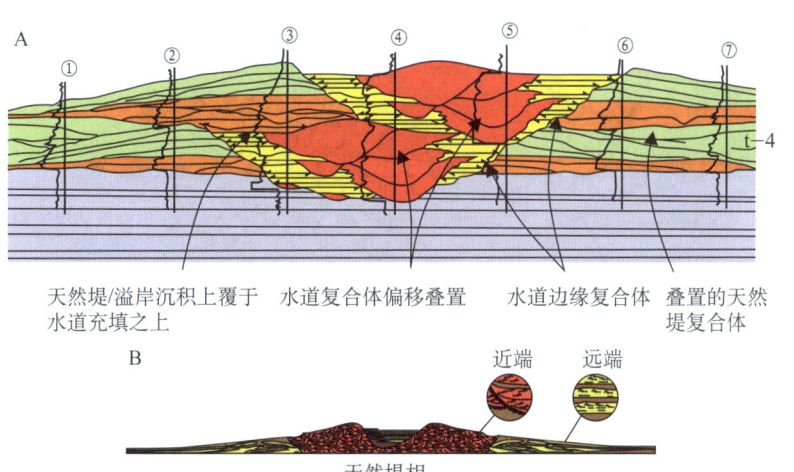

近源天然堤：高净砂岩，薄层，下切和充填，泥质冲刷线，爬升纹层，连通性好，高角度且多变的地层倾角
远源天然堤：低净砂岩，薄层，砂和粉砂互层，连续性好，低角度且一致的地层倾角
水道边缘：复合体：滑塌，不连续体，泥线，具天然堤水道储层中可变的流体连通性

图 10.34

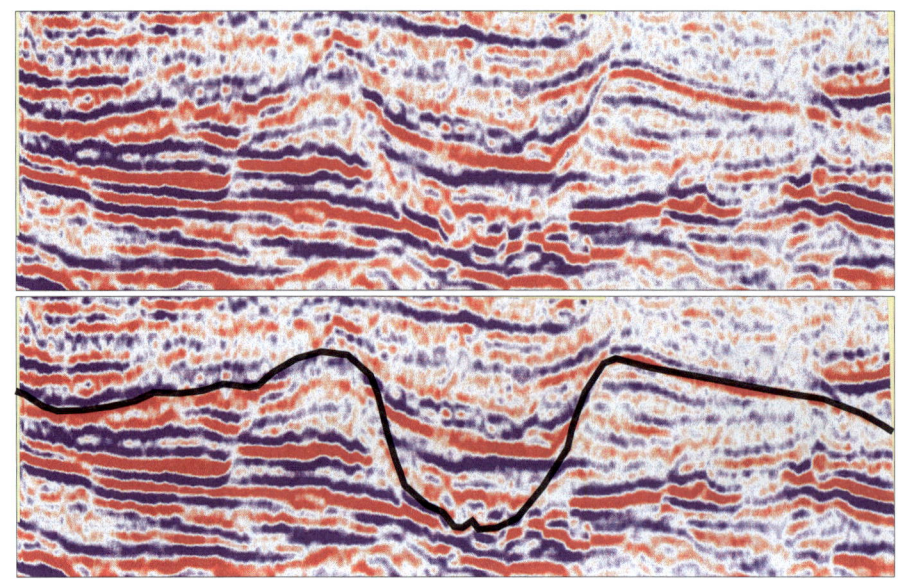

图 10.35

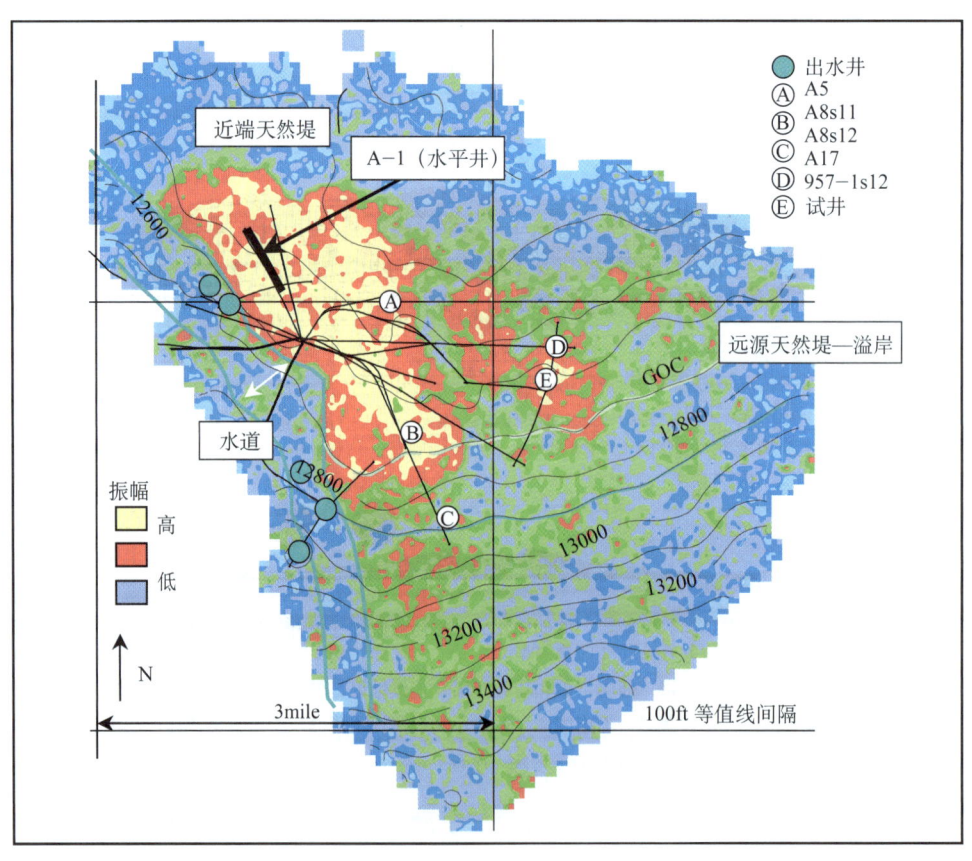

图 10.37

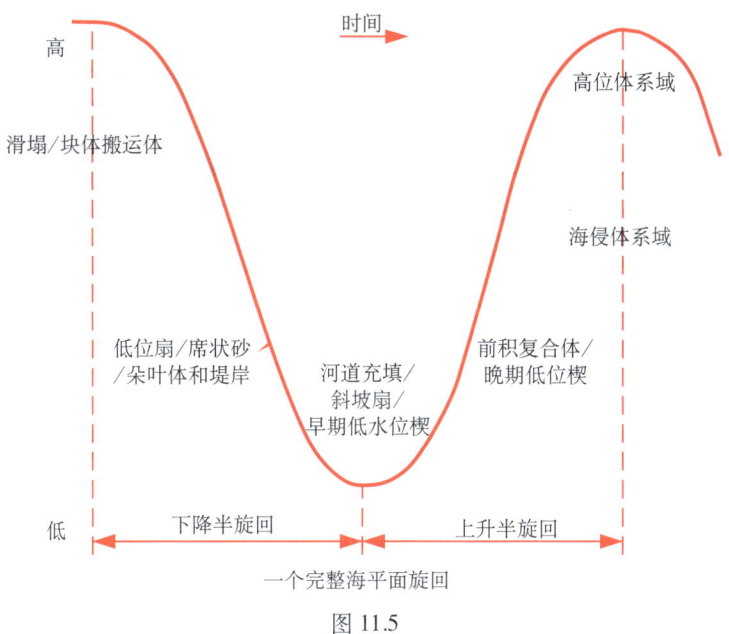

图 11.5

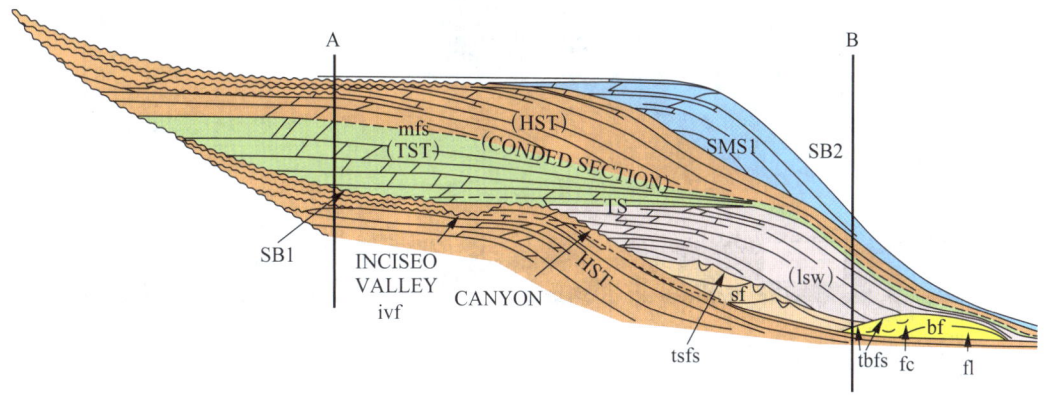

图 11.29

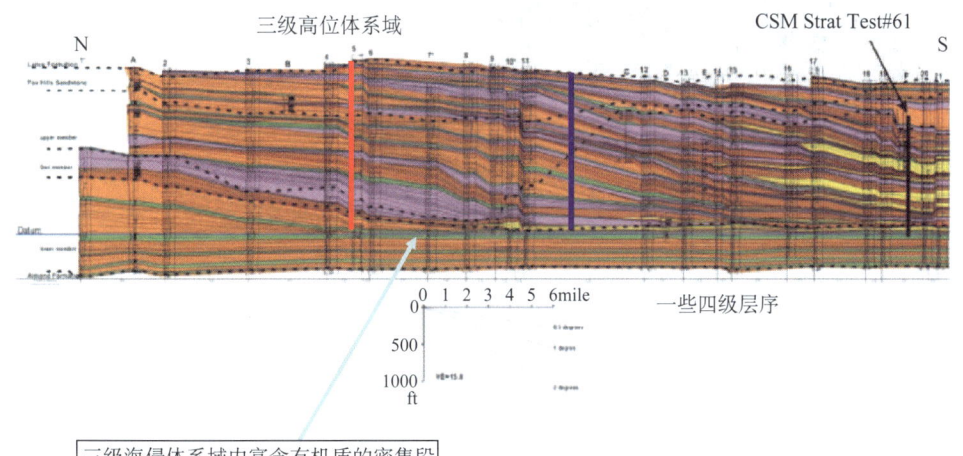

图 11.35

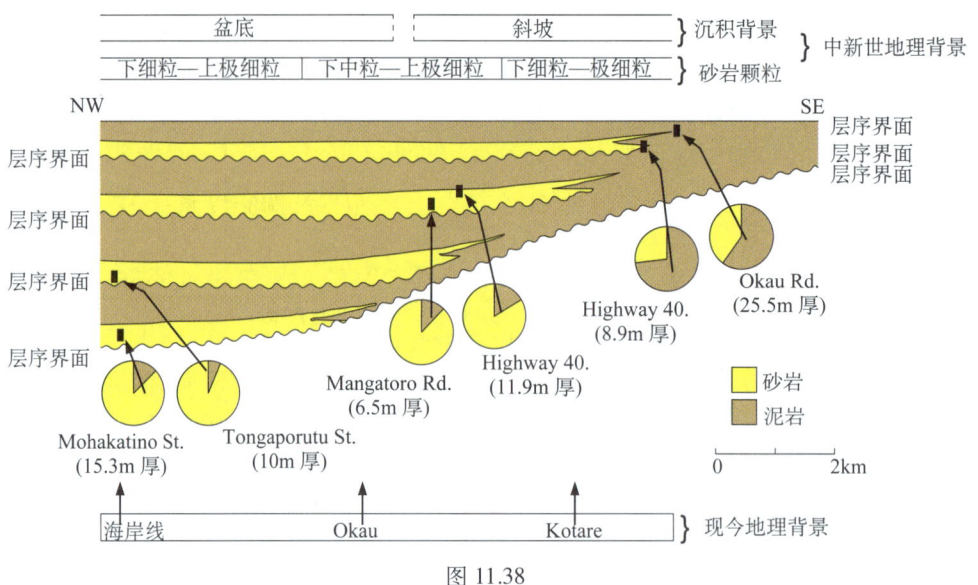

图 11.38

图 11.39

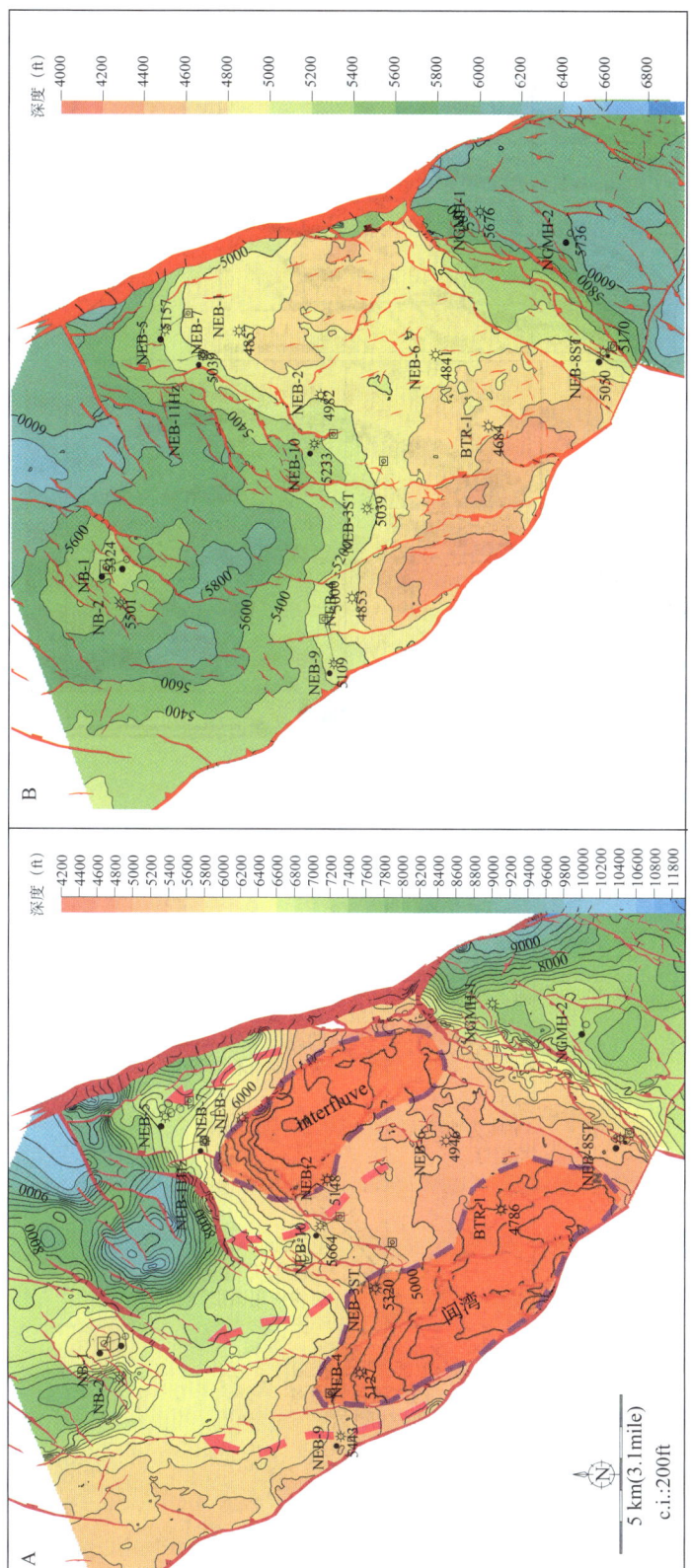

图 12.3

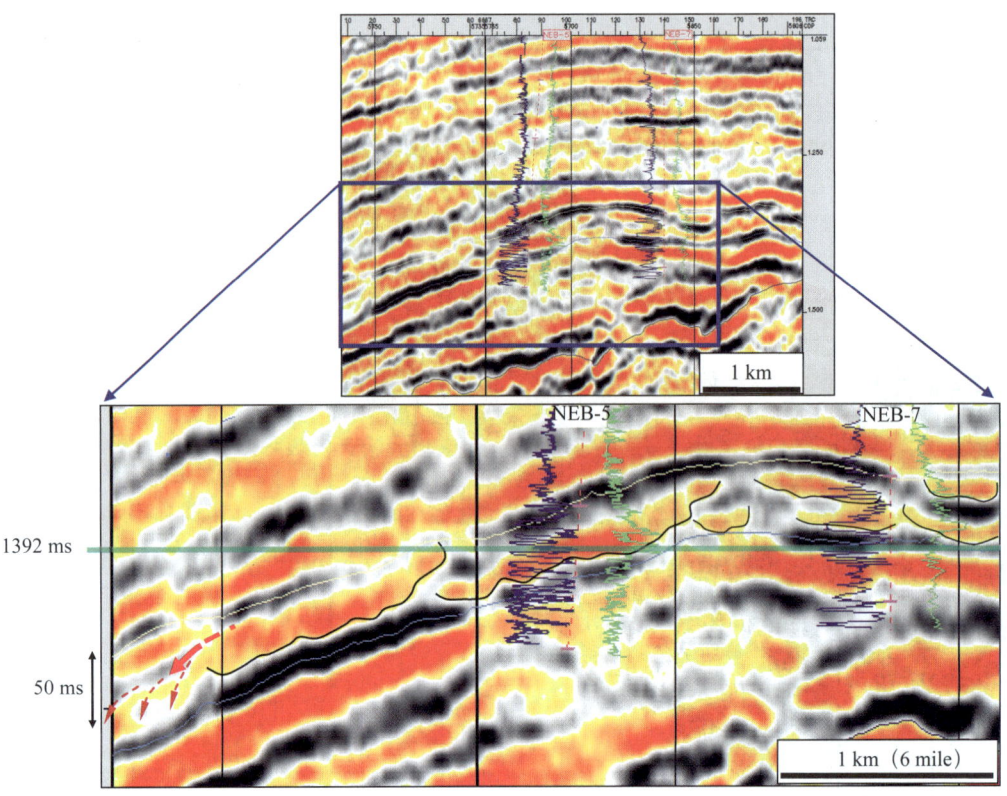

图 12.16

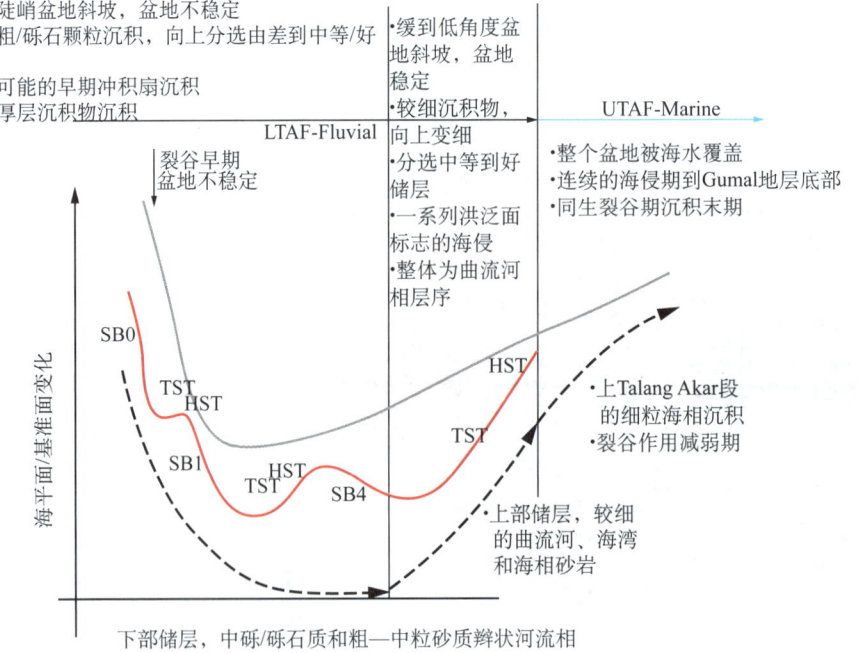

图 12.27